高职高专公共基础课系列教材

机械制图与计算机绘图

主　编　刘魁敏
副主编　邹维刚　张　荣
参　编　范明珠　何晓凤
　　　　康志远　李海涛
主　审　王谟金

机械工业出版社

全书分上、下两篇。上篇为机械制图，内容包括：制图的基本知识和技能，正投影基础，立体的表面交线，轴测图，组合体，图样画法，标准件和常用件，零件图，装配图等。下篇为计算机绘图，内容包括：AutoCAD 基础知识，基本绘图命令，基本编辑命令，图层、线型及其管理，精确绘图的方法，图形显示控制，块、属性和外部参照，图案填充，注写文本，尺寸标注等。

本书可作为高等职业技术学院、高等工程专科学校以及成人教育等院校机械类各专业的通用教材，也可供其他相近专业使用或参考。与本书配套使用的《机械制图与计算机绘图习题集》同时出版。

图书在版编目（CIP）数据

机械制图与计算机绘图/刘魁敏主编．—北京：机械工业出版社，2005.9（2022.1 重印）

高职高专公共基础课系列教材

ISBN 978-7-111-17218-5

Ⅰ.机…　Ⅱ.刘…　Ⅲ.①机械制图－高等学校：技术学校－教材 ②自动绘图－高等学校：技术学校－教材

Ⅳ.TH126

中国版本图书馆 CIP 数据核字（2005）第 093589 号

机械工业出版社（北京市百万庄大街 22 号　邮政编码 100037）

策划编辑：王世刚　于奇慧

责任编辑：王海峰　于奇慧

版式设计：霍永明　责任校对：魏俊云

封面设计：王伟光　责任印制：张　博

涿州市般润文化传播有限公司印刷

2022 年 1 月第 1 版第 12 次印刷

184mm×260mm · 24.75 印张 · 613 千字

标准书号：ISBN 978-7-111-17218-5

定价：58.00 元

电话服务

客服电话：010-88361066

010-88379833

010-68326294

网络服务

机　工　官　网：www.cmpbook.com

机　工　官　博：weibo.com/cmp1952

金　　书　　网：www.golden-book.com

机工教育服务网：www.cmpedu.com

前　　言

本书是根据教育部制定的“高职高专工程制图课程教学基本要求（机械类专业）”和机械职业教育基础教学指导委员会教材建设、编写会议的基本精神，在广泛吸纳高职院校制图教学实践经验的基础上编写而成的。

本书具有以下特点。

1. 针对高等职业教育培养应用型人才、重在实践能力和职业技能训练的特点，基础理论贯彻“实用为主、够用为度”的教学原则，对传统的画法几何基本理论进行优化组合，以掌握基本概念、强化实际应用、培养技能为教学重点。

2. 本书文字叙述力求简明扼要，通俗易懂。采用“以图例代理论”的编写风格，注重理论联系实际，将投影理论与图示应用相结合，加强必要的理论基础，又注意基本原理的具体应用。通过常用部件及其主要零件来阐述零件图和装配图的主干内容。

3. 贯彻以“读图为主、读画结合”的编写思路，从整体上体现培养读图能力为主的教学思想，同时又充分注意教学实践环节，提高徒手画图能力。

4. 采用最新制图国家标准。在编写过程中密切关注国家标准《技术制图》与《机械制图》的变动情况，凡在脱稿前搜集到的新标准，均在本书中予以贯彻。

5. 计算机绘图软件采用由美国 AutoDesk 公司最新推出的 AutoCAD 2005 中文版。它功能强大，命令简捷，操作方便，适用面广。

本书适用于高等职业技术学院、高等工程专科学校以及成人教育等院校机械类各专业的制图教学，也可供其他相近专业和工程技术人员使用或参考。

与本书配套使用的《机械制图与计算机绘图习题集》同时出版。习题集的编排顺序与本书体系保持一致。

参加本书编写的有：河北机电职业技术学院刘魁敏（第一、二、八、十、十二、十三章），安徽机电职业技术学院邹维刚（第三、四、十四、十五、十八章），大连职业技术学院张荣（第五、九章），安徽机电职业技术学院何晓凤（第六章）、太原理工大学长治学院范明珠（第七章），河北机电职业技术学院康志远（第十一、十九章），河北机电职业技术学院李海涛（第十六、十七章）。本书由刘魁敏任主编，邹维刚、张荣任副主编。全书由江西工业工程职业技术学院王谟金主审。

由于编者水平所限，书中难免存在错误和不足，恳请读者批评指正。

编　者

目　　录

绪　　论

一、图样及其在生产中的用途

根据投影原理、标准或有关规定，表示工程对象，并有必要的技术说明的图，称为图样。

人类在近代生产中，无论是机器、仪器的设计、制造与维修，还是船舶、房屋、桥梁等工程的设计与建造，都是通过图样来实现的。设计部门通过图样来表达设计意图和要求；制造和施工部门依照图样进行制造与建造；使用者通过图样了解其构造和性能，并掌握正确的使用和维护方法。因此，图样是生产中的重要技术文件，是传递技术信息和设计思想的媒介与工具，是工程界的技术语言。由此可知，凡是从事工程技术工作的人员，都应具备绘制与识读图样的能力。

不同专业或行业使用不同的图样，如机械图样、建筑图样、水利图样、电气图样等。用来表示机器、仪器等的图样，称为机械图样。机械制图就是研究机械图样的绘制与识读规律和方法的一门学科。

二、本课程的主要任务和要求

(1) 掌握用正投影法图示空间物体的基本理论和方法。

(2) 掌握仪器绘图和徒手绘图的方法，并具有较高的绘图技能和技巧。

(3) 能运用正投影的基本理论，根据国家标准的规定，绘制和识读中等复杂程度的零件图和装配图。

(4) 培养学生的空间想像能力和思维能力。

(5) 能应用绘图软件绘制二维机械图样。

(6) 具有创新精神和实践能力，以及认真负责的工作态度和一丝不苟的工作作风。

三、本课程的学习方法

本课程是一门实践性很强的技术基础课，学习时应注意以下几点。

1. 掌握基本理论　在学习中，必须注意空间几何关系的分析，掌握空间形体与投影图之间的内在联系。只有通过“从空间到平面，再从平面到空间”这样反复研究和思考，才能掌握本课程的基本理论和基本方法。

2. 注重实践环节　在学习投影理论的同时，要多动手绘图、多读图、多想像，还应通过参观生产现场和机械产品，借助模型、轴测图、实物等，增加生产实践知识和表象积累，培养和发展空间想像和思维能力。学习计算机绘图，要尽量多地参加上机操作训练。

3. 培养严谨作风　严格遵守、认真贯彻执行制图国家标准，确立对生产负责的观念，规范作图实践训练，并不断提高绘图的质量和速度。

上篇　机械制图

第一章　制图的基本知识和技能

第一节　制图的基本规定

机械图样是现代工业生产中的重要技术文件。为了便于管理和交流，国家质量监督检疫总局发布了《技术制图》和《机械制图》等一系列国家标准，对图样的内容、格式、表达方法等都作了统一规定。《技术制图》国家标准是一项基础技术标准，在内容上具有统一性和通用性，它涵盖机械、电气、建筑等行业，且在制图标准体系中处于最高层次。《机械制图》国家标准则是机械类专业制图标准。它们是图样绘制和使用的准则，工程技术人员必须严格遵守这些规定，树立标准化的概念。

国家标准（简称国标）的代号是GB。例如GB/T 4457.4—2002，其中“GB/T”表示推荐性国标，“4457.4”表示标准顺序号，“2002”表示标准批准年号。

本节简要介绍制图国家标准中的图纸幅面、比例、图线、尺寸标注等内容。

一、图纸幅面和格式（GB/T 14689—1993）

1. 图纸幅面　在绘制技术图样时，应优先采用表1-1所规定的基本幅面。基本幅面共有五种，其尺寸关系如图1-1所示。必要时，也允许加长幅面。但加长后的幅面尺寸必须是由基本幅面的短边成整数倍增加后得出。

表1-1　图纸幅面　（单位：mm）

代号	$B \times L$	a	c	e
A0	841×1189	5	10	20
A1	594×841			
A2	420×594			10
A3	297×420		5	
A4	210×297			

注：a、c、e为留边宽度，参见图1-2、图1-3。

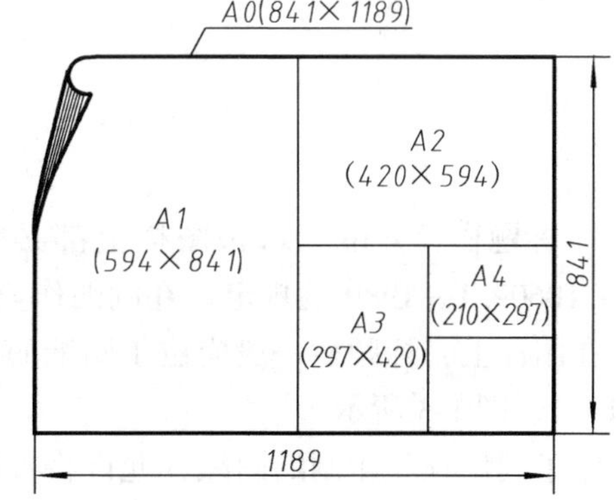

图1-1　基本幅面的尺寸关系

2. 图框格式　在图纸上必须用粗实线画出图框，其格式分为不留装订边和留有装订边两种，但同一产品的图样只能采用一种格式。

不留装订边的图纸，其图框格式如图 1-2 所示；留有装订边的图纸，其图框格式如图 1-3 所示。

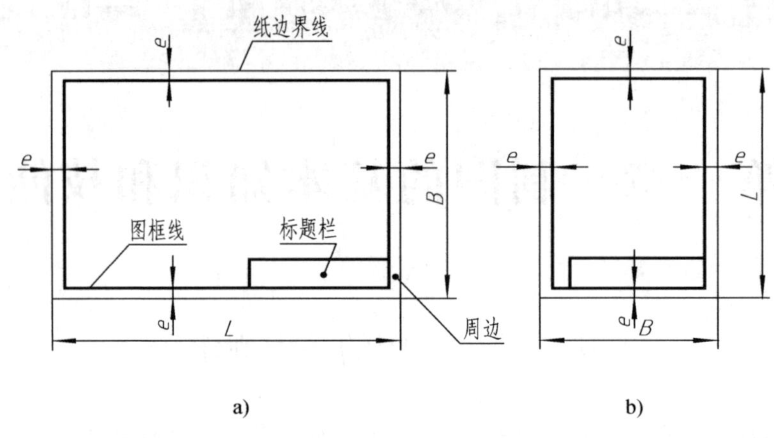

a)　　b)

图 1-2　不留装订边的图框格式

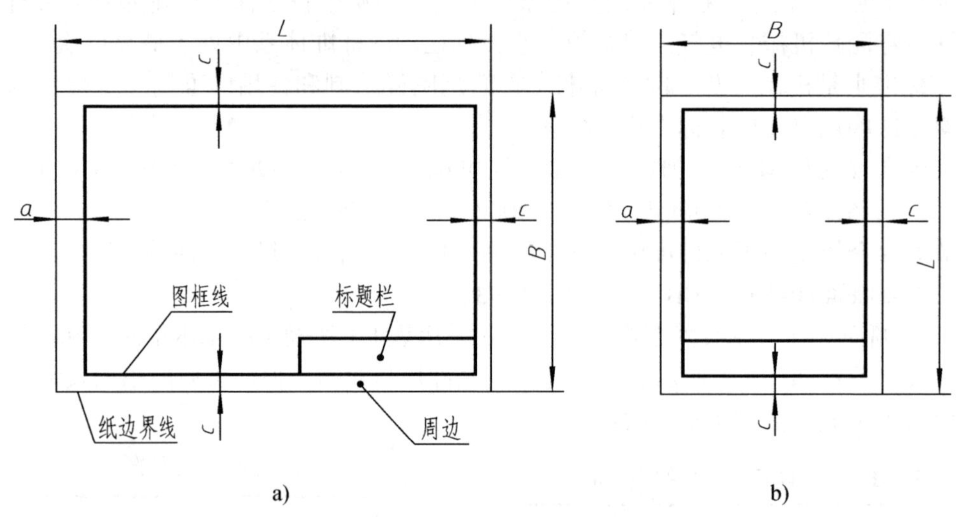

a)　　b)

图 1-3　留有装订边的图框格式

3. 标题栏及方位　每张图样上都必须画出标题栏。标题栏的内容、格式和尺寸应按 GB/T 10609. 1—1989 的规定。在制图作业中建议采用如图 1-4 所示的简化标题栏。

在图样上，标题栏一般应位于图纸的右下角，这时看图的方向与看标题栏的方向一致，如图 1-2、图 1-3 所示。

为了利用预先印制的图纸，允许将标题栏按图 1-5 所示的方式配置。此时，看图的方向与看标题栏的方向不一致。

4. 附加符号

(1) 对中符号　为了使图样复制和缩微摄影时定位方便，均应在图纸各边的中点处分别画出对中符号。

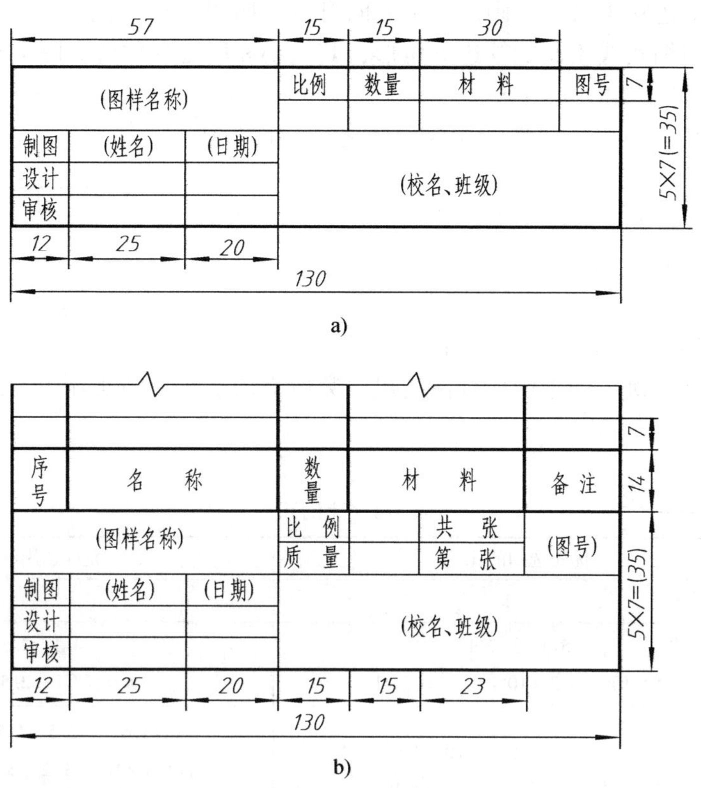

图 1-4 简化标题栏

a）零件图标题栏 b）装配图标题栏

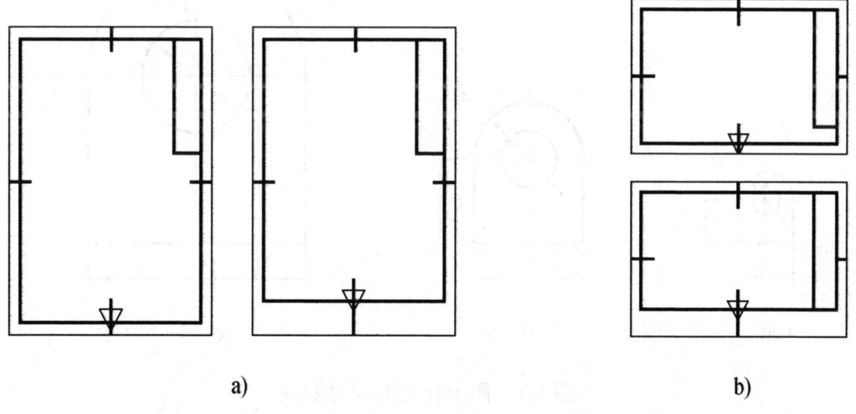

a) b)

图 1-5 标题栏位于右上角时的看图方向

对中符号用粗实线绘制，线宽不小于 0.5mm，长度为从纸边界开始至伸入图框内约 5mm，如图 1-5 所示。对中符号的位置误差应不大于 0.5mm。

当对中符号处在标题栏范围内时，伸入标题栏部分省略不画，如图 1-5 所示。

（2）方向符号 对于按规定使用预先印制的图纸时，为了明确绘图与看图时图纸的方向，应在图纸的下边对中符号处画出一个方向符号，如图 1-5 所示。

方向符号是用细实线绘制的等边三角形，其大小和所处的位置如图 1-6 所示。

二、比例（GB/T 14690—1993）

图中图形与其实物相应要素的线性尺寸之比，称为比例。

绘制图样时，应从表 1-2“优先选用的比例”中选取适当的绘图比例。必要时也允许从表 1-2“允许选用的比例”中选取。

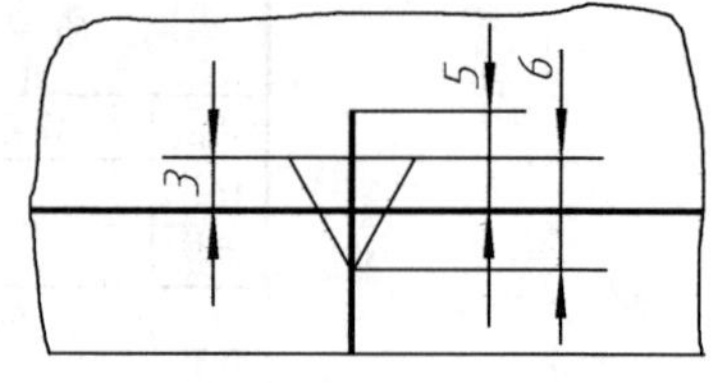

图 1-6　方向符号

比例一般应标注在标题栏中的“比例”栏内。

不论采用何种比例，图形中所标注的尺寸数值必须是实物的实际大小，与图形的比例无关，如图 1-7 所示。

表 1-2　比例系列

种　　类	优先选用的比例	允许选用的比例
原值比例	1∶1	—
放大比例	5∶1　　2∶1 5×10^n∶1　2×10^n∶1　1×10^n∶1	4∶1　2.5∶1 4×10^n∶1　2.5×10^n∶1
缩小比例	1∶2　1∶5　1∶10 1∶2×10^n　1∶5×10^n　1∶1×10^n	1∶1.5　1∶2.5　1∶3　1∶4　1∶6 1∶1.5×10^n　1∶2.5×10^n　1∶3×10^n 1∶4×10^n　1∶6×10^n

注：n 为正整数。

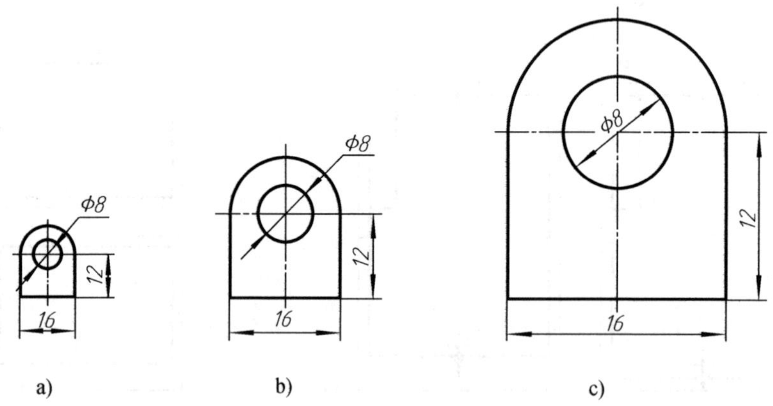

图 1-7　图形比例与尺寸数字

a) 1∶2　b) 1∶1　c) 2∶1

三、字体（GB/T 14691—1993）

在图样上除了要用图形表达机件的结构形状外，还要用数字及文字来说明机件的大小、技术要求和其他内容。

1. 基本要求

（1）在图样中书写的汉字、数字和字母，都必须做到：字体工整、笔画清楚、间隔均匀、排列整齐。

（2）字体高度（h）的公称尺寸系列为：1.8mm，2.5mm，3.5mm，5mm，7mm，10mm，14mm，20mm。如需要书写更大的字，其字体高度应按$\sqrt{2}$的比率递增。字体高度代表字体的号数。

（3）汉字应写成长仿宋体字，并应采用国家正式公布的简化字。汉字的高度 h 不应小于 3.5mm，其字宽一般为 $h/\sqrt{2}$。

书写长仿宋体字的要领是：横平竖直、注意起落、结构均匀、填满方格。

（4）字母和数字分 A 型和 B 型。A 型字体的笔画宽度（d）为字高（h）的 1/14；B 型字体的笔画宽度（d）为字高（h）的 1/10。在同一图样上，只允许选用一种型式的字体。

（5）字母和数字可写成斜体和直体。斜体字字头向右倾斜，与水平基准线成 75°。

（6）用作指数、分数、极限偏差、注脚等的数字及字母，一般应采用小一号字体。

2. 字体示例　汉字、数字和字母的示例见表 1-3。

表 1-3　字体示例

字体		示例
长仿宋体汉字	10 号	字体工整、笔画清楚、间隔均匀、排列整齐
	7 号	横平竖直　注意起落　结构均匀　填满方格
	5 号	技术制图石油化工机械电子汽车航空船舶土木建筑矿山井坑港口纺织焊接设备
	3.5 号	螺纹齿轮端子接线飞行指导驾驶舱位挖填施工引水通风闸阀坝棉麻化纤
拉丁字母	大写斜体	*ABCDEFGHIJKLMNOPQRSTUVWXYZ*
	小写斜体	*abcdefghijklmnopqrstuvwxyz*
阿拉伯数字	斜体	*0123456789*
	正体	0123456789
罗马数字	斜体	*I II III IV V VI VII VIII IX X*
	正体	I II III IV V VI VII VIII IX X

（续）

字 体	示 例
字体的应用	$\phi 20^{+0.010}_{-0.023}$ $7^{\circ}{}^{+1^{\circ}}_{-2^{\circ}}$ $\frac{3}{5}$ 10JS5(±0.003) M24−6h $\phi 25\frac{H6}{m5}$ $\frac{II}{2:1}$ $\frac{A}{5:1}$ 6.3 R8 5% 3.50

四、图线（GB/T 4457.4—2002、GB/T 17450—1998）

1. 线型 GB/T 4457.4—2002《机械制图 图样画法 图线》规定了机械制图中所用图线的一般规则，是对 GB/T 17450—1998《技术制图 图线》的补充。

(1) 线型及其应用 线型及其应用见表 1-4。该表中第 1 列的代码根据 GB/T 17450 给出。线型应用示例如图 1-8 所示。

表 1-4 线型及其应用

代码№	线 型	名 称	线 宽	一 般 应 用
01.1		细实线	d/2	过渡线、尺寸线、尺寸界线、指引线和基准线、剖面线、重合断面的轮廓线、短中心线、螺纹牙底线、尺寸线的起止线、表示平面的对角线、零件成形前的弯折线、范围线及分界线、重复要素表示线、锥形结构的基面位置线、叠片结构位置线、辅助线、不连续同一表面连线、成规律分布的相同要素连线、投射线、网格线
		波浪线	d/2	断裂处边界线、视图与剖视图的分界线
	4d 24d 9d 30°	双折线	d/2	
01.2	d	粗实线	d	可见棱边线、可见轮廓线、相贯线、螺纹牙顶线、螺纹长度终止线、齿顶圆(线)、表格图和流程图中的主要表示线、系统结构线(金属结构工程)、模样分型线、剖切符号用线

（续）

代码№	线　　型	名　　称	线　宽	一般应用
02. 1	12d　3d	细虚线	$d/2$	不可见棱边线、不可见轮廓线
02. 2		粗虚线	d	允许表面处理的表示线
04. 1	6d　24d	细点画线	$d/2$	轴线、中心线、对称中心线、分度圆(线)、孔系分布的中心线、剖切线
04. 2		粗点画线	d	限定范围表示线
05. 1	9d　24d	细双点画线	$d/2$	相邻辅助零件的轮廓线、可动零件的极限位置的轮廓线、重心线、成形前轮廓线、剖切面前的结构轮廓线、轨迹线、毛坯图中制成品的轮廓线、特定区域线、延伸公差带表示线、工艺用结构的轮廓线、中断线

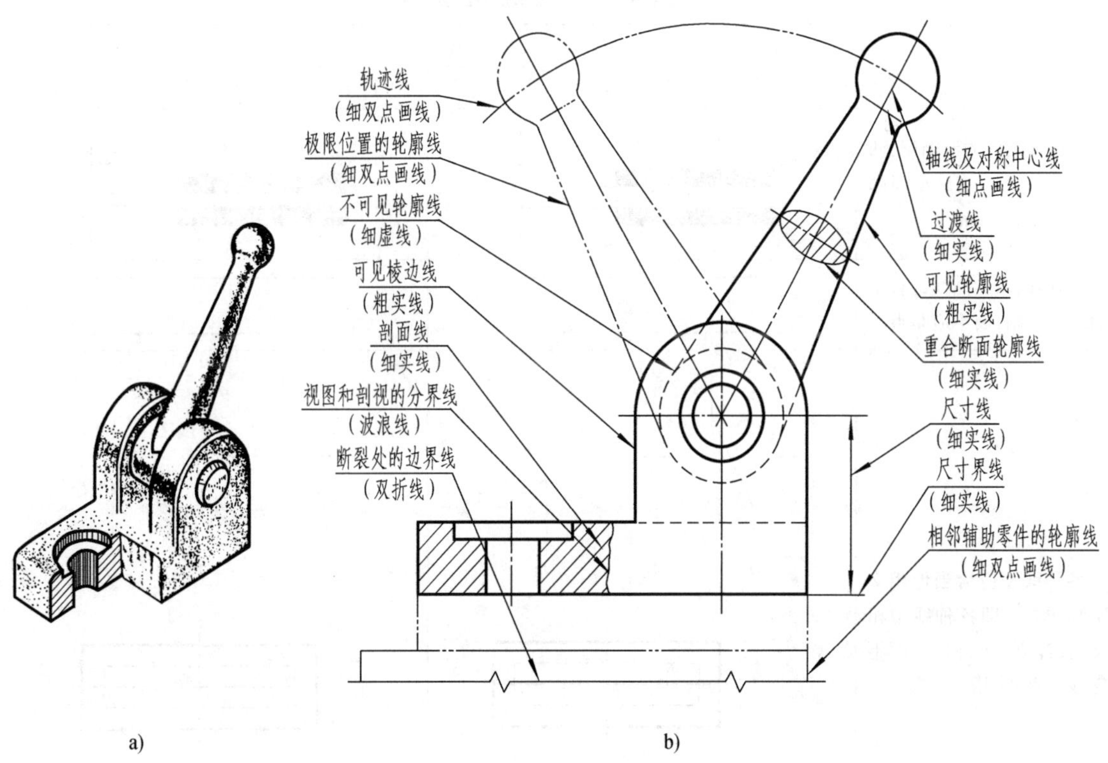

图 1-8　线型的应用示例

（2）图线宽度和图线组别　图线宽度和图线组别见表 1-5。在机械图样中采用粗细两种线宽，它们之间的比例为 2∶1。

表 1-5　图线宽度和图线组别　（单位：mm）

线型组别	与线型代码对应的线型宽度	
	01. 2；02. 2；04. 2	01. 1；02. 1；04. 1；05. 1
0. 25	0. 25	0. 13
0. 35	0. 35	0. 18
0. 5①	0. 5	0. 25
0. 7①	0. 7	0. 35
1	1	0. 5
1. 4	1. 4	0. 7
2	2	1

① 优先采用的图线组别。

2. 图线的画法

（1）同一图样中，同类图线的宽度应基本一致。细（粗）虚线、细（粗）点画线及细双点画线的线段长度和间隔应各自大致相等。两条平行线之间的最小间隙不得小于0. 7mm。

（2）当有两种或更多种图线重合时，通常应按照图线所表达对象的重要程度，优先选择绘图顺序：可见轮廓线→不可见轮廓线→尺寸线→各种用途的细实线→轴线和对称线（中心线）→假想线。

（3）图线与图线平行、相交、相切等的画法见表1-6。

表 1-6　常用图线的画法

要　求	图　例	
	正　确	错　误
为保证图样的清晰度，两条平行线之间的最小间隙不得小于0. 7mm	 ≥0.7	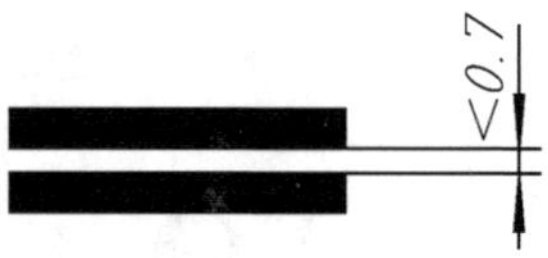 <0.7
点画线、双点画线的首末两端应是画，而不应是点	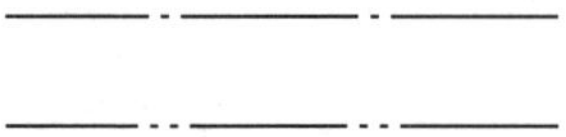	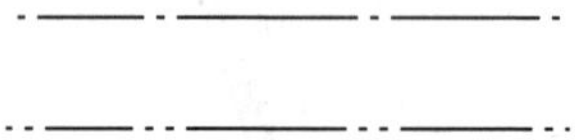
各种线型应恰当地相交于画线处。即各种线型相交时，都应以画相交，而不应该是点或间隔	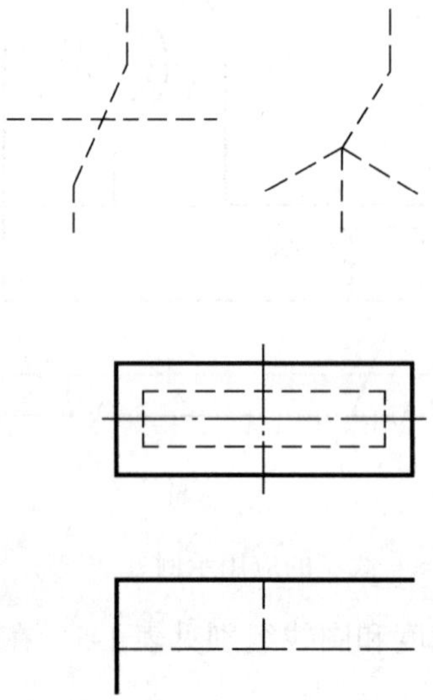	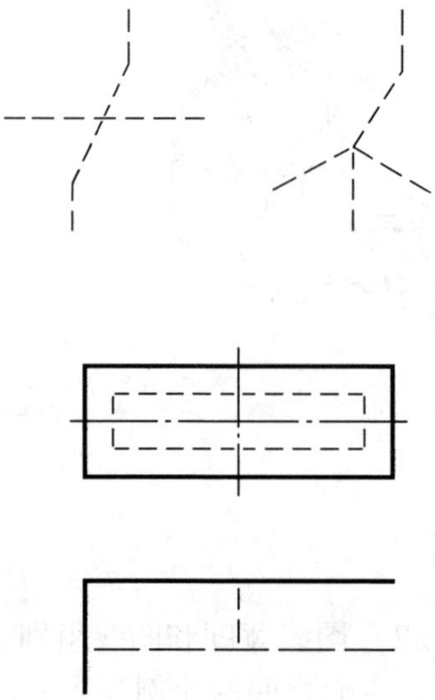

（续）

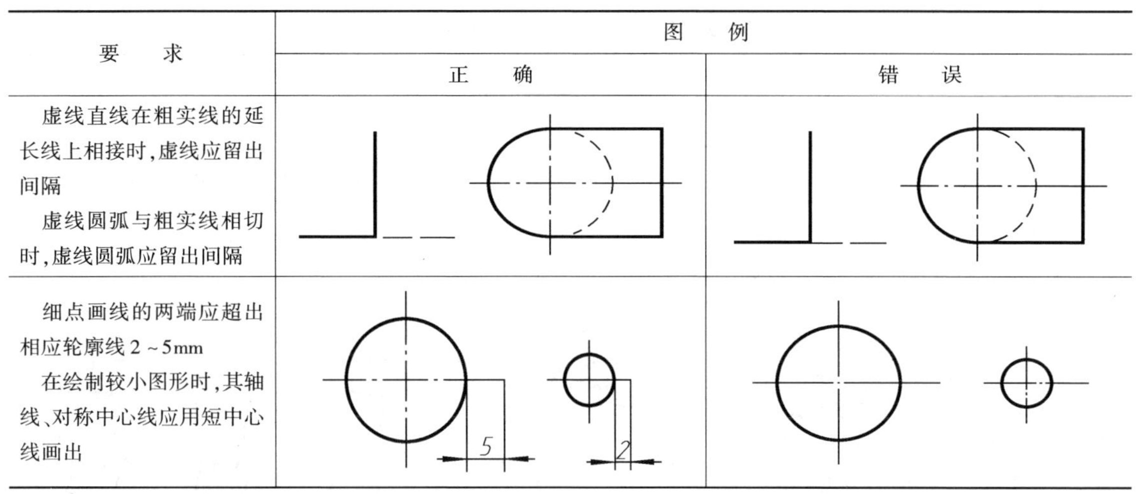

要　求	图　例	
	正　确	错　误
虚线直线在粗实线的延长线上相接时，虚线应留出间隔 虚线圆弧与粗实线相切时，虚线圆弧应留出间隔		
细点画线的两端应超出相应轮廓线 2～5mm 在绘制较小图形时，其轴线、对称中心线应用短中心线画出	5　2	

五、尺寸注法（GB/T 4458. 4—2003、GB/T 16675. 2—1996）

尺寸是图样的重要内容之一。GB/T 4458. 4—2003《机械制图　尺寸注法》和 GB/T 16675. 2—1996《技术制图　简化表示法　第 2 部分：尺寸注法》中对尺寸标注作了专门规定，在绘制、阅读图样时必须严格遵守国家标准中规定的原则和标注方法。

1. 基本规则

（1）机件的真实大小应以图样上所注的尺寸数值为依据，与图形的大小及绘图的准确度无关。

（2）图样中（包括技术要求和其他说明）的尺寸，以毫米为单位时，不需标注计量单位的代号或名称，如采用其他单位，则必须注明相应的计量单位的代号或名称。

（3）图样中所标注的尺寸，为该图样所示机件的最后完工尺寸，否则应另加说明。

（4）机件的每一尺寸，一般只标注一次，并应标注在反映该结构最清晰的图形上。

2. 尺寸的组成　完整的尺寸一般由尺寸数字、尺寸线、尺寸界线等要素组成，如图 1-9 所示。

尺寸线终端有箭头和斜线两种形式，如图 1-10 所示。箭头的形式适用于各种类型的图样。当尺寸线的终端采用斜线形式（用细实线绘制）时，尺寸线与尺寸界线必须相互垂直。同一张图样中只能采用一种尺寸线的终端形式。一般机械图样的尺寸线终端画箭头，土建图的尺寸线终端画斜线。

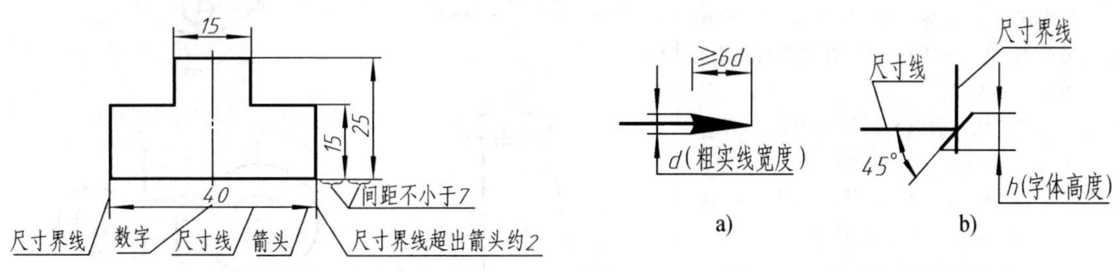

图 1-9　尺寸的组成与标注

图 1-10　尺寸线的终端形式
a）箭头（已放大）　b）斜线

3. 常用尺寸的标注方法　见表1-7。

表1-7　常用尺寸的标注方法

项目	说　明	图　　例
线性尺寸数字	线性尺寸的数字一般应注写在尺寸线的上方(图a),也允许注写在尺寸线的中断处(图b) 线性尺寸数字的方向,一般应采用图c所示的方向注写,并尽可能避免在图示30°范围内标注尺寸。当无法避免时,可按图d的形式标注。 在不致引起误解时,对于非水平方向的尺寸,也允许将其数字水平地注写在尺寸线的中断处(图e) 尺寸数字不可被任何图线所通过,否则必须将该图线断开(图f)	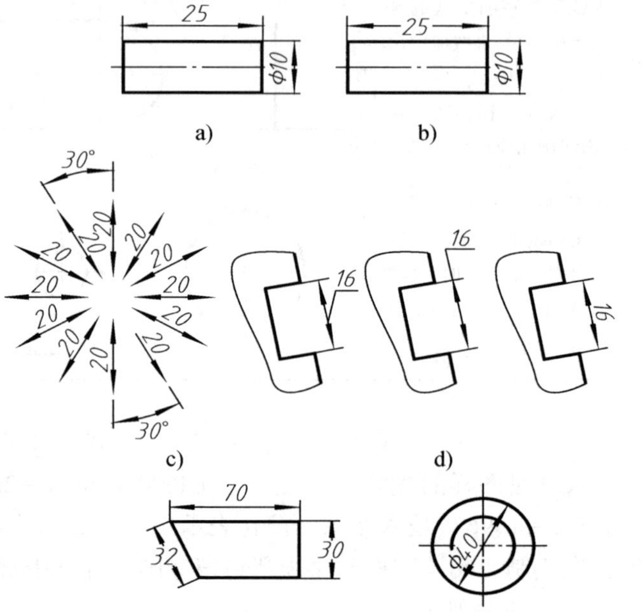 a)　b)　c)　d)　e)　f)
尺寸线	尺寸线必须用细实线单独画出,不能用其他图线代替,一般也不得与其他图线重合或画在其延长线上 标注线性尺寸时,尺寸线必须与所标注的线段平行	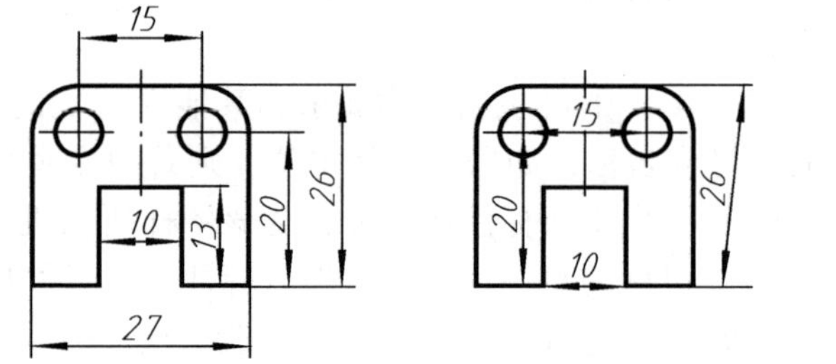 正确　错误
尺寸界线	尺寸界线用细实线绘制,并应由图形的轮廓线(图a)、轴线或对称中心线(图b)处引出,也可利用轮廓线、轴线或对称中心线作尺寸界线。 尺寸界线一般应与尺寸线垂直,必要时才允许倾斜(图c)。在光滑过渡处标注尺寸时,必须用细实线将轮廓线延长,从它们的交点处引出尺寸界线(图d)	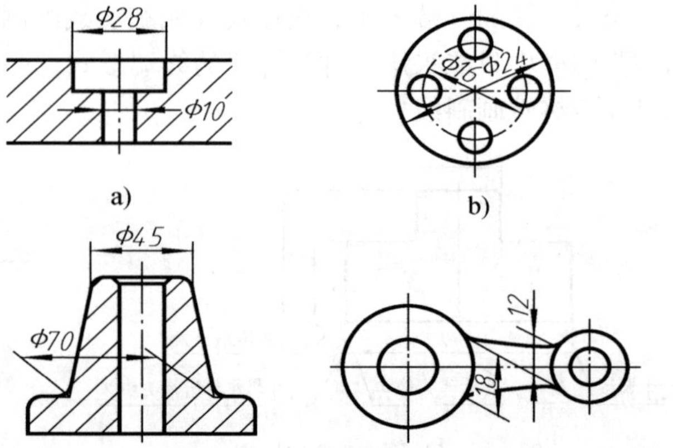 a)　b)　c)　d)

（续）

项目	说　明	图　例
直径和半径	标注直径尺寸时，应在尺寸数字前加注直径符号“ϕ”；标注半径尺寸时，应在尺寸数字前加注半径符号“R”。其尺寸线的终端应画成箭头，并按图 a～d 的方法标注 当圆弧的半径过大或在图纸范围内无法标注其圆心位置时，可按图 e 形式标注。若不需要标出其圆心位置时，可按图 f 的形式标注	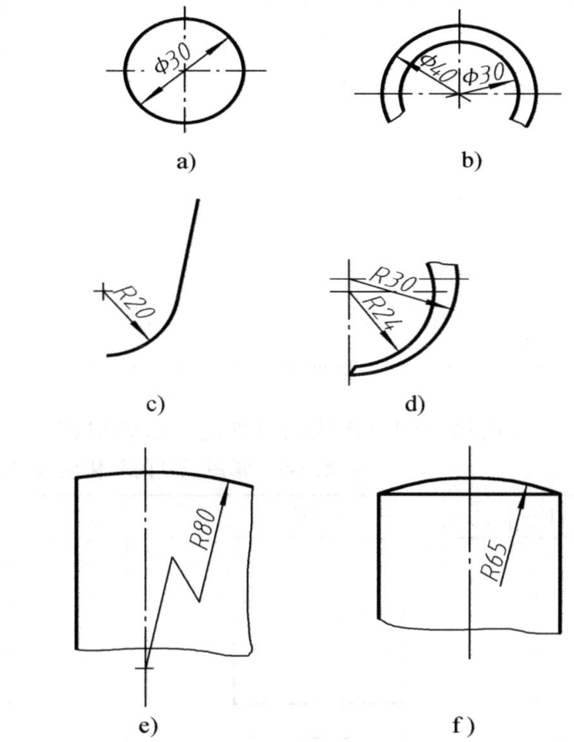
小尺寸的注法	在没有足够的位置画箭头或注写数字时，可按右图形式标出。当采用箭头时，位置不够时允许用圆点代替斜线或箭头	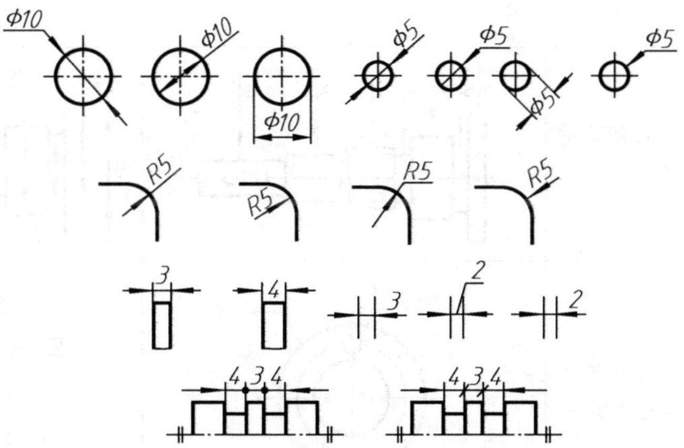
角度的注法	角度的数字一律写成水平方向 角度的数字应注写在尺寸线的中断处，必要时允许写在外面或引出标注 角度的尺寸线应画成圆弧，其圆心是该角的顶点；尺寸界线应沿径向引出	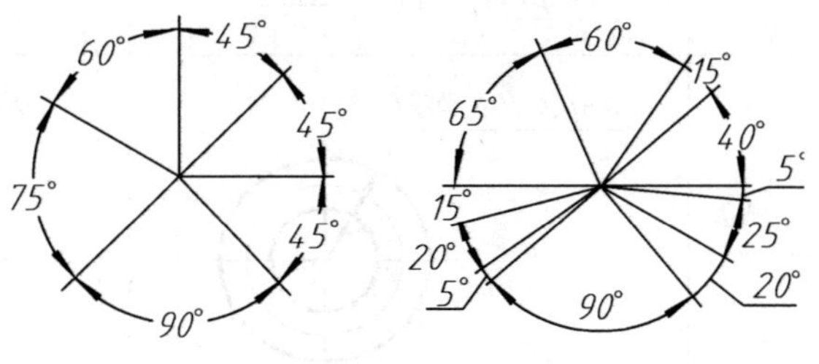

4. 尺寸的简化注法　在不致引起误解和不会产生理解的多意性的前提下，可以用简化形式标注尺寸。

（1）在标注尺寸时，应尽可能使用符号和缩写词。常用的符号和缩写词见表 1-8。

表 1-8　常用的符号和缩写词

名　称	符号或缩写词	名　称	符号或缩写词
直径	ϕ	45°倒角	C
半径	R	深度	↧
球直径	$S\phi$	沉孔或锪平	⌴
球半径	SR	埋头孔	⌵
厚度	t	均布	EQS
正方形	□		

（2）常用尺寸的简化注法与规定注法的对比见表 1-9。

表 1-9　常用尺寸的简化注法与规定注法的对比

项　目	简化后	简化前	说　明
尺寸线终端形式	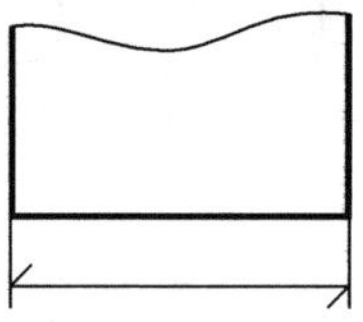	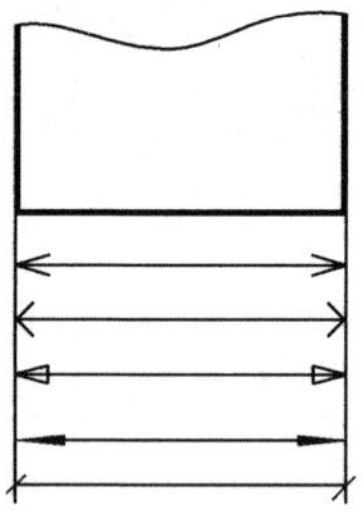	标注尺寸时，可使用单边箭头
带箭头的指引线	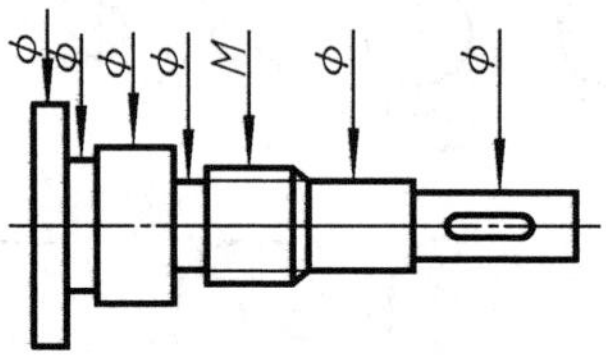 ϕ ϕ ϕ ϕ M ϕ ϕ	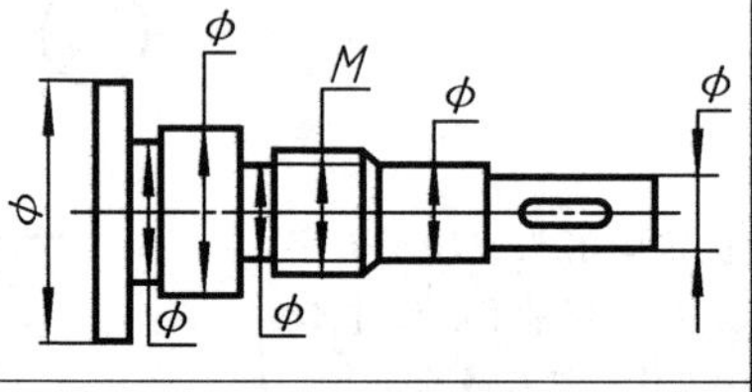 ϕ M ϕ ϕ ϕ ϕ ϕ	标注尺寸时，可采用带箭头的指引线
不带箭头的指引线	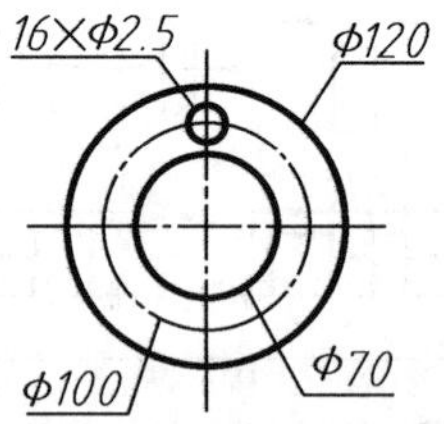 16×ϕ2.5 ϕ120 ϕ100 ϕ70	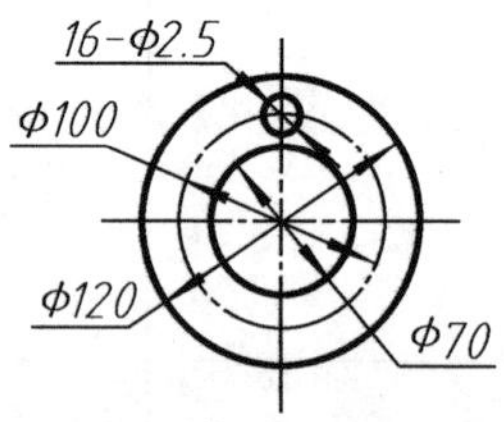 16-ϕ2.5 ϕ100 ϕ120 ϕ70	标注尺寸时，也可采用不带箭头的指引线
同心圆及台阶孔	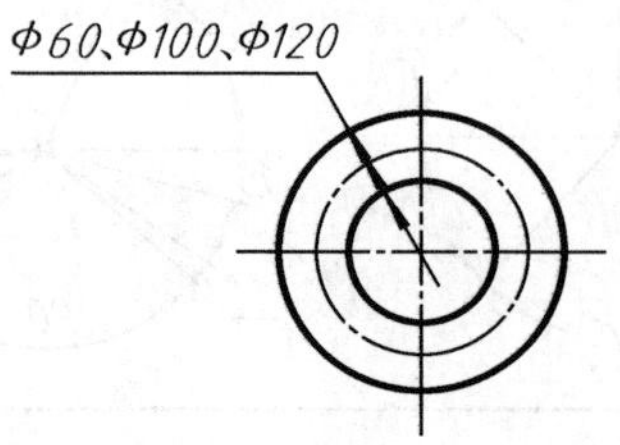 ϕ60、ϕ100、ϕ120	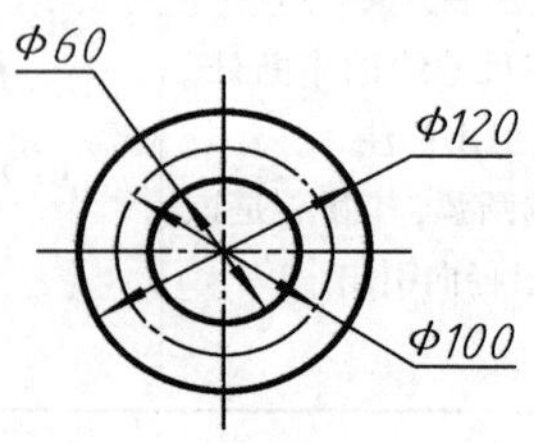 ϕ60 ϕ120 ϕ100	一组同心圆或尺寸较多的台阶孔的尺寸，也可用共用的尺寸线和箭头依次表示

（续）

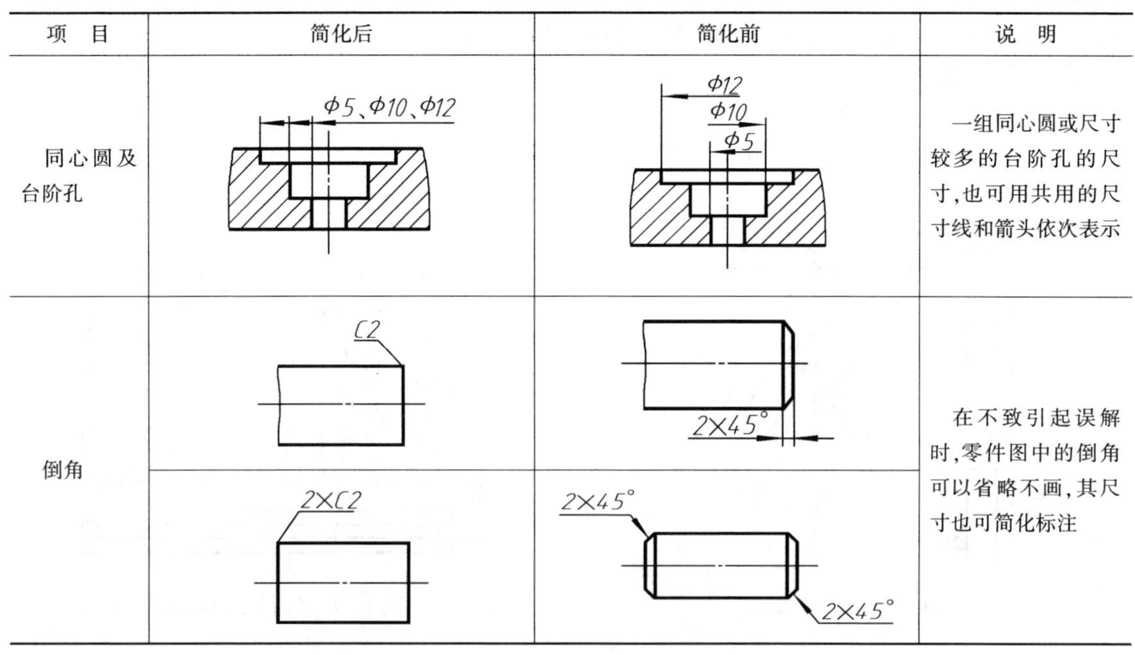

项　目	简化后	简化前	说　明
同心圆及台阶孔	$\phi5$、$\phi10$、$\phi12$	$\phi12$ $\phi10$ $\phi5$	一组同心圆或尺寸较多的台阶孔的尺寸，也可用共用的尺寸线和箭头依次表示
倒角	C2	2×45°	在不致引起误解时，零件图中的倒角可以省略不画，其尺寸也可简化标注
	2×C2	2×45° 2×45°	

第二节　常用绘图工具和用品的使用

正确地使用绘图工具对提高绘图的准确性和效率起着重要的作用。因此，应对绘图工具的用途有所了解，并熟练掌握它们的使用方法。常用的手工绘图工具和用品有图板、丁字尺、三角板、圆规、分规、铅笔、图纸等。

一、图板

图板是用来铺放、固定图纸并进行绘图的。一般由胶合板制成，四周镶有硬木边，如图1-11所示。其板面要求平整光滑，左侧为工作边，又称导边，必须平直。使用时，应注意保持板面和工作边整洁完好，要防止受潮和受热。

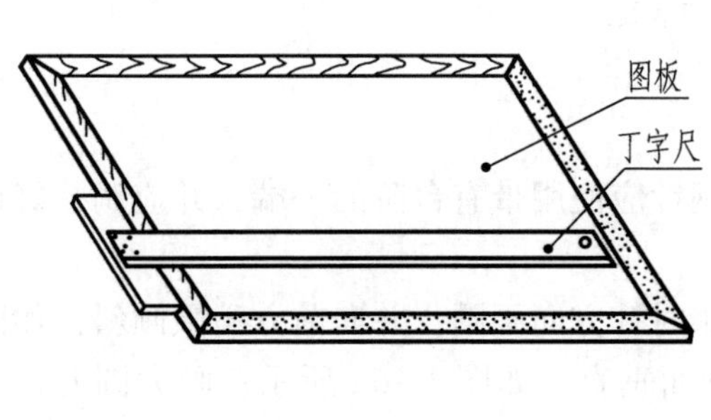

图1-11　图板和丁字尺

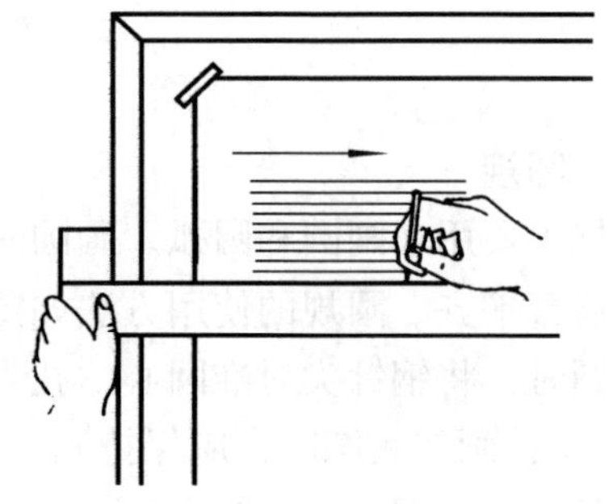

图1-12　用丁字尺画水平线

二、丁字尺

丁字尺由尺头和尺身两部分构成，它主要用来画水平线，如图1-12所示。使用时，尺头内侧必须紧靠图板的导边，用左手推动丁字尺上、下移动。待到所需位置后，改变手势，压住尺身，然后用右手执笔沿尺身工作边自左向右画线。

三、三角板

三角板分为45°和30°（60°）两种，其两块合为一副，一般为透明有机玻璃板制成。

三角板与丁字尺配合，可以画出垂直线，以及与水平线成45°、30°和60°的斜线等，如图1-13和图1-14所示。

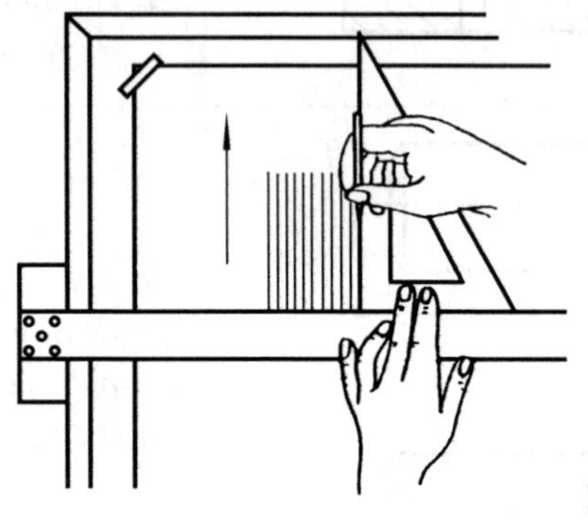

图1-13 垂直线的画法

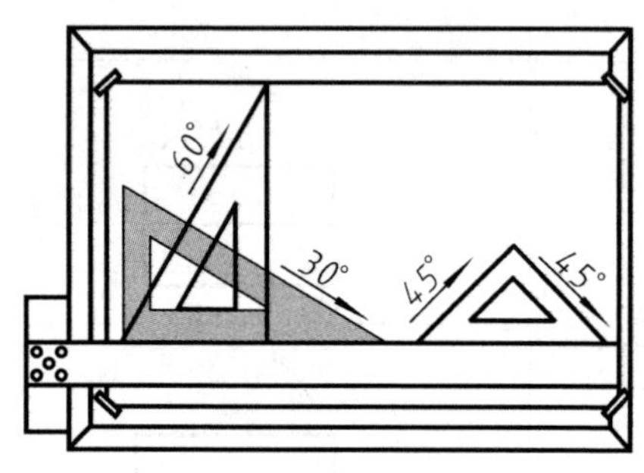

图1-14 倾斜线的画法

如将两块三角板配合使用，还可以画出已知直线的平行线或垂直线，如图1-15所示。

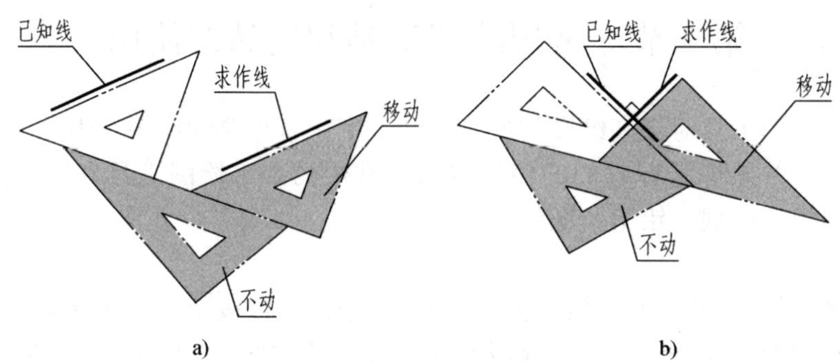

图1-15 作已知线的平行线和垂直线
a）平行线画法 b）垂直线画法

四、圆规

圆规主要用来画圆和圆弧。画圆时，圆规的钢针应使用带有台阶的一端，并应调整好铅芯尖与肩台平齐。圆规的使用方法如图1-16所示。

画圆时，将钢针尖对准圆心，扎入图板，按顺时针方向画圆，并向前方稍微倾斜，如图1-16a所示；画较大圆时，应保持圆规的两腿与纸面垂直，如图1-16b所示；画大圆时，应接上延长杆，如图1-16c所示。

五、分规

分规用于截取尺寸和等分线段。当两腿并拢时，两针尖应对齐，分规的构造和使用方法如图1-17所示。

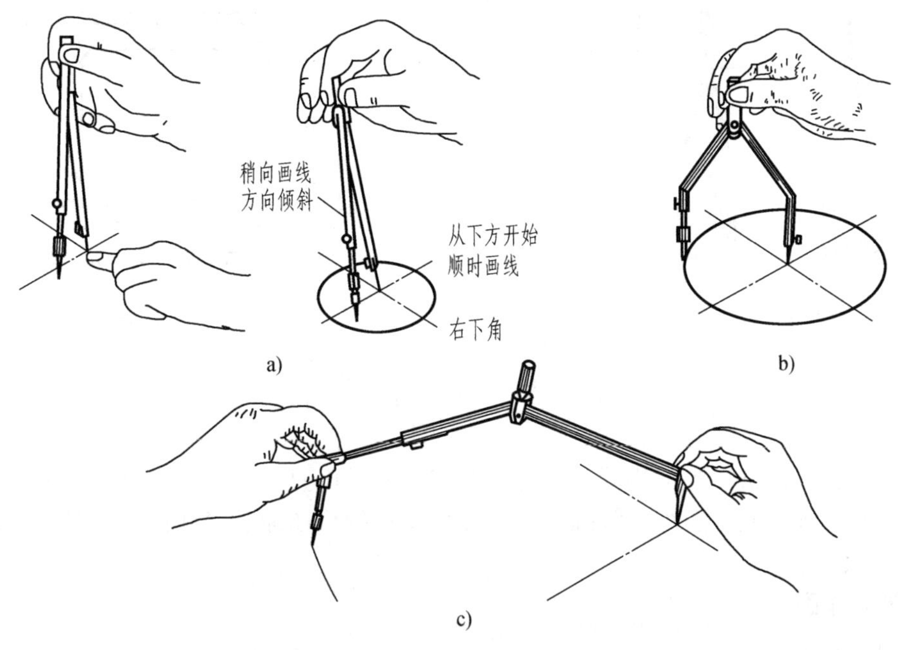

图 1-16　圆规的使用方法

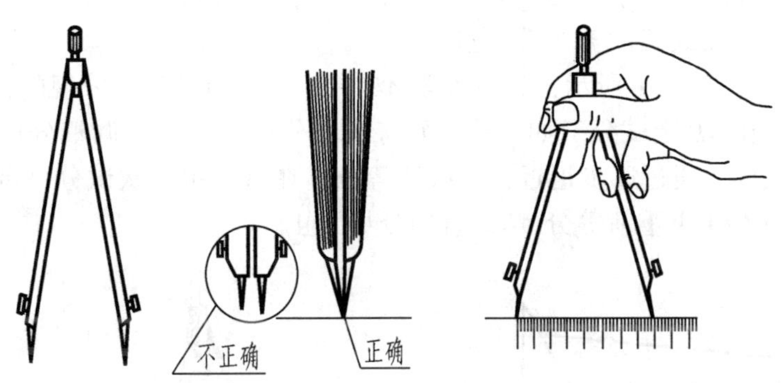

图 1-17　分规的构造与使用方法

六、铅笔

绘图铅笔的铅芯有软硬之分，分别用符号 B 或 H 表示。B 前的数字越大，铅芯越软；H 前的数字越大，铅芯越硬。其中 6H 为最硬，6B 为最软，HB 铅笔软硬适中。

绘制图形底稿时，一般用 2H 或 3H 铅笔，并削成圆锥形；加深底稿时，一般用 B 或 2B 铅笔，削成扁铲形或四棱柱，如图 1-18 所示。

七、绘图纸

绘图纸要求质地坚实，用橡皮擦拭不易起毛，并符合国家标准规定的幅面尺寸。图纸一般用胶带纸固定在图板上，如图 1-19 所示。

以上是手工绘图所使用的最基本的绘图工具和用品，除此之外，绘图时还要用到比例尺、曲线板、胶带纸、橡皮、擦线板、软毛刷等。

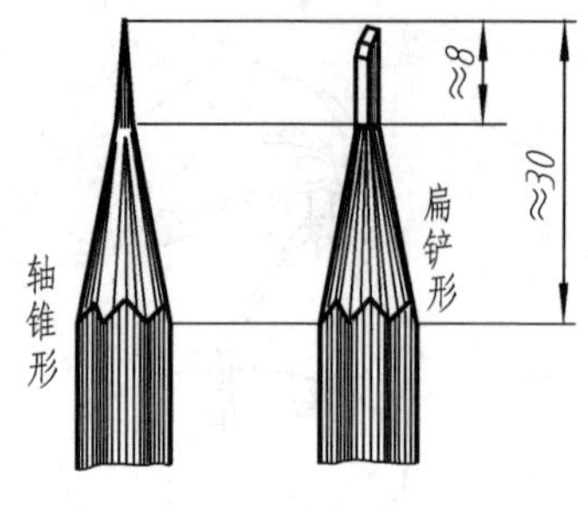

图 1-18　铅笔的削法

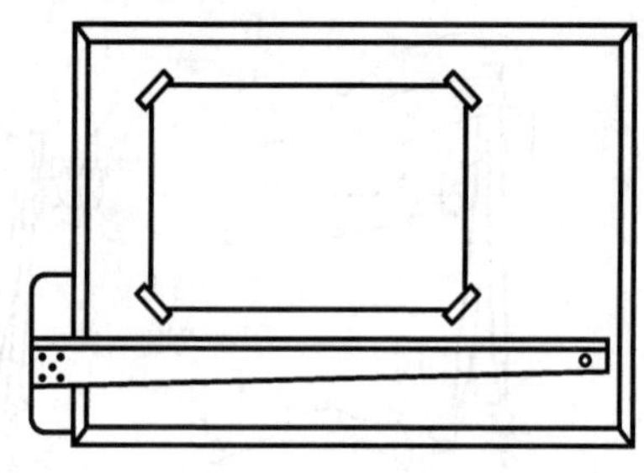

图 1-19　固定图纸的位置

第三节　几 何 作 图

机件的轮廓形状虽然各不相同，但分析起来，都是由直线、圆弧和其他一些非圆曲线等基本的几何图形所组成。熟练地掌握常见的几何图形的作图原理、作图方法是绘制机械图样的基本技能。

一、等分作图

1. 等分线段

（1）平行线法　如图 1-20 所示，将线段 *AB* 五等分。先由一端点 *A*（或 *B*）任作射线 *AC*，在 *AC* 上以适当长度截得 1、2、3、4、5 各等分点。连接$\overline{5B}$，并过 4、3、2、1 各点分别作$\overline{5B}$的平行线，即得线段的五个等分点。

（2）试分法　如图 1-21 所示，将直线段 *AB* 四等分，用目测将分规的开度调整至 *AB* 的四分之一长，然后在 *AB* 上试分。如不能恰好将线段分尽，可重新调整分规的开度使其长度增加或缩小再行试分，通过逐步逼近，将线段等分。在本例中首次试分，剩余长度为 *E*，这时调整分规，增加 *E*/4 再重新等分 *AB*，直到分尽为止。

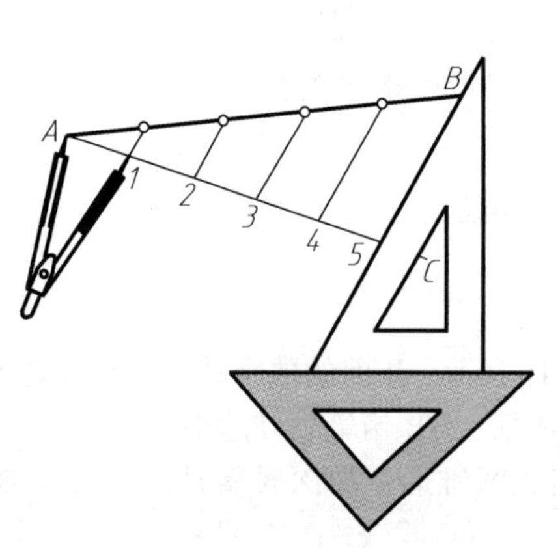

图 1-20　平行线法等分线段

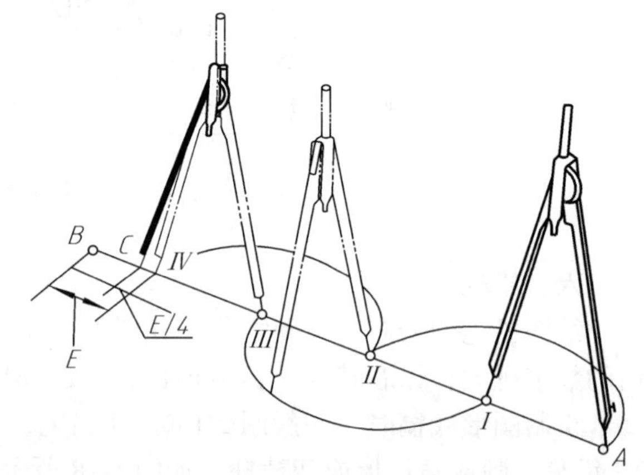

图 1-21　试分法等分线段

2. 等分圆周及作正多边形

（1）圆周的三、六、十二等分　有两种作图方法。用圆规等分的作图方法如图 1-22 所示。另外还可用 30°（60°）三角板和丁字尺配合进行等分，如图 1-23 所示。

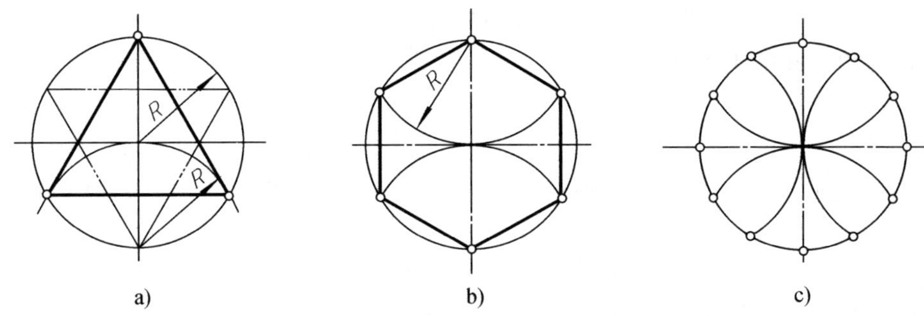

图 1-22 用圆规三、六、十二等分圆周

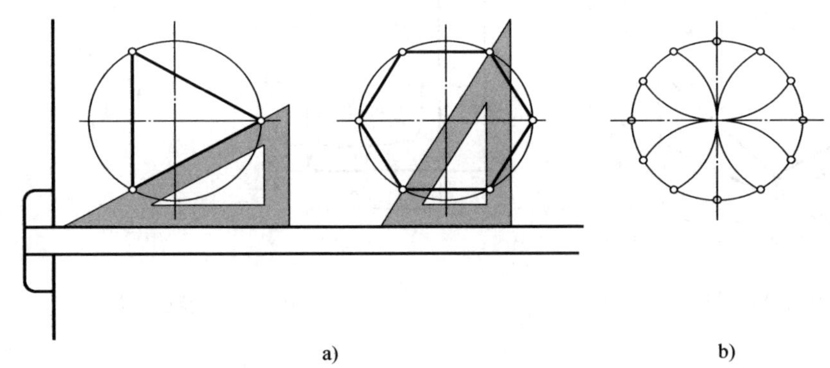

图 1-23 用丁字尺和三角板配合对圆周三、六、十二等分

（2）圆周的五等分 作图方法如图 1-24 所示。

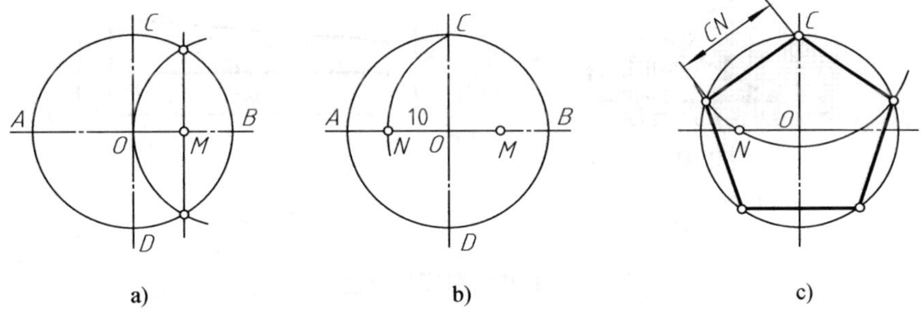

图 1-24 圆周的五等分

a）等分半径 *OB* 得点 *M* b）以点 *M* 为圆心，*MC* 长为半径画弧交 *AO* 于 *N*

c）*CN* 为五边形的边长

二、斜度和锥度

1. 斜度（*S*）（GB/T 4096—2001）

（1）斜度的概念 斜度是棱体高之差与平行于棱并垂直一个棱面的两个截面之间的距离之比，用代号“*S*”表示。它等于最大棱体高 H 与最小棱体高 h 之差对棱体长度 L 之比，如图 1-25 所示。关系式为

$$S=(H-h)/L$$

斜度 S 与角度 β 的关系为

$$S=\tan\beta=1/\cot\beta$$

在图样中标注斜度时，习惯上把比例的前项化为 1，而写成 1∶n 的形式。

（2）斜度的画法　如图 1-26a 所示槽钢内侧的斜度为 1∶10，其斜度可采用如图 1-26b 所示方法作出。

过 A 作 $AM=1$ 个单位长，在 AB 线上作 10 个单位长得 N 点。连 MN，即为 1∶10 斜度线。过 K 作 $CD/\!/MN$，即为所求。然后完成其他圆弧连接。

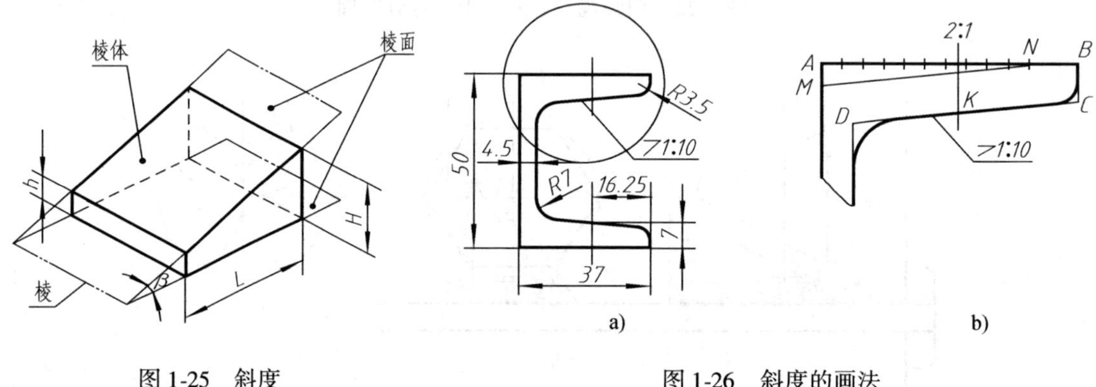

图 1-25　斜度　　　　图 1-26　斜度的画法

（3）斜度的标注　斜度的符号如图 1-27a 所示。标注斜度时，斜度符号的方向应与斜度方向一致，如图 1-27b 所示。

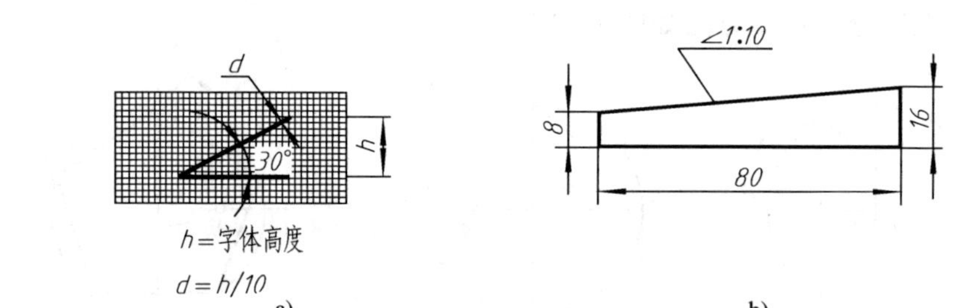

图 1-27　斜度的标注

2. 锥度（C）（GB/T 15754—1995）

（1）锥度　锥度是指两个垂直圆锥轴线截面的圆锥直径差与该两截面间的轴向距离之比，如图 1-28 所示。关系式为

$$C=\frac{D-d}{L}=2\tan\frac{\alpha}{2}$$

式中，α 为锥顶角。在图样上，锥度也可以 1∶n 的简化形式表示。

（2）锥度的画法　如图 1-29a 所示为锥度 1∶3 的塞规，其锥度可采用如图 1-29b 所示的方法作出。

首先按尺寸画出已知部分，然后在 EF 上作 $CD=1$ 个单位长，在轴线上作 $AB=3$ 个单位长，连 CB、DB 即得锥度为 1∶3 的两条线。最后过 E、F 作 CB、DB 的平行线，即为所求。

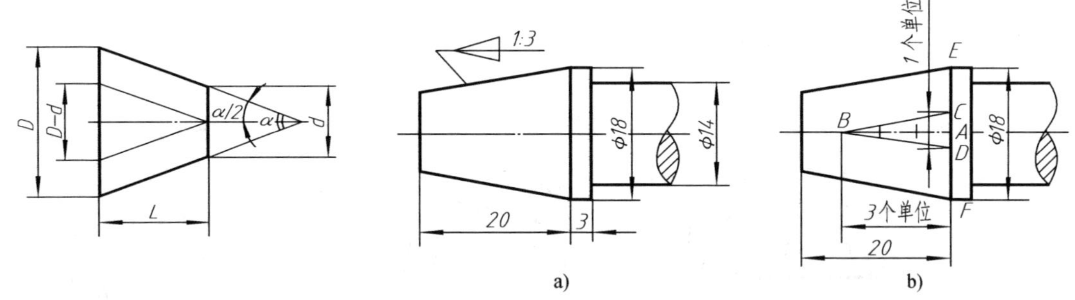

图 1-28　锥度　　　　图 1-29　锥度的画法

（3）锥度的标注　在图样上采用如图 1-30a 所示的图形符号表示锥度，该符号配置在基准线上，基准线与圆锥的轴线平行，并通过引出线与圆锥轮廓线相连。图形符号的方向应与圆锥方向一致，如图 1-30b 所示。

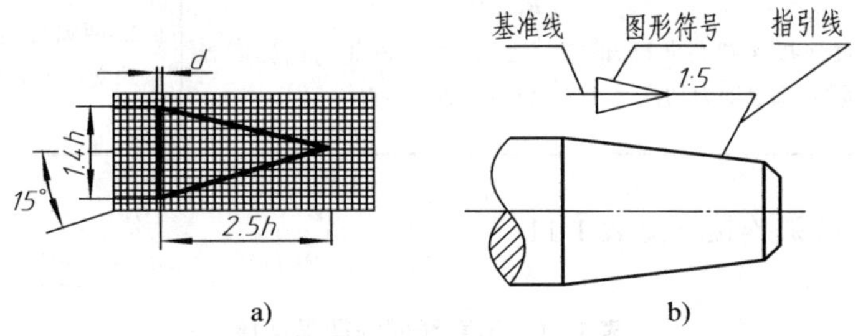

图 1-30　锥度的标注

三、圆弧连接

绘制机件图形时，经常需要用圆弧光滑地连接另外的圆弧或直线，这种用圆弧光滑地连接相邻两线段的作图方法，称为圆弧连接。光滑连接，实质上就是圆弧与圆弧或圆弧与直线相切，其切点就是连接点。为保证光滑连接，必须准确地找出圆心和切点，如图 1-31 所示。

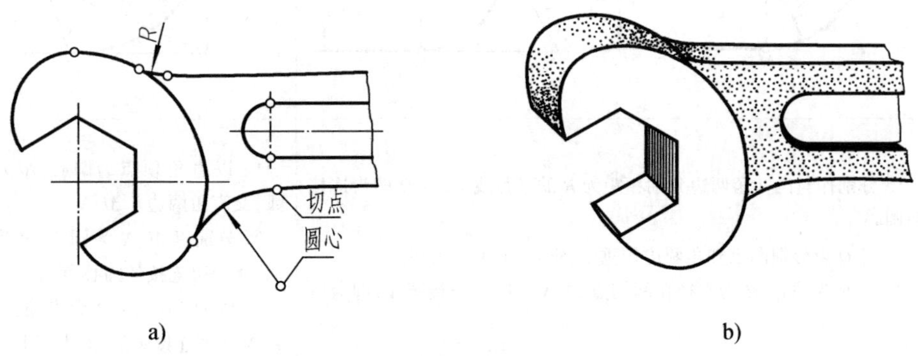

图 1-31　圆弧连接要点

a）扳手轮廓图　b）扳手轴测图

1. 圆弧连接的作图原理　见表 1-10。

表 1-10　圆弧连接的作图原理

类　型	圆弧与直线连接(相切)	圆弧与圆弧连接(外切)	圆弧与圆弧连接(内切)
图　例	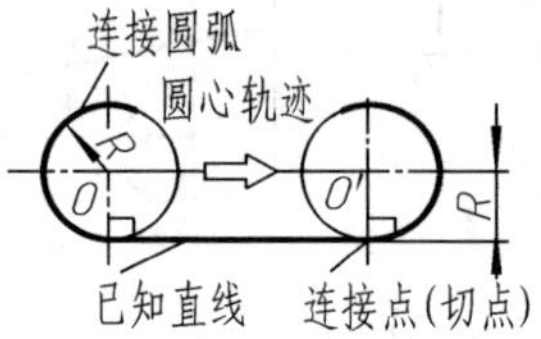	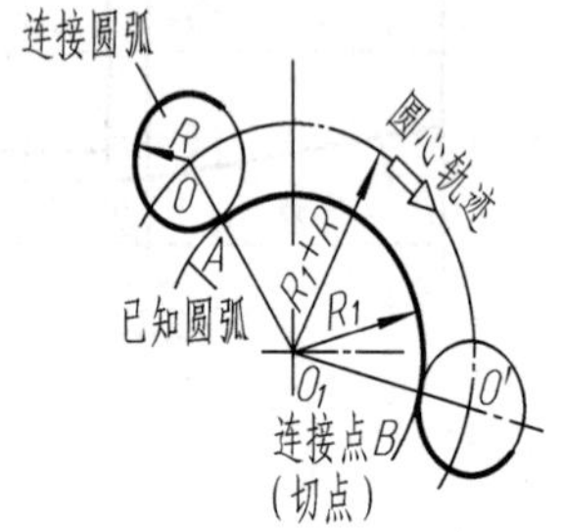	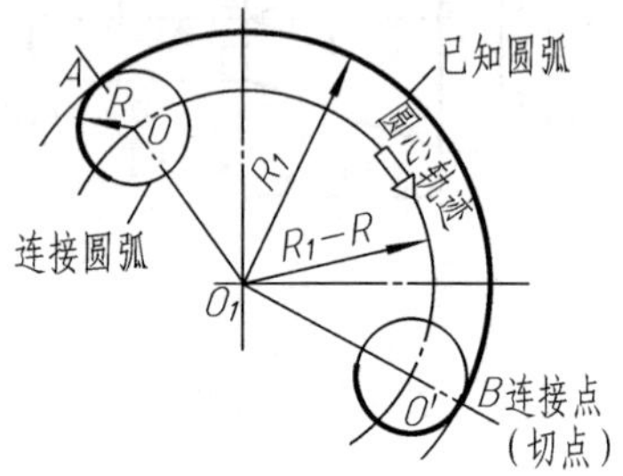
连接弧圆心轨迹及切点位置	1. 连接弧圆心的轨迹是平行于已知直线且相距为 R 的直线 2. 过连接弧圆心向已知直线做垂线,垂足即为切点	1. 连接弧圆心的轨迹是已知圆弧的同心圆弧,其半径为 R_1+R 2. 两圆心连线与已知圆弧的交点即为切点	1. 连接弧圆心的轨迹是已知圆弧的同心圆弧,其半径为 R_1-R 2. 两圆心连线的延长线与已知圆弧的交点即为切点

2. 两直线间的圆弧连接　见表 1-11。

表 1-11　两直线间的圆弧连接

类　别	用圆弧连接锐角或钝角的两边	用圆弧连接直角的两边
图　例	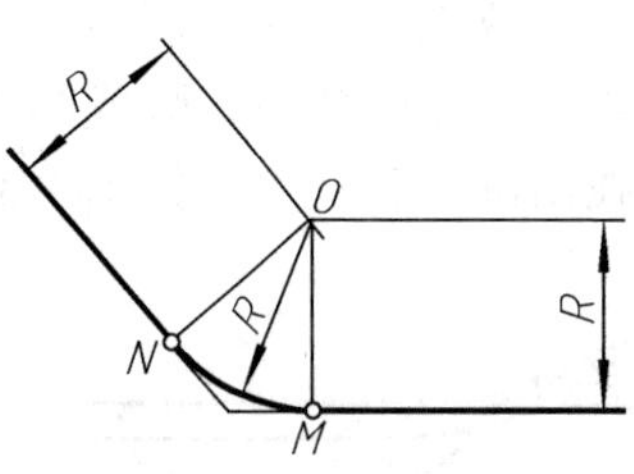 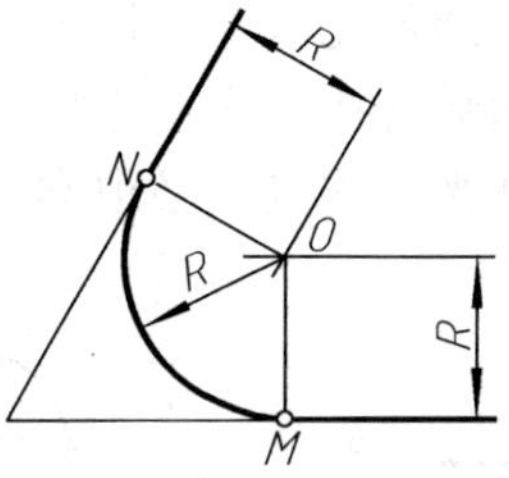	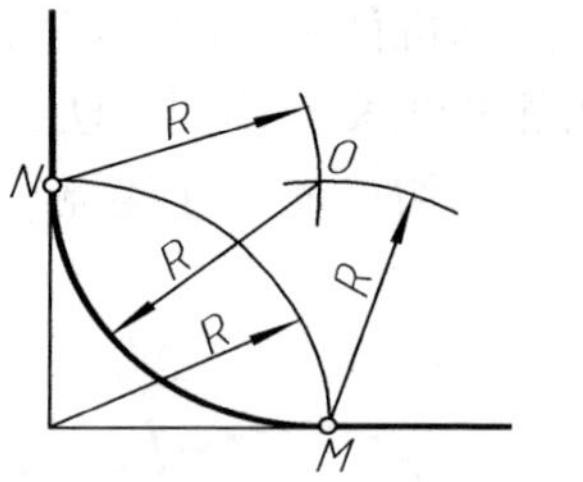
作图步骤	1. 分别作与已知角两边分别相距为 R 的平行线,交点 O 即为连接弧圆心 2. 过 O 点分别向已知角两边作垂线,垂足 M、N 即为切点 3. 以 O 为圆心,R 为半径在两切点 M、N 之间画连接圆弧,即为所求	1. 以直角顶点为圆心,R 为半径画弧,交直角两边于 M、N 2. 分别以 M、N 为圆心,R 为半径画弧,相交得连接弧圆心 O 3. 以 O 为圆心,R 为半径,在两切点 M、N 间画连接圆弧,即为所求

3. 直线与圆弧及两圆弧之间的圆弧连接　见表 1-12。

表 1-12　直线与圆弧以及圆弧之间的圆弧连接

名称		已知条件和作图要求	作图步骤		
直线和圆弧间的圆弧连接		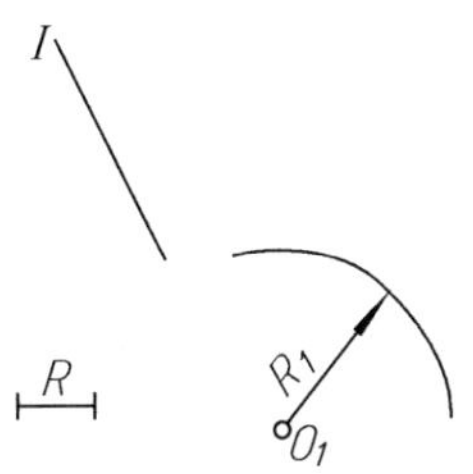 以已知的连接弧半径 R 画弧，与直线 Ⅰ 和圆 O_1 外切	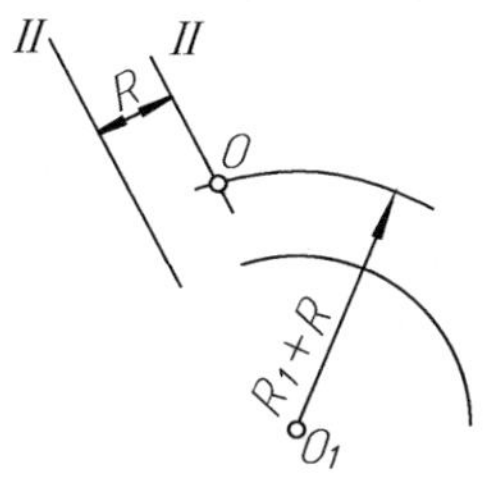 1. 以 O_1 为圆心，$R+R_1$ 为半径画弧，再作距已知直线为 R 的平行线 Ⅱ，二者交于 O，得连接圆弧的圆心	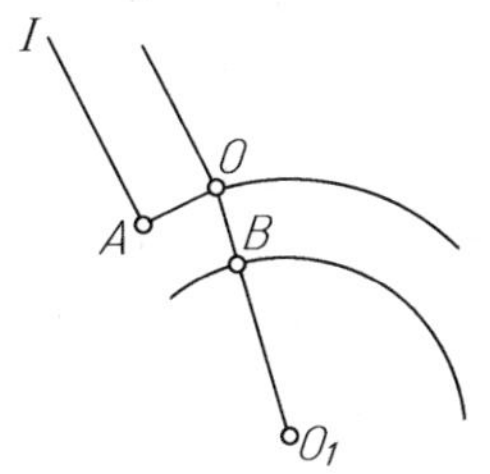 2. 连 OO_1 交已知弧于 B；作 OA 垂直于已知线 Ⅰ。A、B 即为切点	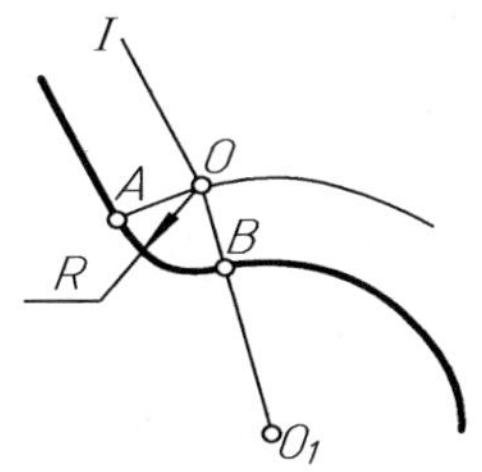 3. 以 O 为圆心，R 为半径在两切点 A、B 间作圆弧，即为所求
两圆弧间的圆弧连接	外连接	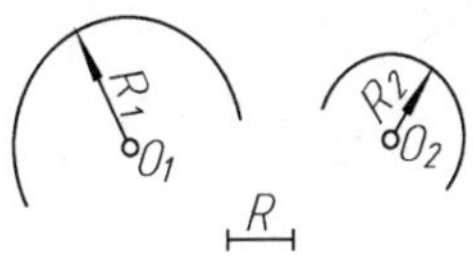 以已知的连接弧半径 R 画弧，与两圆外切	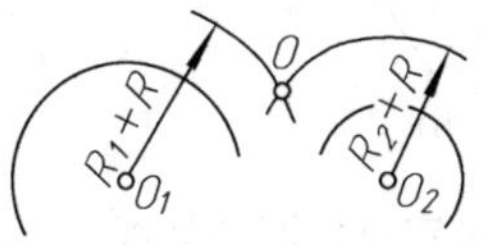 1. 分别以 O_1、O_2 为圆心，R_1+R 及 R_2+R 为半径，画弧交于 O	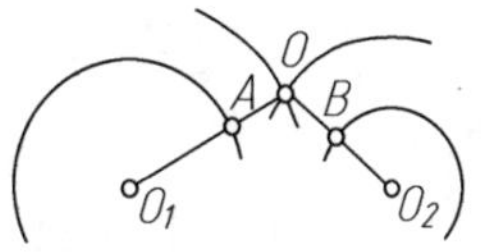 2. 连 OO_1 交已知弧于 A，连 OO_2 交已知弧于 B，A、B 即为切点	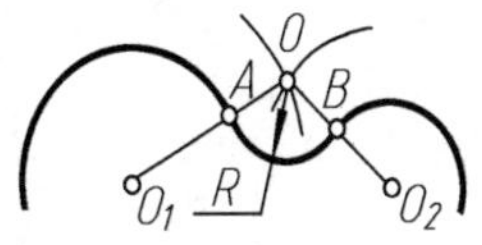 3. 以 O 为圆心，R 为半径，在两切点 A、B 间作连接弧，即为所求
	内连接	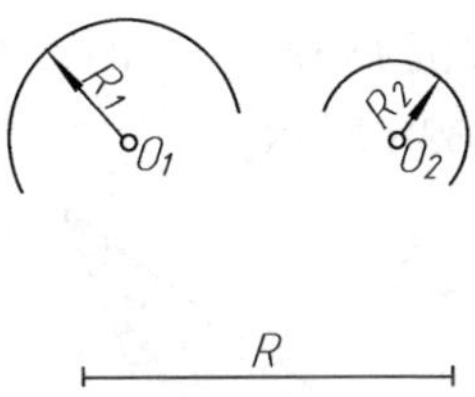 以已知的连接弧半径 R 画弧，与两圆内切	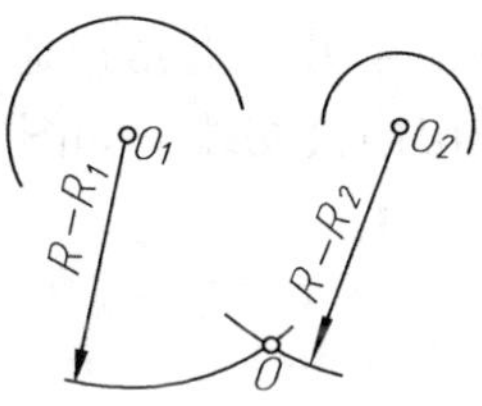 1. 分别以 O_1 和 O_2 为圆心，$R-R_1$ 和 $R-R_2$ 为半径，画弧交于 O	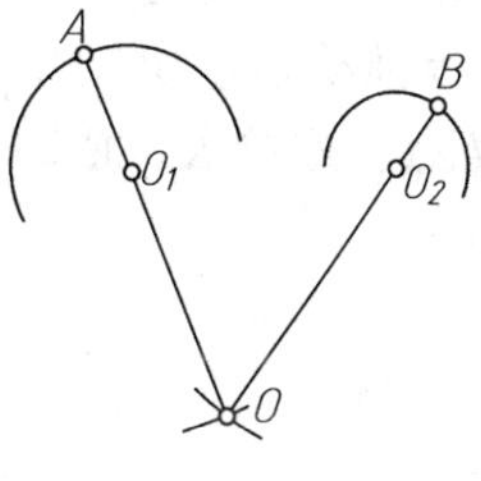 2. 连 OO_1、OO_2 并延长，分别交已知弧于 A、B，A、B 即为切点	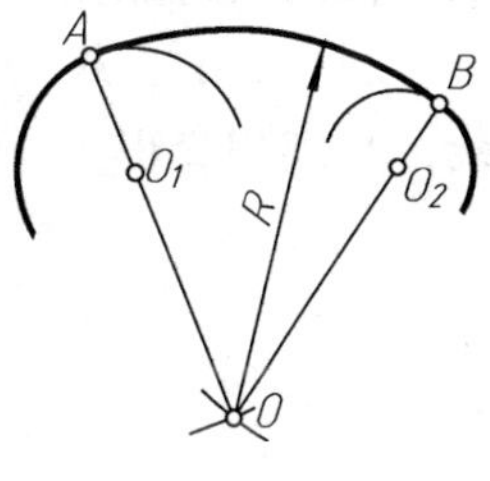 3. 以 O 为圆心，R 为半径，在两切点 A、B 间作连接圆弧，即为所求
	混合连接	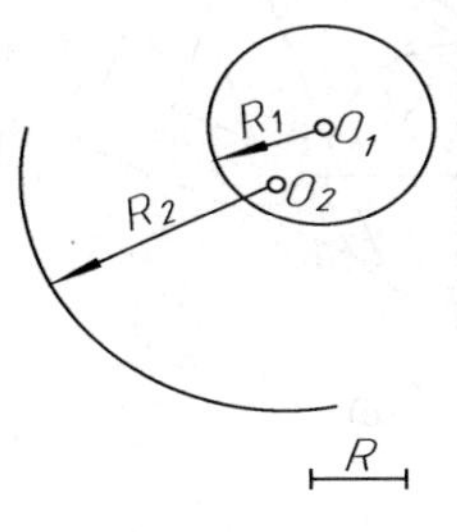 以已知的连接弧半径 R 画弧，与圆 O_1 外切，与圆 O_2 内切	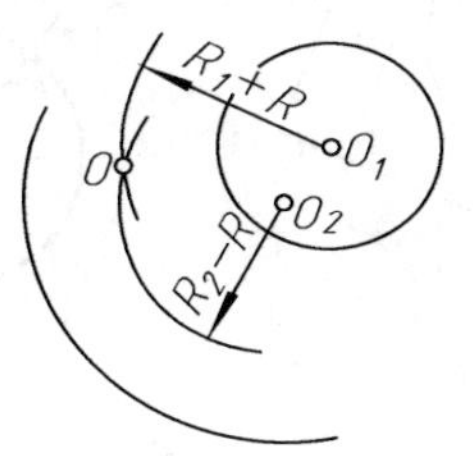 1. 分别以 O_1、O_2 为圆心，R_1+R 及 R_2-R 为半径，画弧交于 O	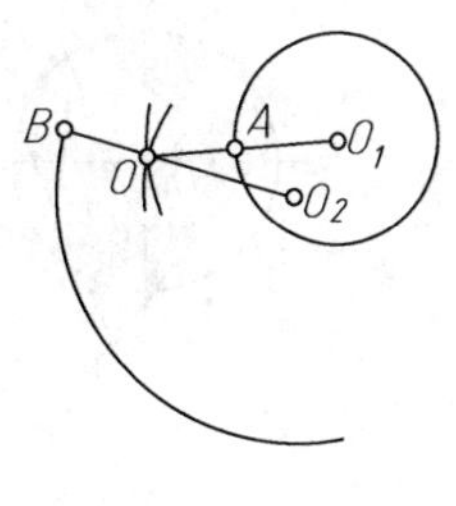 2. 连 OO_1 交已知弧于 A；连 OO_2 并延长交已知弧于 B，A、B 即为切点	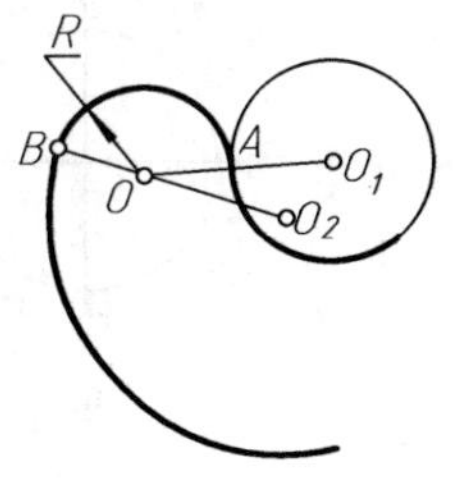 3. 以 O 为圆心，R 为半径，在两切点 A、B 间作连接圆弧，即为所求

四、圆弧的切线

作圆弧的切线时，通常借助于三角板作图。作切线的关键是求切点。其作图步骤是首先初步定出切线的位置，然后准确找出切点，最后作出切线。

1. 过定点作已知圆的一条切线　如图 1-32a 所示。

1）把第一块三角板的一直角边放在过点 *A* 且与已知圆相切的位置上，然后将第二块三角板与第一块三角板的斜边靠紧，如图 1-32b 所示。

2）沿第二块三角板推动第一块三角板，直至另一直角边通过圆心时作直线，其与圆相交得切点 *K*，连接 *A*、*K* 即作出切线，如图 1-32c 所示。

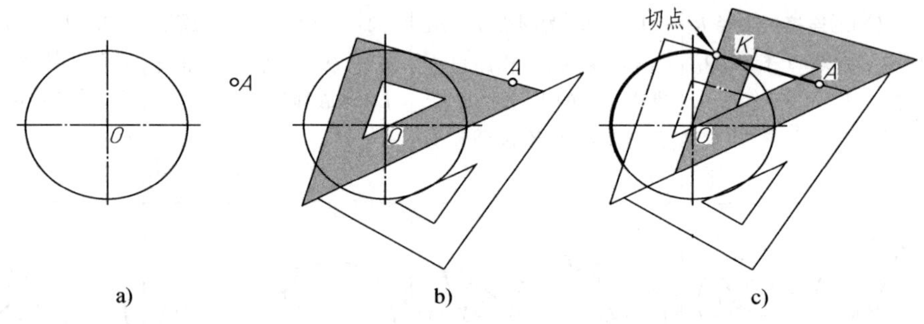

图 1-32　过定点作圆的切线

2. 作两圆的一条内公切线　如图 1-33a 所示。

1）把第一块三角板的一直角边放在内公切线的位置上，然后将第二块三角板与第一块三角板的斜边靠紧，如图 1-33b 所示。

2）沿第二块三角板推动第一块三角板，当另一直角边通过圆心 O_1、O_2 时，分别作直线，与圆相交得 *K*、*M* 点，连接 *K*、*M* 即作出内公切线，如图 1-33c 所示。

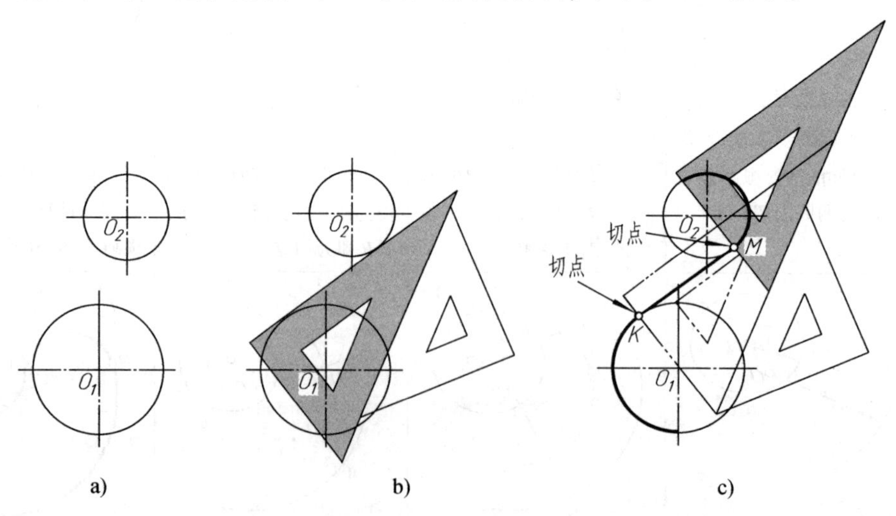

图 1-33　作两圆的内公切线

五、常用的平面曲线

1. 椭圆的画法

（1）四心近似画法　已知椭圆的长轴和短轴，其椭圆的近似画法（四心法）如图 1-34 所示。

1）画出长轴 AB 和短轴 CD，连接 AC，并在 AC 上截取 CF，使其等于长、短半轴之差，如图 1-34a 所示。

2）作 AF 的垂直平分线，使其分别交 AO 和 OD（或其延长线）于 O_1、O_2 两点。以 O 为对称中心，作出 O_1、O_2 的对称点 O_3、O_4。那么，O_1、O_2、O_3 和 O_4 即为所求的四圆心。连接 O_2O_1、O_2O_3、O_4O_1 和 O_4O_3 并延长之，如图 1-34b 所示。

3）分别以 O_2 和 O_4 为圆心，O_2C（或 O_4D）为半径画两弧。再分别以 O_1 和 O_3 为圆心，O_1A（或 O_3B）为半径画两弧，这四段圆弧两两相切于 O_2O_1、O_2O_3、O_4O_1 和 O_4O_3 延长线上，即画出了近似椭圆，如图 1-34c 所示。

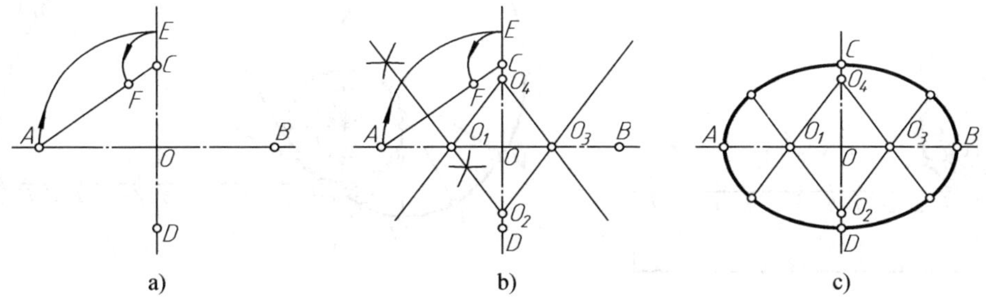

图 1-34　四心法画椭圆

（2）同心圆法　已知椭圆的长轴 AB 和短轴 CD，用同心圆法作椭圆的步骤如下：

1）以椭圆的中心为圆心，分别以长、短轴长度为直径，作两个同心圆，如图 1-35a 所示。

2）过圆心 O 作一系列直线，交大圆于 Ⅰ、Ⅱ、Ⅲ……各点，交小圆于 1、2、3……各点。分别过 Ⅰ、Ⅱ、Ⅲ……各点作垂线，过 1、2、3……各点作水平线，它们分别相交于 P_1、P_2、P_3……各点，即为椭圆上的点，如图 1-35b 所示。

3）用曲线板光滑地连接各点，即得所求的椭圆，如图 1-35c 所示。

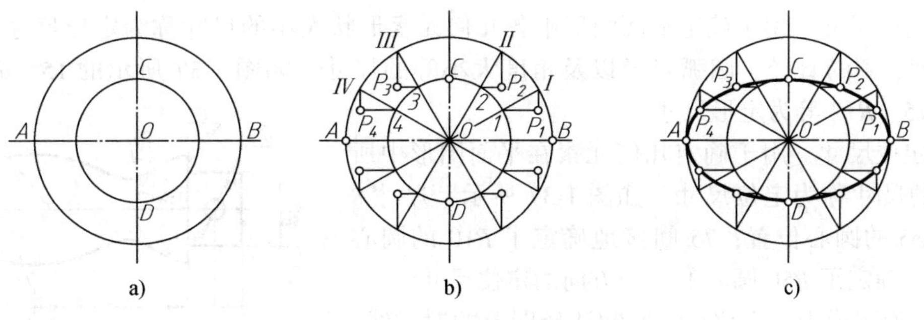

图 1-35　用同心圆法画椭圆

2. 渐开线的画法　已知基圆 D，作圆的渐开线，其作图方法如图 1-36 所示。

1）将基圆 D 分成任意等分，并将基圆的展开长度 πD 也分成相同的等分，如图 1-36a

所示。

2）在基圆的各等分点处，按同一方向作基圆的切线，并在切线上依次截取$\frac{1}{12}\pi D$、$\frac{2}{12}\pi D$、$\frac{3}{12}\pi D$、……πD，得 Ⅰ、Ⅱ、Ⅲ……各点，用曲线板依次连接各点，即为所求的渐开线，如图 1-36b 所示。

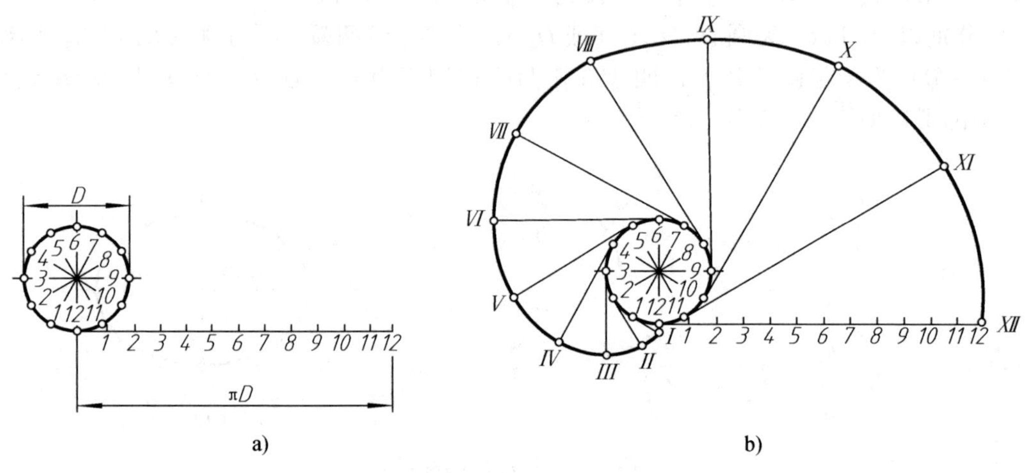

图 1-36　圆的渐开线画法

第四节　平面图形的画法

平面图形是由许多线段连接而成，画图前，首先要对图形尺寸和线段进行分析，以便明确作图顺序，正确快速地画出平面图形和标注尺寸。

一、尺寸分析

平面图形中的尺寸，按其作用可分为两类：

1. 定形尺寸　用于确定平面图形中各几何元素形状大小的尺寸称为定形尺寸。如直线段的长度、圆的直径、圆弧半径以及角度大小等的尺寸。如图 1-37 所示的 15、$\phi5$、$\phi20$、$R10$、$R15$、$R12$ 等为定形尺寸。

2. 定位尺寸　用于确定几何元素在平面图形中所处位置的尺寸称为定位尺寸。如图 1-37 所示，尺寸 8 确定了 $\phi5$ 的圆心位置；75 间接地确定了 $R10$ 的圆心位置；45 确定了 $R50$ 圆心的一个方向的定位尺寸。

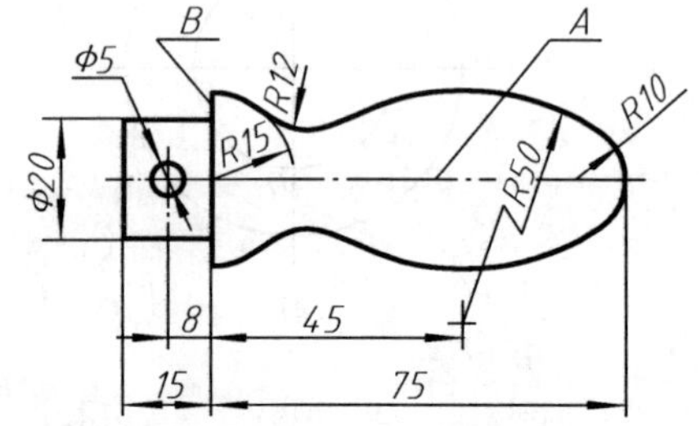

图 1-37　手柄平面图

在平面图形中，定位尺寸通常选择图形的对称线、中心线或某一轮廓线作为标注尺寸的起点，这个起点被称为尺寸基准。平面图形有水平和垂直两个方向的基准。对于回转体，一般以回转轴线为径向尺寸基准，以重要端面为轴向尺寸基准，如图 1-37 所示的 A 和 B。

二、线段分析

平面图形中的线段（直线或圆弧），根据其定位尺寸的齐全与否可分为三类：已知线段、中间线段和连接线段。

1. 已知线段　具有定形尺寸和齐全的定位尺寸的线段称为已知线段。对于圆弧（或圆），它应具有圆弧半径（或圆的直径）和圆心的两个定位尺寸，如图 1-37 所示的 *R*15、*R*10。已知线段根据所给的尺寸能够直接作出。

2. 中间线段　具有定形尺寸和不齐全的定位尺寸的线段称为中间线段。对于圆弧（或圆），它仅有圆弧半径（或圆的直径）和圆心的一个定位尺寸，如图 1-37 所示的 *R*50。中间线段需要一端的相邻的线段作出后才能作出。

3. 连接线段　只有定形尺寸而没有定位尺寸的线段称为连接线段。对于圆弧（或圆），它只有圆弧半径（或圆的直径）而没有圆心的定位尺寸，如图 1-37 所示的 *R*12。连接线段需要依靠两端相邻线段作出后才能作出。

根据上述分析，画平面图形时，应先画已知线段，再画中间线段，最后画连接线段。

三、绘图的方法和步骤

1. 准备工作

1）识读图形，对图形的尺寸与线段进行分析，拟定作图步骤。

2）确定绘图比例，选取图幅，固定图纸。

2. 绘制底稿

（1）画底稿的步骤

1）画图框及标题栏。

2）合理布图，画出作图基准线，确定图形位置。

3）依次画出已知线段、中间线段和连接线段。

4）画尺寸界线和尺寸线。

5）校对、修改图形，完成全图底稿。

（2）要求　选用较硬的 H、2H 或 3H 铅笔画出各种线型。线型暂不分粗细，铅芯应经常修磨以保持尖锐，图线要画得准、细、轻。

3. 铅笔加深描粗

（1）加深描粗的顺序

1）先粗后细——先描粗加深全部粗实线，再加深全部虚线、点画线和细实线等，以提高绘图速度并保证同类图线粗细一致。

2）先曲后直——描粗加深同一种线型时，应先描深圆弧和圆，然后描深直线，以保证连接光滑。

3）先水平后垂直——先从上而下画出全部相同线型的水平线，再从左到右画出全部相同线型的垂直线，最后画出倾斜线，以保持图面整洁。

4）画箭头、填写尺寸数字、标题栏及其他说明。

5）修饰、校对，完成全图。

（2）要求　选用 HB、B、2B 铅笔，按规定的粗细加深各种图线，并保证同类图线粗细浓淡一致，连接光滑，字体工整，图面整洁。

手柄平面图的作图步骤如图 1-38 所示。

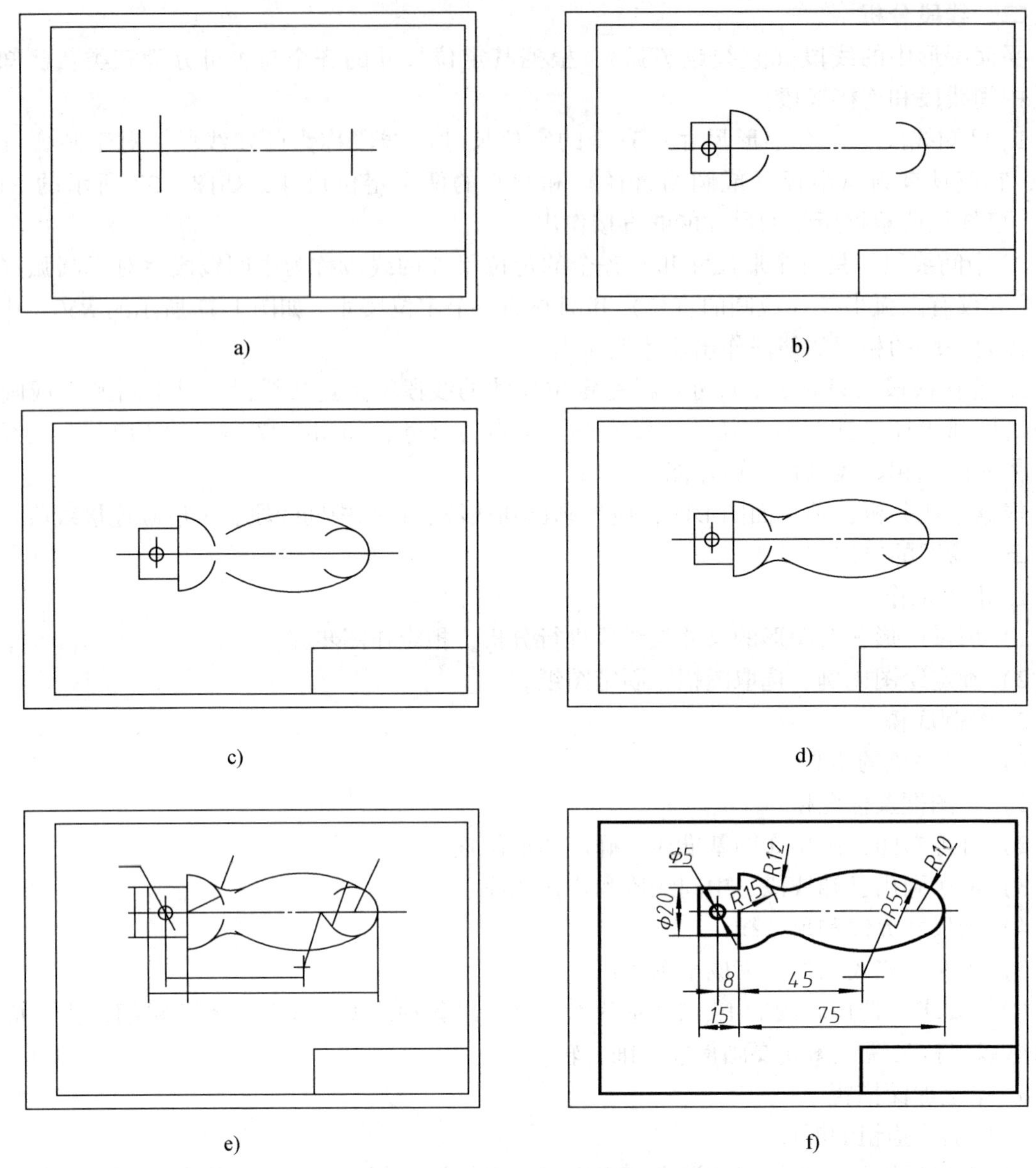

图 1-38　手柄平面图的作图步骤

a）画图框、标题栏和作图基准线　b）画已知线段　c）画中间线段　d）画连接线段

e）画尺寸线和尺寸界线并检查图形　f）加深图线、画箭头、注尺寸、填写标题栏等

第五节　徒手画图的方法

以目测估计图形与实物的比例，按一定的画法要求徒手（或部分使用绘图仪器）绘制的图，称为草图。

在生产实践中，经常需要借助草图来记录或表达技术思想。因此，绘制草图是工程技术人员必备的一种基本技能。

徒手画草图一般用 HB 或 B 铅笔。为了提高徒手绘图的速度和技巧，必须掌握徒手绘制各种线条的基本手法。

一、直线的画法

画直线时，可先标出直线的两端点，手腕靠着纸面，眼睛注视线段终点，匀速运笔一气完成。

画水平线时，为了便于运笔，可将图纸斜放，如图 1-39a 所示；画垂直线应自上而下运笔，如图 1-39b 所示；画斜线时，可以调整图纸位置，使其便于画线，如图 1-39c 所示。

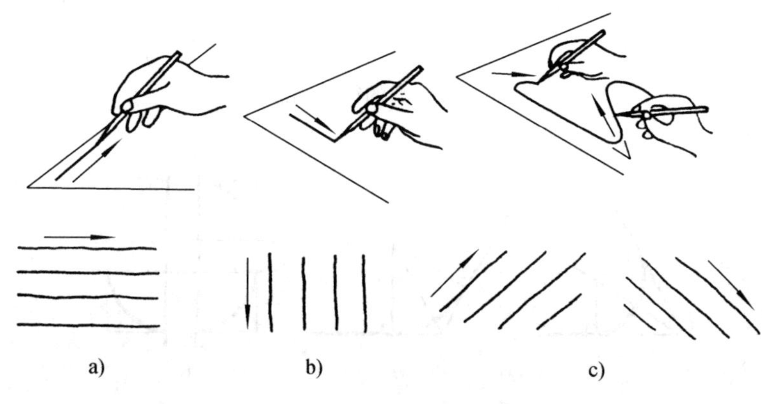

图 1-39　直线的徒手画法

二、常用角度的画法

画 30°、45°、60°等常用角度时，可根据两直角边的比例关系，在两直角边上定出两端点后，徒手连成直线，如图 1-40 所示。

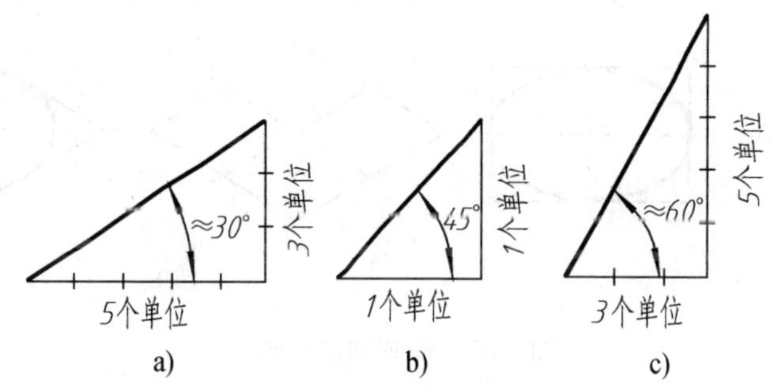

图 1-40　角度线的徒手画法

三、圆的画法

画直径较小的圆时，先在中心线上按半径大小目测定出四点，然后徒手将这四点连接成圆，如图 1-41a 所示；画较大圆时，可通过圆心加画两条 45°的斜线，按半径目测定出的八点，连接成圆，如图 1-41b 所示。

四、圆角、圆弧连接画法

圆角、圆弧连接的画法，根据圆角半径大小，在分角线上定出圆心位置，从圆心向分角两边引垂线，定出圆弧的两连接点，并在分角线上定出圆弧上的点，然后过这三点作圆弧，如图 1-42a 所示；也可以利用圆弧与正方形相切的特点画出圆角或圆弧，如图 1-42b 所示。

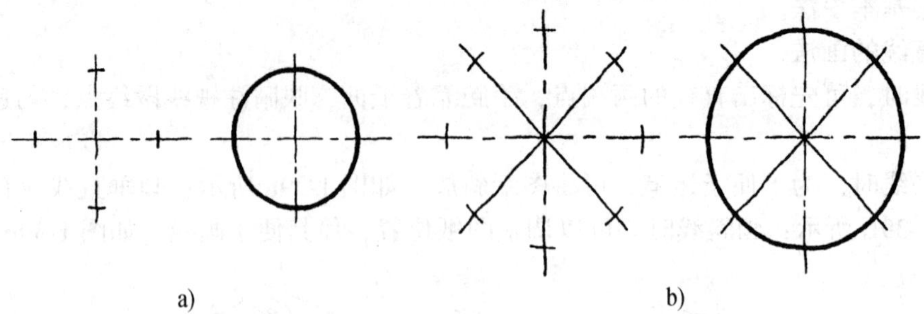

图 1-41　圆的徒手画法

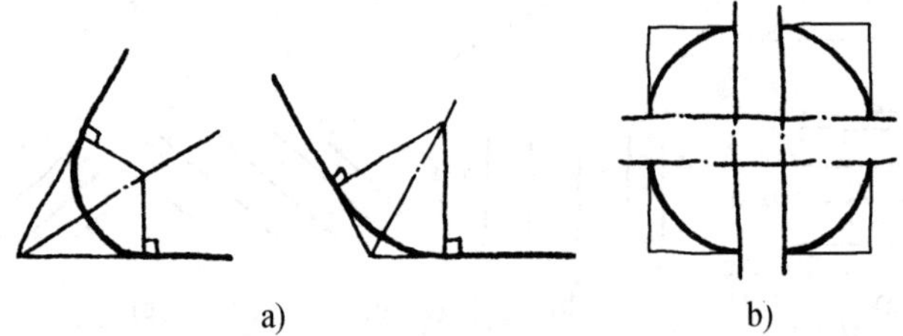

图 1-42　圆角、圆弧连接的徒手画法

五、椭圆的画法

画椭圆时，先画椭圆长、短轴，定出长、短轴顶点，过四个顶点画矩形，然后作椭圆与矩形相切，如图 1-43a 所示；或者利用其与菱形相切的特点画椭圆，如图 1-43b 所示。

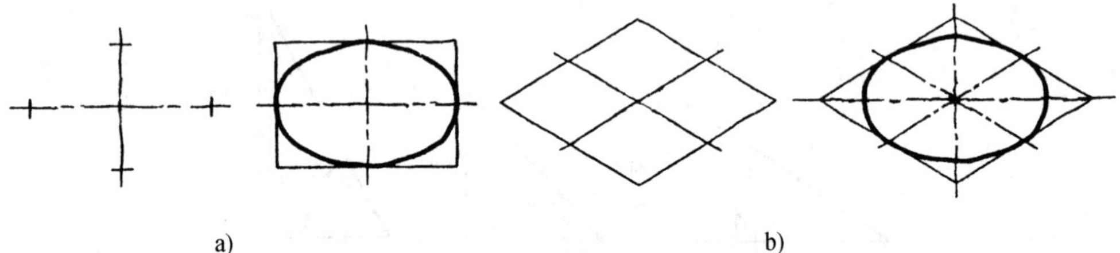

图 1-43　椭圆的徒手画法

第二章　正投影基础

第一节　投影法的基本知识

物体在阳光照射下，在墙壁或地面上会出现影子，这就是投影现象。人们在长期的生产实践中，经过反复地观察和研究，逐步总结出了影子和物体之间的对应关系，并形成了投影法。

所谓投影法，就是投射线通过物体，向选定的面投射，并在该面上得到图形的方法。

根据投影法所得到的图形称为投影（投影图）。

投影法中，得到投影的面，称为投影面。

一、投影法的分类

投影法分为两大类，即中心投影法和平行投影法。

1. 中心投影法　如图2-1所示，将薄板 *ABCD* 平行地放在投影面 *P* 和投射中心 *S* 之间，由 *S* 分别向 *A*、*B*、*C*、*D* 引投射线并延长，与投影面 *P* 分别交于 *a*、*b*、*c*、*d*，那么□*abcd* 就是□*ABCD* 在投影面 *P* 上的投影。这种投射线汇交一点的投影法，称为中心投影法。

中心投影法主要用于绘制透视投影图。它具有较强的立体感，在绘制建筑物的外形图中经常使用，如图2-2所示。

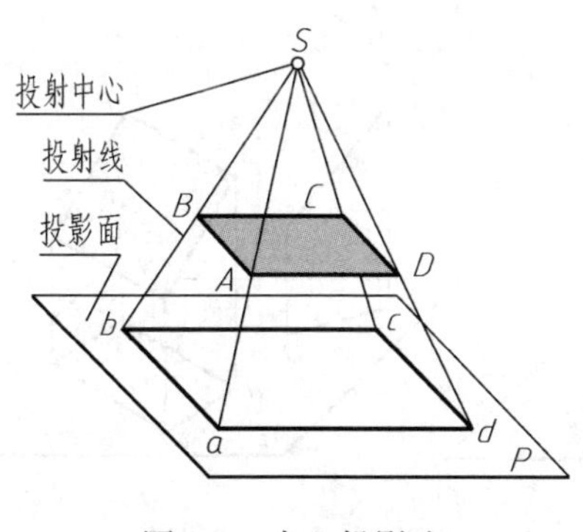

图2-1　中心投影法

图2-2　用中心投影法绘制的图样

用中心投影法所得的投影，其大小随着投影面、物体和投射中心三者之间距离的变化而变化，不能反映物体的真实形状和大小，且作图复杂，度量性差，因此在机械图样中较少使用。

2. 平行投影法　假设将图2-1中的投射中心移至无限远处，这时的投射线可视为互相平行，如图2-3所示。这种投射线相互平行的投影法，称为平行投影法。

在平行投影法中，根据投射线与投影面是否垂直，又分为斜投影法和正投影法两种。

（1）斜投影法　投射线与投影面相倾斜的平行投影法。根据斜投影法所得到的图形，称为斜投影或斜投影图，如图 2-3a 所示。

（2）正投影法　投射线与投影面相垂直的平行投影法。根据正投影法所得到的图形称为正投影或正投影图，如图 2-3b 所示。

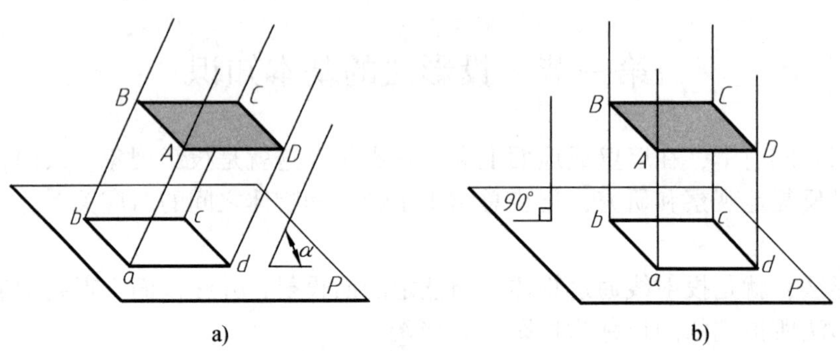

图 2-3　平行投影法

a）斜投影　b）正投影

由于采用正投影法容易表达空间物体的形状和大小，度量性好，便于作图，所以在工程上得到广泛应用。机械图样主要是用正投影法绘制的，正投影法是机械制图的主要理论基础。

二、正投影的基本性质

1. 真实性　当平面图形（或直线）平行于投影面时，其投影反映实形（或实长），这种投影特性称为真实性，如图 2-4a 所示。

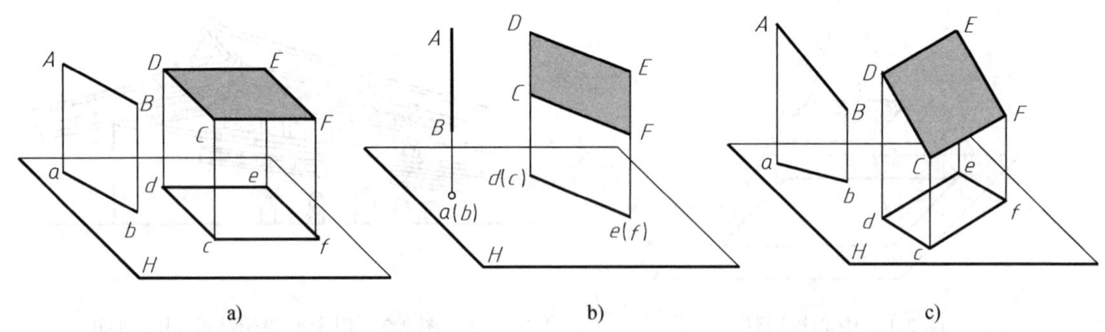

图 2-4　直线与平面的正投影特性

2. 积聚性　当平面图形（或直线）垂直于投影面时，其投影积聚为一条直线（或一点），这种投影特性称为积聚性，如图 2-4b 所示。

3. 类似性　当平面图形（或直线）倾斜于投影面时，其投影变小（或变短），但投影的形状与原来形状相类似，这种投影特性称为类似性，如图 2-4c 所示。

第二节　三视图的形成及其对应关系

根据有关标准和规定，用正投影法所绘制出物体的图形称为视图。

如图 2-5 所示，三个不同的物体，它们在一个投影面上的视图完全相同。这说明仅有物体的一个视图，一般是不能确定其空间形状和结构的。为了完整地表达物体的形状，常采用从几个不同方向进行投射的多面正投影的表示方法。

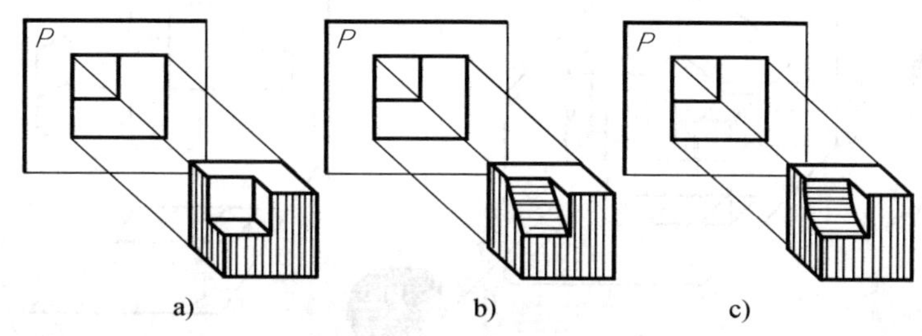

图 2-5　物体的一个视图

至于究竟要画几个视图，这要视物体的复杂程度而定。初学时常以绘制三视图作为基本训练方法。

一、三视图的形成

1. 三投影面体系的建立　三投影面体系是由三个相互垂直的投影面所组成，如图 2-6 所示。

（1）正立投影面，简称正面，用 *V* 表示。

（2）水平投影面，简称水平面，用 *H* 表示。

（3）侧立投影面，简称侧面，用 *W* 表示。

相互垂直的投影面之间的交线称为投影轴。在三投影面体系中它们分别用 *OX*、*OY*、*OZ* 表示，也可简称为 *X*、*Y*、*Z* 轴。

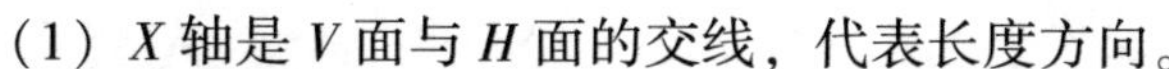

（1）*X* 轴是 *V* 面与 *H* 面的交线，代表长度方向。

（2）*Y* 轴是 *H* 面与 *W* 面的交线，代表宽度方向。

（3）*Z* 轴是 *V* 面与 *W* 面的交线，代表高度方向。

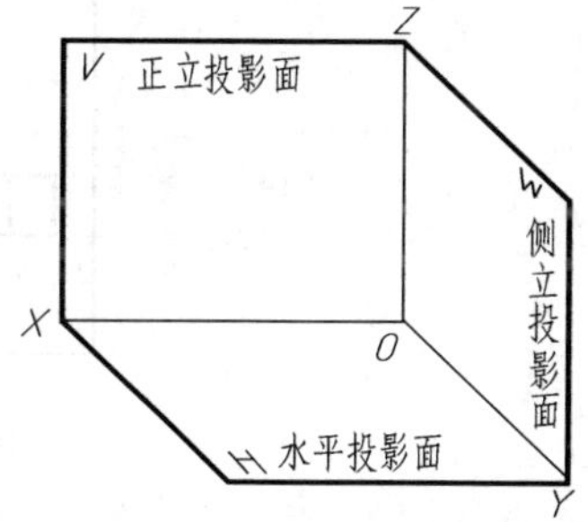

图 2-6　三投影面体系

三根投影轴相互垂直相交，其交点 *O* 称为原点。

2. 物体在三投影面体系中的投影　将物体置于三投影面体系内，并使其处于观察者与投影面之间，按正投影法分别向三个投影面投射，即可得到物体的三个视图，如图 2-7a 所示。它们分别是：

（1）主视图——由前向后投射，在 *V* 面上所得的视图。

（2）俯视图——由上向下投射，在 *H* 面上所得的视图。

（3）左视图——由左向右投射，在 *W* 面上所得的视图。

3. 三投影面的展开摊平　为了画图和看图的方便，需将三个相互垂直的投影面展开摊平在同一个平面上。其展开方法是：正立投影面不动，将水平投影面绕 OX 轴向下旋转 90°，侧立投影面绕 OZ 轴向右旋转 90°，如图 2-7b 所示。使其分别重合到正立投影面上，如图 2-7c所示。水平投影面和侧立投影面旋转后，OY 轴被分为两处，分别用 OY_H 和 OY_W 表示。

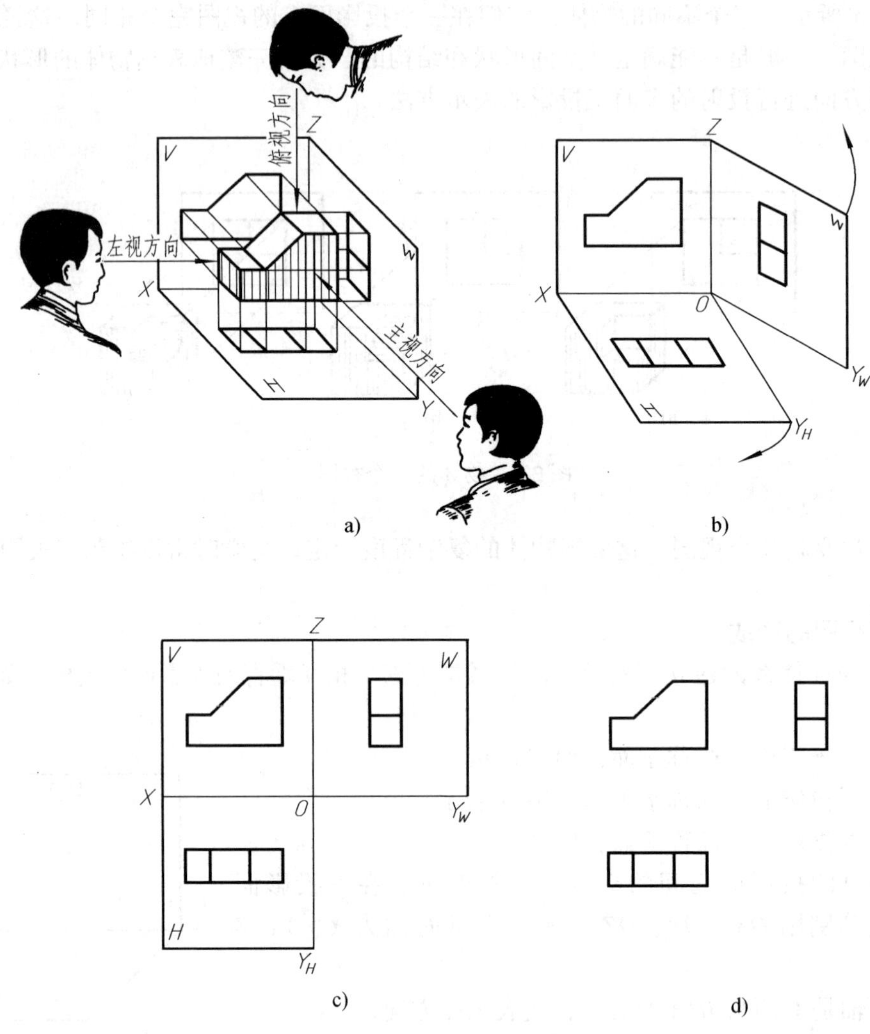

图 2-7　三视图的形成过程

在作图时，不必画出投影面的范围，因为它的大小与视图无关。去掉投影面边框和投影轴后的物体三视图如图 2-7d 所示。

二、三视图之间的对应关系

从三视图的形成过程中，可以总结出三视图的位置关系、尺寸关系和方位关系。

1. 位置关系　在三视图中，以主视图为基准，俯视图在它的下方，左视图在它的右方。画三视图时，应按上述位置配置，且不需标注其名称。

2. 尺寸关系　任何物体都有长、宽、高三个方向的尺寸，从图 2-7 中可以看出，每一个视图都反映物体两个方向的尺寸。

（1）主视图反映物体的长度和高度。

（2）俯视图反映物体的长度和宽度。

（3）左视图反映物体的高度和宽度。

由于三个视图反映的是同一物体，所以相邻两个视图同一方向的尺寸必定相等，如图2-8所示，由此可总结得出：

（1）主、俯视图等长——长对正。

（2）主、左视图等高——高平齐。

（3）俯、左视图等宽——宽相等。

三视图之间存在的“长对正、高平齐、宽相等”的“三等”规律，对于任何一个物体，不论是整体还是局部，这个投影对应关系都保持不变。

在作图时，常借助于分规或45°辅助线来实现“俯、左视图宽相等”的对应关系，如图2-8所示。

3. 三视图之间的方位对应关系　物体具有左、右、上、下、前、后六个方位。当物体的主视图投射方向（观察者正对V面为基准）确定后，其六个方位也就确定下来，如图2-9所示。

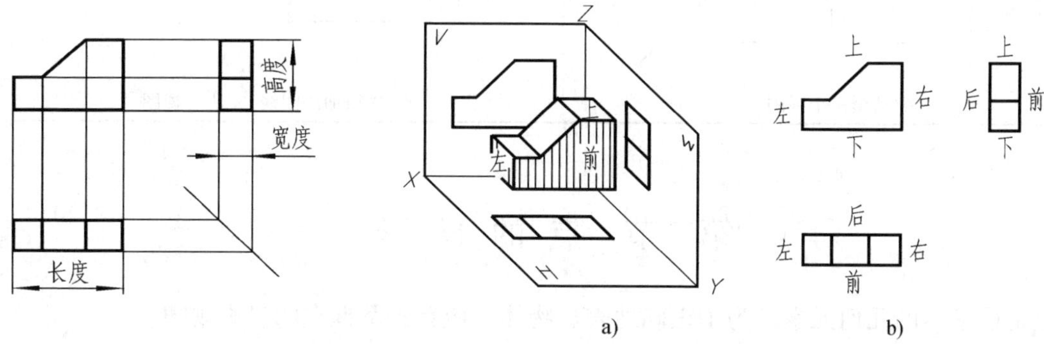

图2-8　视图间的“三等”关系

图2-9　视图与物体的方位关系

（1）主视图反映物体左、右和上、下方位。

（2）俯视图反映物体左、右和前、后方位。

（3）左视图反映物体上、下和前、后方位。

由图2-9可知，以主视图为基准，俯、左视图中靠近主视图的一边，表示物体的后面；远离主视图的一边，则表示物体的前面。

三、画物体三视图的步骤

作图之前，首先选择反映物体形状特征最明显的方向作为主视图的投射方向，并将物体在三投影面体系中放正，然后按正投影法分别向各投影面投射，如图2-10所示。画物体三视图的步骤见表2-1。

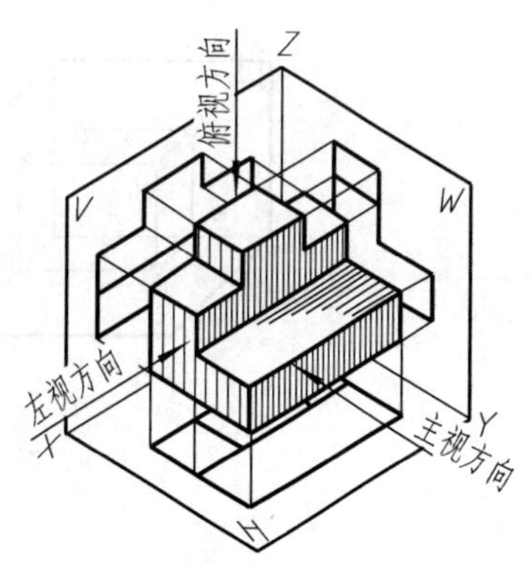

图2-10　画物体三视图的分析

表 2-1　画物体三视图的步骤

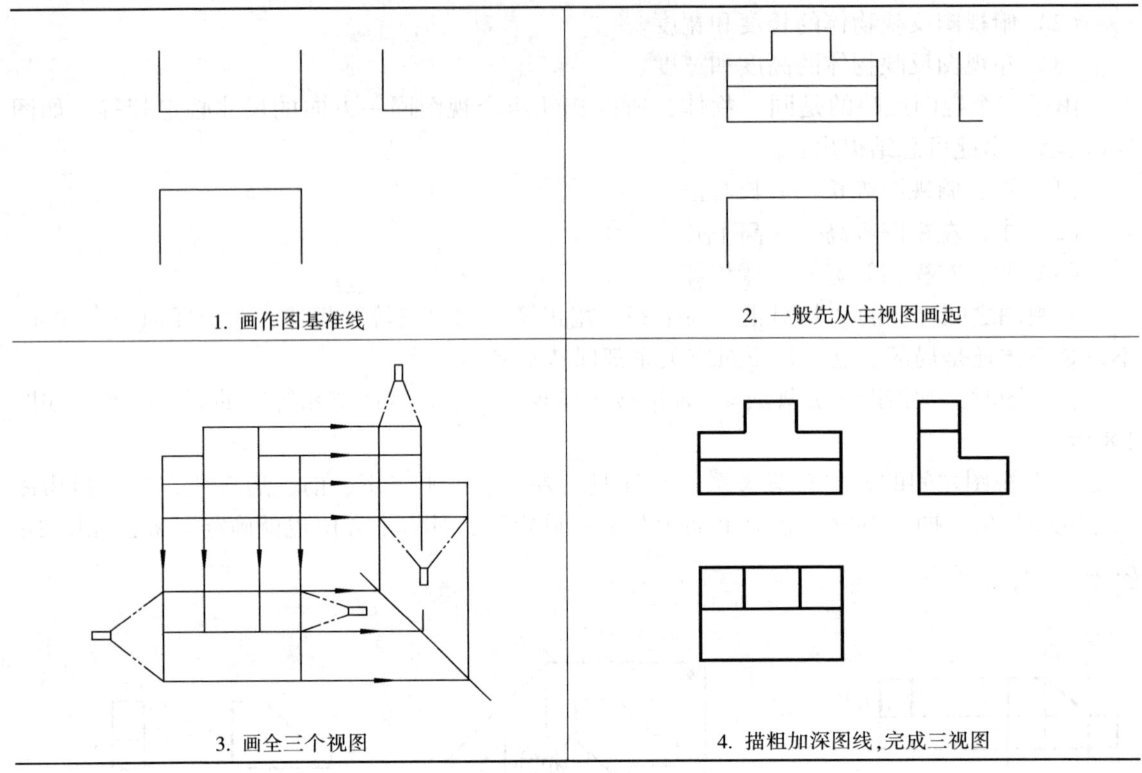

第三节　点 的 投 影

点是最基本的几何元素。为了正确地表达物体，应首先掌握点的投影规律。

一、点的三面投影

如图 2-11a 所示，在三面投影体系中有一点 A，过点 A 分别向三个投影面作垂线，其垂足 a、a'、a''即为点 A 在三个投影面上的投影。

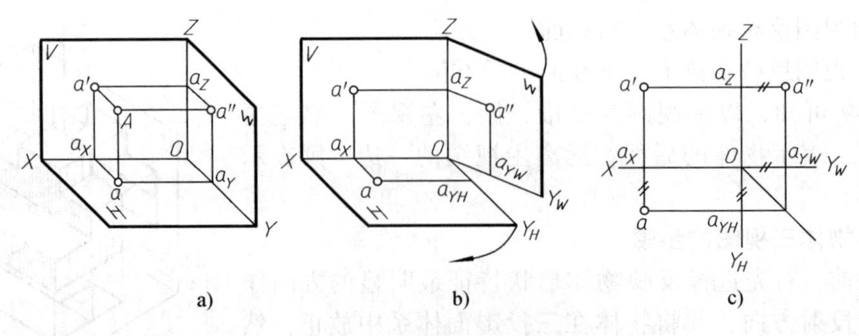

图 2-11　点的三面投影

为了区别空间点以及该点在三个投影面上的投影，规定空间点用大写字母标记，如 A、B、

C……；水平投影用相应的小写字母标记，如 a、b、c……；正面投影用相应的小写字母加一撇标记，如 a'、b'、c'……；侧面投影用相应的小写字母加两撇标记，如 a''、b''、c''……。

若将投影面按图 2-11b 所示的方向展开摊平，去掉投影面的边框线，便得到点 A 的三面投影图，如图 2-11c 所示。

图中 a_X、a_{YH}、a_{YW}、a_Z 分别为点的投影连线与投影轴 OX、OY_H、OY_W、OZ 的交点。

从图 2-11 点 A 的三面投影图的形成过程，可得出点的三面投影规律：

（1）点的正面投影和水平投影的连线垂直于 OX 轴（$aa' \perp OX$）。

（2）点的正面投影和侧面投影的连线垂直于 OZ 轴（$a'a'' \perp OZ$）。

（3）点的水平投影到 OX 轴的距离等于点的侧面投影到 OZ 轴的距离（$aa_X = a''a_Z$）。

二、点的投影与直角坐标的关系

点的空间位置可用其直角坐标来表示，如图 2-12 所示。由于三投影面体系是直角坐标体系，在直角坐标体系中，空间点到坐标面的距离就是其直角坐标值。由此可以得出：

（1）点 S 的 x 坐标等于点 S 到 W 面的距离，即 $Ss'' = s's_Z = ss_Y = Os_X$。

（2）点 S 的 y 坐标等于点 S 到 V 面的距离，即 $Ss' = ss_X = s''s_Z = Os_Y$。

（3）点 S 的 z 坐标等于点 S 到 H 面的距离，即 $Ss = s's_X = s''s_Y = Os_Z$。

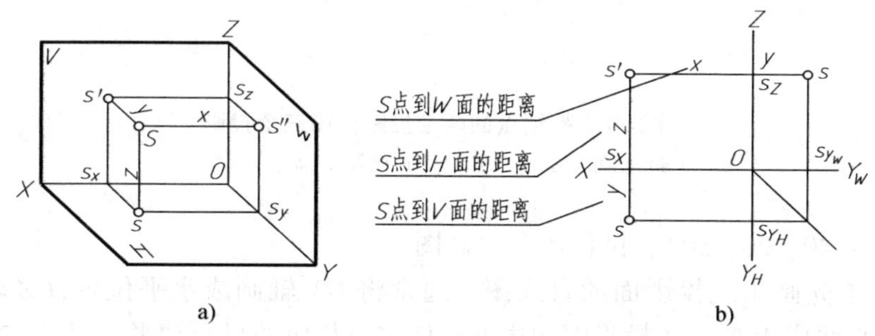

图 2-12　点的投影与直角坐标间的关系

点 S 坐标的规定书写形式为：$S(x, y, z)$，如 $S(28, 12, 23)$。

通过分析可知，根据点的三面投影可以确定其三个坐标值；反之，根据点的三个坐标值便可作出该点的三面投影图。

在图 2-12 中还可看出，点的一个投影由两个坐标确定，所以点的任意两投影已经包含了点的三个坐标，也就是说已完全确定了点的空间位置。因此，根据点的两个投影，可作出其第三个投影。

例 1　已知点 $A(15, 10, 12)$，试作出其三面投影图。

解　（1）作投影轴 OX、OY_H、OY_W、OZ，在 OX 轴上由点 O 向左量取 15 得 a_X，如图 2-13a 所示。

（2）过 a_X 作 OX 轴的垂线，自 a_X 向下量取 10 得 a，向上量 12 得 a'，如图 2-13b 所示。

（3）根据 a、a'求出 a''，如图 2-13c 所示。

此外，还有其他作法，请自行分析。

例 2　根据点的两个投影，求作其第三个投影。

解题过程如图 2-14 所示。

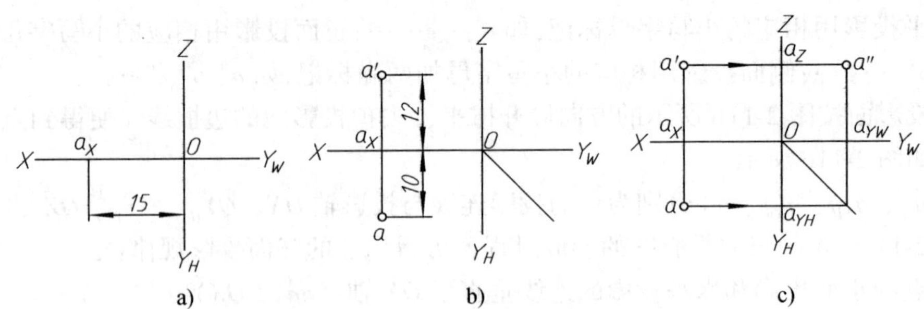

图 2-13　根据点的坐标作投影图

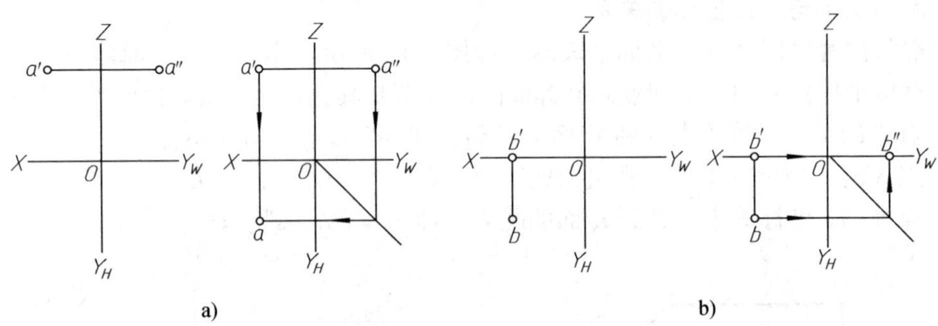

图 2-14　根据点的两个投影作第三个投影

a）已知 a'，a''，求 a　b）已知 b，b'，求 b''

例 3　已知点 A(40，20，30)，试作出其直观图。

解　(1) 首先画出三投影面的直观图。通常将 OX 轴画成水平位置，OZ 轴与 OX 轴垂直，OY 轴与水平线成 45°，再作投影面的边框线使之与相应的投影轴平行，如图 2-15a 所示。

(2) 作点 A 的三面投影的直观图，如图 2-15b 所示。

(3) 过 a、a'、a''分别作 H、V、W 面垂线，交点即为 A 点的空间位置直观图，如图 2-15c 所示。

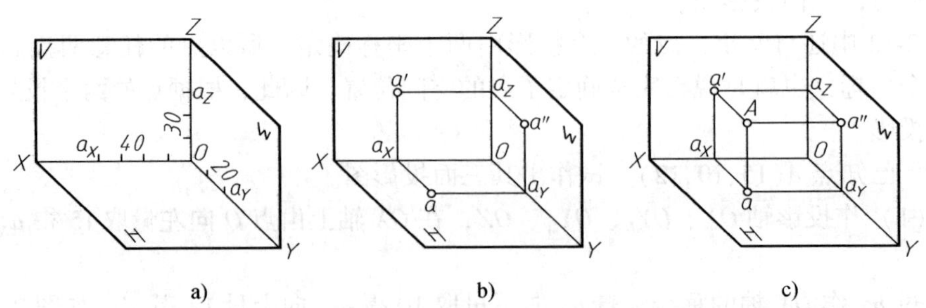

图 2-15　点的直观图作法

三、两点的相对位置

两点的相对位置，由两点的坐标差来确定，如图 2-16 所示。

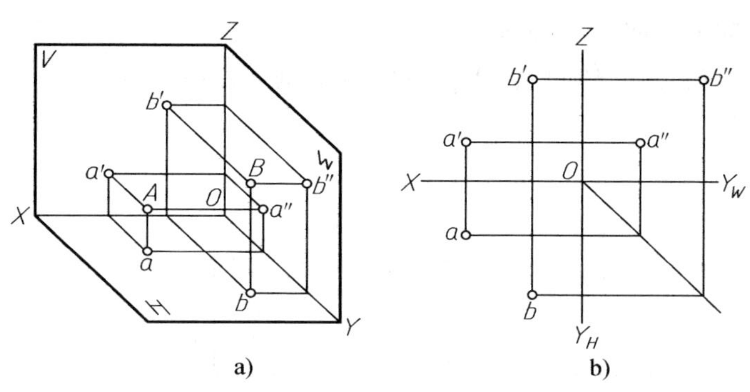

图 2-16 两点的相对位置

两点的左右相对位置由 x 坐标差（$x_A - x_B$）确定。图中由于 $x_A > x_B$，因此，点 A 在点 B 的左方。

两点的前后相对位置由 y 坐标差（$y_B - y_A$）确定。图中由于 $y_A < y_B$，因此，点 A 在点 B 的后方。

两点的上下相对位置由 z 坐标差（$z_B - z_A$）确定。图中由于 $z_A < z_B$，因此，点 A 在点 B 下方。

故点 A 在点 B 的左、后、下方；或者说点 B 在 A 的右、前、上方。

当空间两点的某两个坐标相等时，这两点处于某一投影面的同一条投射线上，它们在该投影面上的投影必定重合为一点，这两个点被称为对该投影面的一对重影点。

如图 2-17 所示，C、D 两点的投影中，c'和 d'重合，这说明该两点的 x、z 坐标分别相同，即两点处于对正面的同一条投射线上，所以它们的正面投影重合成一点。这两点被称为对 V 面的一对重影点。

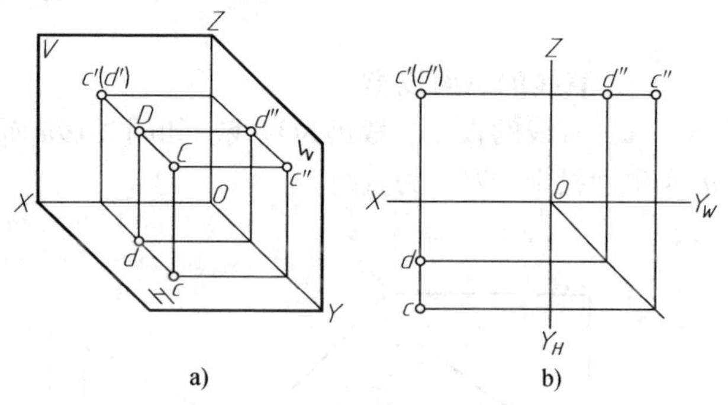

图 2-17 重影点可见性的判定

对于重影点的可见性判定，需根据这两点不重影的投影的坐标大小来判断。

当两点在 V 面的投影重合时，需判别其 H 面或 W 面投影，y 坐标大者，则点在前为可见。

当两点在 H 面的投影重合时，需判别其 V 面或 W 面投影，z 坐标大者，则点在上为可见。

当两点在 W 面的投影重合时，需判别其 H 面或 V 面投影，x 坐标大者，则点在左为可见。

例 4 已知点 A 的三面投影图（图 2-18a），并知点 B 在点 A 的右方 10，后方 8，上方 15，试作点 B 的三面投影。

解 如图 2-18b 所示：

（1）在 OX 轴上，从 a_X 向右量取 10，得 b_X；在 OY_H 轴上，从 a_{YH}向上量取 8，得 b_{YH}；

在 OZ 轴上，从 a_Z 向上量取15，得 b_Z。

（2）分别过 b_X、b_{YH}、b_Z 作 OX、OY_H、OZ 轴的垂线，得 b、b'。

（3）根据 b、b'，求得 b''。

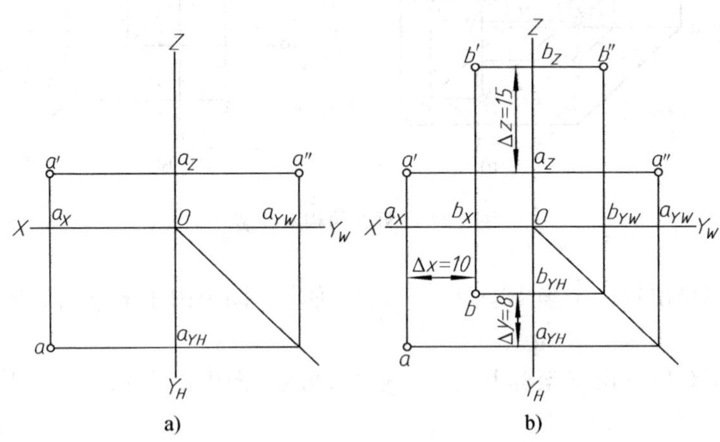

图 2-18　根据两点的相对位置求点的投影

a）已知点 A 的投影　b）求点 B 的投影

第四节　直线的投影

一、直线的三面投影

（1）直线的投影一般仍为直线。如图 2-19a 所示，直线 AB 的正面投影 $a'b'$、水平投影 ab 和侧面投影 $a''b''$ 均为直线。

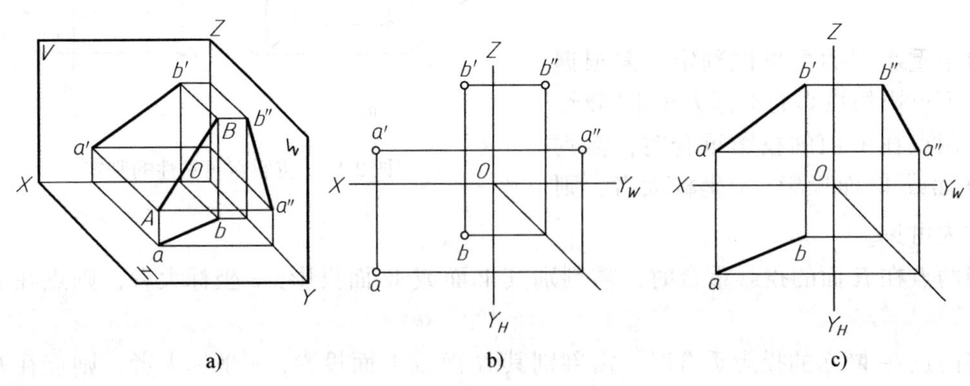

图 2-19　直线的三面投影

（2）直线的投影可由直线上两点的同面投影来确定。因空间一直线可由直线上的两点来确定，所以直线的投影也可由直线上任意两点的投影来确定。

图 2-19b 为线段的两端点 A、B 的三面投影，连接两点的同面投影得到的 ab、$a'b'$ 和 $a''b''$，就是直线 AB 的三面投影，如图 2-19c 所示。

（3）直线上任一点的投影必在该直线的同面投影上，并符合点的投影规律。

如图 2-20 所示，在直线 AB 上有一点 C，根据点在直线上的从属性质和点的三面投影规律，可知 C 点的三面投影 c、c' 和 c'' 必定分别在直线 AB 的同面投影 ab、$a'b'$ 和 $a''b''$ 上，而且符合同一个点的投影规律。

反之，如果一点的三面投影中只要有一面投影不在直线的同面投影上，则该点就一定不在这条直线上。

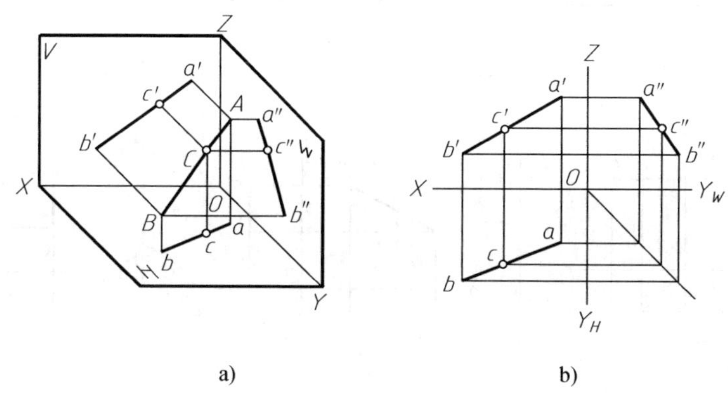

图 2-20　直线上点的投影

二、各种位置直线的投影

空间直线在三面投影体系中有三种位置：投影面平行线；投影面垂直线；一般位置直线，前两种直线又称为特殊位置直线。

1. 投影面平行线　平行于一个投影面而与其他两个投影面倾斜的直线称为投影面的平行线。

直线和投影面的夹角，叫作直线对投影面的倾角，并以 α、β、γ 分别表示直线对 H、V、W 面的倾角。

在投影面的平行线中，平行于 H 面的直线称为水平线；平行于 V 面的直线称为正平线；平行于 W 面的直线称为侧平线。它们的投影特性见表 2-2。

表 2-2　投影面平行线的投影特性

名称	水平线（//H，对 V、W 面倾斜）	正平线（//V，对 H、W 面倾斜）	侧平线（//W，对 H、V 面倾斜）
实例	A B	C D	E F

（续）

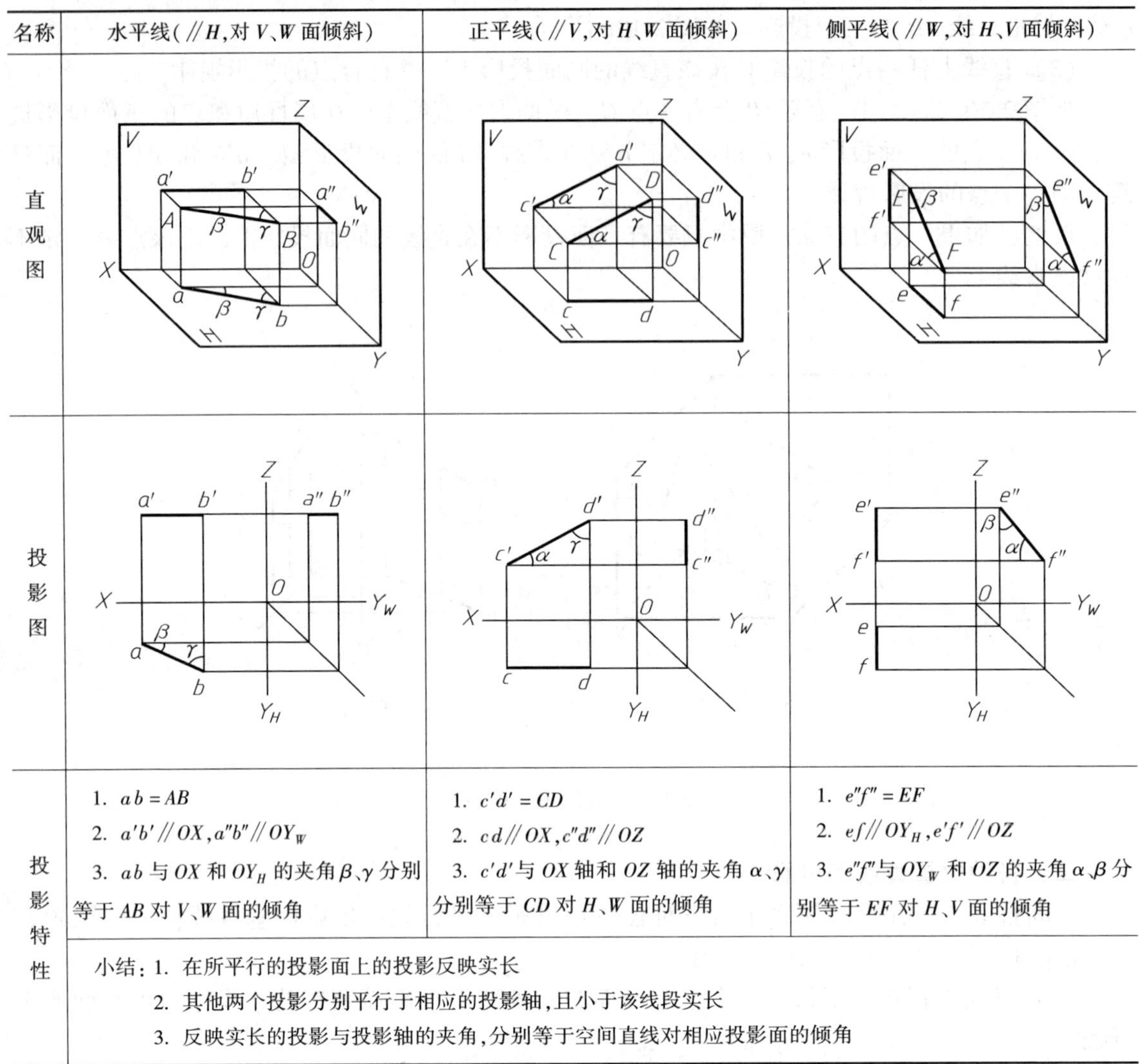

名称	水平线（$//H$，对 V、W 面倾斜）	正平线（$//V$，对 H、W 面倾斜）	侧平线（$//W$，对 H、V 面倾斜）
直观图			
投影图			
投影特性	1. $ab = AB$ 2. $a'b' // OX$，$a''b'' // OY_W$ 3. ab 与 OX 和 OY_H 的夹角 β、γ 分别等于 AB 对 V、W 面的倾角	1. $c'd' = CD$ 2. $cd // OX$，$c''d'' // OZ$ 3. $c'd'$ 与 OX 轴和 OZ 轴的夹角 α、γ 分别等于 CD 对 H、W 面的倾角	1. $e''f'' = EF$ 2. $ef // OY_H$，$e'f' // OZ$ 3. $e''f''$ 与 OY_W 和 OZ 的夹角 α、β 分别等于 EF 对 H、V 面的倾角
	小结：1. 在所平行的投影面上的投影反映实长 2. 其他两个投影分别平行于相应的投影轴，且小于该线段实长 3. 反映实长的投影与投影轴的夹角，分别等于空间直线对相应投影面的倾角		

2. 投影面垂直线　垂直于一个投影面的直线称为投影面的垂直线。

垂直于 H 面的直线称为铅垂线；垂直于 V 面的直线称为正垂线；垂直于 W 面的直线称为侧垂线。它们的投影特性见表 2-3。

表 2-3　投影面垂直线的投影特性

名称	铅垂线（$\perp H$）	正垂线（$\perp V$）	侧垂线（$\perp W$）
实例	A B	D C	E F

（续）

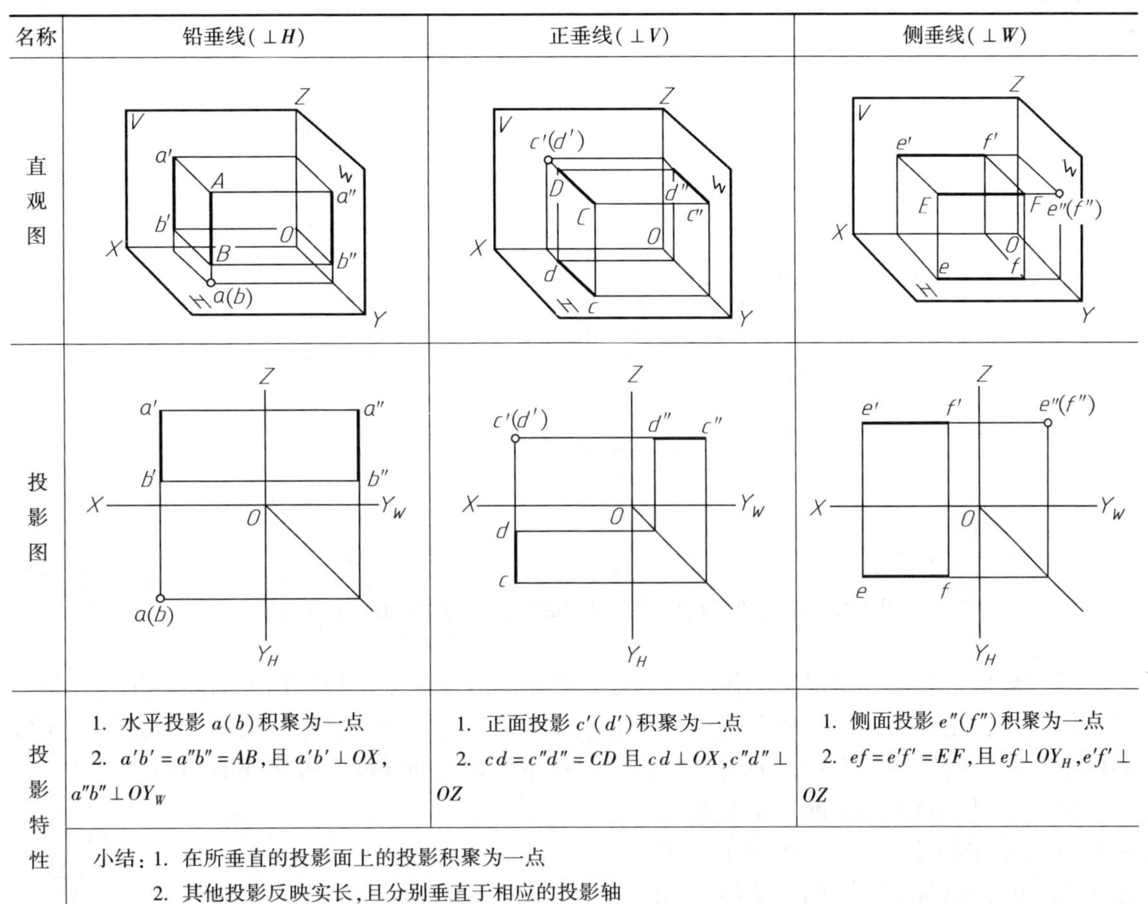

名称	铅垂线（⊥H）	正垂线（⊥V）	侧垂线（⊥W）
直观图			
投影图			
投影特性	1. 水平投影 $a(b)$ 积聚为一点 2. $a'b'=a''b''=AB$，且 $a'b'\perp OX$，$a''b''\perp OY_W$	1. 正面投影 $c'(d')$ 积聚为一点 2. $cd=c''d''=CD$ 且 $cd\perp OX$，$c''d''\perp OZ$	1. 侧面投影 $e''(f'')$ 积聚为一点 2. $ef=e'f'=EF$，且 $ef\perp OY_H$，$e'f'\perp OZ$
	小结：1. 在所垂直的投影面上的投影积聚为一点 2. 其他投影反映实长，且分别垂直于相应的投影轴		

3. 一般位置直线　对三个投影面都倾斜的直线称为一般位置直线。图 2-19 所示即为一般位置直线，通过分析可知，其投影特性为：

（1）一般位置直线的各面投影都与投影轴倾斜。

（2）一般位置直线的各面投影的长度均小于实长。

三、求一般位置直线的实长和对投影面的倾角

在设计或绘制图样时，有时需要求出一般位置线段的实长和对投影面倾角的真实大小。而直角三角形法就是利用线段的投影求其实长及对投影面倾角的一种方法，现介绍如下。

图 2-21a 表示直角三角形法的空间几何关系。过点 A 作 $AC /\!/ ab$，在空间直角三角形 ABC 中，斜边 AB 就是线段的实长，一直角边 AC 等于线段的水平投影 ab，另一直角边 BC 等于线段两端点 A 和 B 对水平投影面的距离之差，即 A、B 两点的 z 坐标差 Δz，也等于 a'、b' 到 OX 轴的距离之差，而斜边 AB 与直角边 AC 的夹角即为线段 AB 对水平投影面的倾角 α。

在投影图上的作图方法，如图 2-21b 所示。以水平投影 ab 为一直角边，过 b 作 ab 的垂线为另一直角边，量取 $B_1b=\Delta z$，连接 aB_1 即为空间线段 AB 的实长，$\angle baB_1$ 即为线段 AB 对水平投影面的倾角 α。线段 AB 对 V 面倾角 β 的作法如图 2-21b 所示。

同理，如欲求线段对 W 面的倾角 γ，则可利用侧面投影，其作图原理和方法与上述类同，请自行分析。

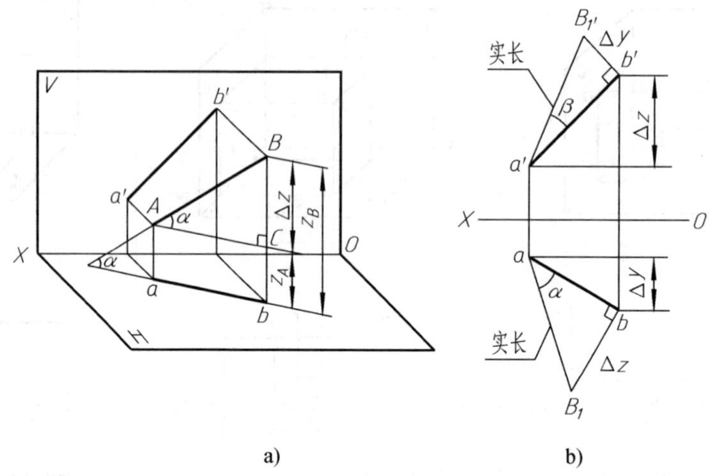

a) b)

图 2-21 用直角三角形法求线段的实长和对水平投影面的倾角

通过分析，直角三角形法的作图原理是：将空间线段在某个投影面上的投影作为直角三角形的底边，用其另一投影两个端点的坐标差作为对边，作出一直角三角形。此直角三角形的斜边就是空间线段的实长，而斜边与底边的夹角就是空间线段对投影面的倾角。

例 1 已知线段 AB 的正面投影和端点 B 的水平投影，并知 AB 对 V 面的倾角为 30°，试完成其两面投影（图 2-22a）。

解 由正面投影 $a'b'$ 和 β 两个已知参数，即可作出一个直角三角形 $a'b'B_1$，如图 2-22b 所示。其斜边 $a'B_1$ 为线段 AB 的实长，而对边 $b'B_1$ 即为另一投影 ab 两端点的坐标差 Δy，再将 Δy 测移到 H 面投影中去，便可作出水平投影 ab。

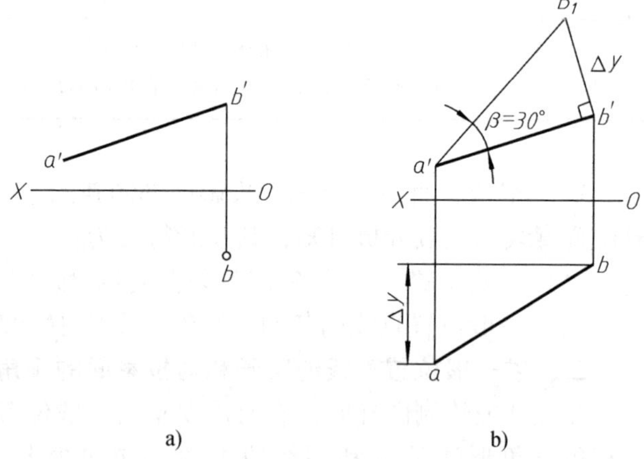

a) b)

图 2-22 用直角三角形法完成直线的投影

四、直线的相对位置

空间两直线的相对位置有平行、相交和交叉三种情况。

1. 平行两直线 空间相互平行的两直线，它们的各组同面投影也一定相互平行。

如图 2-23 所示，$AB /\!/ CD$，则 $ab /\!/ cd$、$a'b' /\!/ c'd'$、$a''b'' /\!/ c''d''$。

反之，如果两直线的各组同面投影都相互平行，则可判定它们在空间也一定平行。

2. 相交两直线 空间相交两直线，它们的各组同面投影一定相交，交点为两直线的共有点，且符合点的投影规律。

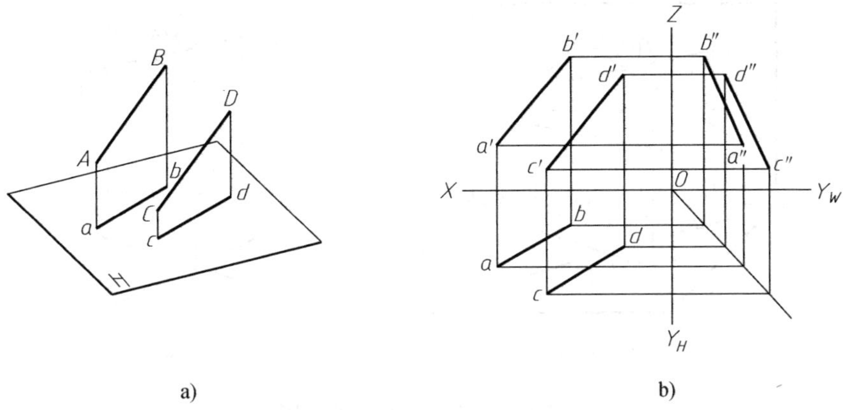

图 2-23　平行两直线的投影

如图 2-24 所示，AB 与 CD 相交于点 K，点 K 是 AB 和 CD 的共有点，则三面投影 ab 和 cd 相交于 k，$a'b'$和 $c'd'$相交于 k'，$a''b''$和 $c''d''$相交于 k''，且交点 K 的投影连线符合点的投影规律。因此，k 和 k'的连线垂直于 OX 轴，k'和 k''的连线垂直于 OZ 轴。

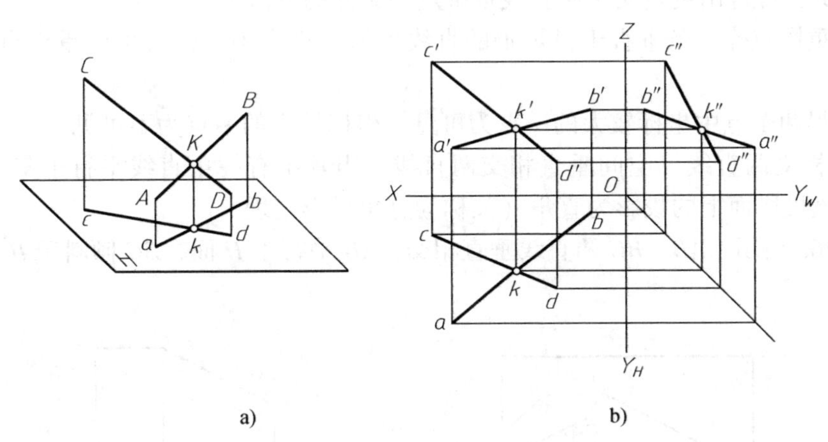

图 2-24　相交两直线的投影

反之，如果两直线的各组同面投影都相交，且交点符合点的投影规律，则可判定该两直线在空间必定相交。

3. 交叉两直线　在空间既不平行也不相交的两直线，叫交叉两直线，又称异面直线。

如图 2-25 所示，由于 AB 与 CD 不平行，那么它们的各组同面投影不会都平行；又因它们不相交，所以其各组同面投影交点的连线不会垂直于相应的投影轴，即不符合点的投影规律。

反之，如果两直线的投影不符合平行和相交两直线的投影规律，则可判定为空间交叉两直线。

空间交叉两直线，其投影可能相交，但交点是两直线上处于同一投射线上两个重影点的投影。

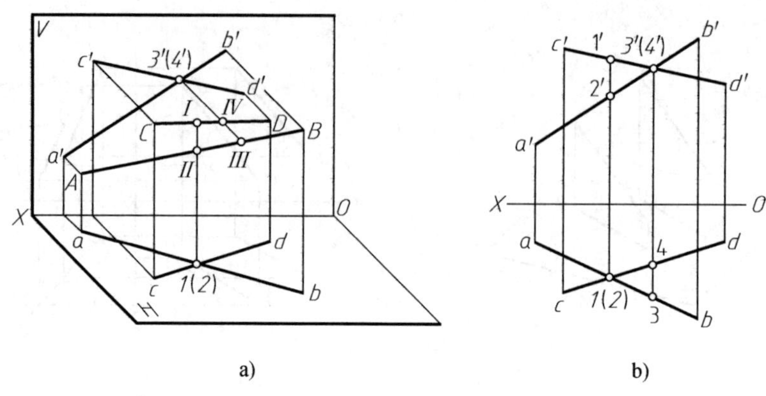

a)　　　　　　　　　　b)

图 2-25　交叉两直线的投影

如图 2-25b 中 ab 与 cd 的交点 1（2），实际上是 CD 上的点 Ⅰ 与 AB 上的点 Ⅱ 这一对重影点在 H 面上的重合投影。由于 $z_{I} > z_{II}$ 故从上往下投射，点 Ⅰ 可见，点 Ⅱ 不可见。

同理，$a'b'$ 与 $c'd'$ 的交点 3′（4′），是 AB 上的点 Ⅲ 和 CD 上点 Ⅳ 在 V 面上的重合投影。由于 $y_{III} > y_{IV}$，故从前往后投射，点 Ⅲ 可见，点 Ⅳ 为不可见。

通过分析，可得出判别交叉两直线重影点可见性的方法：

（1）从重影点作一条垂直于投影轴的直线到另一投影中去，就可将重影点分开成两个点。

（2）所得两个点中坐标较大的一点为可见，坐标较小的一点为不可见。

4. 垂直相交两直线　空间垂直相交两直线，当其中有一条直线平行于某一投影面时，则两直线在该投影面上的投影为直角（又称为直角投影定理）。

如图 2-26a 所示，AB、BC 两直线垂直相交，AB 平行于 H 面，BC 倾斜于 H 面。

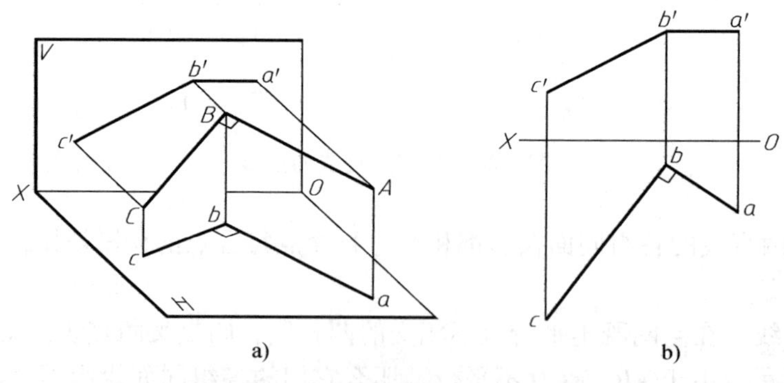

a)　　　　　　　　　　b)

图 2-26　垂直相交两直线的投影

因为 $AB \perp BC$，$AB \perp Bb$，由几何定理可知 AB 也必垂直于由 BC 和 Bb 所确定的平面 $BCcb$。又因 $AB /\!/ H$，故 $AB /\!/ ab$，则 ab 也垂直于 $BCcb$ 平面，因此 $ab \perp bc$。其投影关系如图 2-26b 所示。

反之，如果相交两直线在某一投影面上的投影为直角，且两直线中有一直线平行于该投影面时，则该两直线在空间必定相互垂直。

例 2　已知长方形 $ABCD$ 中 BC 边的两面投影，及 AB 边的水平投影，试完成长方形 $ABCD$ 的两面投影（见图 2-27a）。

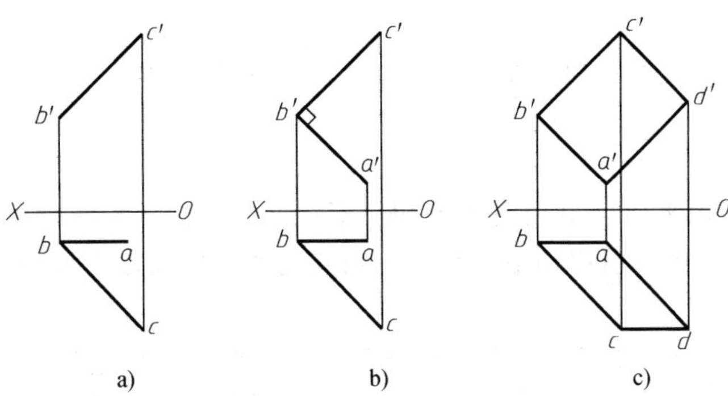

图 2-27　求长方形的投影

分析　长方形的相邻两边是相互垂直的，在长方形 $ABCD$ 中，AB 边的水平投影 $ab \parallel OX$，因此可知 AB 是正平线，所以在正面投影中 $a'b'$ 必定垂直于 $b'c'$，故可作出长方形的投影。

解　（1）由 b' 作垂直于 $b'c'$ 的直线，与过 a 的 OX 轴的垂线相交于 a'，如图 2-27b 所示。

（2）过 a' 和 a 分别作直线平行于 $b'c'$ 和 bc，再过 c' 和 c 分别作直线平行于 $b'a'$ 和 ba，便得到长方形的投影，如图 2-27c 所示。

例 3　求作铅垂线 AB 与一般位置线 CD 间的距离（见图 2-28a）。

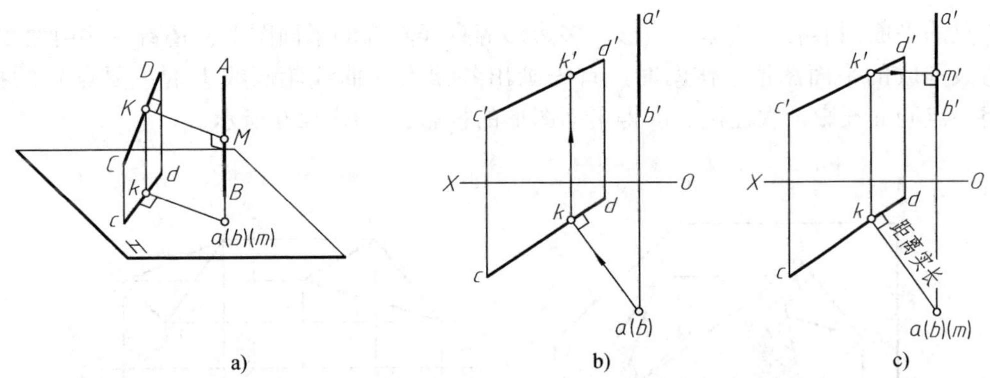

图 2-28　求作两直线间的距离

分析　直线 AB、CD 间的距离，就是这两条线的公垂线长度。设公垂线为 KM，在已知的两条线中，AB 是铅垂线，$KM \perp AB$，那么 KM 一定平行于 H 面，如图 2-28a 所示。由直角投影定理可知，KM 的水平投影与 CD 的水平投影一定垂直，故可求出公垂线的两个投影。

解　（1）由 a（b）作 cd 的垂线，交 cd 于 k，再由 k 作 OX 轴的垂线，交 $c'd'$ 于 k'，如图 2-28b 所示。

（2）过 k' 作 OX 轴的平行线，交 $a'b'$ 于 m'，直线 KM 便是 AB 和 CD 线的公垂线，水平投影 k（m）反映距离实长，如图 2-28c 所示。

第五节　平面的投影

几何学中的平面是指无限的平面。而本节所讨论的平面，多指平面的有限部分，即平面图形。

一、平面的表示法

1. 用几何元素表示平面　由几何学可知，不在同一直线上的三点可确定一个平面，从这个公理出发，在投影图上可以用下列任何一组几何要素的投影表示平面，如图 2-29 所示。

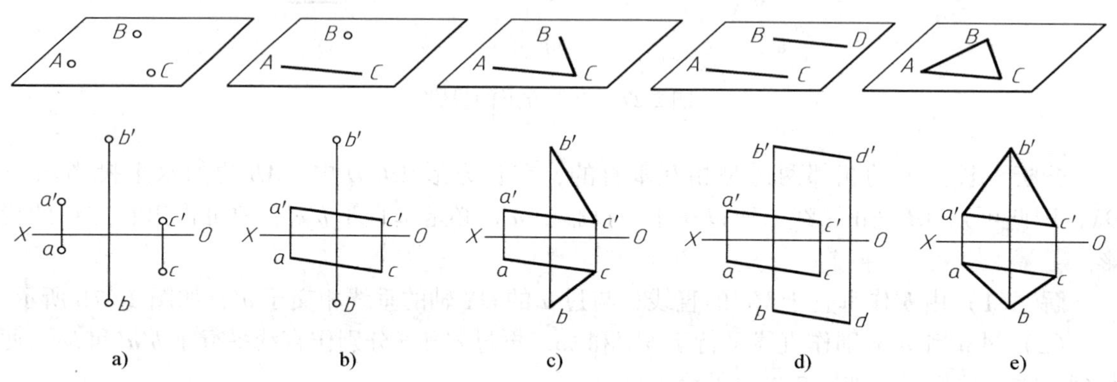

图 2-29　几何要素表示平面

a）不在同一条直线上的三点　b）直线及直线外一点　c）相交两直线　d）平行两直线　e）任意平面形

常见的平面图形有三角形、矩形、多边形等直线轮廓的平面图形，还有一些由曲线或曲线与直线围成的平面图形。作图时，首先画出各顶点（曲线轮廓线上的主要点）的投影，然后将各点同面投影依次连接，即得平面图形的投影，如图 2-30 所示。

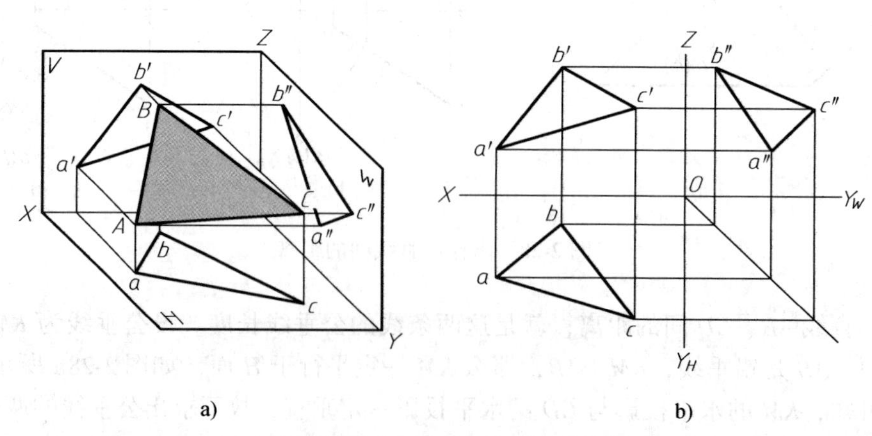

图 2-30　平面图形的投影

2. 用迹线表示平面　空间平面与投影面的交线称为平面的迹线。用迹线表示的平面称为迹线平面。

如图 2-31a 中的 P_H、P_V、P_W 分别称为 P 面的水平迹线、正面迹线和侧面迹线。平面迹线是平面与投影面的共有线，所以，迹线在该投影面上的投影与它本身重合，另两投影与相应的投影轴重合。

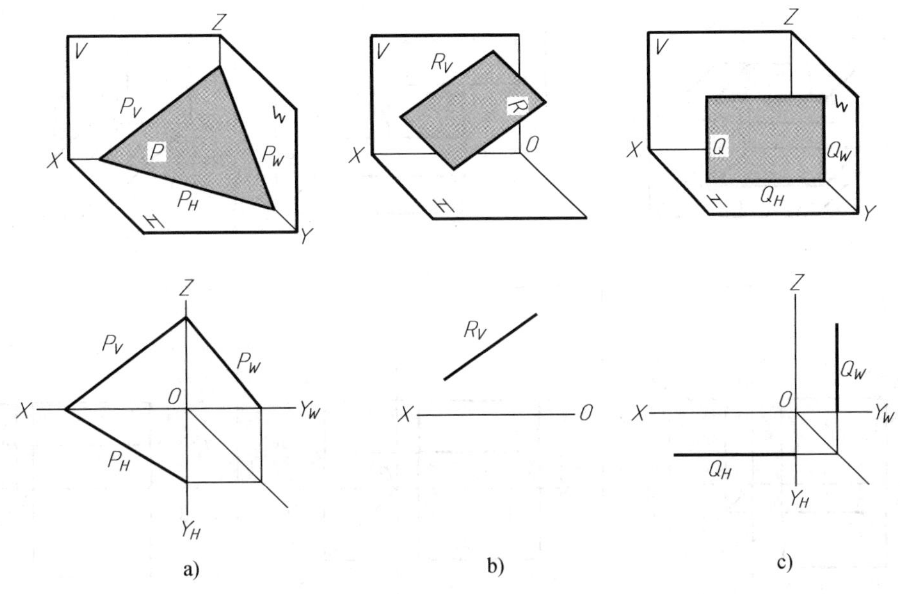

图 2-31　用迹线表示平面

特殊位置平面常用具有积聚性的迹线表示，如图 2-31b 中，用 R_V 表示正垂面 R；图 2-31c 中用 Q_H 和 Q_W 表示正平面 Q。

二、各种位置平面的投影

平面在三面投影体系中有三种位置：投影面平行面；投影面垂直面；一般位置平面。前两种平面又称为特殊位置平面。

1. 投影面平行面　平行于一个投影面的平面称为投影面的平行面。

平行于 H 面的平面称为水平面；平行于 V 面的平面称为正平面；平行于 W 面的平面称为侧平面。它们的投影特性见表 2-4。

表 2-4　投影面平行面的投影特性

名称	水平面(//H)	正平面(//V)	侧平面(//W)
实例	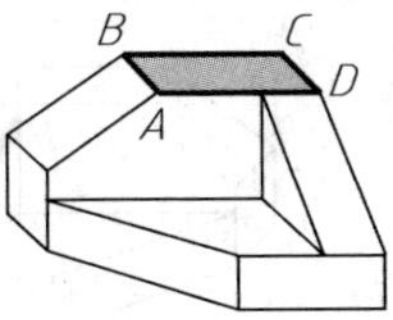 B C D A	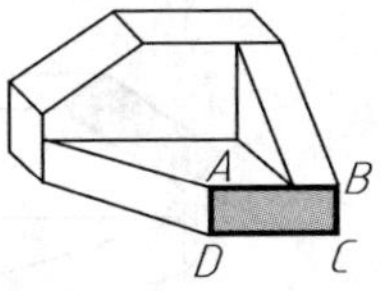 A B D C	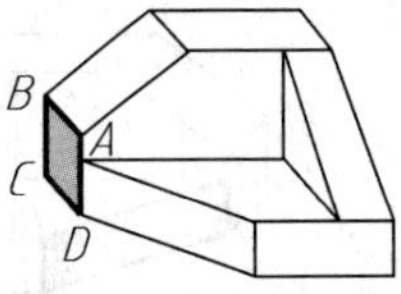 B A C D

（续）

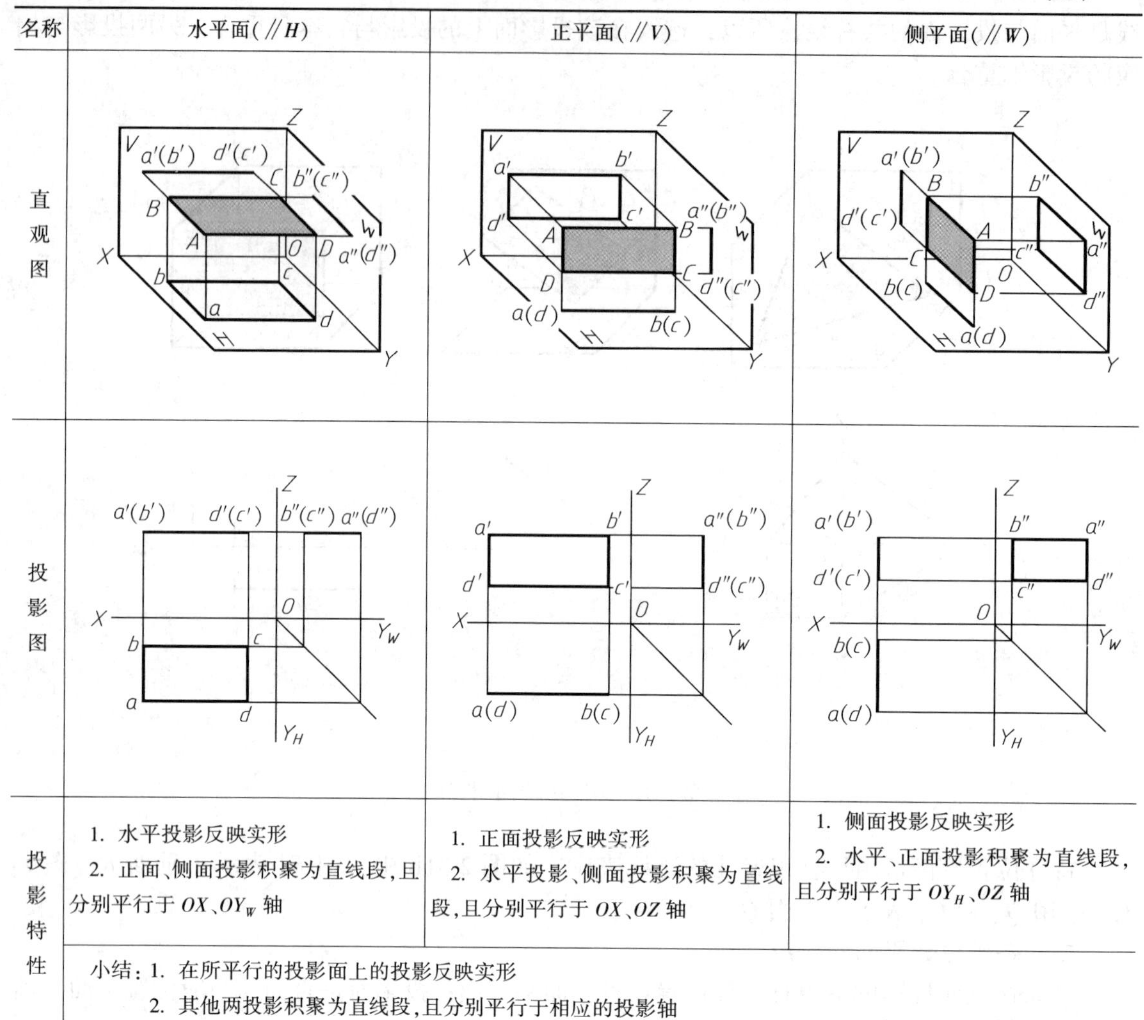

名称	水平面（//H）	正平面（//V）	侧平面（//W）
直观图			
投影图			
投影特性	1. 水平投影反映实形 2. 正面、侧面投影积聚为直线段，且分别平行于 OX、OY_W 轴	1. 正面投影反映实形 2. 水平投影、侧面投影积聚为直线段，且分别平行于 OX、OZ 轴	1. 侧面投影反映实形 2. 水平、正面投影积聚为直线段，且分别平行于 OY_H、OZ 轴
	小结：1. 在所平行的投影面上的投影反映实形 2. 其他两投影积聚为直线段，且分别平行于相应的投影轴		

2. 投影面垂直面　垂直于一个投影面而与其他两个投影面倾斜的平面称为投影面垂直面。

垂直于 H 面的平面称为铅垂面；垂直于 V 面的称为正垂面，垂直于 W 面的平面称为侧垂面。它们的投影特性见表 2-5。

表 2-5　投影面垂直面的投影特性

名称	铅垂面（⊥H，对 V、W 面倾斜）	正垂面（⊥V，对 H、W 面倾斜）	侧垂面（⊥W，对 H、V 面倾斜）
实例	A B C D	A B C D	A B C D

（续）

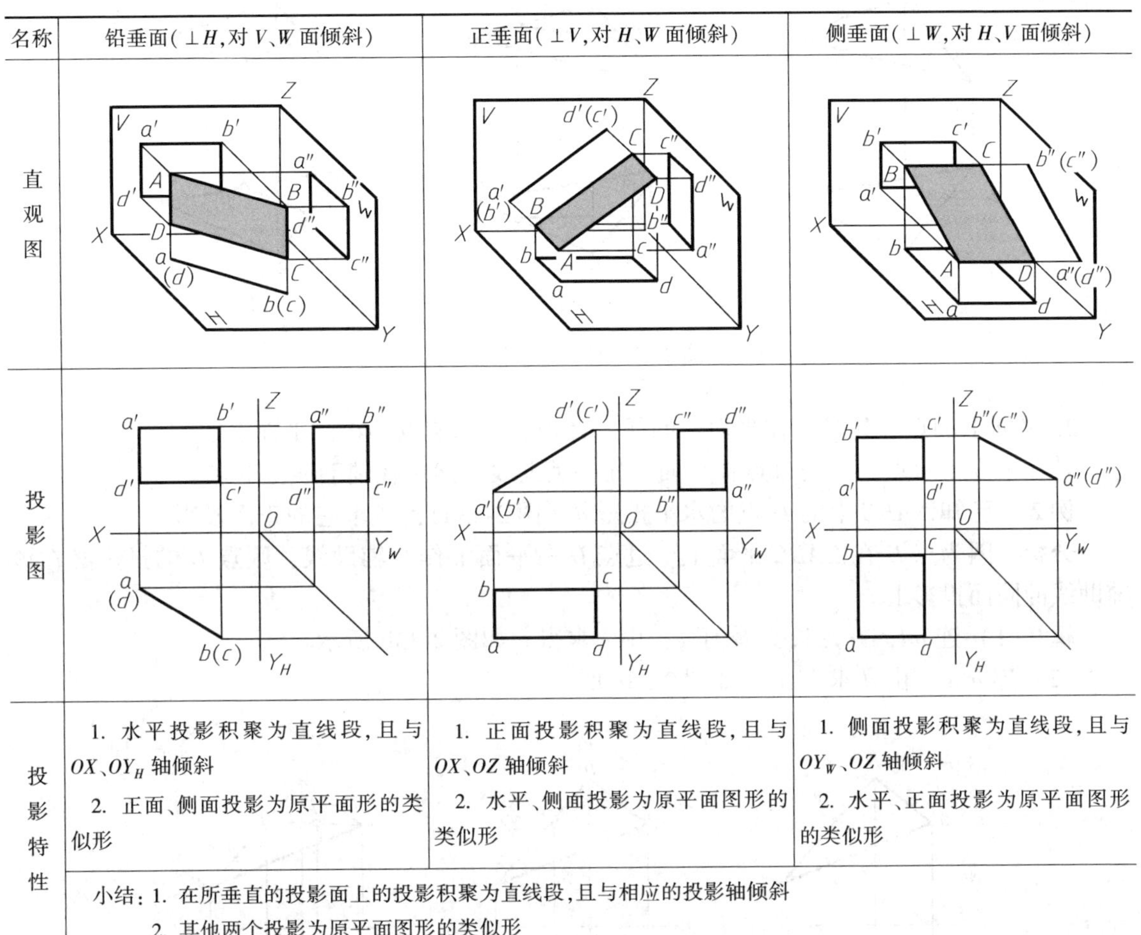

名称	铅垂面（⊥H，对 V、W 面倾斜）	正垂面（⊥V，对 H、W 面倾斜）	侧垂面（⊥W，对 H、V 面倾斜）
直观图			
投影图			
投影特性	1. 水平投影积聚为直线段，且与 OX、OY_H 轴倾斜 2. 正面、侧面投影为原平面形的类似形	1. 正面投影积聚为直线段，且与 OX、OZ 轴倾斜 2. 水平、侧面投影为原平面图形的类似形	1. 侧面投影积聚为直线段，且与 OY_W、OZ 轴倾斜 2. 水平、正面投影为原平面图形的类似形
	小结：1. 在所垂直的投影面上的投影积聚为直线段，且与相应的投影轴倾斜 2. 其他两个投影为原平面图形的类似形		

3. 一般位置平面　对三个投影面都倾斜的平面称为一般位置平面。

图 2-30 中，△ABC 为一般位置平面。它的三面投影虽然是三边形，但都不反映实形。即一般位置平面的三面投影为原平面图形的类似形。

三、平面上的直线和点

1. 平面上的直线　直线在平面上的几何条件是：

（1）直线通过平面上的两点。

（2）直线通过平面上的一点，且平行于该平面上的某一直线。

例 1　已知△ABC（见图 2-32a），试在该平面上任作一直线。

解法 1　根据“直线通过平面上的两点”的条件作图。在 AB 上任取一点 D，在 BC 上任取一点 E，那么 DE 就是△ABC 上的一直线。它们的同面投影连线 $d'e'$ 和 de 所表示的直线也必在△ABC 上，如图 2-32b 所示。

解法 2　根据“直线通过平面上的一点，且平行于该平面上的某一直线”的条件作图。在△ABC 上任取一点 D，作 DF 平行于 BC，那么 DF 就是△ABC 上的一条直线。它们的同面投影连线也必相互平行，即 $d'f' \parallel b'c'$、$df \parallel bc$，如图 2-32c 所示。

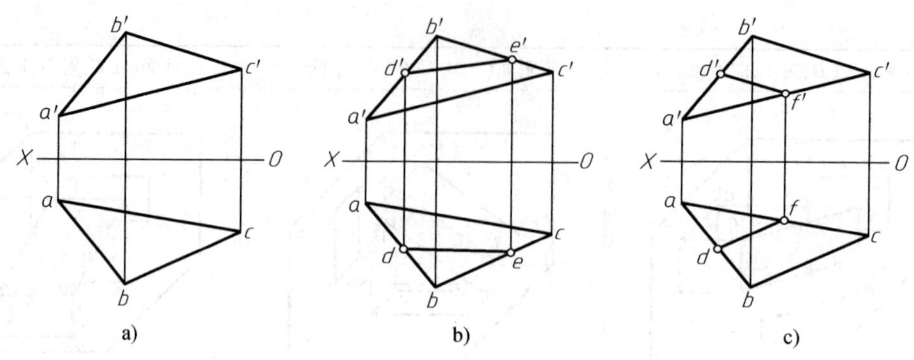

图 2-32　在平面上取直线

2. 平面上的点　如果点在平面上的任一直线上，则该点必在此平面上。

若在平面上取点，应先过点在平面上作一辅助线，然后在辅助线上取点。

例 2　已知△*ABC* 上的 *D* 点的水平投影 *d*（图 2-33a），试求它的正面投影。

分析　因为点 *D* 在△*ABC* 平面上，过点 *D* 在平面上作一辅助线，则点 *D* 的投影必在该辅助线的同面投影上。

解　（1）连 *ad*，并延长交 *bc* 于 *e*，由 *e* 求得 *e'* 如图 2-33b 所示。

（2）连 *a'e'*，由 *d* 求得 *d'*，如图 2-33c 所示。

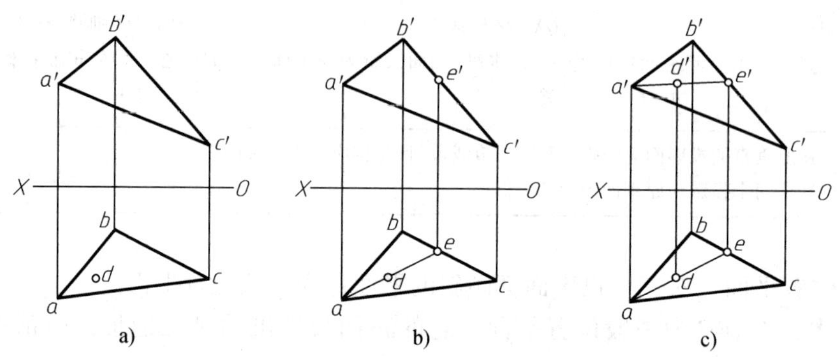

图 2-33　在平面上作辅助线取点

例 3　已知五边形 *ABCDE* 的正面投影和 *AB*、*BC* 两边的水平投影，试完成五边形的水平投影（图 2-34a）。

分析　此五边形中两条边 *AB* 和 *BC* 的两面投影都已给出，实际上该平面已由相交两直线 *AB* 和 *BC* 所决定，只要应用在平面上取点的方法，求出 *D*、*E* 的水平投影，便可完成五边形的水平投影。

解　（1）如图 2-34b 所示，过点 *E* 在五边形上作辅助线 *AF*（连接 *a'e'*，并延长交 *b'c'* 于 *f'*，由 *f'* 求得 *f*；连接 *af*），由 *e'* 求得 *e*。

（2）如图 2-34c 所示，过点 *D* 在五边形上作辅助线 *DG*∥*BC*（过 *d'* 作 *d'g'*∥*b'c'* 得 *g'*，由 *g'* 求得 *g*；再作 *dg*∥*bc*），由 *d'* 求得 *d*。

（3）连接 *ed* 和 *dc*，完成五边形 *ABCDE* 的水平投影，如图 2-34d 所示。

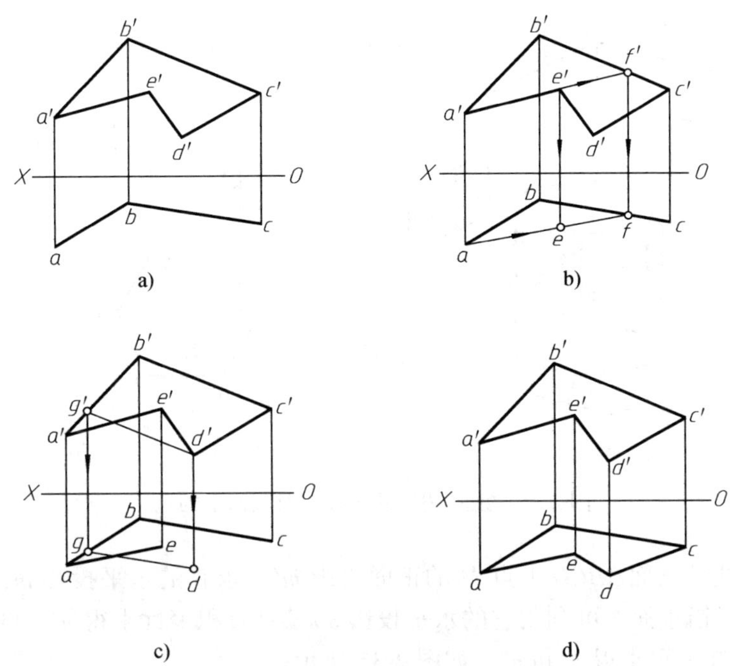

图 2-34 完成五边形的水平投影

第六节 基本体的投影

基本体分为平面体和曲面体两类。表面均为平面的立体称为平面立体；表面为曲面或曲面与平面组成的立体称为曲面立体。本节重点讨论基本体的三视图画法，以及在体表面上取点、线的作图问题。

一、平面立体

1. 棱柱

（1）棱柱的三视图 图 2-35a 所示为一正六棱柱，它由顶面、底面和六个侧棱面组成。顶面和底面为水平面，其水平投影为正六边形且反映实形，它们的正面和侧面投影均积聚为一直线。六个侧棱面中，前后侧棱面为正平面，其余四个侧棱面为铅垂面，六个侧棱面和六条侧棱均垂直于水平面，其水平投影分别积聚在六边形的六条边和六个顶点上。前、后侧棱面的正面投影反映实形，侧面投影积聚为两直线。其余四个侧棱面的正面投影和侧面投影均为类似形。各侧棱的正面投影和侧面投影均平行于 OZ 轴且反映了棱柱的高。

画棱柱的三视图时一般先画反映其形状特征的图形，此例中为俯视图即正六边形，然后再完成另外两个视图，如图 2-35b 所示。

（2）棱柱表面上的点 在平面立体表面上取点、取线的方法与平面上取点、取线的方法是一样的，但在体表面上取点时，必须首先确定该点是在平面立体的哪一个表面上。若点在某个表面上，则该点的投影必在该表面的各同面投影范围内。若该表面的投影可见，则该点的同面投影也可见；反之为不可见。因此在求体表面上点的投影时，应先分析该点所在表面的投影特性，然后再根据点的投影规律求得。

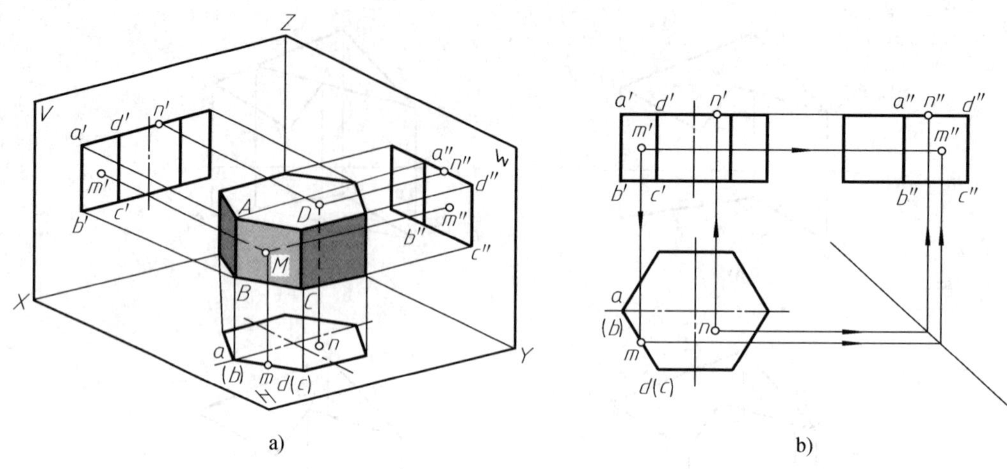

图 2-35　正六棱柱的三视图及表面上的点

如已知正六棱柱表面 *ABCD* 上点 *M* 的正面投影 m'，求它的水平投影 *m* 和侧面投影 m''。由于棱面 *ABCD* 为铅垂面，可利用它的水平投影 *abcd* 具有积聚性求得 *m*，再根据 m'和 *m* 求得 m''。同理，已知 *n* 可求得 n'和 n''，如图 2-35 所示。

2. 棱锥

(1) 棱锥的三视图　图 2-36a 为一正三棱锥，它由底面△*ABC* 和三个相等的侧棱面△*SAB*、△*SBC* 以及△*SAC* 所组成。其底面为水平面，它的水平投影反映实形，正面投影和侧面投影分别积聚成一直线。棱面 *SAC* 为一侧垂面，因此侧面投影积聚成一直线，水平投影和正面投影都是类似形。棱面△*SAB* 和△*SBC* 为一般位置平面，它的三面投影均为类似形。

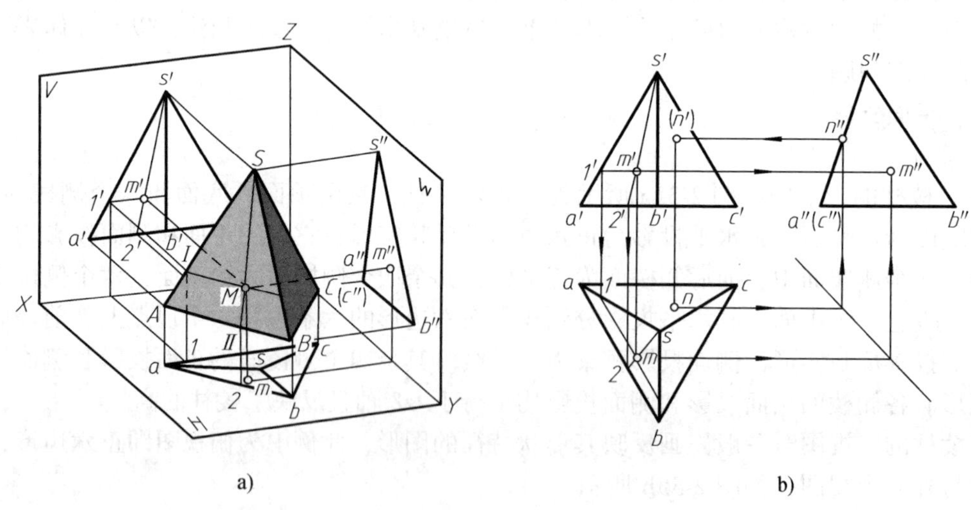

图 2-36　正三棱锥的三视图及表面上的点

棱线 *SB* 为侧平线，棱线 *SA*、*SC* 为一般位置直线，棱线 *AC* 为侧垂线，棱线 *AB*、*BC* 为水平线。

画正三棱锥的三视图时，先画出底面△ABC的各个投影，再画出锥顶S的各个投影，连接各棱线的同面投影即为正三棱锥的三视图，如图2-36b所示。

（2）棱锥体表面上的点　组成棱锥体的表面有特殊位置平面，也有一般位置平面。特殊位置平面上点的投影，可利用该平面投影的积聚性直接作图。一般位置平面上点的投影，可通过在平面上作辅助线的方法求得。

如图2-36所示，已知棱面△SAB上点M的正面投影m'和棱面△SAC上点N的水平投影n，试求点M、N的其他投影。因棱面△SAC是侧垂面，它的侧面投影$s''a''$（c''）具有积聚性，因此n''必在$s''a''$（c''）上，可直接由n作出n''，再由n''和n求出（n'）。棱面△SAB是一般位置平面，过锥顶S及M作一辅助线SⅡ，然后根据直线上点的投影特性，求出其水平投影m，再由m'、m求出侧面投影m''。若过点M作一水平辅助线ⅠM，同样可求得点M的其余二投影。

二、回转体

由曲面或曲面与平面围成的立体，称为曲面体。在机件中常见的曲面体是回转体。

由一条母线（直线或曲线）绕轴线回转而形成的表面称为回转面；由回转面或回转面与平面所围成的立体称为回转体。圆柱、圆锥、圆球、圆环等是常见的回转体，它们的画法和回转面的形成条件有关，下面分别介绍。

1. 圆柱体

（1）圆柱面的形成　如图2-37a所示，圆柱面可看作一条直线AA_1围绕与它平行的轴线OO_1回转而成。OO_1称为回转轴，直线AA_1称为母线，母线转至任一位置时称为素线。

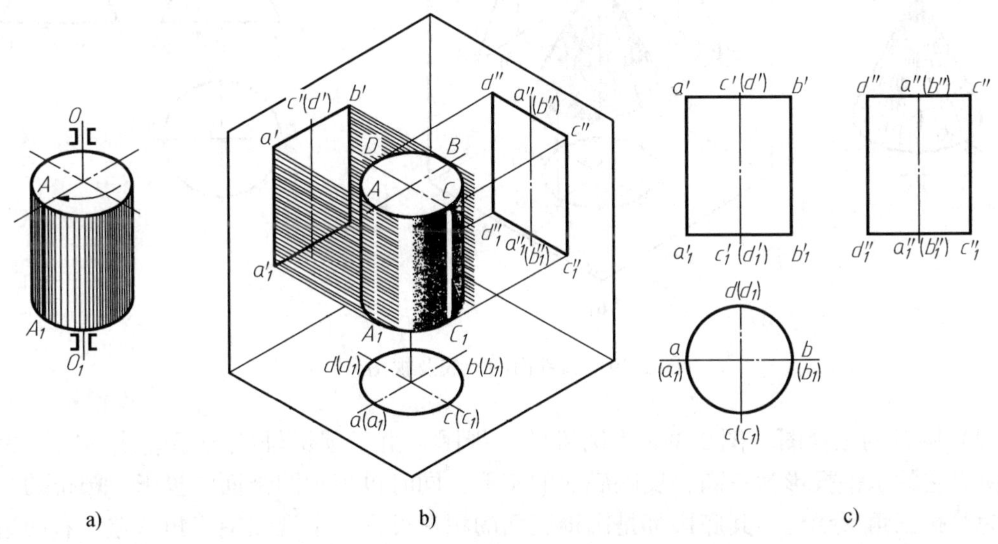

图2-37　圆柱面的形成及视图分析

（2）圆柱的三视图　图2-37b、c中，圆柱的顶面和底面均为水平面，其水平投影反映实形，正面和侧面投影分别积聚成一直线，由于圆柱轴线垂直于水平投影面，所以圆柱面的水平投影积聚为一个圆（重合在顶面和底面圆的实形投影上），其正面和侧面投影用决定其投影范围的转向轮廓线表示，这样主、左视图都是矩形。

正面投影中，矩形左右两边的$a'a_1'$和$b'b_1'$分别是圆柱面最左、最右素线的投影，也是前半圆柱面与后半圆柱面上可见与不可见部分的分界线，它们的水平投影积聚为 a（a_1）、b（b_1），侧面投影与圆柱轴线投影重合（因圆柱面是光滑曲面，图中不需画出其投影）。

对侧面投影中的矩形线框，可作类似的分析。

画圆柱的视图时，一般先画投影具有积聚性的圆，然后再根据投影规律画出另两个投影为矩形的视图。

（3）圆柱体表面上的点　圆柱表面上点的投影，可利用圆柱面投影的积聚性来求得。在图 2-38 中，已知圆柱表面上点 *M* 的正面投影 m'，求其他两面投影。由于圆柱表面的水平投影具有积聚性，所以点 *M* 的水平投影应在圆柱面水平投影的圆周上，据此先求出 m，再根据 m'、m 求出 m''。

由点 *N* 的正面投影，求另两面投影的方法，可自行分析。

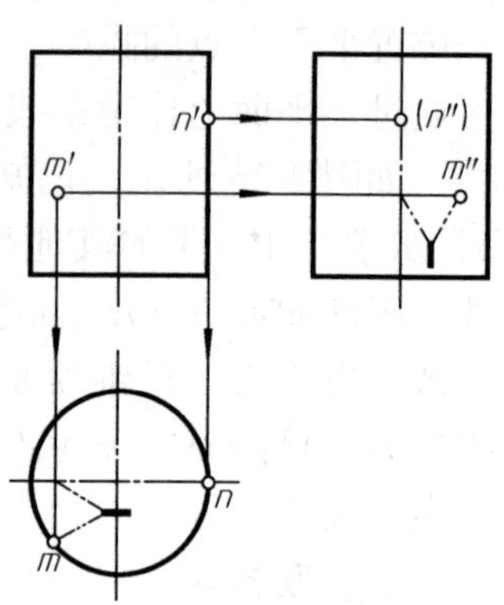

图 2-38　圆柱表面上点的投影

2. 圆锥体

（1）圆锥面的形成　如图 2-39a 所示，圆锥面可看作是一条直母线 *SA* 围绕和它相交的轴线 OO_1 回转而成。在圆锥面上通过锥顶 *S* 的任一直线称为圆锥面的素线。

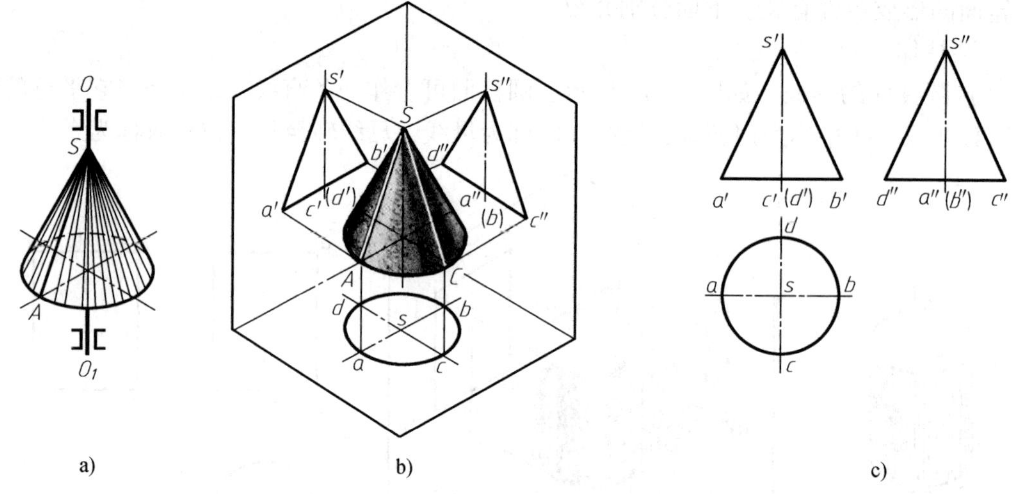

图 2-39　圆锥面的形成及视图分析

（2）圆锥的三视图　图 2-39c 为圆锥的三视图。由于圆锥轴线为铅垂线，底面为水平面，所以它的水平投影为一圆，反映底面的实形，同时也表示圆锥面的投影。圆锥的主、左视图为等腰三角形线框，其底边都是圆锥底面的积聚投影。主视图中三角形左、右两边，分别表示圆锥面最左、最右素线 *SA*、*SB* 的投影（反映实长），它们是圆锥面的正面投影可见与不可见部分的分界线；左视图中三角形的两边，分别表示圆锥面最前、最后素线 *SC*、*SD* 的投影，它们是圆锥面的侧面投影可见与不可见部分的分界线。

画圆锥体的三视图时，先画出圆锥底面的各个投影，再画出锥顶点的投影，然后分别画出特殊位置素线的投影，即完成了圆锥体的三视图。

（3）圆锥面上点的投影　如图 2-40 所示，已知圆锥面上的 *M* 正面投影 m'，求作其水平投影 m 和侧面投影 m''，作图方法有两种：

1）辅助素线法。如图 2-40a 所示，过锥顶 S 和锥面上 M 点引一素线 $S\ I$，然后利用在线上求点的方法，作出 M 点的投影。具体作法是，首先作出 $S\ I$ 的正面投影和水平投影即 $s'1'$ 和 $s1$，求出 M 点的水平投影 m，然后再根据 m' 和 m 求得 m''，如图 2-40b 所示。

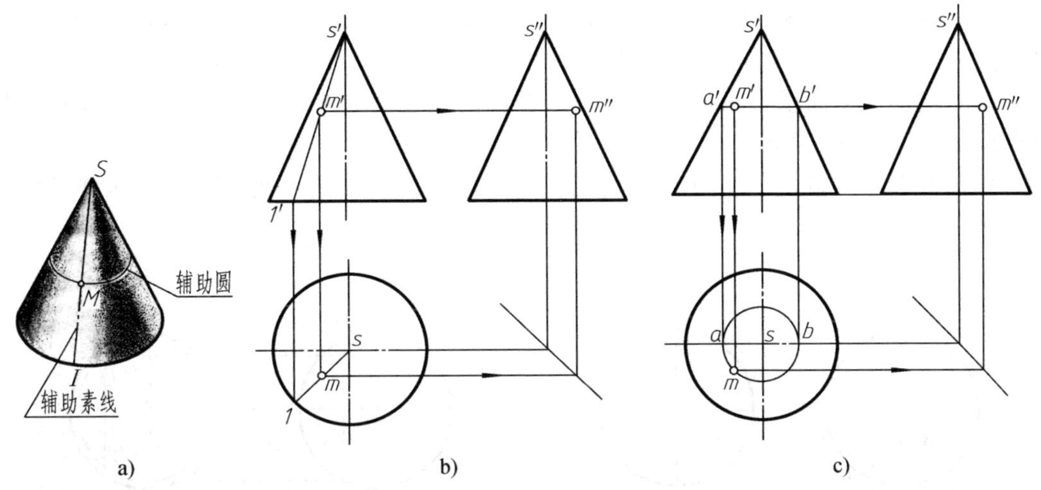

图 2-40　圆锥表面上点的投影

由于锥面的水平投影均是可见的，故 m 点也是可见的，又因 M 点在左半部的锥面上，而左半部锥面的侧面投影是可见的，所以 m'' 也是可见的。

2）辅助圆法。如图 2-40a 所示，由于垂直圆锥轴线的截面与圆锥表面的交线均是圆，因此，求圆锥面上点的投影时，也可以过已知点 M，在圆锥面上作垂直于圆锥轴线的辅助圆。该圆的正面投影积聚为一直线，水平投影为圆。具体作法是，如图 2-40c 所示，在主视图上过 m' 点作水平线交圆锥轮廓素线于 $a'b'$，即为辅助圆的正面投影，该圆的水平面投影为一直径等于 $a'b'$ 的圆（圆心为 s）。点 M 的投影应在辅助圆的同面投影上，即可由 m' 求得 m，再由 m' 和 m 求得 m''（可见）。

3. 圆球

（1）圆球面的形成　如图 2-41a 所示，圆球面可看成由一个圆（母线）绕其直径回转而成。

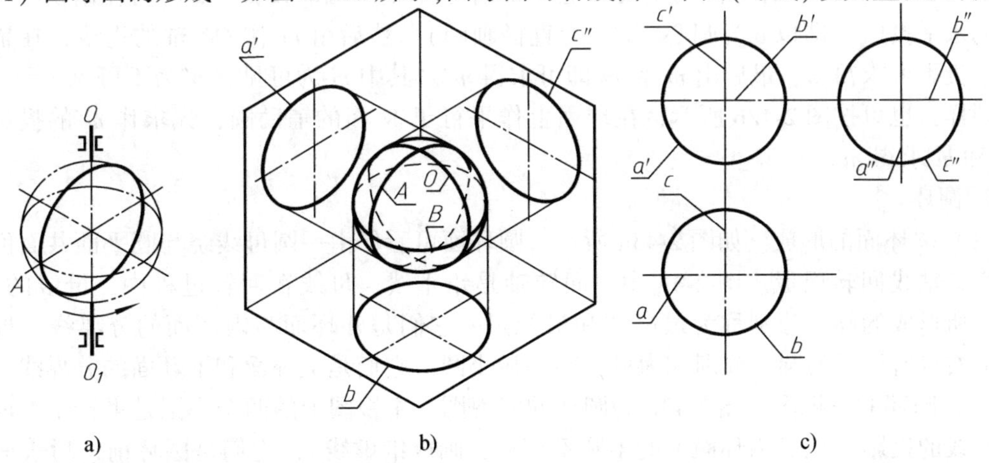

图 2-41　圆球面的形成及视图分析

（2）圆球的三视图　圆球的三个视图都是与圆球直径相等的圆，它们分别表示三个不同方向的球面的转向轮廓线的投影，如图 2-41b、c 所示。圆球的各个投影虽然都是圆，但各个圆的意义却不同。主视图中的圆 a'是轮廓素线圆 A 的正面投影，是球面上平行于 V 面的素线圆，也就是前半球和后半球可见和不可见部分的分界圆。它的水平投影和侧面投影都与圆的相应中心线重合，不应画出。作类似的分析可知，水平投影的圆，是平行于 H 面的素线圆 B 的投影；侧面投影的圆，是平行于 W 面的素线圆 C 的投影。这两个素线圆的其他两面投影分别与相应的中心线重合。

（3）球面上点的投影　如图 2-42 所示，已知球面上点 M 的正面投影 m'，求作其另两个投影 m 和 m''。

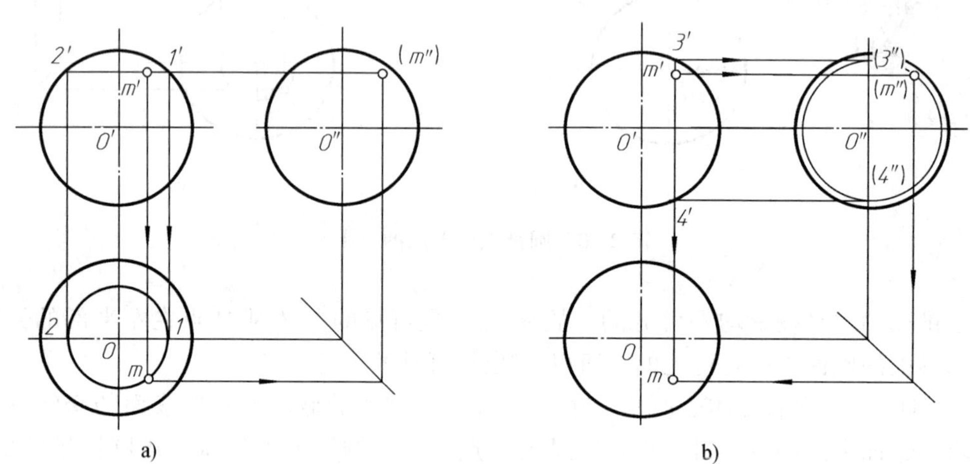

图 2-42　球面上点的投影

a）作水平辅助圆取点　b）作侧平辅助圆取点

根据 m'的位置和可见性，说明点 M 在前半球面的右上部。过点 M 在球面上作平行于 H 面或 W 面的辅助圆，即可在此辅助圆的各个投影上求得点 M 的相应投影。

如图 2-42a 所示，在球面的主视图上过 m'作水平辅助圆的投影 $1'2'$，再在俯视图中作辅助圆的水平投影（即以 o 为圆心，$1'2'$为直径画圆），然后由 m'作 OX 轴的垂线，在辅助圆的水平投影上求得 m，最后由 m'和 m 即可求得 m''。其中 m 为可见，m''为不可见。

同样，也可按图 2-42b 所示，在球面上作平行于 W 面的辅助圆，先求作 m''的投影，再由 m'和 m''求得 m。

4. 圆环

（1）圆环面的形成　如图 2-43a 所示，圆环面可看作由一圆母线绕与圆平面共面但不通过圆心的轴线回转而成。图 2-43 中，回转轴是铅垂线。母线在回转过程中，母线的最高、最低点所形成的圆，分别称为最高圆和最低圆，它们是外环面与内环面的分界线；母线最左，最右点所形成的圆，分别称为最大圆和最小圆，它们是上环面和下环面的分界线。

（2）圆环的三视图　图 2-43b 为圆环的三视图。主视图上的两个小圆是平行于 V 面的两个圆素线的投影（位于内环面上的半圆不可见，画成细虚线），它们是圆环前、后表面的分界线；左视图上的两个小圆是平行于 W 面的两个圆素线的投影，它们是圆环左、右表面的分界线；俯视图中的两个实线圆，分别是最大圆和最小圆的投影，它们是圆环上、下表面的分界线；主、左视图中两个小圆的上、下公切线，分别是圆环最高圆和最低圆的投影。

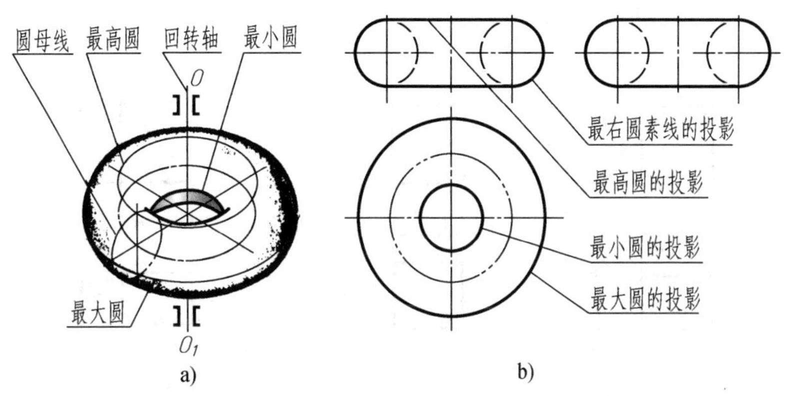

图 2-43　圆环面的形成及其视图分析

（3）圆环表面上点的投影　如图 2-44 所示，已知圆环面上点 M 的正面投影 m'（可见），求其他两面投影。根据 m'的位置和可见性，可判定点 M 在外环面的左、前、上方，所以水平投影 m 应在左前方，是可见的。具体作图时，可应用辅助圆法，即过 m'作水平线，该水平线即为辅助圆的正面投影。据此作出辅助圆的水平投影，由 m'作 OX 轴的垂线与辅助圆的交点即为 m，再由 m'、m，求得 m''。

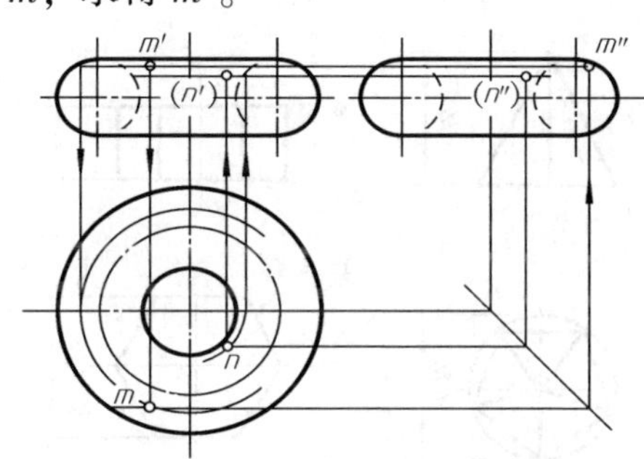

图 2-44　圆环表面上点的投影

又知在圆环内表面的点 N 的水平投影 n，求另两面投影 n'和 n''，可自行分析作图（见图 2-44）。

第七节　基本体的尺寸注法

一、平面体的尺寸注法

平面体一般应注出其长、宽、高三个方向的尺寸，如图 2-45 所示。

棱柱、棱锥以及棱台的尺寸，除了标注高度尺寸外，还要注出确定其顶面和底面形状的尺寸，如图 2-45a ~ f 所示。

正方形的尺寸可采用简化注法，如图 2-45b、f 所示。

底面为正多边形的棱柱和棱锥，其底面尺寸一般标注外接圆直径，如图 2-45g、h 所示，但也可根据需要注成其他形式，如图 2-45i、j 所示。

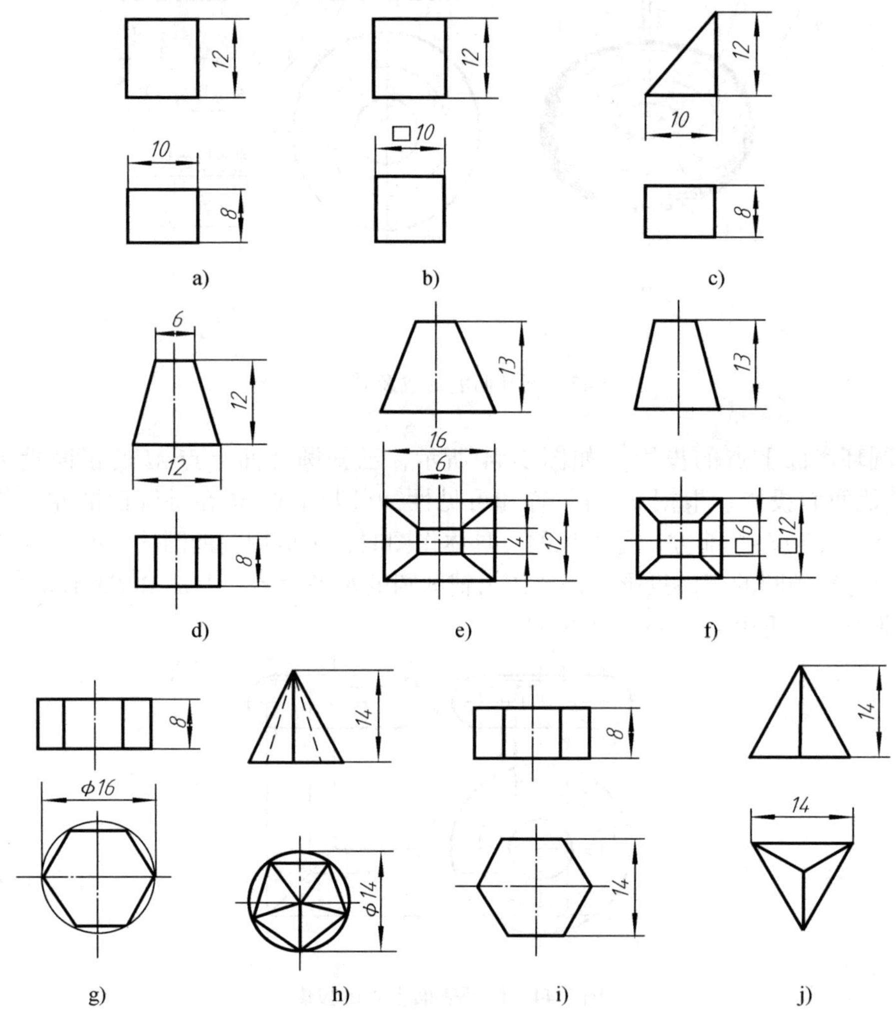

图 2-45　平面体的尺寸注法

二、回转体的尺寸注法

圆柱和圆锥应标出底圆直径和高度尺寸，圆锥台还应注出顶圆的直径。在直径尺寸前应加注“ϕ”。当把尺寸集中标注在一个非圆视图上时，这个视图就能确定其形状和大小，如图 2-46a、b、c 所示。

圆环应注出素线圆直径和中心圆的直径；圆球在直径数字前加注“$S\phi$”，这样用一个视图便可将其形状和大小表达清楚，如图 2-46d、e 所示。

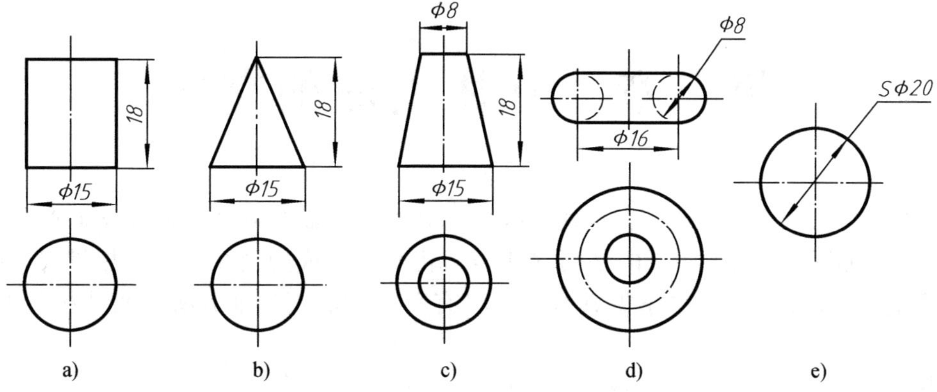

图 2-46　常见回转体的尺寸注法

第三章　立体表面的交线

在机件上常见到一些交线。在这些交线中，有的是平面与立体表面相交而产生的交线，称为截交线，如图 3-1 所示；有的是两立体表面相交而形成的交线，称为相贯线，如图 3-2 所示。了解这些交线的性质并掌握其画法，将有助于我们正确地分析和表达机件的结构形状。

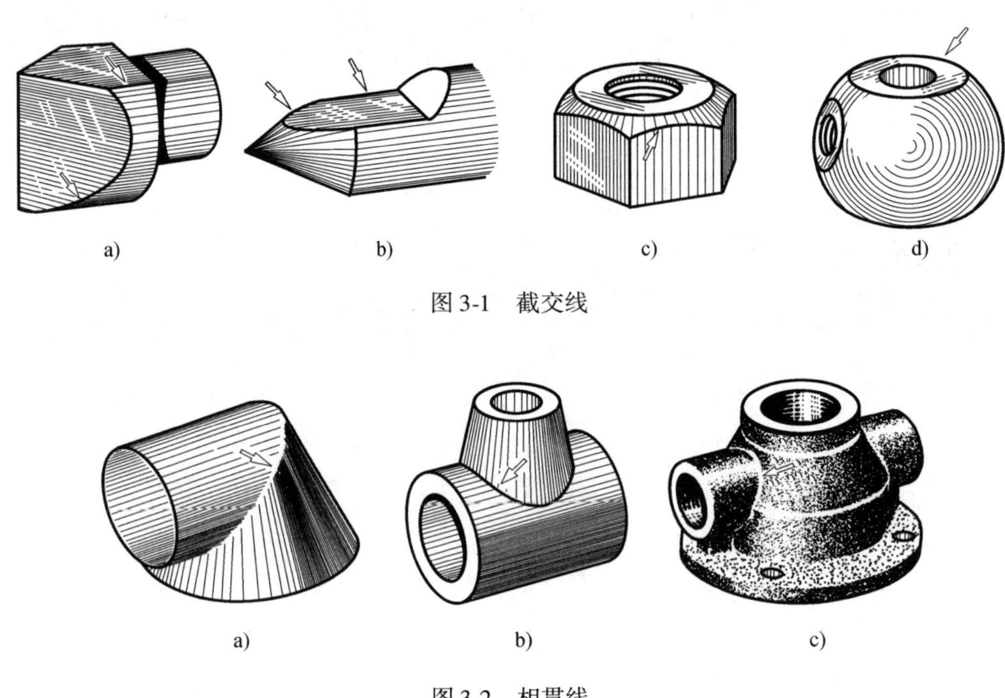

a)　b)　c)　d)

图 3-1　截交线

a)　b)　c)

图 3-2　相贯线

第一节　截　交　线

当立体被平面截切时，该平面称为截平面，截平面与立体表面的交线称为截交线。如图 3-1 所示，它们的表面都有被平面截切而形成的截交线。

虽然立体有各种不同的形状，截平面与立体表面的相对位置又不尽相同，但截交线都具有以下两个基本特性：

（1）截交线是截平面与立体表面的共有线。

（2）截交线为封闭的平面图形。如图 3-3a 所示的截交线为六边形。

根据以上性质，求作截交线实质就是求截平面与立体表面的共有点和共有线。

一、平面立体的截交线

平面立体的截交线是一个封闭的平面多边形，它的顶点是平面立体的棱线与截平面的交点，它的边是平面立体的表面与截平面的交线。因此，作平面立体的截交线，就是求出截平面与平面立体上各被截棱线的交点，然后依次连接而成。

例 1 求作斜切正六棱锥的截交线的投影（见图 3-3）。

分析 如图 3-3a 所示，正六棱锥被正垂面 P 截切，截交线是六边形。六个顶点分别是截平面与六条侧棱的交点。因此，只要求出截交线上六个顶点在各投影面上的投影，然后依次连接各点的同面投影，即得截交线的投影。

解 （1）因截平面的正面投影具有积聚性，可直接求出截交线各顶点的正面投影 a'、b'…；根据直线上点的投影特性，求出截交线各顶点的水平投影 a、b…及侧面投影 a''、b''…如图 3-3b 所示。

（2）依次连接各顶点的同面投影，即得截交线的投影，如图 3-3c 所示。

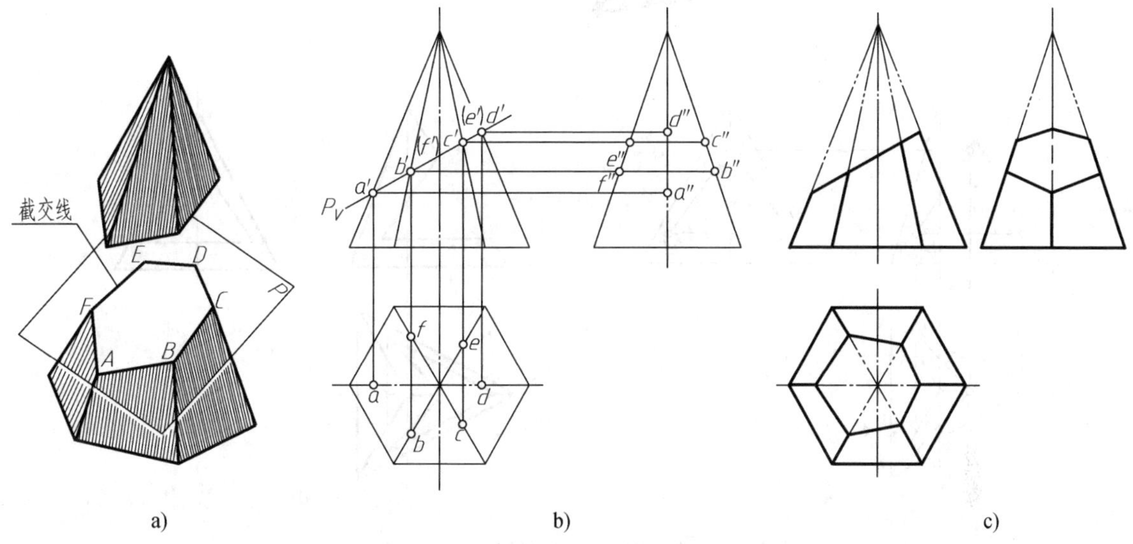

图 3-3　求作斜切六棱锥的截交线

例 2 试完成带有切口的正三棱锥的三面投影（见图 3-4a）。

分析 该正三棱锥的切口，是由两个相交的截平面（水平面和正垂面）切割而成。由于这两个截平面同时垂直于正平面，故截交线的正面投影重合在该面的积聚性投影上，因此，只需作出截交线的水平投影和侧面投影，并判别投影的可见性，即完成作图。

解 （1）首先利用截平面投影的积聚性，确定出截交线的正面投影 $d'e'$、$d'f'''$和 $g'e'$、$g'f'$；由 d'在 sa 上求出 d，并过 d 分别作 ab、ac 的平行线，以求出 e、f，即完成 DE、DF 的水平投影 de、df；同样，根据投影关系，可求出 $d''e''$、$d''f''$，如图 3-4b 所示。

（2）根据点在直线上的投影特性，由 g'可分别在 sa、$s''a''$上求出 g、g''，并分别连接 ge、gf 和 $g''e''$、$g''f''$；连接 ef，由于其被三个棱面的投影所遮挡而不可见，故画成虚线，如图 3-4c 所示。

（3）描深图线，完成三视图，如图 3-4d 所示。

二、曲面立体的截交线

曲面立体被平面截切时，其截交线是一个封闭的几何图形。作图的基本方法是求出曲面立体表面上若干条素线与截平面的交点，然后依次光滑地连接而成。

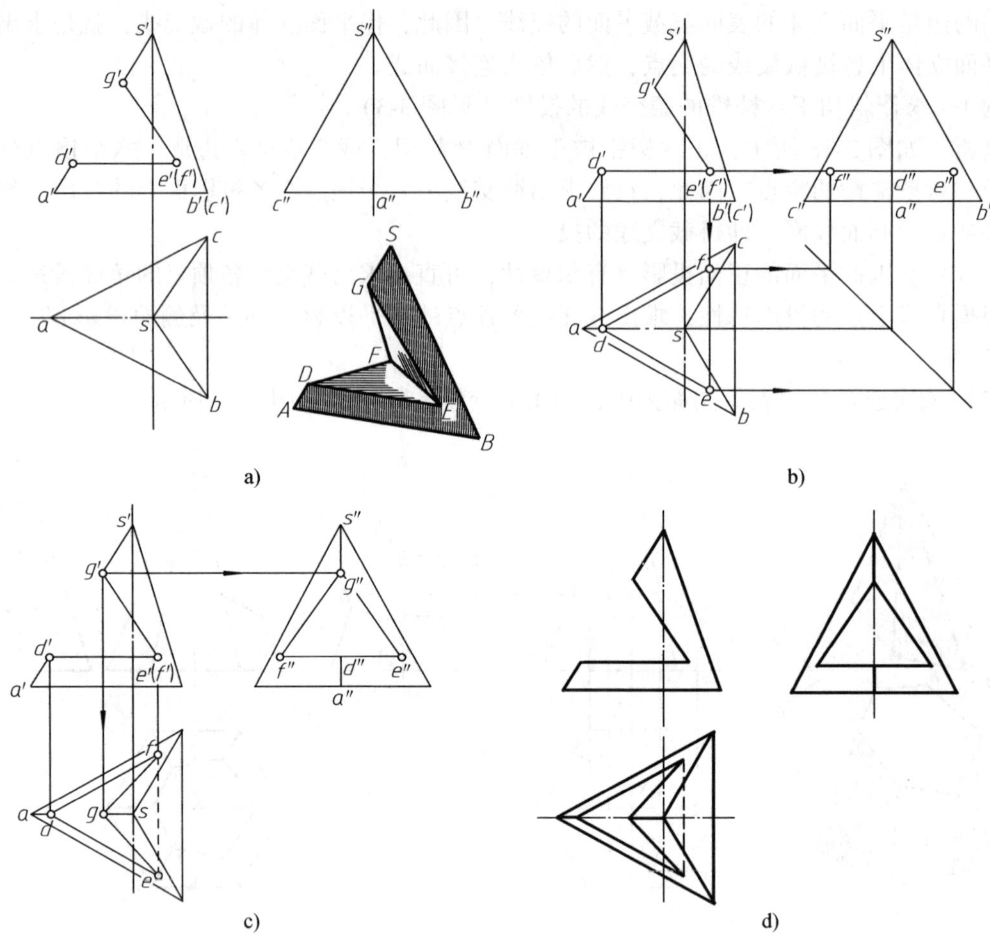

a) b) c) d)

图 3-4　带有切口的正三棱锥的三面投影

平面截切立体时，截交线的形状取决于立体表面的形状和截平面与立体的相对位置。

1. 圆柱体的截交线　截平面与圆柱轴线的相对位置不同时，其截交线有三种不同的形状，见表 3-1。

表 3-1　截平面与圆柱轴线的相对位置不同时所得的三种截交线

截平面的位置	与轴线平行	与轴线垂直	与轴线倾斜
轴测图			

（续）

截平面的位置	与轴线平行	与轴线垂直	与轴线倾斜
投影图	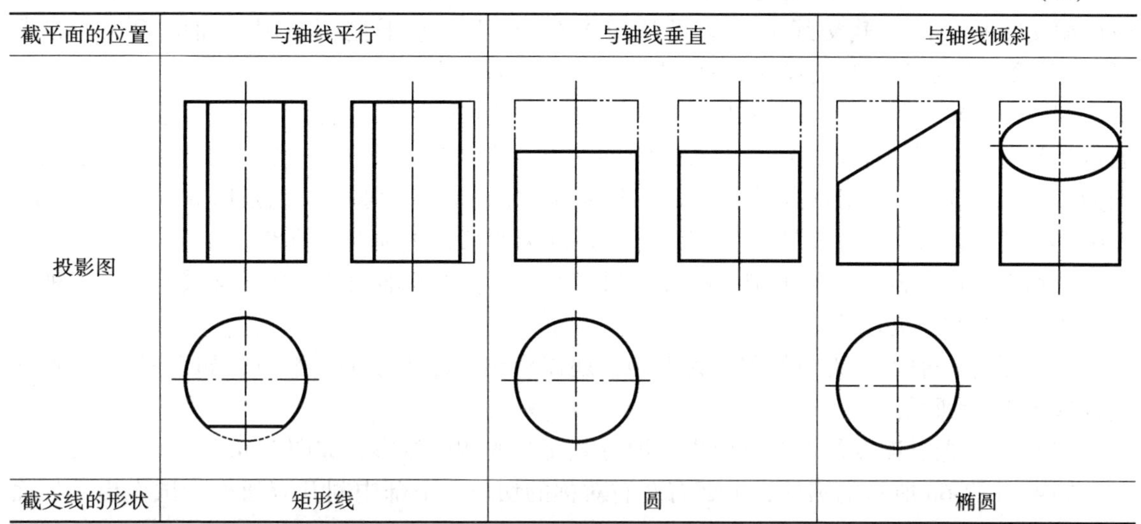		
截交线的形状	矩形线	圆	椭圆

例 3　求作斜切圆柱的截交线的投影（见图 3-5a）。

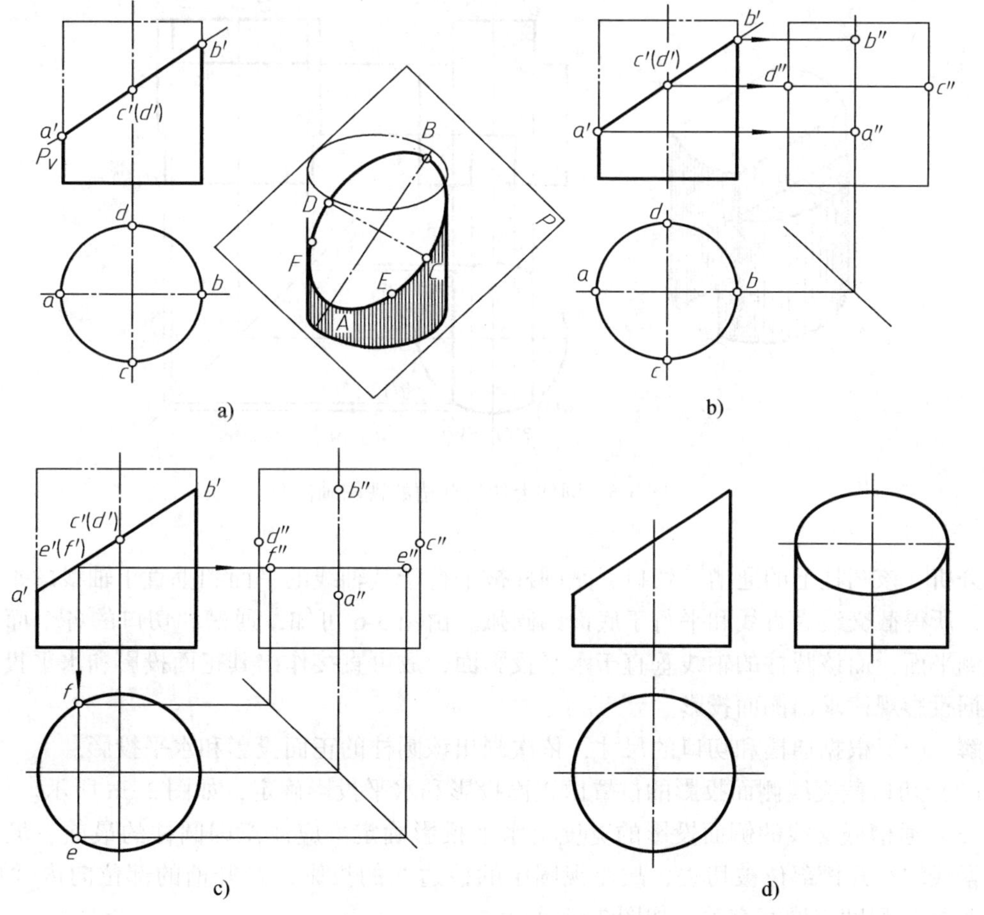

图 3-5　求斜切圆柱的截交线

a）分析　b）求作特殊点　c）求作一般点　d）光滑连接各点，完成全图

分析 该圆柱的轴线为铅垂线，截平面 P 为一正垂面。由于截平面 P 与圆柱轴线倾斜，所以截交线是椭圆。截交线的正面投影积聚在 P_V 上，水平投影与圆柱面的积聚性投影（圆）重合，故需求出截交线的侧面投影，如图 3-5a 所示。

解 （1）求作特殊点　特殊点一般是指最左、最右、最前、最后、最高、最低点。它们通常是截平面与回转体上的特殊位置素线的交点。图 3-5a 中最左、最右、最前、最后点分别为点 A、B、C、D，根据其对应的正面投影和水平投影，可求得侧面投影 a''、b''、c''、d''，如图 3-5b 所示。其中 c''、d''和 a''、b''还分别是椭圆的长、短轴端点的投影。

特殊点对确定截交线的范围、趋势、判别可见性，以及准确地求作截交线有着重要的作用，作图时必须首先求出。

（2）求作一般点　为使作图更为准确，还需求出一定数量的一般点，如点 E、F，作图过程如图 3-5c 所示。

（3）依次光滑连接各点的侧面投影即得截交线的侧面投影，如图 3-5d 所示。

例 4　图3-6a 所示的圆柱，上部有左右对称的切口、下部中间开有通槽，试作出其三面投影。

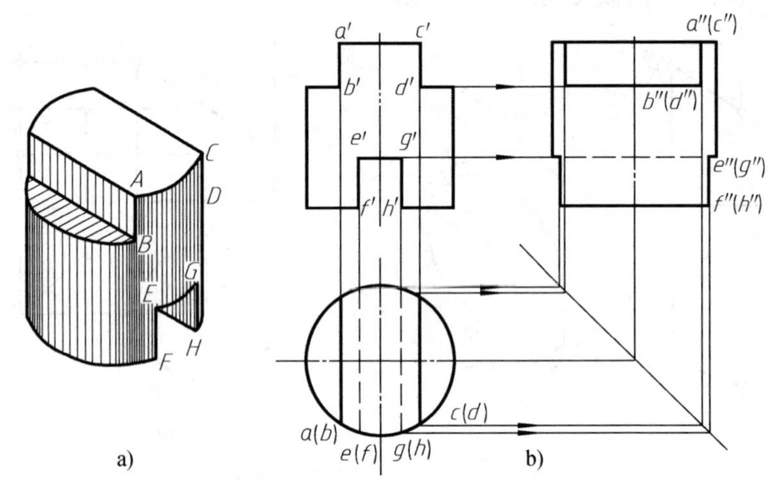

图 3-6　圆柱上切口开槽的视图画法

分析　该圆柱上的通槽、切口，是圆柱被平行于其轴线的平面和垂直于轴线的平面切割而成，所得截交线为直线和平行于底面的圆弧。由图 3-6 可知，通槽和切口的各个面为水平面或侧平面，而该圆柱的轴线垂直于水平投影面，故可直接作出其正面投影和水平投影，然后根据投影规律求出侧面投影。

解　（1）根据通槽和切口的尺寸，依次画出该圆柱的正面投影和水平投影。

（2）切口截交线侧面投影的位置由正面投影和水平投影确定，如图 3-6b 所示。

（3）通槽截交线的侧面投影的宽度由水平投影确定。应注意因圆柱的最前、最后两条轮廓素线均在开槽部位被切去，故左视图中的棱边线的投影，在开槽的部位向内“收缩”，其“收缩”程度与槽宽有关，如图 3-6b 所示。

（4）注意区分槽底侧面投影的可见性。

2. 圆锥体的截交线　截平面与圆锥轴线的相对位置不同时，其截交线有五种不同的形状，见表3-2。

表3-2　截平面与圆锥轴线的相对位置不同时所得的五种截交线

截平面的位置	与轴线垂直	过圆锥顶点	平行于任一素线	与轴线倾斜（不平行于任一素线）	与轴线平行
轴测图	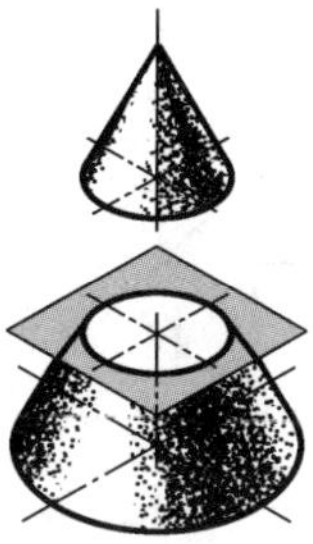	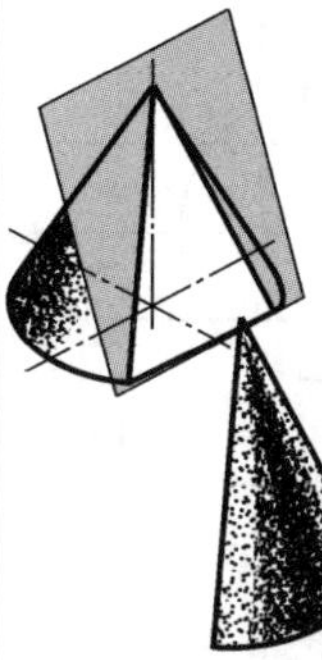	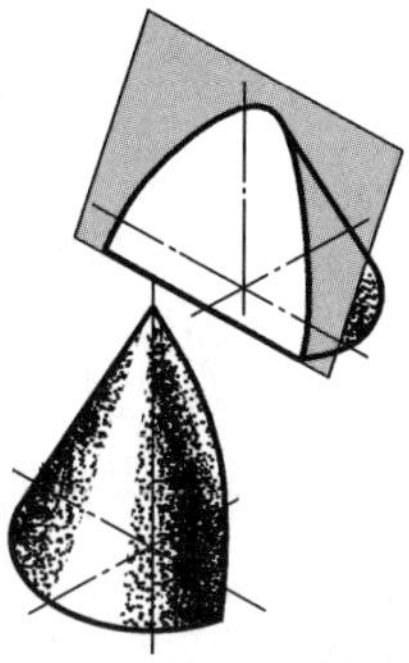	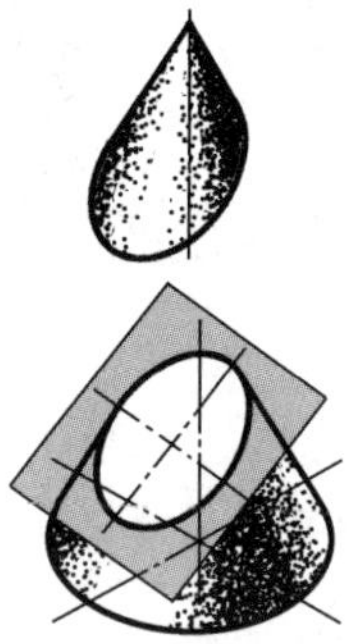	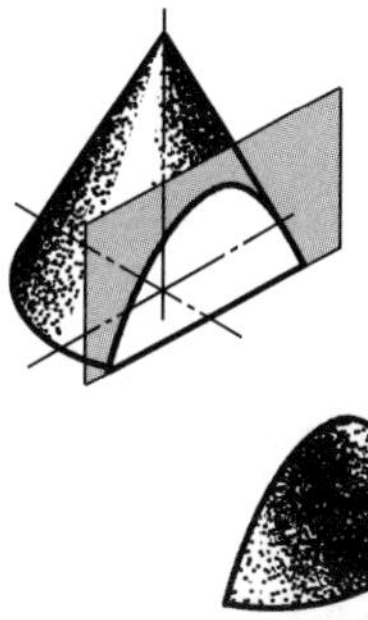
投影图	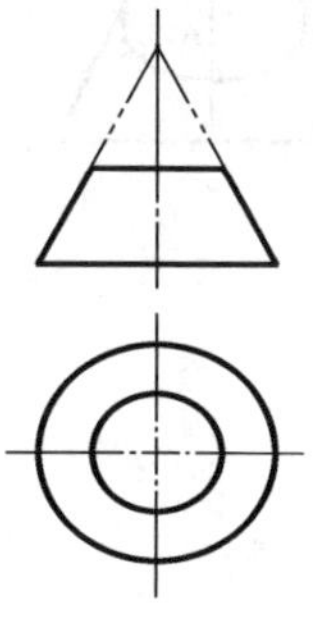	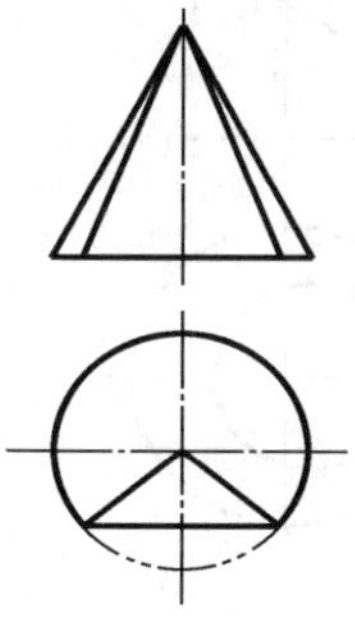	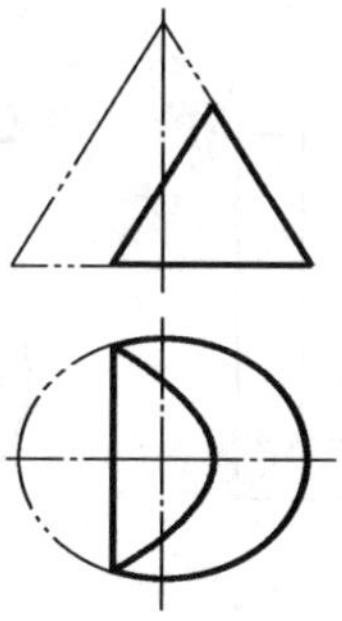	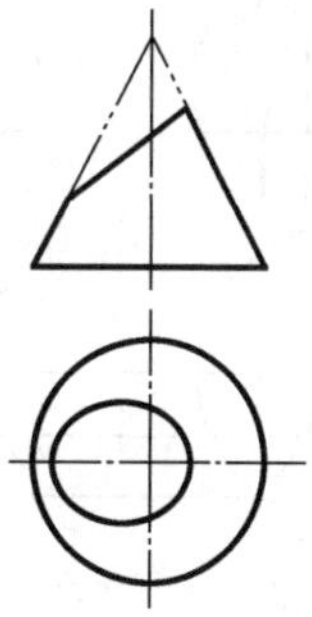	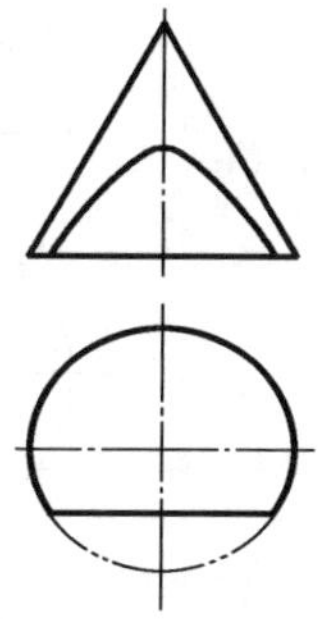
截交线的形状	圆	等腰三角形	抛物线与直线所围成	椭圆	双曲线与直线所围成

当圆锥的截交线为圆和直线时，其画法方法比较简单。当截交线为椭圆、抛物线、双曲线时，则需采用求共有点的方法作图。

例5　圆锥被倾斜于轴线的平面所截切，试用辅助素线法求圆锥的截交线（见图3-7）。

分析　如图3-7a所示，截交线上任一点M，可看成是圆锥面上某一素线$S\ I$与截平面P的交点。因点M在素线$S\ I$上，故点M的三面投影分别在该素线的同面投影上。用同样的方法可作出截交线上其他的点。由于截平面P为正垂面，所以截交线的正面投影积聚为一直线，因此仅需求作截交线的水平投影和侧面投影。

解　(1) 求特殊点　由正面投影可知，C为最高点，根据c'可作出c及c''；A为最低点，根据a'可作出a及a''；B为最前点，根据b'可求出b及b''；D为最后点，根据d'，可求出d及d''，如图3-7b所示。

(2) 求一般点　作辅助素线的正面投影$s'1'$与截交线的正面投影相交，得m'，根据点在直线上的投影特性，可分别作出$s1$和$s''1''$，并求出m和m''，如图3-7c所示。用类似的方法，可作出截交线上其他点的投影。

(3) 将所求各点的同面投影依次连成光滑曲线，即为截交线的投影，如图3-7d所示。

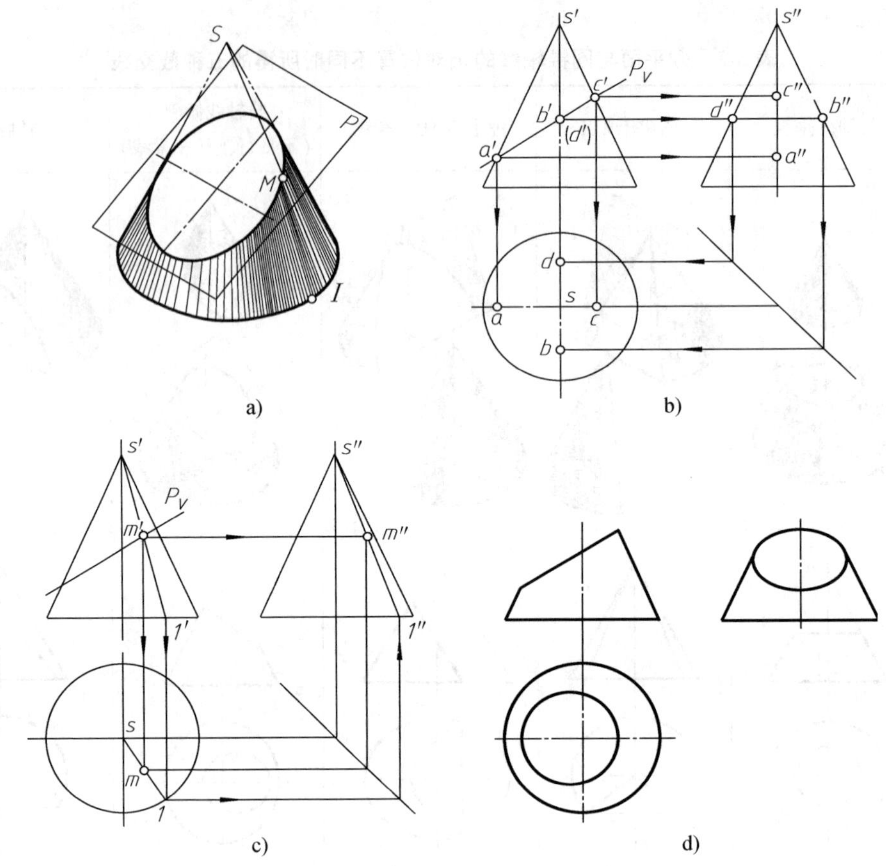

图 3-7 用辅助素线法作斜切圆锥的截交线

例 6 圆锥被平行于其轴线的平面所截切，试用辅助平面法求圆锥的截交线（见图 3-8）。

分析 如图 3-8a 所示，截交线上的点 *Ⅱ*、*Ⅳ*可通过以下方法求得。作垂直于圆锥轴线的辅助平面 Q 与圆锥面相交，其交线为圆，此圆与截平面 P 相交得 *Ⅱ*、*Ⅳ*两点，这两个点是圆锥面、截平面 P 和辅助平面 Q 三个面的共有点，当然也是截交线上的点。改变辅助平面的位置，用类似的方法，可求出截交线的其他点。由于截平面 P 为正平面，截交线的水平投影和侧面投影分别积聚为一直线，故只需作出其正面投影。

解 （1）求特殊点　点 *Ⅲ*为截交线上最高点，它位于最前素线上，根据 3″可求出 3′和 3。点 *Ⅰ*、*Ⅴ*为最低点，也是最左、最右点，它们是截平面与圆锥底面的交点，故可直接作出 1、5 、1′、5′和 1″、5″，如图 3-8b 所示。

（2）求一般点　作辅助平面 Q 与圆锥相交，交线是圆（称为辅助圆），辅助圆的水平投影与截平面的水平投影相交于 2、4，即为所求共有点的水平投影。根据水平投影 2、4 求出正面投影 2′、4′和侧面投影 2″、4″，如图 3-8c 所示。

（3）将 1′、2′、3′、4′、5′连成光滑的曲线，即为所求截交线的正面投影，如图 3-8d 所示。

3. 圆球的截交线　用任何位置的平面截切圆球，其交线都是圆。当截平面为投影面平行面时，截交线在该投影面上的投影为圆的实形，其余两个投影积聚为直线。当截平面为投影面垂直面时，截交线在该投影面上的投影积聚为直线，其余两个投影为椭圆。

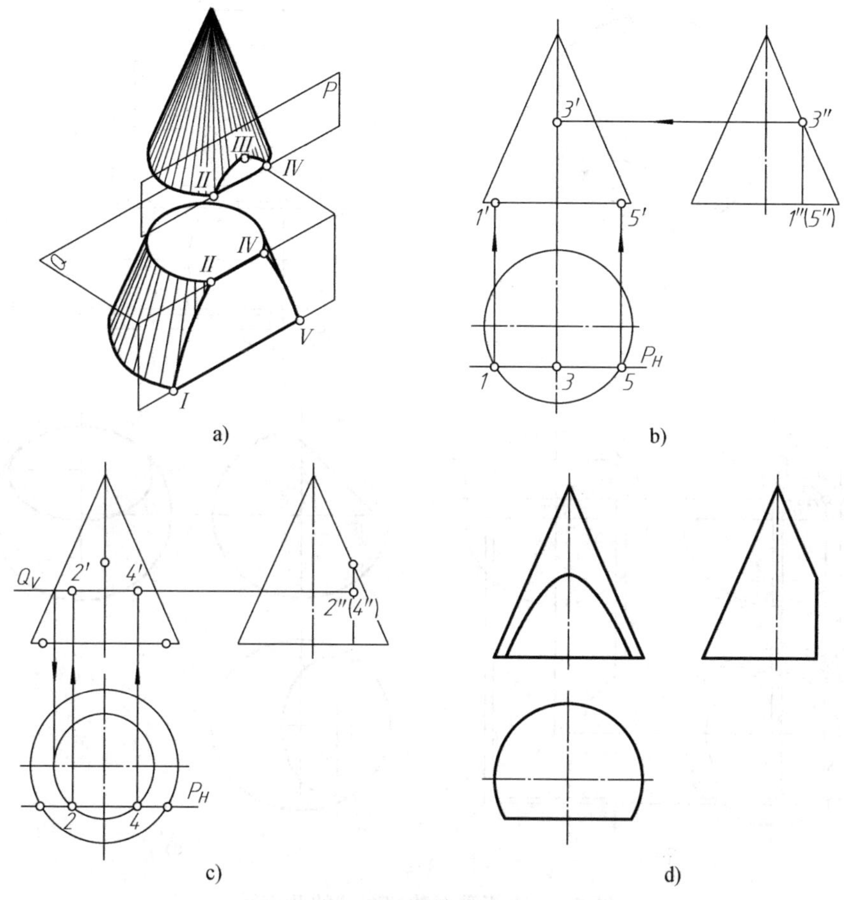

图 3-8　求正平面截切圆锥的截交线

例 7　求作正垂面截切圆球的截交线的投影（见图 3-9a）。

分析　截交线的正面投影积聚为直线，水平投影及侧面投影均为椭圆。

解　(1) 求特殊点　圆球的正面轮廓线与截平面的交点的正面投影 1′、7′是截交线上的最低、最高点的正面投影，其水平投影 1、7 及侧面投影 1″、7″为截交线投影（椭圆）的短轴。取正面投影 1′、7′的中点 4′、(10′)，在水平投影及侧面投影中取 4、10 及 4″、10″，使其距离等于 1′7′（因为圆球的截交线是圆），即为截交线投影的长轴（见图 3-9b）。2、12、6、8 及 2″、12″、6″、8″分别是球的水平轮廓线及侧面轮廓线与截平面的交点的水平投影和侧面投影。画图时截交线的水平投影与圆球的水平投影相切于 2 和 12，截交线的侧面投影与圆球的侧面投影相切于 6″和 8″。

(2) 求一般点　作辅助平面 P、Q（水平面），可求出一般点的投影 3、5、9、11 及 3″、5″、9″、11″，如图 3-9c 所示。

(3) 将各点的同面投影连成光滑曲线（椭圆），即为所求截交线的投影，如图 3-9d 所示。

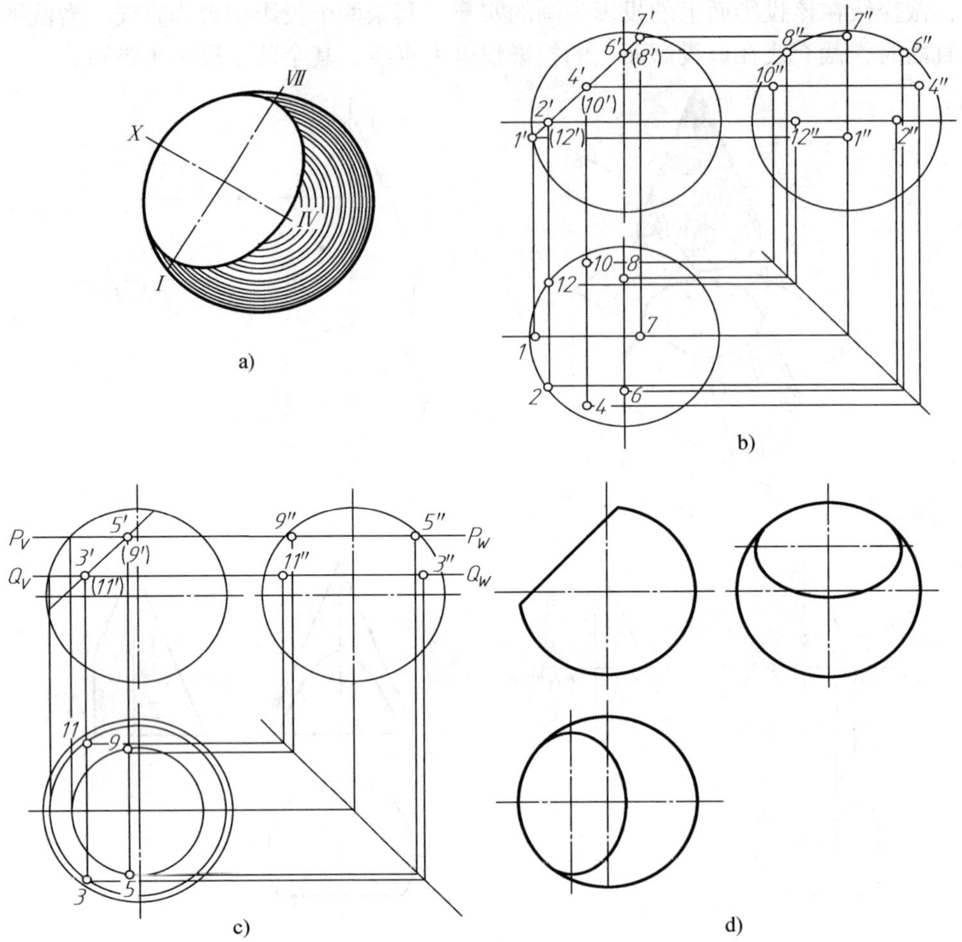

a)

b)

c)

d)

图 3-9 求正垂面截切图球的截交线

例 8 图3-10a 是一个开槽的半圆球，试完成其三视图。

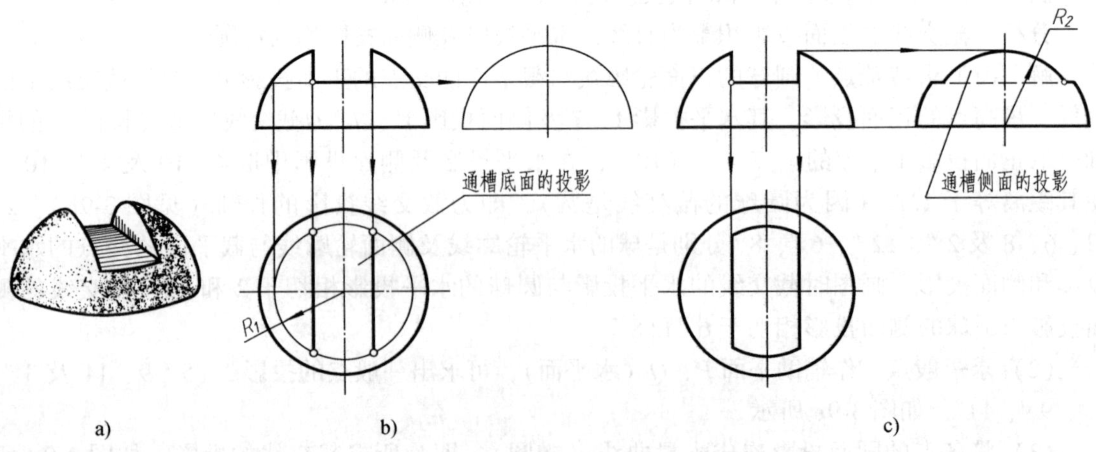

图 3-10 半球开槽的视图画法

分析 半圆球上的通槽可以看成由两个侧平面和一个水平面切割半圆球而成。通槽各个面与圆球表面的交线都是圆弧。因通槽的各个面都是垂直于正面的，所以在主视图上各个面都积聚成直线。其在侧面和水平面上的投影，可按球面上平行于投影面的圆的画法作出。

解 （1）作通槽的水平投影。通槽底面的水平投影由两段相同的圆弧和两段积聚性直线组成，圆弧的半径为 R_1，从正面投影中量取，如图 3-10b 所示。

（2）作通槽的侧面投影。因槽的两个侧面为侧平面，其侧面投影为圆弧，半径 R_2 从正面投影中量取。通槽的底面为水平面，侧面投影积聚为一直线，中间部分不可见，画成虚线，如图 3-10c 所示。

三、同轴复合回转体的截交线

作同轴复合回转体的截交线时，首先应分析该立体是由哪些基本体所组成的，再分析截平面与每个被截切的基本体的相对位置、截交线的形状和投影特性，然后逐个画出基本体的截交线，围成封闭的平面图形。

例 9 求作顶尖的截交线（见图 3-11）。

分析 顶尖头部是由同轴的圆锥与圆柱组合而成，被水平面 P 和正垂面 Q 所截切。其中水平面 P 截切圆锥得截交线为双曲线，截切圆柱得截交线为平行两直线；正垂面 Q 截切圆柱得截交线是一圆弧。那么，顶针的截交线是由这三部分组成，其正面投影与截平面的投影重合，即积聚为两直线，侧面投影分别与圆柱面的投影（圆）及截平面 P 的投影（一直线）重合。因此只需求出截交线的水平投影。

解 （1）求截交线的特殊点　根据正面投影和侧面投影（积聚性投影）可作出特殊点的水平投影 1、3、4、6、8、9。

（2）求截交线的一般点　利用正面的积聚性投影可求出一般点的水平投影（如 5 和 7）；用辅助平面法求出水平投影 2 和 10 等。

（3）光滑连接　将各点的水平投影依次光滑连接起来，即为所求截交线的水平投影。

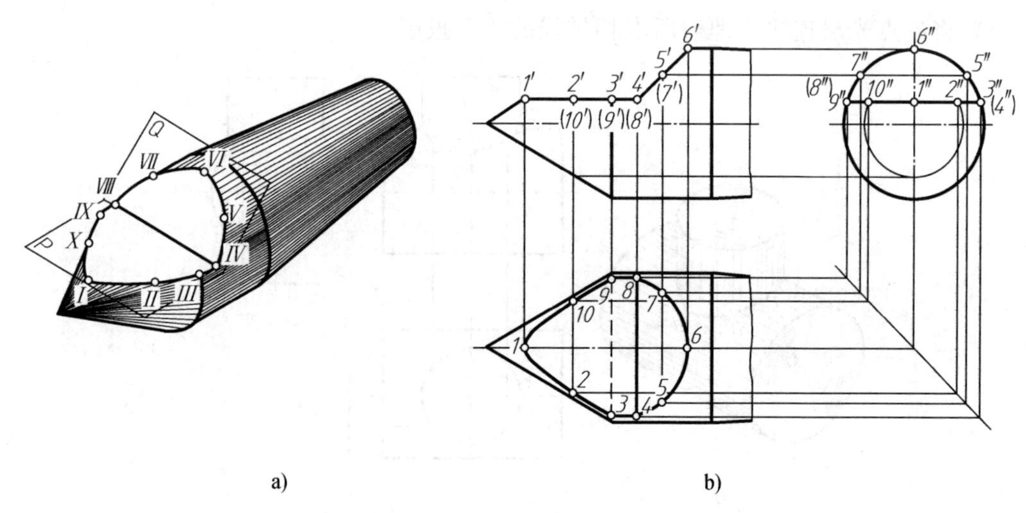

a)　　　　b)

图 3-11　求作顶尖的截交线

第二节 相 贯 线

两立体相交，在其表面上形成的交线称为相贯线，如图 3-2 所示。

本节仅讨论几种常见回转体相交的相贯线的求法。

两回转体相交时，其相贯线具有以下性质。

（1）相贯线是两回转体表面上的共有线，也是两回转体表面的分界线，所以相贯线上的点是两回转体表面的共有点。

（2）相贯线一般为封闭的空间曲线，特殊情况下可能是平面曲线或直线。

相交两回转体的形状、大小和相对位置不同，其相贯线的形状也不同。作图时应依次求出特殊点和一般点的投影，再判别可见性，最后将同面投影连接成光滑曲线，即为相贯线的投影。

一、圆柱与圆柱相交

当相交两圆柱的轴线正交时，相贯线的两面投影具有积聚性，这时可按表面取点的方法，作出相贯线的第三面投影，即利用积聚性投影直接作图。

例 1 求正交两圆柱的相贯线的投影（见图 3-12a）。

分析 从图 3-12a 中可以看出，小圆柱的水平投影具有积聚性，大圆柱的侧面投影具有积聚性。所以相贯线的水平投影积聚在小圆柱的水平投影上，为一圆；相贯线的侧面投影积聚在大圆柱的侧面投影上，为一圆弧。因此只需求出相贯线的正面投影。又由于两圆柱相贯位置前后对称，故相贯线正面投影的前半部分与后半部分重合为一段曲线。

解 （1）求特殊位置点 最高点 Ⅰ、Ⅱ（也是最左、最右点，又是两圆柱外形轮廓线上的交点）的正面投影 1′、2′可直接定出。最低点 Ⅲ（也是最前点，又是侧面投影中小圆柱轮廓线上的点）的正面投影 3′可根据侧面投影 3″求出，如图 3-12b 所示。

（2）求一般位置点 在相贯线的已知投影（如水平投影）中取点 4、5，根据“宽相等”作出侧面投影 4″、(5″)，然后求出正面投影 4′、5′，如图 3-12b 所示。

（3）将各点光滑连接，即得所求相贯线的正面投影。

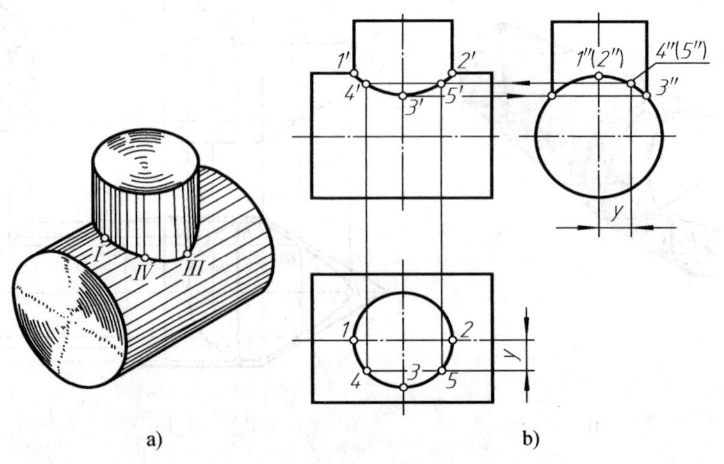

图 3-12 两圆柱正交

两圆柱相交，除了两外表面相交之外，还有两内表面相交和外表面与内表面相交，其交线的形状和作图方法都是相同的，如图 3-13 所示。

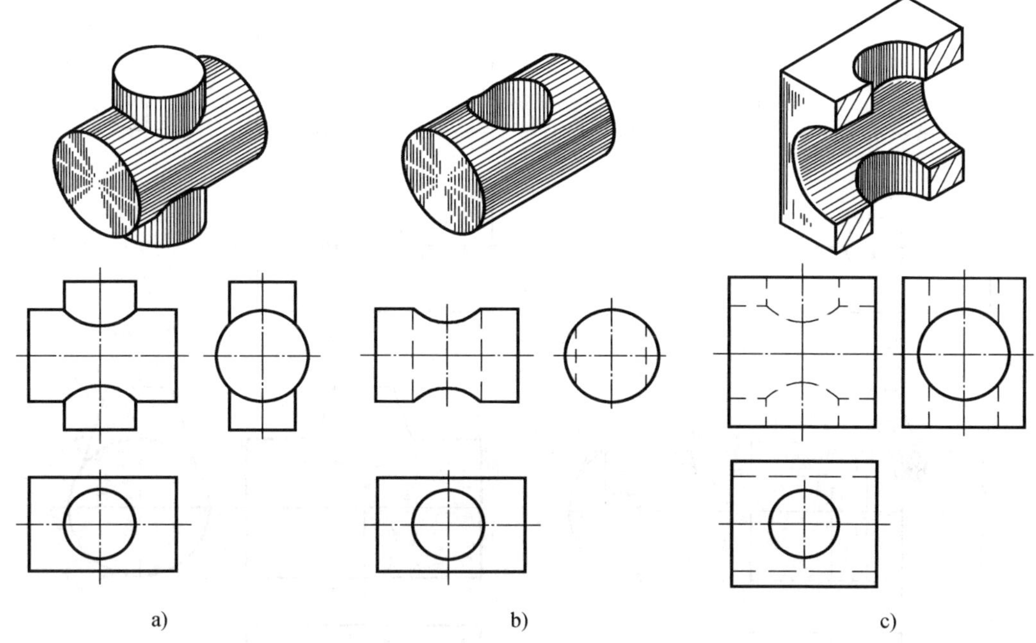

图 3-13　两圆柱相交的三种形式

二、圆柱与圆锥相交

圆柱与圆锥正交时，用辅助平面法求相贯线的投影比较方便，如图 3-14 所示，辅助平面 *P* 与圆锥面的截交线为圆，与圆柱面的截交线为两条平行的直线，则两组截交线的交点*Ⅱ*、*Ⅷ*、*Ⅳ*、*Ⅵ*便是相贯线上的点。改变辅助平面的位置，用同样的方法，可求出相贯线上其他的点。

显然辅助平面法是利用三面共点的原理求相贯线上点的方法。选择辅助平面的原则是：选取特殊位置平面，使其与两回转体的截交线简单、易画，如为直线或圆。

例 2　求作圆柱与圆锥台正交的相贯线的投影，如图 3-15a 所示。

分析　圆柱与圆锥正交，相贯线是一条前后、左右对称的封闭的空间曲线。圆柱轴线为侧垂线，相贯线的侧面投影具有积聚性，为一圆弧。所以只需作出相贯线的水平投影和正面投影。

解　(1) 求特殊点　如图 3-15b 所示，根据侧面投影 1″、3″、(5″)、7″可作出正面投影 1′、3′、5′、(7′) 和水平投影 1、3、5、7。其中点*Ⅰ*、*Ⅴ*是相贯线上的最左、最右（也是最高）点，点*Ⅲ*、*Ⅶ*是相贯线上的最前、最后（也是最低）点。

(2) 求一般位置点　如图 3-15c 所示，在最高点和最低点之间作辅助平面 *P*（水平面），它与圆锥面的交线为圆，与圆柱面的交线为两平行直线，它们的交点*Ⅱ*、*Ⅳ*、*Ⅵ*、*Ⅷ*即为相贯线上的点。

(3) 判别可见性　依次光滑连接各点的同面投影，即为所求相贯线的投影，如图 3-15d 所示。

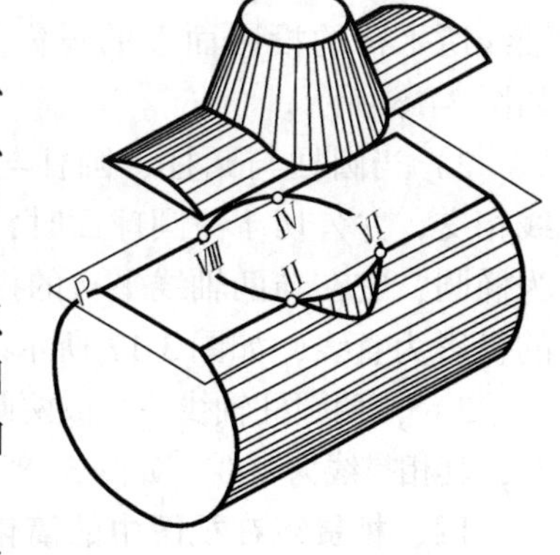

图 3-14　辅助平面的选择

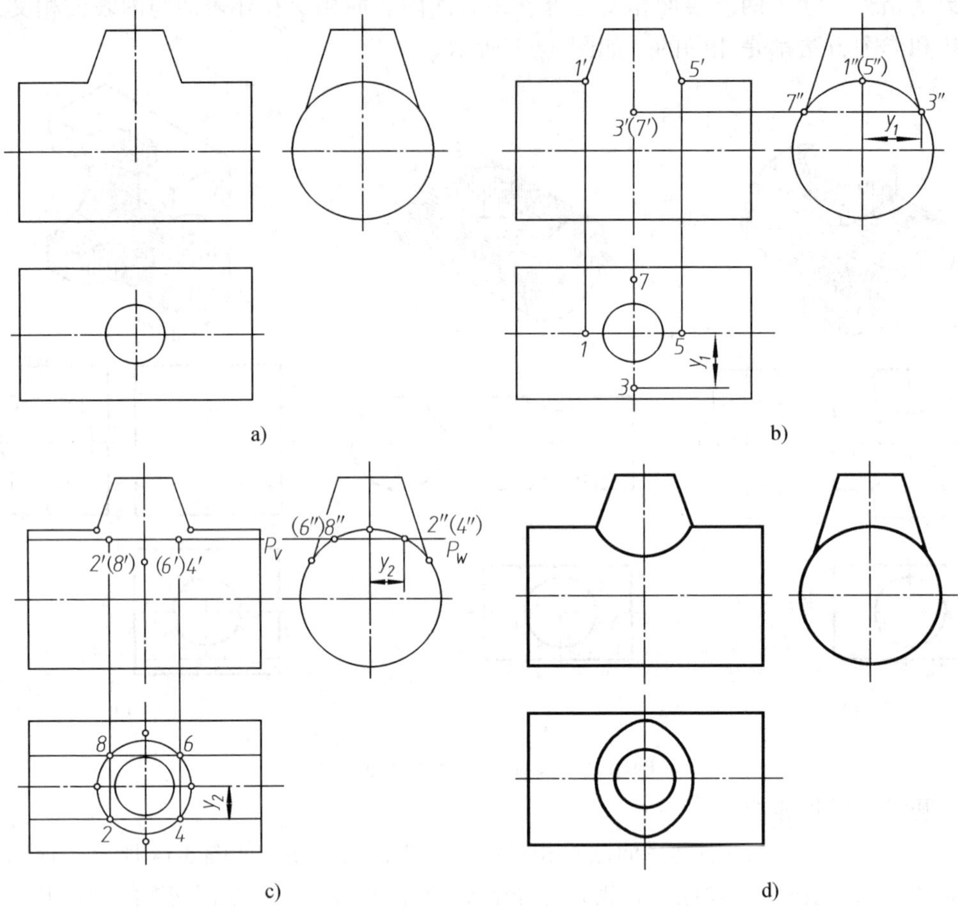

图 3-15 圆柱与圆锥台正交

三、相贯线的特殊情况

两回转体相交，其相贯线一般为空间曲线。但在特殊情况下，也可能是平面曲线或直线。

1）当两回转体具有公共轴线时，其相贯线为垂直于轴线的圆，该圆在与轴线所平行的投影面上的投影为直线，如图 3-16 所示。

2）当圆柱与圆柱、圆柱与圆锥轴线相交，并公切于一圆球面时，相贯线为椭圆，它在与两轴线平行的投影面上的投影为直线，如图 3-17 所示。

3）当两圆柱轴线平行或两圆锥共顶时，其相贯线为直线，如图 3-18 所示。

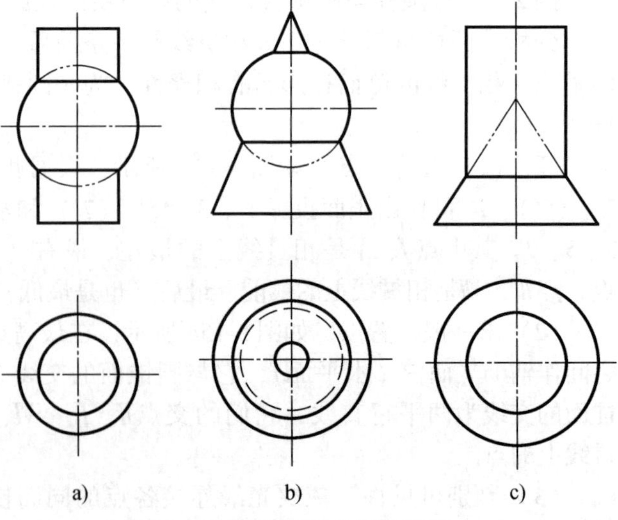

图 3-16 同轴回转体的相贯线

四、相贯线在视图中的简化画法

为了简化作图，国家标准规定：在

不致引起误解时，图形中的过渡线、相贯线可以简化，例如用圆弧或直线代替非圆曲线，如图 3-19 和图 3-20 所示。

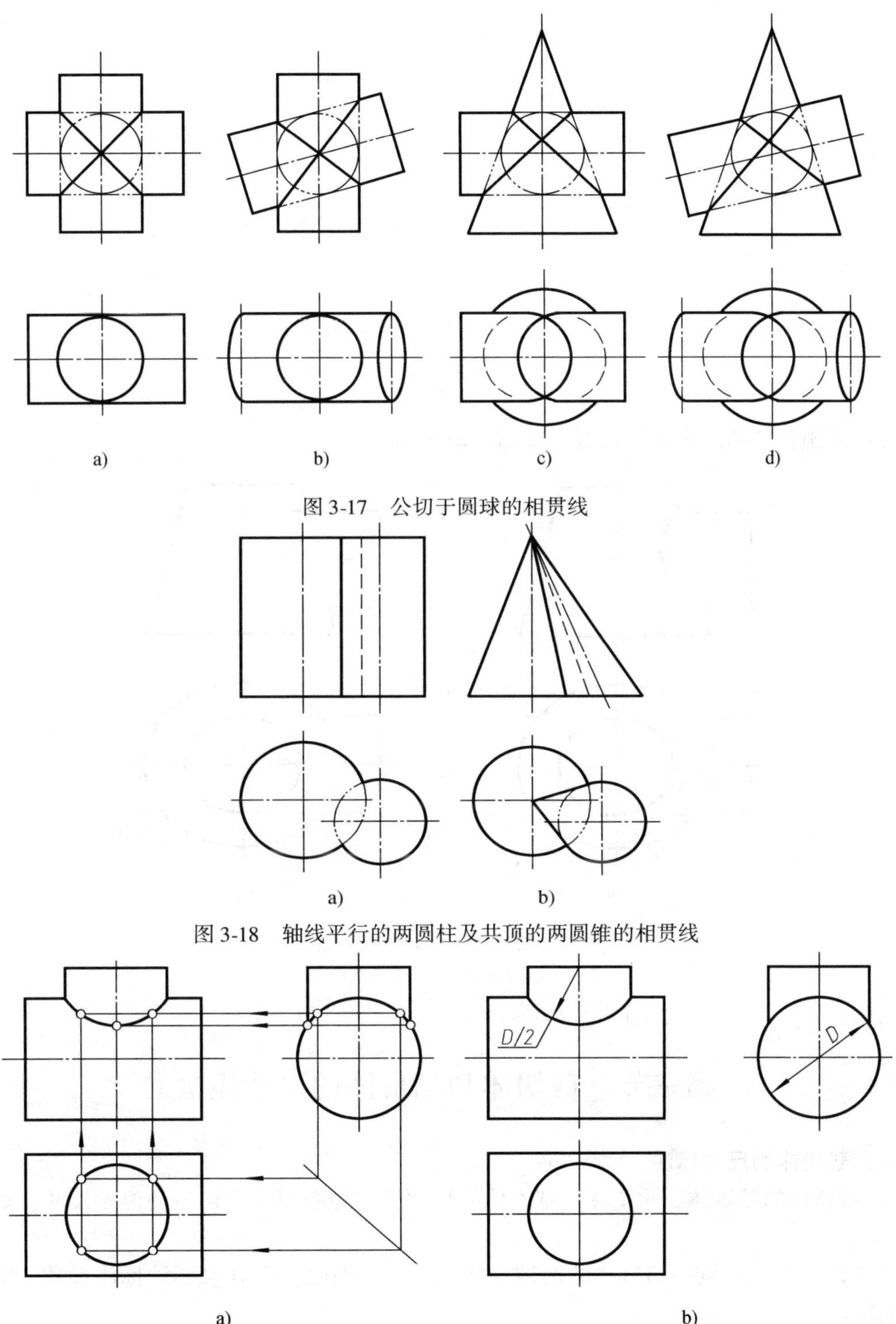

图 3-17　公切于圆球的相贯线

图 3-18　轴线平行的两圆柱及共顶的两圆锥的相贯线

图 3-19　用圆弧代替非圆曲线

a）简化前　b）简化后

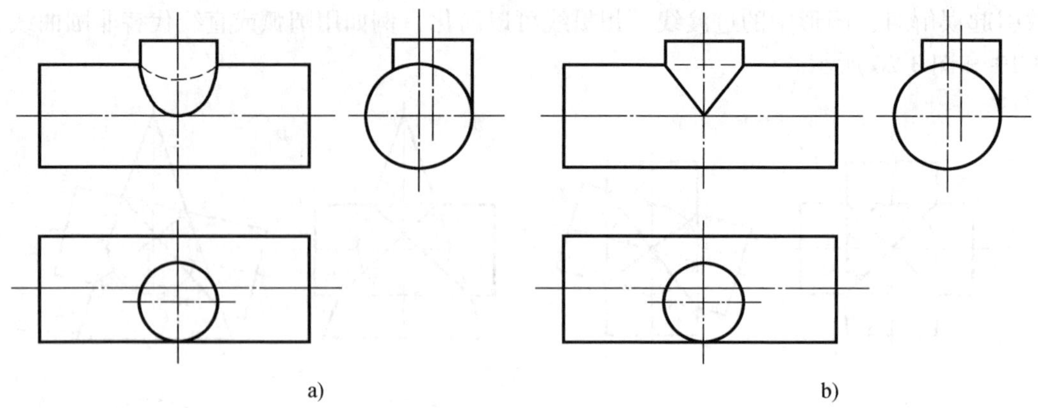

图 3-20 用直线代替非圆曲线

a）简化前 b）简化后

也可采用模糊画法表示相贯线，如图 3-21 所示。

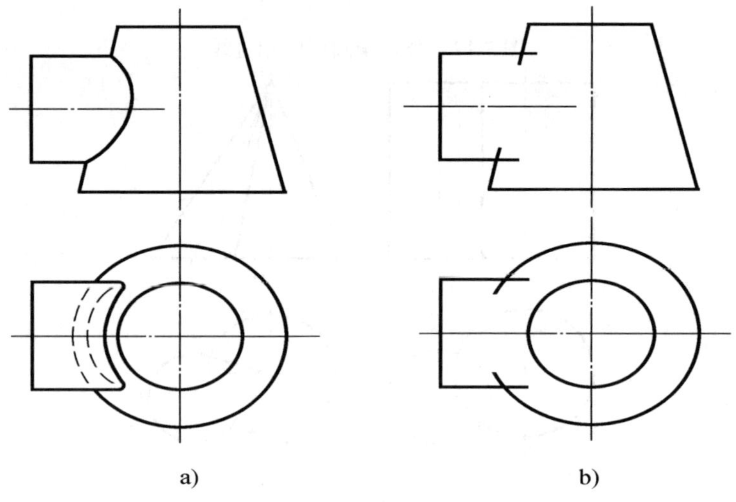

图 3-21 相贯线的模糊画法

a）简化前 b）简化后

第三节 截切体和相贯体的尺寸注法

一、截切体的尺寸标注

1）带切口的基本体，除了注出基本体的尺寸外，还必须注出切口的位置尺寸，如图 3-22 所示。

图 3-22a、b 表示同一切口体的两种尺寸注法。绘图时，究竟取哪种标注形式，应根据需要而定。

2）带凹槽的基本体，除了注出基本体的尺寸外，还必须注出槽的定形尺寸和定位尺寸，如图 3-23 所示。其中图 3-23a、b 是通槽尺寸的两种标注形式，应根据需要选定。

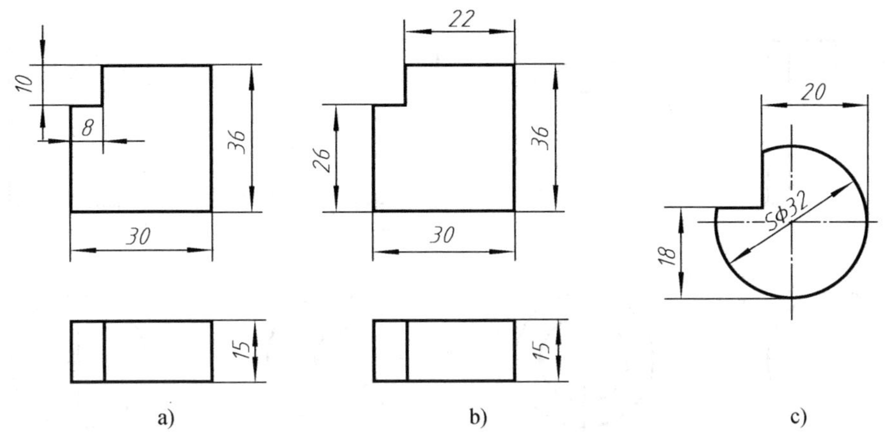

图 3-22　带切口基本体的尺寸注法

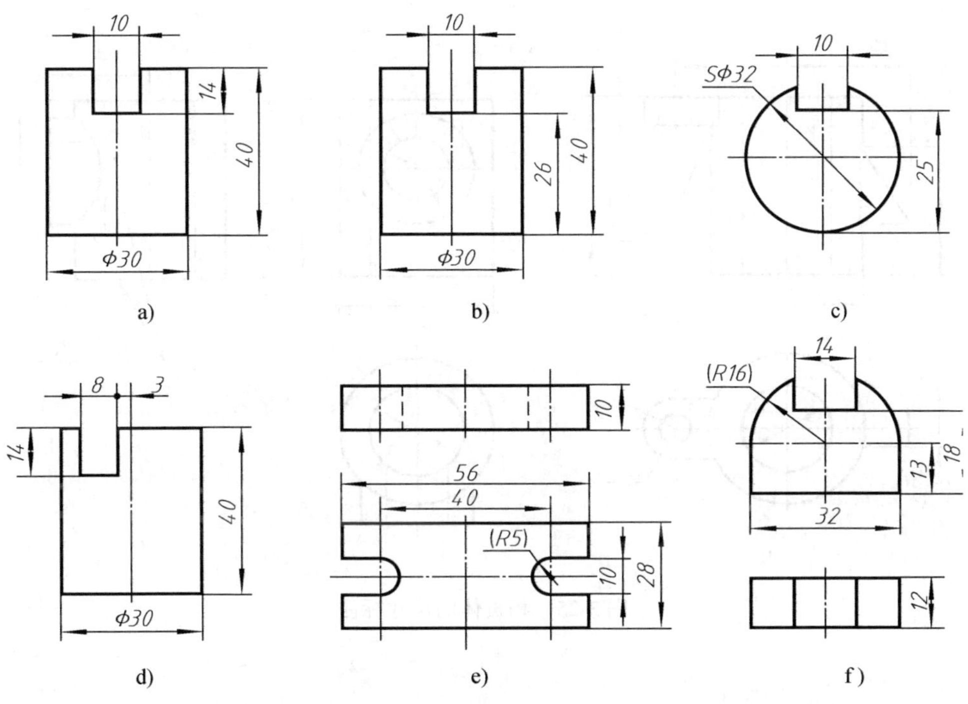

图 3-23　带凹槽基本体的尺寸注法

3）截断体除了应注出基本形体的尺寸外，还应注出截平面的位置尺寸，如图 3-24 所示。只有当基本形体与截平面之间的相对位置被尺寸限定后，截断体的形状和大小才能完全确定，截交线也就确定了。因此截交线就不需再注尺寸（图中有“×”的尺寸不应注出）。

二、相贯体的尺寸标注

相贯体除了应注出相交两基本形体的尺寸外，还应注出两相交形体的相对位置尺寸。当两相交基本形体的形状、大小及相对位置确定后，相贯体的形状、大小才能完全确定。因此，相贯线就不需再注尺寸，如图 3-25 所示。

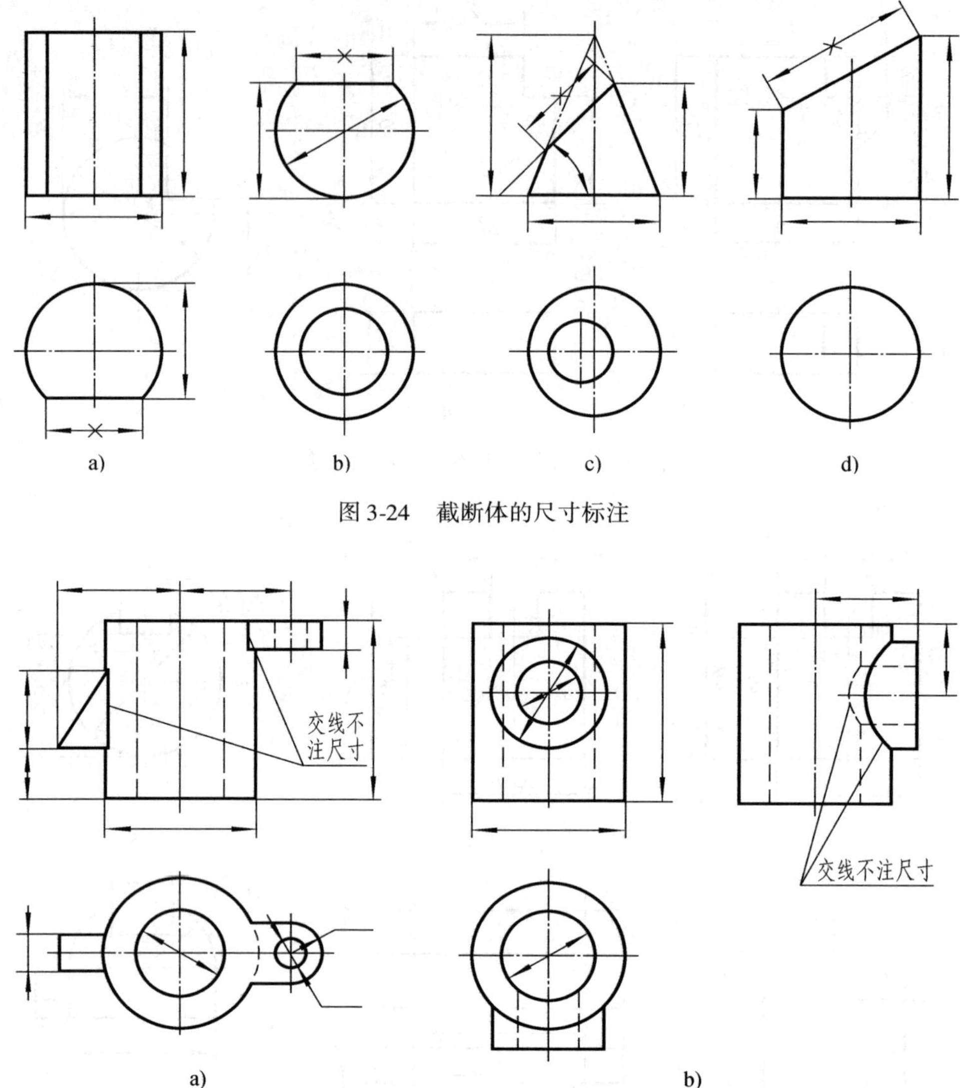

图 3-24　截断体的尺寸标注

图 3-25　相贯体的尺寸标注

第四章　轴　测　图

第一节　轴测投影的基本知识

一、基本概念

1. 轴测图　如图 4-1a 所示，物体在 H、V 面上的投影仅分别反映了其顶面和前面的形状；而物体在 P 面的投影，则是把物体和确定其空间位置的直角坐标系，一同投影到 P 面上所得到的。其中 P 面称为轴测投影面，S 表示投射方向。

这种将物体连同其直角坐标系，沿不平行于任一坐标平面的方向，用平行投影法将其投射在单一投影面上所得到的图形，称为轴测投影（或轴测图）。由于轴测投影同时反映物体的长、宽、高三个方向的形状特征，因而投影直观、富有立体感，如图 4-1b 所示。

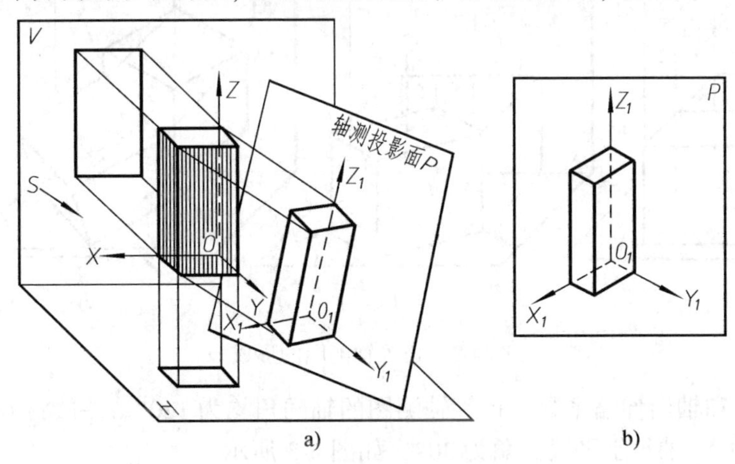

图 4-1　轴测投影的形成

2. 轴测投影的基本概念

（1）轴测轴　空间直角坐标系中的三根坐标轴 OX、OY 和 OZ 在轴测投影面上的投影 O_1X_1、O_1Y_1 和 O_1Z_1 称为轴测轴。

（2）轴间角　轴测投影中，任意两根直角坐标轴在轴测投影面上的投影之间的夹角，称为轴间角。

（3）轴向伸缩系数　直角坐标轴的轴测投影的单位长度与相应直角坐标轴上的单位长度的比值。OX、OY、OZ 轴上的轴向伸缩系数分别用 p_1、q_1、r_1 表示。为了便于画图，常把轴向伸缩系数简化，分别用 p、q、r 表示。

3. 轴测投影的种类　轴测投影分为正轴测投影和斜轴测投影两大类：用正投影法得到的轴测投影称为正轴测投影；用斜投影法得到的轴测投影称为斜轴测投影。常用的有正等轴测投影（正等轴测图）和斜二等轴测投影（斜二轴测图）两种。

二、轴测投影的特性

（1）平行性　物体上相互平行的线段，其轴测投影也相互平行；与坐标轴平行的线段，其轴测投影必平行于相应的轴测轴。

（2）定比性　物体上的轴向线段（平行于坐标轴的线段），其轴测投影与相应的轴测轴有着相同的轴向伸缩系数。

第二节　正等轴测图

一、正等轴测图的形成及投影特点

（1）正等轴测图的形成　如图4-2a所示，当立方体的正面平行于轴测投影面时，立方体的投影是个正方形。若将正方体绕 Z 轴旋转45°至图4-2b的位置，这时得到的投影是两个相连的四边形。若再将物体向正前方旋转约35°，就变成图4-2c的情形。此时物体上三个坐标轴与轴测投影面具有相同的倾角，所得到的轴测投影是由三个全等的菱形组成的图形，这就是该立方体的正等轴测图。

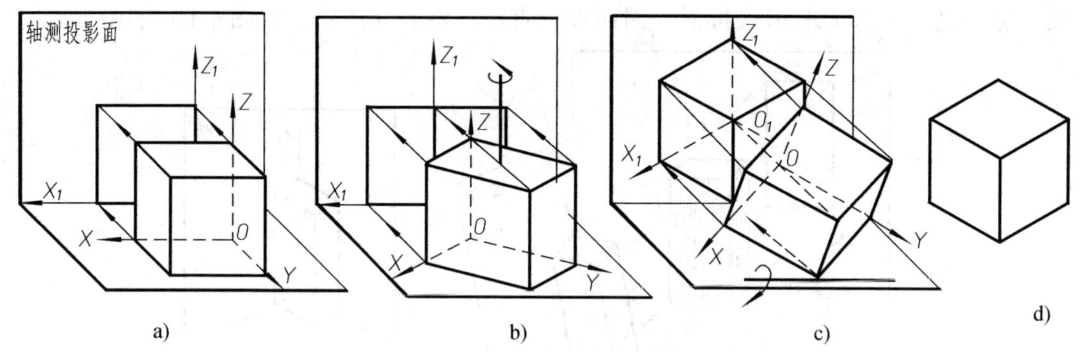

图4-2　正等轴测图的形成

（2）轴间角和轴向伸缩系数　正等轴测图的轴间角均为120°。一般将 O_1Z_1 轴画成垂直位置，O_1X_1 和 O_1Y_1 轴与水平线夹角为30°，如图4-3所示。

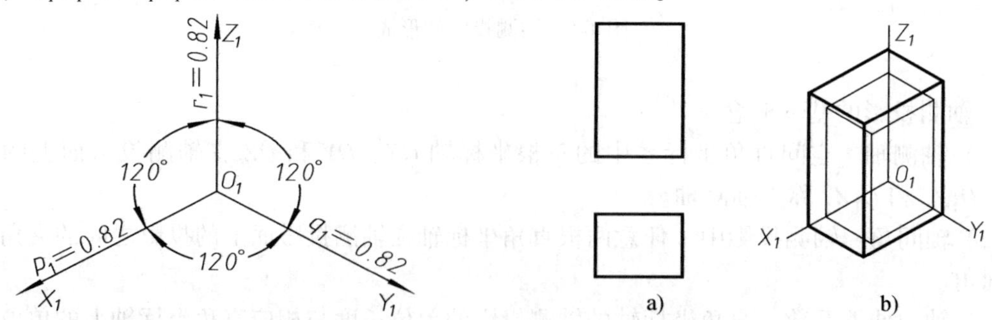

图4-3　正等轴测图的轴间角、轴向伸缩系数

图4-4　两种轴向伸缩系数的正等轴测图的比较

由于物体上三个坐标轴与轴测投影面的倾角相同，因此，其轴向伸缩系数也相等，即 $p_1 = q_1 = r_1 = 0.82$。为了作图方便，常把轴向伸缩系数简化为 $p = q = r = 1$，即所有与坐标轴平行的线段，在作图时，其长度都取实长。这样画出的图形，其轴向尺寸均为原来的

1/0.82（≈1.22）倍，如图 4-4b 所示，图中由粗实线构成的图形，是采用简化伸缩系数画出来的（细实线图形的轴向伸缩系数分别为 0.82）。可见，图形虽然大了一些，但直观效果并没有发生变化。

二、平面立体的正等轴测图画法

画轴测图的基本方法是坐标法。但在实际作图时，还应根据物体的形状特点不同而灵活采用各种不同的作图步骤。下面举例说明不同形状特点的平面立体轴测图的几种具体作法。

例 1 根据正六棱柱的主、俯视图，作出其正等轴测图。

分析 作物体的轴测图时，一般是不画出其细虚线的，因此，作正六棱柱的轴测图时，为了减少不必要的作图线，先从顶面开始作图比较方便。由于正六棱柱前后、左右对称，故选择顶面的中点作为坐标原点。具体作图步骤如图 4-5 所示。

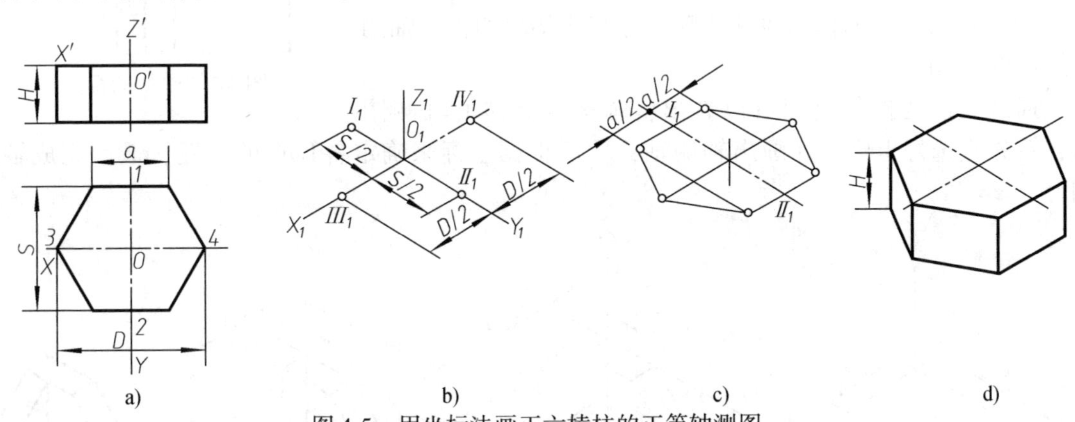

图 4-5 用坐标法画正六棱柱的正等轴测图

a）在视图上定坐标轴 b）画轴测轴，根据尺寸 S、D 定出 I_1、II_1、III_1、IV_1

c）过 I_1、II_1 作直线平行于 O_1X_1，在所作两直线上各取 $a/2$ 并连接各顶点

d）过各顶点向下取尺寸 H 画侧棱；画底面各边并描深，即完成全图

例 2 已知三棱锥的三视图（见图 4-6a），试作出其正等轴测图。

分析 考虑到作图方便，在确定空间直角坐标系时，使 OX 轴与 AB 边重合，坐标原点与棱锥底面三角形的顶点 B 重合。其作图步骤如图 4-6b、c、d 所示。

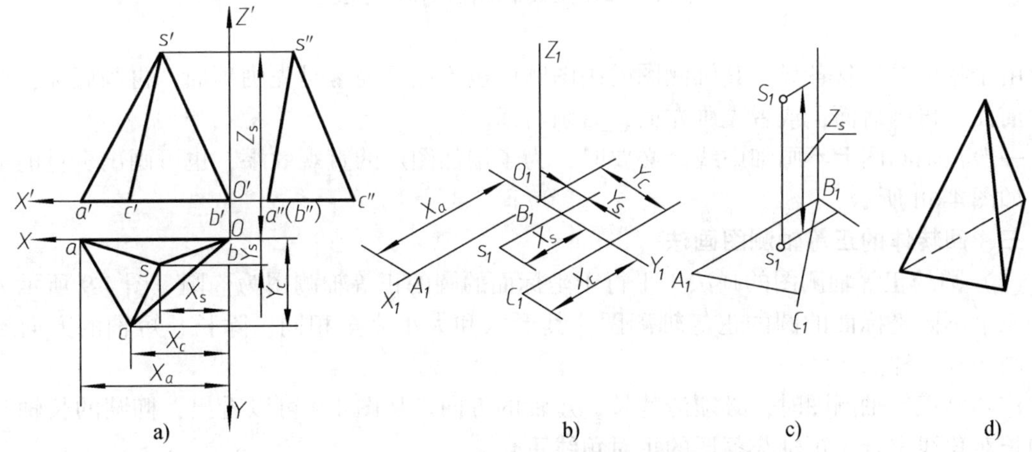

图 4-6 三棱锥正等轴测图的作图方法

a）在三棱锥的视图上定坐标轴 b）画轴测轴、定底面各顶点和锥顶 S 在底面的投影 s_1

c）根据 S 的高度定出 S_1 d）连接各顶点、描深即完成作图

例3 作出垫块（见图 4-7）的正等轴测图。

分析 垫块是一简单的组合体，画轴测图时也可采用形体分析法，由基本形体叠加或切割而成。本例选用了叠加法。

解 (1) 画轴测轴，为方便起见，选垫块的右、后、底面的交点作为坐标原点，并作出垫块底板的正等轴测图，如图 4-8a 所示。

(2) 根据立板与底板的相对位置，作出立板的正等轴测图，如图 4-8b 所示。

(3) 在底板与立板的右端叠加上三角肋板，即画出肋板的正等轴测图，如图 4-8c 所示。

(4) 擦去多余的作图线并描深，即完成垫块的正等轴测图，如图 4-8d 所示。

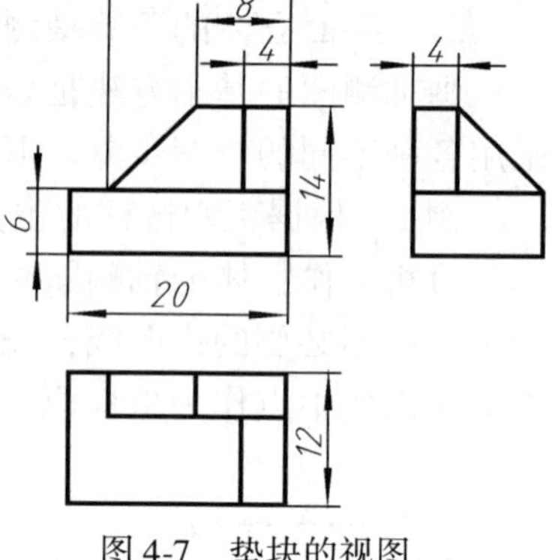

图 4-7 垫块的视图

通过上述的作图过程可以看出，画平面立体的轴测图时，首先应选好坐标轴并画出轴测轴，然后根据坐标来确定各顶点的位置，最后完成轴测图。

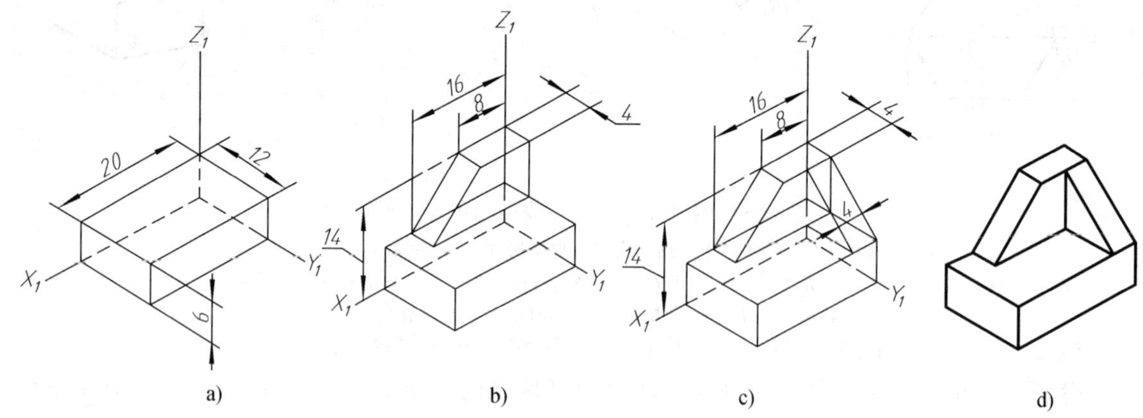

图 4-8 垫块正等轴测图的作图方法

由于物体的形状各异，其轴测图的画图顺序也不同。通常是先画顶面，再画底面；有时先画前面，再画后面；或者先画左面，后画右面。

一般在轴测图上不画细虚线。必要时，为了增加图形的直观效果，也可画出少量的细虚线，如图 4-6d 所示。

三、回转体的正等轴测图画法

(1) 圆的正等轴测图的画法　平行于坐标面的圆的正等轴测图为椭圆。图 4-9 所示为平行于三个不同坐标面的圆的正等轴测图。其形状和大小完全相同，除长、短轴的方向不同外，画法都一样。

作圆的正等轴测图时，必须清楚长、短轴的方向。从图 4-9 可以看出，椭圆的长轴与菱形的长对角线重合，短轴与菱形的短对角线重合。

1) 圆平面平行于 XOY 面时，轴测投影为椭圆，椭圆的长轴垂直于 O_1Z_1 轴，短轴平行于 O_1Z_1 轴。

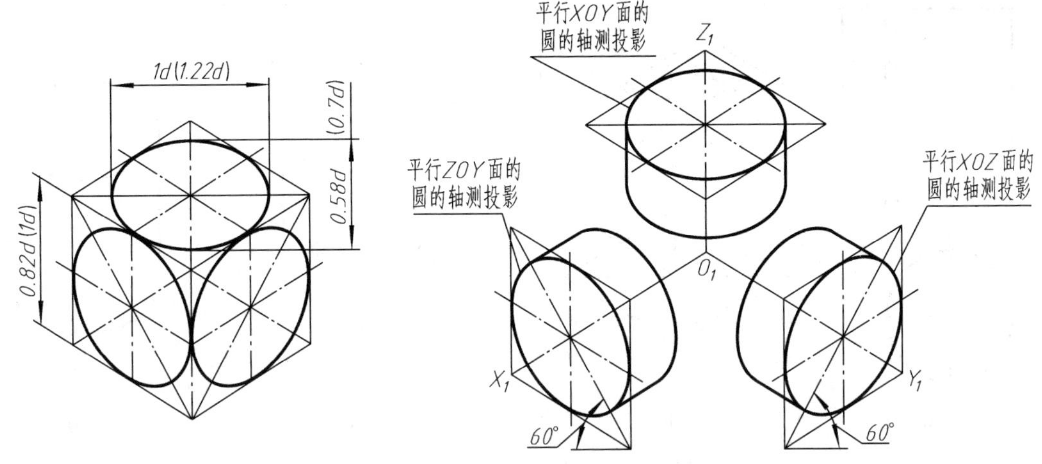

图 4-9　坐标面及其平行面上圆的正等轴测图

2）圆平面平行于 *XOZ* 面时，轴测投影为椭圆，椭圆长轴垂直于 O_1Y_1 轴，短轴平行于 O_1Y_1 轴。

3）圆平面平行于 *YOZ* 面时，轴测投影为椭圆，椭圆长轴垂直于 O_1X_1 轴，短轴平行于 O_1X_1 轴。

综上所述，椭圆的长轴垂直于与该坐标面垂直的轴测轴；短轴与该轴测轴平行。

正等轴测图中的椭圆，通常采用近似画法作图。现以平行于 *H* 面的圆（见图 4-10）为例，作图步骤如图 4-11 所示。

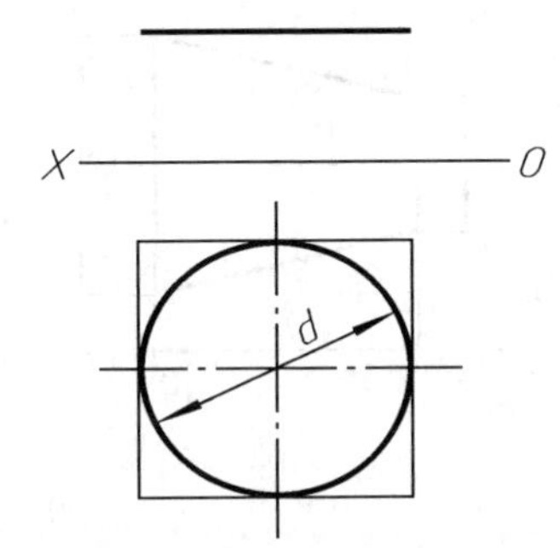

图 4-10　平行于 *H* 面的圆的投影

（2）圆柱的正等轴测图画法　如图 4-12 所示，因圆柱的上、下两圆平行，其正等轴测图均为椭圆。因此将顶面和底面的椭圆画好，再作椭圆两侧公切线即为圆柱的正等轴测图。作图步骤如图 4-12 所示。

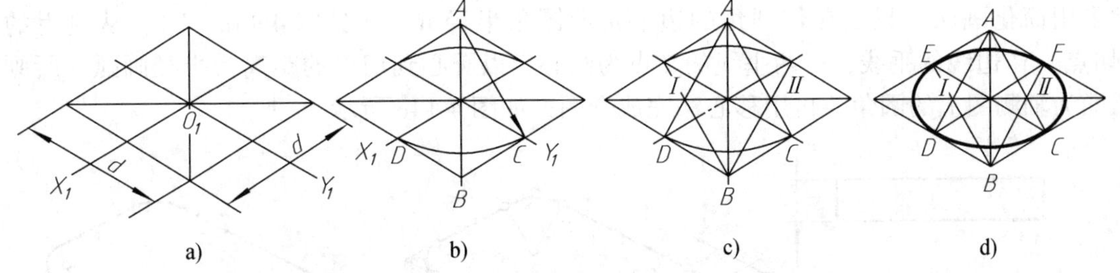

图 4-11　平行于 *H* 面的圆的正等轴测图近似画法

a）画轴测轴，按圆的外切正方形画出菱形　b）以 *A*、*B* 为圆心，*AC* 为半径画两大弧

c）连 *AD* 和 *AC* 交长轴于 *Ⅰ*、*Ⅱ* 两点　d）以 *Ⅰ*、*Ⅱ* 为圆心，*ID* 为半径画小弧，在 *C*、*D*、*E*、*F* 处与大弧连接

（3）圆锥台正等轴测图的画法　横放圆锥台，其顶面和底面的投影为两侧立的同心椭圆，圆锥台曲面轮廓为两椭圆的外公切线。作图步骤如图 4-13 所示。

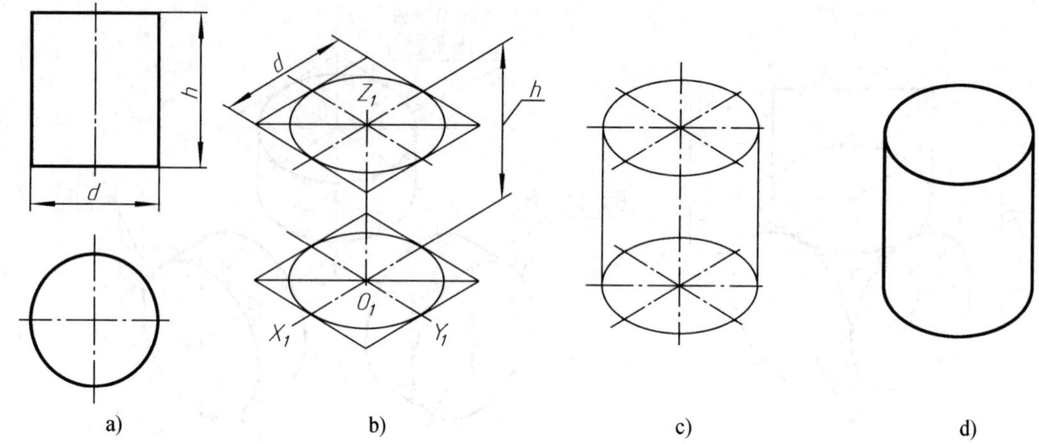

图 4-12　圆柱正等轴测图的画法

a）视图　b）画轴测轴，定上下底圆中心，画上下底椭圆

c）作出两边轮廓线（注意切点）　d）描深并完成全图

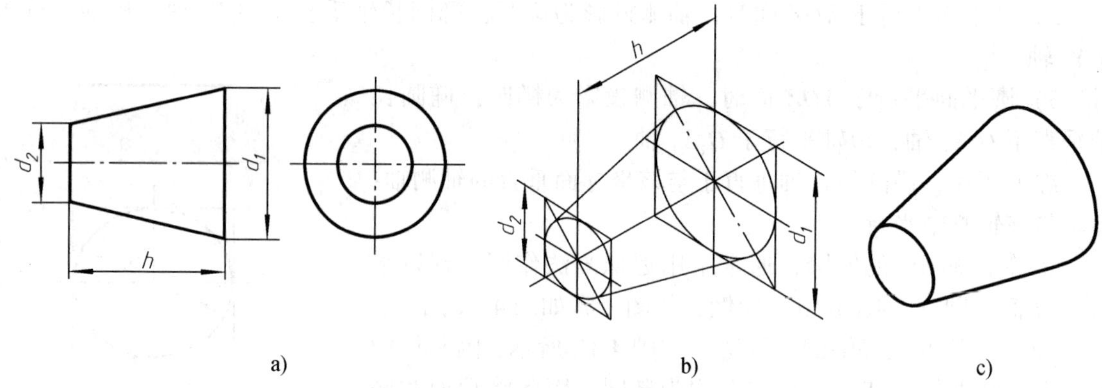

图 4-13　圆锥台正等轴测图的画法

a）视图　b）画出左、右两端椭圆，并作外公切线　c）描深

（4）圆角正等轴测图的画法　如图 4-14 所示，平行于坐标面的圆角可看成是平行于坐标面的圆的四分之一，因此，其正等轴测图是椭圆的四分之一。画圆角的正等轴测图时，通常采用简化画法。只要在作圆角的边上量取圆角半径 R，（见图 4-14a、b），从量得的点（切点）作边线的垂线，以两垂线的交点为圆心，以圆心到切点的距离为半径画弧，所画圆弧即为轴测图上的圆角。再用移心法完成全图，如图 4-14c 所示。

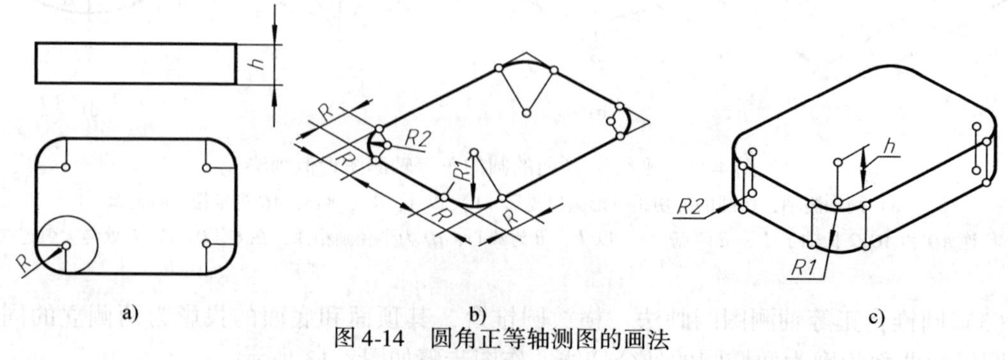

图 4-14　圆角正等轴测图的画法

a）平板视图　b）画平板顶面的四个圆角　c）用移心法画底面圆角

第三节　斜二轴测图简介

一、斜二轴测图的形成及投影特点

（1）斜二轴测图的形成　在确定物体的直角坐标系时，使 OX 轴和 OZ 轴平行于轴测投影面，用斜投影法将物体连同其坐标轴一起向轴测投影面投射，所得到的投影称为斜二等轴测投影（简称斜二轴测图），如图 4-15 所示。

（2）轴间角和轴向伸缩系数　斜二轴测图的轴向伸缩系数为：$p_1 = r_1 = 1$，$q_1 = 0.5$。轴间角为：$\angle X_1O_1Z_1 = 90°$，$\angle X_1O_1Y_1 = Y_1O_1Z_1 = 135°$，如图 4-16 所示。

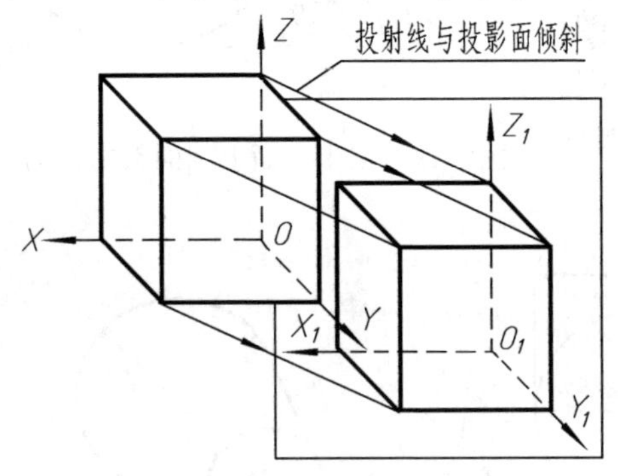

图 4-15　斜二轴测图的形成

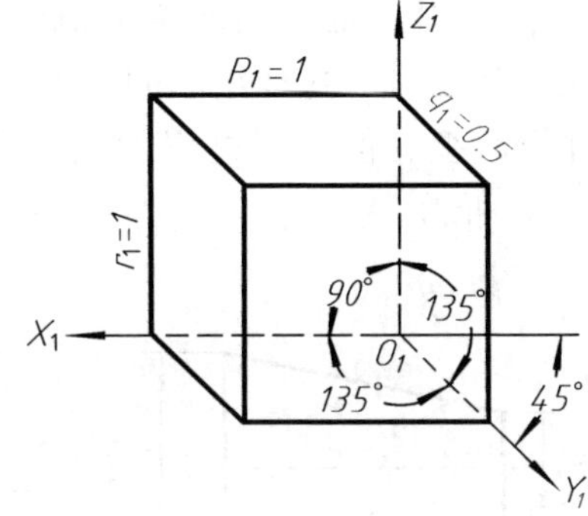

图 4-16　斜二轴测图的轴间角及轴向伸缩系数

凡是平行于 XOZ 坐标面的平面图形，在斜二轴测图中其投影均反映实形。因此当物体正面形状较复杂，且具有较多的圆或圆弧，其他方向图形较简单时，采用斜二轴测图作图比较简便。

二、斜二轴测图画法

1. 平面体的斜二轴测图画法

例 1　已知正四棱锥台的两视图（见图 4-17a），其斜二轴测图的画法如图 4-17b、c、d 所示。

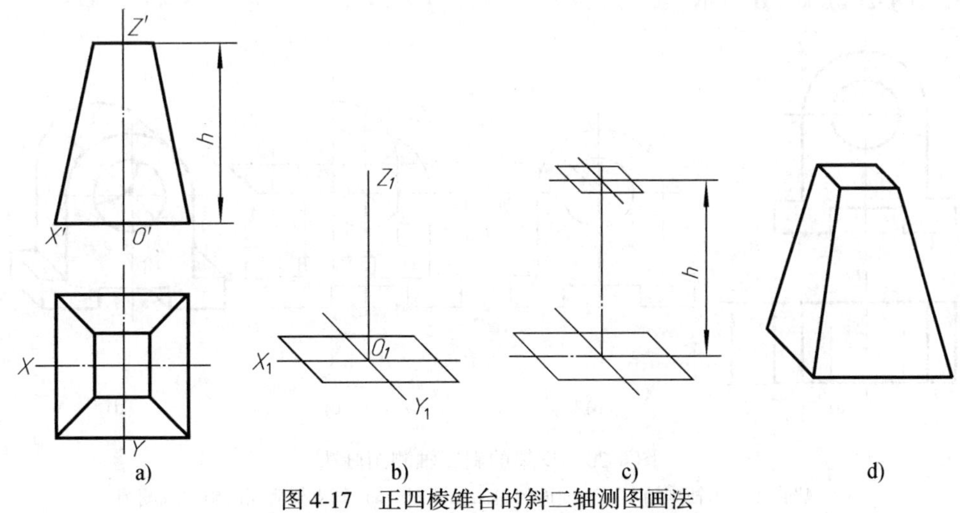

图 4-17　正四棱锥台的斜二轴测图画法

a）在视图上选好坐标轴　b）画轴测轴，作底面的轴测图

c）在 Z 轴上量取锥台高度 h，作顶面轴测图　d）连线并描深（细虚线不必画出）

2. 回转体的斜二轴测图画法

（1）圆的斜二轴测图画法　如图 4-18 所示，平行于正面的圆的斜二轴测图仍然是圆，而平行于水平面和侧面的圆的斜二轴测图均为椭圆。其中，椭圆 1 的长轴与 X_1 轴的夹角约成 7°；椭圆 2 的长轴与 Z_1 轴的夹角约成 7°；两椭圆的长轴 $AB \approx 1.06d$，短轴 $CD \approx 0.33d$。

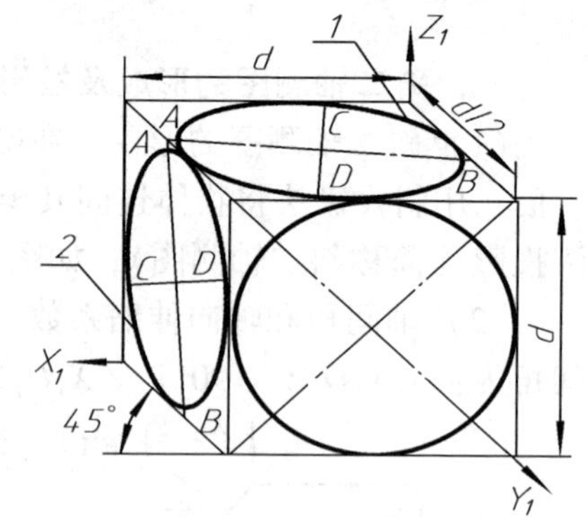

图 4-18　三坐标面上圆的斜二轴测图

（2）回转体的斜二轴测图画法

例 2　作出图4-19a 所示圆锥台的斜二轴测图。

分析　在图 4-19a 中，圆锥台的两个端面分别平行于 *ZOY* 面，其斜二轴测图均为椭圆。为了方便画图，可将 *X* 轴当作 *Y* 轴，这样绘制的图形，只是方向不同，其形状并没改变，但作图过程大大简化。作图步骤如图 4-19b、c 所示。

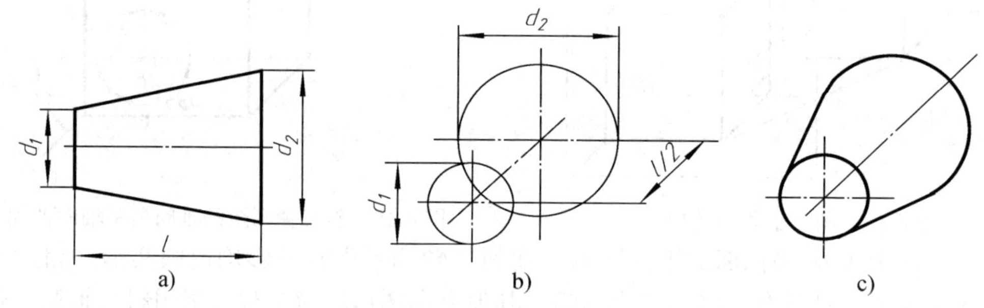

图 4-19　圆锥台的斜二轴测图

a）视图　b）画轴测轴及前、后端面圆圆心并画圆　c）作两圆公切线后描深，完成全图

例 3　画出图4-20a 所示支架的斜二轴测图。

分析　该支架的正面形状较复杂，且有圆和圆弧，因此选择正面平行于轴测投影面。作图步骤如图 4-20b、c、d 所示。

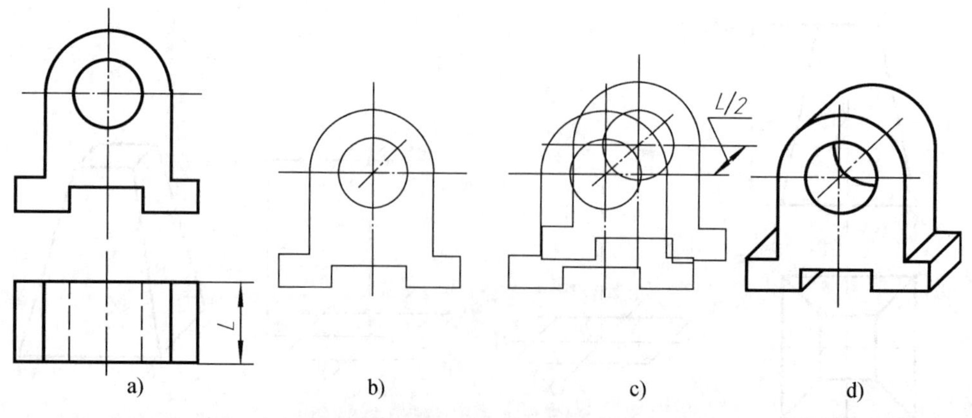

图 4-20　支架的斜二轴测图画法

a）视图　b）画轴测轴及支架前面的斜二轴测图　c）画支架后面的斜二轴测图

d）作两圆弧的公切线及前、后面顶点连线，描深，完成全图

第五章　组　合　体

任何复杂的机件，都可以看成是由若干个基本体组合而成。由两个或两个以上基本体所组成的物体，称为组合体。

本章重点讨论组合体视图的画法、看图方法和尺寸注法。

第一节　组合体的形体分析

一、形体分析法

如图 5-1a 所示的轴承座，可看成是由两个尺寸不同的四棱柱和一个半圆柱叠加，之后再挖切出四个小圆柱而形成的，如图 5-1b、c 所示。同理，画组合体的三视图时，可采用"先分后合"的方法。即先将组合体分解成若干基本形体，然后按其相对位置逐个地画出各基本形体的投影，综合起来，即得到整个组合体的视图。这样，就可把一个复杂的问题分解成几个简单的问题加以解决。

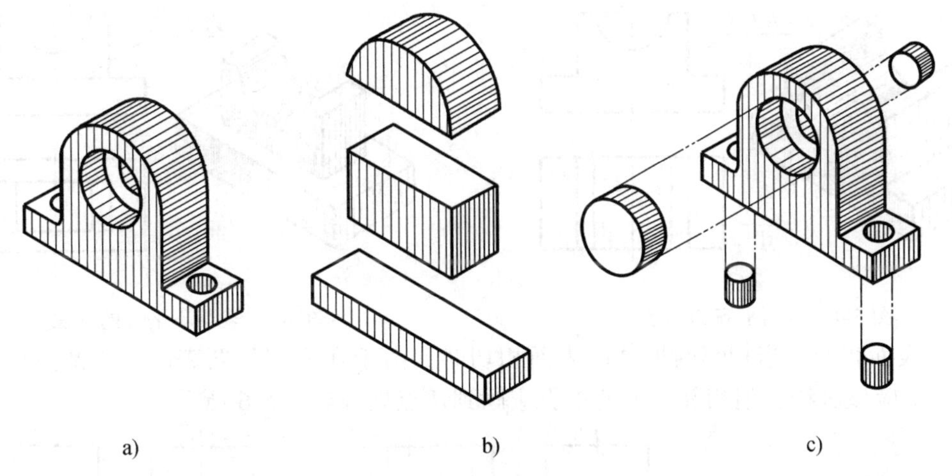

图 5-1　轴承座的形体分析

这种为了便于画图和看图，将物体分解成若干个基本形体，并分析它们之间的相对位置和组合形式的方法，称为形体分析法。

二、组合体的组合形式及其表面连接关系

1. 组合体的组合形式　组合体的组合形式，通常分为叠加型和切割型两种。叠加型组合体是由若干基本形体叠加而成，如图 5-2 所示；切割型组合体则可看作由基本形体经过切割或穿孔后形成的，如图 5-3 所示。但大部分组合体是叠加和切割两种形式的综合，如图 5-1 所示。

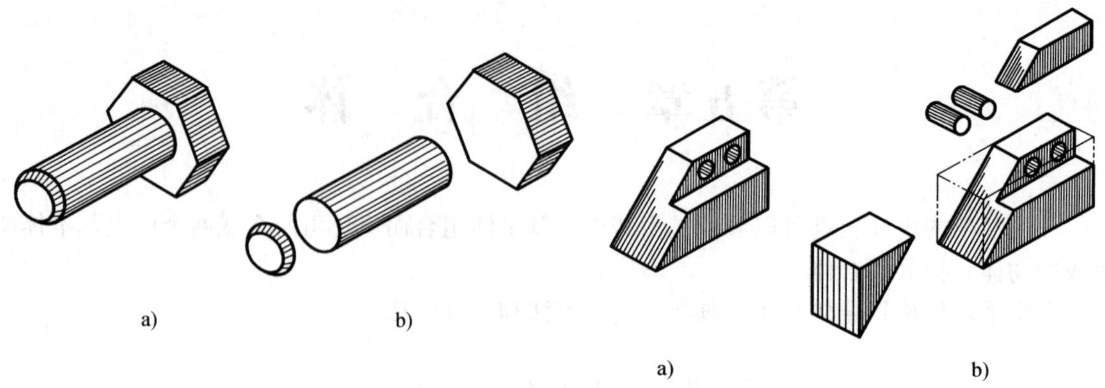

图 5-2　组合体—叠加型

图 5-3　组合体—切割型

应该指出，叠加型和切割型并没有严格的界限，在多数情况下，同一个组合体可以按叠加型进行分析，也可从切割型去理解，一般要以便于作图和容易理解为原则分类。

2. 组合体中形体表面的连接关系　组合体中各形体表面之间按表面形状和相对位置不同，其连接关系可分为：平齐、不平齐、相切和相交四种情况。连接关系不同，连接处投影的画法也不同。

（1）表面平齐　当两形体的表面平齐时，中间不应该画线，如图 5-4 所示。

（2）表面不平齐　当两形体的表面不平齐时，中间应该画线，如图 5-5 所示。

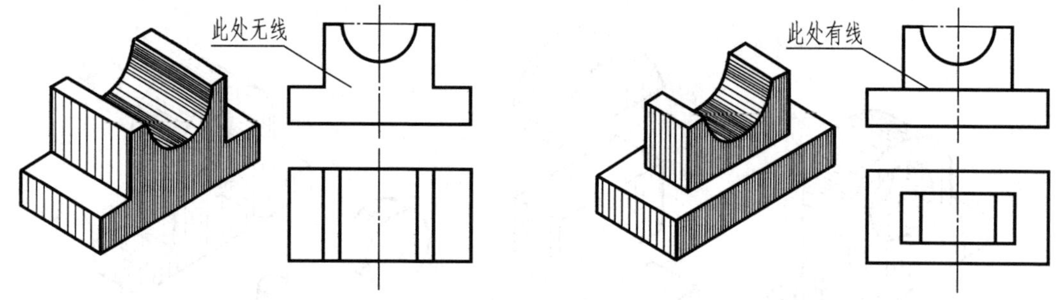

图 5-4　表面平齐的画法

图 5-5　表面不平齐的画法

（3）表面相切　当相邻两形体的表面相切时，由于在相切处两表面是光滑过渡的，故在相切处不应该画线，但相邻平面的投影应画到切点处，如图 5-6 所示。

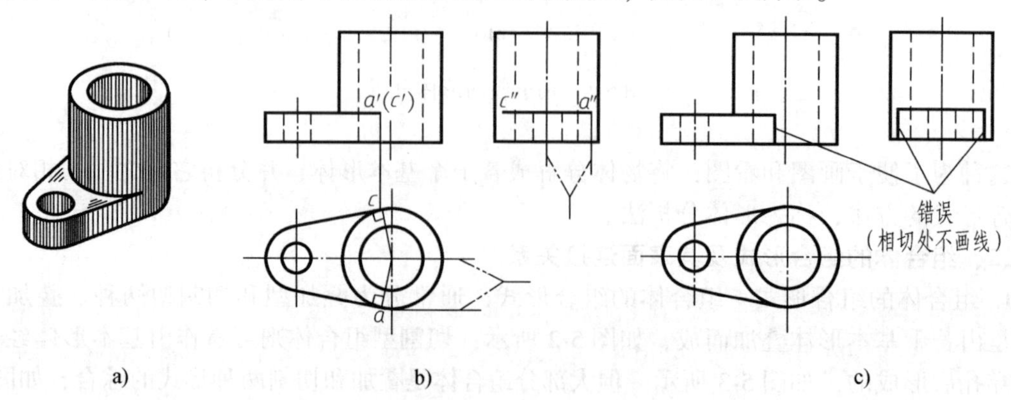

图 5-6　表面相切的画法

（4）表面相交　当相邻两形体的表面相交时，在相交处应该画出交线，如图 5-7 所示。

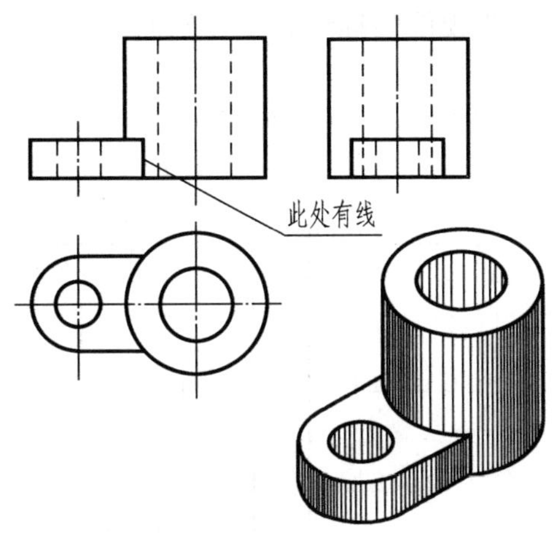

图 5-7　表面相交的画法

第二节　组合体的三视图画法

形体分析法是将复杂形体简单化的一种思维方法。因此，画组合体的三视图时一般采用形体分析法。下面以图 5-8a 所示轴承座为例，说明画组合体的三视图的方法与步骤。

一、形体分析

画图之前，首先应对组合体进行形体分析，将其分解成几个组成部分，明确其组合形式和相对位置，进一步了解相邻两形体表面之间连接关系，然后再来考虑视图的选择。

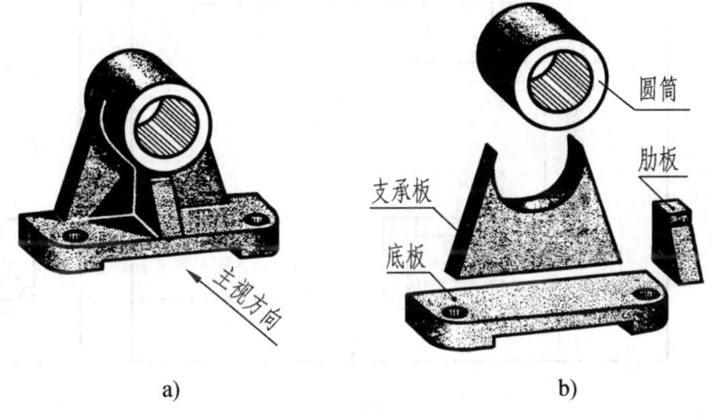

图 5-8　轴承座

图 5-8a 所示的轴承座是由底板、圆筒、肋板和支承板组成的，也就是说可分为如图 5-8b 所示的几个组成部分。底板、圆筒、肋板和支承板之间的组合形式为叠加；支承板的左右侧面与圆筒外表面相切；肋板和圆筒相交，其交线为圆弧和直线。

二、选择主视图

主视图一般应能明显地反映物体形状的主要特征，同时还要考虑到物体的正常位置，并力求使主要平面和投影面平行，以便使投影获得实形。图 5-8a 中的轴承座，从箭头方向看去所得的视图，满足了上述的基本要求，可作为主视图。主视图投射方向选定以后，俯视图和左视图的投射方向也就随之确定了。

三、画图的方法与步骤

1. 选比例、定图幅　视图确定以后，便要根据物体的大小和复杂程度，按标准规定选定作图比例和图幅。应注意，所选的幅面要比绘制视图所需的面积大一些，即留有余地，以便标注尺寸和画标题栏等。

2. 布置视图　布图时，应将视图匀称地布置在幅面上，视图间的间隔应足够大以便标注尺寸。

3. 绘制底稿　轴承座的画图步骤如图 5-9 所示。

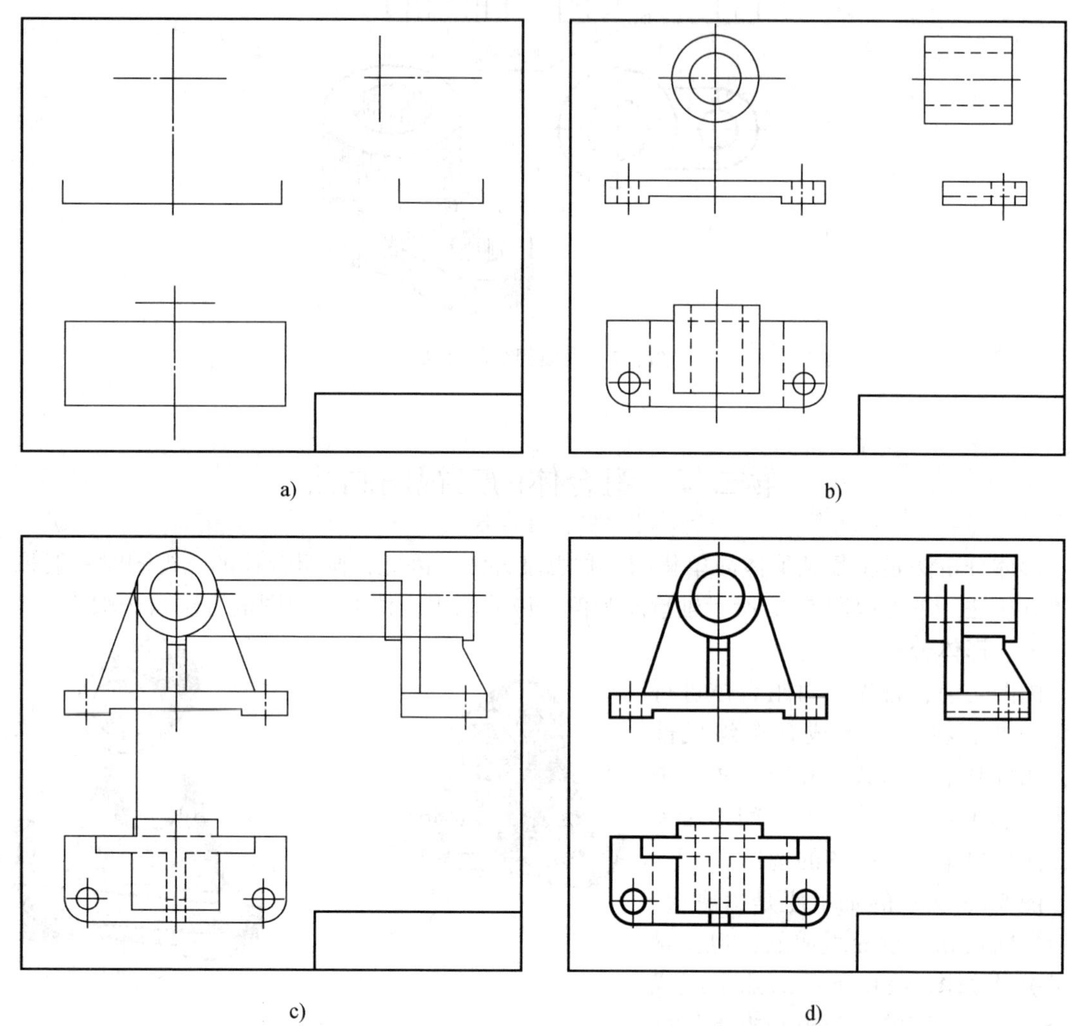

a)　b)　c)　d)

图 5-9　组合体三视图的画图步骤

a）布置视图并画出基准线　b）画空心圆柱和底板

c）画支承板和肋板　d）画细部，补虚线，描深，完成全图

为了迅速而正确地画出组合体的三视图，画底稿时，应注意以下两点：

1）画图的先后顺序，一般应从形状特征明显的视图入手。先画主要部分，后画次要部分；先画看得见的部分，后画看不见的部分；先画圆或圆弧，后画直线。

2）画图时，物体的每一组成部分最好是三个视图配合着画。就是说，不要先把一个视图画完后再画另一个视图。这样，不但可以提高绘图速度，还能避免漏线、多线。

4. 检查描深　底稿完成后，应认真进行检查。在三视图中依次核对各组成部分的投影对应关系正确与否，分析相邻两形体衔接处的画法有无错误，是否多画线或漏线，再以模型或轴测图与三视图对照，确认无误后，再描深图，完成全图，如图5-9所示。

第三节　组合体的尺寸注法

视图只能表达物体的形状，其大小要由尺寸来确定。因此应完整、清晰地注出尺寸。

一、尺寸种类

为了将尺寸标注得完整，在组合体的视图上，一般需标注下列几种尺寸：

(1) 定位尺寸　表示组合体各组成部分相对位置的尺寸。

(2) 定形尺寸　确定组合体中各组成部分的长、宽、高三个方向的大小尺寸。

(3) 总体尺寸　表示组合体外形大小的总长、总宽、总高尺寸。

二、标注组合体尺寸的方法和步骤

标注组合体尺寸，大致有如下几个步骤：

1) 按形体分析法，将组合体分解为若干个基本形体。

2) 选定尺寸基准，标注各基本形体之间的定位尺寸。

3) 标注各基本形体的定形尺寸。

4) 标注组合体的总体尺寸。

下面以图5-8轴承座为例，说明标注组合体尺寸的方法和步骤：

(1) 分解为基本形体　按形体分析法，轴承座可看作由四个部分组成，如图5-8b所示。

(2) 选定尺寸基准，标注定位尺寸　所谓尺寸基准，就是标注尺寸时所选择的起点，即确定尺寸位置的几何元素——面、线、点。

组合体有长、宽、高三个方向的尺寸，每个方向至少有一个尺寸基准，以它来确定基本体在该方向的相对位置。标注尺寸时，一般可选组合体的对称平面、底面、重要端面以及回转体的轴线等作为尺寸基准。如图5-8所示轴承座的尺寸基准是：以左右对称面作为长度方向的基准；以底板和支承板的后面作为宽度方向的基准；以底板的底面作为高度方向的基准，如图5-10a所示。

尺寸基准选定后，从组合体长、宽、高三个方向的基准出发依次注出各基本形体的定位尺寸。当基准通过组合体的对称平面时，该方向的定位尺寸可省略不注，如图5-10b所示。

在长度方向上，注出底板上两圆孔的定位尺寸48；在宽度方向上，注出底板上两圆孔的定位尺寸16和圆筒在支承板后面突出部分的的尺寸6；在高度方向上，注出圆筒轴线的定位尺寸32。

(3) 标注出各部分的定形尺寸（见图5-10c）

(4) 标注总体尺寸（见图5-10d）　轴承座的总长尺寸即底板的长度尺寸60；总宽尺寸由底板宽22和圆筒在支承板后面突出部分的长度6所决定；总高尺寸由圆筒轴线高32和圆筒半径11所决定。

应当注意，当组合体的一端或两端为回转体时，若注出定位尺寸和圆弧的定形尺寸后，该方向的总体尺寸不能直接注出，否则就会出现重复尺寸。如圆筒轴线与底面的定位尺寸32注出以后，不再标注轴承座的总高尺寸。

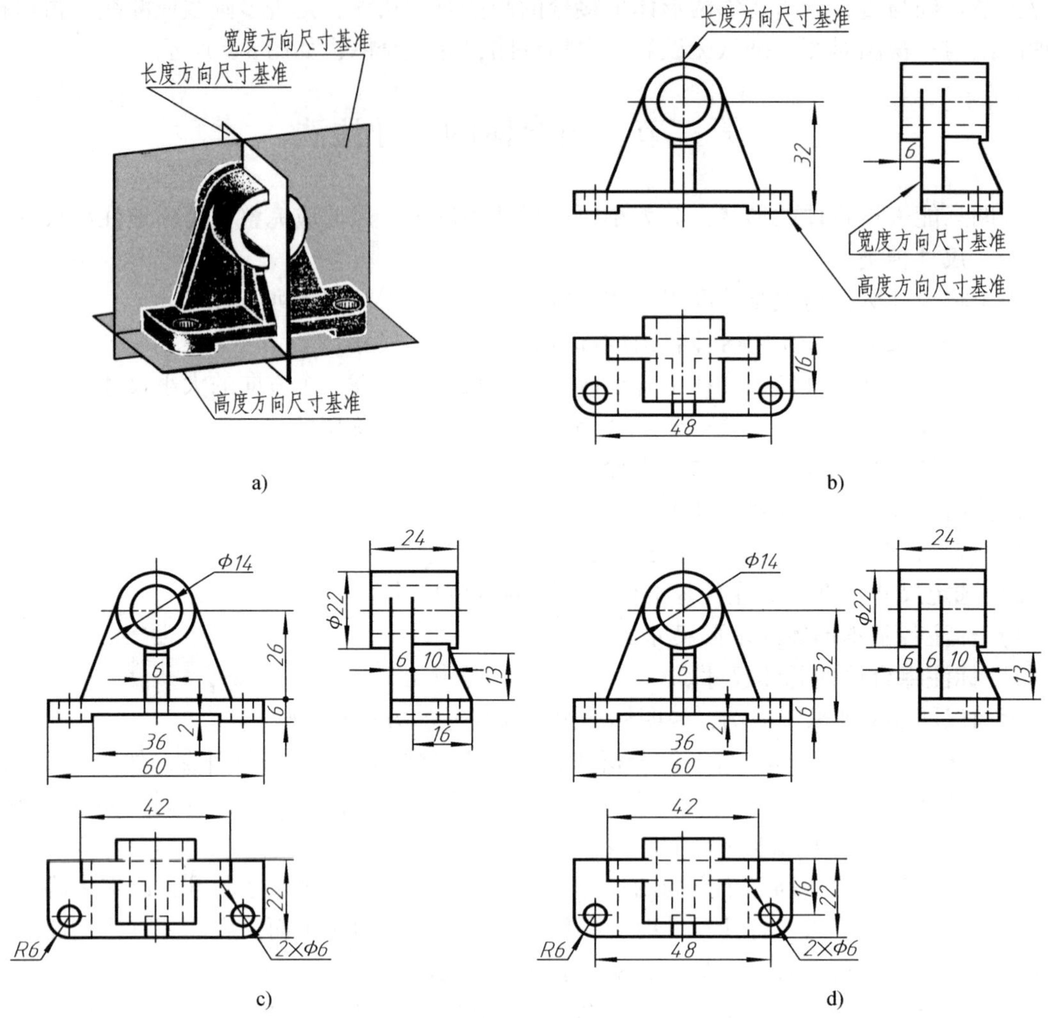

图 5-10　轴承座的尺寸注法

按上述步骤注出尺寸后，还要按形体逐个检查有无遗漏或重复尺寸，然后修正和调整。如支承板的高度尺寸 26，肋板的宽度尺寸 16 被去掉，否则，其尺寸就重复了。

三、标注尺寸的基本要求

组合体的尺寸标注必须正确、完整、清晰。

1. 正确　尺寸注法应符合国家标准规定，尺寸数值正确。

2. 完整　所注尺寸能够使组合体中各形体的大小和相对位置惟一确定。即尺寸齐全，不遗漏，不重复。

3. 尺寸布置清晰　所注尺寸布局合理、美观，便于读图，不致发生误解或混淆。

为此，标注尺寸时应注意下列几点：

1）尺寸应尽量标注在反映各形体形状特征明显、位置特征清楚的视图上。同一形体的定形尺寸和定位尺寸应尽量集中标注，以便读图，如图 5-11 所示。

2）尺寸应尽量注在视图外面，与两个视图有关的尺寸应尽量标注在有关视图之间，如图 5-12 所示。

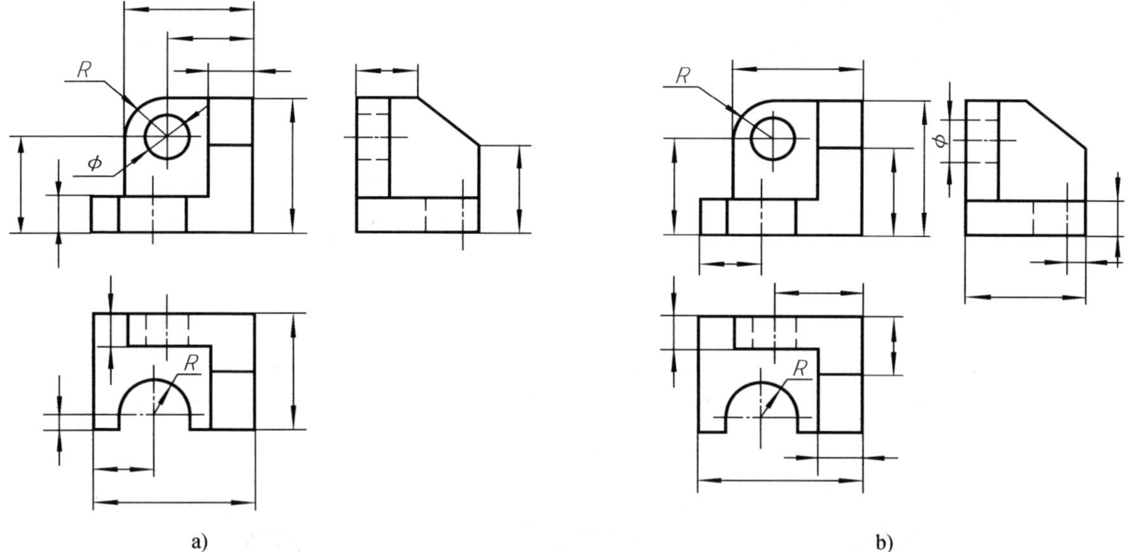

图 5-11　尺寸应注在反映形体特征明显的视图上

a）清晰　b）不好

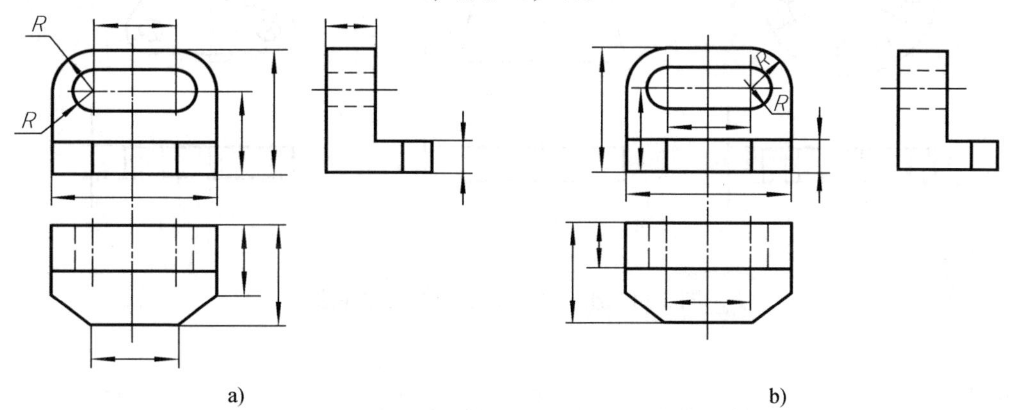

图 5-12　尺寸的布局

a）清晰　b）不好

3）细虚线上尽量不注尺寸，如图 5-11 中的圆孔直径。

4）同轴回转体的各径向尺寸一般注在非圆视图上，如图 5-13 所示。

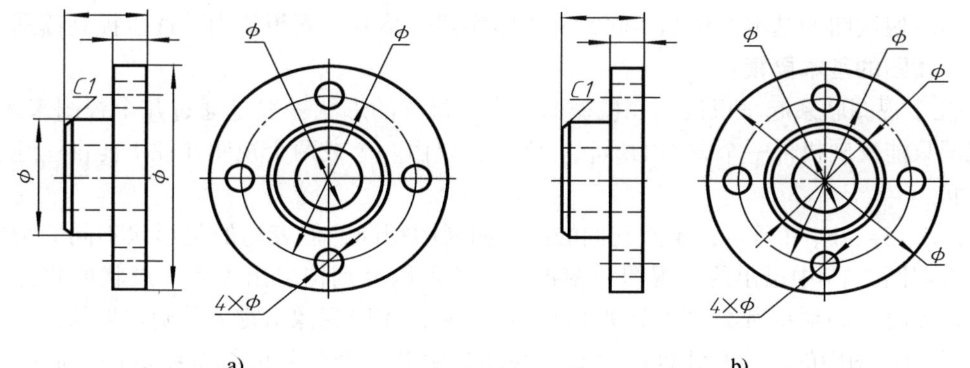

图 5-13　同轴回转体的径向尺寸标注

a）清晰　b）不好

四、常见结构的尺寸注法

图 5-14 列出了组合体常见结构的尺寸注法，供参考。

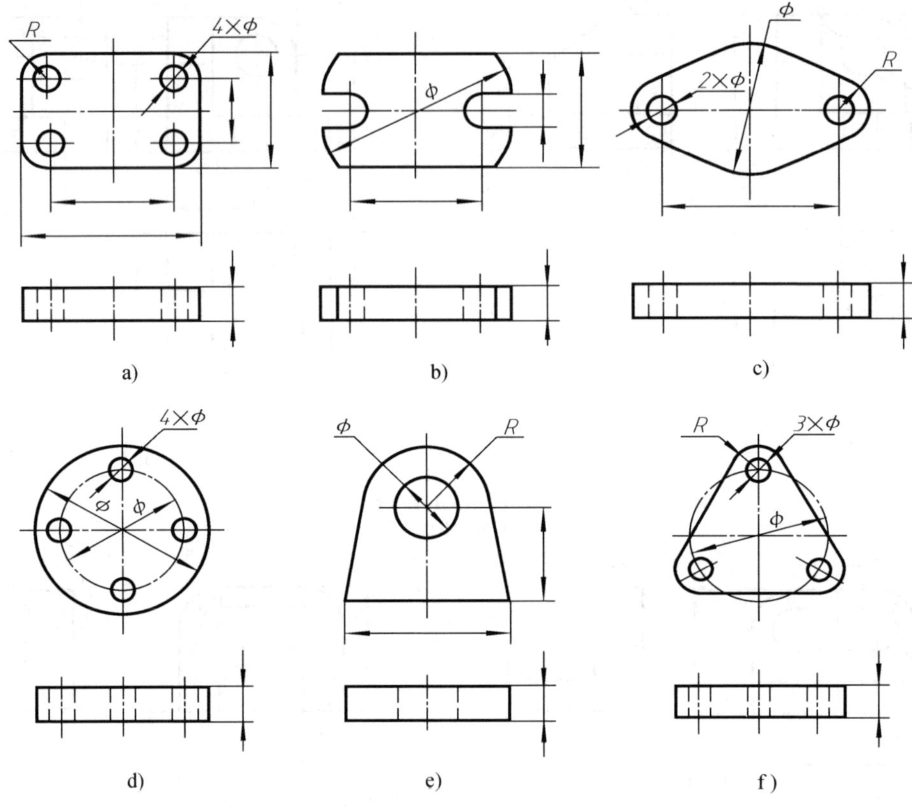

图 5-14　组合体常见结构的尺寸注法

第四节　读组合体视图的方法

画图是将物体按正投影法用视图表示在图纸上，即将空间物体通过平面图形表达的过程。读图则是由视图根据投影规律想像出物体的空间形状的过程。要正确、迅速地读懂视图，必须掌握读图的基本方法和步骤，并不断实践，培养空间想像力，逐步提高读图能力。

一、读图的基本要领

1. 几个视图联系起来识读　在机械图样中，机件的形状一般是通过几个视图来表达的，每个视图只能反映机件一个方面的形状。因此，仅由一个或两个视图往往不能惟一地表达机件的形状。

如图 5-15a、b、c 所示，虽然它们的主、俯视图相同，但表达的是形状不同的物体。实际上，根据图 5-15 中给出的主视图和俯视图，还可以分别构思出更多不形状的物体。由此可见，读图时，必须将所给的几个视图联系起来看，才能想像出物体的确切形状。

2. 明确视图中的图线和线框的含义　视图是由若干个封闭的线框组成的，而线框是由图线所构成的。因此，明确视图中图线及线框的含义，对画图和读图是十分必要的。

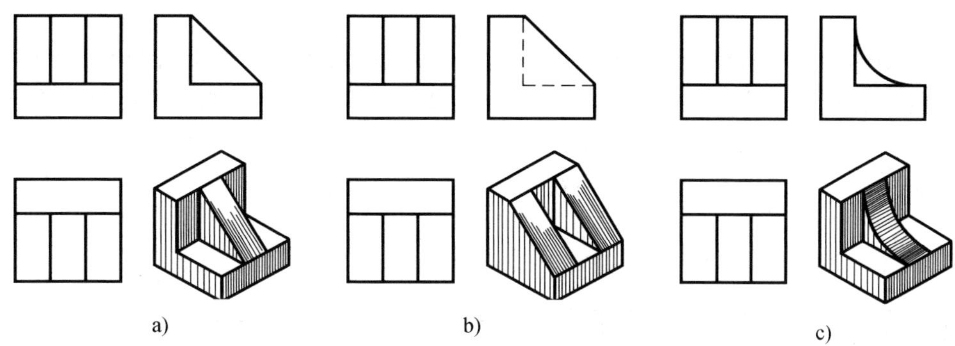

图 5-15　几个视图联系起来识读

（1）视图中图线的含义（见图 5-16）

1）表示具有积聚性的面的投影。如 3′表示平面（端面）的投影；俯视图中的圆（如 7）表示圆柱面的投影等。

2）表示两个面的交线的投影。如 $b'c'$为圆柱面与三角肋板的交线的投影。

3）表示曲面的转向轮廓线的投影。如 $d'e'$及细虚线分别为圆柱面及孔的转向轮廓线的投影。

（2）视图中封闭线框含义（见图 5-16）

1）一个封闭线框表示物体的一个表面或孔洞的投影。如图中的线框 1′、2、3、4 表示平面的投影；线框 5′表示曲面的投影；线框 6′表示复合面的投影。

2）视图中相邻线框表示物体上位置不同的两个面。既然是两个表面，就会有前、后、左、右、上、下之分，或者是两个表面相交，可以通过这些线框在其他图中所对应的投影来加以判断。如图 5-16 所示，当把主、俯视图联系起来识读后，发现复合面Ⅵ在平面 *I* 之前；平面 *I* 与圆柱面 *V* 相交。

3）在一个大的封闭线框内所包含的各个小线框，一般表示在大的平面体（或曲面体）上凸出或凹下的各个小平面体（或曲面体）。

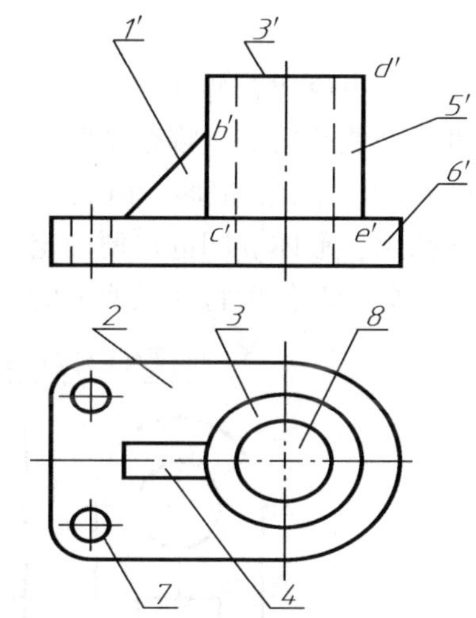

图 5-16　视图中图线和线框的含义

图 5-16 所示俯视图中，线框 2 包含线框 3 和线框 8，从主视图中可以看出，线框 3 表示在底板上凸出一个空心圆柱，线框 8 表示凹下一个孔洞。

二、读图的基本方法

1. 形体分析法　形体分析法是读图的最基本方法。读图时，只要将几个视图联系起来，通过分解图形，明确物体的各组成部分及表面连接形式，然后加以综合，从而想像出物体的形状。

读图的一般步骤为：

（1）抓住特征分部分　所谓特征，是指物体的形状特征和组成物体的各基本形体间的位置特征。

要了解物体的形状特征，首先分析图 5-17a。在读图过程中，如果只看主、左两个视图，除了底板的长、宽及厚度以外其他形状就看不出来了。如果将主、俯视图结合起来看，即使不要左视图，也能想像出它的全貌。显然，俯视图是反映该物体形状特征最明显的视图。用同样的方法分析可知，图 5-17b 中的主视图、图 5-17c 中的左视图是形状特征最明显的视图。

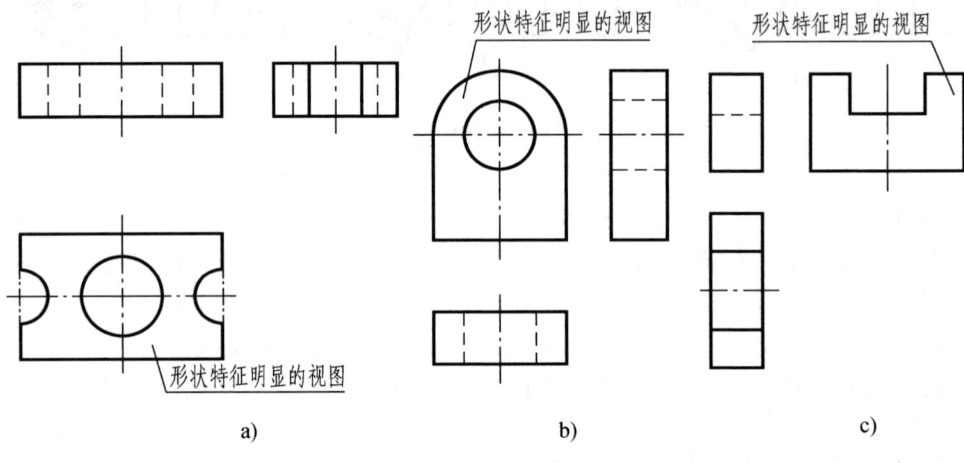

图 5-17　形状特征明显的视图

再讨论位置特征。如图 5-18a 所示物体，如果仅看主视图和俯视图，不能确定形体 *I*、*II* 哪个是凸出的，哪个是凹进的。因为这两个线框既可以表示图 5-18b 的情形，也可以表示图 5-18c 所示的情形。但如果将主、左视图结合起来看，则不仅形状容易想清楚，而且形体 *I* 凸出，形体 *II* 凹进也便确定，即是图 5-18c 所示的情况。显然，左视图是反映该形体各组成部分相对位置特征最明显的视图。

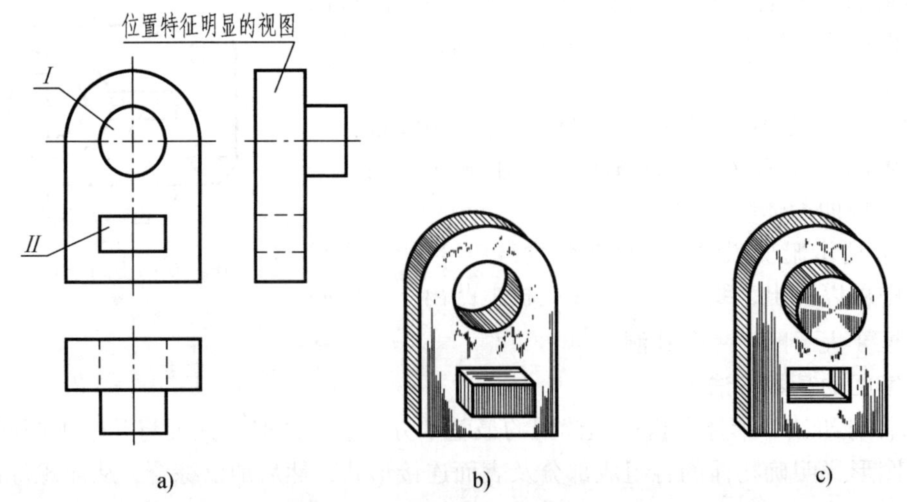

图 5-18　位置特征明显的视图

这里应注意，物体上每一组成部分的特征，并非总是全部集中在某一个视图上。因此在分部分时，无论哪个视图，只要形状、位置特征有明显之处，就从该视图入手，这样就能较快地将其分解成若个干组成部分。

（2）对准投影想形状　依据“三等”规律，从反映特征部分的线框（一般表示该部分形体）出发，分别在其他两视图上对准投影，并想像出它们的形状。

（3）综合起来想整体　想出各组成部分形状之后，再根据整体三视图，分析它们之间的相对位置和组合形式，进而综合想像出该物体的整体形状。

例 1　识读轴承座的三视图（见图 5-19）。

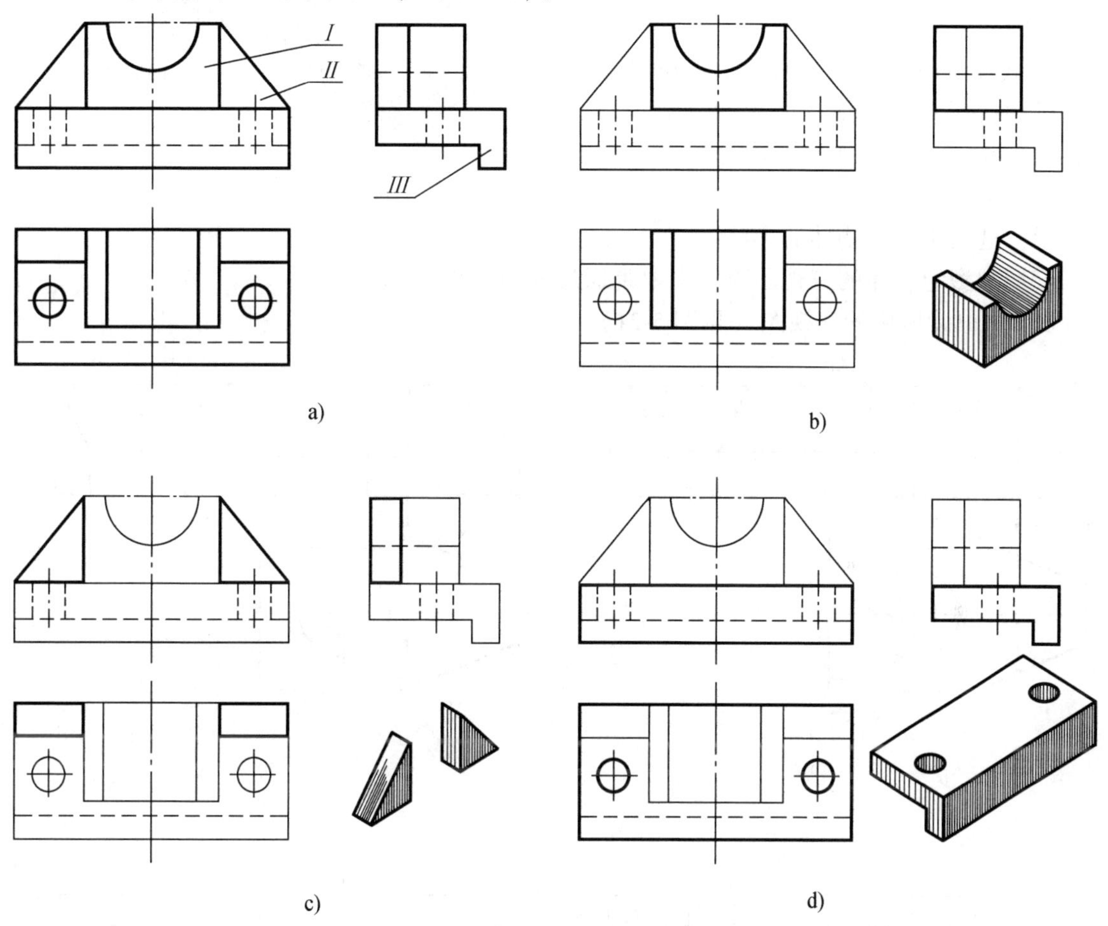

图 5-19　轴承座的读图方法

分析

（1）抓住特征分部分　通过分析可知，主视图较明显地反映了 *I*、*II* 形体的特征，而左视图则较明显地反映了形体 *III* 的特征。因此，该轴承座可大体分为三部分，如图 5-19a 所示。

（2）对准投影想形状　*I*、*II* 形体从主视图出发、形体 *III* 从左视图出发，根据“三等”规律，分别在其他视图上找出对应的投影（如图 5-19 中的粗实线所示），便可想像出它们的形状，如图 5-19b、c、d 中的轴测图所示。

(3) 综合起来想整体　长方体 *I* 在底板 *Ⅲ* 的上面，两形体的对称面重合且后面平齐；肋板 *Ⅱ* 在长方体 *I* 的左、右两侧，且与其相接，后面平齐，从而综合想像出物体的整体形状。如图 5-20 所示。

读图时，对形体清晰的组合体，用形体分析的方法简捷明了。但对有些组合体，仅用形体分析的方法还不够，对其视图中投影复杂部分，还需用线面分析法读图。

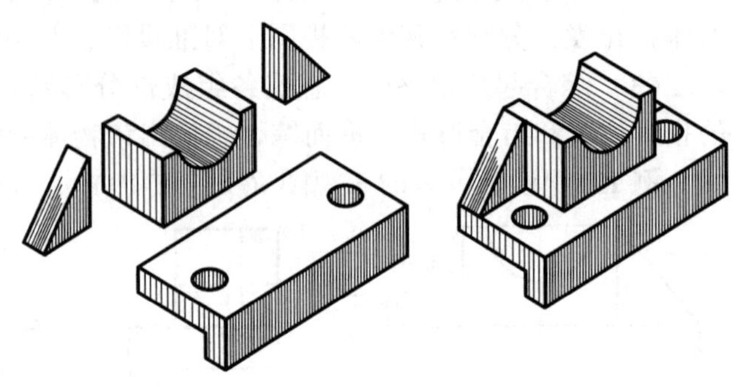

图 5-20　轴承座

2. 线面分析法　用线面分析法读图就是运用投影规律，把物体表面分解为线、面等几何要素组成，通过分析这些要素的投影特点来确定其空间形状和相对位置，进而想像出物体的形状。

读切割型组合体的三视图时，主要是通过线面分析法。

例 2　识读压块的三视图（见图 5-21）。

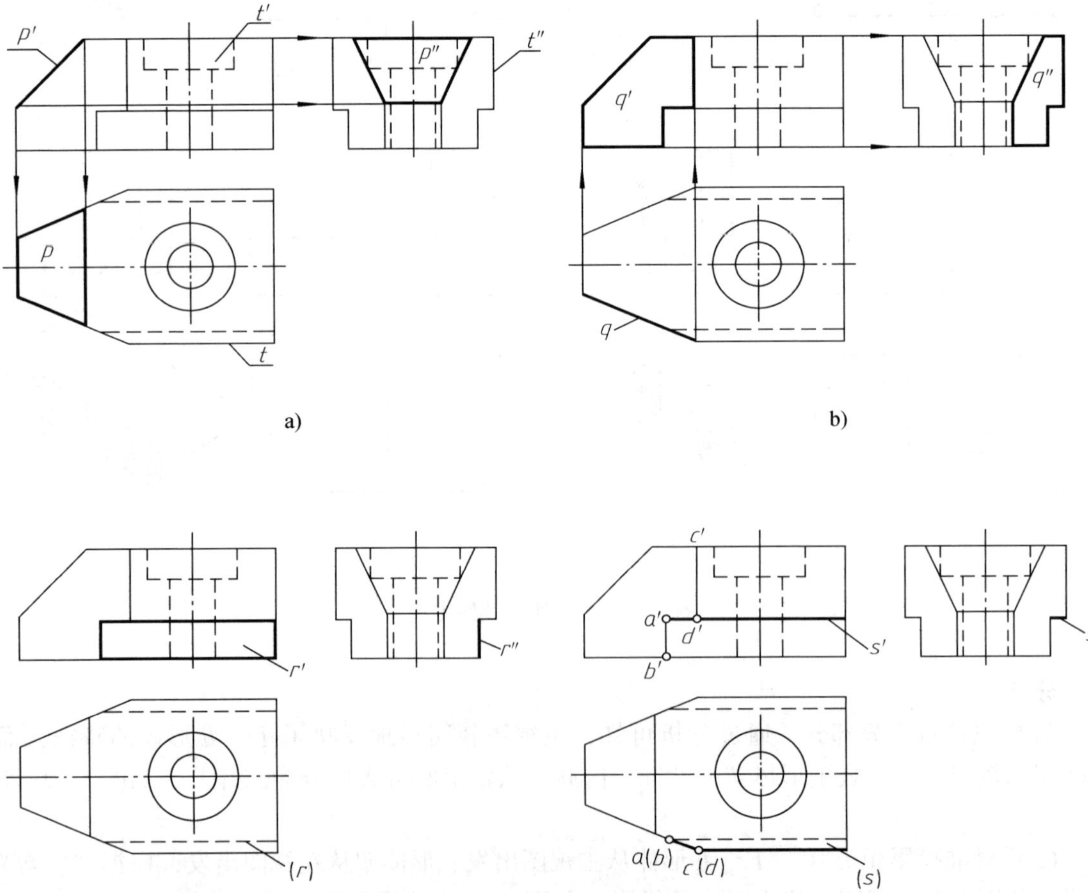

a)　b)　c)　d)

图 5-21　压块的读图方法

分析

（1）形体分析　由于压块三个视图的外形轮廓基本上都是矩形（只切掉了几个角），所以可设想该压块是由一个长方体经几次切割后形成的。

（2）线面分析　从压块的外表面来看，主视图左上方的缺角是用正垂面切出的；俯视图左端的前、后缺角是分别用两个铅垂面切出的；左视图下方前、后的缺角，则是分别用正平面和水平面切出的。可见，压块的外形是一个长方体被几个特殊位置平面切割后形成的。

在明确被切面的空间位置后，再根据平面的投影特性分清各切面的几何形状。

1）当被切面为“垂直面”时，应从该平面投影积聚成直线的视图出发，再在其他两视图上找出对应的线框——一对边数相等的类似形。

如图 5-21a 所示，从主视图中的斜线 p'（正垂面的积聚性投影）出发，在俯视图中找出与它对应的梯形线框，则左视图中的对应投影也一定是一个梯形线框（图中的粗实线），根据平面的投影特性可知，P 面是一正垂面。

如图 5-21b 所示，从俯视图中的斜线 q（铅垂面的投影）出发，在主、左视图上找出与它对应的投影——一对七边形，显然，Q 面为一铅垂面。

2）当被切面为“平行面”时，一般应先从该平面投影积聚成直线的视图出发，再在其他两视图上找出对应的投影——一直线和一平面图形（反映该平面实形）。

如图 5-21c 所示，从左视图中直线 r'' 入手，再找出 R 面的正面投影（反映实形的矩形线框）和水平投影（一直线），可知 R 面是正平面。

在图 5-21d 中，从左视图中的直线 s'' 出发，找出 S 面的水平投影（反映实形的四边形）和正面投影（一直线），可知 S 面是水平面。

在图 5-21d 中，$a'b'$ 不是平面的投影，而是 R 面和 Q 面的交线的投影；同理，$c'd'$ 是 T 面和 Q 面的交线的投影。其他请自行分析。

（3）综合起来想整体　在看懂压块各表面的空间位置与形状后，还必须根据视图分析面与面之间的相对位置，进而综合想像出压块的整体形状，其三视图如图 5-22 所示。

应当指出，在上述读图过程中，并没有利用尺寸来帮助读图。但有时图中的尺寸，是有助于分析物体的形状的。如直径符号 ϕ 表示圆孔或圆柱形，半径符号 R 则表示圆角等。

三、读图举例

在读图练习中，常常要求由给出的两个视图补画第三视图或补画视图中所缺的图线。这是训练读图能力、培养空间想像能力的重要手段。

例 3　根据图5-23a 所示的两视图，补画左视图。

分析　根据已知的两个视图，可以看出该物体是由底板、前半圆板和后立板叠加起来后，又切去一个通槽、钻一个通孔而成的。

具体作图步骤，如图 5-23b、c、d、e、f 所示。

例 4　补画主、俯视图中所缺的图线，如图 5-24a 所示。

分析　通过分析主、俯视图，想像出如图

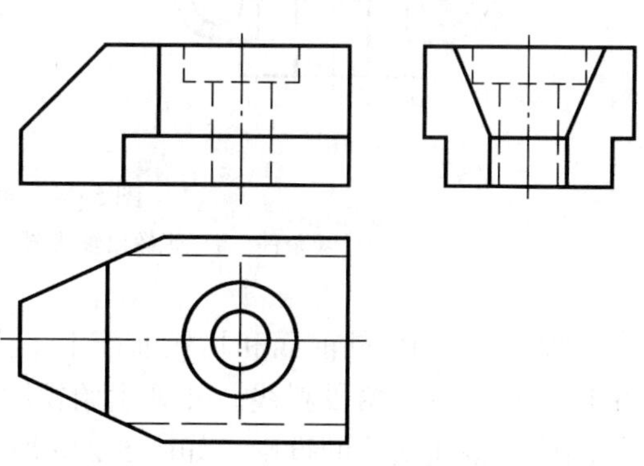

图 5-22　压块三视图

5-24a 所示组合体的整体形状为一梯形四棱柱，左右对称分布着两个带有圆孔的耳板。由左视图可知，四棱柱上左右方向开一梯形通槽，综合想像出立体形状如图 5-24b 所示。可用形体分析法按结构逐步补画出各视图所缺的图线。

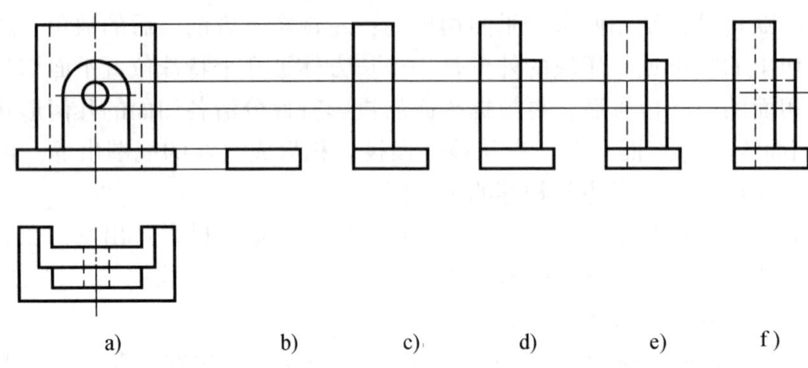

图 5-23　由已知两视图补画第三视图

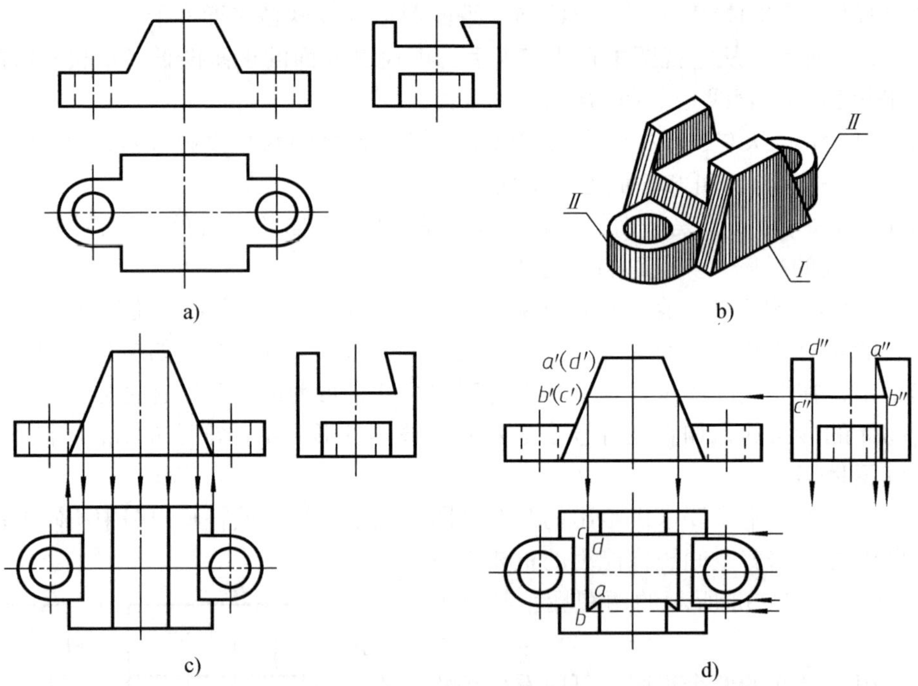

图 5-24　补画视图中所缺的图线

a）已知条件　b）想像出轴测图　c）补画四棱柱的漏线　d）补画梯形槽的漏线

解　1）四棱柱前面和耳板前面不平齐，补画出主视图所缺的四棱柱左、右侧面具有积聚性的投影——两段斜线。补画出俯视图漏画的四棱柱顶面的两条棱线的投影以及耳板顶面与四棱柱棱面交线的投影，如图 5-24c 所示。

2）补画出主、俯视图漏画的四棱柱上梯形槽的投影。画梯形槽结构的俯视图时，先在

左视图上定出点 a''、b''、c''、d''，在主视图上找出 a'（d'）、b'（c'），再求出其水平投影 a、b、c、d，完成梯形槽的俯视图，如图 5-24d 所示。

例 5 由图5-25 所示夹铁的两视图，补画俯视图。

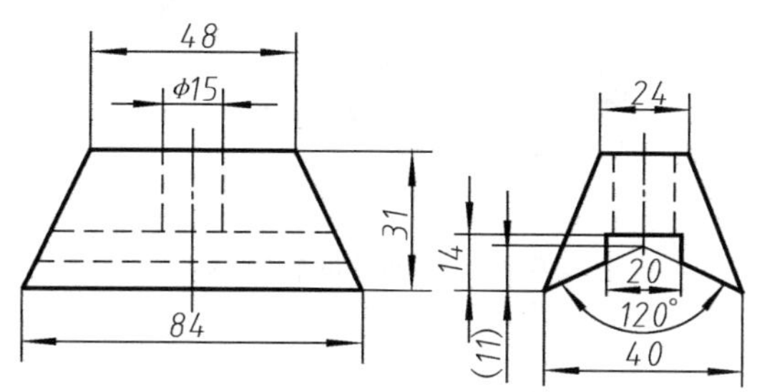

图 5-25 夹铁的主、左视图

分析 根据给出的视图和尺寸，可以初步了解整个夹铁的基本形体是一个长方体，左、右和前、后被对称地切去四块、下部开有带斜面的通槽，上面正中钻了一个圆孔。

具体作图步骤，如图 5-26a、b、c、d 所示。夹铁的整体形状，如图 5-27 所示。

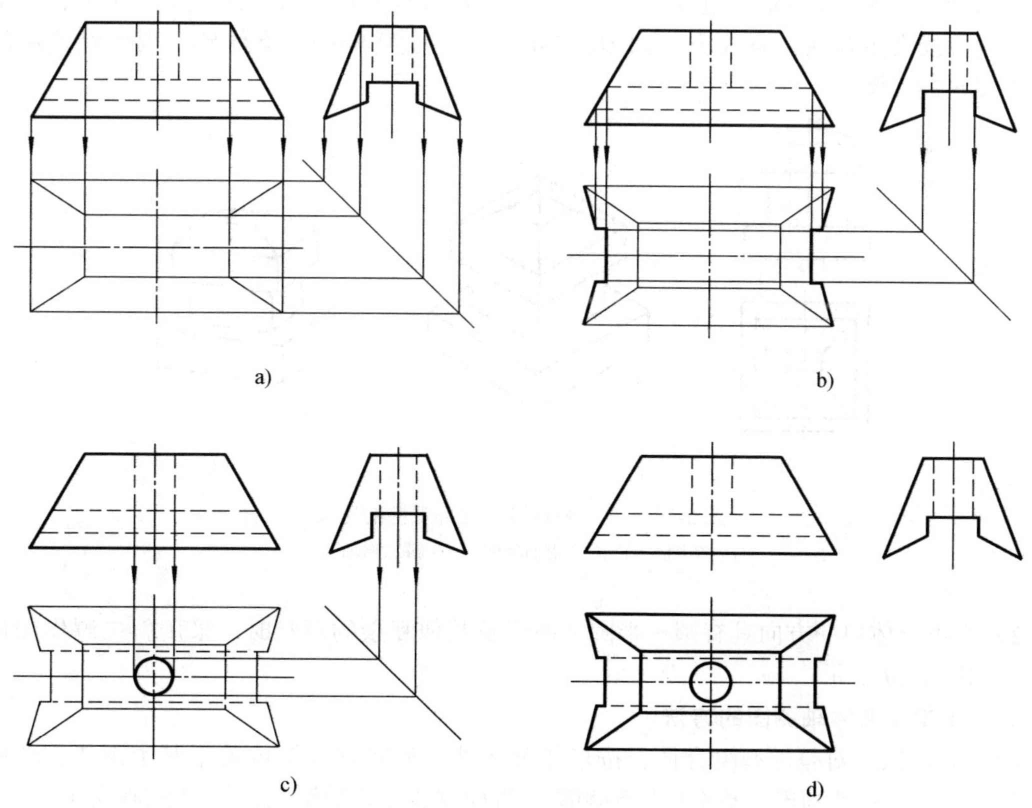

图 5-26 补画俯视图的步骤

a）作四棱台的俯视图 b）作槽的水平投影 c）画出图孔的投影 d）描深

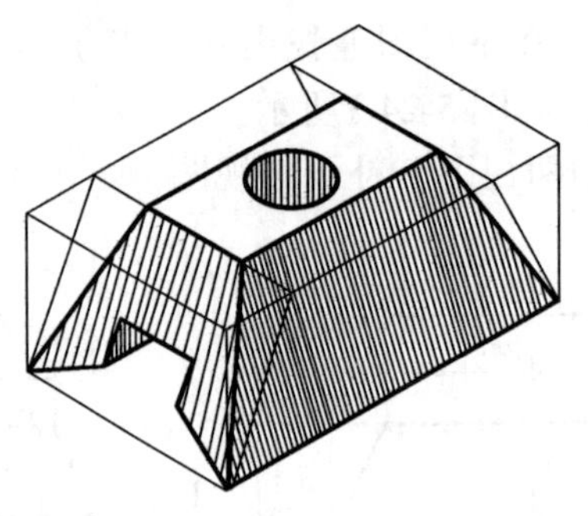

图 5-27　夹铁的轴测图

第五节　组合体轴测图的画法

一、轴测图种类的选择

选择轴测图种类时，应考虑直观性和作图方便。

1）正等轴测图直观性较好，三个坐标方向的轴向伸缩系数相同，三个坐标面上椭圆的画法也相同，作图方便，所以一般选用正等轴测图。

但遇到如图 5-28a 所示的组合体时，它是由正四棱柱和正四棱台组成的，画成正等轴测图时对角棱线会重合在一直线上，如图 5-28b 所示。这样降低了立体感，因此宜选用斜二测，如图 5-28c 所示。

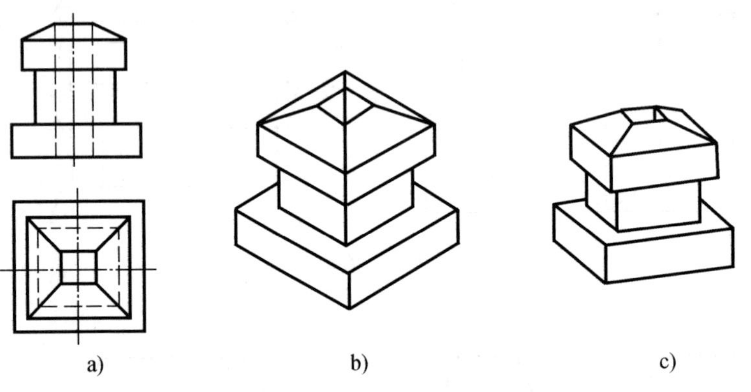

图 5-28　正等测和斜二测直观性的比较
a）视图　b）正等测轴测图　c）斜二测轴测图

2）当组合体单一方向具有圆、半圆、曲线及其他复杂的形状时，采用斜二测作图最为方便，如图 5-29 所示。

二、绘制组合体轴测图的方法

（1）叠加法　对叠加型组合体，按形体分析法，先将其分解成若干基本形体，然后按其相对位置，逐一地画出各基本形体轴测图，进而完成整体轴测图，如图 5-30 所示。

（2）切割法　对切割型组合体，宜先画出未切割前完整形体的轴测图，然后逐一切去被切割部分，从而完成该组合体轴测图，如图 5-31 所示。

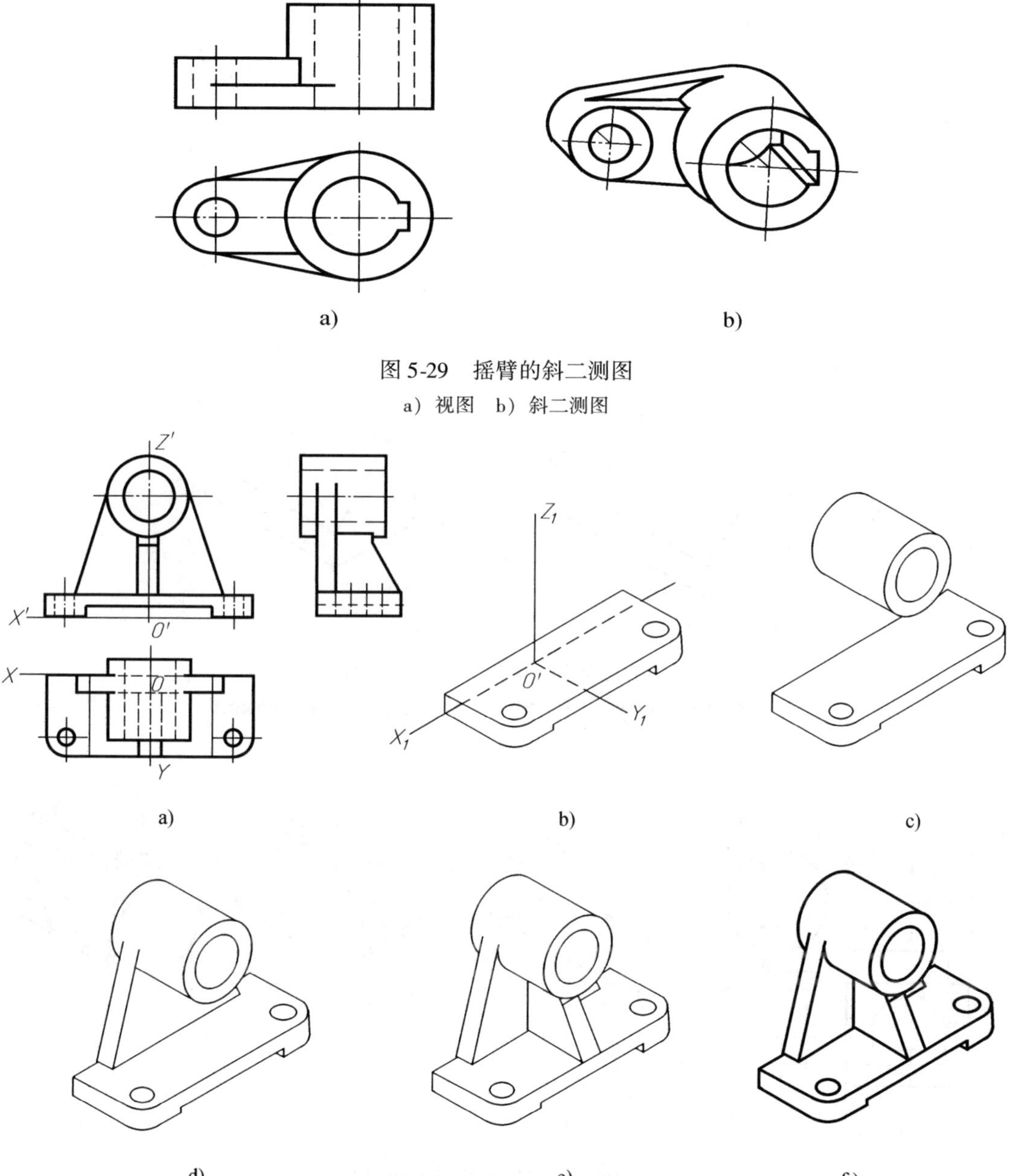

图 5-29　摇臂的斜二测图

a）视图　b）斜二测图

图 5-30　用叠加法画组合体的正等轴测图

a）在视图上定坐标轴　b）画底板和圆孔、圆角、凹坑　c）画圆筒

d）画支承板　e）画肋板　f）描深并完成轴测图

对既有叠加又有切割的综合型组合体，宜按先叠加后切割的顺序画出它们的轴测图。

（3）其他作法　如图 5-32a 所示的相贯体，画其轴测图时，应先画出两圆柱，然后画相贯线。画相贯线时一般采用坐标法和截平面法作出相贯线上一系列点，再用曲线板连接成曲线，如图 5-32b、c、d 所示。

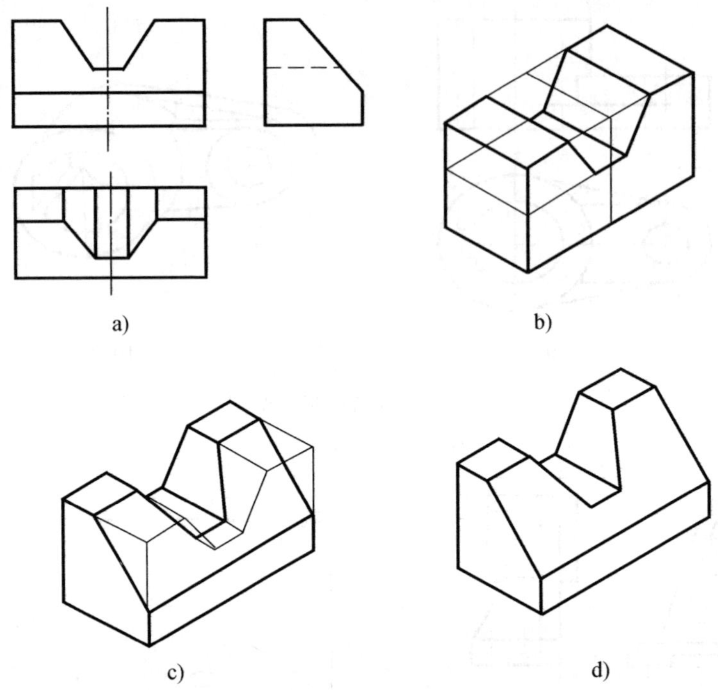

图 5-31　用切割法画组合体的正等轴测图

a）视图　b）画矩形块、梯形槽　c）画前上斜切面　d）完成全图

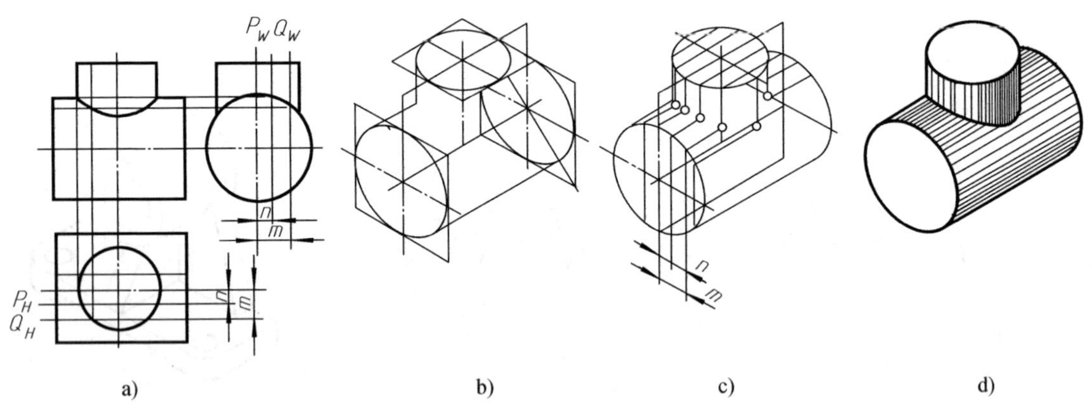

图 5-32　两圆柱相贯体的正等轴测图画法

a）作一系列辅助正平面　b）作两圆柱端面圆的轴测图　c）作辅助正平面与两圆柱面的交线，在相应交线上定出相贯点　d）光滑连接各点，即为相贯线。最后描深图线

第六章　图 样 画 法

在生产中，当机件的结构形状比较复杂时，仅用前面介绍的三视图往往不能完整、清晰地表达它们的形状。为此，国家标准《机械制图　图样画法　视图》（GB/T 17451—1998、GB/T 4458.1—2002）、《机械制图　图样画法　剖视图和断面图》（GB/T 4458.6—2002）、《技术制图　简化表示法　第1部分：图样画法》（GB/T 16675.1—1996）等规定了相应的表达方法，满足了生产实际的需要。本章将介绍视图、剖视图、断面图、局部放大图及简化画法等机件的表示方法。

第一节　视　　图

根据有关标准和规定，用正投影法所绘制出的物体的图形，称为视图。视图主要用来表达机件的外部结构和形状，一般只画出机件的可见部分，必要时才用虚线表达其不可见部分。视图分为基本视图、向视图、局部视图和斜视图四种。

一、基本视图

物体向基本投影面投射所得的视图，称为基本视图。

在原有三投影面体系的基础上，再增设三个投影面，组成一个正六面体，这六个面称为基本投影面，如图6-1所示。将物体置于正六面体中，分别向基本投影面投射，所得的视图称为基本视图。这里，除了前述的主视图、俯视图和左视图外，还有右视图、后视图和仰视图，如图6-2所示。

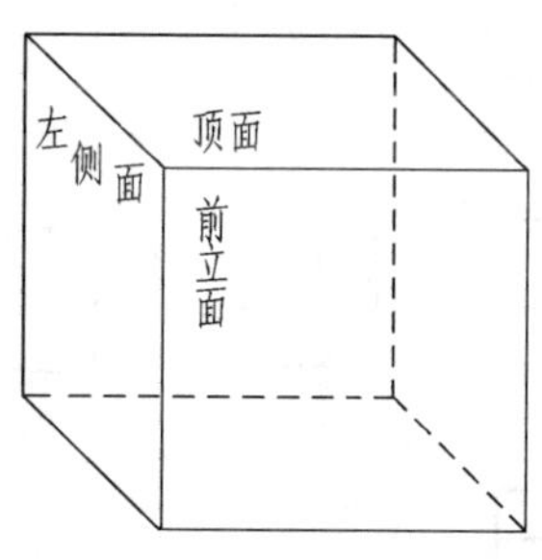

图6-1　六个基本投影面

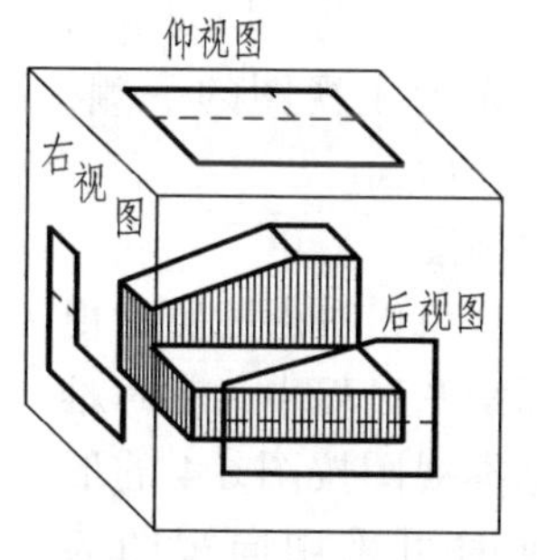

图6-2　右、后、仰视图的形成

基本视图的名称及投射方向规定为：

1）主视图——由前向后投射所得的视图。

2）俯视图——由上向下投射所得的视图。

3）左视图——由左向右投射所得的视图。

4）右视图——由右向左投射所得的视图。

5）仰视图——由下向上投射所得的视图。

6）后视图——由后向前投射所得的视图。

六个基本投影面的展开方法如图 6-3 所示。六个基本视图的配置关系如图 6-4 所示。在同一张图纸内各视图的位置按图 6-4 配置时，可不标注视图的名称。

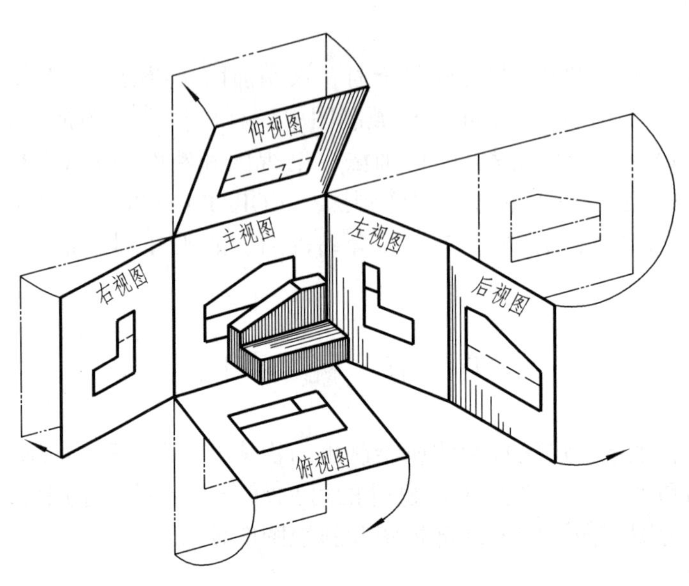

图 6-3　六个基本投影面的展开

如图 6-4 所示，六个基本视图之间仍符合“长对正、高平齐、宽相等”的规律。以主视图为基准，除后视图外，其他视图远离主视图的一侧，均表示物体的前面；靠近主视图的一侧，均表示物体的后面。

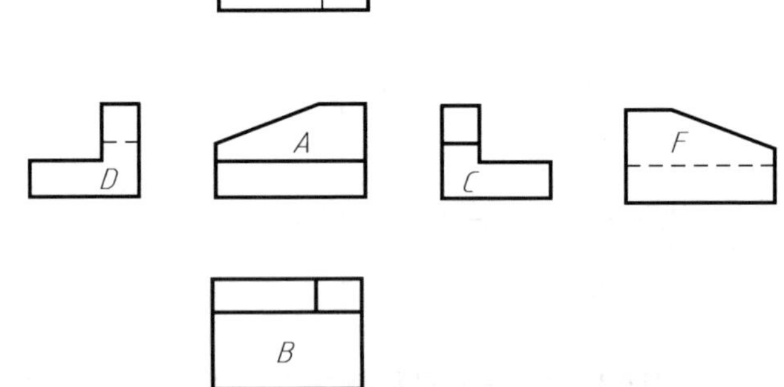

图 6-4　六个基本视图的配置

二、向视图

向视图是可以自由配置的视图。在实际绘图过程中，有时难以将六个基本视图按图 6-4 的形式配置，此时可采用向视图表达。

为便于读图，应在向视图的上方标注“×”（“×”为大写拉丁字母），在相应视图的附近用箭头指明投射方向，并标注相同的字母，如图 6-5 所示。

三、局部视图

将物体的某一部分向基本投影面投射所得的视图，称为局部视图。

如图 6-6 所示，主、俯视图表达了机件的主体形状，而左、右两个凸台未能表达清楚，但又不必画出其完整的左、右视图。这时可采用两个局部视图来表示，既简练又明了。

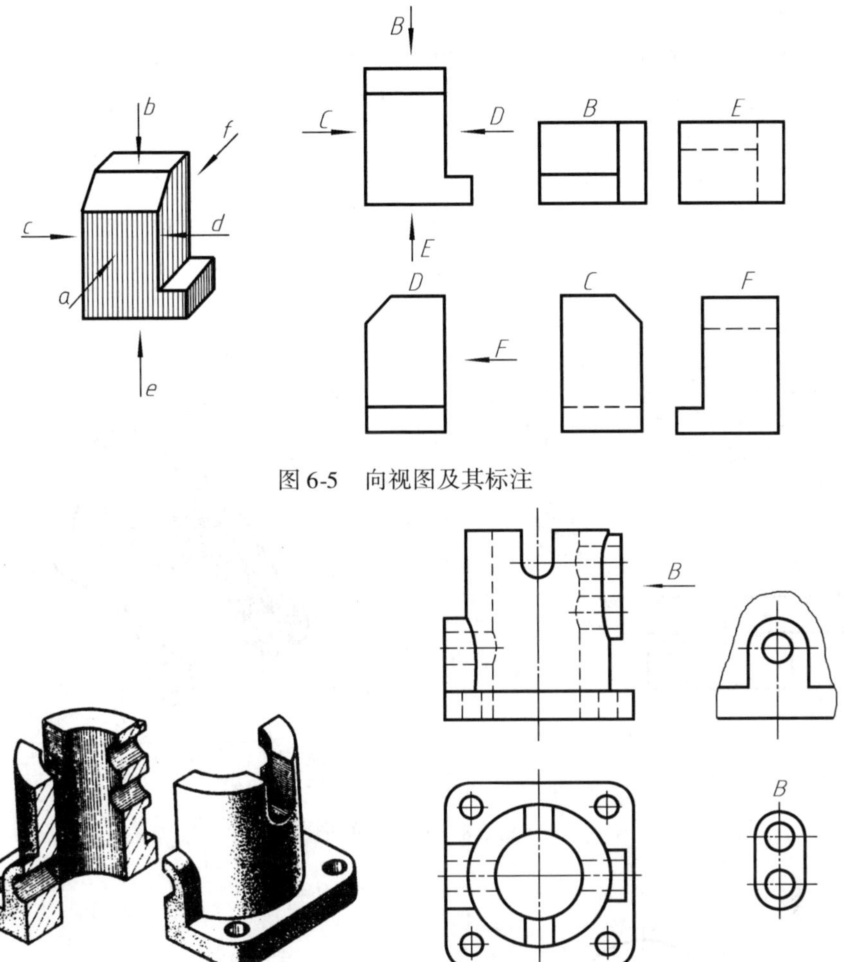

图 6-5　向视图及其标注

图 6-6　局部视图（一）

局部视图的配置、标注及画法为：

1）局部视图按基本视图的配置形式配置，中间又没有其他图形隔开时，则不必标注，如图 6-6b 中左视图位置上的局部视图。

2）局部视图也可按向视图的配置形式配置和标注，如图 6-6b 所示局部视图 *B*。

3）局部视图的断裂边界用波浪线或双折线绘制（见图 6-6b 中左视图上的局部视图）。当所表示的局部视图的外轮廓线封闭时，则不必画出其断裂边界线（见图 6-6b 中的局部视图 *B*）。

4）为了节省绘图时间和图幅，对称机件的视图可只画一半或四分之一，并在对称中心线的两端画出两条与其垂直的平行细实线，如图 6-7 所示。

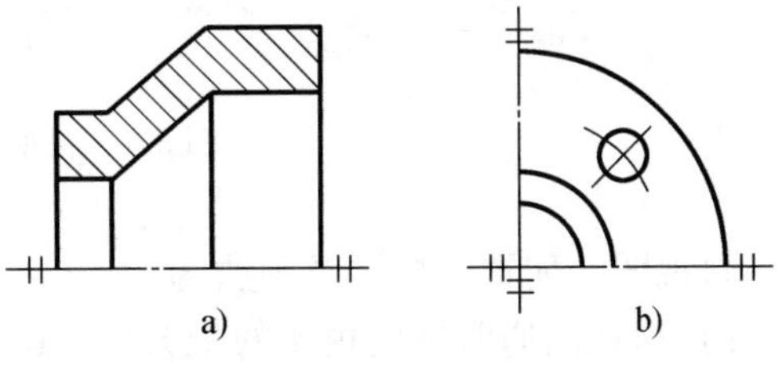

图 6-7　局部视图（二）

四、斜视图

将物体向不平行于基本投影面的平面投射所得的视图，称为斜视图。

当物体上某部分的倾斜结构不平行于任何基本投影面时，在基本视图中不能反映该部分的实形（见图6-8a），给绘图和读图带来困难。这时，可选择一个新的辅助投影面（见图6-8b中的H_1），使它与物体上倾斜部分平行（且垂直于某一个基本投影面），然后，将物体上的倾斜部分向新的辅助投影面投射，再将新投影面按箭头所指方向，旋转到与其垂直的基本投影面重合的位置，即可得到反映该部分实形的视图（见图6-9）。

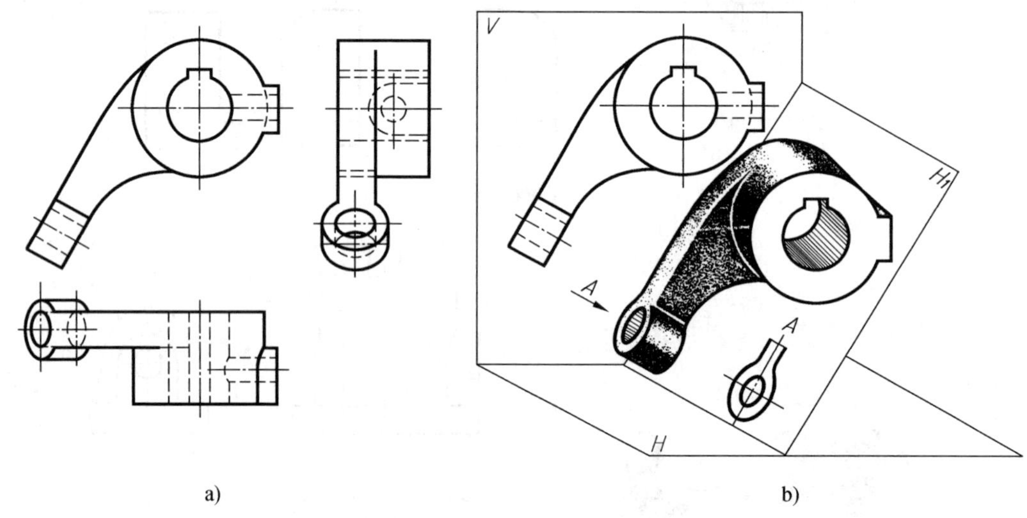

图6-8　斜视图的形成

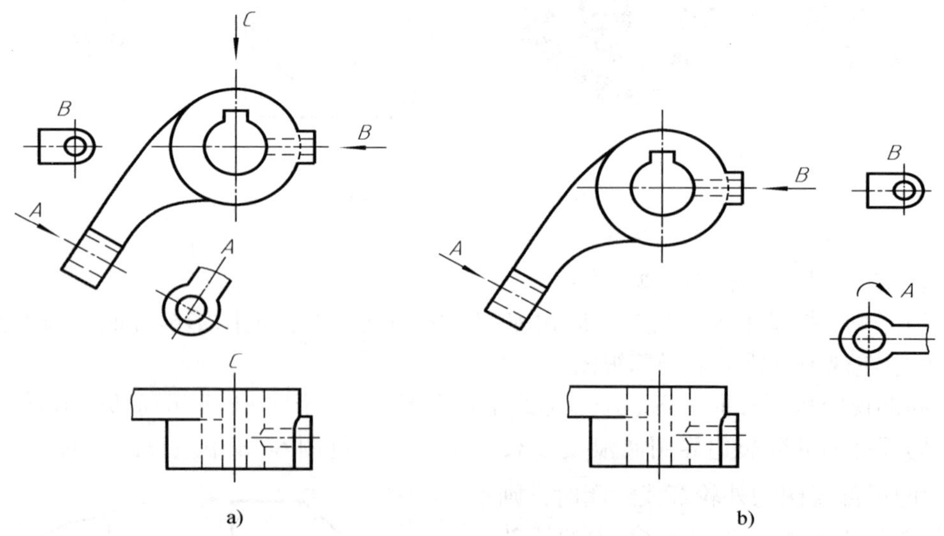

图6-9　斜视图与局部视图的配置

斜视图的配置、标注及画法为：

1）斜视图通常按向视图的配置形式配置并标注（见图6-9a）。

2）必要时，允许将斜视图旋转配置。此时，表示该视图名称的大写拉丁字母应靠近旋转符号的箭头端（见图 6-9b），也允许将旋转角度标注在字母之后。旋转符号的箭头指向，应与实际旋转方向一致，旋转符号为半圆形，其半径等于字体高度。

3）斜视图一般只表达倾斜部分的局部形状，而其余部分用波浪线或双折线断开。

第二节 剖 视 图

一、剖视图的概念

1. 剖视图 假想用剖切面剖开物体，将处在观察者和剖切面之间的部分移去，而将其余部分向投影面投射所得的图形，称为剖视图，简称剖视，如图 6-10 所示。

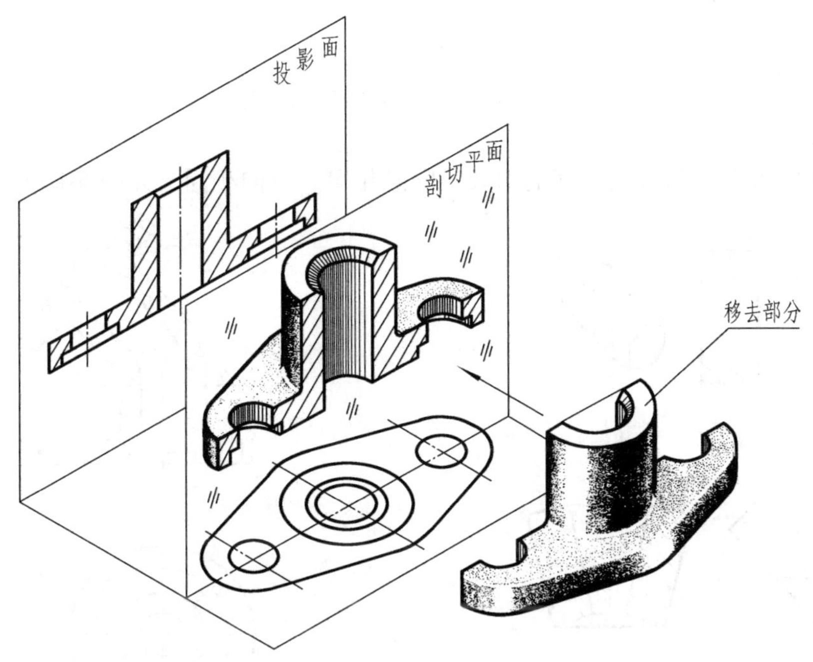

图 6-10 剖视图的形成

如图 6-11 所示，将视图与剖视图相比较可以看出，由于主视图采用了剖视图的画法，原来不可见的孔和槽成为可见的，视图上的细虚线在剖视图上画成粗实线，再加上在剖面区域内画出规定的剖面符号，使得图形更加清晰。

2. 剖面区域的表示法 假想用剖切面剖开物体，剖切面与物体的接触部分称为剖面区域。在绘制剖视图时，通常应在剖面区域内画出表示材料实体的剖面符号。

1）不需在剖面区域中表示材料的类别时，可采用通用的剖面线表示。通用的剖面线应以适当角度的细实线绘制，最好与主要轮廓（见图 6-12a、b、c）或剖面区域的对称线（见图 6-12d）成 45°。它在机械制图中表示金属材料的剖面线。

当图形中的主要轮廓线与水平线成 45°时，该图形的剖面线应画成与水平线成 30°或 60°的平行线（见图 6-13），其倾斜方向仍与其他图形的剖面线方向一致。

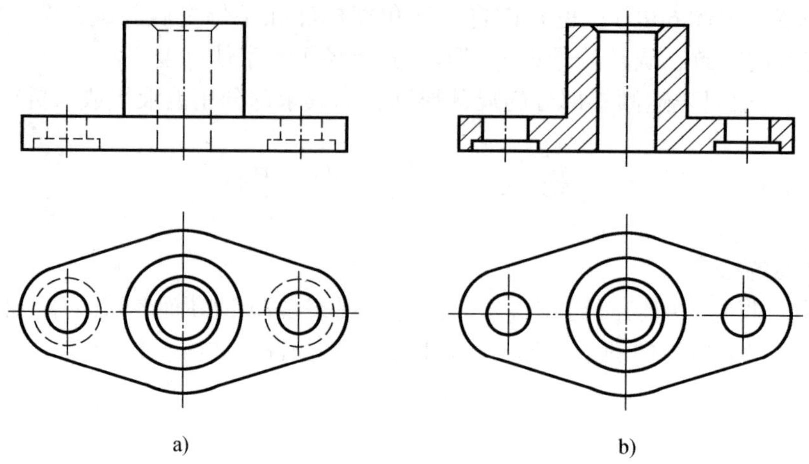

图 6-11　视图与剖视图的比较

同一物体的各个剖面区域，其剖面线应间隔相等、方向相同，如图 6-13 所示。

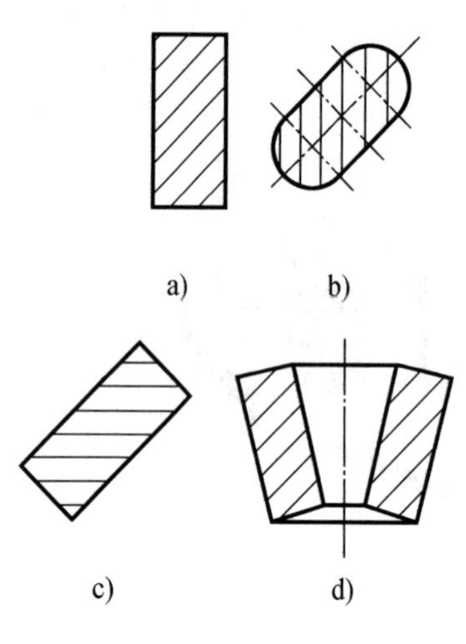

图 6-12　通用剖面线画法

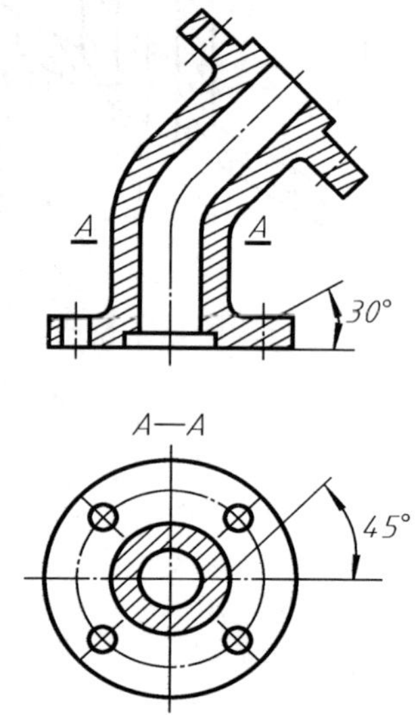

图 6-13　特殊角度的剖面线画法

2）若需在剖面区域中表示材料的类别时，应采用国家标准规定的剖面符号表示，见表 6-1。

3. 剖视图的标注

（1）剖视图标注的三要素

1）剖切线：指示剖切面位置的线，用细点画线表示。

2）剖切符号：指示剖切面起、迄和转折位置（用粗短画表示）及投射方向（用箭头表示）的符号。

3）字母：注写在剖视图上方，用以表示剖视图名称的大写拉丁字母。为便于读图时查找，应在剖切符号附近注写相同的字母。

表 6-1 剖面符号（GB/T 4457.5—1984）

材料类别	剖面符号	材料类别	剖面符号	材料类别	剖面符号
金属材料（已有规定剖面符号者除外）	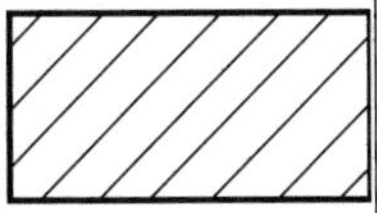	非金属材料（已有规定的剖面符号者除外）	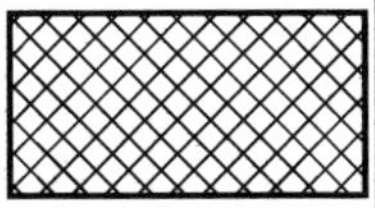	线圈绕组元件	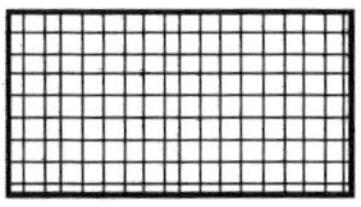
型砂、填砂、粉末冶金、砂轮、陶瓷刀片、硬质合金刀片等	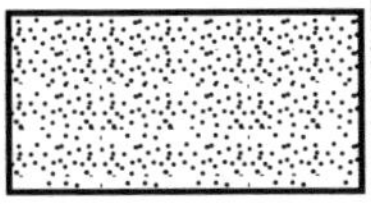	液体	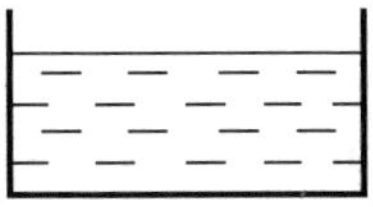	木材纵剖面	
转子、电枢、变压器和电抗器等的迭钢片		玻璃及供观察用的其他透明材料	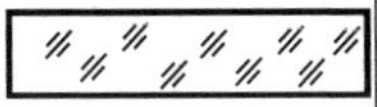	木材横剖面	
混凝土		砖	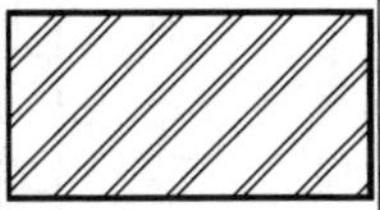	木质胶合板（不分层数）	
钢筋混凝土	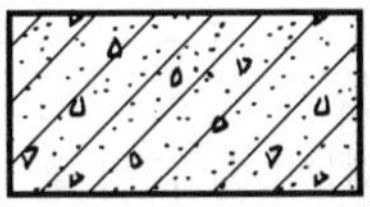	基础周围的泥土	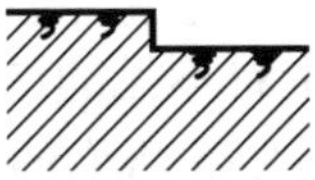	格网（筛网、过滤网等）	

（2）剖视图的标注方法

1）一般应在剖视图的上方用大写拉丁字母标出剖视图的名称“×—×”。在相应的视图上用剖切符号表示剖切位置（用粗短画），用箭头表示投射方向，并标注相同的字母。

2）当剖视图按投影关系配置，中间又没有其他图形隔开时，可省略箭头（见图 6-13）。

3）当单一剖切平面通过机件的对称平面或基本对称平面，且剖视图按投影关系配置，中间又没有其他图形隔开时，则不必标注（见图 6-11b）。

4. 画剖视图应注意的问题

1）为使剖视图能充分反映机件内部的实形，剖切面一般应通过机件内部孔、槽等结构的对称面或轴线，且平行于相应的投影面，如图 6-10 所示。

2）剖切面后面的可见线应全部画出，不得遗漏，见表 6-2。

表 6-2 剖视图中漏画线的示例

轴 测 剖 视	正 确 画 法	漏 线 示 例
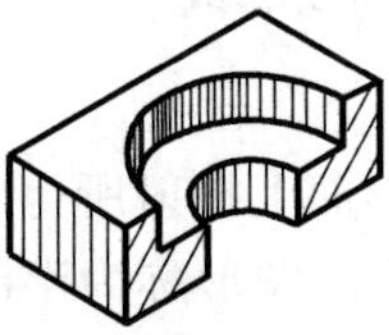	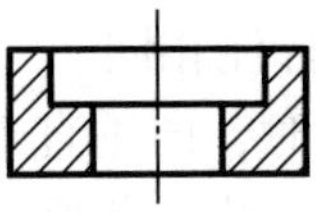	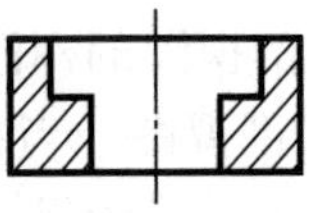

（续）

轴测剖视	正确画法	漏线示例

3）为使图形清晰，剖视图中看不见的结构，若在其他视图中已表示清楚，则细虚线可省略。如图 6-13 所示主视图中上、下凸缘的后部轮廓在剖视图中为不可见，故细虚线予以省略。对尚未表示清楚的结构，可用细虚线表达，如图 6-14 所示左视图。

4）剖视是假想的作图过程。因此，当机件的一个视图取剖视后，其他视图仍应按完整机件画出，如图 6-11b 所示。

二、剖视图的种类

GB/T 4458.6—2002《机械制图　图样画法　剖视图和断面图》中规定，剖视图可分为全剖视图、半剖视图和局部剖视图三种。

1. 全剖视图　用剖切面完全地剖开物体所得的剖视图称为全剖视图。

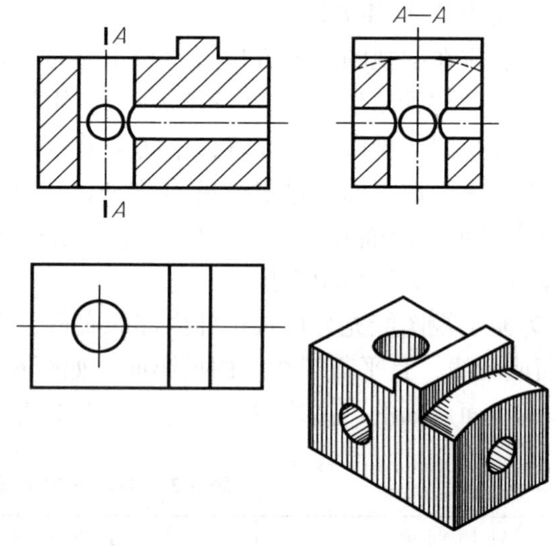

图 6-14　剖视图中必要的细虚线

全剖视图主要用于表达内部形状复杂的不对称物体，或外形简单的对称物体，如图 6-13 和图 6-14 所示。全剖视图的标注方法与剖视图的标注相同。

2. 半剖视图　当物体具有对称平面时，向垂直于对称平面的投影面上投射所得的图形，可以对称中心线为界，一半画成剖视图，另一半画成视图，这种组合的图形称为半剖视图，如图 6-15 和图 6-16 所示。

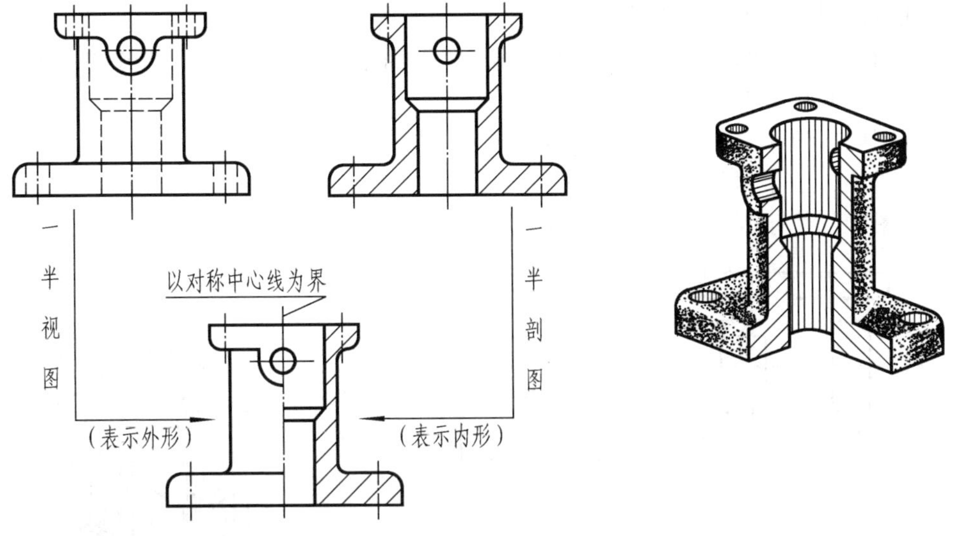

图 6-15　半剖视图的概念

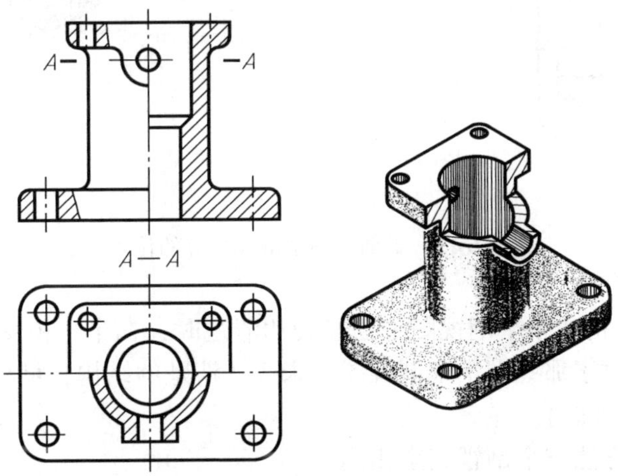

图 6-16　半剖视图

半剖视图主要用于内、外形状都需要表示的对称物体。有时物体的形状接近对称，且不对称部分已另有图形表达清楚时，也可画成半剖视图，如图 6-17 和图 6-18 所示。

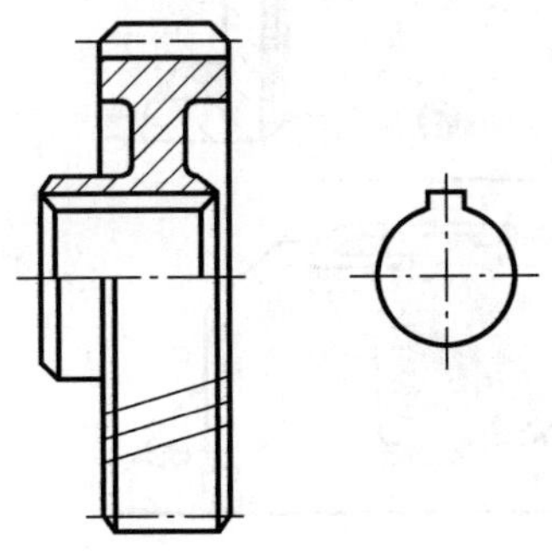

图 6-17　机件接近于对称的半剖视图（一）

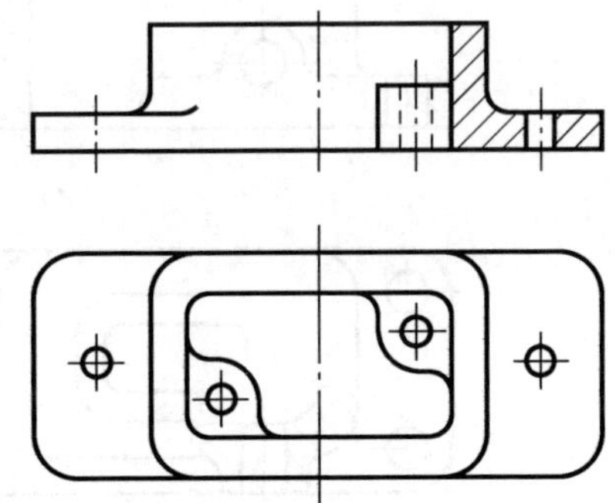

图 6-18　机件接近于对称的半剖视图（二）

画半剖视图时应注意以下几点：

1）半个视图与半个剖视图应以细点画线为界。半剖视图中，剖视部分的位置通常可按以下原则配置（见图6-19）：

在主视图中，位于对称中心线的右侧。

在俯视图中，位于对称中心线的下方。

在左视图中，位于对称中心线的右侧。

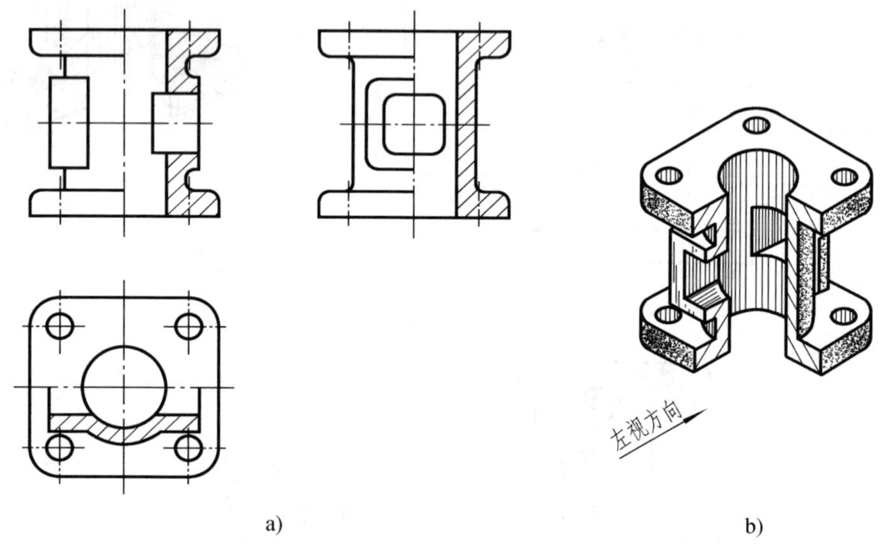

图6-19　半剖视图中剖视部分的位置

2）机件的内部结构在半个剖视图中已经表达清楚时，在半个视图中不应画出表示机件内部结构的细虚线。对于那些在半个剖视图中未表达清楚的结构，可在半个视图中作局部剖视（如图6-16中的主视图）。

半剖视图的标注方法与全剖视完全相同。

3. 局部剖视图　用剖切面局部地剖开物体所得的剖视图，称为局部剖视图，如图6-20所示。

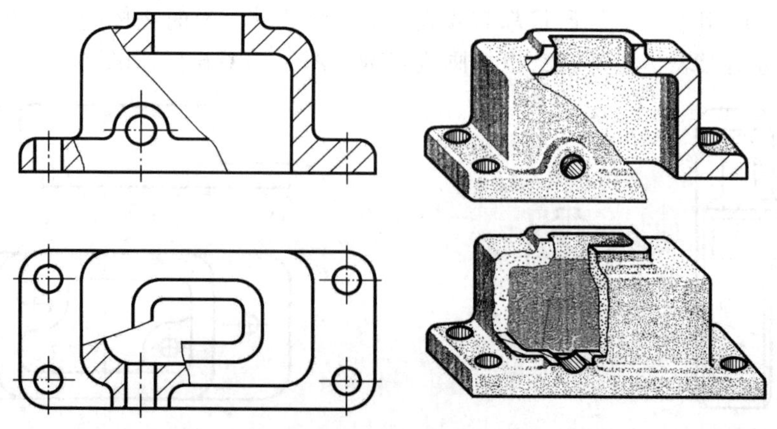

图6-20　局部剖视图（一）

局部剖视图主要用于表达机件的局部内部形状结构，或不宜采用全剖视图或半剖视图的地方（诸如轴、连杆、螺钉等实心物体上的某些孔或槽等）。

画局部剖视图时应注意以下几点：

1）局部剖视图中，被剖部分和未剖部分的分界线用波浪线表示，如图 6-20 所示。波浪线应画在机件的实体部分，不能超出视图的轮廓线，不应与轮廓线重合或画在其他轮廓线的延长线上，如图 6-21 所示。

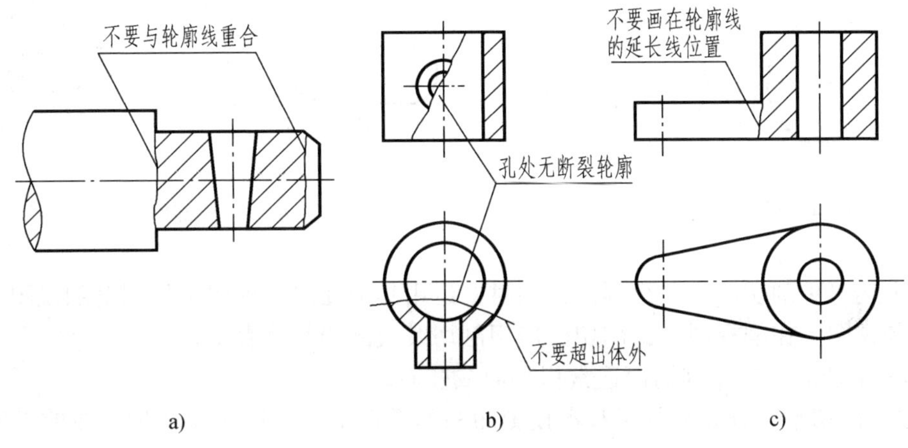

图 6-21　波浪线的错误画法

2）当被剖的局部结构为回转体时，允许将该结构的中心线作为局部剖视图与视图的分界线，如图 6-22 所示；当被剖的局部结构不是回转体（如为方孔）时，就不能以其中心线为界，只能以波浪线作为分界线，如图 6-23 所示。

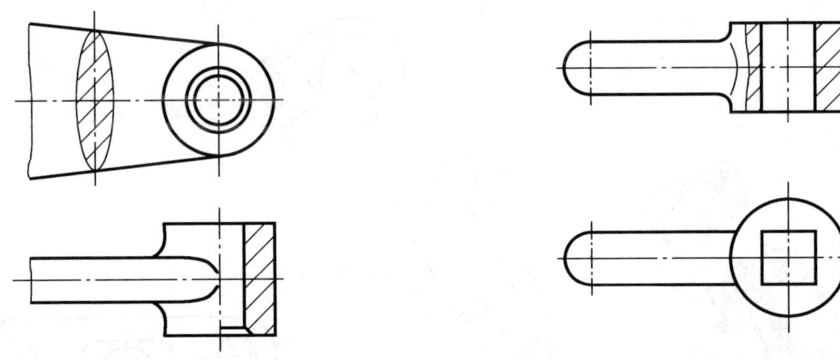

图 6-22　用中心线代替波浪线

图 6-23　不可用中心线代替波浪线

3）当对称机件在对称中心线处有轮廓线而不便于采用半剖视图时，可采用局部剖视图表示，如图 6-24 和图 6-25 所示。

当单一剖切平面的剖切位置明确时，局部剖视图不必标注。

三、剖切面的种类

由于机件结构形状差异很大，需根据机件的结构特点，选用不同数量、位置和形状的剖切面，从而使其结构形状得到充分的表示。国家标准规定了三种剖切面：单一剖切面、几个平行的剖切面和几个相交的剖切面。

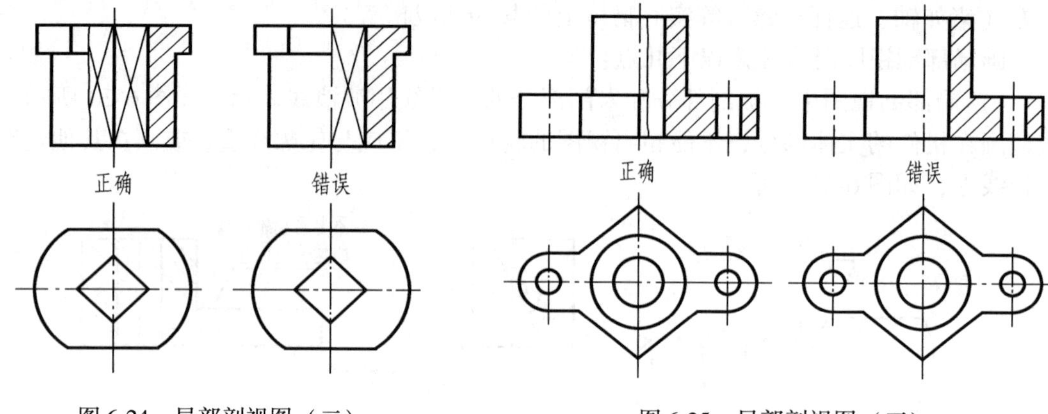

图 6-24　局部剖视图（二）

图 6-25　局部剖视图（三）

对于上述三种剖切面，在绘制剖视图时，运用其中任何一种都可得到全剖视图、半剖视图和局部剖视图。在剖视图中，剖切面需用剖切线或剖切符号表示。

1. 单一剖切面　单一剖切面通常指平面或柱面。

1）单一剖切平面分为平行于基本投影面和不平行于基本投影面两种。在前面所介绍的图 6-11b、图 6-13 ~ 图 6-25 均为采用平行于基本投影面的单一剖切平面获得的剖视图。

图 6-26 ~ 图 6-28 是采用不平行于基本投影面的单一剖切平面获得的剖视图。画这种剖视图时，通常按向视图的配置形式配置并标注（见图 6-26、图 6-27），必要时也允许将图形旋转绘制（见图 6-28）。

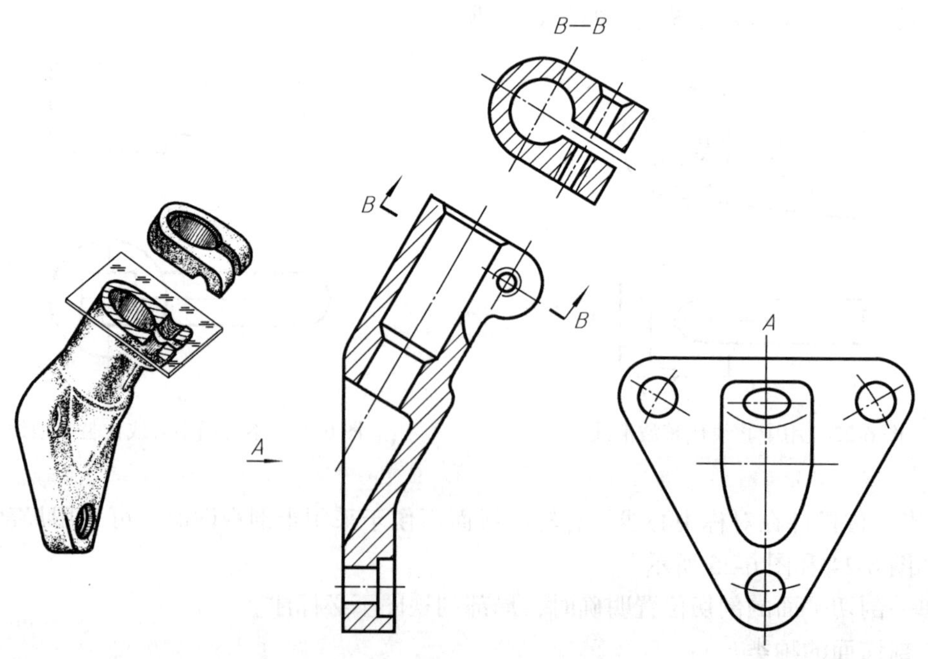

图 6-26　用单一剖切平面获得的全剖视图

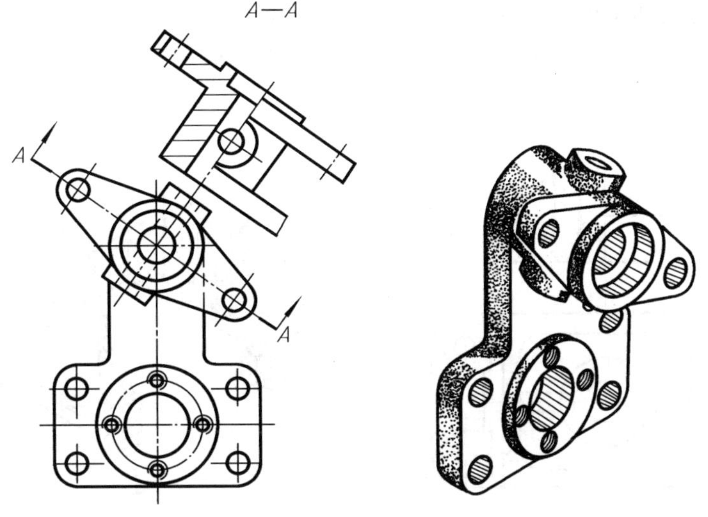

图 6-27 用单一剖切平面获得的半剖视图

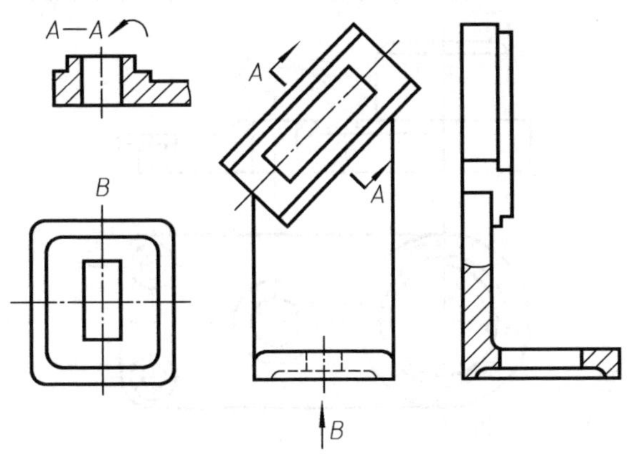

图 6-28 用单一剖切平面获得的局部剖视图

2）当采用单一柱面剖切机件时，剖视图一般应按展开绘制，如图 6-29 和图 6-30 所示。

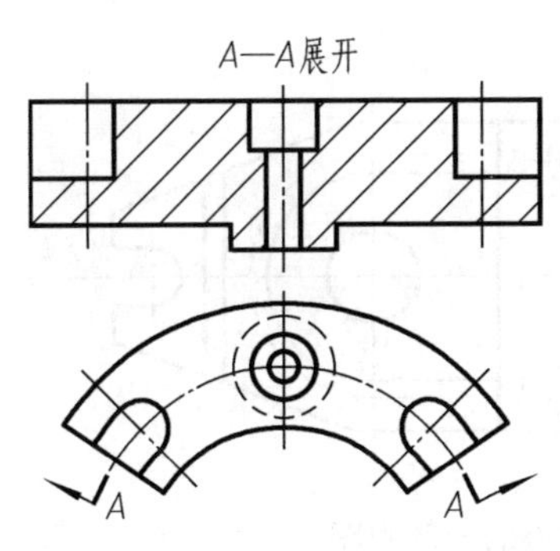

图 6-29 用单一剖切柱面获得的全剖视图

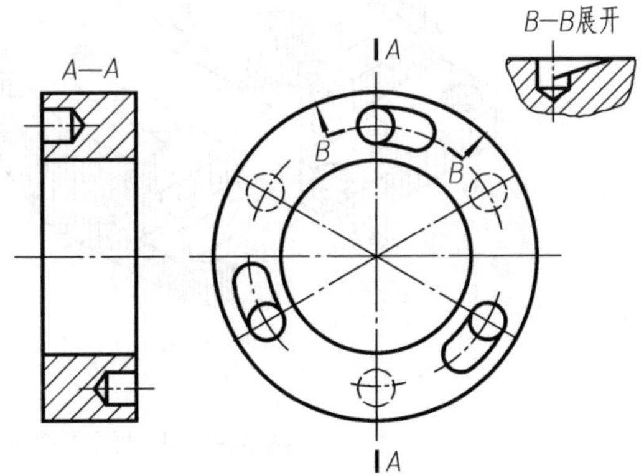

图 6-30 用单一剖切柱面获得的局部剖视图

2. 几个平行的剖切平面　几个平行的剖切平面通常指两个或两个以上平行的剖切平面，各剖切平面的转折处必须是直角，如图 6-31 ~ 图 6-33 所示。

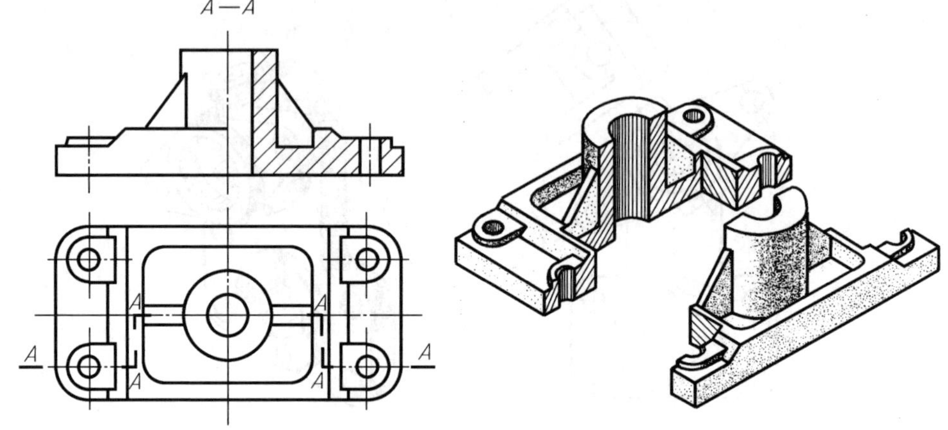

图 6-31　用两个平行的剖切平面获得的半剖视图

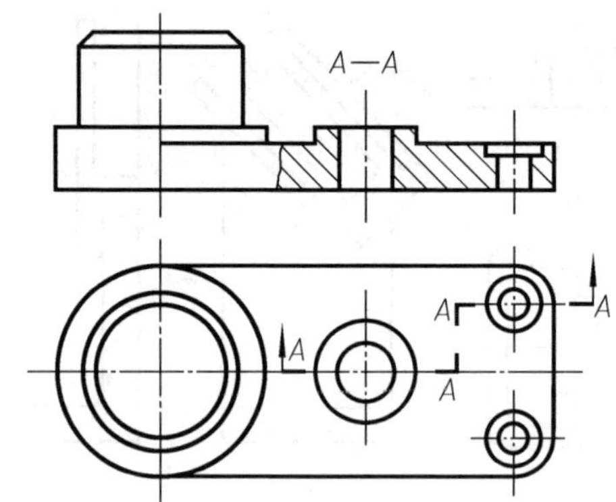

图 6-32　用两个平行的剖切平面获得的局部剖视图

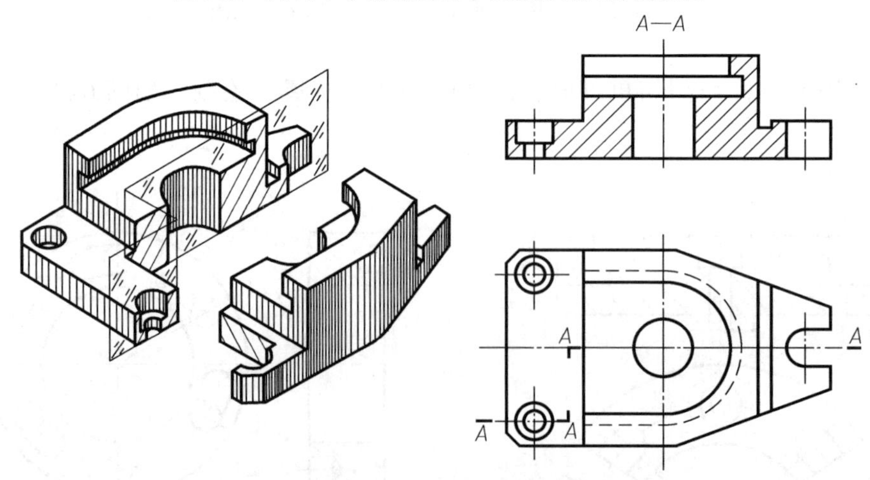

图 6-33　用两个平行的剖切平面获得的全剖视图

采用几个平行的剖切平面画剖视图时，应注意以下几点：

1）在剖视图上不应画出各剖切平面转折处的投影，如图 6-34a 所示。

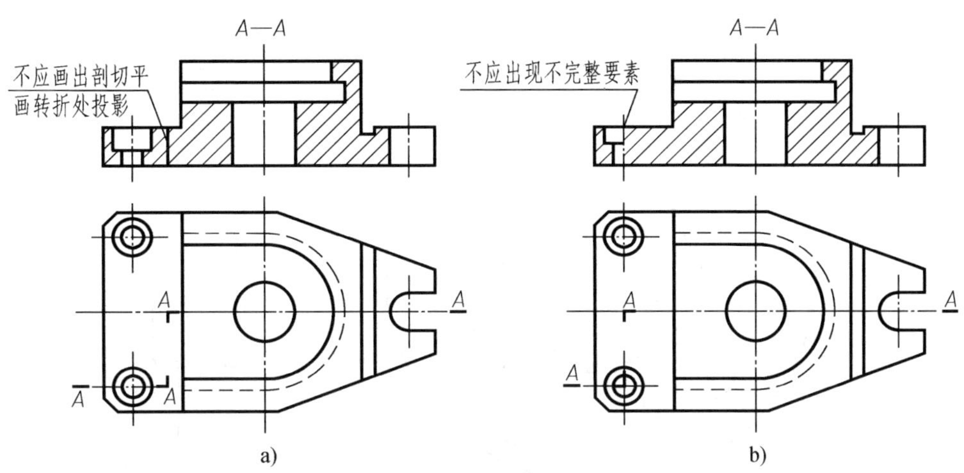

图 6-34 剖视图错误画法

2）正确选择剖切平面的位置，在图形内不应出现不完整的要素，如图 6-34b 所示。

3）当机件上的两个要素在图形上具有公共对称中心线或轴线时，可以各画一半，此时应以对称中心线或轴线为界，如图 6-35 所示。

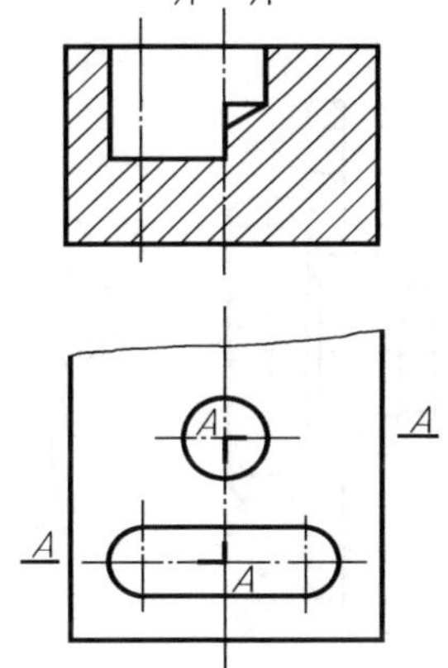

图 6-35 具有公共对称中心线的剖视图画法

3. 几个相交的剖切面 几个相交的剖切面，其交线必须垂直于相应的投影面。

用几个相交的剖切平面获得的剖视图应旋转到一个投影平面上，如图 6-36 和图 6-37 所示。

用几个相交的剖切面获得剖视图时，应注意以下几点：

1）绘制剖视图时，先假想按剖切位置剖开机件，然后将被剖切面剖开的结构及其有关部分旋转到与选定的投影面平行再进行投射，如图 6-38 所示。采用这种“先剖切、后旋转”的方法绘制的剖视图，往往有些部分图形会伸长，如图 6-39 所示；有些剖视图要采用展开画法，此时应标注“ ×—× 展开”，如图 6-40 所示。

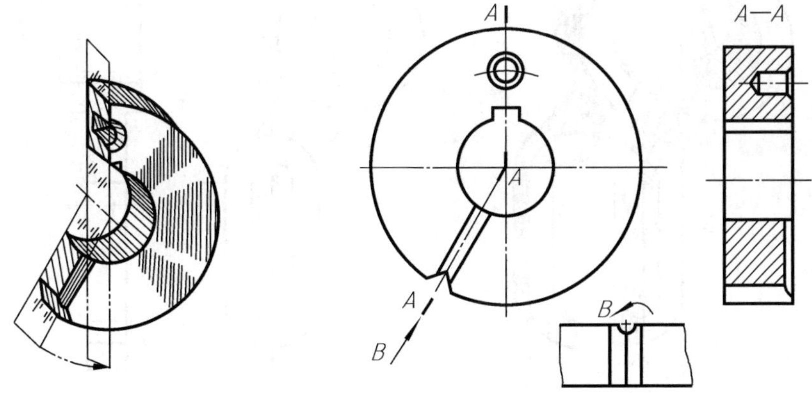

图 6-36 用几个相交的剖切平面获得的剖视图（一）

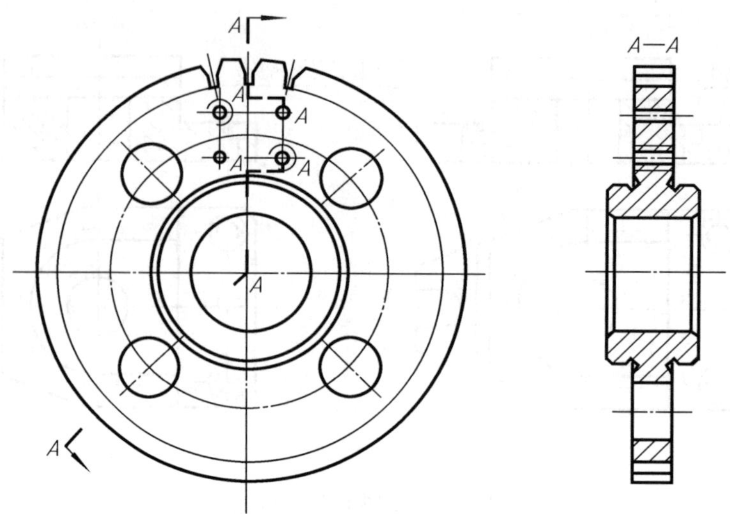

图 6-37　用几个相交的剖切平面获得的剖视图（二）

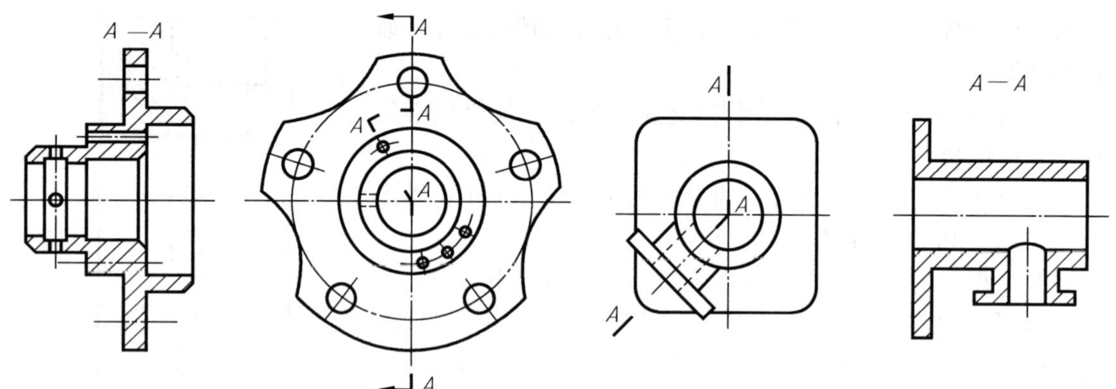

图 6-38　旋转绘制的剖视图（一）

图 6-39　旋转绘制的剖视图（二）

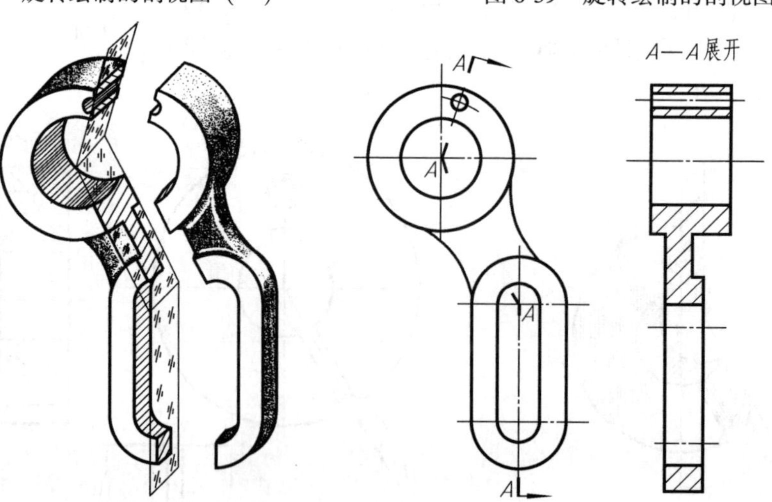

图 6-40　展开绘制的剖视图

2）画剖视图时，在剖切平面后的其他结构，一般仍按原来的位置投射。如图 6-41 中的凸台和图 6-42 中的油孔。

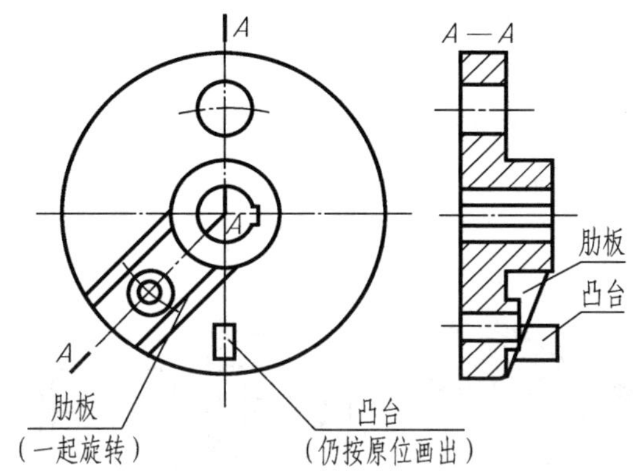

图 6-41　剖切平面后其他结构的处理（一）

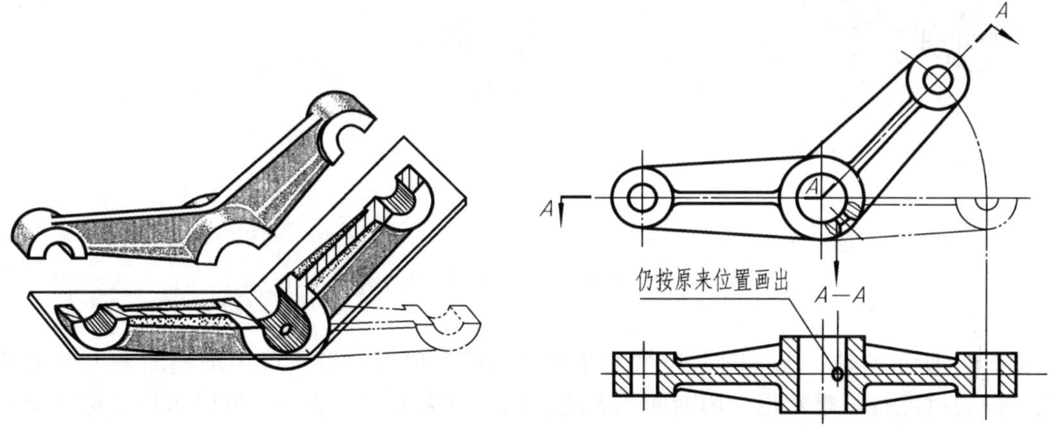

图 6-42　剖切平面后其他结构的处理（二）

3）当剖切后产生不完整要素时，应将此部分按不剖绘制，如图 6-43 中的臂。

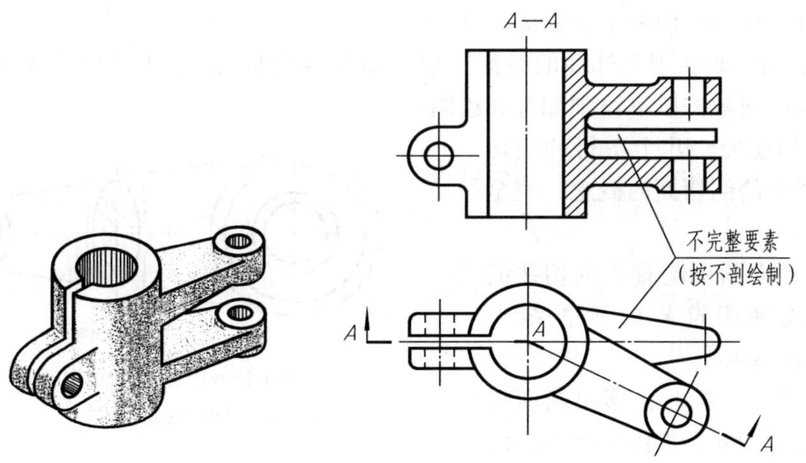

图 6-43　剖切产生的不完整要素的处理

第三节 断 面 图

一、断面图的概念

假想用剖切面将物体的某处切断，仅画出该剖切面与物体接触部分的图形，称为断面图，可简称断面，如图 6-44 所示。

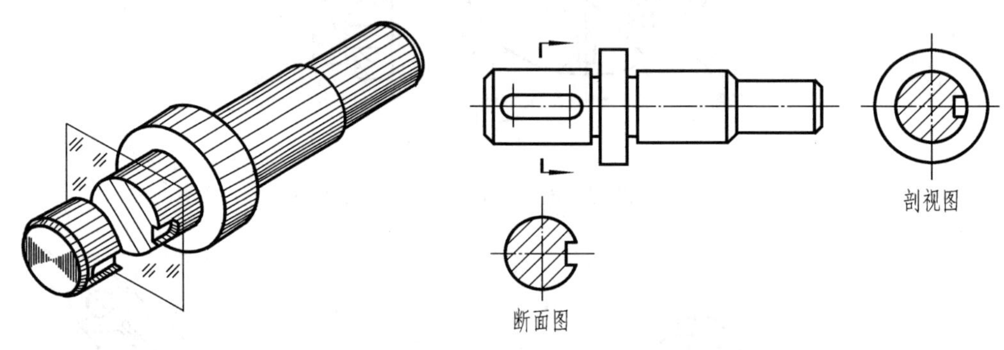

图 6-44 断面图及其与剖视图的比较

图 6-44 所示的轴，主视图上表明了键槽的形状和位置，虽然可用剖视图来表示键槽的深度，但通过比较不难发现，用断面图表达，图形更为清晰、简洁，同时也便于标注尺寸。

断面图常用于表达物体上某一局部的断面形状。例如，物体上的肋板、轮廓、轮辐、键槽、小孔及各种型材的断面形状等。

二、断面图的种类

断面图分为移出断面和重合断面两种。

1. 移出断面 画在视图外面的断面图形，称为移出断面。移出断面的轮廓线用粗实线绘制。移出断面通常按以下原则配置和绘制：

1）单一剖切面、几个平行的剖切平面和几个相交的剖切面的概念，完全适用于断面图。

2）移出断面图可配置在剖切线的延长线上，或剖切符号的延长线上（见图 6-44、图 6-46）。

3）断面图形对称时，移出断面可配置在视图的中断处，如图 6-45 所示。

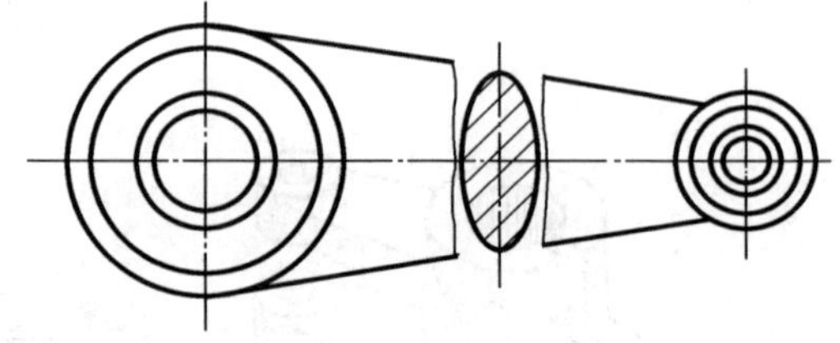

图 6-45 配置在视图中断处的移出断面图

4）必要时可将移出断面配置在其他适当的位置。在不致引起误解时，允许将图形旋转，如图 6-46 中的 *B—B*、*D—D* 所示。

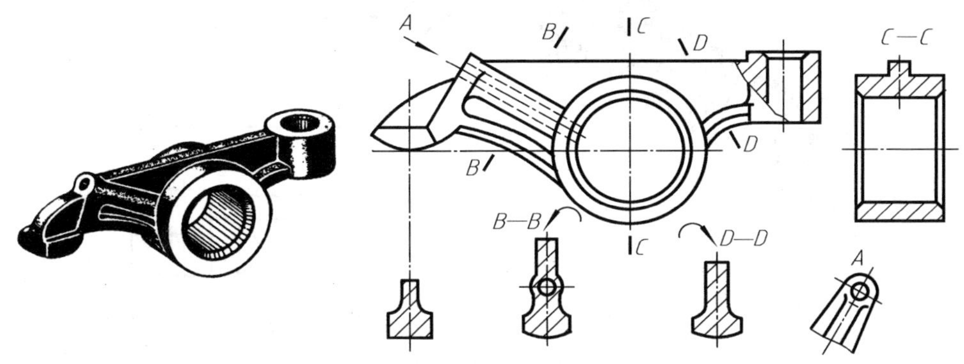

图 6-46　配置在适当位置的移出断面图

5）由两个或多个相交的剖切平面剖切得出的移出断面图，中间一般应断开，如图6-47所示。

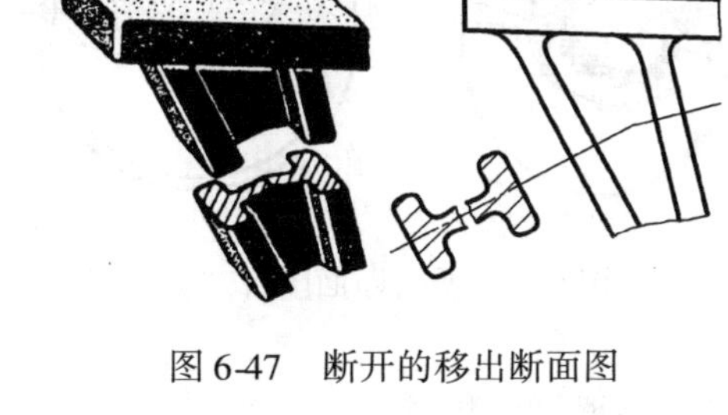

图 6-47　断开的移出断面图

画移出断面时应注意以下几点：

1）当剖切平面通过回旋面形成的孔或凹坑的轴线时，则这些结构按剖视图要求绘制，如图 6-48 所示。

2）当剖切平面通过非圆孔，会导致出现完全分离的断面时，这些结构应按剖视图要求绘制，如图 6-49 所示。

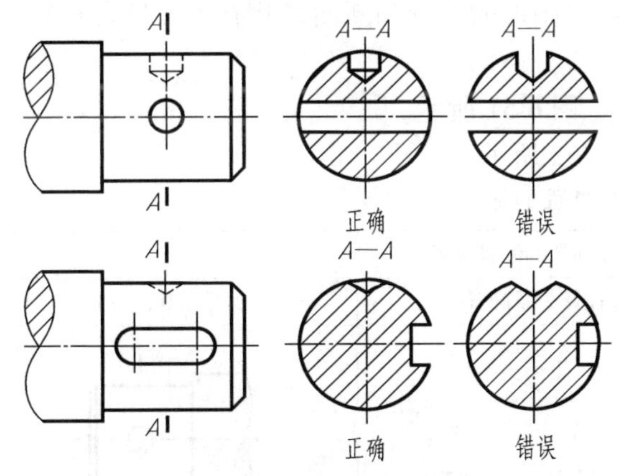

图 6-48　按剖视图要求绘制的移出断面图（一）

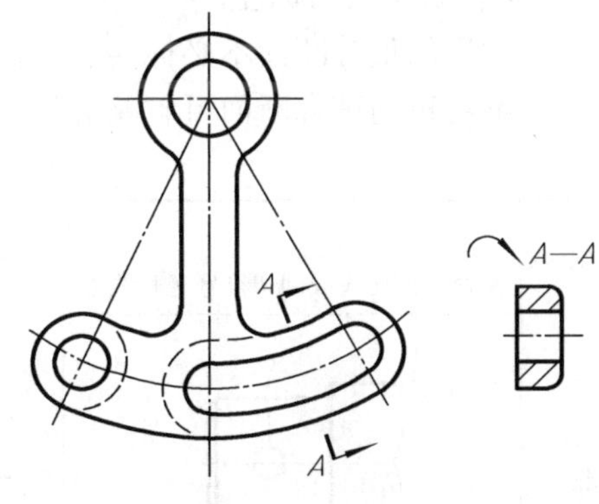

图 6-49　按剖视图要求绘制的移出断面图（二）

2. 重合断面　重合断面的图形应画在视图之内，断面的轮廓线通常用细实线绘制，如图 6-50、图 6-51 所示。当视图中的轮廓线与重合断面的图形重叠时，视图中的轮廓线仍应连续画出，不可间断，如图 6-52 所示。

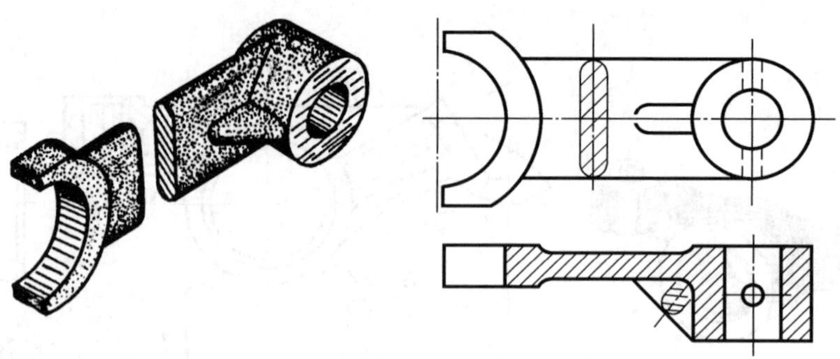

图 6-50　重合断面图（一）

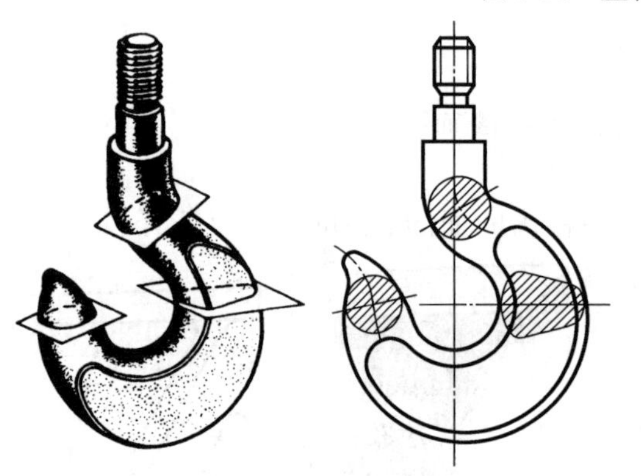

图 6-51　重合断面图（二）

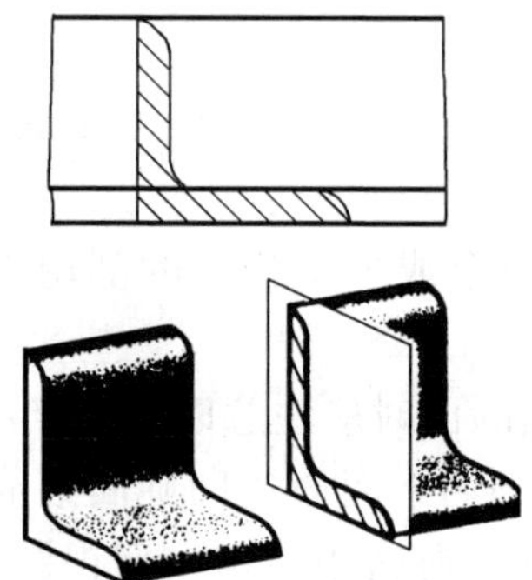

图 6-52　重合断面图（三）

三、断面图的标注

1. 移出断面图的标注　移出断面图的标注与图形的配置和断面形状有关，见表 6-3。

2. 重合断面图的标注

1）对称的重合断面不必标注，如图 6-50、图 6-51 所示。

2）不对称的重合断面可省略标注，如图 6-52 所示。

表 6-3　移出断面的标注

断面形状	移出断面图的配置位置		
	配置在剖切线或剖切符号延长线上	按投影关系配置	配置在其他位置
对称的移出断面	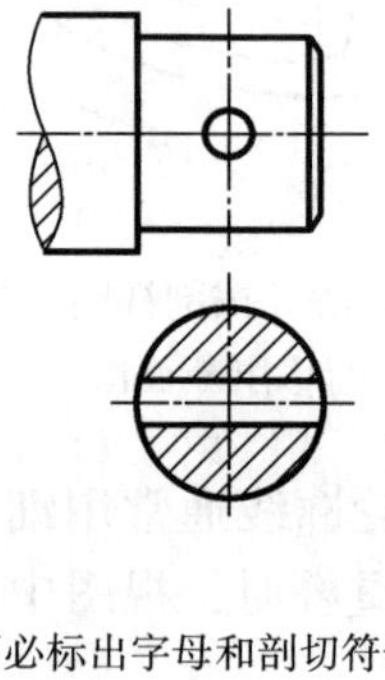 不必标出字母和剖切符号	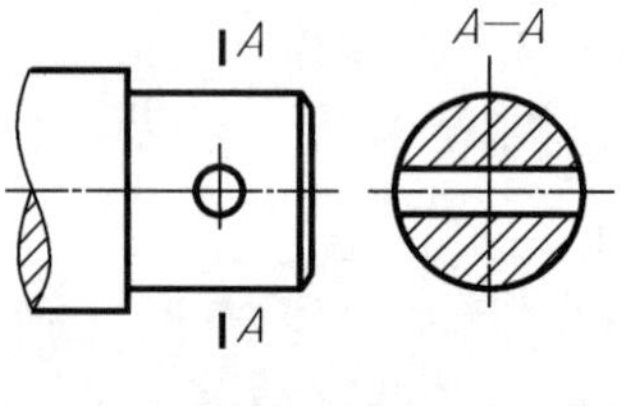 A　A　A—A 不必标注箭头	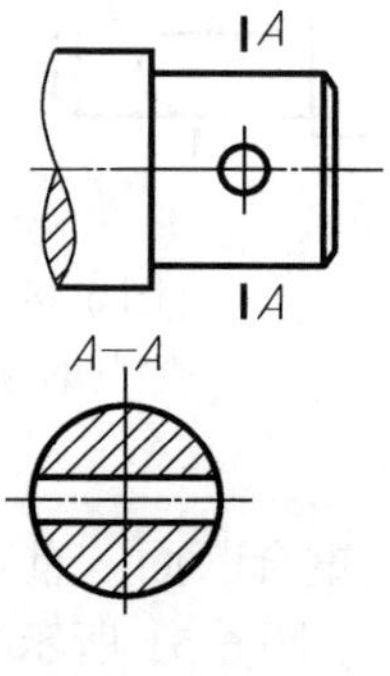 A　A　A—A 不必标注箭头

（续）

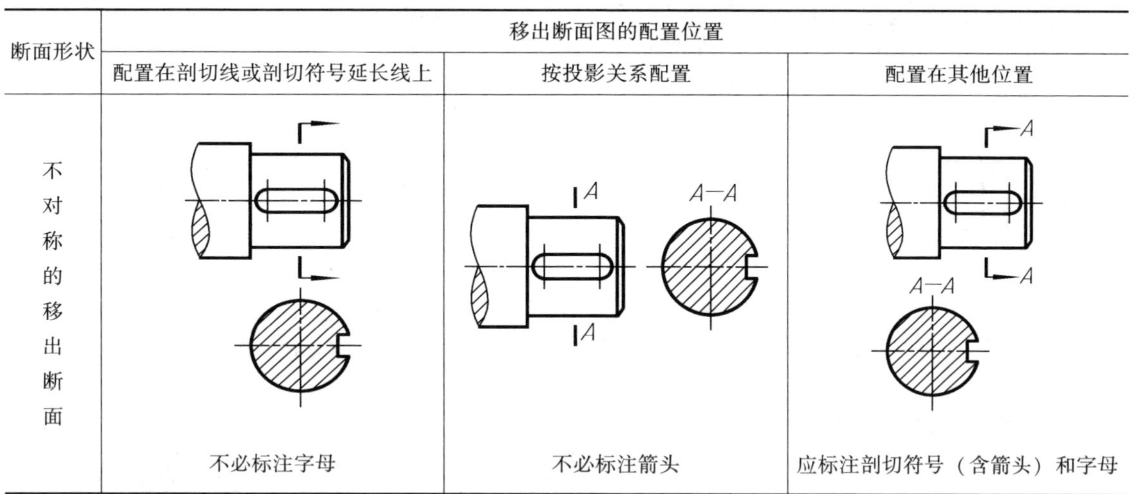

断面形状	移出断面图的配置位置		
	配置在剖切线或剖切符号延长线上	按投影关系配置	配置在其他位置
不对称的移出断面	不必标注字母	不必标注箭头	应标注剖切符号（含箭头）和字母

第四节　其他表达方法

为使图形清晰和画图简便，国家标准规定了局部放大图和简化画法，供绘图时选用。

一、局部放大图

将机件的部分结构，用大于原图形所采用的比例画出的图形，称为局部放大图，如图6-53～图6-56所示。当机件上的细小结构在视图中表达不清楚，或不便于标注尺寸和技术要求时，可采用局部放大图。

画局部放大图时应注意以下几点：

1）局部放大图可以画成视图，也可画成剖视图、断面图，它与被放大部分的表示方法无关，如图6-53所示。局部放大图应尽量配置在被放大部位的附近。

2）绘制局部放大图时，除螺纹牙型、齿轮和链轮的齿形外，应用细实线圆（或长圆）圈出被放大的部位。

当同一机件上有几个被放大的部分时，应用罗马数字依次标明被放大的部位，并在局部放大图的上方标注出相应的罗马数字和所采用的比例，如图6-53所示。

当机件上被放大的部分仅一个时，在局部放大图的上方只需注明所采用的比例，如图6-54所示。

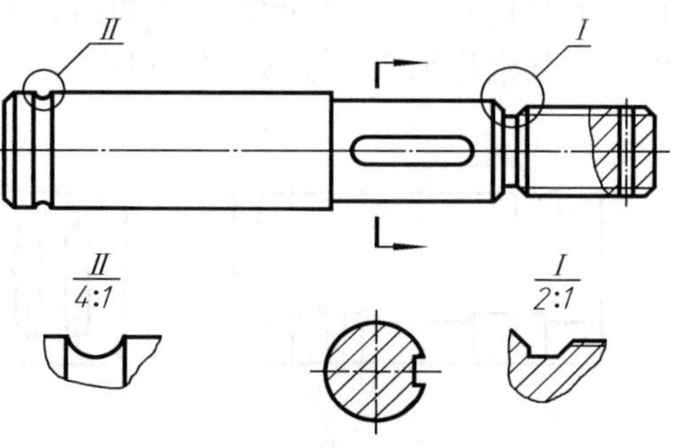

图6-53　局部放大图

3）同一机件上不同部位的局部放大图，当图形相同或对称时，只需画出一个，如图6-55所示。

4）必要时可用几个图形来表达同一个被放大部位的结构，如图6-56所示。

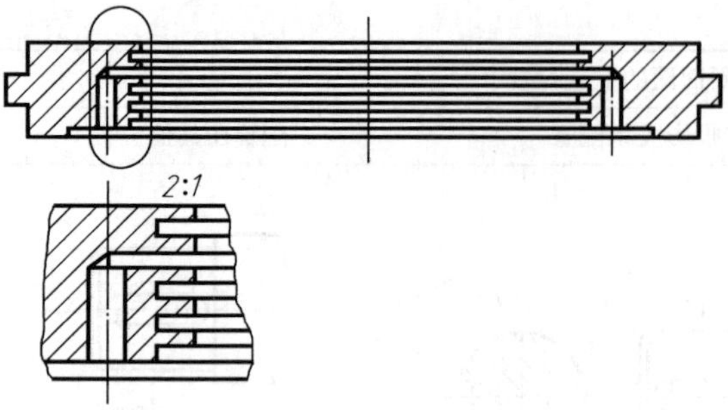

2:1

图 6-54 仅有一个被放大部分的局部放大图画法

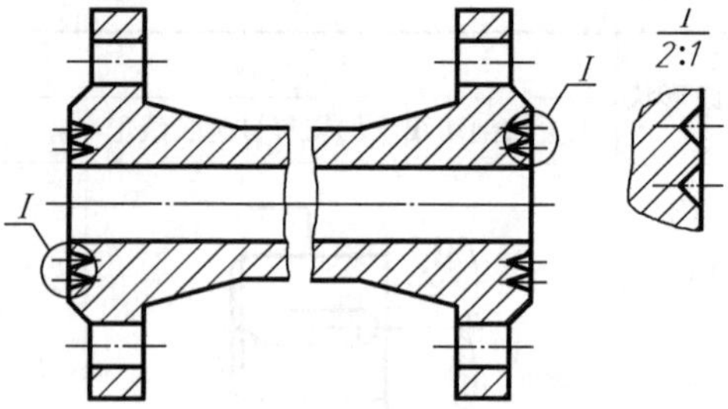

I

2:1

I

I

图 6-55 被放大部位图形相同的局部放大图画法

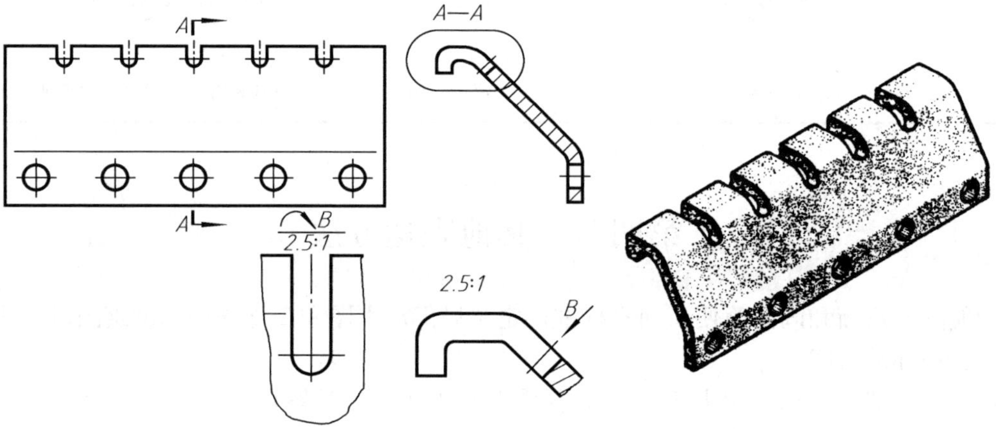

A—A

A

A

B

2.5:1

2.5:1

B

a)

b)

图 6-56 用几个图形表达同一个被放大部位的局部放大图画法

二、简化表示法

1）当机件具有若干相同结构（如齿、槽等），并按一定规律分布时，只需画出几个完整的结构，其余用细实线连接，但在图中必须注明该结构的总数，如图 6-57 所示。

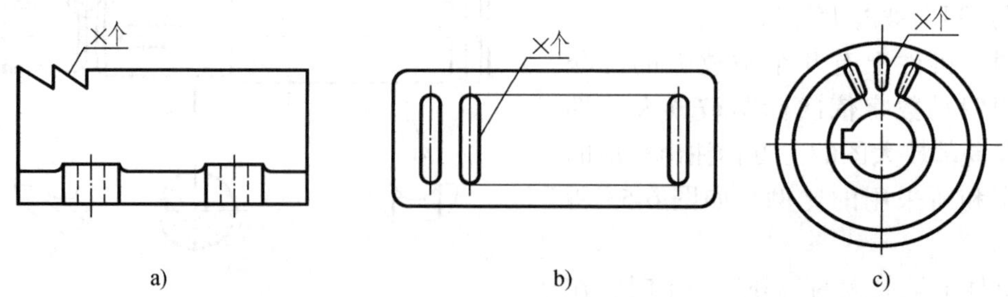

图 6-57 相同结构的简化画法

2）若干直径相同且成规律分布的孔，可以仅画出一个或几个，其余只需用细点画线或“+”表示其中心的位置，必要时可用细实线代替细点画线。但在图中应注明孔的总数，如图 6-58 所示。

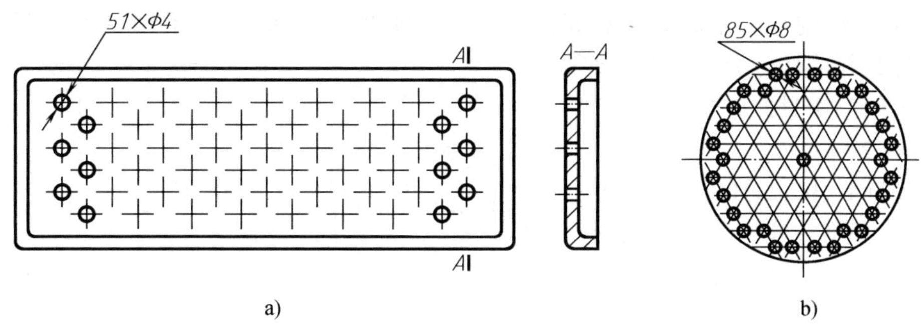

a)　　b)

图 6-58　等径按规律分布孔的简化画法

3）零件上对称结构的局部视图，可按图 6-59 所示方法绘制。

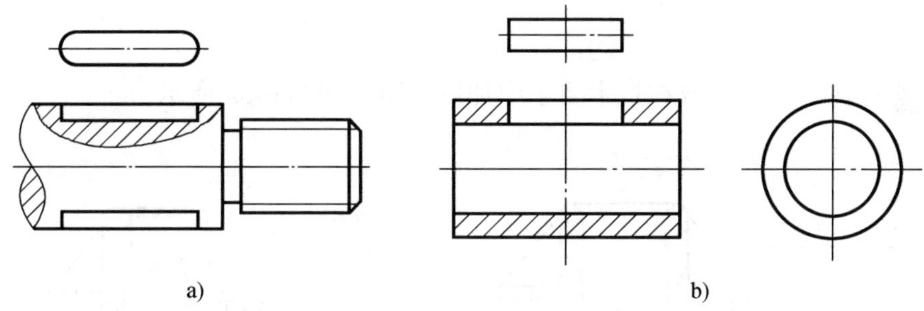

a)　　b)

图 6-59　对称结构的局部视图的简化画法

4）为了避免增加视图或剖视图，可用细实线绘出对角线表示平面，如图 6-60 所示。

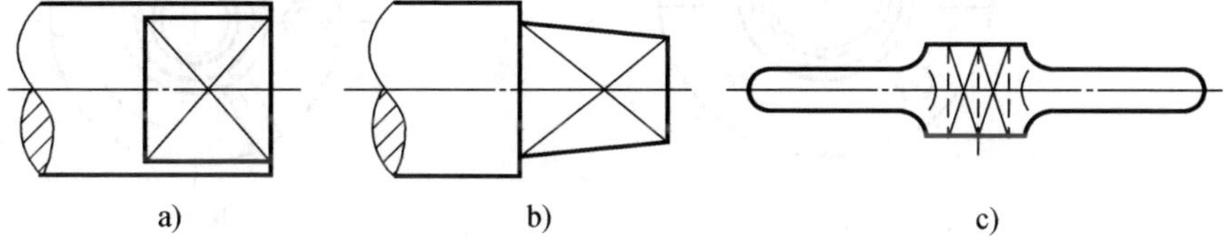

a)　　b)　　c)

图 6-60　平面的简化画法

5）较长的机件（轴、杆、型材、连杆等）沿长度方向的形状一致，或按一定规律变化时，可断开绘制，其断裂边界用波浪线绘制，如图 6-61 所示。断裂边界也可用双折线绘制。

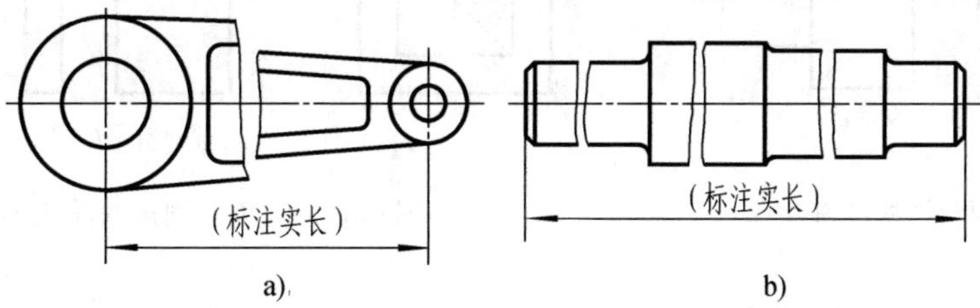

a)　　b)

图 6-61　断开视图画法

6）对于机件的肋、轮辐及薄壁等，如按纵向剖切，这些结构都不画剖面符号，而用粗实线将它与其邻接部分分开。当这些结构不按纵向剖切时，应画上剖面符号，如图 6-62 所示。

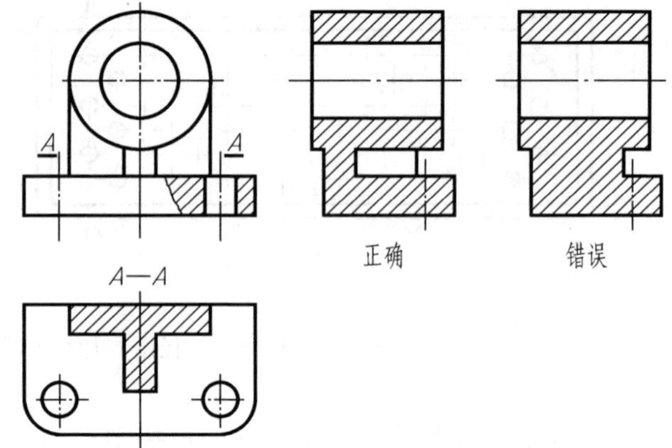

图 6-62　机件上肋的画法

当零件回转体上均匀分布的肋、轮辐、孔等结构不处于剖切平面上时，可将这些结构旋转到剖切平面上画出，如图 6-63 所示。

7）滚花、槽沟等网状结构应用粗实线完全或部分地表示出来，如图 6-64 所示。

8）除确属需要表示的圆角、倒角外，其他圆角、倒角在零件图中均可不画，但必须注明尺寸，或在技术要求中加以说明，如图 6-65 所示。

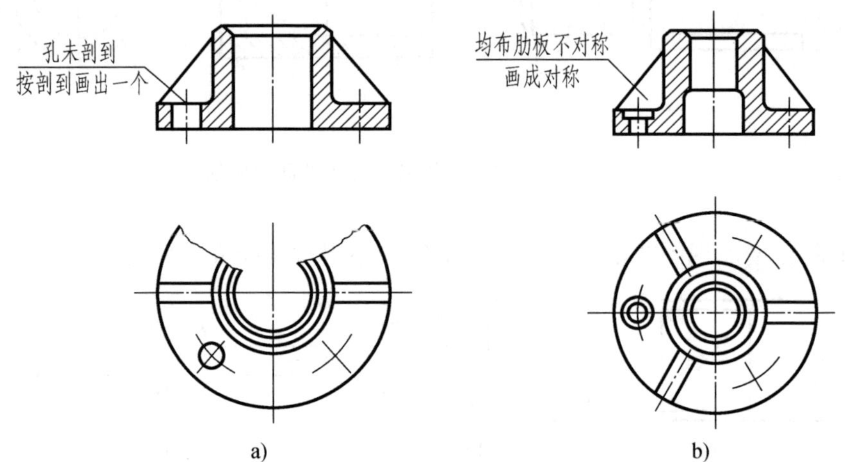

图 6-63　零件回转体上均布的孔和肋的简化画法

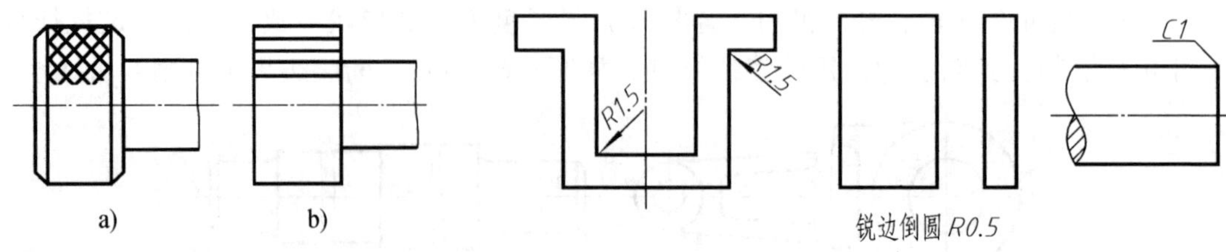

图 6-64　网状结构的画法

图 6-65　圆角、倒角的简化画法

9）圆柱形法兰和类似零件上均匀分布的孔，可按图 6-66 所示的方法表示（由机件外向该法兰端面投射）。

10）机件上斜度和锥度等较小的结构，如在一个图形中已表达清楚时，其他图形可按小端画出，如图 6-67 ~ 图 6-69 所示。

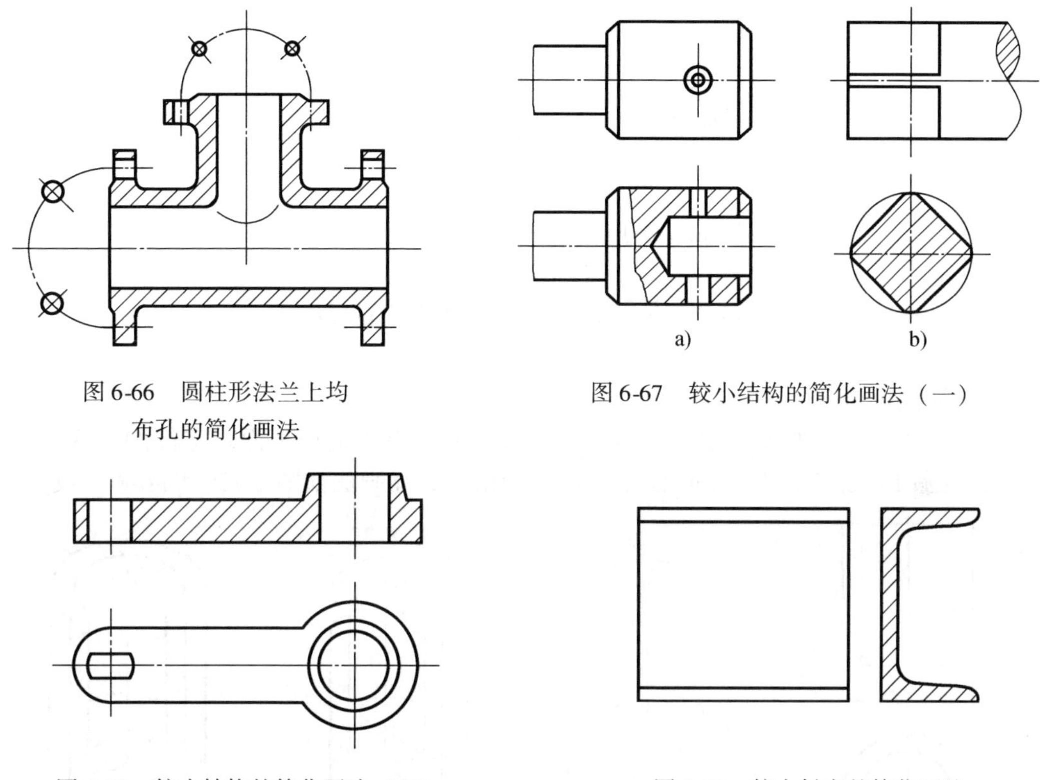

图 6-66　圆柱形法兰上均布孔的简化画法

图 6-67　较小结构的简化画法（一）

图 6-68　较小结构的简化画法（二）

图 6-69　较小斜度的简化画法

11）在不致引起误解的情况下，剖面符号可省略（见图 6-70），也可以用涂色代替剖面符号（见图 6-71）。

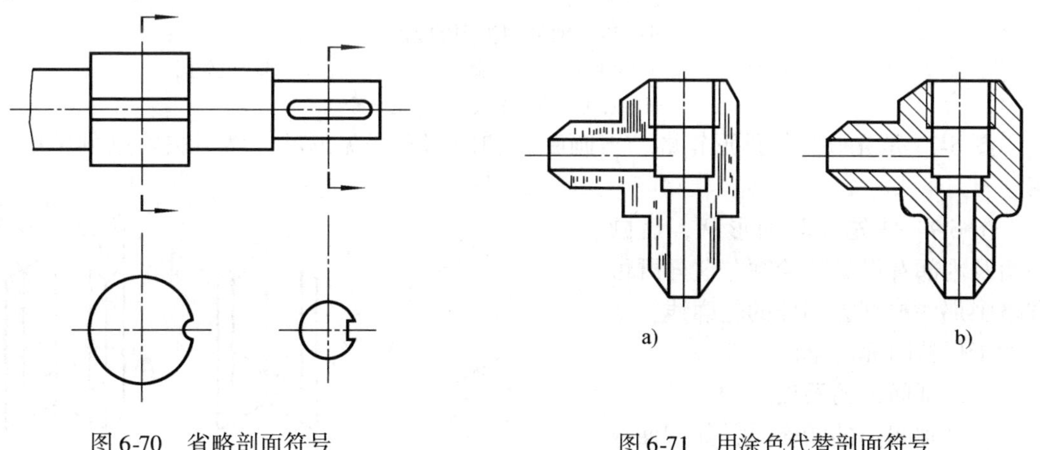

图 6-70　省略剖面符号

图 6-71　用涂色代替剖面符号
a）简化后　b）简化前

12）在需要表示位于剖切平面前的结构时，这些结构按假想投影的轮廓绘制，如图 6-72 所示。

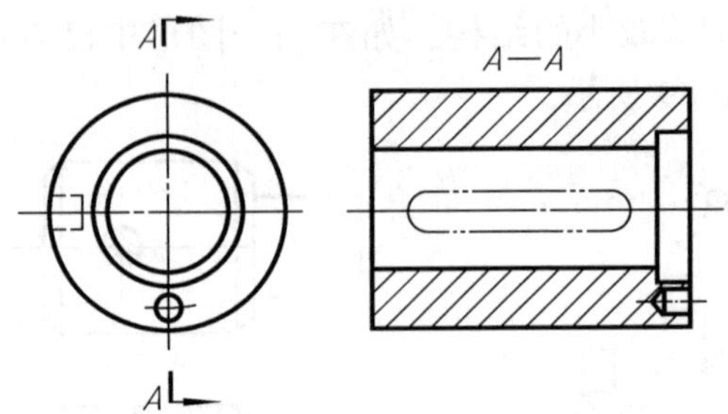

图 6-72　位于剖切平面前的结构的简化画法

第五节　轴测剖视图的画法

一、剖切的画法

在轴测图中，当需要表达零件的内部形状时，可假想用剖切平面将零件的一部分剖去。一般用两个剖切平面沿某两个坐标面方向进行剖切，具体画法如图 6-73、图 6-74 所示。

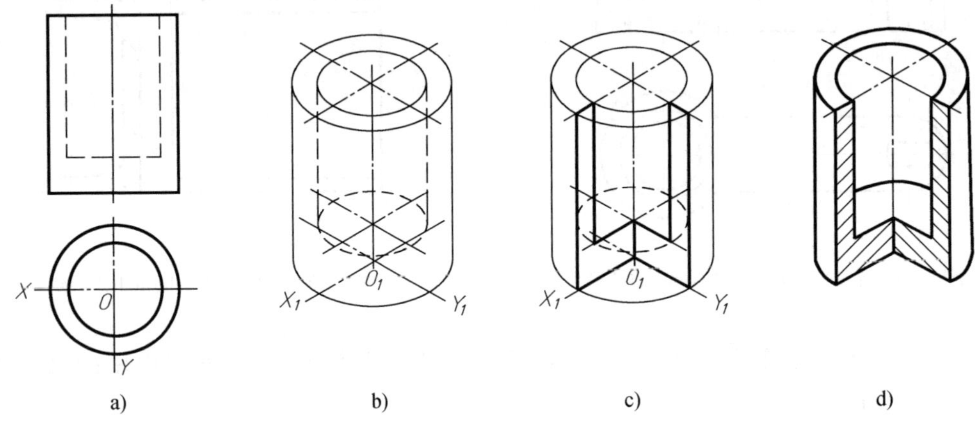

图 6-73　轴测剖视图的画法（一）

a）视图　b）先画内外形轮廓　c）画断面形状　d）画内部可见轮廓，画剖面线，擦去多余线条，完成全图

图 6-73 是先画整体外形轮廓，再画断面和内部看得见形状，然后去除已剖掉的外形轮廓。

图 6-74 是先画断面形状，后画外面及内部看得见的轮廓。这样既可省略画那些被剖去部分的轮廓线，也有助于保持图面的整洁。

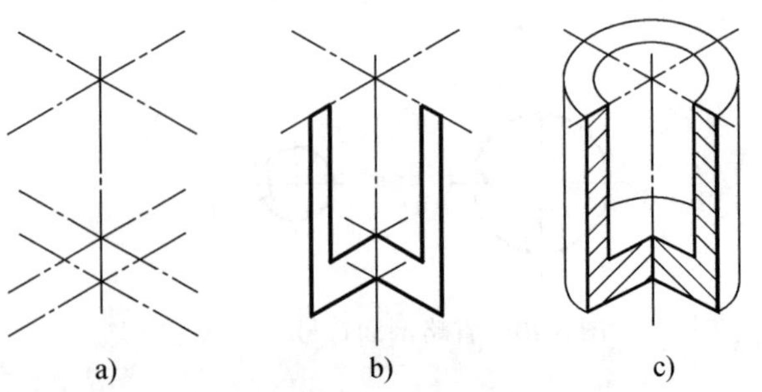

图 6-74　轴测剖视图的画法（二）

a）画出各中心线、轴线，确定各圆心位置　b）画出断面　c）画出未剖部分的轮廓（包括椭圆、直线），画剖面线

二、剖面线的画法

在画轴测图的断面时，其剖面线应按图 6-75 的规定绘制。

必须注意，国家标准规定的各种材料的剖面符号（见表 6-1）不适用于轴测图。

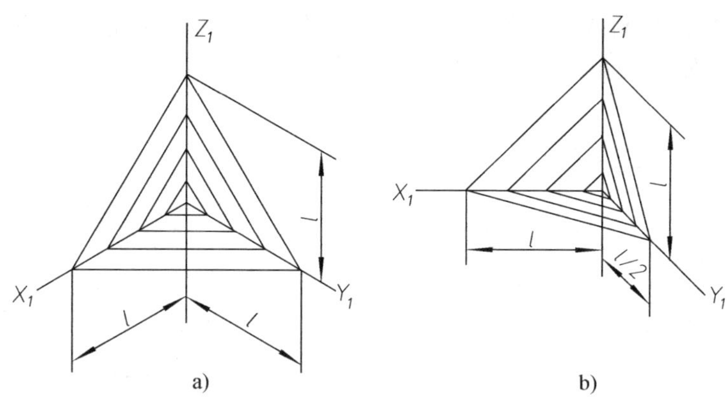

a)　　b)

图 6-75　轴测图剖面线的画法

a）正等测画法　b）斜二测画法

三、轴测剖视图的画法示例

图 6-76a 和图 6-76b 分别为正等测和斜二测的画法示例。

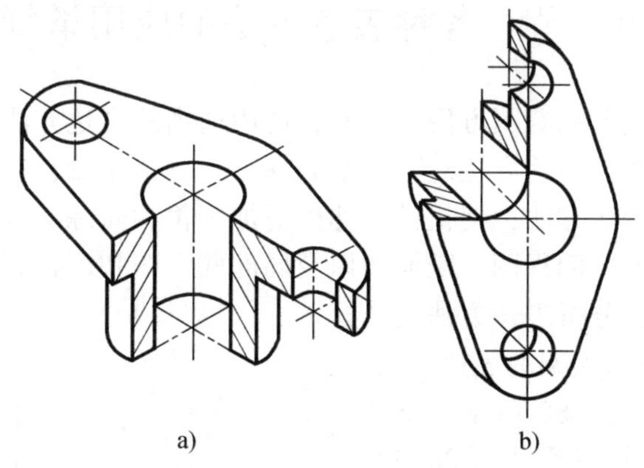
a)　　b)

图 6-76　轴测零件图的画法

在画轴测零件图时应注意以下几点：

1）当剖切平面通过零件的肋或薄壁等结构的纵向对称平面时，这些结构都不画剖面符号，而用粗实线将它与邻接部分分开（见图 6-77a）；在图中表达不够清晰时，也允许在肋或薄壁部分用细点表示被剖切部分（见图 6-77b）。

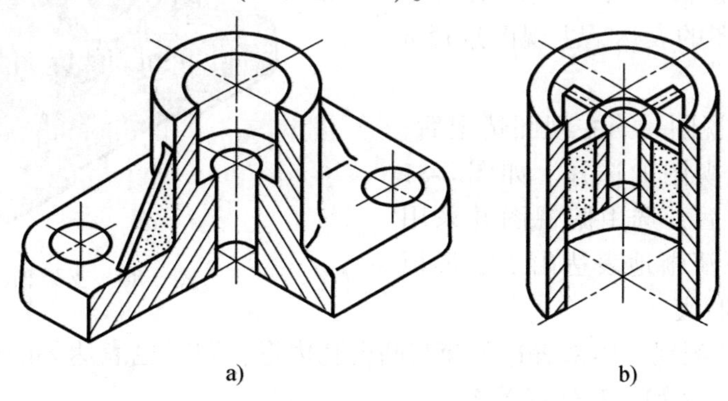
a)　　b)

图 6-77　肋的轴测剖视图的画法

2）表示零件中间折断或局部断裂时，断裂处的边界线应画波浪线，并在可见断裂面内加画细点以代替剖面线，如图 6-78、图 6-79 所示。

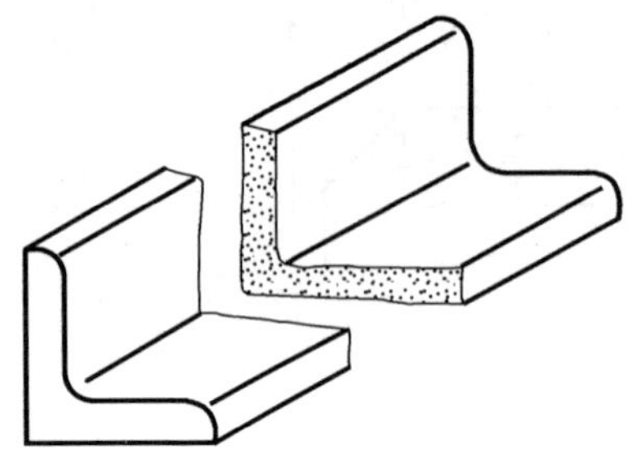
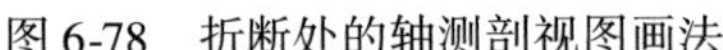

图 6-78　折断处的轴测剖视图画法

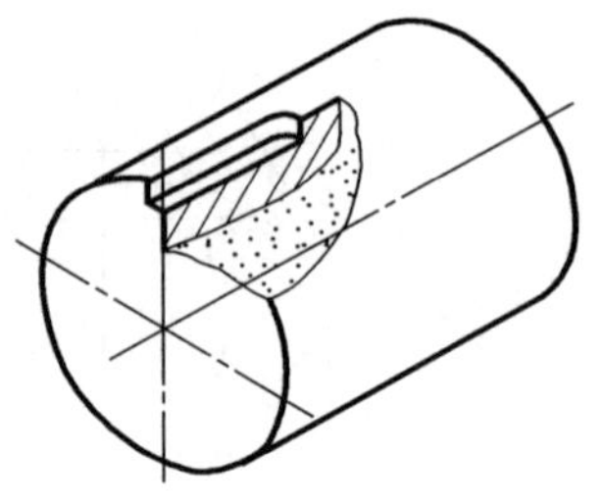

图 6-79　断裂处的轴测剖视图画法

第六节　各种表达方法的应用举例

绘制机械图样时，应考虑看图方便。因此，选用适当的表达方法非常重要。同一机件可以有多种表达方法，在选择表达方法时，应细心琢磨，分析比较，在保证图样完整、清晰的前提下，灵活运用各种表达方法，使机件表达得更加完善和简练。

为了进一步掌握视图、剖视图、断面图以及局部放大图和简化画法等表达方法，下面以支架、箱体两个机件为例分析表达方法的选择。

例 1　选择图6-80所示支架的表达方法。

（1）形体分析　如图 6-80 所示，支架由底板、圆筒和工字形板三个主要部分组成。同时在圆筒上有一个凸台和斜交耳板。

（2）选择主视图　主视图应能明显地反映出机件的内外主要形状特征，并兼顾其他视图表达的清晰性。在图 6-80 中，从 *a*、*c* 两个投射方向观察都能反映支架结构特征，但考虑其他视图的表达，主视图选择 *a* 投射方向为好。

（3）确定其他视图　当主视图选定后，一般先考虑俯、左视图的选择。如图 6-81 所示，主视图确定后，选用俯视图并采用 *A—A* 剖视图，则可清晰地表达出工字形板的断面形状和底板形状。

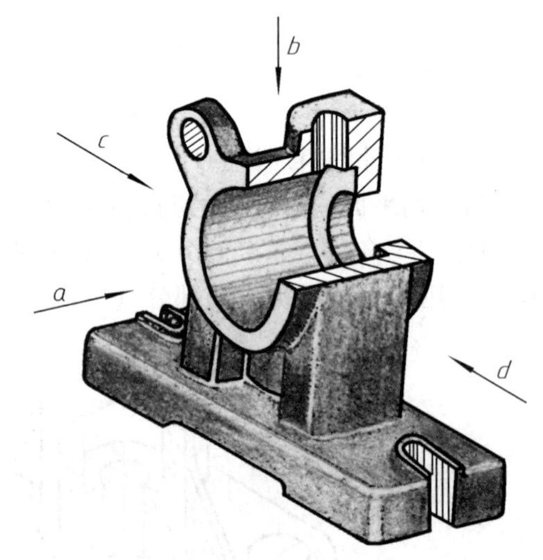

图 6-80　支架轴测图

左视图取 *C—C* 剖视，用来表达圆筒与凸台孔内形，同时也表达了凸台、圆筒和肋板以及底板之间的连接关系和相互位置关系。

图中采用 *K* 向局部视图和 *B—B* 局部剖视图，可以清楚地表达凸台的外形、斜交耳板的厚度和小圆孔的内形。通过以上表达方法的选择，便能把支架的结构形状表达得完整、清晰。

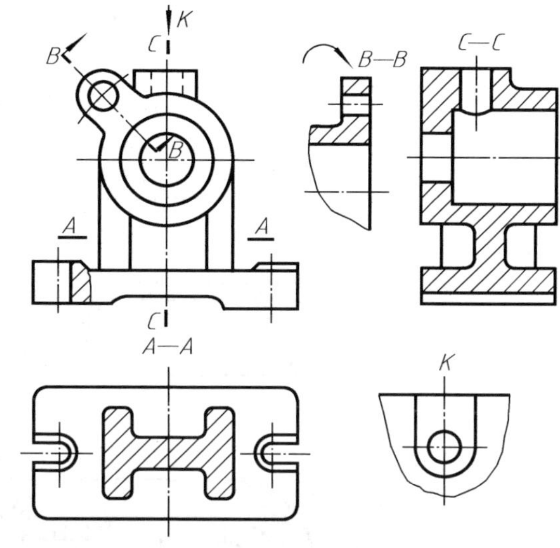

图 6-81　支架的表达方案

例 2　选择图6-82所示箱体的表达方法。

（1）形体分析　如图 6-82 所示，该箱体由底板 *A* 及壳体 *B* 两部分组成。底板的形状一端为半圆形，另一端为带圆角的方形。底板边缘有四个柱形沉孔，其中方形边上两沉孔孔径较大。

壳体 *B* 壁厚不匀，半圆形部分的壁比方形一端的壁薄。在壳体上共有四处不同结构的孔。*F* 为上、下两端有凸台的圆孔，*G* 为柱形沉孔，*H* 为内侧有凸台的圆孔，*E* 为圆孔和长圆孔的组合孔。

（2）选择主视图　为了清晰表达箱体的内部结构形状，主视图采用 *A*—*A* 全剖视图（两个相交的剖切平面）。它不但清晰地表达出底板及壳体的壁厚，同时又反映出壳体上 *G*、*F*、*E* 各孔及底板 *C* 孔的断面形状，如图 6-83 所示。

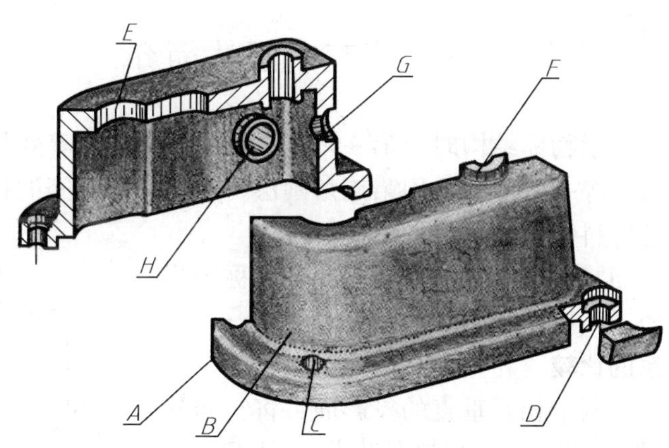

图 6-82　箱体轴测图

（3）确定其他视图　选择俯视图用来表达底板和壳体的外观轮廓特征。同时采用局部剖反映出 *H*、*G* 孔在壳体上所处的位置和壳体壁厚变化情况。

选择 *C*—*C* 全剖的左视图，用来表达底板和壳体的前后壁厚和铸造圆角等内外形状。

选择仰视图用来表达底板周边带凸缘平面的形状及壳体内腔形状。采用 *B*—*B* 局部剖用来表达 *D* 孔的断面形状。

通过以上两个例子说明，要表达好物体的形状，应具有读图及选择表达方法两方面的知识。

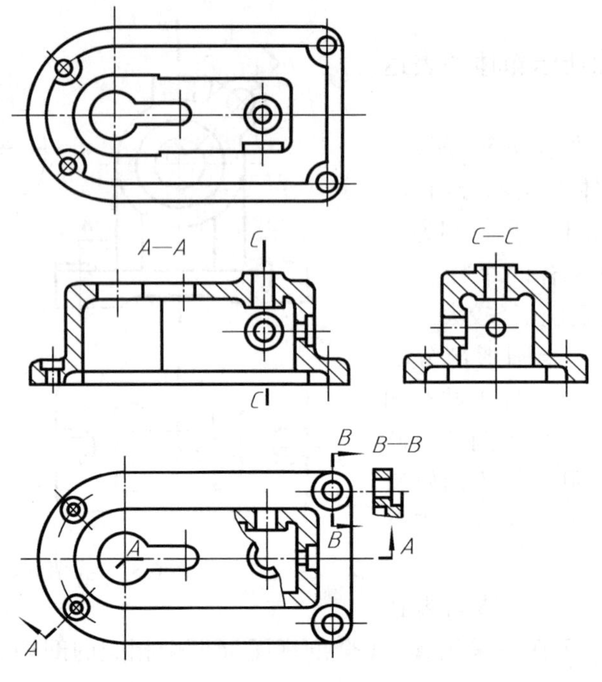

图 6-83　箱体表达方案

第七节　第三角画法简介

国际标准规定，在表示物体结构时，第一角画法和第三角画法等效使用。我国现采用第一角画法，在美国、日本等一些国家采用第三角画法。为加强国际间的技术交流，我们必须了解第三角画法，以适应科学技术发展的需要。

三个相互垂直的平面将空间分为八个分角，分别称为第一角、第二角、第三角、……，如图 6-84 所示。

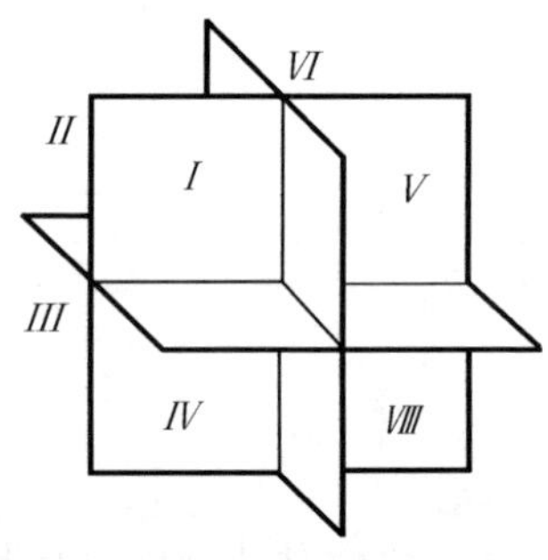

图 6-84　八个分角

一、两种投影体系的比较

在两投影面体系中，两个相互垂直的投影面，将空间分成四个角，如图 6-85 所示。第一角画法是将物体置于第一角内，保持着“人—物体—投影面”的相互位置关系进行投影，即将物体置于人和投影面之间。而第三角画法是将物体置于第三分角内，保持着“人—投影面—物体”的关系进行投影，即假想投影面是透明的，将其置于人和物体之间，是一种透视的效果，如图 6-85、图 6-86 所示。

二、第三角画法的六个基本视图

如图 6-87 所示，将物体置于第三分角内，投影面处于观察者与物体之间，按投影法规定的六个基本投射方向进行投射，得到六个基本视图。投影面的展开过程，如图 6-88 所示。展开后的视图配置关系，如图 6-89 所示。

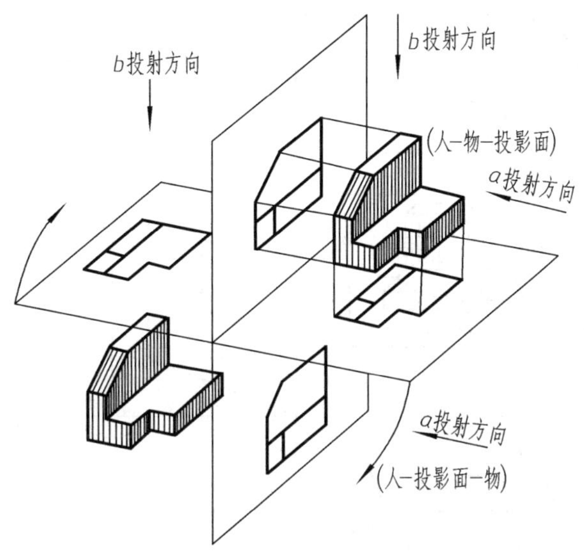

图 6-85 第一角画法与第三角画法投影体系的比较

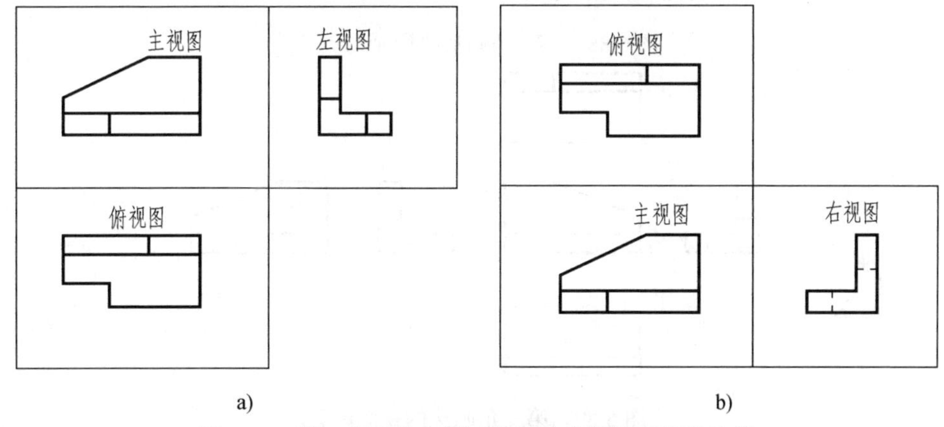

图 6-86 第一角画法与第三角画法中视图配置的比较
a）第一角画法 b）第三角画法

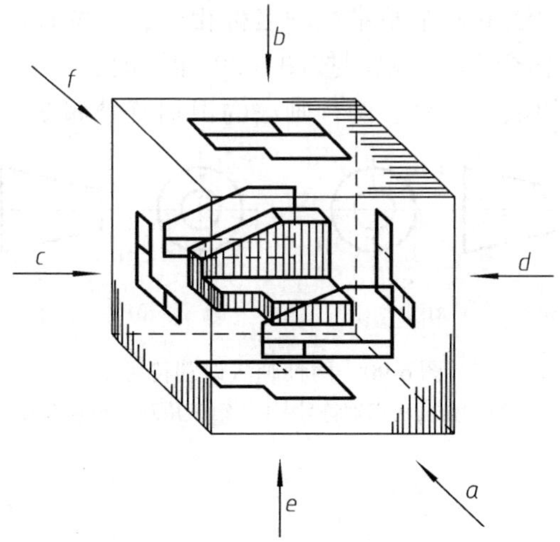

图 6-87 第三角画法六个基本视图的形成

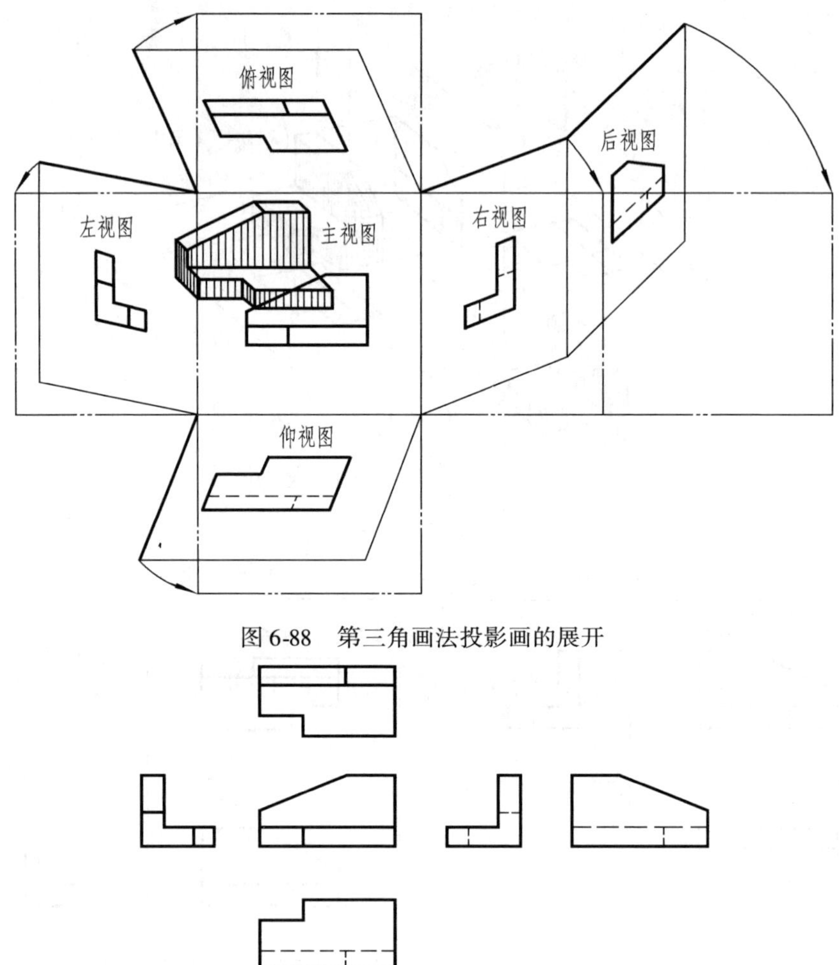

图 6-88　第三角画法投影画的展开

图 6-89　第三角画法的视图配置

第一角画法和第三角画法的六个基本视图名称相同，但两种画法的展开方式和六个基本视图的配置不同。在同一张图纸内，视图按图 6-89 配置时，一律不标注视图名称，但必须在图样中画出第三角画法的识别符号。两种画法的识别符号如图 6-90 所示。

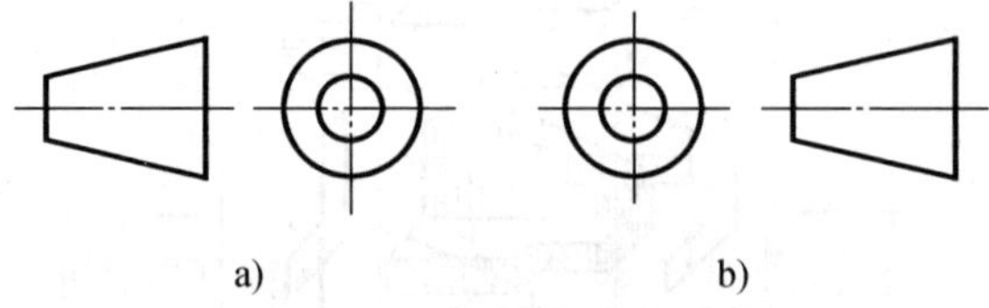

图 6-90　两种画法识别符号

a）第一角画法识别符号　b）第三角画法识别符号

第七章　标准件和常用件

在各种机器和设备上，经常用到螺栓、螺母、螺钉、垫圈、螺柱、键、销、齿轮、滚动轴承、弹簧等零部件。这些零部件的结构与尺寸都已全部或部分标准化。本章主要介绍标准件和常用件的基本知识、规定画法、代号及标注方法。

第一节　螺　　纹

螺纹是零件上常见的一种结构。螺纹是在圆柱或圆锥表面上，沿着螺旋线所形成的具有相同断面形状的连续凸起，一般将其称为“牙”。

螺纹分外螺纹和内螺纹两种，成对使用。在圆柱或圆锥外表面上所形成的螺纹称为外螺纹；在圆柱或圆锥内表面上所形成的螺纹称为内螺纹。

一、螺纹的形成

螺纹是根据螺旋线的原理加工而成的。螺纹的加工方法很多，图 7-1 表示在车床上加工外螺纹的方法。工件绕轴线等速旋转，刀具沿轴线方向作等速移动，当刀尖切入工件后，便可加工出螺纹；图 7-2 表示用丝锥攻制螺纹的加工过程。

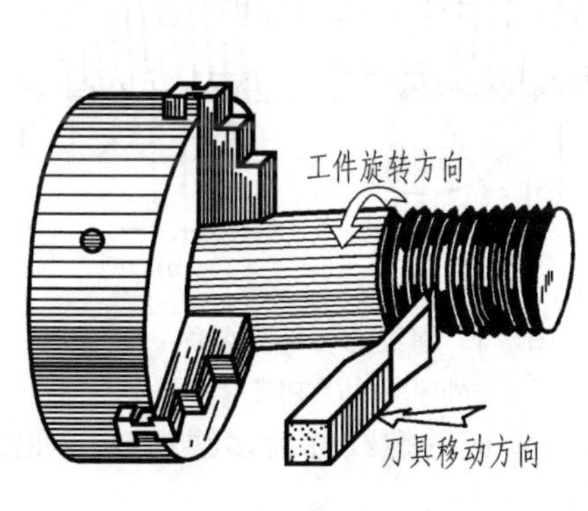

图 7-1　在车床上加工外螺纹

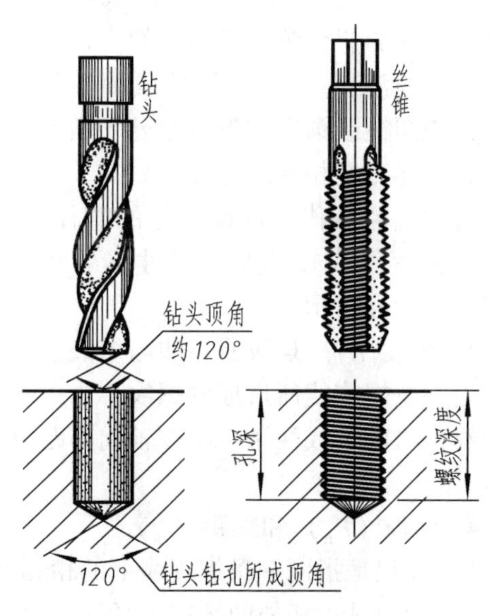

图 7-2　用丝锥攻制内螺纹

二、螺纹的结构要素

1. 牙型　在通过螺纹轴线的断面上，螺纹的轮廓形状称为牙型。常见牙型有三角形（60°、55°）、梯形、锯齿形等，如图 7-3 所示。

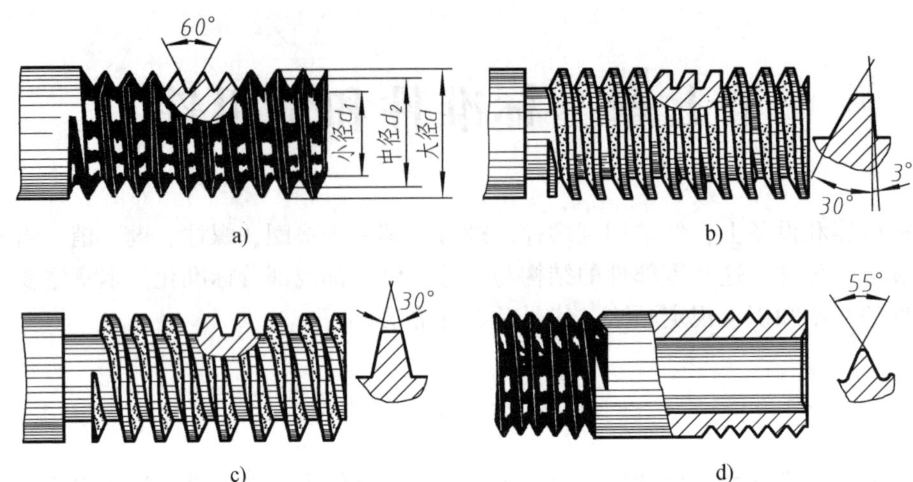

图 7-3　螺纹的牙型

a）普通螺纹　b）锯齿形螺纹　c）梯形螺纹　d）管螺纹

2. 直径　螺纹的直径有大径（d、D）、中径（d_2、D_2）和小径（d_1、D_1）之分。其中外螺纹大径 d 和内螺纹小径 D_1 亦称顶径，如图 7-4 所示。

1）大径是指与外螺纹牙顶或内螺纹牙底相切的假想圆柱或圆锥的直径。

2）小径是指与外螺纹牙底或内螺纹牙顶相切的假想圆柱或圆锥的直径。

3）中径是一个假想圆柱或圆锥的直径，该圆柱或圆锥的母线通过牙型上沟槽和凸起宽度相等的地方。

公称直径是代表螺纹尺寸的直径，一般是指螺纹大径的基本尺寸（管螺纹用尺寸代号表示）。

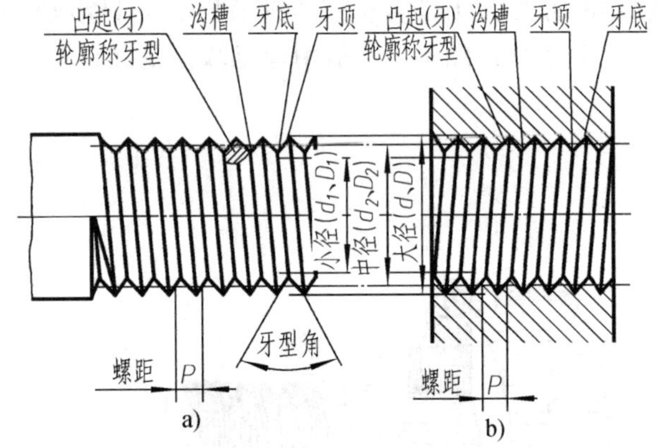

图 7-4　螺纹的各部分名称

a）外螺纹　b）内螺纹

3. 线数(n)　螺纹有单线与多线之分。沿一条螺旋线所形成的螺纹称为单线螺纹；沿两条或两条以上在轴向等距分布的螺旋线所形成的螺纹称为多线螺纹，如图 7-5 所示。

4. 导程（P_h）和螺距（P）

1）导程是指同一条螺旋线上的相邻两牙在中径线上对应两点间的轴向距离。

2）螺距是指相邻两牙在中径线上对应两点间的轴向距离。

由图 7-5 可知，螺距、导程和线数的关系为：

$$\text{螺纹导程} = \text{螺距} \times \text{线数} \qquad \text{即} \quad P_h = P\,n$$

5. 旋向　内、外螺纹旋合时按旋进的方向不同，可分为左旋螺纹和右旋螺纹。顺时针旋转时旋入的螺纹，称为右旋螺纹；逆时针旋转时旋入的螺纹，称为左旋螺纹，如图 7-6 所示。

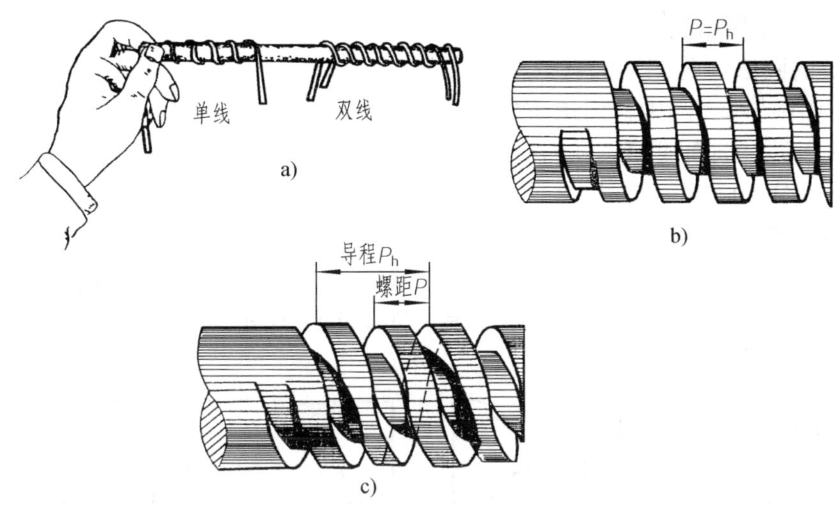

图 7-5　螺纹的线数、导程和螺距
a）单线与多线　b）单线螺纹　c）双线螺纹

只有牙型、大径、螺距、线数和旋向等要素都对应相同的内、外螺纹才能旋合在一起。在生产实际中，单线、右旋螺纹使用得较多。

在螺纹的诸多要素中，牙型、大径和螺距是决定螺纹的最基本要素。凡牙型、大径和螺距这三项要素符合国家标准的，则称为标准螺纹；牙型不符合国家标准的螺纹，称为非标准螺纹。在实际生产中使用的各种螺纹，绝大多数都是标准螺纹。

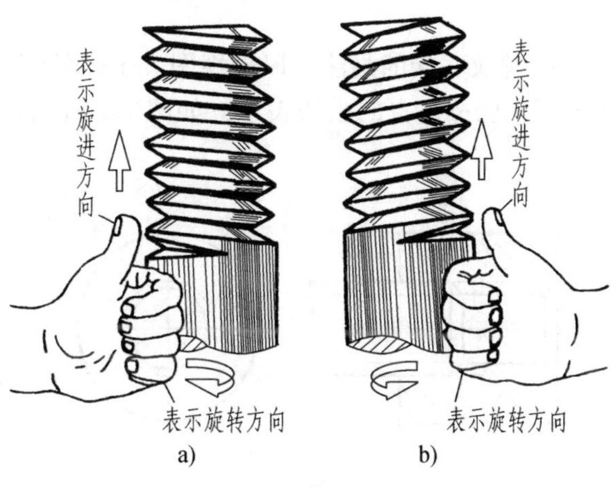

图 7-6　螺纹的旋向
a）左旋　b）右旋

三、螺纹的规定画法（GB/T 4459.1—1995）

螺纹一般不按真实投影作图，而是采用规定画法以简化作图过程。

1. 外螺纹的画法（见图 7-7）

1）外螺纹牙顶圆的投影用粗实线表示；牙底圆的投影用细实线表示（牙底圆的投影通常按牙顶圆投影的 0.85 倍绘制），在螺杆的倒角或倒圆部分也应画出。

2）在垂直于螺纹轴线的投影面的视图中，表示牙底圆的细实线只画约 3/4 圈（空出约 1/4 圈的位置不作规定），此时，螺杆上的倒角投影省略不画。

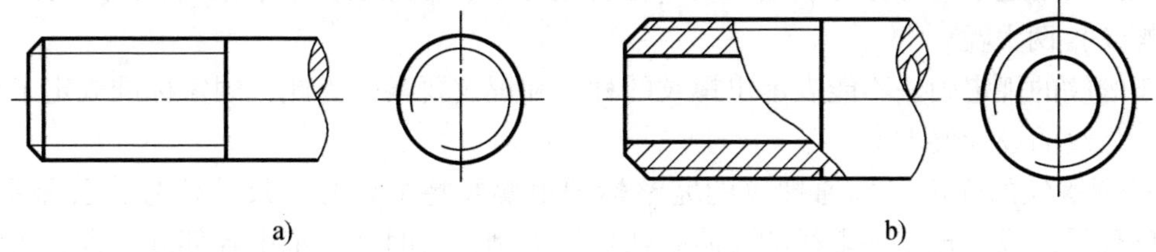

图 7-7　外螺纹的规定画法

3）螺纹终止线用粗实线表示。

2. 内螺纹的画法（见图 7-8）

1）在剖视图或断面图中，内螺纹牙顶圆的投影和螺纹终止线用粗实线表示，牙底圆的投影用细实线表示，剖面线都应画到粗实线。绘制不穿通的螺纹孔时，一般应将钻孔深度与螺纹部分的深度分别画出，如图 7-8a 所示。

2）在垂直于螺纹轴线的投影面的视图中，表示牙底圆的细实线只画约 3/4 圈，倒角圆省略不画，如图 7-8a 所示。

3）不可见螺纹的所有图线用细虚线绘制，如图 7-8b 所示。

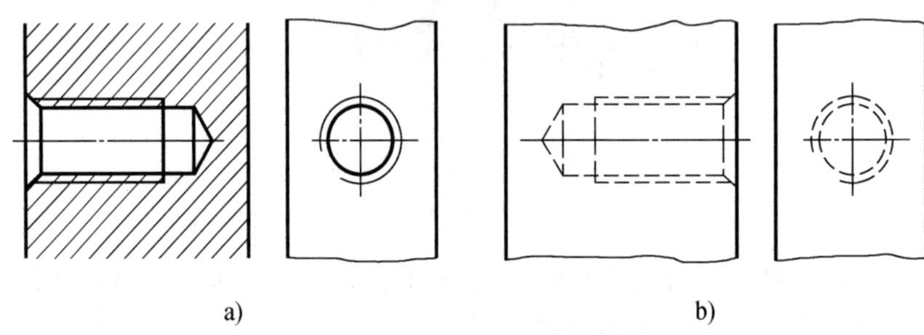

图 7-8 内螺纹的规定画法

3. 螺纹联接的画法　以剖视图表示内外螺纹联接时，旋合部分应按外螺纹的画法绘制，其余部分仍按各自的画法表示，如图 7-9 所示。

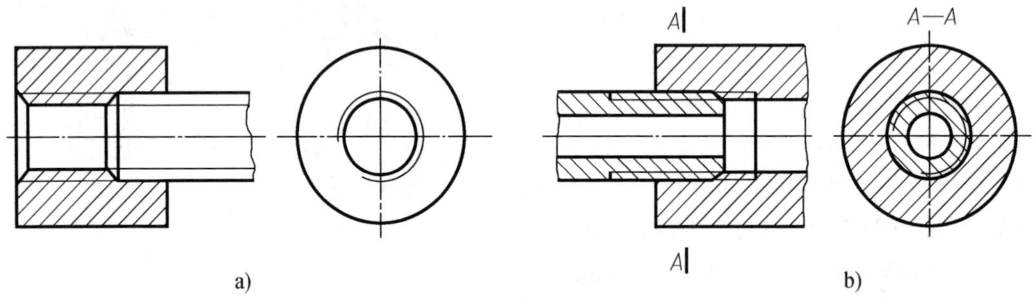

图 7-9 螺纹联接的画法

四、常用螺纹的种类及标注

螺纹按其用途不同可分为联接螺纹（如普通螺纹、管螺纹）和传动螺纹（如梯形螺纹、锯齿形螺纹）两大类。

由于螺纹的规定画法不能表示出螺纹的种类和螺纹要素，为此，国家标准规定了用螺纹标记表示螺纹的设计要求。

1. 普通螺纹的标记　普通螺纹的完整标记由螺纹特征代号、尺寸代号、公差带代号、旋合长度代号组成。现以一多线的左旋普通螺纹为例，说明其标记中各部分的含义及注写规定。普通螺纹标记示例：

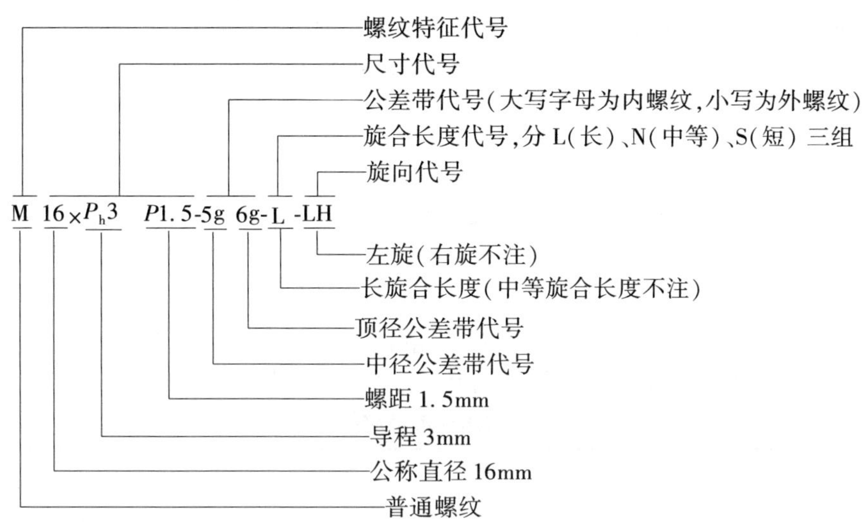

上述示例是普通螺纹的完整标记，当遇有以下情况时，其标记可以简化：

1）单线螺纹的尺寸代号为“公称直径×螺距”，此时不必注写“P_h”和“P”字样；当为粗牙螺纹时不注螺距。

2）中径与顶径公差带代号相同时，只注写一个公差带代号。

3）最常用的中等公差精度螺纹（公称直径≤1.4mm的5H、6h和公称直径≥1.6mm的6H和6g）不标注公差带代号。

例如，公称直径为8mm，细牙，螺距为1mm，中径和顶径公差带均为6H的单线右旋普通螺纹，其标记为M8×1；当该螺纹为粗牙（$P=1.25$mm）时，则标记为M8。

2. 管螺纹的标记

（1）55°密封管螺纹　55°密封管螺纹的标记规定为：

螺纹特征代号　尺寸代号-旋向代号

1）螺纹特征代号：Rc表示圆锥内螺纹；Rp表示圆柱内螺纹；R_1表示与圆柱内螺纹相配合的圆锥外螺纹；R_2表示与圆锥内螺纹相配合的圆锥外螺纹。

2）尺寸代号用1/2、3/4、1、$1^1/_4$、$1^1/_2$……表示，详见附表3。

3）旋向代号：左旋用LH表示，右旋不注。

（2）55°非密封管螺纹　55°非密封管螺纹的标记规定为：

螺纹特征代号　尺寸代号　公差等级代号-旋向代号

1）螺纹特征代号用G表示。

2）尺寸代号用1/2、3/4、1、$1^1/_4$、$1^1/_2$……表示，详见附表3。

3）公差等级代号：外螺纹分A、B两个公差等级；内螺纹公差等级只有一种，故不加标记。

（3）60°圆锥管螺纹　标记中的特征代号为NPT，因内、外螺纹均仅有一种公差带，故不注公差带代号。

上述管螺纹标记中的“尺寸代号”并非大径数值，也不是管螺纹本身任何一个直径的尺寸。它与管子的孔径相近。管螺纹的大径、中径、小径及螺距等具体尺寸，可通过查阅相关标准获取。

3. 梯形螺纹和锯齿形螺纹的标记　梯形螺纹和锯齿形螺纹的标记规定为：

螺纹特征代号　公称直径 × (螺　距 [单线] [或] 导程(*P* 螺距) [多线]　旋向) – 中径公差带代号 – 旋合长度代号

1）螺纹特征代号：Tr 表示梯形螺纹；B 表示锯齿形螺纹。单线螺纹只注螺距，多线螺纹需标注导程和螺距。

2）两种螺纹只注中径公差带。

3）旋合长度只分中等（N）和长（L）两种，中等旋合长度 N 省略标注。

归纳常用标准螺纹的种类（画法）和标记（标注及其解释），见表 7-1。

表 7-1　常用标准螺纹的种类和标记

螺纹类别		标准编号	特征代号	牙　型	标注示例	说　明
普通螺纹	粗牙	GB/T 197—2003	M	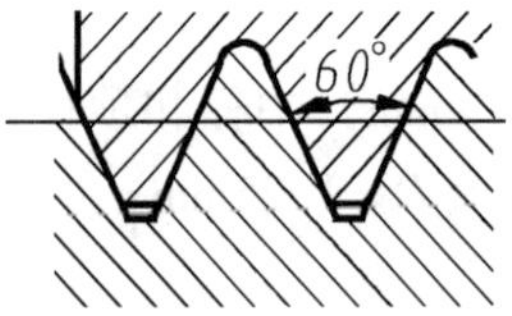 60°	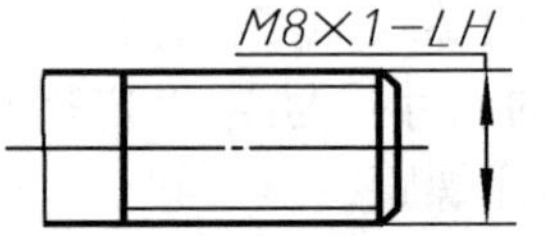 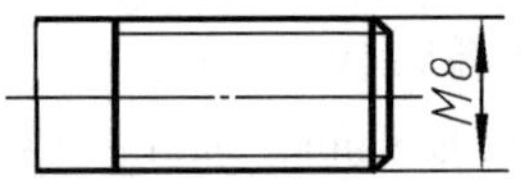 M8×1−LH M8	粗牙不注螺距，左旋时尾加“—LH”； 中等公差精度（如 6H、6g）不注公差带代号； 中等旋合长度不注 N（下同）； 多线时注出 P_h（导程）、*P*（螺距）
	细牙				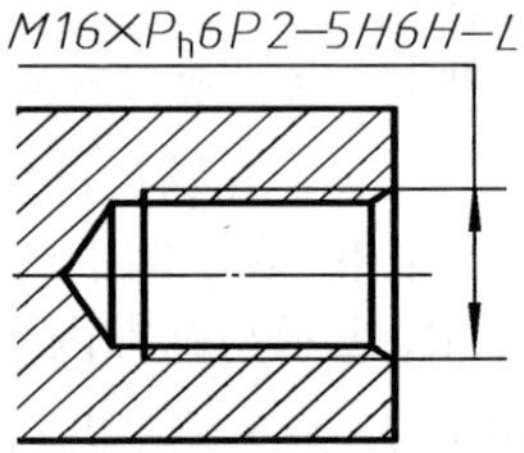 M16×Ph6P2−5H6H−L	
梯形螺纹		GB/T 5796.4—1986	Tr	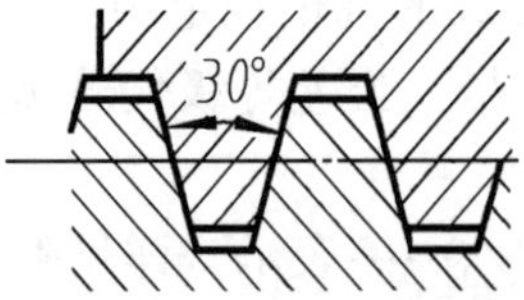 30°	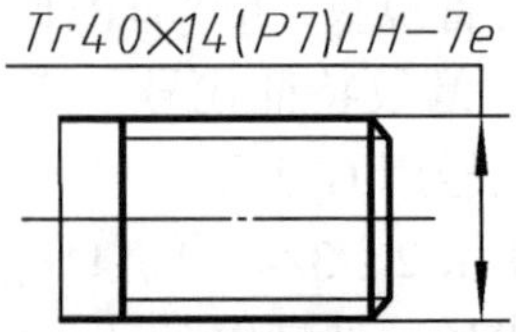 Tr40×14(P7)LH−7e	表示公称直径为 40mm，导程为 14mm，螺距为 7mm 的双线、左旋梯形外螺纹，中径公差带代号为 7e
锯齿形螺纹		GB/T 13576.1～13576.4—1992	B	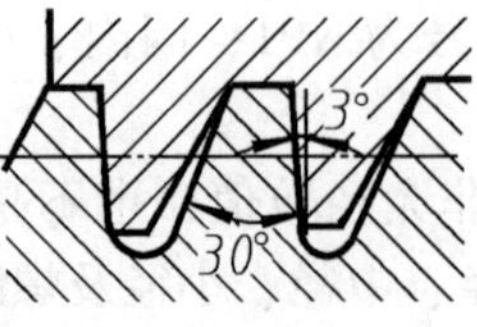 3° 30°	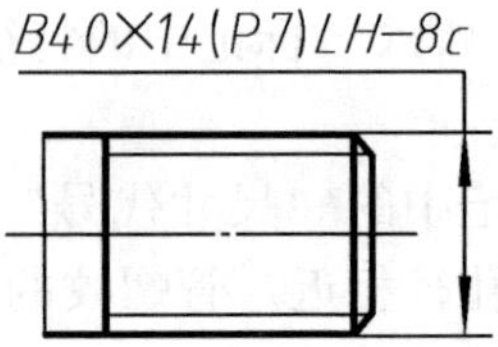 B40×14(P7)LH−8c	表示公称直径为 40mm，导程为 14mm，螺距为 7mm 的双线，左旋锯齿形外螺纹，中径公差带代号为 8c 中等旋合长度

（续）

螺纹类别	标准编号	特征代号	牙　型	标注示例	说　明
55°密封管螺纹	GB/T 7306.1～7306.2—2000	R_1 R_2	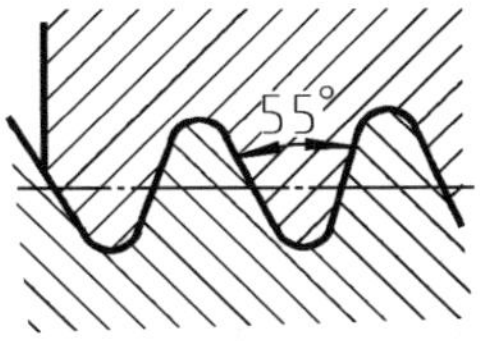 55°	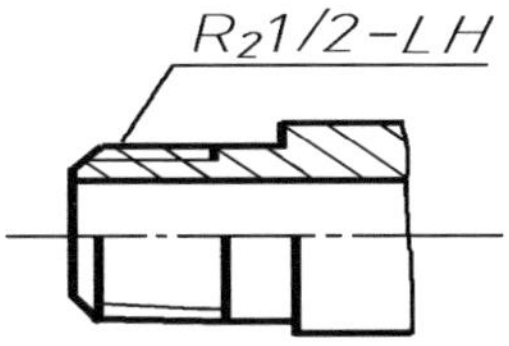 R₂1/2-LH	表示尺寸代号为1/2的左旋、与圆锥内螺纹相配合的圆锥外螺纹 （R_1 表示与圆柱内螺纹相配合的圆锥外螺纹）
55°密封管螺纹	GB/T 7306.1～7306.2—2000	Rp	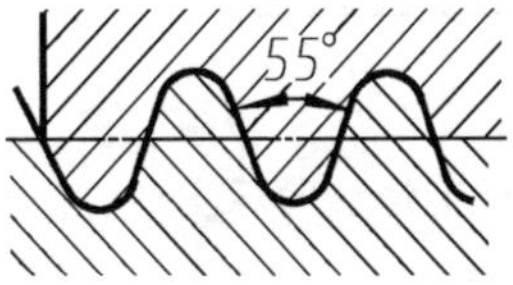 55°	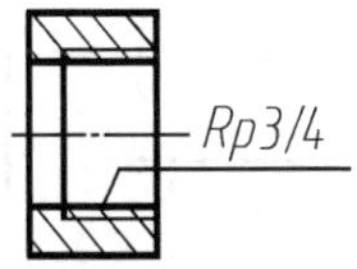 Rp3/4	表示尺寸代号为3/4的右旋圆柱内螺纹
		Rc		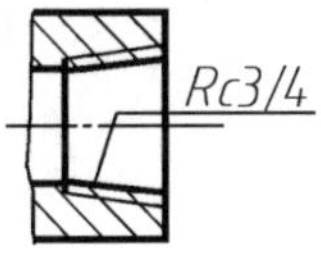 Rc3/4	表示尺寸代号为3/4的右旋圆锥内螺纹
55°非密封管螺纹	GB/T 7307—2001	G	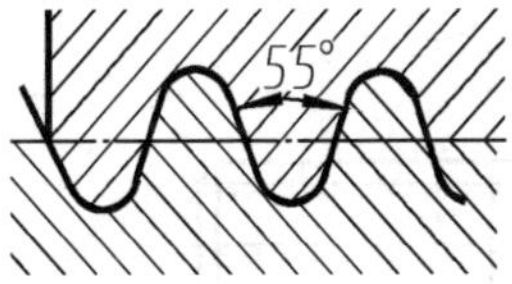 55°	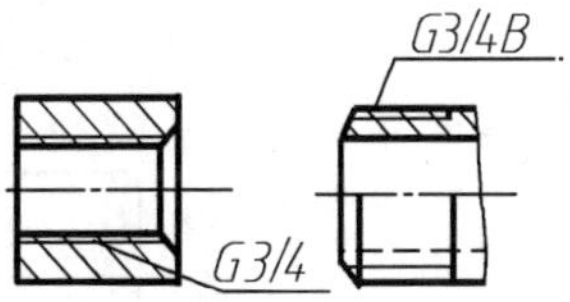 G3/4B G3/4	表示尺寸代号为3/4，非螺纹密封的圆柱内螺纹及B级圆柱外螺纹
60°圆锥管螺纹（60°密封管螺纹）	GB/T 12716—2002	NPT	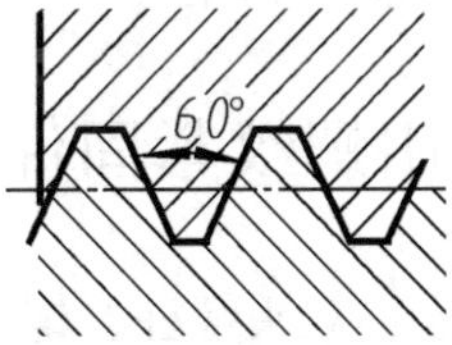 60°	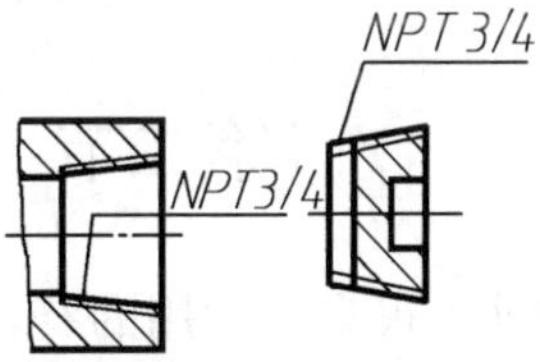 NPT3/4 NPT3/4	表示尺寸代号为3/4，牙型为60°的圆锥管螺纹

4. 螺纹的图样标注

（1）标准螺纹　对于标准螺纹应注出相应的规定标记。

公称直径以毫米（mm）为单位的螺纹（如普通螺纹、梯形螺纹和锯齿形螺纹），其标记应直接注在大径的尺寸线上（见图7-10a）或其引出线上（见图7-10b、c）。

管螺纹的标记一律注在引出线上，引出线应由螺纹大径处引出（见图7-10d、e）或由对称中心处引出（见图7-10f）。

（2）非标准螺纹　对于非标准螺纹，应画出螺纹的牙型，并注出所需要的尺寸及有关要求，如图7-11所示。

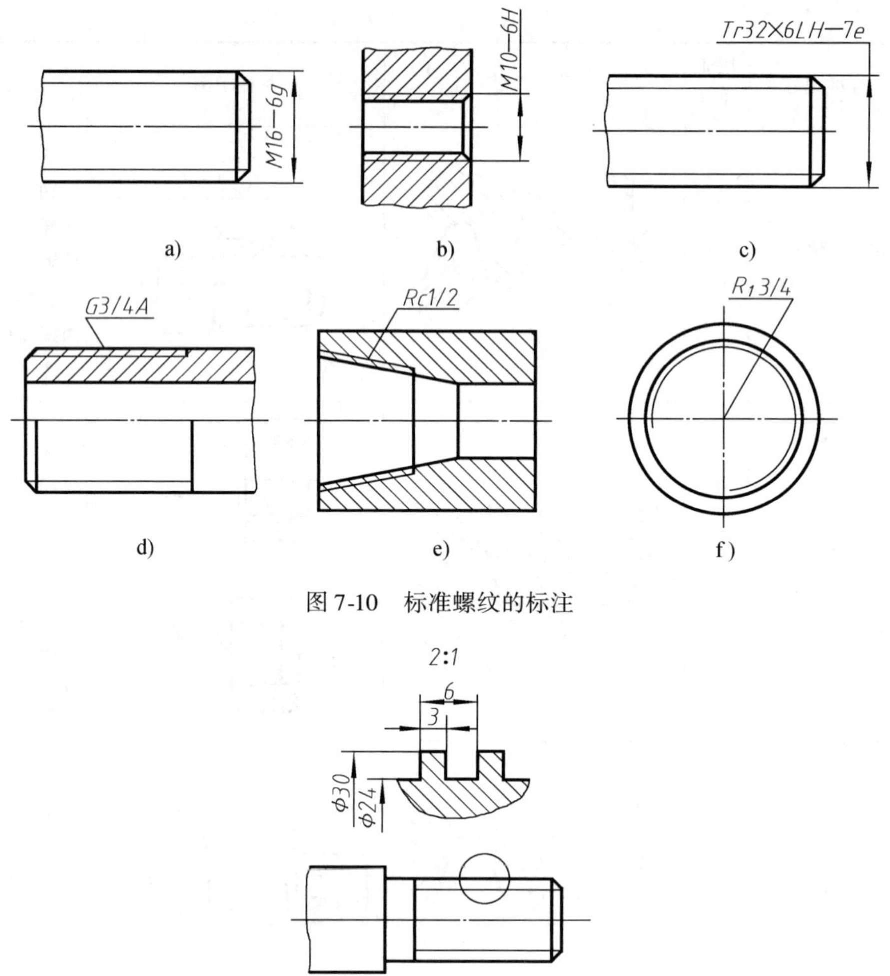

图 7-10　标准螺纹的标注

图 7-11　非标准螺纹的标注

第二节　常用螺纹紧固件

螺纹紧固件的种类很多，常用的有：螺栓、双头螺柱、螺钉及螺母、垫圈等；螺纹紧固件的联接形式通常有：螺栓联接、双头螺柱联接和螺钉联接。

一、螺栓联接

1. 螺栓联接中紧固件的规定标记

(1) 螺栓　螺栓由头部和杆身组成。常用的为六角头螺栓，如图 7-12 所示。

螺栓的规格尺寸是螺栓的大径（d）和螺栓长度（l），其规定标记为：

名称　标准代号　螺纹代号 × 长度

如：螺栓　GB/T 5782　M10 × 50 表示粗牙普通螺纹，螺纹大径 d = 10mm，螺栓长度 l = 50mm，A 级的六角头螺栓。

(2) 螺母　常用的螺母有六角螺母、方螺母和圆螺母等。其中，六角螺母应用最为广泛，如图 7-13 所示。

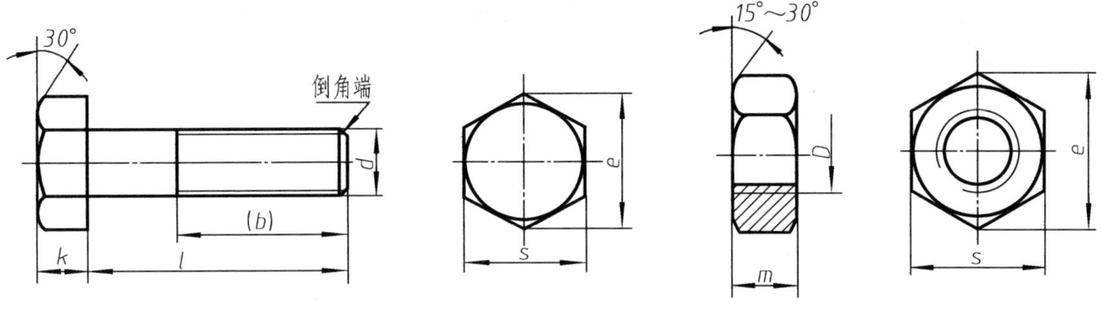

图 7-12　六角头螺栓　　　　图 7-13　六角螺母

六角螺母的规格尺寸是螺纹大径（D），其规定标记为：

名称　标准代号　螺纹代号

如：螺母　GB/T 41　M16 表示粗牙普通螺纹，螺纹大径 $D=16$mm，C 级的六角螺母。

（3）垫圈　垫圈一般置于螺母与被联接件之间。常用的有平垫圈和弹簧垫圈。其中，平垫圈分为 A 和 C 级标准系列，在 A 级标准系列平垫圈中，又分带倒角和不带倒角型两种结构，如图 7-14a、b 所示。

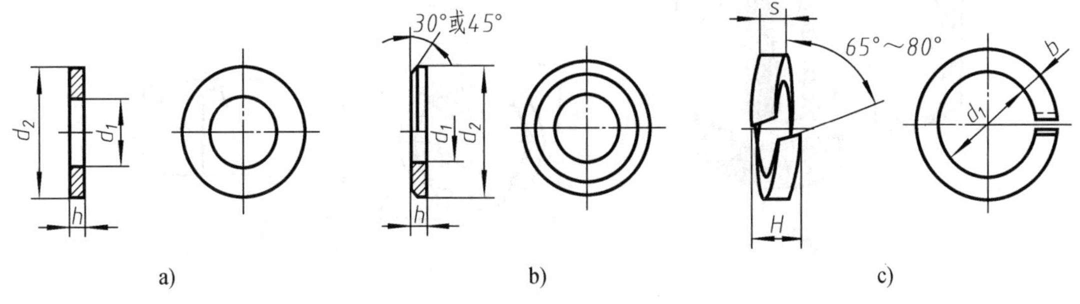

图 7-14　垫圈

a）平垫圈　b）倒角型平垫圈　c）弹簧垫圈

垫圈的规格尺寸为螺栓直径（d），其规定标记为：

名称　标准代号　公称规格

如：垫圈　GB/T 97.2　16 表示标准系列、公称规格为 16mm、硬度等级为 200HV 级、倒角型、不经表面处理的平垫圈。

2. 螺栓联接的画法　螺栓联接是指将螺栓的杆身穿过两个被联接件的通孔，然后套上垫圈，再用螺母旋紧，使两个零件联接在一起的一种联接方式（见图 7-15a）。

螺栓联接图属于装配图，螺栓联接常采用近似画法或简化画法，如图 7-15b、图 7-16 所示。

画图时应遵守下列规定：

1）当剖切平面通过螺杆的轴线时，对于螺栓、螺柱、螺钉、螺母及垫圈等均按未剖切绘制，即只画外形；螺纹紧固件的工艺结构，如倒角、退刀槽、缩颈、凸肩等均可省略不画。

2）在剖视图中，两相邻零件的剖面线方向应相反。但同一零件在各个剖视图中，其剖面线的倾斜方向和间隔应相同。

3）两个零件的接触面只画一条粗实线；凡不接触的表面，不论间隙多小，在图中都应画出间隙，如螺栓的螺杆与零件上孔之间就应画出两条线，以表示间隙。

画图时，需要知道螺栓的型式、大径和被联接件的厚度，按公式计算出螺栓的长度 $l_{计}$：

$$l_{计} \approx \delta_1 + \delta_2 + h + m + a$$

式中，$a=(0.3\sim0.4)d$。根据公式算出的螺栓长度，再从相应的标准长度系列中选取接近的标准长度 l。

螺纹紧固件的其他各部分尺寸都取与螺栓大径成一定的比例来确定。画图时各部分尺寸如图 7-15 所示，各部分尺寸的比例关系见表 7-2。

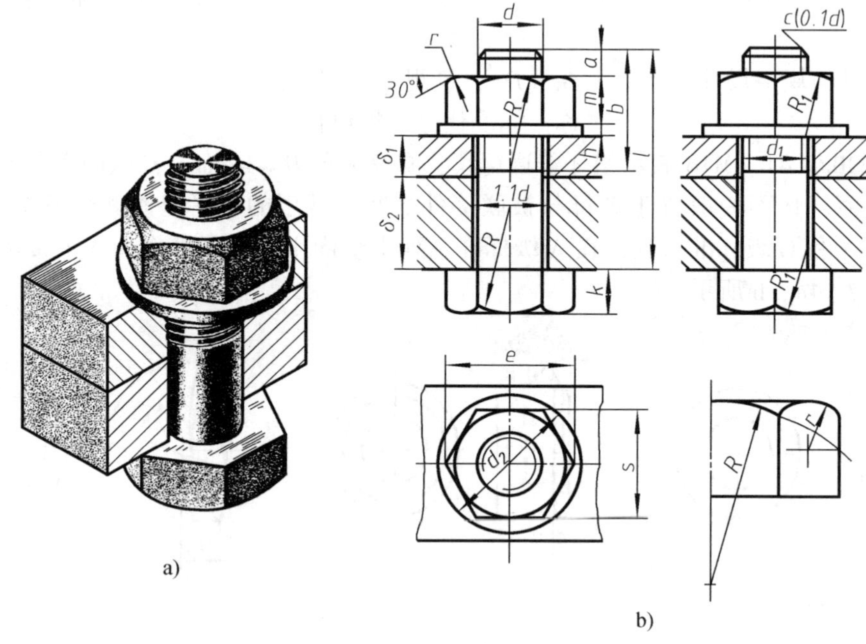

图 7-15　螺栓联接及其近似画法

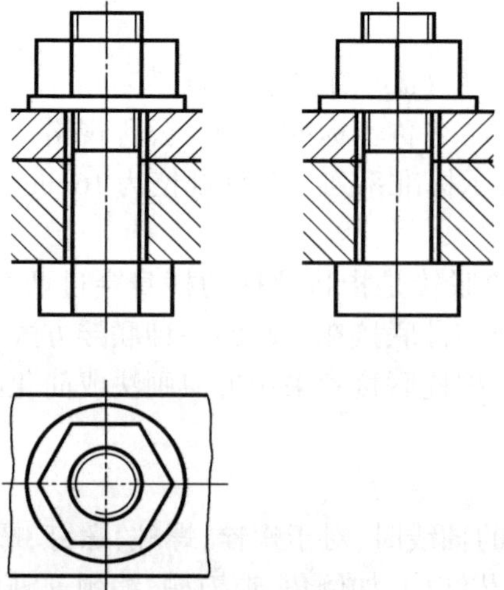

图 7-16　螺栓联接的简化画法

表 7-2　常用螺纹紧固件近似画法的比例关系

<table>
<tr><th>名称</th><th>尺寸比例</th><th>名称</th><th>尺寸比例</th><th>名称</th><th>尺寸比例</th><th>名称</th><th>尺寸比例</th></tr>
<tr><td rowspan="3">螺栓</td><td rowspan="3">$b=2d$
$k=0.7d$
$R=1.5d$
$R_1=d$
$e=2d$
$d_1=0.85d$</td><td>螺栓</td><td>$c=0.1d$
s 由作图决定</td><td rowspan="3">螺母</td><td rowspan="3">$e=2d$
$R=1.5d$
$R_1=d$
$m=0.8d$
r 由作图决定
s 由作图决定</td><td>平垫圈</td><td>$h=0.15d$
$d_2=2.2d$</td></tr>
<tr><td rowspan="2">螺柱</td><td rowspan="2">$b=2d$
$l_2=b_m+0.3d$
$l_3=b_m+0.6d$</td><td>弹簧垫圈</td><td>$s=0.25d$
$d_1+b=1.3d$</td></tr>
<tr><td>被联接件</td><td>$D_0=1.1d$</td></tr>
</table>

二、双头螺柱联接

当被联接的零件之一较厚，或因结构的限制不宜用螺栓连接时，常采用双头螺柱连接。通常将较薄的零件加工出通孔，较厚的零件加工成不通的螺孔。装配时，先将螺柱的一端旋入螺孔，再将带通孔零件穿过另一端，最后套上垫圈，拧紧螺母，如图 7-17 所示。

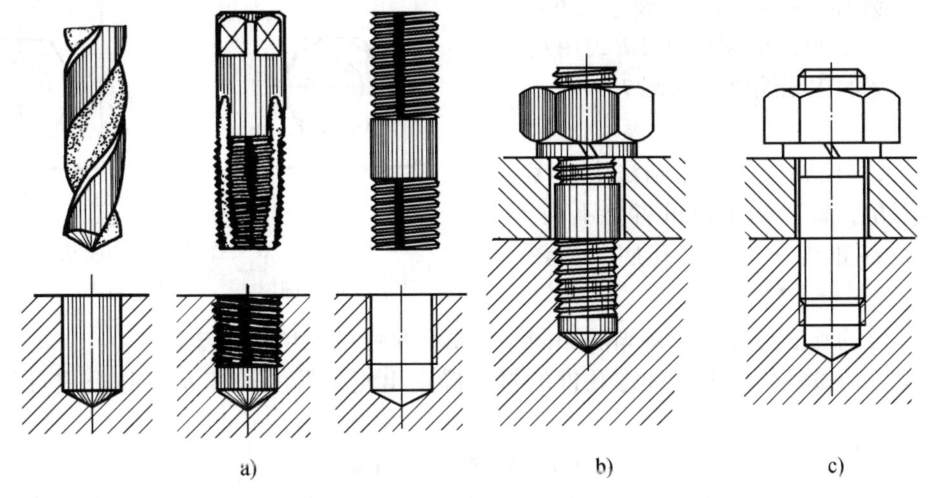

图 7-17　双头螺柱联接

1. 双头螺柱　双头螺柱两端均制有螺纹。旋入螺孔的一端称旋入端（b_m）；另一端称旋螺母端（b）。双头螺柱的结构型式分 A 型、B 型两种，如图 7-18 所示。

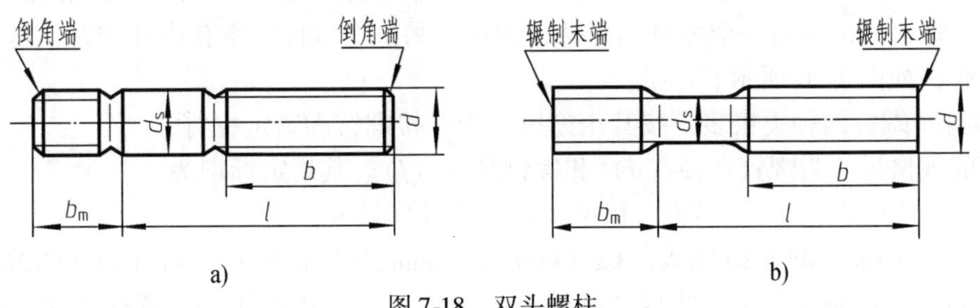

图 7-18　双头螺柱

a）A 型　b）B 型

双头螺柱的规格尺寸是螺纹大径（d）和双头螺柱长（l），其规定标记为：

名称　标准代号　类型　螺纹代号 × 长度

如：螺柱　GB/T 898　M12 × 40 表示两端均为粗牙普通螺纹、公称尺寸 $d = 12$mm、长度 $l = 40$mm（不包括旋入端）、不经表面处理的 B 型（“B”省略不注）双头螺柱。

2. 双头螺柱联接的画法　在装配图中，双头螺柱联接常采用近似画法或简化画法，如图 7-19 所示。

画双头螺柱联接图时应注意以下几点：

1）旋入端的螺纹终止线应与两被联接件的接触面平齐，表示旋入端已拧紧（见图 7-19）。旋入端长度 b_m 应根据被联接件的材料而定（钢 $b_m = d$；铸铁或铜 $b_m = 1.25d \sim 1.5d$；轻金属 $b_m = 2d$）。

2）旋入端螺孔深取 $l_2 = b_m + 0.5d$，钻孔深取 $l_3 = b_m + d$，如图 7-19a 所示。

3）弹簧垫圈开口方向与水平成 60°并向左上倾斜绘制，槽宽取 0.1d 或用约两倍粗实线宽的粗线绘制，如图 7-19a、b 所示。

4）双头螺柱联接的简化画法中，螺柱末端的倒角，螺母的倒角可省略不画，螺孔中螺纹终止线允许画到孔底，如图 7-19b 所示。

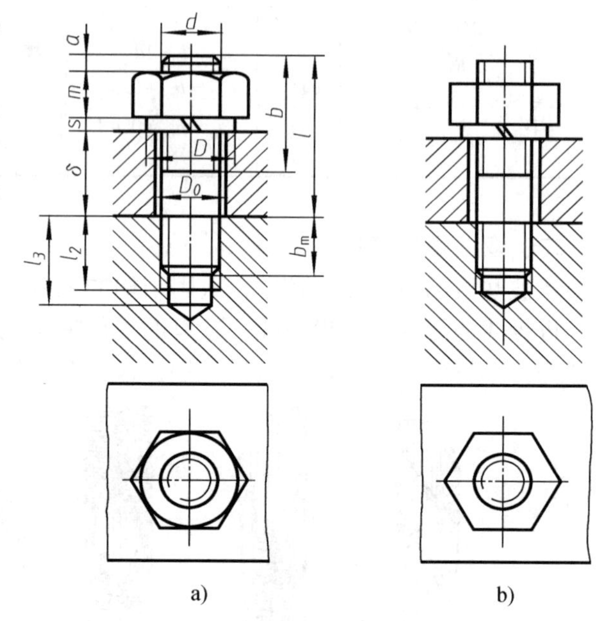

图 7-19　双头螺柱联接的画法

a）近似画法　b）简化画法

其他部位的画法与螺栓联接画法相同，各部分尺寸的比例见表 7-2。

画图时，应按螺柱的大径和螺孔件的材料确定出旋入端的长度 b_m，按公式计算出螺柱的长度：

$$l_{计} \approx \delta + s(\text{或 } h) + m + a$$

式中，$a = (0.3 \sim 0.4)d$。根据公式算出的螺柱长度，再从相应的螺柱标准中选取接近的标准长度 l。

三、螺钉联接

螺钉用来联接一个较薄、一个较厚的两个零件，常用于受力不大和不经常拆卸的场合。装配时，将螺钉杆部穿过一个零件的通孔，而旋入另一个零件的螺孔内并拧紧，将两个零件紧固在一起，如图 7-20 所示。

1. 螺钉　螺钉的种类很多，按其用途可分为联接螺钉和紧定螺钉。

螺钉的规格尺寸为螺钉直径（d）和螺钉长度（l）。其规定标记为：

名称　标准代号　螺纹代号 × 长度

如：螺钉　GB/T 68　M5 × 20 则表示螺纹规格 $d = 5$mm、公称长度 $l = 20$mm 的开槽沉头螺钉。

2. 螺钉联接的画法　螺钉联接的画法，除头部之外，其他部分与螺柱联接相似，只是螺杆上的螺纹终止线应在螺孔的端面以上画出；螺钉头部的开槽用约两倍的粗实线绘制，在投影为圆的视图中，槽口规定按与水平成 45°并向右上倾斜绘制。为了简化作图，还可将表示牙底的细实线一直画到螺钉头的肩部，如图 7-21 所示。

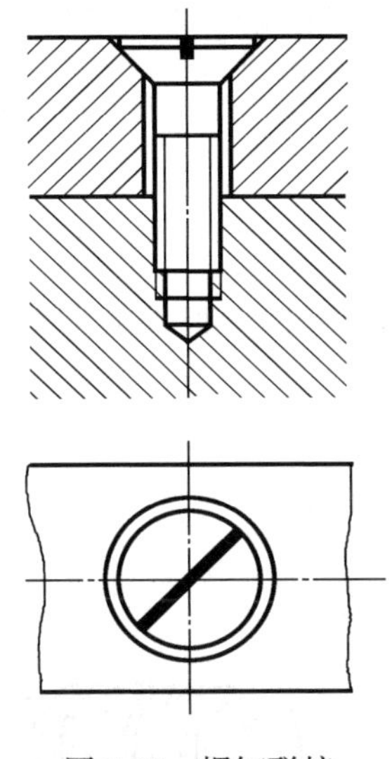

图 7-20 螺钉联接

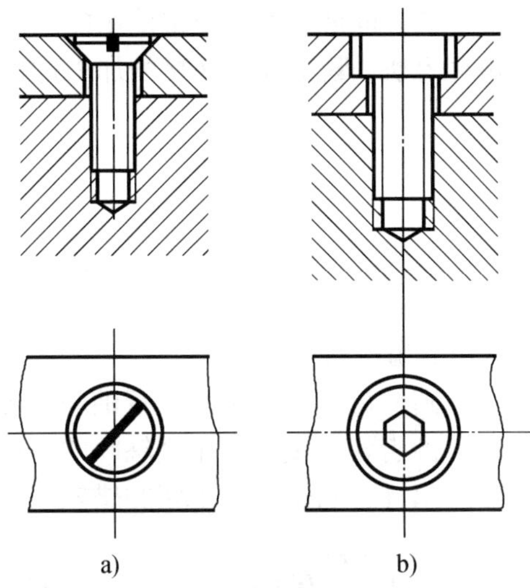

图 7-21 螺钉联接的简化画法

螺钉的旋入深度，也是由被联接件的材料决定的。螺钉长度需根据螺钉的型式及联接结构来确定，并根据计算出的长度 $l_{计}$，查阅相关标准，选择与其接近的标准长度 l。

螺钉头部可采用近似画法来绘制，如图 7-22 所示。

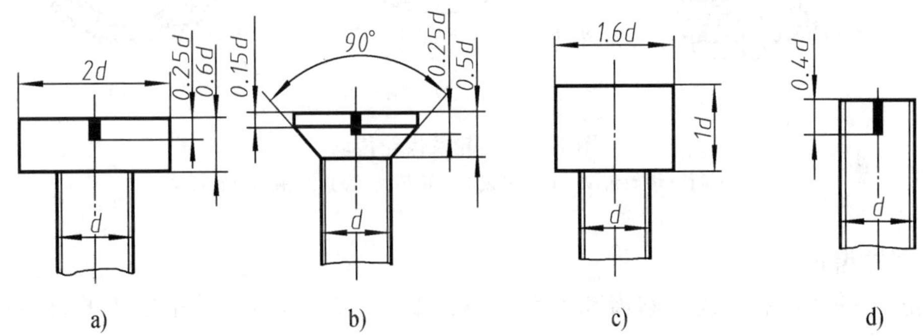

图 7-22 螺钉头部的近似画法

a）盘头 b）沉头 c）圆柱内六角头 d）紧定螺钉头

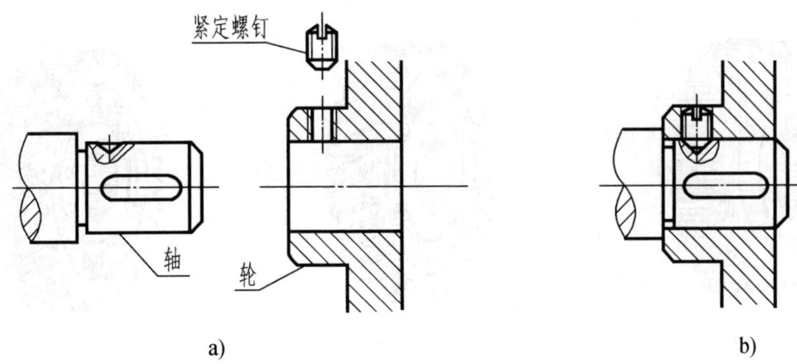

图 7-23 紧定螺钉联接

a）联接前 b）联接后

紧定螺钉也是机器上经常使用的一种螺钉。它可以将两个相配零件紧固在一起，防止其产生相对运动。紧定螺钉联接的加工过程如图 7-23 所示。

第三节 齿 轮

齿轮是传动零件，在机器（或部件）中被广泛应用。它能将一根轴的动力传递给另一根轴，也可改变轴的转速和转向。

常用的齿轮有：

（1）圆柱齿轮　用于两平行轴间的传动，如图 7-24a 所示。

（2）锥齿轮　用于两相交轴间的传动，如图 7-24b 所示。

（3）蜗杆、蜗轮　用于两交错轴间的传动，如图 7-24c 所示。

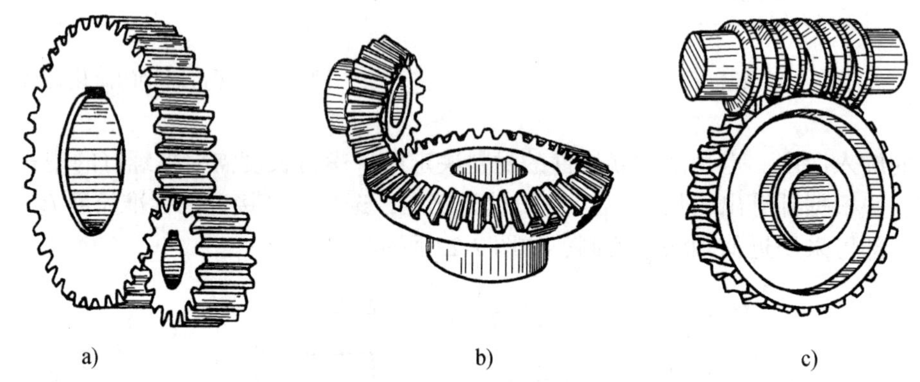

a)　　b)　　c)

图 7-24　齿轮及齿轮传动

a）平行轴齿轮传动　b）相交轴齿轮传动　c）交错轴齿轮传动

一、圆柱齿轮

圆柱齿轮的齿形有直齿、斜齿和人字齿等，如图 7-25 所示，其中常用的是直齿圆柱齿轮（简称直齿轮）。

圆柱齿轮的外形是圆柱形，其结构一般由轮体（轮毂、轮辐、轮缘）及轮齿组成。轮齿的齿廓曲线可以是渐开线、摆线和圆弧形。常见的是渐开线形。

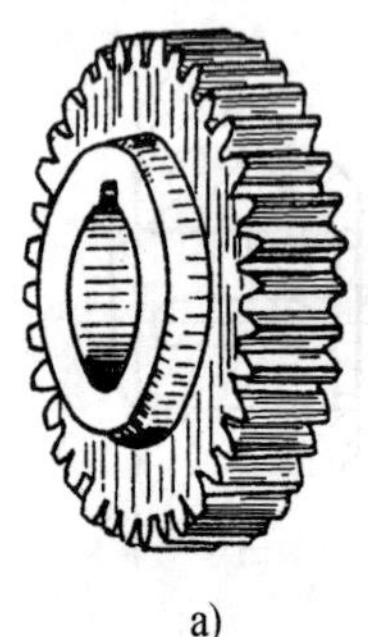

a)

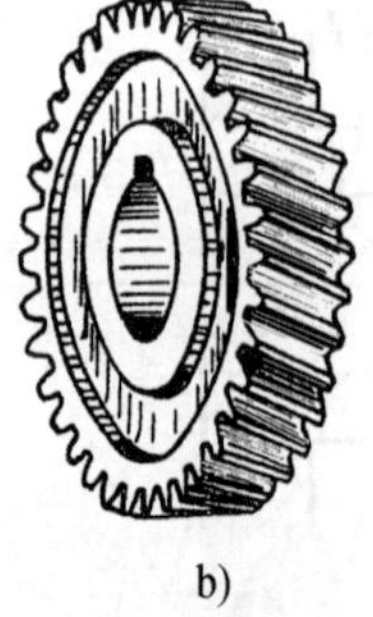

b)

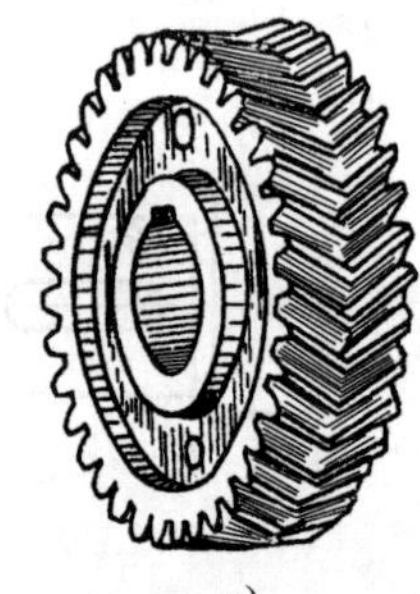

c)

图 7-25　圆柱齿轮

a）直齿轮　b）斜齿轮　c）人字齿轮

1. 直齿圆柱齿轮各部分名称、代号及尺寸关系（见图 7-26）

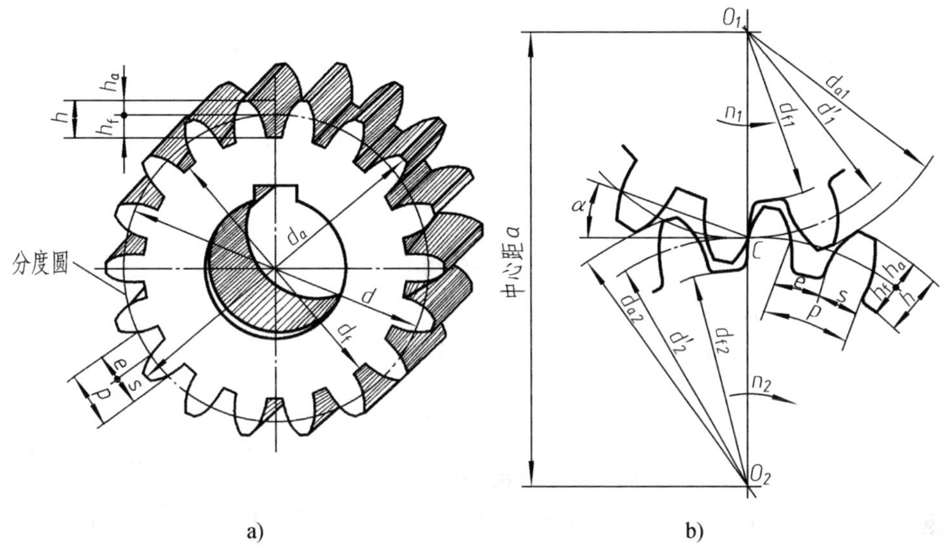

图 7-26　齿轮各部分的名称及代号

（1）齿数 z　一个齿轮的轮齿总数。

（2）顶圆（齿顶圆）　在圆柱齿轮上，其齿顶圆柱面与端平面的交线，称为齿顶圆，其直径用 d_a 表示。

（3）根圆（齿根圆）　在圆柱齿轮上，其齿根圆柱面与端平面的交线，称为齿根圆，其直径用 d_f 表示。

（4）分度圆和节圆　圆柱齿轮的分度圆柱面与端平面的交线，称为分度圆，其直径用 d 表示。平行轴齿轮副中的圆柱齿轮的节曲面与端平面的交线，称为节圆，其直径用 d' 表示。

分度圆是设计、制造齿轮时进行尺寸计算的基准圆，也是加工齿轮时作为齿数分度的圆，所以称为分度圆。一对正确安装的标准齿轮啮合时，两个齿轮的分度圆是相切的，此时分度圆与节圆重合，切点 C 叫节点。

（5）齿距（端面齿距）p　在齿轮上，两个相邻而同侧的端面齿廓间的分度圆弧长简称齿距。

（6）齿厚（端面齿厚）s　在圆柱齿轮的端平面上，一个齿的两侧端面齿廓之间的分度圆弧长称为齿厚。

（7）槽宽（端面齿槽宽）e　在端平面上，一个齿槽的两侧齿廓之间的分度圆弧长称为槽宽。

在标准齿轮中，槽宽与齿厚相等，且各为齿距的一半，即

$$s = e = p/2, \quad p = s + e$$

（8）齿顶高 h_a　齿顶圆与分度圆之间的径向距离称为齿顶高。

（9）齿根高 h_f　齿根圆与分度圆之间的径向距离称为齿根高。

（10）齿高 h　齿顶圆与齿根圆之间的径向距离称为齿高。

齿高等于齿顶高与齿根高之和，即

$$h = h_a + h_f$$

（11）齿宽 b　齿轮的有齿部位沿分度圆柱面的直母线方向度量的宽度，称为齿宽。

（12）啮合角与压力角 α　在一般情况下，两相啮合轮齿的端面齿廓在接触点处的公法线与两节圆的内公切线所夹的锐角，称为啮合角；对于渐开线齿轮，指的是两相啮合轮齿在节点上的端面压力角，如图 7-27 所示。标准齿轮的啮合角为 20°。

（13）中心距 a　平行轴或交错轴齿轮副的两轴线之间的距离称为中心距，如图 7-26 所示。

（14）模数 m　齿轮上有多少个齿，在分度圆上就有多少个齿距，即分度圆周长为

$$\pi d = pz \tag{7-1}$$

则分度圆直径

$$d = z\frac{p}{\pi} \tag{7-2}$$

齿距 p 除以圆周率 π 所得的商，称为齿轮的模数，用代号“m”表示，尺寸单位为毫米（mm），即

$$m = \frac{p}{\pi} \tag{7-3}$$

将式（7-3）代入式（7-2），得

$$d = mz \tag{7-4}$$

在标准齿轮中，齿顶高 $h_a = m$，齿根高 $h_f = 1.25m$。相互啮合的两齿轮，其齿距 p 应相等；由于 $p = m\pi$，因此它们的模数亦相等。当模数 m 发生变化时，齿高 h 和齿距 p 也随之变化，即模数 m 愈大，轮齿愈大；模数 m 愈小，轮齿愈小。由此可以看出，模数是表征齿轮轮齿大小的一个重要参数，是计算齿轮主要尺寸的一个基本依据。

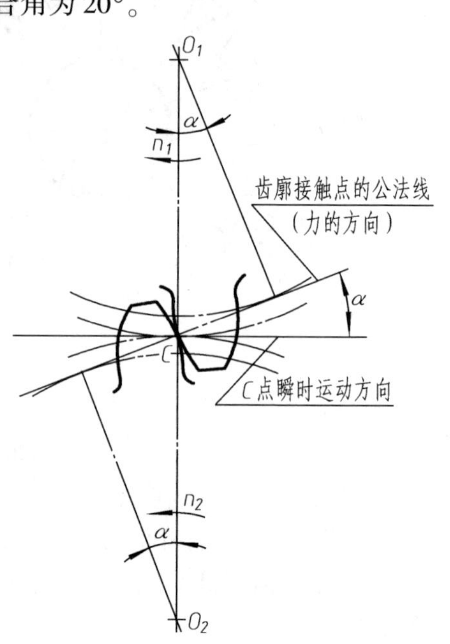

图 7-27　齿轮传动图

为了简化和统一齿轮的轮齿规格，提高齿轮的互换性，便于齿轮的加工、修配，减少齿轮刀具的规格品种，提高其系列化和标准化程度，国家标准对齿轮的模数作了统一规定，圆柱齿轮的标准模数见表 7-3。

表 7-3　圆柱齿轮的标准模数（GB/T 1357—1987）　　（单位：mm）

第一系列	1	1.25	1.5	2	2.5	3	4	5	6	8	10	12	16	20	25	32	40	50
第二系列	1.75	2.25	2.75	(3.25)	3.5	(3.75)	4.5	5.5	(6.5)	7	9	(11)	14	18	22	28	36	45

注：优先选用第一系列，其次选用第二系列，括号内的模数尽可能不用。

直齿圆柱齿轮各部分尺寸关系见表 7-4。

表 7-4　直齿圆柱齿轮各部分尺寸关系

名称及代号	公　式	名称及代号	公　式
模数 m	$m = p/\pi = d/z$	齿顶圆直径 d_a	$d_a = d + 2h_a = m(z+2)$
齿顶高 h_a	$h_a = m$	齿根圆直径 d_f	$d_f = d - 2h_f = m(z-2.5)$
齿根高 h_f	$h_f = 1.25m$	齿距 p	$p = \pi m$
齿高 h	$h = h_a + h_f = 2.25m$	中心距 a	$a = (d_1 + d_2)/2 = m(z_1 + z_2)/2$
分度圆直径 d	$d = mz$		

2. 直齿圆柱齿轮的规定画法

(1) 单个齿轮的画法

1）在垂直于圆柱齿轮轴线的投影面的视图中，齿顶圆用粗实线，齿根圆用细实线或省略不画，分度圆用细点画线画出，如图 7-28a 所示。

2）在剖视图中，当剖切平面通过齿轮的轴线时，轮齿一律按不剖处理。而齿顶线和齿根线用粗实线画出，分度线用细点画线绘制，如图 7-28b 所示。

若不画成剖视图，则齿根线应用细实线绘制或省略不画，如图 7-28a、c、d 所示。

3）轮齿为斜齿、人字齿时，按图 7-28c、d 的形式画出。

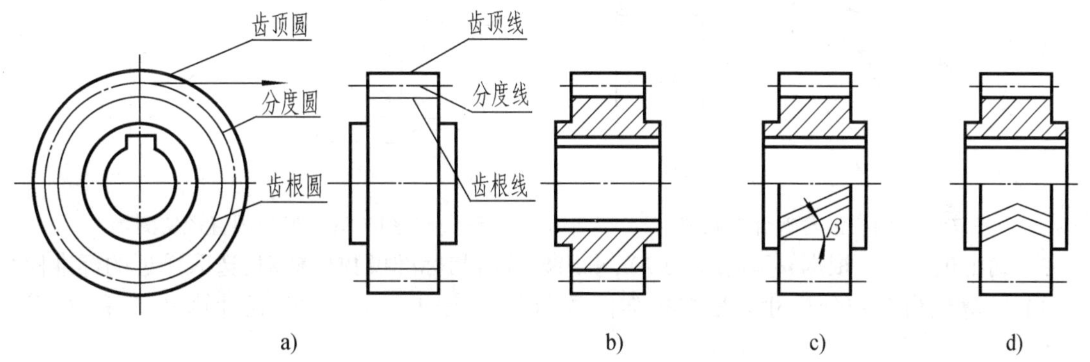

图 7-28　单个圆柱齿轮的画法

(2) 圆柱齿轮啮合的画法

1）在垂直于圆柱齿轮轴线的投影面的视图中，啮合区内的齿顶圆均用粗实线绘制，也可省略不画，相切的两节圆用细点画线画出，如图 7-29a、b 所示。

2）当剖切平面通过两啮合齿轮的轴线时，在啮合区内，将一个齿轮的轮齿用粗实线绘制，另一个齿轮的轮齿被遮挡的部分用细虚线绘制，如图 7-29a 所示，也可省略不画；在平行于圆柱齿轮轴线的投影面的视图中，啮合区的齿顶线不需画出，节线用粗实线绘制；其他处的节线用细点画线绘制，如图 7-29c、d 所示。

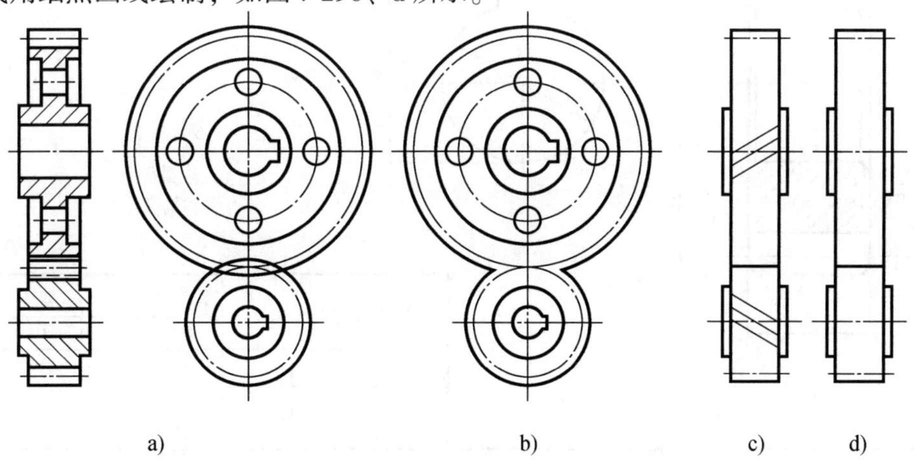

图 7-29　圆柱齿轮啮合的规定画法

一对相啮合的圆柱齿轮，由于齿根高与齿顶高相差 0.25m，因此一个齿轮的齿顶线和另一个齿轮的齿根线之间，应有 0.25m 的间隙，如图 7-30 所示。

3. 直齿圆柱齿轮的测绘　测绘步骤如下：

1）先数出齿数 z。

2）测出顶圆直径 d_a。当齿数是偶数时，d_a 可直接量出，如图 7-31a 所示；如为奇数时，应先测出孔径 D_1 及孔壁到齿顶间的距离 H，则 $d_a = 2H + D_1$，如图 7-31b 所示。

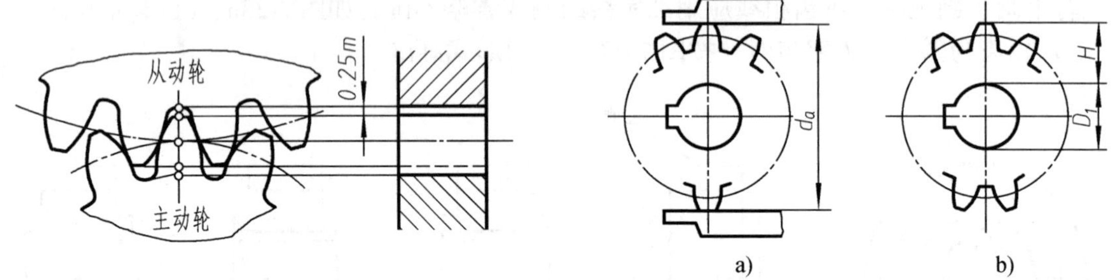

图 7-30　两个齿轮啮合的间隙　　图 7-31　齿顶圆直径的测量

3）确定模数 m。根据 $m = d_a/(z+2)$，求出模数后与标准模数值核对，选取接近的标准模数。

4）计算轮齿各部分尺寸。根据标准模数和齿数，按表 7-4 中的公式计算 d、d_a 和 d_f 等。

5）实测与计算齿轮的其他部分尺寸。

6）绘制直齿圆柱齿轮零件图，如图 7-32 所示。

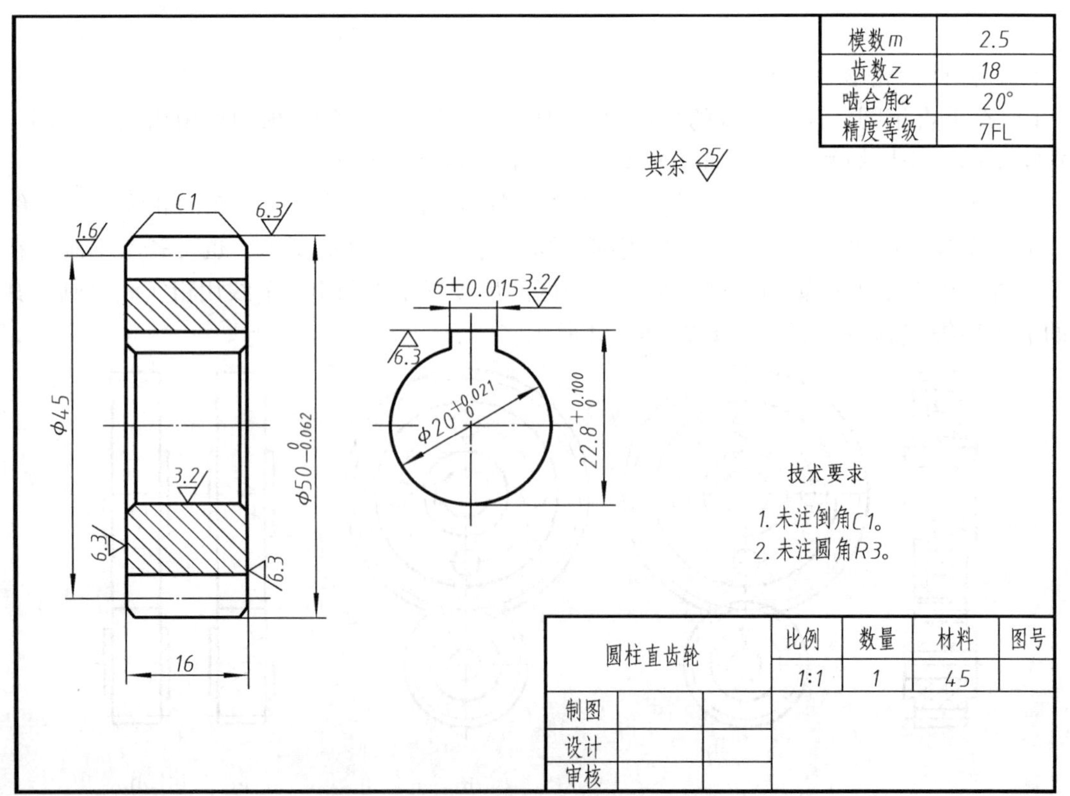

图 7-32　直齿圆柱齿轮零件图

二、斜齿圆柱齿轮简介

1. 斜齿圆柱齿轮轮齿各部分的尺寸关系　斜齿轮与直齿轮的区别在于其轮齿排列方向与齿轮轴线间有一倾斜角 β，称为螺旋角。因此与之对应也就有端面模数和法向模数，而法向模数是斜齿圆柱齿轮的主要参数。一对外啮合斜齿轮，除法向模数相同外，螺旋角应相等、方向相反。

2. 斜齿圆柱齿轮的画法

（1）单个斜齿轮的画法　如图 7-33 所示，非圆视图画成半剖视或局部剖视，在未剖的部分以三条相互平行的细实线示意轮齿的倾斜方向。

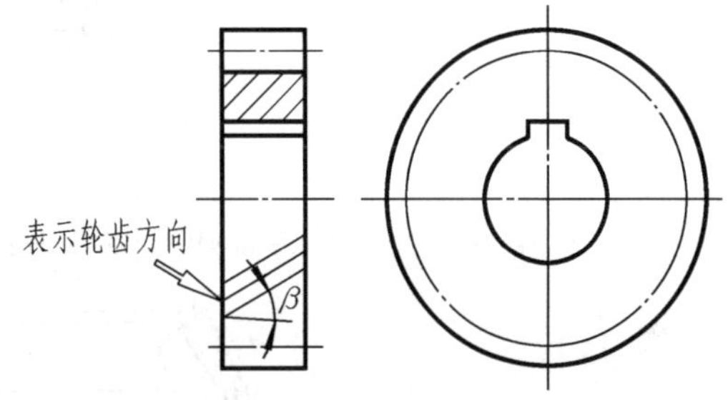

图 7-33　斜齿圆柱齿轮的规定画法

（2）斜齿轮的啮合画法　如图 7-29c 所示，其啮合区的画法与直齿圆柱齿轮的画法相同。对于斜齿的表示，应在两个齿轮上画出方向相反的示意线（相互啮合的斜齿轮，其轮齿的旋向应相反）。

三、直齿锥齿轮简介

分度曲面为圆锥面的齿轮称为锥齿轮。由于锥齿轮的轮齿分布在圆锥面上，所以锥齿轮在齿宽范围内有大端、小端之分。为了计算和制造方便，规定锥齿轮以大端端面模数为标准参数，根据大端端面模数来计算其他各部分尺寸。

1. 直齿锥齿轮各部分名称、代号　如图 7-34 所示，其中齿顶高 $h_a = m$；齿根高 $h_f = 1.2m$；齿高 $h = 2.2m$。

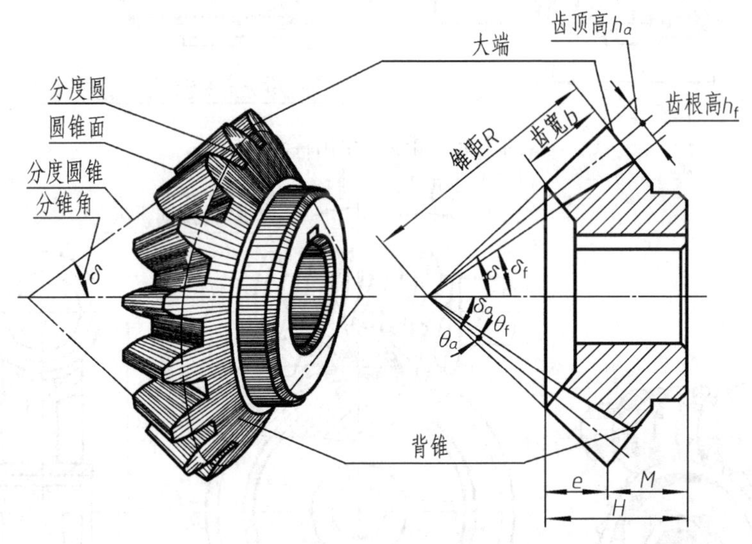

图 7-34　直齿锥齿轮的各部分名称及代号

2. 直齿锥齿轮的画法

（1）单个锥齿轮的规定画法　如图 7-35 所示，主视图取剖视，轮齿按不剖处理。左视图规定用粗实线画出大端和小端的顶圆，用细点画线画出大端的分度圆。大、小端根圆及小端分度圆均不画出。其余部分均按投影原理绘制。

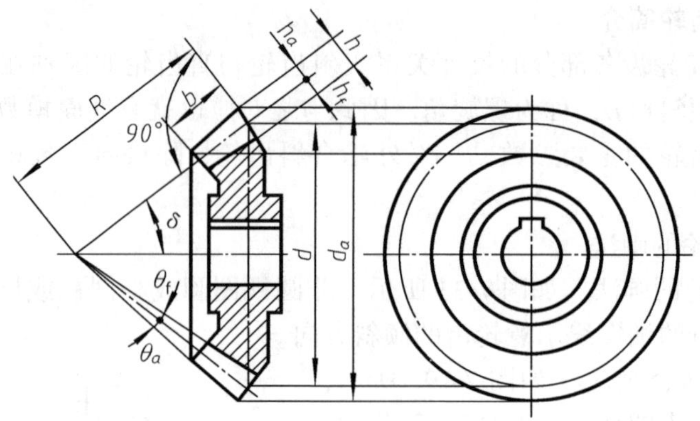

图 7-35 单个锥齿轮的规定画法

（2）直齿锥齿轮的啮合画法　两锥齿轮啮合的画法如图 7-36 所示。

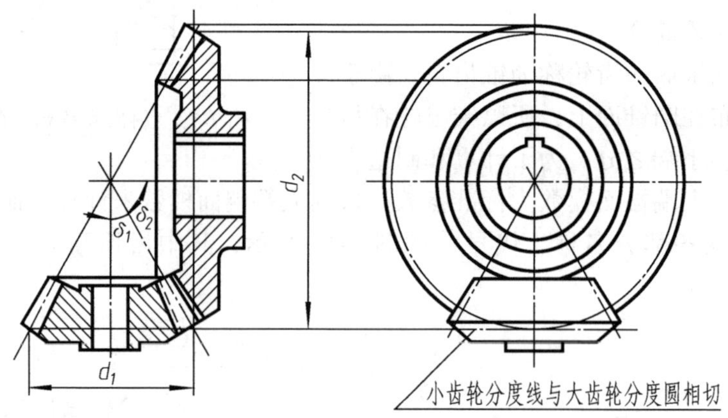

图 7-36 锥齿轮的啮合画法

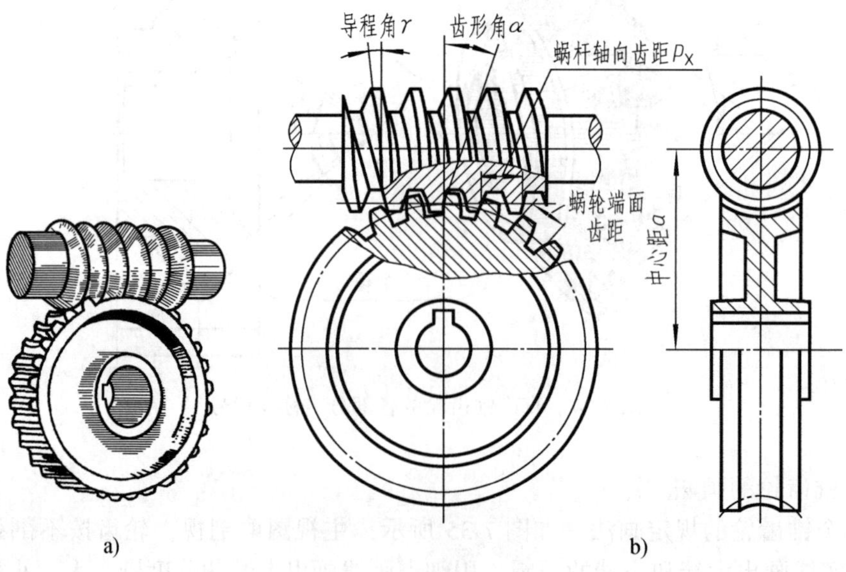

图 7-37 蜗轮蜗杆传动

四、蜗杆、蜗轮简介

蜗杆蜗轮常用于垂直交叉轴之间的传动，如图 7-37 所示。蜗杆和蜗轮的齿向是螺旋形的，蜗杆轴向断面类似梯形螺纹的轴向断面，有单头、多头和左、右旋之分；蜗轮的轮齿顶面常制成环形面，以增加与蜗杆的接触面。

1. 蜗杆、蜗轮的主要参数及其尺寸关系　为设计和加工方便，规定以蜗杆的轴向模数 m_X 和蜗轮的端面模数 m_t 为标准模数。一对啮合的蜗杆、蜗轮，其模数应相等，即标准模数 $m=m_X=m_t$。且蜗轮的螺旋角和蜗杆的螺旋线导程角大小相等、方向相同。

蜗杆、蜗轮的齿顶高、齿根高及齿高的计算方法同锥齿轮。

蜗杆、蜗轮的各部分尺寸如图 7-38 所示。

2. 蜗杆、蜗轮的规定画法

（1）蜗杆的规定画法　蜗杆的规定画法与圆柱齿轮的画法相同。为了表达蜗杆上的牙型，一般可采用局部剖视图或局部放大图，蜗杆画法如图 7-38b 所示。

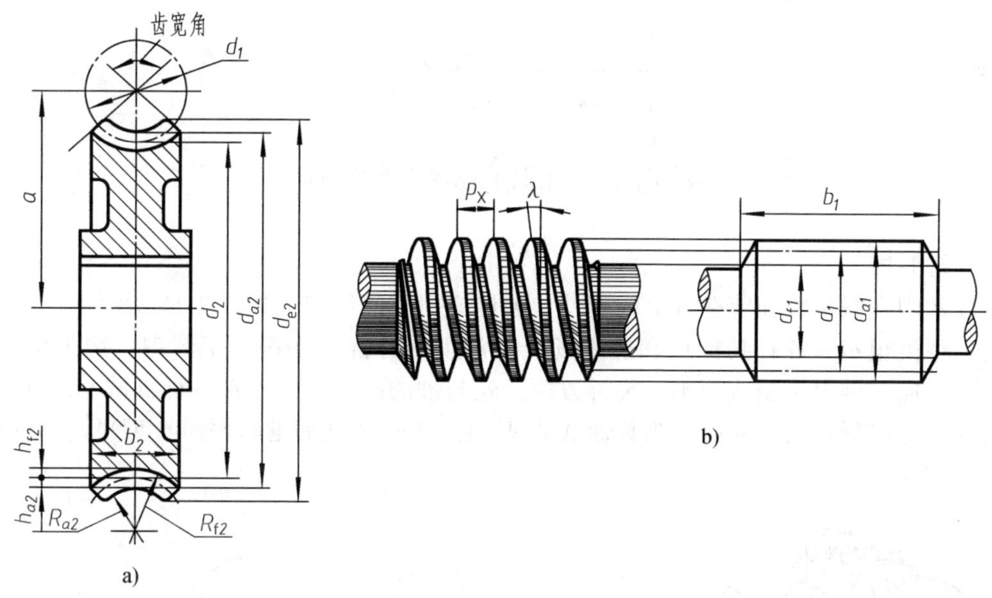

图 7-38　蜗杆与蜗轮的各部分尺寸

（2）蜗轮的规定画法　蜗轮的画法与圆柱齿轮基本相同。但是在投影为圆的视图中，只画出分度圆和顶圆，其他结构形状按投影绘制，如图 7-39 所示。

（3）蜗杆、蜗轮啮合的画法

1）用剖视图表达　在蜗杆投影为圆的视图上取全剖视，蜗杆与蜗轮投影的重合部分只画蜗杆；在蜗杆投影为非圆的视图上取局部剖视，蜗杆的齿顶线画到与蜗轮齿顶圆相交为止，蜗杆的分度线与蜗轮的分度圆应相切，如图 7-40a 所示。

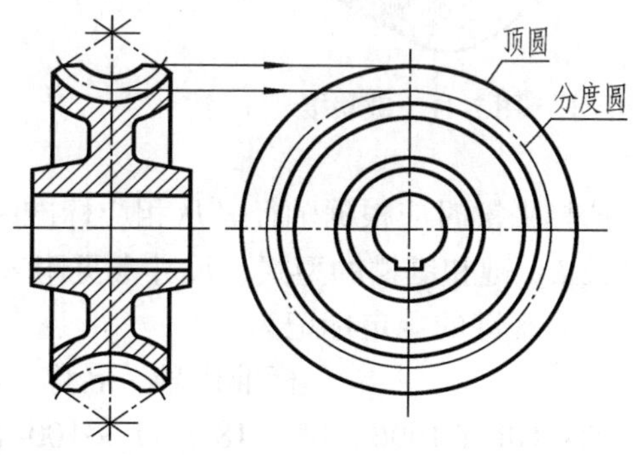

图 7-39　蜗轮的规定画法

2）用外形视图表达　在蜗杆投影为圆的视图上，蜗杆与蜗轮投影的重合部分只画蜗杆；在蜗轮投影为圆的视图上，蜗杆和蜗轮按各自的规定画法绘制，啮合区内的蜗杆分度线与蜗轮的分度圆应相切，如图 7-40b 所示。

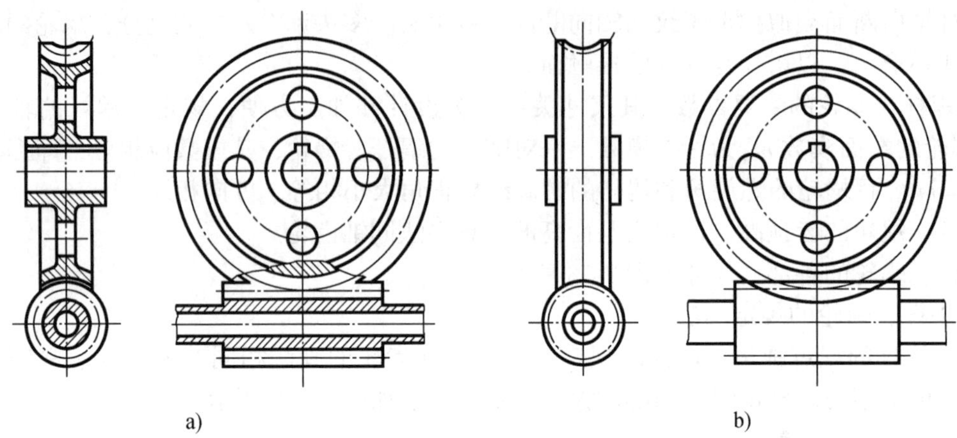

图 7-40　蜗杆与蜗轮啮合画法
a）剖视画法　b）外形画法

第四节　键联接和销联接

一、键联接

键通常用来联接轴和装在轴上的零件，起传递扭矩的作用，如图 7-41 所示。

键的种类很多，各有其特点和适用场合。常用的有普通平键、半圆键、钩头楔键等三种。其中普通平键由于制造简单，装拆方便，轮与轴的同心度好，在各种机械上得到广泛应用。普通平键按形状的不同可分为普通 A 型平键，普通 B 型平键和普通 C 型平键三种类型，如图 7-42 所示。

图 7-41　键联接

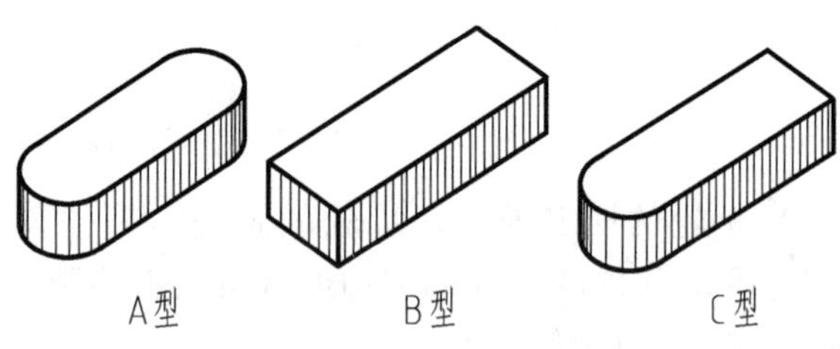

图 7-42　普通平键的型式

选择平键时应根据轴径 d 从相应标准中查取键的截面尺寸（$b \times h$），然后按轮毂宽度选取键长 L。键和键槽的型式、尺寸参见附表 16。

普通平键的规定标记为：

标准代号　名称　型式　宽度×高度×长度

如：GB/T 1096　键　18 × 11 × 100 表示宽度 b = 18mm，高度 h = 11mm，长度 L = 100mm 的普通 A 型平键（“A”可省略）。

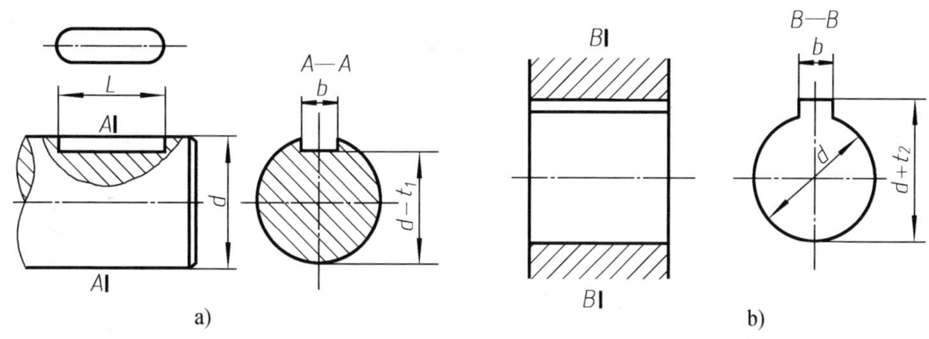

图 7-43　键槽的断面尺寸

普通平键键槽的尺寸由国家标准确定。其中，轴的键槽深度 t_1 和毂的键槽深度 t_2 按轴径 d 由附表 16 查得，零件图上键槽的一般表示方法和尺寸注法，如图 7-43a 、b 所示。图 7-44 是普通平键联接的画法。键的两侧面及底面分别与相应的键槽两侧面及轴上键槽底面相接触，画一条线。而键与毂的键槽在顶面不接触，应画出两条线。沿键的纵向对称平面剖切时，键按不剖处理。

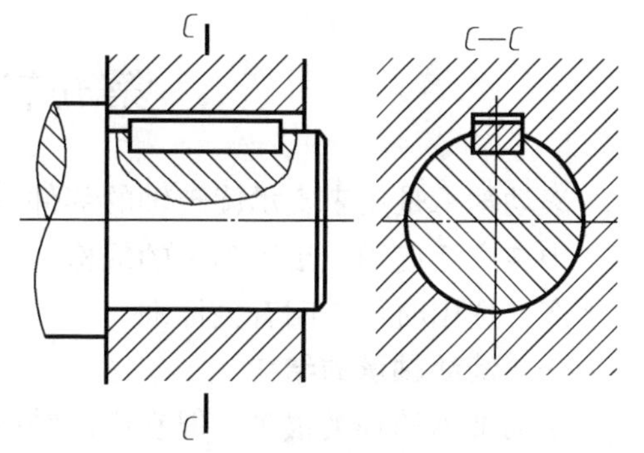

图 7-44　普通平键联接的画法

二、销联接

销是标准件，主要起定位作用，也可用于联接或锁紧。常用的销有：圆柱销、圆锥销、开口销等。销的有关标准见附表 13 ~ 附表 15。

销的型式、标记和联接画法见表 7-5。

表 7-5　销的型式、标记和联接画法

名　称	主　要　尺　寸	标　　记	联　接　画　法
圆柱销	d　l	销　GB/T 119.1　$d \times l$	
圆锥销	1:50　d　l	销　GB/T 117　$d \times l$	

（续）

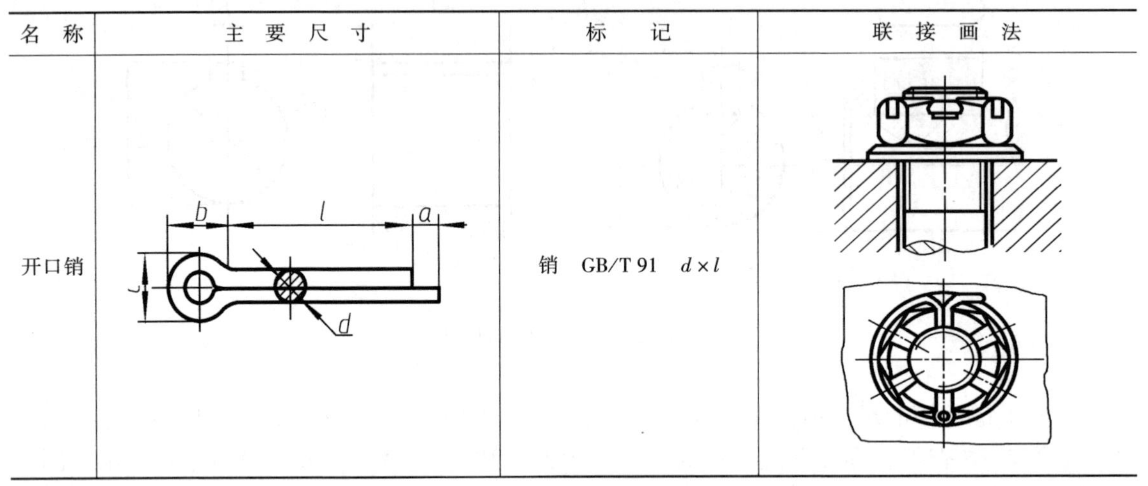

名　称	主　要　尺　寸	标　　记	联　接　画　法
开口销		销　GB/T 91　$d \times l$	

第五节　滚 动 轴 承

滚动轴承是用来支承旋转轴的部件，它具有结构紧凑、摩擦阻力小等优点，在现代工业生产中被广泛使用。滚动轴承的规格、型号较多，且都已实现标准化和系列化，并由专门企业生产，选用时可查阅有关标准。

一、滚动轴承的结构

滚动轴承的种类很多，但它们的结构大致相似。一般由内圈、外圈、滚动体和保持架组成，如图 7-44 所示。

滚动轴承按其承受载荷的方向可分为三类：

（1）向心轴承　主要承受径向载荷，如深沟球轴承（见图 7-45a）。

（2）推力轴承　仅能承受轴向载荷，如推力球轴承（见图 7-45b）。

（3）向心推力轴承　能同时承受径向载荷和轴向载荷，如圆锥滚子轴承（见图 7-45c）。

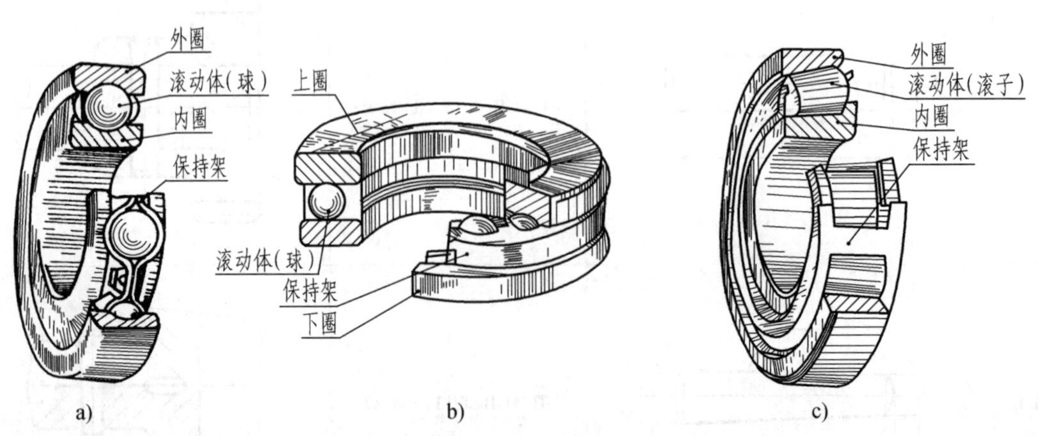

图 7-45　三类滚动轴承

a）深沟球轴承　b）推力球轴承　c）圆锥滚子轴承

二、滚动轴承代号的构成

滚动轴承代号是表示滚动轴承的结构、尺寸、公差等级、技术性能的产品特征符号。滚动轴承代号由基本代号、前置代号和后置代号三部分组成，其排列顺序为：

前置代号　基本代号　后置代号

1. 基本代号　基本代号表示轴承的基本类型、结构和尺寸，是轴承代号的基础。基本代号由轴承类型代号、尺寸系列代号和内径代号构成，其排列顺序为：

类型代号　尺寸系列代号　内径代号

轴承类型代号用数字（阿拉伯数字）或字母（大写拉丁字母）表示，见表7-6。

表7-6　滚动轴承类型代号（GB/T 272—1993）

代号	0	1	2	3	4	5	6	7	8	N	U	QJ
轴承类型	双列角接触球轴承	调心球轴承	调心滚子轴承和推力调心滚子轴承	圆锥滚子轴承	双列深沟球轴承	推力球轴承	深沟球轴承	角接触球轴承	推力圆柱滚子轴承	圆柱滚子轴承	外球面球轴承	四点接触球轴承

尺寸系列代号由轴承的宽（高）度系列代号和直径系列代号组合而成，均用两位数字表示。它的主要作用是区别内径相同而宽（高）度和外径不同的轴承。具体代号需查阅相关的国家标准。

内径代号表示轴承的公称内径，其表示方法见表7-7。

表7-7　滚动轴承内径代号（GB/T 272—1993）

轴承公称内径/mm		内径代号	示例
0.6～10（非整数）		用公称内径毫米数直接表示，在其与尺寸系列代号之间用“/”分开	深沟球轴承　618/2.5　$d=2.5$mm
1～9（整数）		用公称内径毫米数直接表示，对深沟及角接触球轴承7、8、9直径系列，内径与尺寸系列代号之间用“/”分开	深沟球轴承　62/5　$d=5$mm 深沟球轴承　618/5　$d=5$mm
10～17	10	00	深沟球轴承　6200　$d=10$mm
	12	01	深沟球轴承　6201　$d=12$mm
	15	02	深沟球轴承　6202　$d=15$mm
	17	03	深沟球轴承　6203　$d=17$mm
20～480（22、28、32除外）		公称内径除以5的商数，商数为个位数，需在商数左边加“0”，如08	圆锥滚子轴承　30308　$d=40$mm 深沟球轴承　6215　$d=75$mm
≥500以及22、28、32		用公称内径毫米数直接表示，但在与尺寸系列之间用“/”分开	调心滚子轴承　230/500　$d=500$mm 深沟球轴承　62/22　$d=22$mm

2. 前置、后置代号　前置、后置代号是轴承在结构形状、尺寸、公差、技术要求等有改变时，在其基本代号左右添加的补充代号。前置代号用字母表示，后置代号用字母或加数

字表示。前置、后置代号有许多种，其含义需查阅 GB/T 272—1993。

轴承代号标记示例：

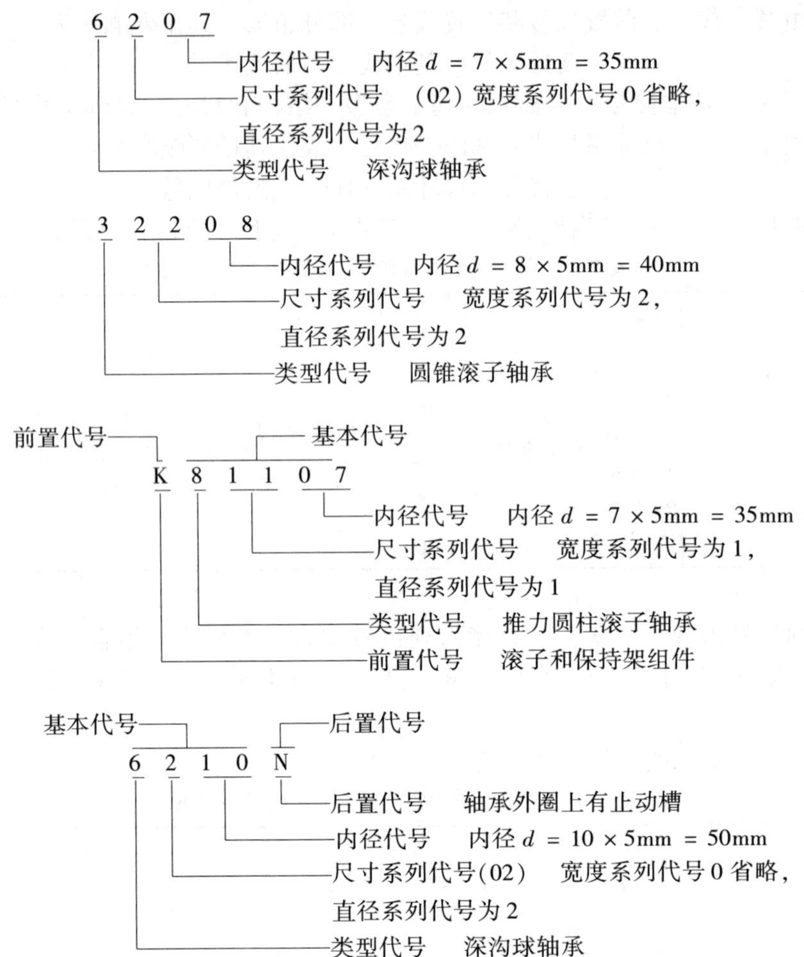

三、滚动轴承的画法

当需要在图样上表示滚动轴承时，可采用简化画法（通用画法和特征画法）或规定画法。

1. 简化画法

（1）通用画法　在剖视图中，当不需要确切地表示滚动轴承的外形轮廓、载荷特征、结构特征时，可用矩形线框及位于线框中央正立的十字形符号表示滚动轴承。通用画法应绘制在轴的两侧。

（2）特征画法　在剖视图中，如需较形象地表示滚动轴承的结构特征时，可采用在矩形线框内画出其结构要素符号的方法表示。特征画法应绘制在轴的两侧。

2. 规定画法　必要时，在滚动轴承的产品图样、产品样品和产品标准中采用规定画法。在装配图中，规定画法一般采用剖视图绘制在轴的一侧，另一侧按通用画法绘制。

滚动轴承的各种画法及尺寸比例见表 7-8。其各部分尺寸可根据滚动轴承代号，由标准查得。

表 7-8　滚动轴承的简化画法和规定画法（GB/T 4459.7—1998）

类型名称和标准号	简化画法		规定画法
	通用画法	特征画法	
深沟球轴承 GB/T 276—1994	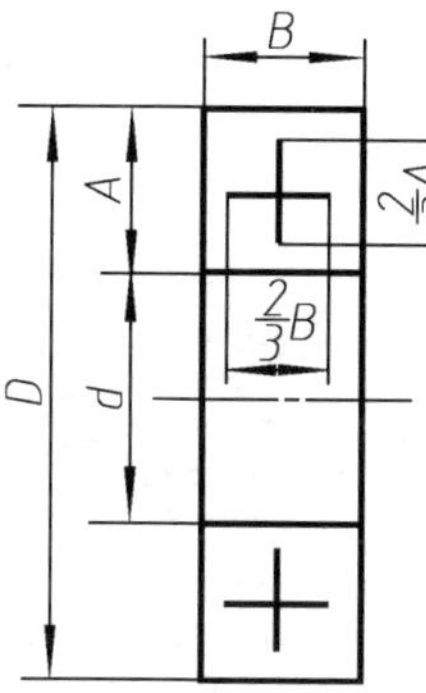 B, A, $\frac{2}{3}A$, $\frac{2}{3}B$, D, d	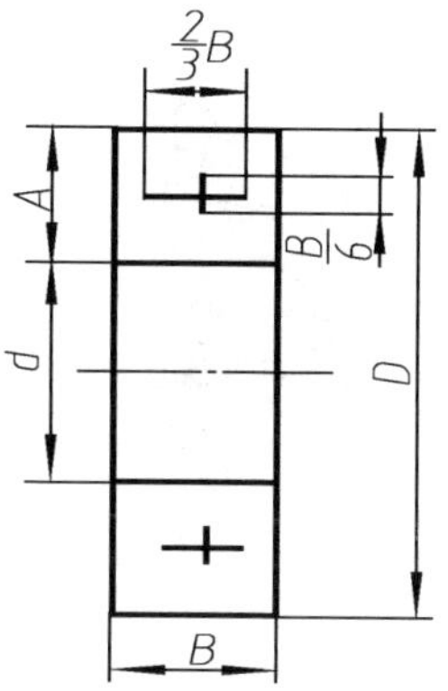 $\frac{2}{3}B$, A, d, $\frac{B}{6}$, D, B	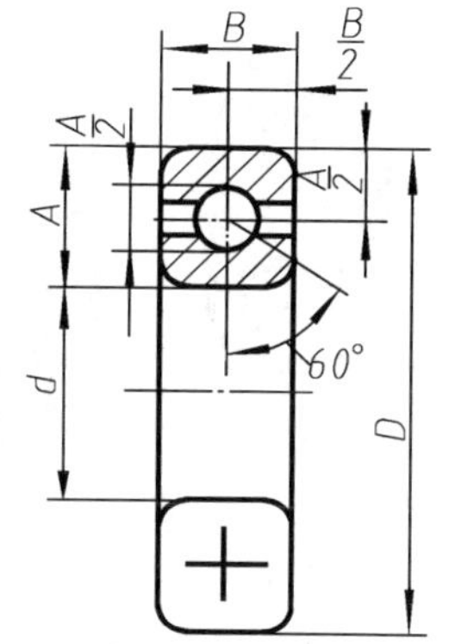 B, $\frac{B}{2}$, $\frac{A}{2}$, A, $\frac{A}{2}$, 60°, d, D
圆锥滚子轴承 GB/T 297—1994	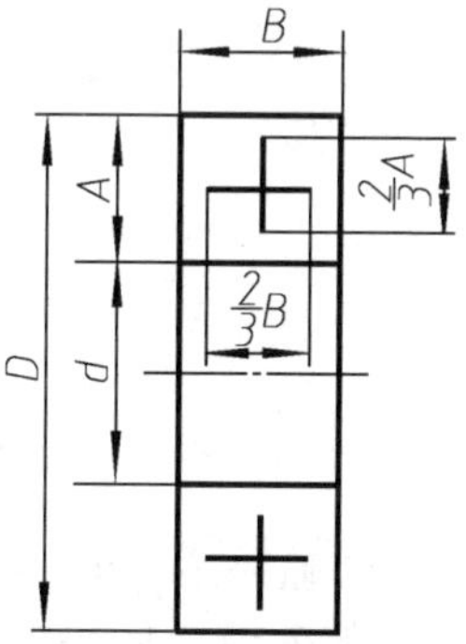 B, A, $\frac{2}{3}A$, $\frac{2}{3}B$, D, d	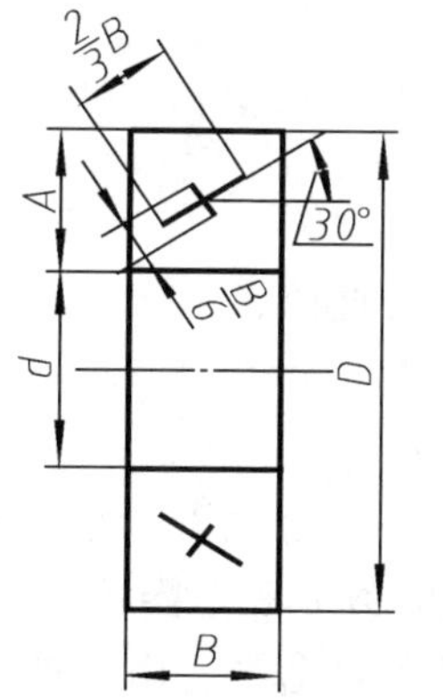 $\frac{2}{3}B$, A, 30°, $\frac{B}{6}$, d, D, B	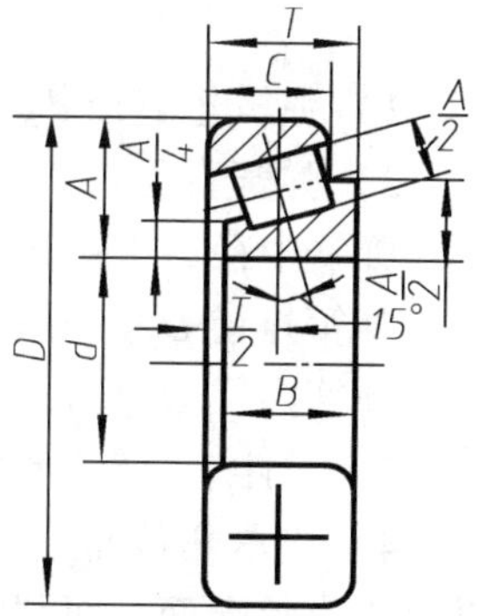 T, C, $\frac{A}{2}$, A, $\frac{A}{4}$, $\frac{A}{2}$, 15°, $\frac{T}{2}$, D, d, B
推力球轴承 GB/T 301—1995	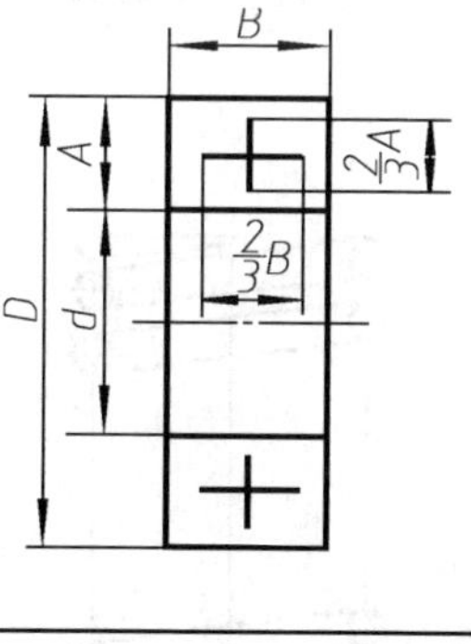 B, A, $\frac{2}{3}A$, $\frac{2}{3}B$, D, d	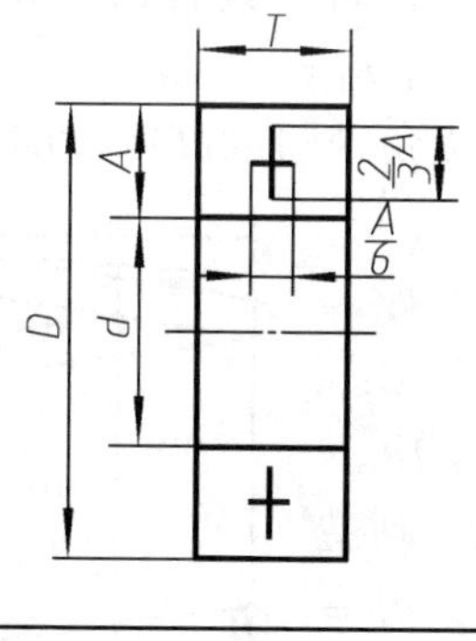 T, A, $\frac{2}{3}A$, $\frac{A}{6}$, D, d	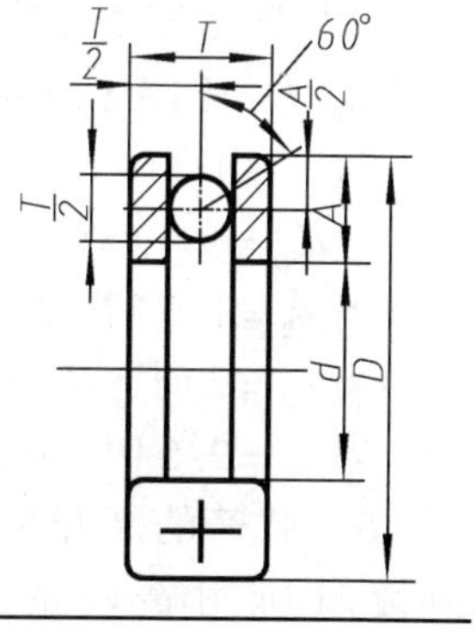 $\frac{T}{2}$, T, 60°, $\frac{A}{2}$, $\frac{T}{2}$, A, d, D

第六节　弹　　簧

弹簧是机械中一种常用的零件，它主要用于减振、夹紧、储存能量和测力等。弹簧种类很多，使用较多的是圆柱螺旋弹簧。圆柱螺旋弹簧根据用途不同可分为：压缩弹簧、拉伸弹簧和扭力弹簧，如图 7-46 所示。

本节主要介绍圆柱螺旋压缩弹簧的尺寸关系及画法。

一、圆柱螺旋压缩弹簧各部分名称和尺寸关系（见图7-47）

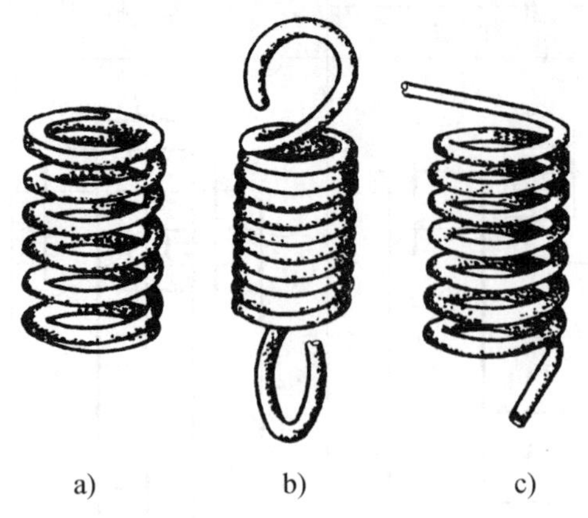

图7-46　圆柱螺旋弹簧
a）压缩弹簧　b）拉伸弹簧　c）扭力弹簧

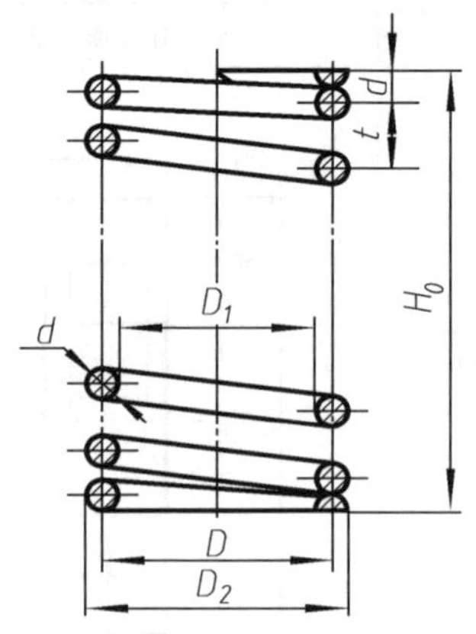

图7-47　圆柱螺旋压缩弹簧的尺寸

1）弹簧丝直径 d。

2）弹簧直径：

弹簧中径 D：弹簧的规格直径。

弹簧外径 D_2：$D_2 = D + d$。

弹簧内径 D_1：$D_1 = D - d$。

3）节距 t：除支承圈外，相邻两圈沿轴向的距离。

4）支承圈数 n_2、有效圈数 n 和总圈数 n_1：为了使压缩弹簧工作时受力均匀，保证轴线垂直于支承端面，两端常并紧且磨平。由于这些圈仅起支承作用，故称为支承圈。支承圈有1.5圈、2圈和2.5圈三种。其中2.5圈用得较多，如图7-47所示，弹簧两端各并紧1/2圈，磨平3/4圈。压缩弹簧除支承圈外，具有相等节距的圈数称为有效圈数，有效圈数 n 与支承圈数 n_2 之和称为总圈数 n_1，即 $n_1 = n + n_2$。

5）自由高度 H_0：弹簧无负荷时的高度，即

$$H_0 = nt + (n_2 - 0.5)d$$

当 $n_2 = 1.5$ 时，$H_0 = nt + d$；

当 $n_2 = 2$ 时，$H_0 = nt + 1.5d$；

当 $n_2 = 2.5$ 时，$H_0 = nt + 2d$。

6）弹簧的展开长度 L：制造弹簧时所用簧丝的长度。$L = n_1\sqrt{(\pi D)^2 + t^2}$

二、圆柱螺旋压缩弹簧的规定画法

圆柱螺旋压缩弹簧可画成视图、剖视图或示意图，如图7-48

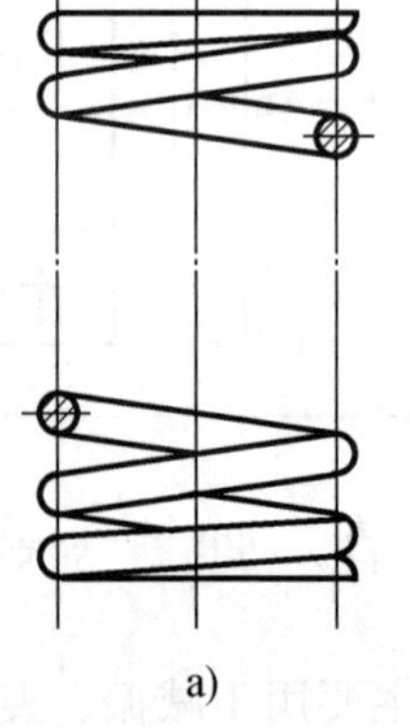

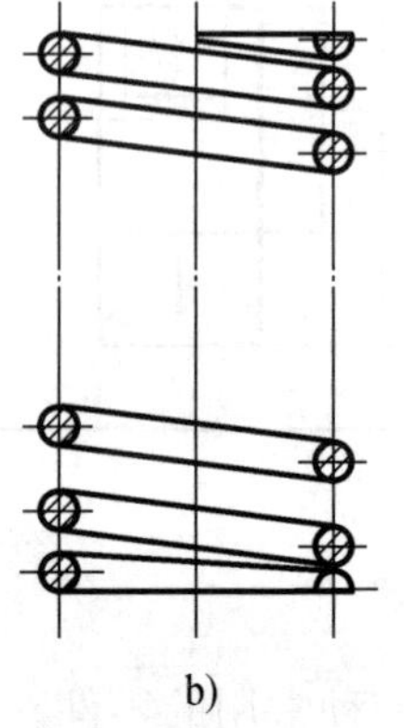

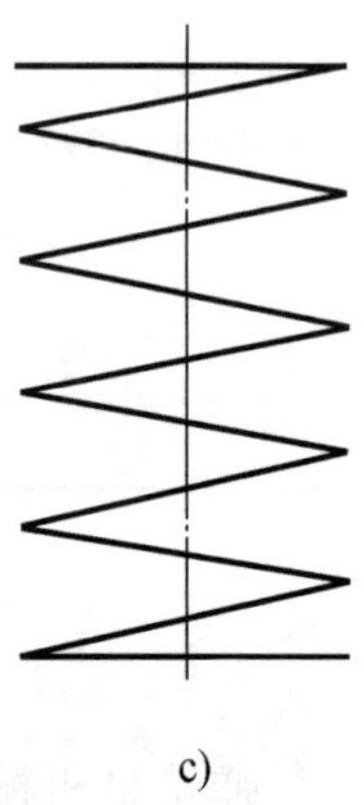

图7-48　圆柱螺旋压缩弹簧的画法
a）视图　b）剖视图　c）示意图

所示。

画图时应注意以下几点：

1）在平行于圆柱螺旋弹簧轴线的投影面上的投影，其各圈的轮廓应画成直线。

2）有效圈数在四圈以上的螺旋弹簧，允许每端只画两圈（不包括支承圈），中间各圈可省略不画，只画通过簧丝断面中心的两条细点画线。当中间部分省略后，也可适当地缩短图形的长度。

3）在装配图中，被弹簧挡住的结构一般不画出，可见部分应从弹簧的外轮廓线或从弹簧丝断面的中心线画起，如图7-49～图7-51所示。

4）当簧丝直径在图上小于或等于2mm时可采用示意画法，如图7-50所示。当弹簧被剖切时，断面直径在图上小于或等于2mm时也可涂黑表示，如图7-51所示。

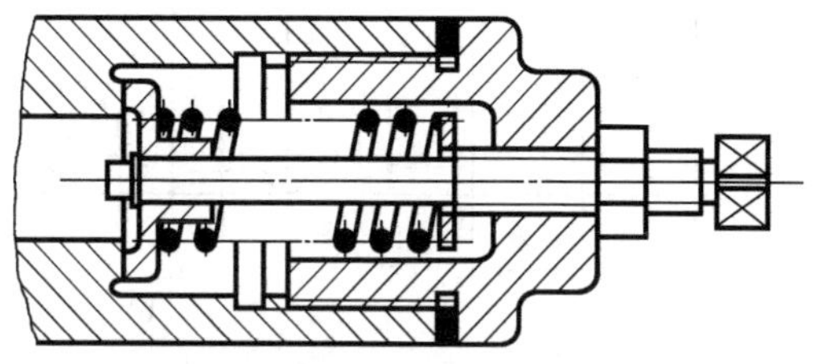

图7-49 装配图中被弹簧遮挡处的画法

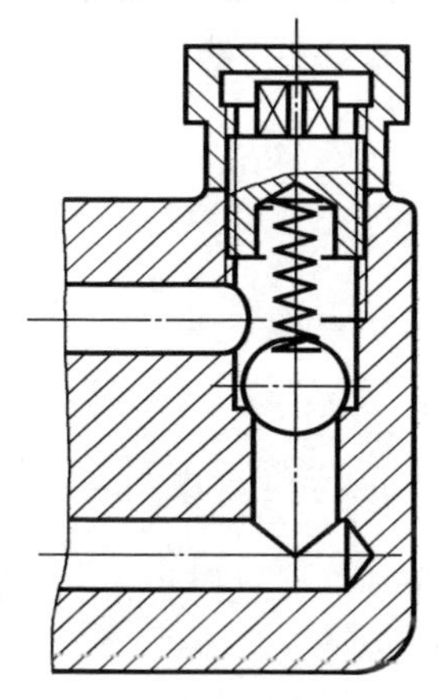

图7-50 $d \leqslant 2\text{mm}$ 的示意画法

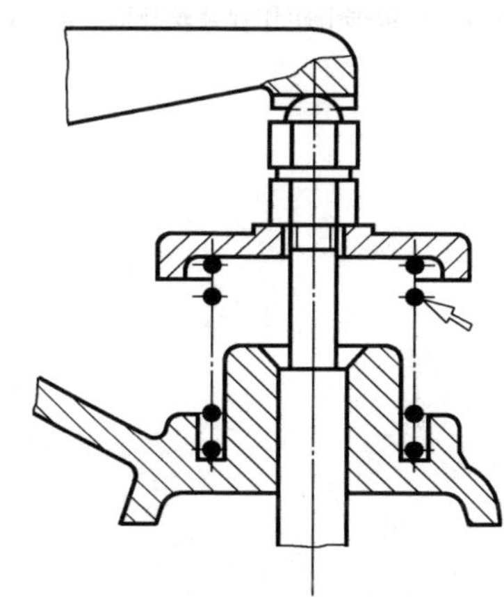

图7-51 $d \leqslant 2\text{mm}$ 的断面画法

5）螺旋弹簧均可画成右旋，但左旋螺旋弹簧，不论画成左旋或右旋，一律要加注“LH”。

三、圆柱螺旋压缩弹簧的作图步骤

已知：弹簧簧丝直径 $d=5\text{mm}$，弹簧外径 $D_2=42\text{mm}$，节距 $t=11\text{mm}$，有效圈数 $n=9$，支承圈 $n_2=2.5$。试画出弹簧的剖视图。

（1）计算

总圈数 $$n_1=n+n_2=9+2.5=11.5$$

自由高度 $$H_0=nt+2d=(9\times11+2\times5)\text{mm}=109\text{mm}$$

中径 $$D=D_2-d=(42-5)\text{mm}=37\text{mm}$$

展开长度 $L \approx n_1\sqrt{(\pi D)^2+t^2}=11.5\sqrt{(3.14\times37)^2+11^2}\text{mm}=1342\text{mm}$。

（2）画图 其作图过程如图7-52所示。

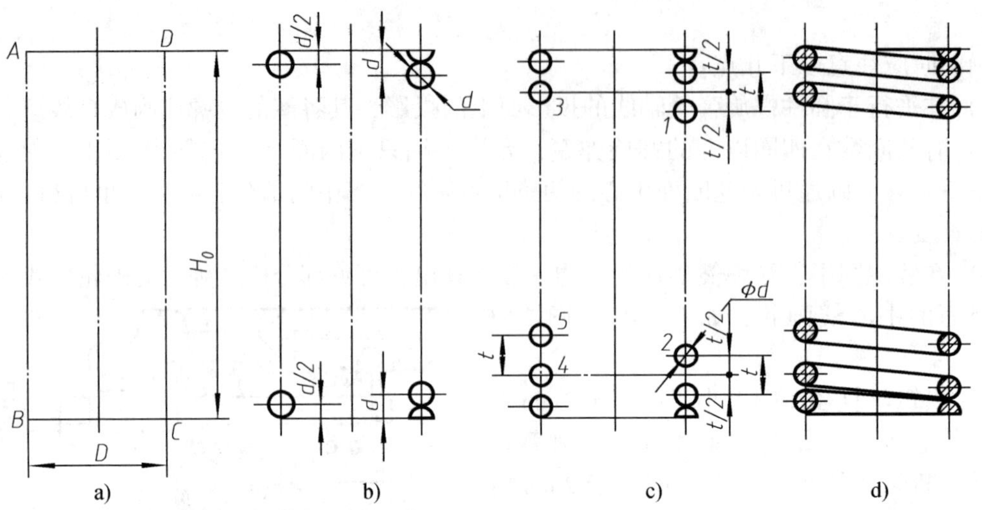

图 7-52　圆柱螺旋压缩弹簧的作图步骤

a）以自由高度 H_0 和弹簧中径 D 作矩形 $ABCD$　b）画出支承圈部分与弹簧丝直径相等的圆和半圆
c）根据节距作弹簧丝断面　d）按右旋方向作弹簧丝断面的切线。校核，加深，画剖面线

第八章 零 件 图

第一节 概 述

一、零件图的作用

任何机器或部件，都是由若干零件按一定的装配关系和技术要求装配而成的。因此零件是组成机器或部件的基本单元。表示零件结构、大小及技术要求的图样称为零件图。它是制造和检验零件的依据，是组织生产的主要技术文件之一。

二、零件图的内容

图 8-1 是拨叉的零件图。从中可以看出，一张完整的零件图应包括如下内容：

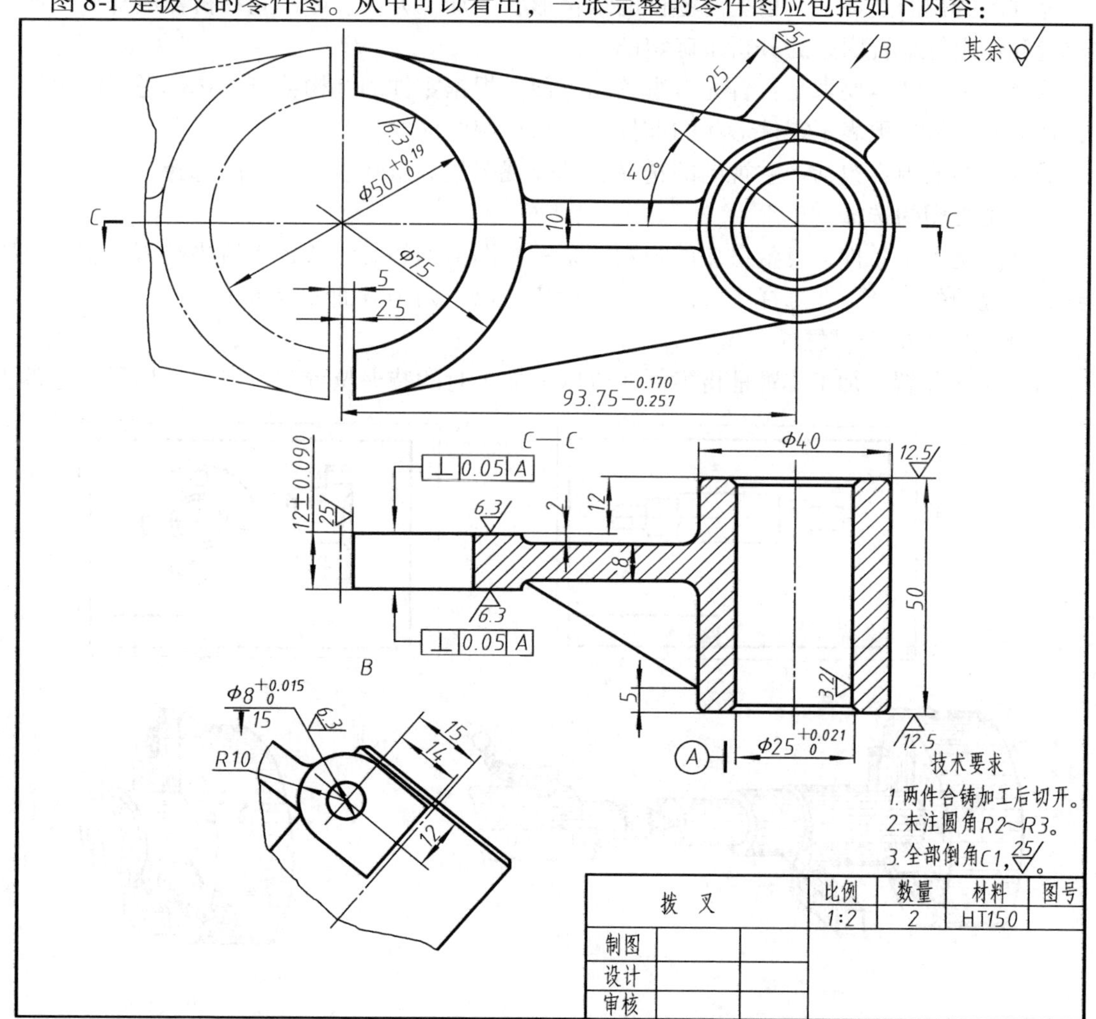

图 8-1 拨叉零件图

（1）一组图形　选用视图、剖视图、断面图等适当的机件表达方法，用一组图形将零件的结构形状正确、完整、清晰地表达出来。

（2）完整的尺寸　正确、完整、清晰、合理地标注出零件在制造和检验时所需的全部尺寸。

（3）技术要求　用规定的代号、数字、字母或另加文字注解，简明、准确地给出零件在制造和检验时应达到的质量要求，如表面粗糙度、尺寸公差、形位公差、热处理，以及零件性能要求等。

（4）标题栏　应该由更改区、签字区、其他区、名称及代号区组成。具体内容应按规定详尽填写。一般应写明单位名称、图样名称、图样代号、材料、比例、数量，以及设计、审核、工艺、批准人员签名和签名时间（年、月、日）等。

第二节　零件图的视图选择

零件图的视图选择，是根据对零件的结构形状、加工方法、以及它在机器或部件中所处的位置和作用等综合因素的分析来确定的。

选择视图的基本要求是：首先考虑读图方便。根据零件的结构特点，选用适当的表达方法，在完整、清晰地表示零件形状的前提下，力求制图简便。

选择视图的内容包括：主视图的选择、其他视图的数量和表达方法的选择。

一、主视图的选择

主视图是表示零件信息量最多的视图，是一组图形的核心，选择得恰当与否，将直接影响到其他视图的选择。在选择主视图时，一般应从以下两个方面综合考虑。

1. 确定零件的安放位置

（1）加工位置　加工位置是指零件在机床上加工时的装夹位置。主视图应尽量与零件主

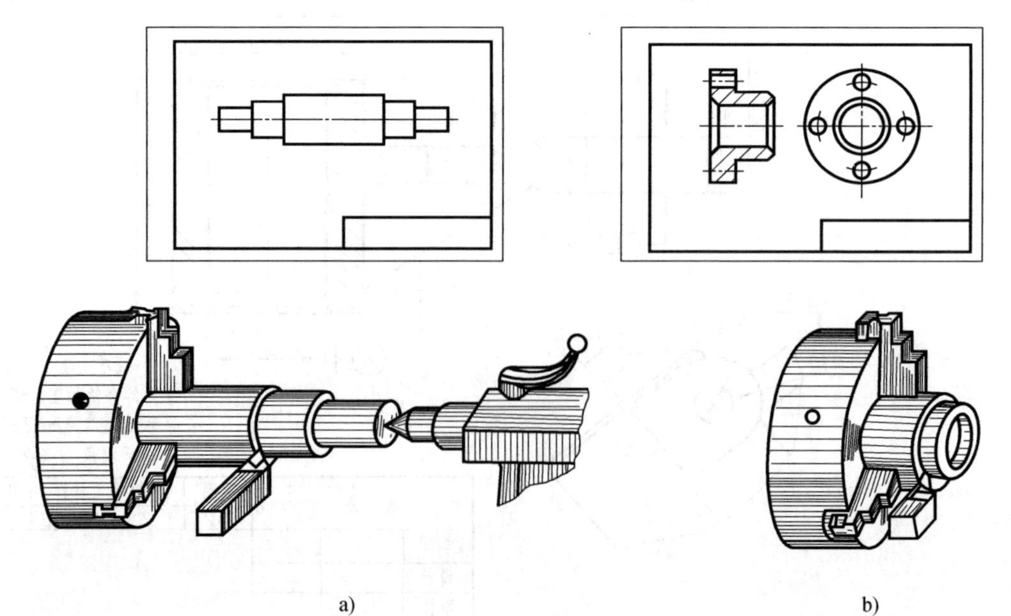

图 8-2　按加工位置选择主视图

要加工工序中所处的位置一致。如加工轴套类、轮盘类等零件，大部分工序是在车床上进行的，因此这类零件的主视图应将其轴线水平放置，以便于看图加工和检测尺寸，如图 8-2 所示。

（2）工作位置　工作位置是指零件在机器或部件中工作的位置。对于叉架类、箱体类零件，因为常需经过多种工序加工，且各工序的加工位置也往往不同，故主视图应选择工作位置，以便与装配图对照起来看图，想像出零件在部件中的位置和作用，如图 8-3 中的吊钩和汽车前拖钩，图 8-1 所示的拨叉。

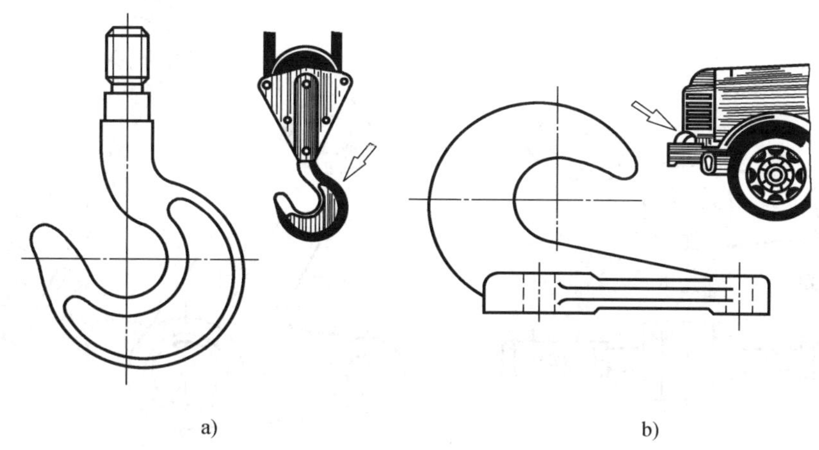

图 8-3　按工作位置选择主视图
a）吊钩　b）前拖钩

2. 确定主视图的投射方向　主视图的投射方向以能较明显的反映零件的结构形状特征为原则。

如图 8-4a 所示的柱塞泵体，以 K 、Q 向投射均反映其工作位置。但通过比较，K 向将

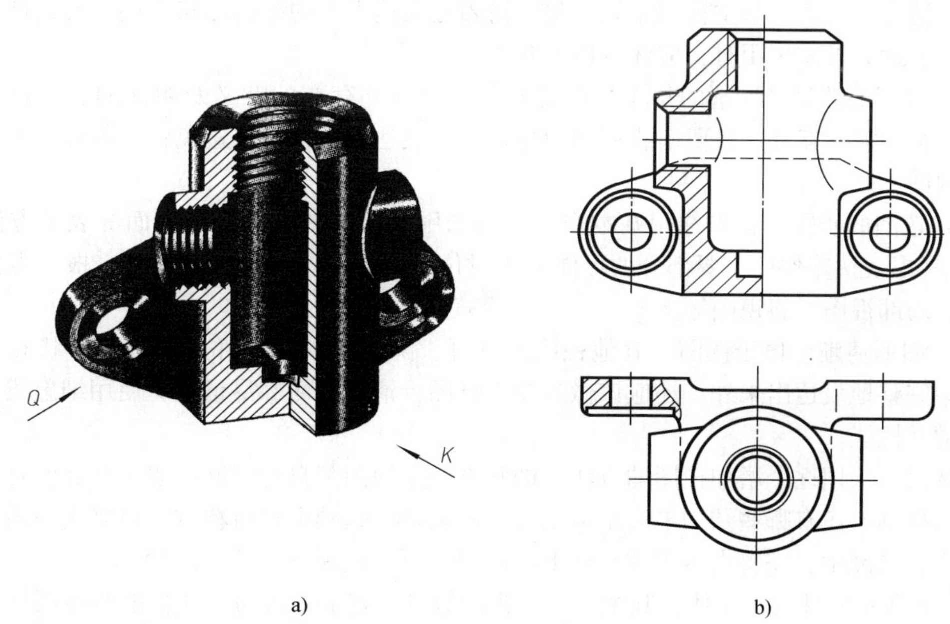

图 8-4　泵体的主视图的选择

空腔圆柱体、凸台、底板等的形状以及在高度和长度方向的相对位置表现得更清楚，故以 *K* 向作为该零件的主视图投射方向，如图 8-4b 所示。

上述两点是选择主视图的原则，但在具体运用时必须灵活掌握。比如：有些零件形状比较复杂，在加工过程中装、卡位置经常改变，加工位置难分主次，这时主视图应考虑选取其工作位置或形状特征为主；还有一些零件，其在机器中的位置是变动的，或者工作位置倾斜，这时可将它们的主要部分放正，以利于布图和标注尺寸，如图 8-5 所示。

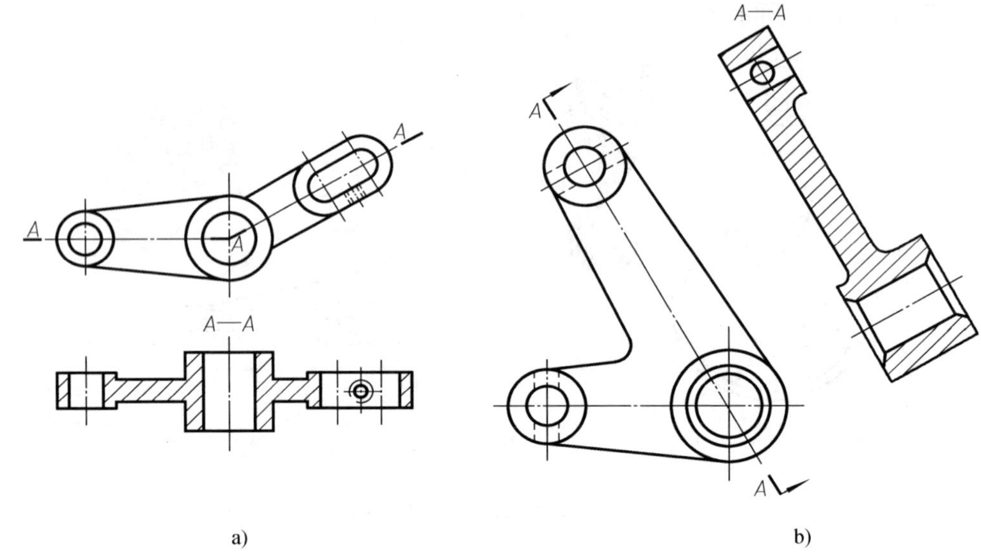

图 8-5　运动零件和倾斜零件的安放位置

二、其他视图的选择

一般情况下，仅一个主视图难以完整、清晰地表达零件的结构形状，还需要选择其他视图完善其表达。具体选用时，应注意以下几点：

(1) 视图的数量　所选的每个视图都必须具有独立存在的意义及明确的表示重点，并应相互配合、彼此互补。既要防止视图数量过多、表达松散，又要避免将表示方法过多集中在一个视图上。

(2) 选图的步骤　首先选用基本视图，后选用其他视图（剖视、断面等表示方法应兼用)；先考虑表达零件的主要部分的形体和相对位置，然后再解决细节部分。根据需要增加向视图、局部视图、斜视图等。

(3) 图形清晰、便于读图　其他视图的选择，除了要求把零件各部分的形状和它们的相互关系完整地表达出来外，还应该做到便于读图，清晰易懂，尽量避免使用细虚线表示零件的轮廓及棱线。

初选时，采用逐个增加视图的方法，即每选一个视图都自行试问：表示什么？是否需要剖视？怎样剖？还有哪些结构未表示清楚等。在初选的基础上进行精选，以确定一组合适的表达方案，在准确、完整表示零件结构形状的前提下，使视图的数量最少。

图 8-6 所示零件为一座体，其主视图、视图数量、表示方法的选择，请对照图样自行分析。

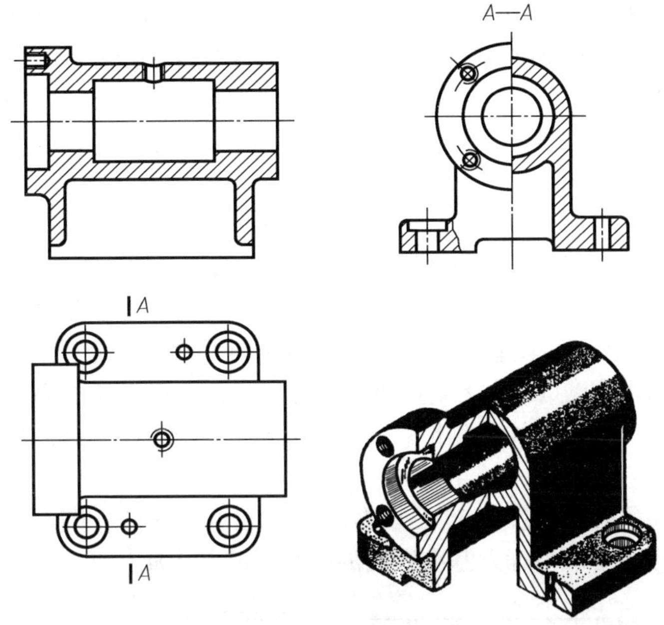

图 8-6　座体的视图选择

第三节　零件图的尺寸标注

零件图上的尺寸是零件加工、检验的依据。因此，在零件图中标注的尺寸，除应达到正确、完整和清晰外，还应做到合理。所谓合理地标注尺寸，是指所注的尺寸既符合设计要求，又满足工艺要求。

本节主要讨论合理标注尺寸的一般原则和要求。

一、尺寸基准的选择

尺寸基准一般选择零件上的一些面和线。面基准常选择零件上较大的加工面，两零件的结合面，零件的对称平面、重要面和轴肩等。如图 8-7 所示轴承座，其高度方向的尺寸基准是安装面，长度和宽度方向尺寸基准是对称平面。线基准一般选择轴、孔的轴线，对称中心线等。如图 8-8 所示的轴，其径向（高和宽方向）的尺寸基准为阶梯轴的轴线。

在选择基准时，既要考虑结构设计要求，又要考虑便于加工、测量。为此，根据基准的作用不同，基准分为以下两类。

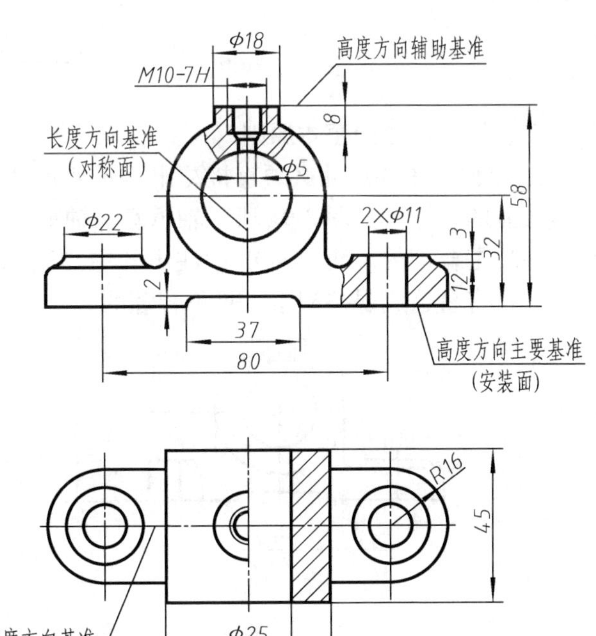

图 8-7　轴承座尺寸基准的选择

（1）设计基准　根据零件在机器中的位置、作用所选定的基准。如图 8-7 所示，轴承座的底面为安装面，轴承孔的中心高（32）应根据这一平面来设计确定。因此，底面是高度方向的设计基准；在图 8-8 中，为了确定该零件在机器或部件中的位置并保证其与相应孔配合，图中所示的轴肩和轴线分别为轴向和径向尺寸的设计基准。

（2）工艺基准　根据零件加工和测量而选定的基准。如图 8-8 所示的基准也同时为工艺基准。

当零件结构比较复杂时，同一方向上的尺寸基准可能不只一个，其中决定零件主要尺寸的基准称为主要基准（一般为设计基准）。为加工测量方便而附加的基准称辅助基准（一般为工艺基准）。图 8-7 中，轴承座底面是高度方向主要基准，也是设计基准，高度尺寸 58、32 都是以它为基准注出的，其中 32 是重要的设计尺寸，顶面上阶梯孔的深度尺寸 8 是以顶面为辅助基准注出的，以便于加工测量。但辅助基准与主要基准间要具有直接的联系尺寸，如图中的尺寸 58。

图 8-8 中 $\phi30$ 轴颈的长度尺寸 65 是以右端面为起点标注的，则右端面就是该轴段长度方向的辅助基准。主要基准与辅助基准之间的联系尺寸是 104。

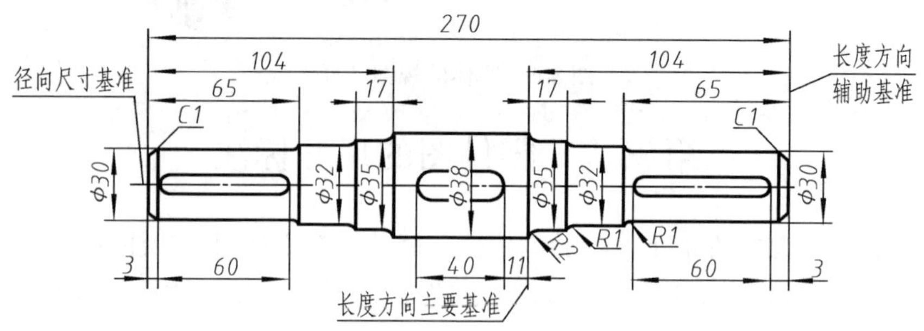

图 8-8　轴的尺寸基准的选择

二、标注尺寸的基本原则

1. 零件上重要尺寸必须直接注出　重要尺寸是指直接影响零件在机器中的装配精度和位置关系的尺寸。如图 8-9a 所示轴承座，轴承孔的中心高和安装孔的间距尺寸是重要尺寸，直接注出是合理的。而图 8-9b 中注出的中心高和安装孔的间距尺寸，则需间接计算才能得出，这样容易造成误差积累，是不合理的。

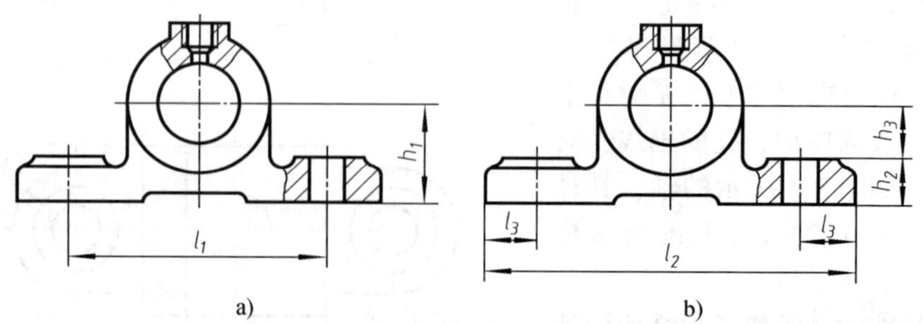

图 8-9　重要尺寸直接注出

2. 避免注成封闭的尺寸链　如图 8-10a 所示的轴，长度方向的尺寸 l_1、l_2、l_3、l_4 首尾相连，形成了一个封闭的尺寸链，这种情形应该避免。因为尺寸 l_4 是尺寸 l_1、l_2、l_3 之和，

而尺寸 l_4 有一定的精度要求，但在加工时，尺寸 l_1、l_2、l_3 都可能产生误差，这些误差就会积累到尺寸 l_4 上。所以，在几个尺寸构成的尺寸链中，应选一个不重要的尺寸空出不注（如 l_1），以便使所有误差都积累到这一段，从而保证重要尺寸的精度，如图 8-10b 所示。

3. 标注尺寸要便于加工和测量

（1）符合加工顺序的要求　按加工顺序标注的尺寸应符合加工过程，如图 8-8 所示的低速轴，在标注其轴向尺寸时，先要考虑这根轴各部分的外圆加工顺序（参看图 8-11），按照这个加工过程把尺寸一一注出。这样注出的尺寸，既便于看图又便于测量。但是 ϕ35 的轴颈长度尺寸 17 是单独标注的，这是由于这段轴颈将与轴承装在一起，其长度与轴承宽度有关，这样标注有利于保证其尺寸精度。

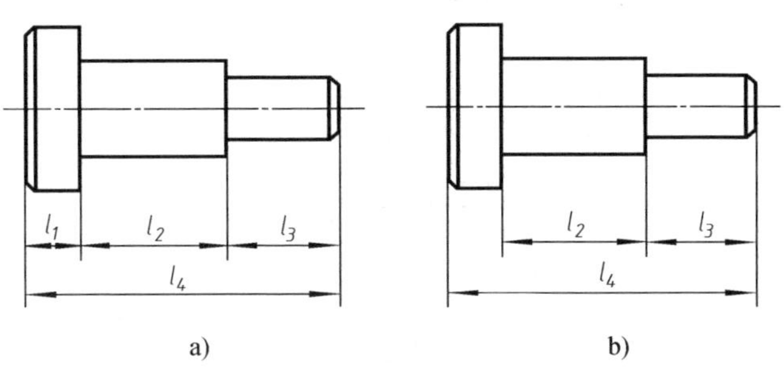

图 8-10　避免出现封闭尺寸链

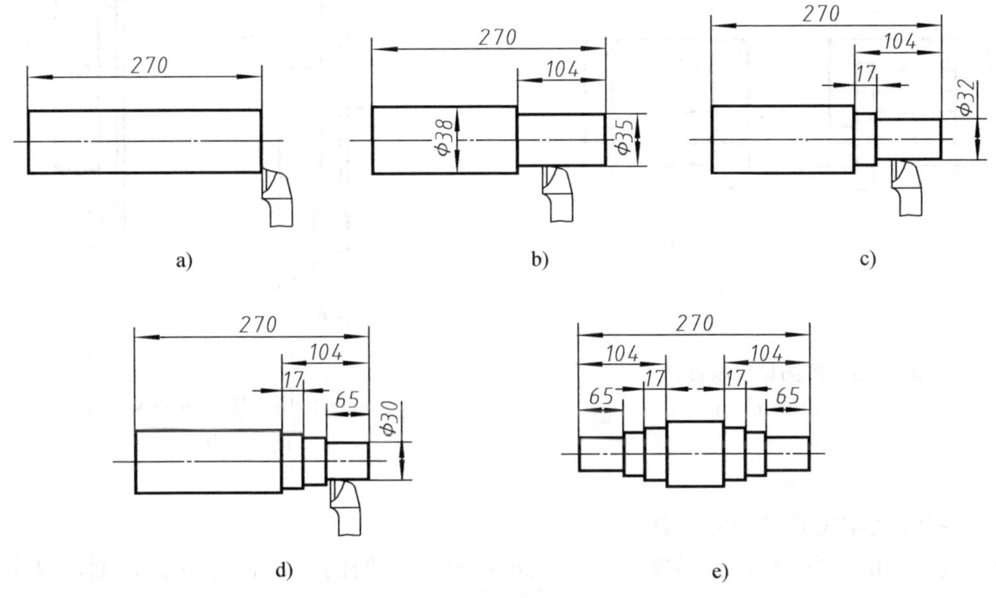

图 8-11　轴的加工顺序和尺寸标注

（2）符合加工方法的要求　图 8-12 所示为滑动轴承的下轴衬，因它的外圆和内孔是与上轴衬对合起来加工的，因此，该轴衬的半圆尺寸应以直径形式注出。

（3）考虑测量方便的要求　为使不同工种的工人看图方便，应将零件上加工面与非加工面的尺寸，尽量分别注在图形的两侧，如图 8-13 所示。

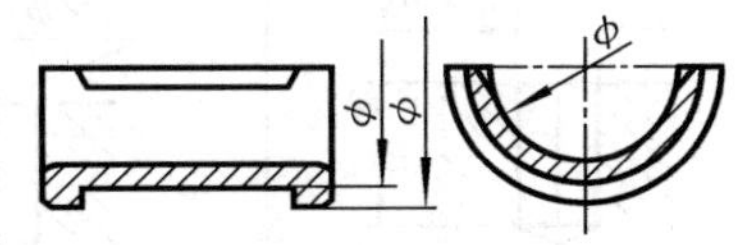

图 8-12　下轴衬的尺寸注法

对同一工种的加工尺寸，要适当集中标注，以便于加工时查找，如图 8-14 所示。如图 8-15a、图 8-16a 所注的孔深尺寸便于测量，而图 8-15b、图 8-16b 中的 A、B 的和 9 的注法就不合理了。

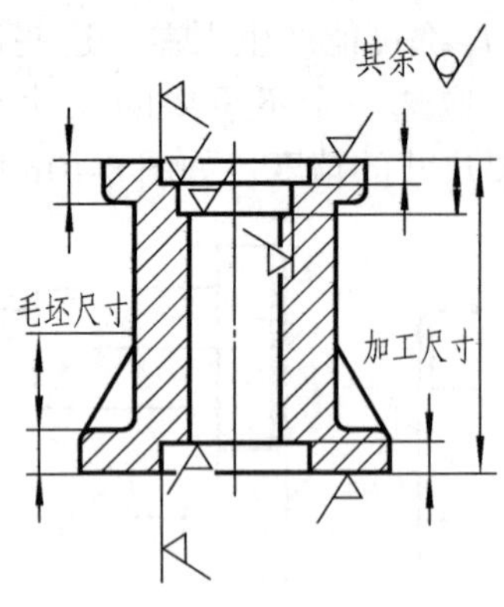

图 8-13　加工面与非加工面的尺寸注法

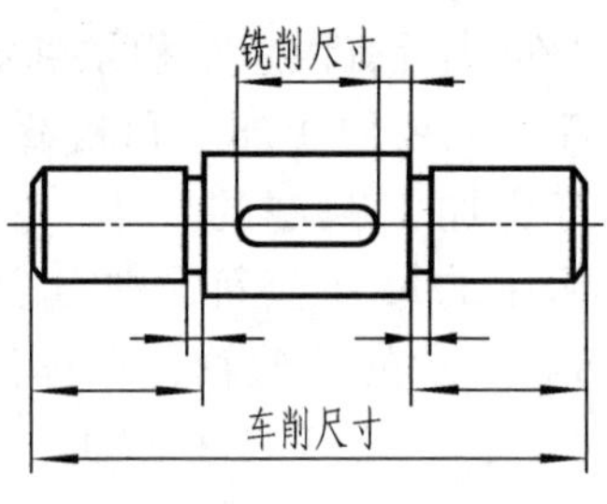

图 8-14　同工种加工的尺寸注法

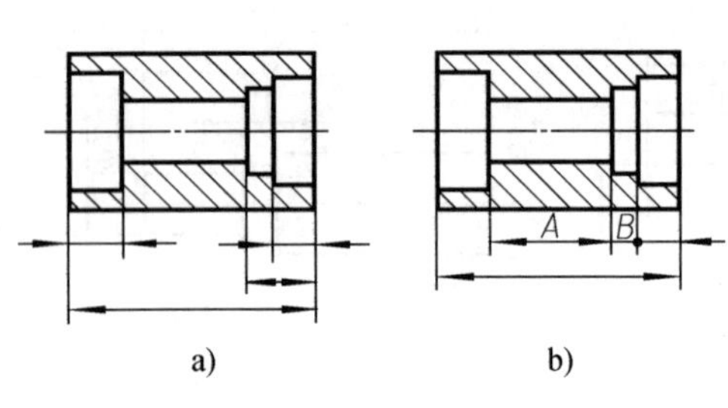

a)　　b)

图 8-15　按测量要求标注尺寸示例（一）

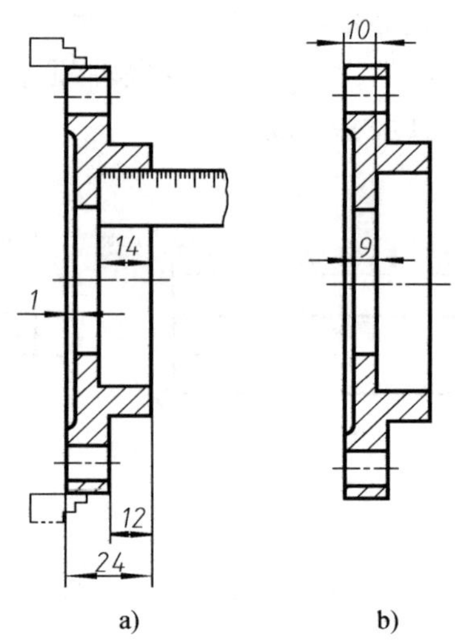

a)　　b)

图 8-16　按测量要求标注尺寸示例（二）

三、零件上常见孔的尺寸标注

光孔、锪孔、沉孔和螺孔是零件上常见的结构，它们的尺寸标注分为普通注法和旁注法，见表 8-1。

表 8-1　零件上常见孔的尺寸注法

类型	普 通 注 法	旁 注 法		说　　明
光孔	4×Φ4 10	4×Φ4↧10	4×Φ4↧10	“↧”为孔深符号

（续）

类型	普通注法	旁注法		说明
光孔	4×ϕ4H7 10 12	4×ϕ4H7↧10 ↧12	4×ϕ4H7↧10 ↧12	钻孔深度为 12，精加工孔（铰孔）深度为 10
光孔	该孔无普通注法。注意：ϕ4 是指与其相配的圆锥销的公称直径（小端直径）	锥销孔ϕ4 配作	锥销孔ϕ4 配作	“配作”系指该孔与相邻零件的同位锥销孔一起加工
锪孔	ϕ13 4×ϕ6.6	4×ϕ6.6 ⌴ϕ13	4×ϕ6.6 ⌴ϕ13	“⌴”为锪平、沉孔符号 锪孔通常只需锪出圆平面即可，因此沉孔深度一般不注
沉孔	90° ϕ13 6×ϕ6.6	6×ϕ6.6 ⌵ϕ13×90°	6×ϕ6.6 ⌵ϕ13×90°	“⌵”为埋头孔符号 该孔为安装开槽沉头螺钉所用
沉孔	ϕ11 6.8 4×ϕ6.6	4×ϕ6.6 ⌴ϕ11↧6.8	4×ϕ6.6 ⌴ϕ11↧6.8	该孔为安装内六角圆柱头螺钉所用，承装头部的孔深应注出
螺孔	3×M6−6H EQS	3×M6−6H	3×M6−6H EQS	“EQS”为均布孔的缩写词

（续）

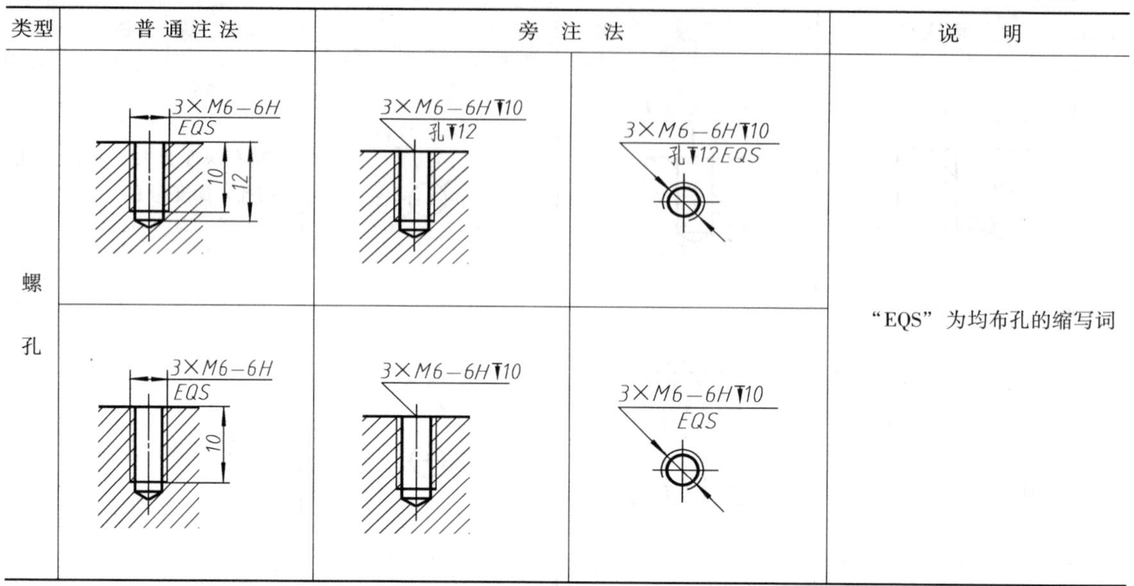

类型	普通注法	旁注法		说明
螺孔	3×M6−6H EQS 10 12	3×M6−6H↧10 孔↧12	3×M6−6H↧10 孔↧12EQS	"EQS"为均布孔的缩写词
	3×M6−6H EQS 10	3×M6−6H↧10	3×M6−6H↧10 EQS	

第四节　零件图上技术要求的注写

由于零件图是指导零件生产的重要技术文件。因此，它除了具有图形和尺寸外，还应注明该零件在制造和检验时所需要的技术要求。

技术要求的主要内容包括：表面粗糙度、极限与配合以及形状和位置公差等。这些内容凡是有规定代号的，需用代号直接注在图上；无规定代号的则用文字说明，通常书写在标题栏的上方。

一、表面粗糙度

1. 表面粗糙度的概念　零件的表面，无论采用哪种方法加工，都不可能绝对光滑、平整，将其置于放大镜（或显微镜）下观察，都将呈现出不规则的峰谷状况，如图 8-17 所示。这种加工表面上具有较小间距和较小峰谷所组成的微观几何形状特性，称为表面粗糙度。

零件的表面粗糙度与零件的加工方法、机床与工具的精度、振动与磨损，以及切削时产生的塑性变形等因素有关。

表面粗糙度反映了零件表面的加工质量，它对零件表面的耐磨性、耐腐蚀性、配合精度、疲劳强度及接触刚度和密封性等都有较大影响。国家标准规定了零件表面粗糙度的评定参数，应在满足零件表面功能要求的前提下，合理地选择表面粗糙度的参数值。

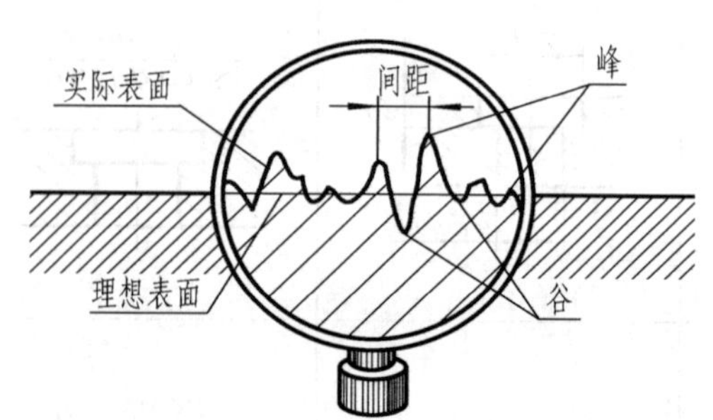

图 8-17　表面粗糙度示意图

2. 表面粗糙度的高度参数及其数值　评定表面粗糙度的高度参数有：轮廓的算术平均偏差 R_a、微观不平度+点高度 R_z、轮廓的最大高度 R_y 等。这里只介绍最常用的轮廓算术平均偏差 R_a。其他内容可参阅国家标准 GB/T 131—1993、GB/T 1031—1995、GB/T 3530—2000。

评定轮廓的算术平均偏差 R_a 是指在一个取样长度 l 内，纵坐标值 $Z(x)$ 绝对值的算术平均值，如图 8-18 所示。用公式表示为

$$R_a = \frac{1}{l}\int_0^l |Z(x)| \, dx$$

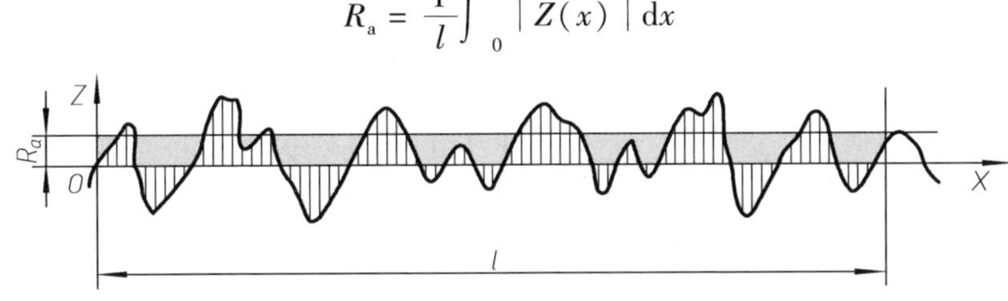

图 8-18　轮廓算术平均偏差

对于轮廓算术平均偏差 R_a 的数值，国家标准做了规定，见表 8-2 。

表 8-2　轮廓算术平均偏差 R_a 的数值（GB/T 1031—1995）　　（单位：μm）

第 1 系列	第 2 系列	第 1 系列	第 2 系列	第 1 系列	第 2 系列	第 1 系列	第 2 系列
	0. 08						
	0. 010						
0. 012			0. 125		1. 25	1. 25	
	0. 016		0. 160	1. 60			16
	0. 020	0. 20			2. 0		20
0. 025			0. 25		2. 5	25	
	0. 032		0. 32	3. 2			32
	0. 040	0. 40			4. 0		40
0. 050			0. 50		5. 0	50	
	0. 063		0. 63	6. 3			63
	0. 080	0. 80			8. 0		80
0. 100			1. 00		10. 0	100	

3. 表面粗糙度符号、代号　国家标准规定的表面粗糙度符号及其意义见表 8-3。

表 8-3　表面粗糙度符号及其意义

符　号	意义及说明
	基本符号，表示表面可用任何方法获得。当不加注表面粗糙度参数值或有关说明（例如：表面处理、局部热处理状况等）时，仅适用于简化代号标注
	基本符号加一短画，表示表面是用去除材料的方法获得。例如：车、铣、钻、磨、剪切、抛光、腐蚀、电火花加工、气割等
	基本符号加一小圆，表示表面是用不去除材料的方法获得，例如：铸、锻、冲压变形、热轧、冷轧、粉末冶金等，或者是用于保持原供应状况的表面（包括保持上道工序的状况）
	在上述三种符号的长边上均可加一横线，用于标注有关参数和说明
	在上述三种符号上均可加一小圆，表示所有表面具有相同的表面粗糙度要求

在表面粗糙度符号中标注有关参数及其他有关规定，组成表面粗糙度代号。表面粗糙度代号及其意义见表 8-4。

表 8-4　表面粗糙度代号及其意义

代　号	意　义	代　号	意　义
3.2	用任何方法获得的表面粗糙度，R_a 的上限值为 3.2μm	3.2max	用任何方法获得的表面粗糙度，R_a 的最大值为 3.2μm
3.2	用去除材料方法获得的表面粗糙度，R_a 的上限值为 3.2μm	3.2max	用去除材料方法获得的表面粗糙度，R_a 的最大值为 3.2μm
3.2	用不去除材料方法获得的表面粗糙度，R_a 的上限值为 3.2μm	3.2max	用不去除材料方法获得的表面粗糙度，R_a 的最大值为 3.2μm
3.2 1.6	用去除材料方法获得的表面粗糙度，R_a 的上限值为 3.2μm，R_a 的下限值为 1.6μm	3.2max 1.6min	用去除材料方法获得的表面粗糙度，R_a 的最大值为 3.2μm，R_a 的最小值为 1.6μm

4. 表面粗糙度代号、符号在图样上的标注　表面粗糙度代号、符号的画法及其有关规定，以及在图样上的标注方法，见表 8-5。

表 8-5　表面粗糙度代号及其注法

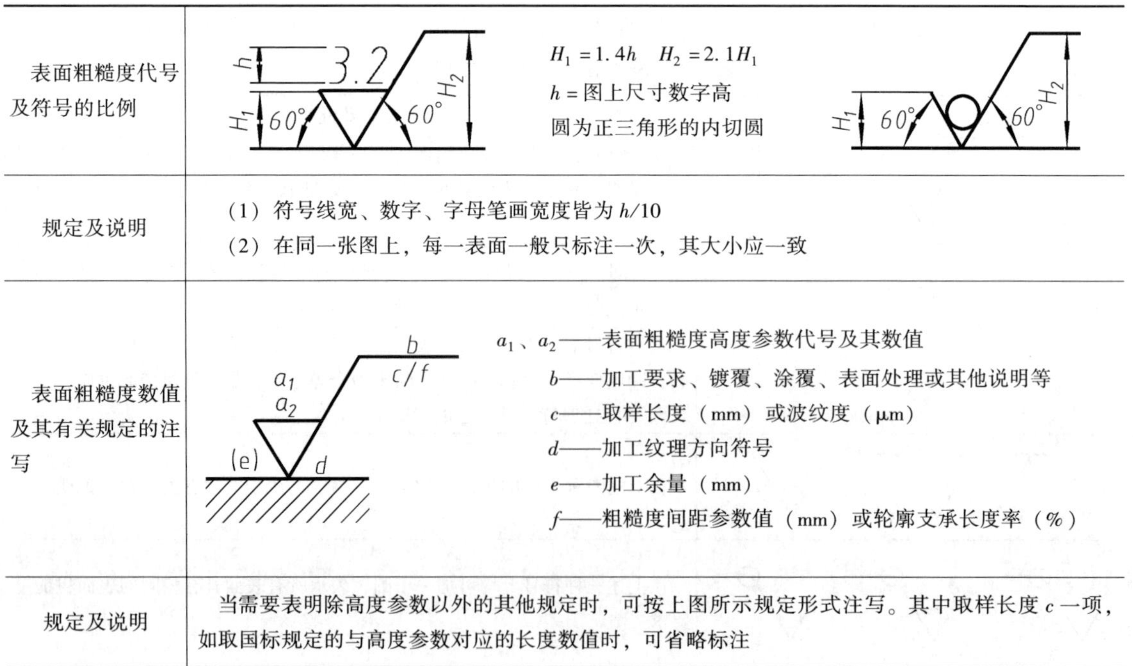

表面粗糙度代号及符号的比例	h　3.2　H_1　60°　60°　H_2 $H_1=1.4h$　$H_2=2.1H_1$ h = 图上尺寸数字高 圆为正三角形的内切圆 H_1　60°　60°　H_2
规定及说明	（1）符号线宽、数字、字母笔画宽度皆为 $h/10$ （2）在同一张图上，每一表面一般只标注一次，其大小应一致
表面粗糙度数值及其有关规定的注写	b　c/f　a_1　a_2　(e)　d a_1、a_2——表面粗糙度高度参数代号及其数值 b——加工要求、镀覆、涂覆、表面处理或其他说明等 c——取样长度（mm）或波纹度（μm） d——加工纹理方向符号 e——加工余量（mm） f——粗糙度间距参数值（mm）或轮廓支承长度率（%）
规定及说明	当需要表明除高度参数以外的其他规定时，可按上图所示规定形式注写。其中取样长度 c 一项，如取国标规定的与高度参数对应的长度数值时，可省略标注

（续）

标注示例	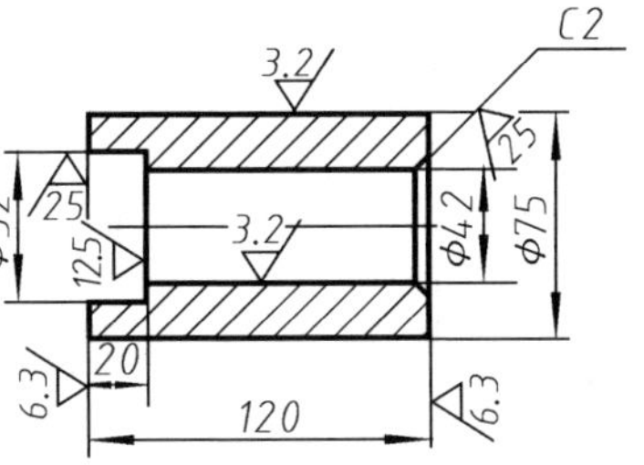 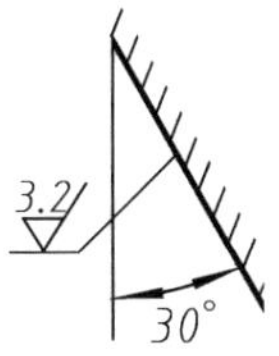	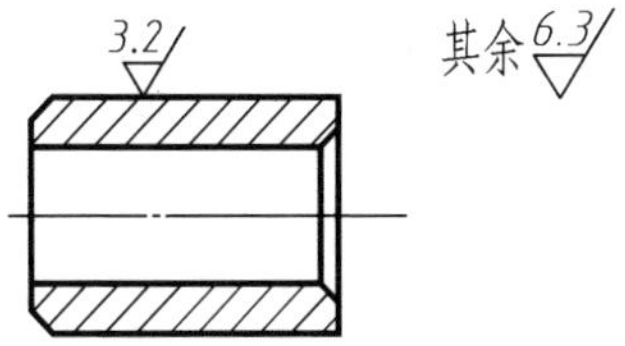 其余 6.3
规定及说明	（1）符号尖端必须从材料外指向表面。符号、代号一般注在轮廓线、尺寸界线或其延长线上。如轮廓线处于右图所示30°范围内，可应用指引线引出标注 （2）参数数值书写方向与尺寸数字书写规则相同	当零件的大部分表面具有相同的表面粗糙度要求时，可将代号统一注写在图样右上角，代号前加“其余”二字，这时的代号及文字高度应是图上代号和文字的1.4倍
标注示例	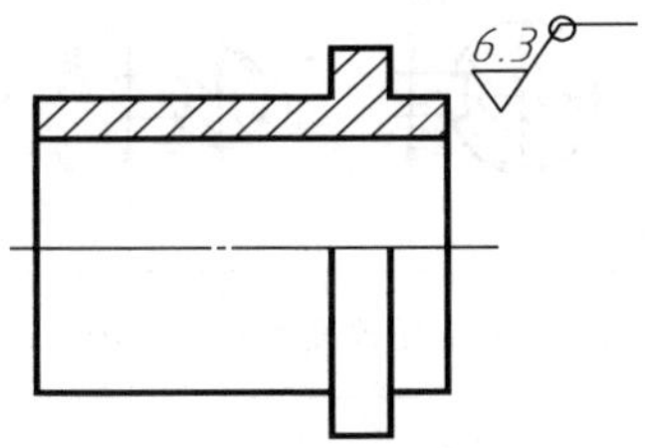 a) 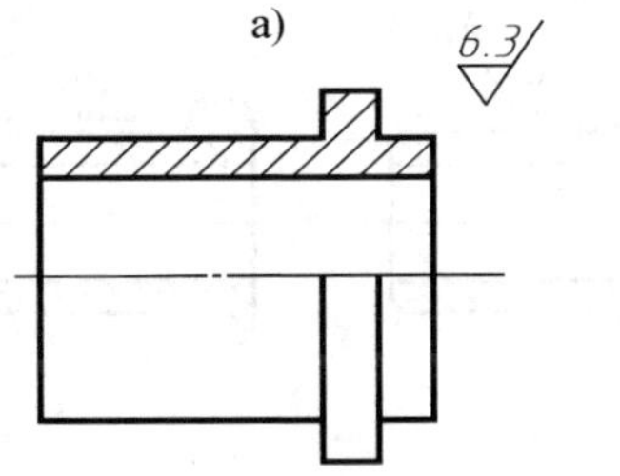 b)	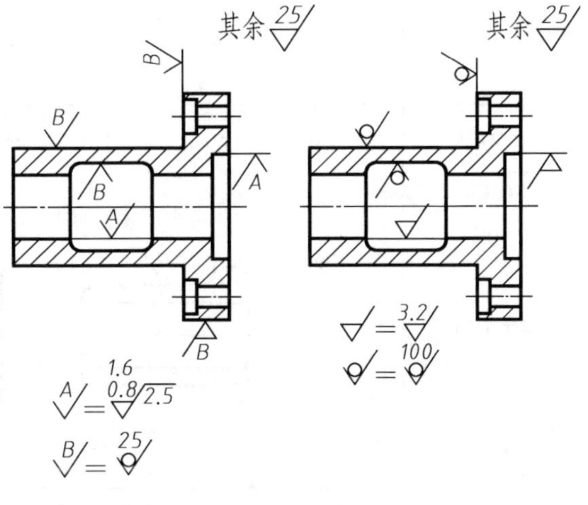 其余 25　其余 25
规定及说明	当零件所有表面具有相同的表面粗糙度要求时，其符号、代号可在图样右上角统一注写，如图 a 或图 b	为简化标注或标注位置受到限制时，可以标注简化代号。但必须在标题栏附近表明简化代号的意义
标注示例	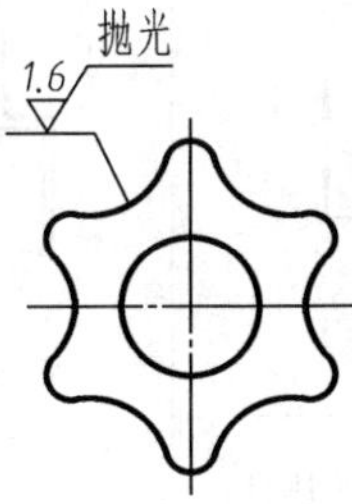 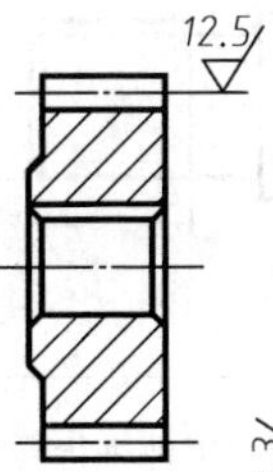 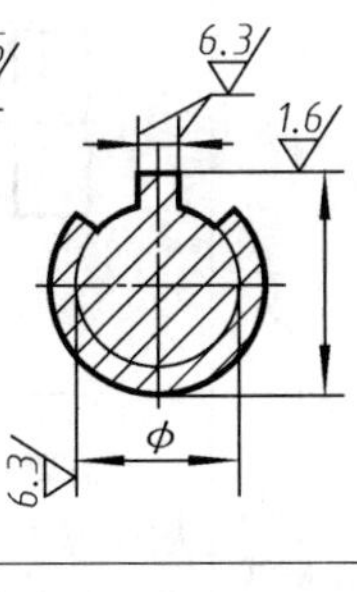 抛光	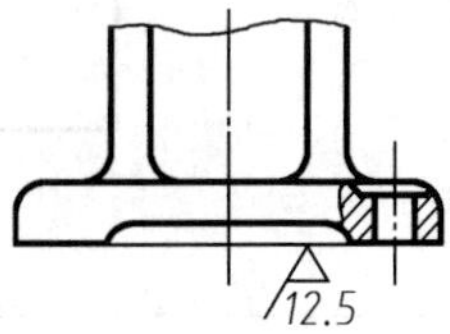
规定及说明	对零件上的连续表面及重复要素（如孔、槽、齿等）的表面，以及用细实线连接的不连续的同一表面，其表面粗糙度代号只标注一次	

（续）

<table>
<tr><td>标注示例</td><td colspan="2"> 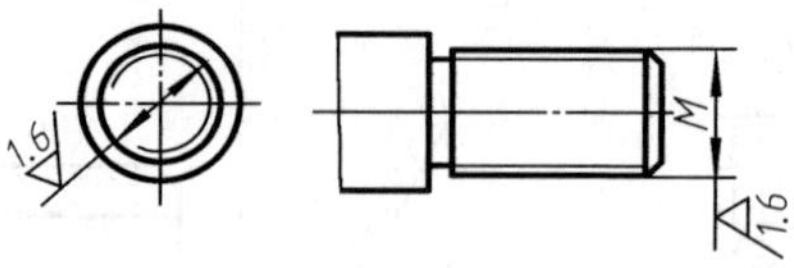</td><td> 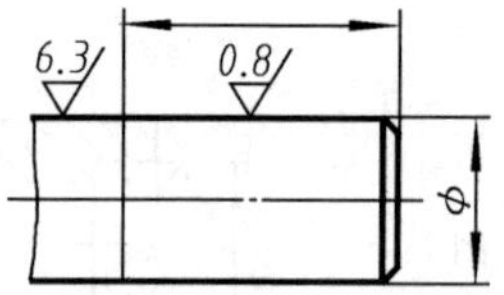</td></tr>
<tr><td>规定及说明</td><td colspan="2">螺纹工作表面的粗糙度代号，可按上图所示形式标注</td><td>同一表面有不同表面粗糙度要求时，需用细实线画出其分界线，并注出相应的表面粗糙度代号和尺寸</td></tr>
<tr><td>标注示例</td><td colspan="3"> 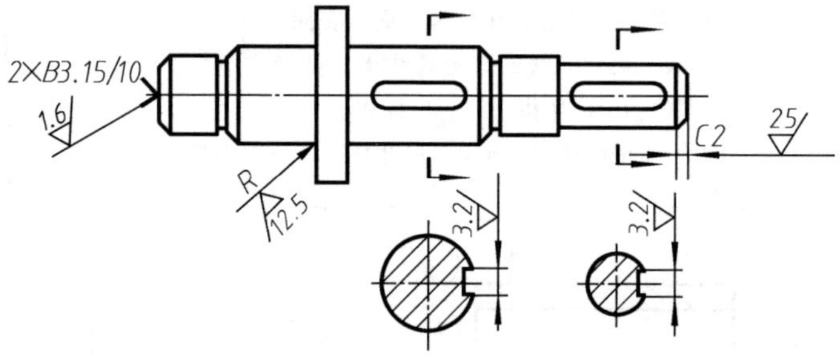</td></tr>
<tr><td>规定及说明</td><td colspan="3">中心孔的工作表面，键槽工作面，倒角、圆角的表面粗糙度代号，可按上图所示形式简化标注</td></tr>
<tr><td>标注示例</td><td colspan="3"> 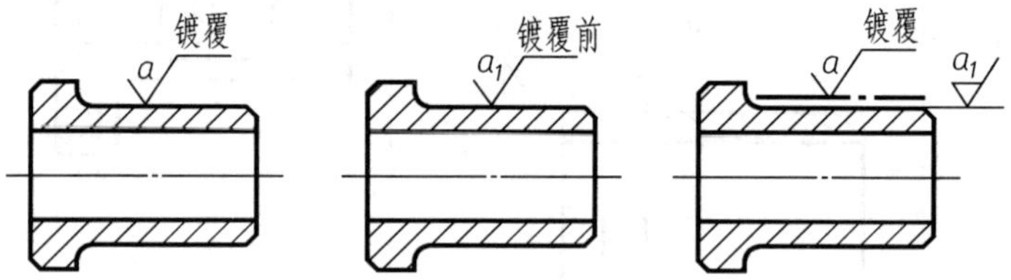a)　b)　c)</td></tr>
<tr><td>规定及说明</td><td colspan="3">需要表示镀（涂）覆或其他表面处理后的表面粗糙度值时，按图 a 标注；表示镀（涂）覆前的按图 b 标注；同时要求表示镀（涂）覆前、镀（涂）覆后的按图 c 标注</td></tr>
<tr><td>标注示例</td><td> 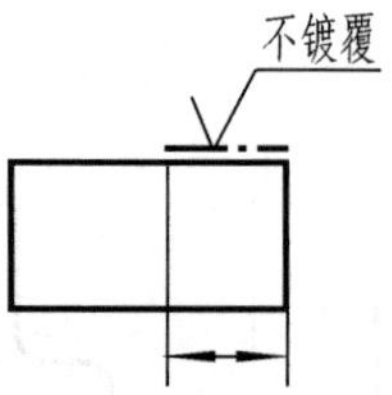</td><td> 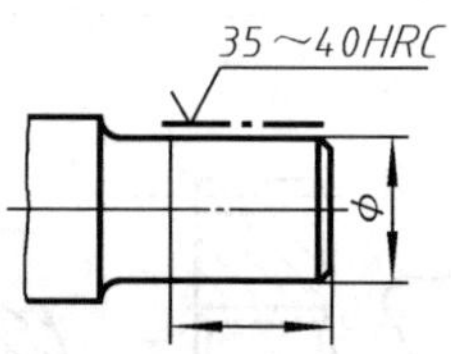</td><td> 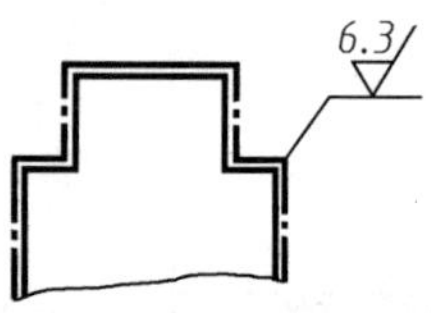</td></tr>
<tr><td>规定及说明</td><td>部分不镀（涂）覆表面，可用粗点画线画出，并在横线上加以注明</td><td>当需要对零件进行局部热处理或局部镀（涂）覆时，应用粗点画线画出其范围，并注以相应的尺寸</td><td>相同要求的表面，当标注受到限制时，可用粗点画线画出，用指引线引出，一次标注</td></tr>
</table>

二、极限与配合

1. 互换性的概念　在一批相同规格的零（部）件中任取一个，不需修配、不经选择便可装到机器上，并能满足使用要求的性质，称为互换性。

现代化的工业生产，要求机器的零（部）件具有互换性。为使零件具有互换性，就必须保证零件的尺寸、表面粗糙度、几何形状等技术要求的一致性。

就尺寸而言，互换性要求尺寸的一致性，并不是要求零件都准确地制成一个指定的尺寸，而只是限定其在一个合理的范围内变动。对于相互配合的零件，这个范围，一是要求在使用和制造上是合理、经济的；再就是要求保证相互配合的尺寸之间形成一定的配合关系，以满足不同的使用要求。前者要以“公差”的标准化——极限来解决，后者要以“配合”的标准化来解决，由此产生了“极限与配合”制度。

2. 尺寸公差与配合　下面结合图8-19，用图解的方式介绍相关的术语定义。

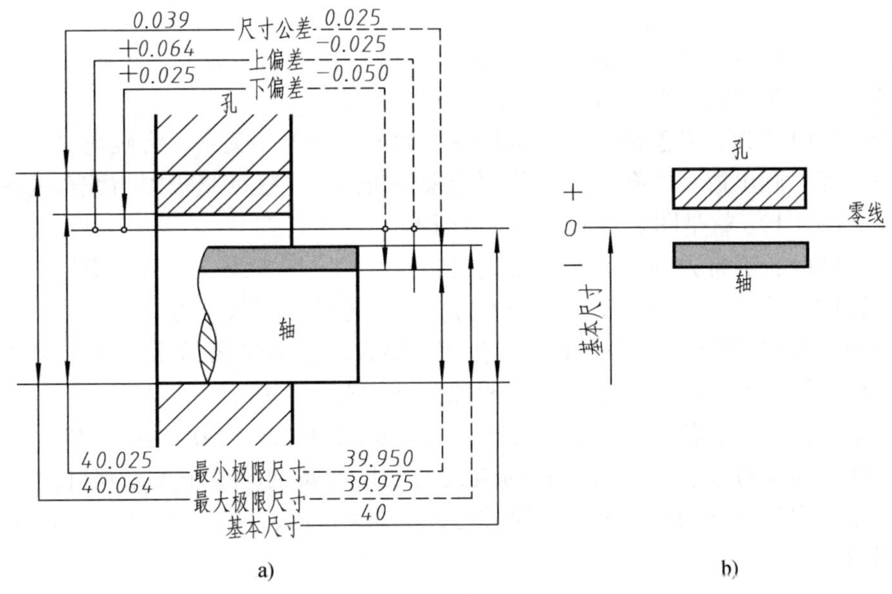

图8-19　术语图解和公差带示意图

（1）尺寸　以特定单位表示线性尺寸值的数值。它由数字和长度单位组成，包括直径、半径长度，宽度，高度，厚度及中心距等。

1）基本尺寸：根据零件的强度和结构要求而确定的尺寸，通过它应用上、下偏差可算出极限尺寸，如图8-19中的ϕ40mm。

2）实际尺寸：通过测量获得的尺寸。

3）极限尺寸：一个孔或轴允许的尺寸的两个极端。孔或轴允许的最大尺寸称为最大极限尺寸；允许的最小尺寸称为最小极限尺寸。极限尺寸可以大于、小于或等于基本尺寸。

4）尺寸偏差：某一尺寸减其基本尺寸所得的代数差。最大极限尺寸减其基本尺寸所得的代数差称为上偏差；最小极限尺寸减其基本尺寸所得的代数差称为下偏差。上偏差与下偏差统称为极限偏差。实际尺寸减其基本尺寸所得的代数差称为实际偏差。偏差可以是正值、负值或零。

孔的上、下偏差代号分别用大写字母 ES、EI 表示；轴的上、下偏差代号分别用小写字母 es、ei 表示。图 8-19 中孔、轴的极限偏差可分别为：

孔　上偏差(ES) = 40.064 − 40 = +0.064　　　下偏差(EI) = 40.025 − 40 = +0.025

轴　上偏差(es) = 39.975 − 40 = −0.025　　　下偏差(ei) = 39.950 − 40 = −0.050

5）尺寸公差（简称公差）：最大极限尺寸减最小极限尺寸之差，或上偏差与下偏差之差。它是允许尺寸的变动量，恒为正值。图 8-19 中孔、轴的公差可分别为：

孔　公差 = 40.064 − 40.025 = 0.039　　　或公差 = (+0.064) − (+0.025) = 0.039

轴　公差 = 39.975 − 39.950 = 0.025　　　或公差 = (−0.025) − (−0.050) = 0.025

由此可知，公差是尺寸精度的一种度量。公差越小，零件的精度越高，实际尺寸的允许变动量也越小；反之，公差越大，尺寸的精度越低。

6）零线：在极限与配合图解中，表示基本尺寸的一条直线，以其为基准确定偏差和公差。通常，零线沿水平方向绘制，正偏差位于其上，负偏差位于其下，如图 8-19b 所示。

7）公差带：在极限与配合图解中，由代表上偏差和下偏差或最大极限尺寸和最小极限尺寸的两条直线所限定的一个区域。

在分析公差时，为了形象地表示基本尺寸、偏差和公差的关系，常画出简图表示。即不画出孔和轴，而只画出放大的孔和轴的公差带来分析问题，这就是极限与配合的图解，简称公差带图解。图 8-19b 就是图 8-19a 的公差带图解。

画公差带图时，通常先画一水平横线代表基本尺寸，即零线。然后，根据上、下偏差分别画出孔或轴的公差带。正偏差位于零线上方，负偏差位于零线下方。

（2）配合　配合是指基本尺寸相同的、相互结合的孔和轴公差带之间的关系。由于孔和轴的实际尺寸不同，装配后可能产生“间隙”或“过盈”。

孔的尺寸减去相配合轴的尺寸之差为正，则表示间隙。图 8-20a 为孔、轴之间配合出现间隙的示意图。间隙有大、小之分，孔的最大极限尺寸减轴的最小极限尺寸之差为最大间隙，孔的最小极限尺寸减轴的最大极限尺寸之差为最小间隙，如图 8-20b 所示。图 8-20c 为其公差带图解。

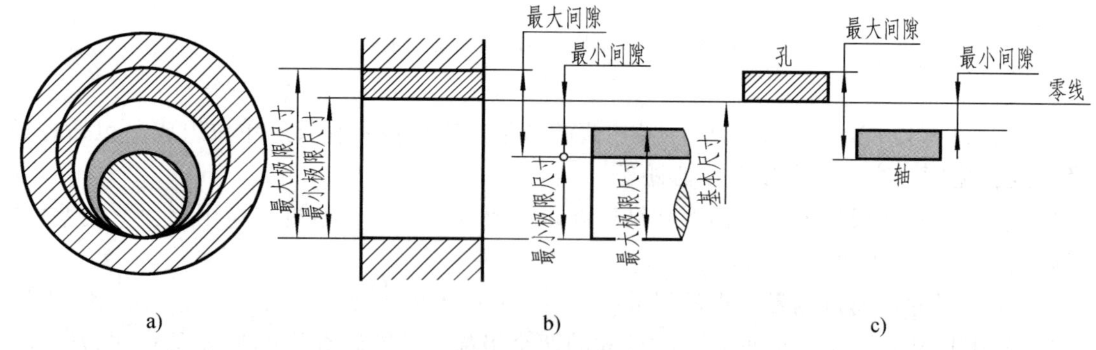

图 8-20　间隙配合

孔的尺寸减去相配合轴的尺寸之差为负，则表示过盈。图 8-21a 为孔轴之间配合出现过盈的示意图。过盈有大、小之分，孔的最小极限尺寸减轴的最大极限尺寸之差为最大过盈，孔的最大极限尺寸减轴的最小极限尺寸之差为最小过盈，如图 8-21b 所示。图 8-21c 为其公差带图解。

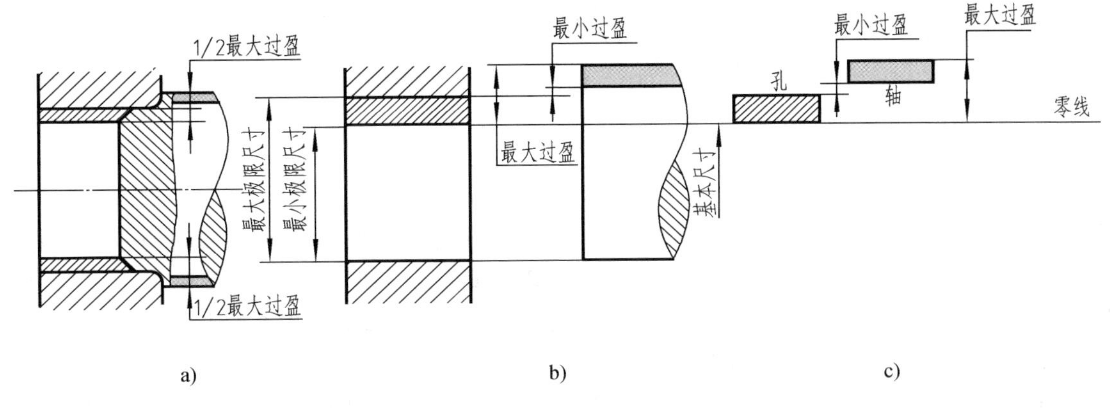

图 8-21　过盈配合

根据孔、轴之间形成间隙或过盈的情况，可将配合分为三类：

1）间隙配合　具有间隙（包括最小间隙等于零）的配合称为间隙配合。此时，孔的公差带在轴的公差带之上，如图 8-20c 所示。

2）过盈配合　具有过盈（包括最小过盈等于零）的配合称为过盈配合。此时，孔的公差带在轴的公差带之下，如图 8-21c 所示。

3）过渡配合　可能具有间隙或过盈的配合称为过渡配合。此时，孔的公差带与轴的公差带相互交叠，如图 8-22、图 8-23 所示。

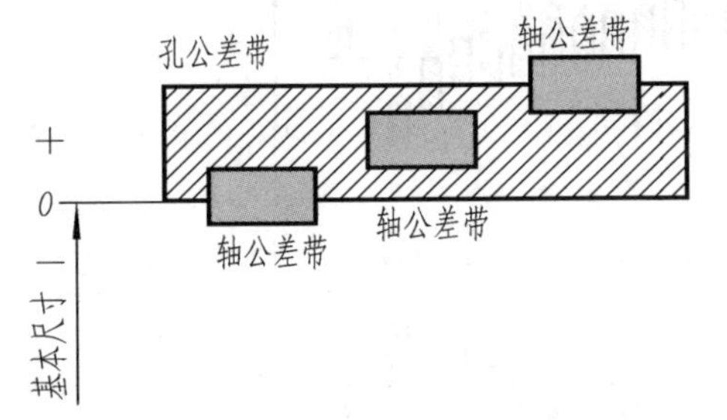

图 8-22　过渡配合公差带图解

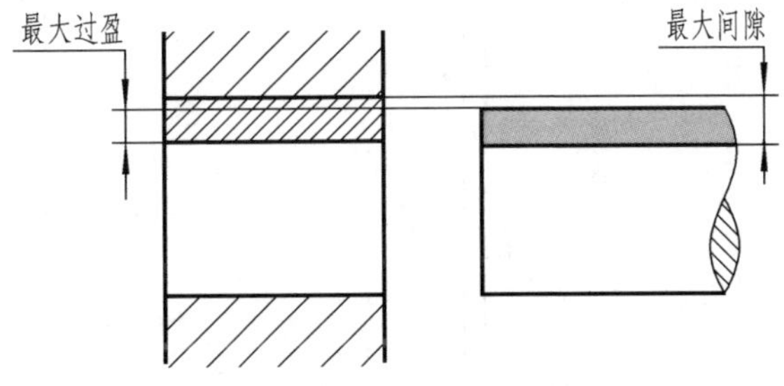

图 8-23　过渡配合的最大间隙和过盈

3. 标准公差与基本偏差　公差带由“公差带大小”和“公差带位置”两个要素组成。公差带大小由标准公差确定，公差带位置由基本偏差确定，如图 8-24 所示。

（1）标准公差　在极限与配合制中，标准公差是国家标准规定的确定公差带大小的任一公差。“IT”是标准公差的代号，阿拉伯数字表示其公差等级。

标准公差等级分 IT01、IT0、IT1、IT2……IT18，共 20 个公差等级。从 IT01 至 IT18 等级依次降低，而相应的标准公差数值依次增大，示意表示为：

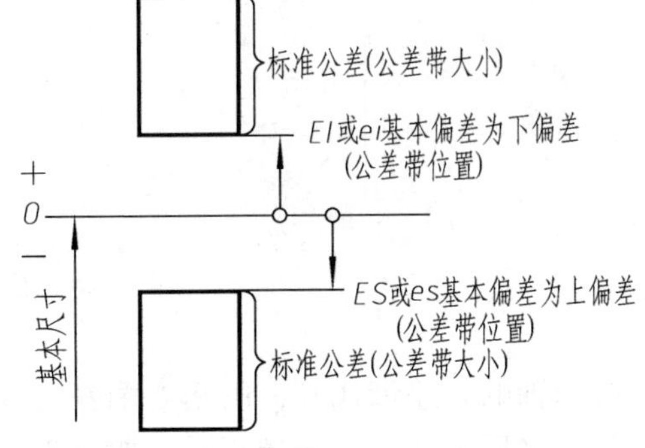

图 8-24　标准公差与基本偏差

高　　　　　公差等级　　　　　低

←———————————————————

IT01、IT0、IT1、IT2……IT18

———————————————————→

小　　　　　公差数值　　　　　大

标准公差的数值，可查阅附表 25。

（2）基本偏差　基本偏差是用来确定公差带位置的，一般是指孔和轴的公差带中靠近零线的那个偏差。当公差带位于零线上方时，基本偏差为下偏差；当公差带位于零线下方时，为上偏差，如图 8-24 所示。国家标准对孔和轴各规定了 28 个基本偏差，用拉丁字母表示，大写字母表示孔，小写字母表示轴，如图 8-25 所示。

图 8-25 中仅画出公差带图的一端，此端即为基本偏差。而另一端开口则表示公差带的延伸方向，它将由标准公差来决定。

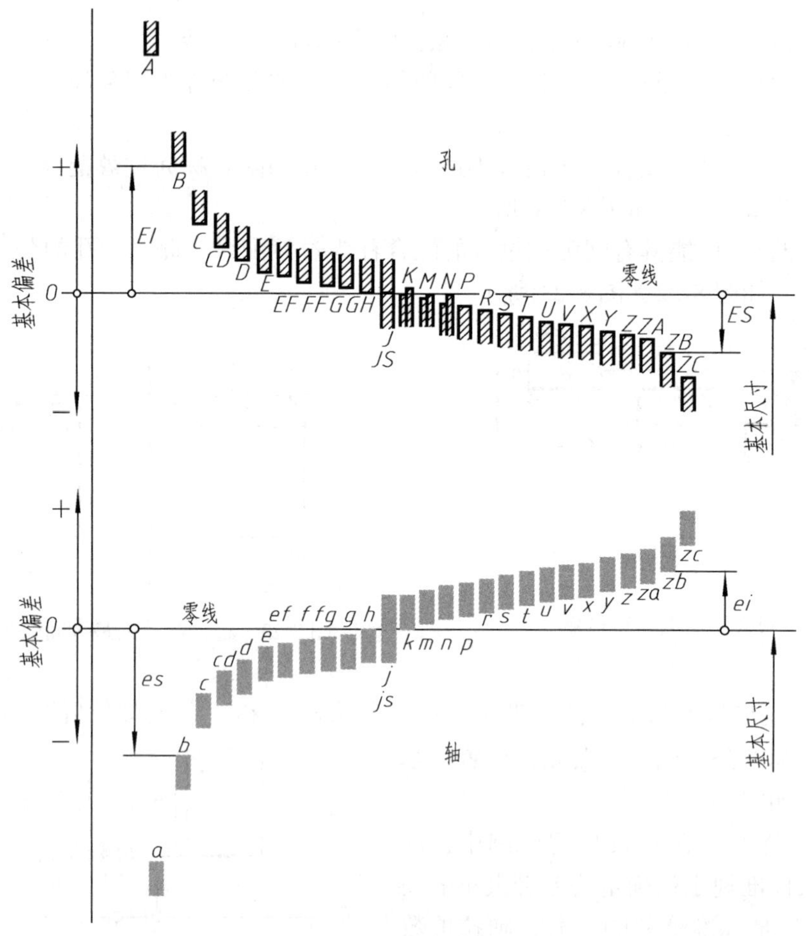

图 8-25　基本偏差系列示意图

孔和轴的公差带代号，由基本偏差代号和标准公差等级代号组成。两种代号并列，位于基本尺寸之后，并与其字号相同，如图 8-26 所示。

4. 配合制　在制造相互配合的零件时，使其中一种零件作为基准件，它的基本偏差固定，通过改变另一种非基准件的基本偏差，来获得各种不同性质的配合制度称为配合制。根据生产实际需要，国家标准规定了两种配合制。

（1）基孔制配合　基本偏差为一定的孔的公差带，与不同基本偏差的轴的公差带形成各种配合的一种制度，称为基孔制配合，如图 8-27 所示。

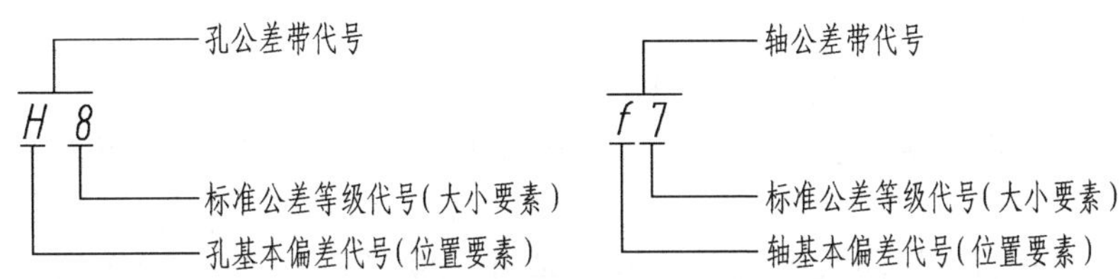

图 8-26　孔、轴公差带代号

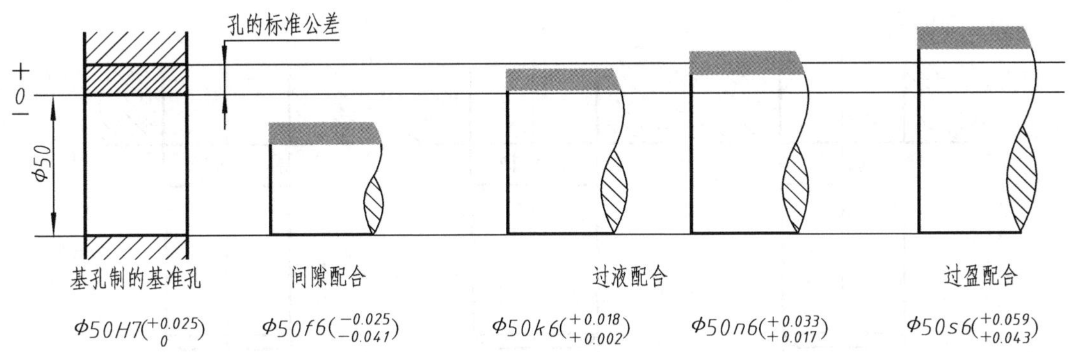

图 8-27　基孔制配合示意图

基孔制配合中，选作基准的孔称为基准孔，用基本偏差代号 H 表示，其下偏差为零。在基孔制配合中，轴的基本偏差 a ~ h 用于间隙配合；j ~ zc 用于过渡配合和过盈配合。

例如，ϕ50H7/f6 为基孔制间隙配合；ϕ50H7/k6、ϕ50H7/n6 为基孔制过渡配合；ϕ50H7/s6 为基孔制过盈配合。它们的配合示意图，即孔、轴公差带之间的关系，如图 8-27 所示。

（2）基轴制配合　基本偏差为一定的轴的公差带，与不同基本偏差的孔的公差带形成各种配合的一种制度，称为基轴制配合，如图 8-28 所示。

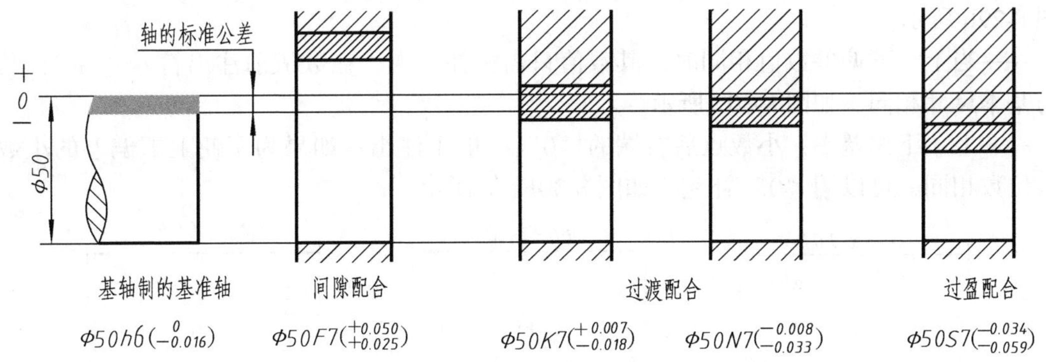

图 8-28　基轴制配合示意图

基轴制配合中，选作基准的轴称为基准轴，用基本偏差代号 h 表示，其上偏差为零。在基轴制配合中，孔的基本偏差 A ~ H 用于间隙配合；J ~ ZC 用于过渡配合和过盈配合。

例如，ϕ50F7/h6 为基轴制间隙配合；ϕ50K7/h6、ϕ50N7/h6 为基轴制过渡配合；ϕ50S7/h6 为基轴制过盈配合。它们的配合示意图，即孔、轴公差带之间的关系，如图 8-28 所示。

5. 极限与配合在图样上的标注

（1）在零件图上标注

1）在零件图上的标注形式有以下几种：

——在基本尺寸后面标注公差带代号，如图 8-29a 所示，这种形式用于大批量生产的零件图。

——在基本尺寸后面标注极限偏差数值，如图 8-29b 所示，这种形式用于单件、中小批量生产的零件图。

——在基本尺寸后面同时注出公差带代号和对应的极限偏差值，极限偏差值应加上圆括号，如图 8-29c 所示。

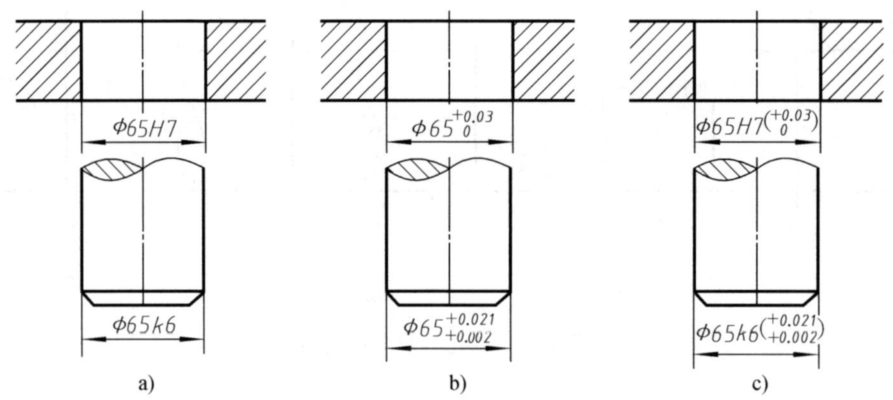

图 8-29　公差带代号、极限偏差在零件图上标注的三种形式

2）极限偏差数值的写法注意以下几点：

——标注极限偏差时，上偏差注在基本尺寸的右上方，下偏差应与基本尺寸注在同一底线上，偏差数值的字高要比基本尺寸的字高小一号，如图 8-29b、c 所示。

——如偏差为“0”时，应标注“0”，并与下偏差或上偏差的小数点前的个位数对齐，如图 8-29b 所示。

——当上、下偏差数值相同时，其数值只需标注一次，在数值前注出符号“±”，其字高与基本尺寸相同，如图 8-30a 所示。

——上、下偏差中，小数点后右端的“0”一般不注出；如果为了使上下偏差的小数点后的位数相同，可以用“0”补充，如图 8-30b、c 所示。

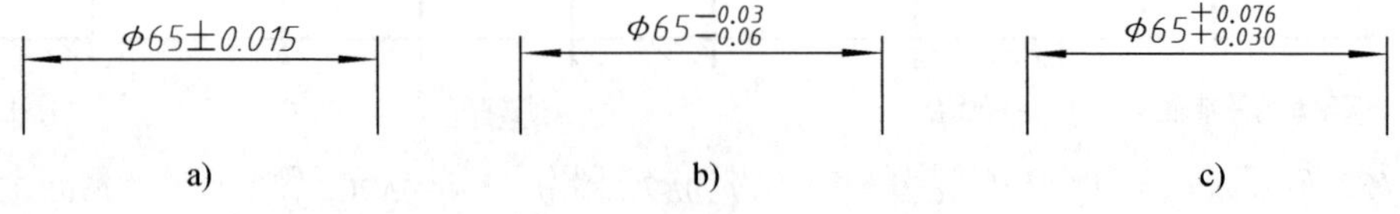

图 8-30　极限偏差的注法

（2）在装配图上的标注

1）对于非标准件间有配合功能要求的尺寸，在装配图上标注该类极限与配合时，其公差带代号必须在基本尺寸的右边，用分数形式注出，分子为孔的公差带代号，分母为轴的公差带代号。其标注形式有三种，如图 8-31 所示。

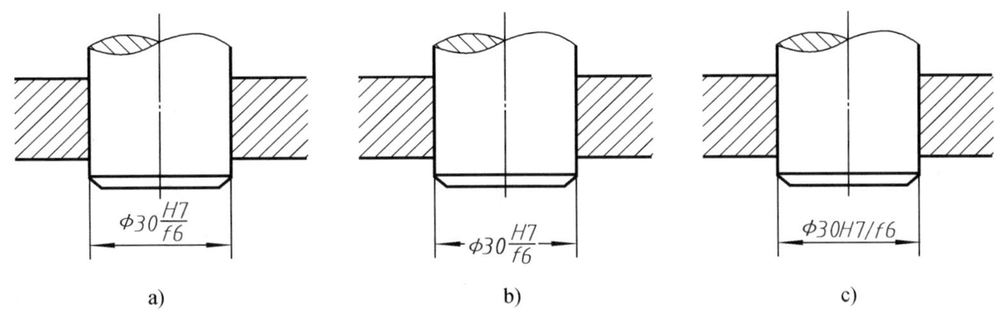

图 8-31 配合代号在装配图上标注的三种形式

2）对于与标准件有配合功能要求的尺寸，在装配图中可以仅标注与之相配合的非标准件上的尺寸公差带代号，如图 8-32 所示。

需要注意的是，当图 8-32 中的滚动轴承为非标准的外购件（亦即相配两件均为非标准件）时，则仍应按分数形式标注含孔、轴公差带的配合代号。

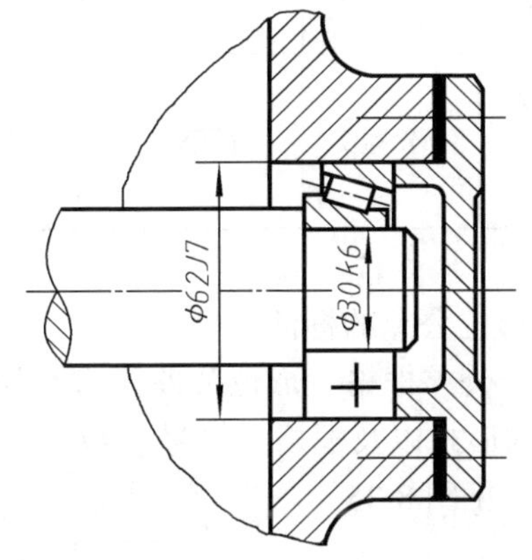

图 8-32 与标准件有配合要求的注法

三、形状和位置公差简介

1. 概述　形状和位置公差（简称形位公差）是指零件的实际形状和实际位置相对理想形状和理想位置的允许变动量。

对一般零件来说，它的形状和位置公差可以由尺寸公差和机床的精度予以保证。但对于精度要求较高的零件，如果仅限于此，是难以满足产品质量要求的。

如图 8-33a 所示齿轮轴，即使加工后尺寸误差和表面粗糙度都合格，但齿轮轴形状弯曲了（见图 8-33b），产生了形状（直线度）误差。如果零件存在严重的形状和位置误差，将给装配造成困难，影响机器的质量。因此，对于精度要求较高的零件，还要对其几何参数的形状与位置的误差加以限制。可见，合理地确定形状和位置公差，是提高产品质量和保证互换性的重要措施。

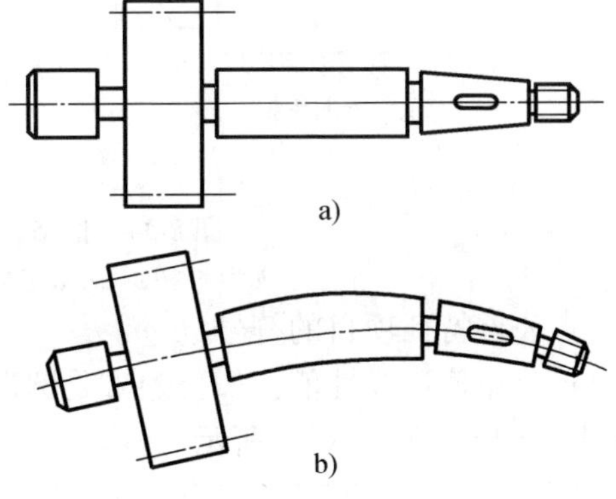

图 8-33 形状误差的影响

2. 形位公差分类、特征项目及符号　GB/T 1182—1996 和 GB/T 1184—1996 对形位公差的特征项目、代号、数值、标注方法等都作了规定。形位公差的分类、特征项目及符号见表 8-6。

表 8-6　形位公差的分类、特征项目及符号

公差		特征项目	符　　号	有或无基准要求
形状	形状	直线度	—	无
		平面度	▱	无
		圆度	○	无
		圆柱度	⌭	无
形状或位置	轮廓	线轮廓度	⌒	有或无
		面轮廓度	⌓	有或无

公差		特征项目	符　　号	有或无基准要求
位置	定向	平行度	//	有
		垂直度	⊥	有
		倾斜度	∠	有
	定位	位置度	⌖	有或无
		同轴度（同心度）	◎	有
		对称度	⌯	有
	跳动	圆跳动	↗	有
		全跳动	⌰	有

3. 形位公差的标注

（1）公差框格　形位公差要求在矩形方框中给出，该方框由两格或多格组成。形位公差框格的形式以及框格、符号、数字和基准的规格如图 8-34 所示。框格内从左到右填写以下内容（见图 8-35）：

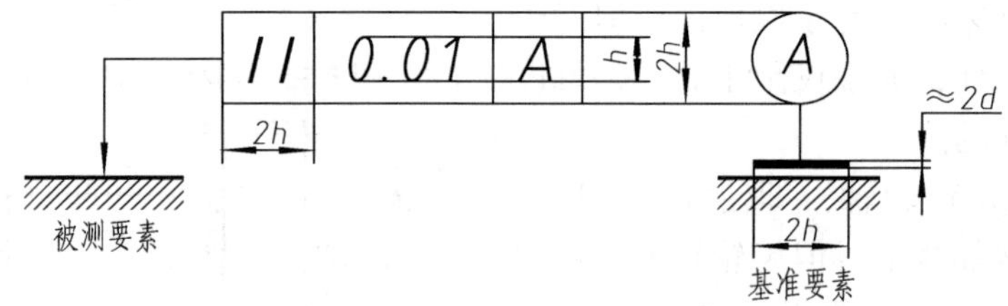

图 8-34　框格、符号、数字和基准的规格

h 为图中的尺寸数字高度，符号和框格的线宽 $d = h/10$

1）公差特征项目的符号。

2）公差值用线性值，如公差带是圆形或圆柱形的则在公差值前加注“ϕ”；如是球形，则加注“$S\phi$”，如图 8-35 所示。

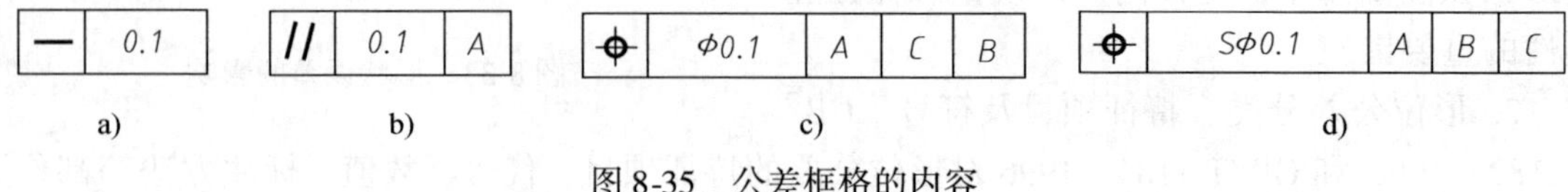

图 8-35　公差框格的内容

3）如需要，用一个或多个字母表示基准要素或基准体系，如图 8-35b、c、d 所示。

当一个以上要素作为被测要素，如六个要素，应在框格上方标明，如“6 ×”、“6 槽”，如图 8-36a 所示。对同一要素有一个以上的公差特征项目要求时，为方便起见，可将一个框格放在另一个框格的下面，如图 8-36b 所示。

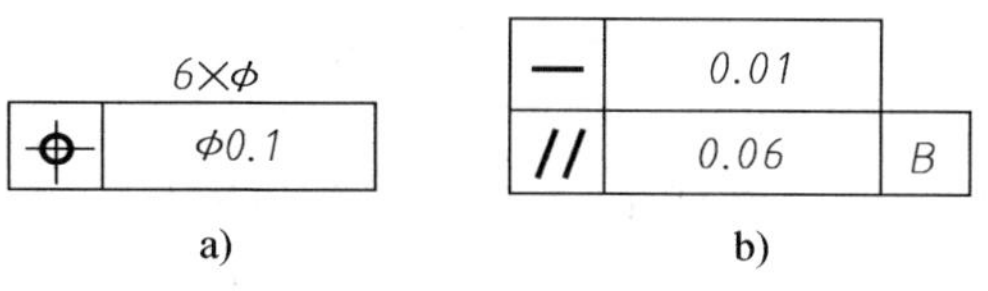

图 8-36　公差框格

（2）被测要素　用带箭头的指引线将框格与被测要素相连，按以下方式标注：

1）当公差涉及轮廓线或表面时，如图 8-37 所示，将箭头置于要素的轮廓线或轮廓线的延长线上（但必须与尺寸线明显地分开）。

2）当指向实际表面时，如图 8-38 所示，箭头可置于带点的参考线上，该点指向实际表面。

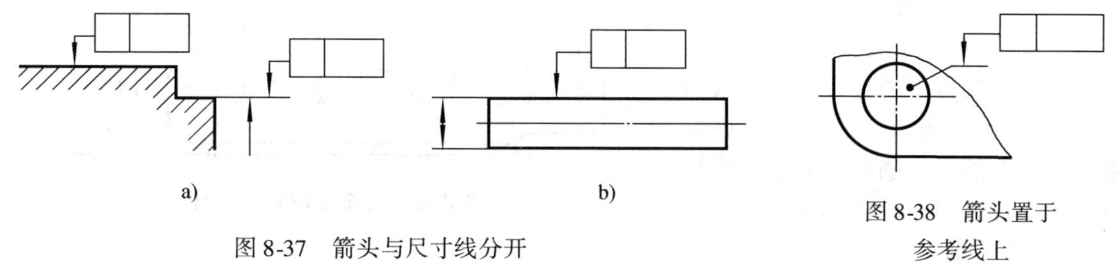

图 8-37　箭头与尺寸线分开

图 8-38　箭头置于参考线上

3）当公差涉及轴线、中心平面或由带尺寸要素确定的点时，则带箭头的指引线应与尺寸线的延长线重合，如图 8-39 所示。

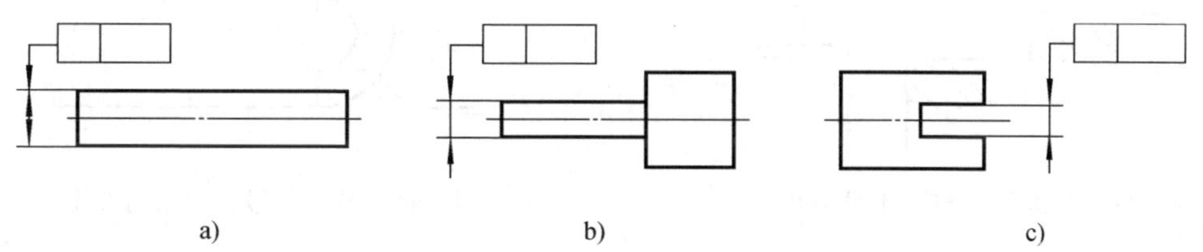

图 8-39　箭头与尺寸线的延长线重合

（3）公差带

1）除非另有规定，公差带的宽度方向就是给定的方向，如图 8-40 所示。

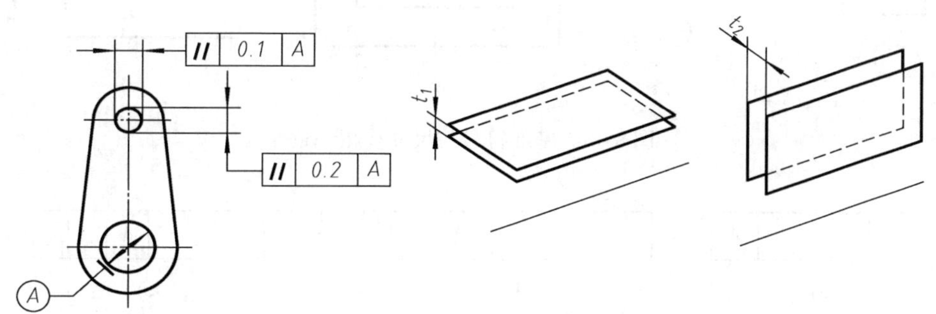

图 8-40　公差带的宽度方向

2）对几个表面有同一数值的公差带要求，其表示法如图 8-41 示。

3）用同一公差带控制几个被测要素时，应在公差框格上注明“共面”或“共线”，如图 8-42 所示。

（4）基准

1）当基准要素是轮廓线或表面时（见图 8-43），带有基准字母的短横线应放置在要素的外轮廓线上或其延长线上（但应与尺寸线明显地错开），基准符号还可置于用圆点指向实际表面的参考线上，如图 8-44 所示。

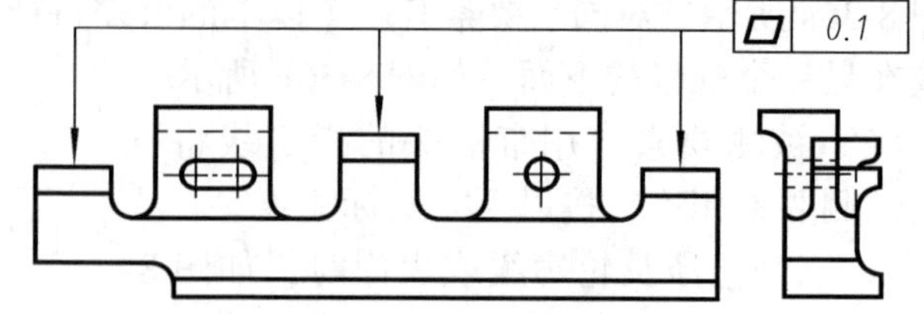

图 8-41　多面具有同一数值的公差带的注法

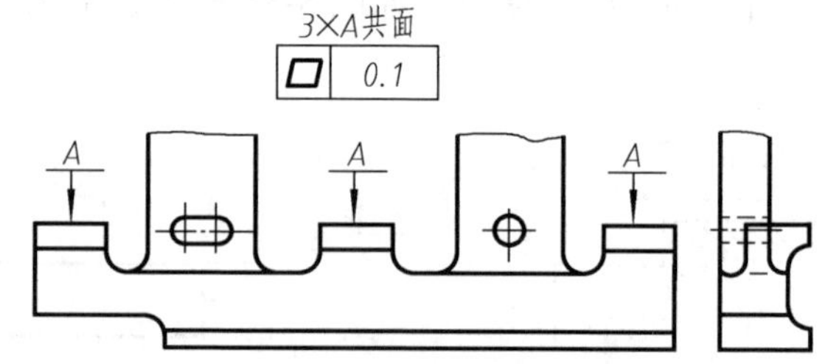

图 8-42　几个被测要素具有同一公差带的注法

2）当基准要素是轴线，或中心平面，或由带尺寸的要素确定的点时，则基准符号中的竖线与尺寸线对齐，如图 8-45 所示。如尺寸线处安排不下两个箭头，则另一箭头可用短横线代替，如图 8-45b、c 所示。

3）单一基准、两个要素组成的公共基准和多个要素组成的基准体系，标注方法如图 8-46 所示。

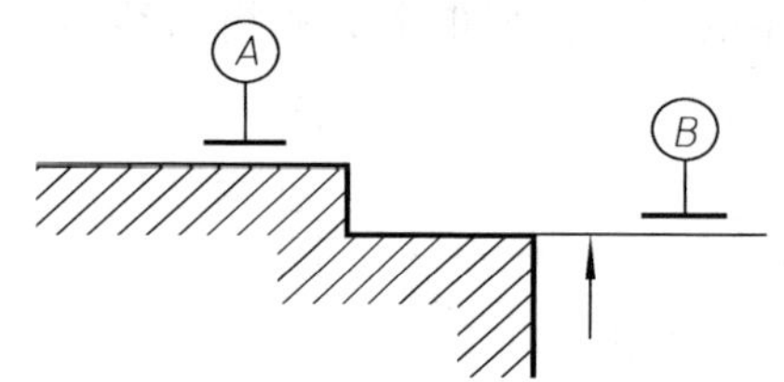

图 8-43　基准符号与尺寸线错开

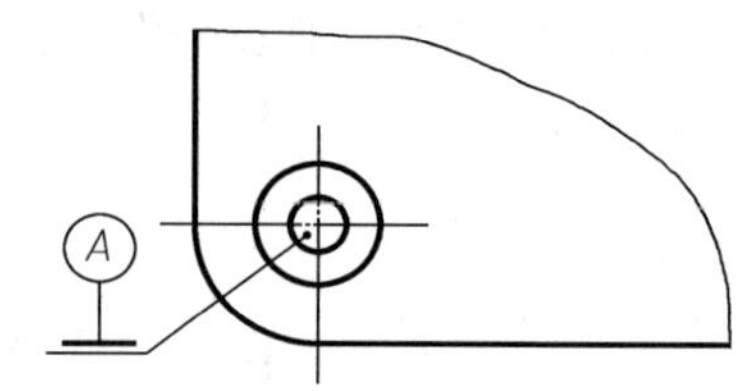

图 8-44　基准符号置于参考线上

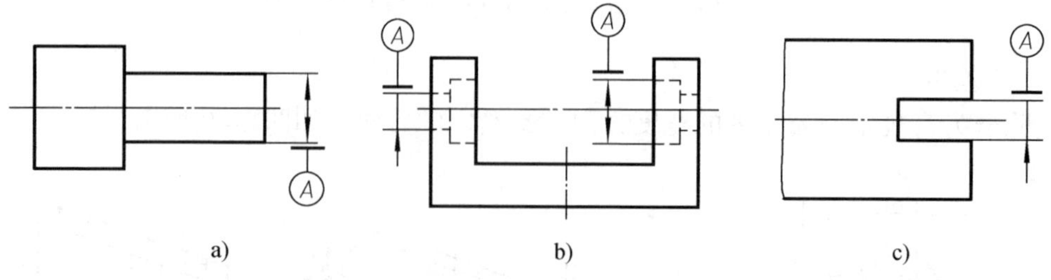

图 8-45　基准符号与尺寸线相一致

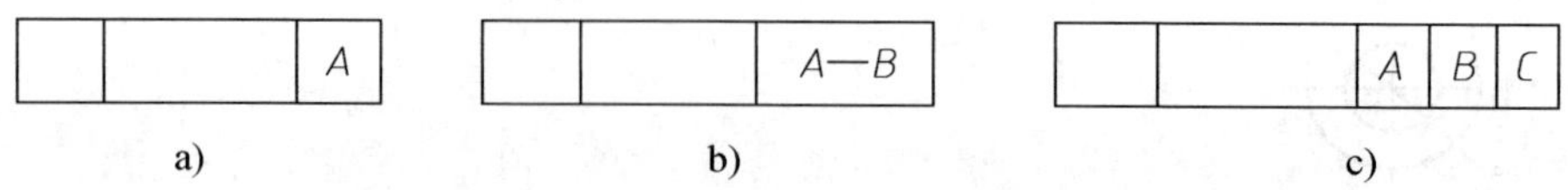

图 8-46　单一基准、公共基准和基准体系的标注

4）任选基准的标注方法如图 8-47 所示。

4. 形位公差的标注示例　形位公差的标注示例如图 8-48 所示。图中标注的各形位公差代号的含义及其解释分别为：

| ⌭ | 0.005 |　表示 ϕ16f7 圆柱面的圆柱度公差为 0.005mm。

| ◎ | ϕ0.1 | A |　表示 M8×1-6H 螺纹孔的轴线对于 ϕ16f7 轴线的同轴度公差为 ϕ0.1mm。

| ↗ | 0.1 | A |　表示 $\phi 14_{-0.24}^{\ 0}$ 的端面对于 ϕ16f7 轴线的端面圆跳动公差为 0.1mm。

| ⊥ | 0.025 | A |　表示 $\phi 36_{-0.34}^{\ 0}$ 的右端面对于 ϕ16f7 轴线的垂直度公差为 0.025mm。

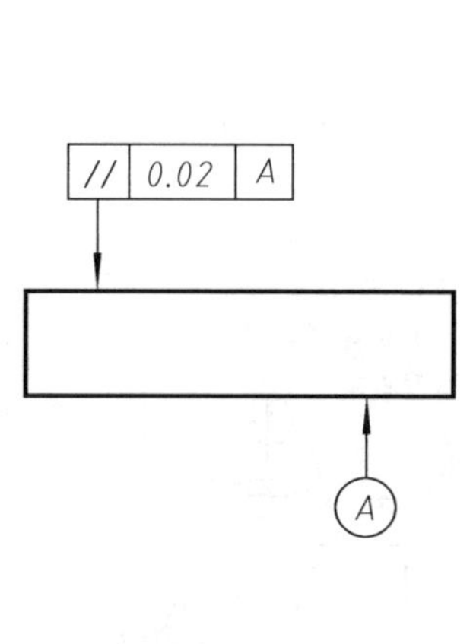

图 8-47　任选基准的标注

图 8-48　形位公差标注示例

第五节　零件上常见的工艺结构

零件的结构除应满足设计要求外，还应考虑制造和检测的方便与可能。因此，在绘制零件图时，必须对零件上结构进行合理设计和规范表达，以符合铸造工艺和机械加工工艺的要求。

一、铸造工艺结构

1. 铸件壁厚　若铸件的壁厚不均匀，那么在浇铸时冷却速度就会不同。壁薄处先冷却、先凝固；壁厚处冷却慢，易产生缩孔，或在壁厚突变处产生裂纹。所以，要求铸件壁厚保持均匀一致或采取逐渐过渡的结构，如图 8-49 所示。

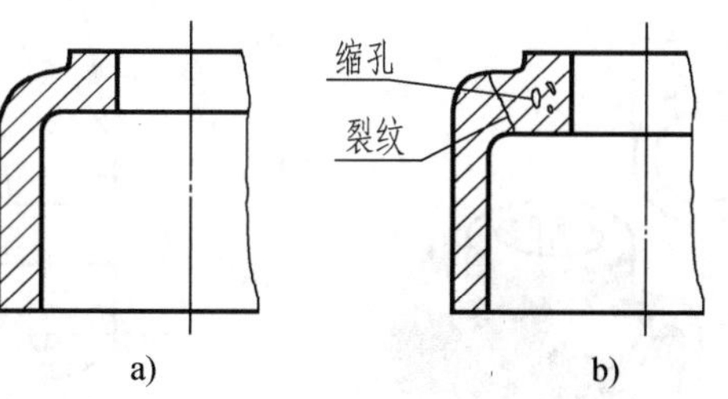

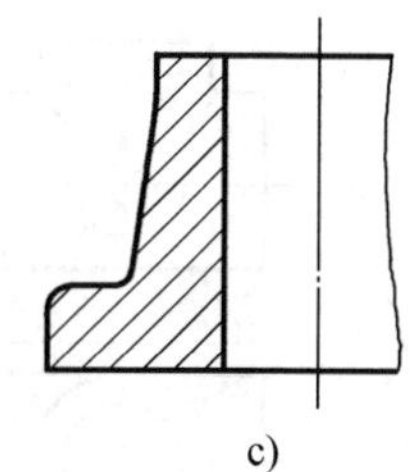

图 8-49　铸件壁厚

a）壁厚均匀　b）壁厚不匀　c）逐渐过渡

2. 起模斜度　造型时，为了方便起模，在铸件的内外壁上沿起模方向设计成一定的斜度（一般取 1:10～1:20，亦可用角度表示），称为起模斜度，如图 8-50a 所示。在零件图上一般不画出起模斜度，如有特殊要求，可在技术要求中说明。

3. 铸造圆角　为了防止起模时砂型落砂及铸件在尖角处产生裂纹和缩孔，通常将铸件的转角处做成圆角，如图 8-50b 所示。

4. 过渡线　在铸造零件上，由于铸造圆角的存在，就使零件表面上的交线变得不十分明显。但是，为了便于读图及区分不同表面，在图样上，仍需按没有圆角时交线的位置画出这些不太明显的线，这样的线称为过渡线。

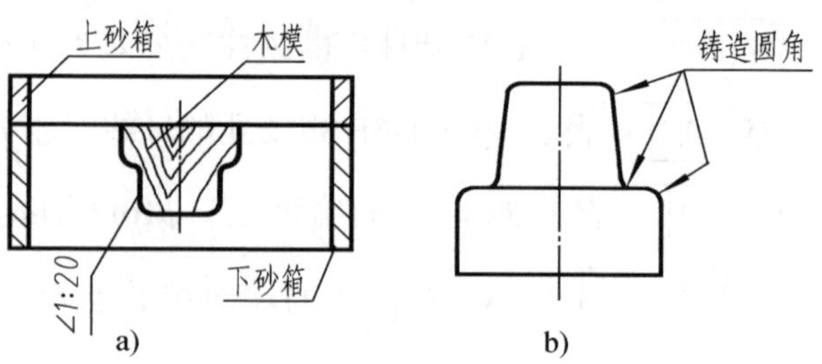

图 8-50　起模斜度和铸造圆角
a）起模斜度　b）铸造圆角

过渡线用细实线表示，过渡线的画法与没有圆角时的相贯线画法完全相同，仅在表示时稍有差别。下面分几种情况加以说明。

1）当两曲面相交时，过渡线应不与圆角轮廓接触，如图 8-51 所示。

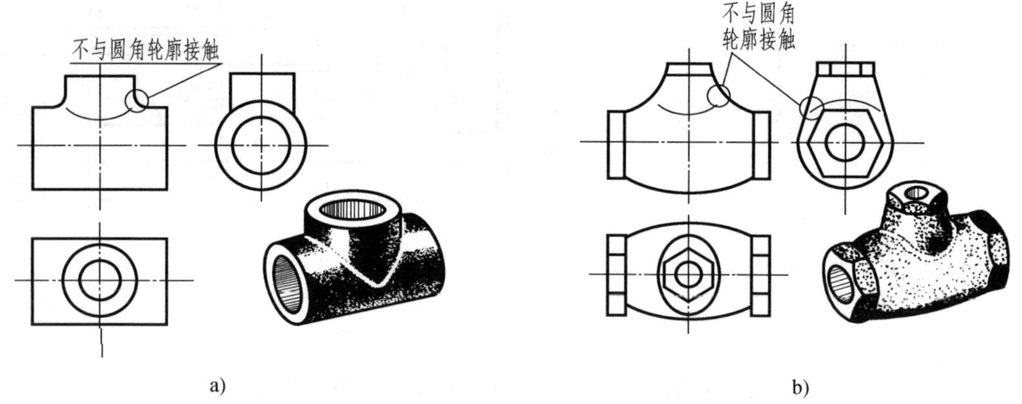

图 8-51　两曲面相交时过渡线的画法

2）当两曲面的轮廓线相切时，过渡线应在切点附近断开，如图 8-52 所示。

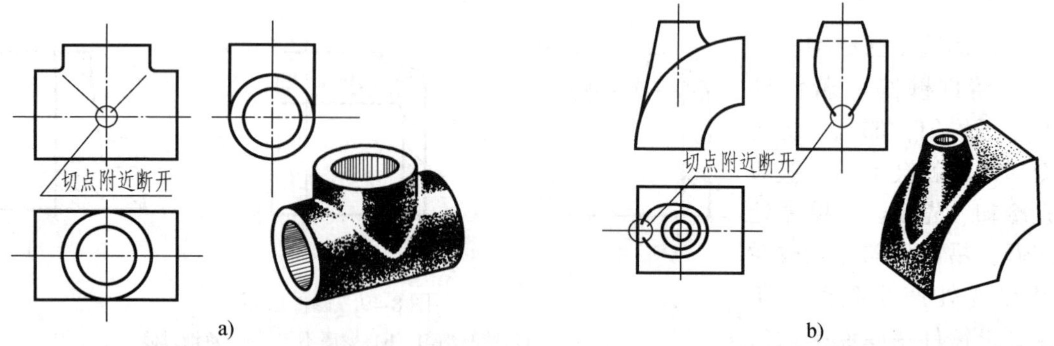

图 8-52　两曲面的轮廓线相切时过渡线的画法

3）平面与平面、平面与曲面相交时，过渡线应在转角处断开，并加画过渡圆弧，其弯向与铸造圆角的弯向一致，如图 8-53 所示。

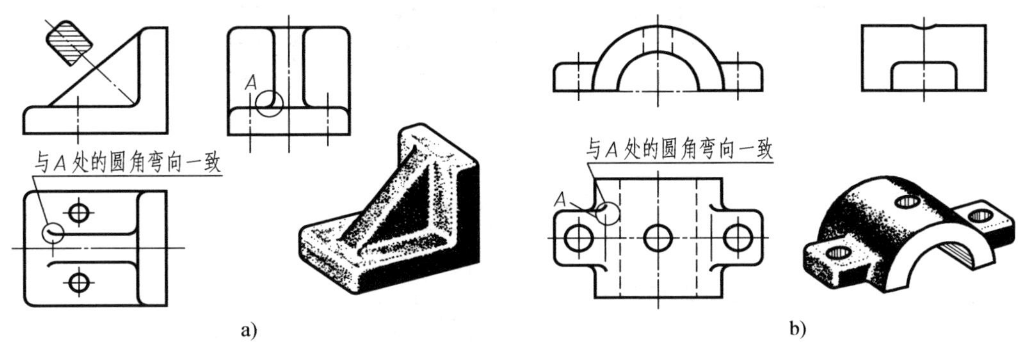

图 8-53　平面与平面或平面与曲面相交时过渡线的画法

4）当肋板与圆柱组合时，其过渡线的形状与肋板的断面形状及肋板与圆柱的组合形式有关，如图 8-54 所示。

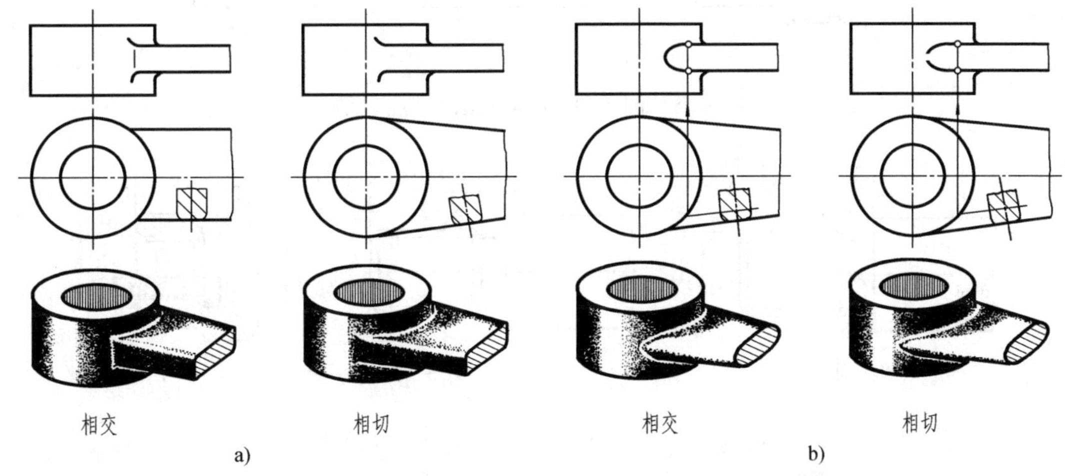

图 8-54　肋板与圆柱组合时过渡线的画法

a）断面为长方形　b）断面为长圆形

二、机械加工工艺结构

1. 倒角和倒圆　为了去掉锐边、毛刺和便于装配，在轴和孔的端部一般都加工成倒角；为了避免因应力集中而产生裂纹，在轴肩处往往加工成圆角的过渡形式，此圆角称为倒圆。倒角和倒圆的尺寸见附表 18，其尺寸注法如图 8-55 所示。

零件图中的倒角（45°）和倒圆可省略不画，其尺寸标注如图 8-55c 所示。

2. 退刀槽和砂轮越程槽　在车削螺纹或磨削表面时，为便于退出刀具或使砂轮可以稍微越过加工面，常在待加工面的末端预先制出退刀槽或砂轮越程槽，如图 8-56 所示。退刀槽和砂轮越程槽的尺寸标注方法可按“槽宽 × 直径”或“槽宽 × 槽深”的形式标注。其具体结构和尺寸可查阅附表 19、20。必要时，可画出局部放大图标注尺寸。

3. 钻孔结构　钻孔时，钻头的轴线应与被加工的表面垂直，否则会使钻头弯曲，甚至折断（见图 8-57a）。当零件表面倾斜时，可设置凸台或凹坑（见图 8-57b、c）。钻头单边受力也容易折断，因此，钻头钻透处的结构，也要设置凸台使孔完整（见图 8-57d、e）。

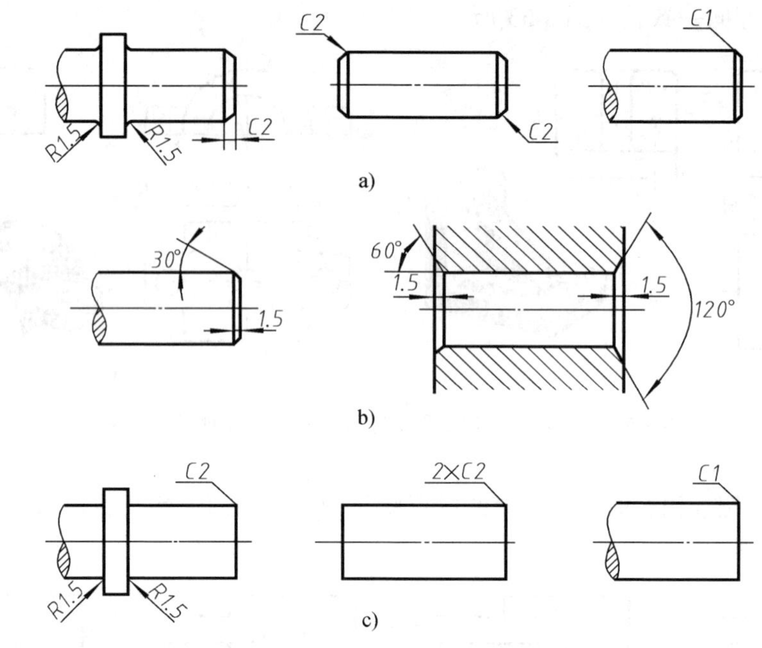

图 8-55　倒角和倒圆的画法与尺寸注法

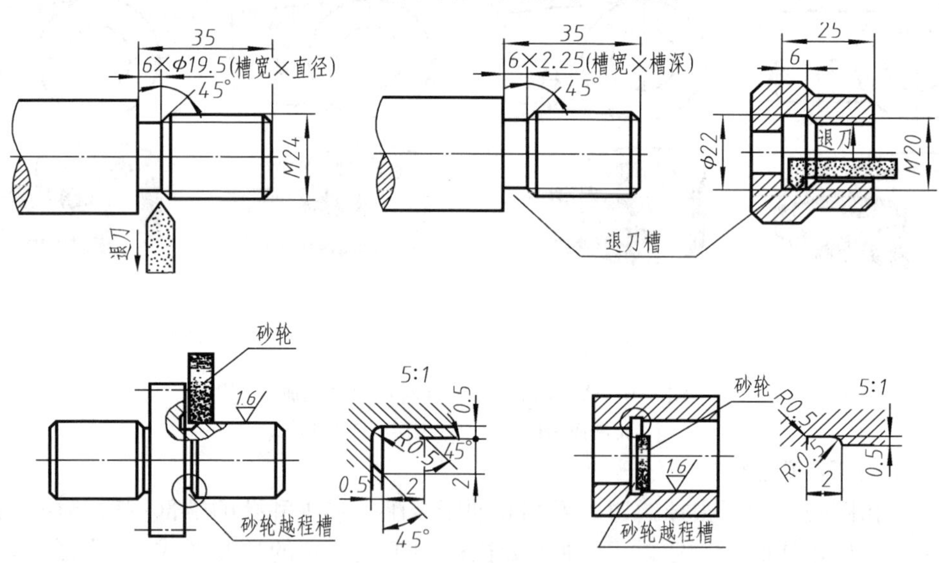

图 8-56　退刀槽和砂轮越程槽

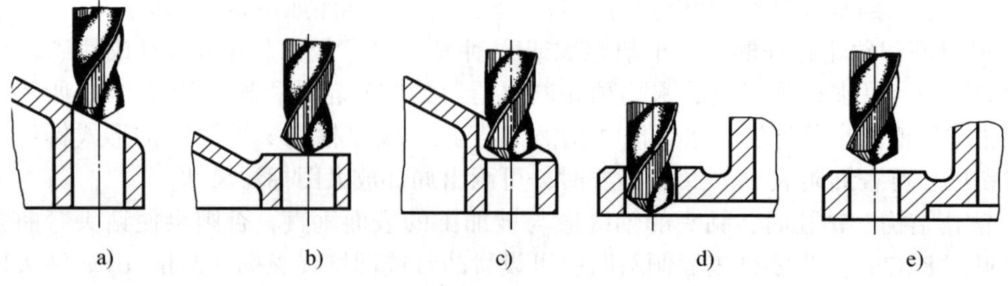

图 8-57　钻孔结构

4. 凸台和凹坑　为了使零件表面接触良好和减少加工面积，常在铸件的接触部位铸出凸台和凹坑，如图 8-58 所示。

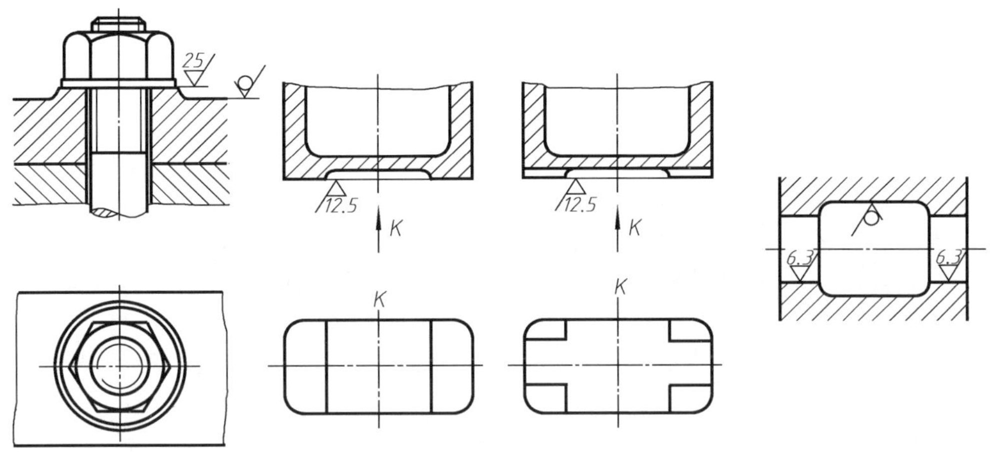

图 8-58　凸台与凹坑

第六节　几类典型零件的分析

零件的形状虽然千差万别，但根据它们在机器（或部件）中的作用和形状特征，通过比较、归纳，仍可大体将它们划分为几种类型。下面以轴套类、盘盖类、叉杆类、支架类和箱体类典型零件图为例，讨论常见零件的结构、表达方法、尺寸标注、技术要求等特点，从中找出规律，以供读、画同类零件图时参考。

一、轴套类零件

轴套类零件包括各种轴、丝杠、套筒等。轴类零件是用来支承传动零件和传递动力的；套类零件通常是装在轴上，起轴向定位、传动或连接等作用。

1. 结构特点　轴套类零件一般是由同一轴线，不同直径的数段回转体组成。

图 8-59 所示为铣床上的一个部件——铣刀头的轴测图。

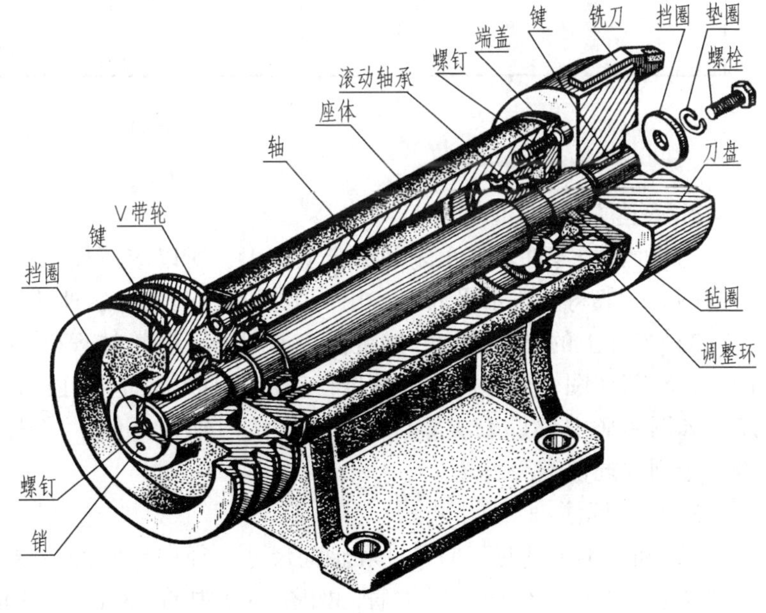

图 8-59　铣刀头轴测图

图 8-60 是铣刀头中的阶梯轴零件图。由图可见，该轴基本上是由位于同一根轴线上的数段直径不同的圆柱体组成。根据设计、安装和加工等要求，轴上常加工出键槽、退刀槽、砂轮越程槽、螺纹、销

孔、中心孔、倒角和倒圆等结构。

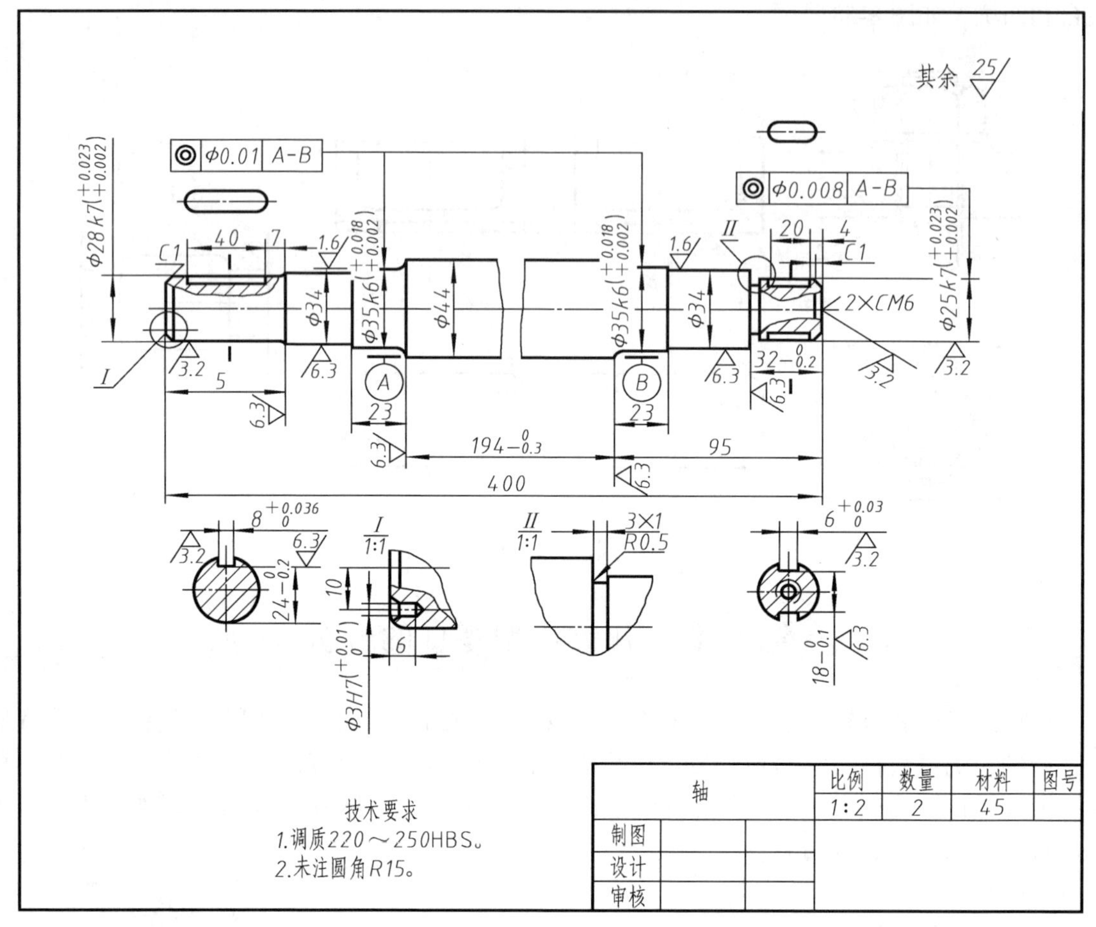

图 8-60　轴零件图

2. 表达方法

1）轴套类零件多在车床和磨床上加工，所以应按加工位置和反映形状特征的方向确定主视图。一般将轴线水平放置，用一个基本视图来表达轴的主体结构。

2）零件上的局部结构，如键槽、退刀槽、砂轮越程槽和中心孔等，可采用剖视图、断面图、局部视图、局部放大图等进行表达。对形状简单且较长的轴段，常采用折断的方法表示，如图 8-60 所示。套类零件的表达方法与轴相类似，如其内部结构比较复杂，可采用全剖、半剖或局部剖等表达。

3. 尺寸标注

1）轴套类零件有径向尺寸和轴向尺寸。径向尺寸的主要基准为轴线；轴向尺寸的基准一般选取重要的定位面（即轴肩，如图 8-60 中的 ϕ35k6 处的轴肩定位面）或端面。

2）重要的尺寸一定要直接标注出来。如安装 V 带轮、刀盘和滚动轴承的轴向尺寸 55、32、23 等。其他尺寸为测量方便，多按加工顺序标注。

3）轴类零件上的标准结构（如倒角、退刀槽、越程槽、键槽等）很多，其尺寸应查阅相应的国家标准，按规定注出。

4. 技术要求

(1) 极限与配合及表面粗糙度　对有配合要求的表面，其尺寸精度、表面粗糙度要求较严。如图 8-60 所示，与带毂零件、滚动轴承相配合的轴颈公差带代号分别为 k7 和 k6，其表面粗糙度 R_a 的上限值分别取 3.2μm 和 1.6μm。

对轴向尺寸的精度，凡与其他零件有装配关系的轴段，其长度尺寸要给出公差，如 $194_{-0.3}^{\ 0}$mm、$32_{-0.2}^{\ 0}$mm。作为轴向定位的轴肩，其表面粗糙度 R_a 的上限值取 6.3μm。键槽两侧面的表面粗糙度 R_a 上限值取 3.2μm。

(2) 形位公差　对有配合要求的表面和重要的端面应有形位公差要求，如圆度、圆柱度、同轴度、圆跳动、对称度等。图 8-60 中两处 ϕ35 的轴线，给出了同轴度公差为 ϕ0.01mm 的要求。

(3) 热处理　为了提高轴的强度和韧性，常对轴类零件进行调质处理；对轴上与其他零件有相对运动的部分，为提高硬度、增加耐磨性，往往进行表面淬火、渗碳、渗氮等热处理。

二、盘盖类零件

盘盖类零件一般包括法兰盘、端盖、压盖和各种轮子等。这类零件在机器中主要起轴向定位、防尘、密封及传递扭矩等作用。

1. 结构特点　盘盖类零件的主体一般为同轴线不同直径的回转体或其他几何形状的扁平板状，如图 8-61、图 8-62 所示。它与轴类零件相比，其轴向（厚度）尺寸小得多，这类零件上常有凸台、凹坑，均布安装孔、轮辐和键槽等结构。

2. 表达方法

1）大多数盘盖类零件主要是在车床上加工，所以应按其形状特征和加工位置来选择主视图，并将轴线水平放置。

2）盘盖类零件一般常用主、左（或右）两个视图表示。主视图采用全剖视（由单一剖切面或几个相交的剖切面剖切获得），左视图则用来表示其外形和盘上孔的分布情况。

3）零件上的其他细小结构常采用局部放大图和简化画法表示。

3. 尺寸标注

1）盘盖类零件主要是径向尺寸和轴向尺寸。径向尺寸的主要基准为轴线，轴向尺寸的主要基准是经过加工并与其他零件相接触的较大端面，如图 8-61 中的端盖圆盘上的右端面。图 8-62 所示的 V 带轮，轴向主要基准为右端面，轮辐、轮缘的轴向则以其对称面为基准，即工艺基准，它们之间用尺寸 28 联系起来。

2）零件上各圆柱体的直径及较大的孔径，其尺寸多注在非圆视图上。而位于盘上多个小孔的定位圆直径尺寸（图 8-61 中的 ϕ98）注在投影为圆的视图上则较为清晰。

4. 技术要求　有配合要求的表面、轴向定位的端面，其表面粗糙度和尺寸精度要求较严，端面与轴线之间常有垂直度或端面圆跳动等要求。

图 8-61 中，端盖上凸缘 ϕ87 f7 要与铣刀头座体孔配合，其表面粗糙度 R_a 的上限值取 6.3μm，且给出公差带代号；右端面为轴向主要基准，其表面粗糙度的上限值 R_a 取 6.3μm。

同样，图 8-62 中，V 带轮孔 ϕ28 H8 及右端面表面粗糙度 R_a 的上限值分别取 3.2μm 和 6.3μm。V 带轮孔 ϕ28H8 也注出公差带代号。

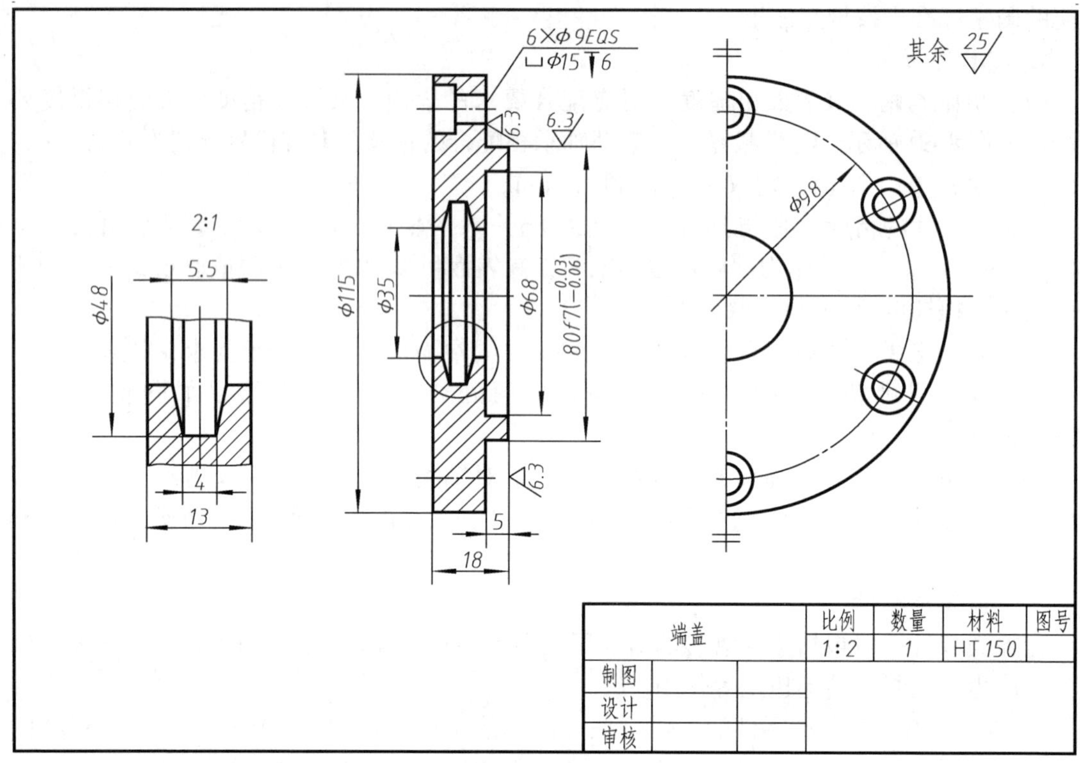

图 8-61　端盖零件图

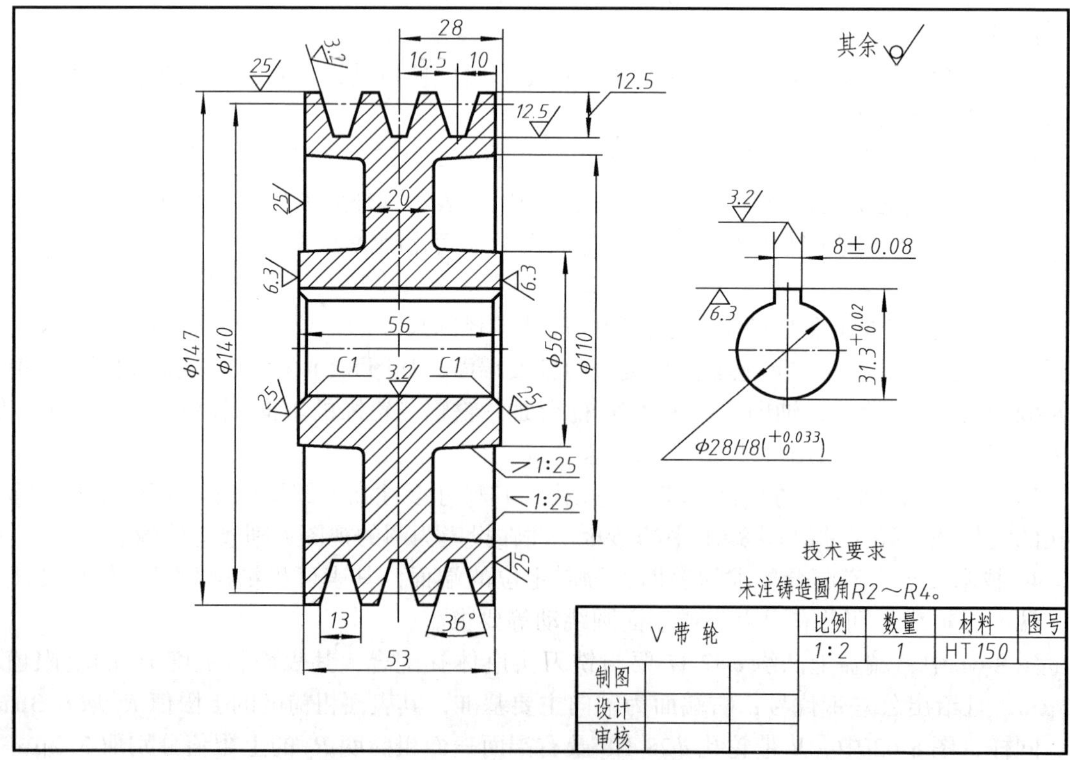

图 8-62　V 带轮零件图

三、叉杆类零件

叉杆类零件是机器操纵装置中常用的一种零件，如拨叉、连杆、杠杆等，见图 8-1。

1. 结构特点　叉杆类零件，其结构可看作由三部分组成，即支承部分、工作部分和连接部分，如图 8-63 所示。

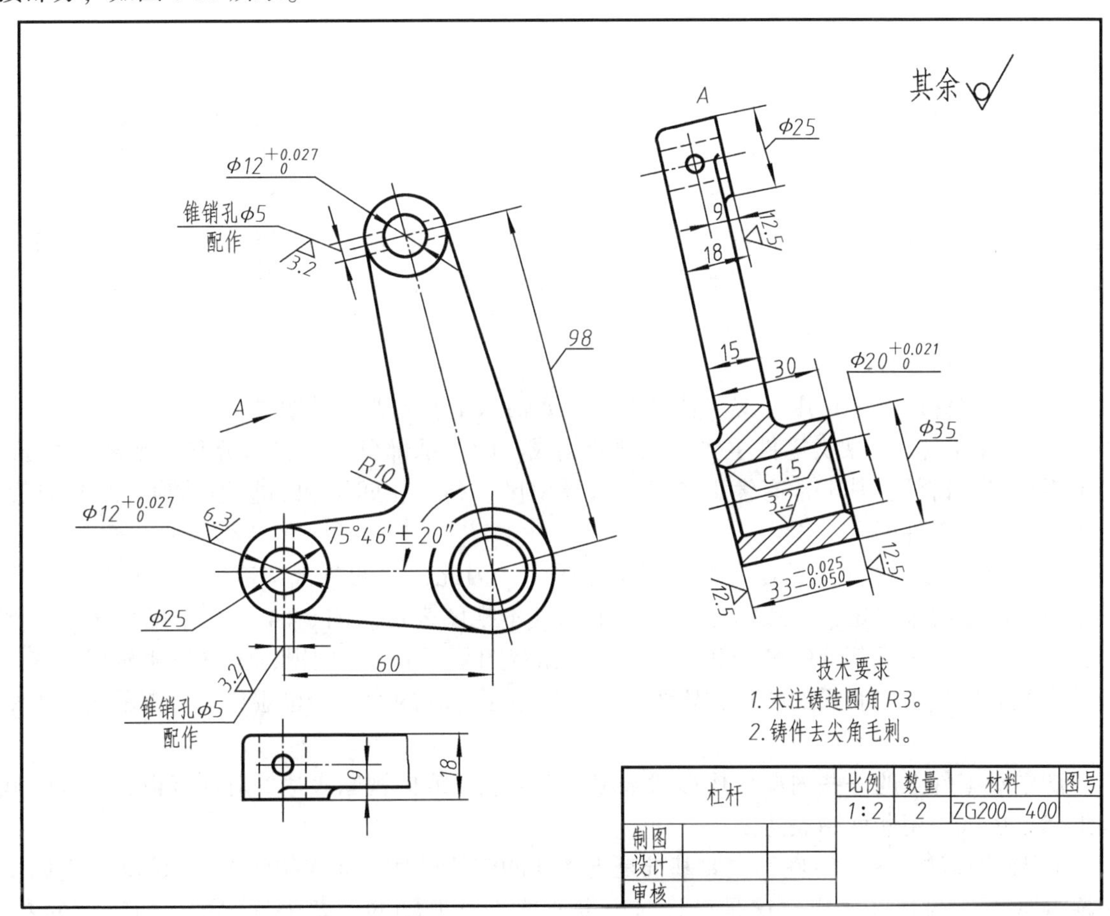

图 8-63　杠杆零件图

2. 表达方法　叉杆类零件一般没有统一的加工位置，工作位置也不尽相同，结构形状变化较大。因此，选取能明显反映形状特征及各组成部分的相对位置的方向作为主视图的投射方向，并将零件放正。

这类零件一般需要两个基本视图。为表达内部结构，常采用全剖或局部剖视图。对倾斜部分结构，往往采用斜视图或斜剖切面剖切予以表达。连接部分、肋板的断面形状常采用断面图表达。

3. 尺寸标注　如图 8-1 所示，在主视图上用细双点画线示意出左拨叉，这是由于拨叉根据加工工艺的要求，一般将两个对合在一起浇注成型并进行切削加工。在 $\phi55^{+0.19}_{0}$ 等处加工后再用厚 5mm 的盘铣刀将其切制而得到两个拨叉。在加工前划线时，左、右两个拨叉的支承部分 $\phi25^{+0.021}_{0}$ 孔的轴线也是以 $\phi55^{+0.19}_{0}$ 孔的轴线确定的。所以 $\phi55^{+0.19}_{0}$ 孔的轴线是拨叉的长度和高度方向的主要基准。图 8-1 中是以 $\phi55$ 孔的轴线为基准，注出支承孔的中心位置

93.75。通常选取拨叉工作部分的侧面（如图8-1中拨叉的后面）为宽度方向的基准。

杠杆件上一般有三个圆筒，大的为支承部分，两个小圆筒，一个为工作部分，另一个为操纵杠杆工作的施加作用部分。图8-63中杠杆是以$\phi20$孔的轴线为基准，注出两个$\phi12$孔的中心位置60、98，并取零件的后面作为宽度方向的主要基准。

由此可见，叉架类零件的长度方向、宽度方向、高度方向的尺寸基准，一般选择为孔的轴线、中心线、对称平面和较大的加工面。

4. 技术要求　拨叉件的工作部分应按配合要求标注尺寸。如拨叉工作部分的宽度12±0.09，这是因为该部分结构要插入被施加作用零件的槽中，它决定着工作表面与相关槽的接触情况；同样，环状结构的直径尺寸$\phi55$也给出了配合尺寸。叉杆类零件的支承孔也应按配合要求标注尺寸，如拨叉的$\phi25^{+0.021}_{0}$，杠杆的$\phi20^{+0.021}_{0}$。为保证工作部分的动作处于良好状态，对其还给出了相应的表面粗糙度数值和尺寸公差、形位公差。如拨叉工作部分的前后两平面对支承孔$\phi25^{+0.021}_{0}$轴线的垂直度公差要求不大于0.05等。

四、支架类零件

支架类零件的主要作用是支承轴类零件，如轴承座、支架、吊架等。

1. 结构特点　支架类零件主要由三部分构成，即支承部分、连接部分和安装部分组成。这类零件多为铸件，其上常有铸造圆角、起模斜度、凸台、凹坑和肋板等结构。图8-64所示为一支架的零件图。

2. 表达方法　由于这类零件的加工工序较多，因此，它的主视图应按工作位置和结构形状特征的原则来选定，一般需用两个以上的基本视图表达。图8-64中，左视图采用全剖视，反映出三个组成部分的结构和相对位置；俯视图采用*D*—*D*剖视，既清楚地显现了连接板的横截面形状及与肋板的相对位置关系，又表达了底板的形状，也避免了对支承板的重复表达。

图中对零件上的一些内部结构形状采用局部剖视图或向视图表达。对连接板、肋板的截面形状，也可采用断面图表达。

3. 尺寸标注　这类零件的主要基准是支承孔的定位尺寸。如支架的170±0.08，它以安装面（底面）为基准注出，这是设计时根据所要支承的轴的位置来确定的。而零件的左、右对称面为长度方向的主要基准，支承孔的后端面为宽度方向的主要基准。相关尺寸从基准注出。

由此可见，支架类零件一般选用安装面、加工定位面或对称面作为基准。

4. 技术要求　支架的安装面既是设计基准，又是工艺基准，因此其表面的加工精度要求较高，粗糙度R_a的上限值取6.3μm。加工支承孔时的定位面（支承孔的后端面），其表面粗糙度R_a的上限值也取6.3μm。支承孔应按配合要求标注尺寸，并给出对安装面的平行度要求。

五、箱体类零件

箱体类零件用来支承、包容、保护运动零件或其他零件，也起定位和密封作用。如各种机床的主轴箱箱体，减速器箱体，油泵泵体，车、铣床尾座体等。

1. 结构特点　箱体类零件结构比较复杂，常有内腔、轴承孔、凸台或凹坑、肋板、螺孔与螺栓通孔等结构。毛坯多为铸件，部分结构要经机械加工而成，铣刀头座体零件图如图8-65所示。

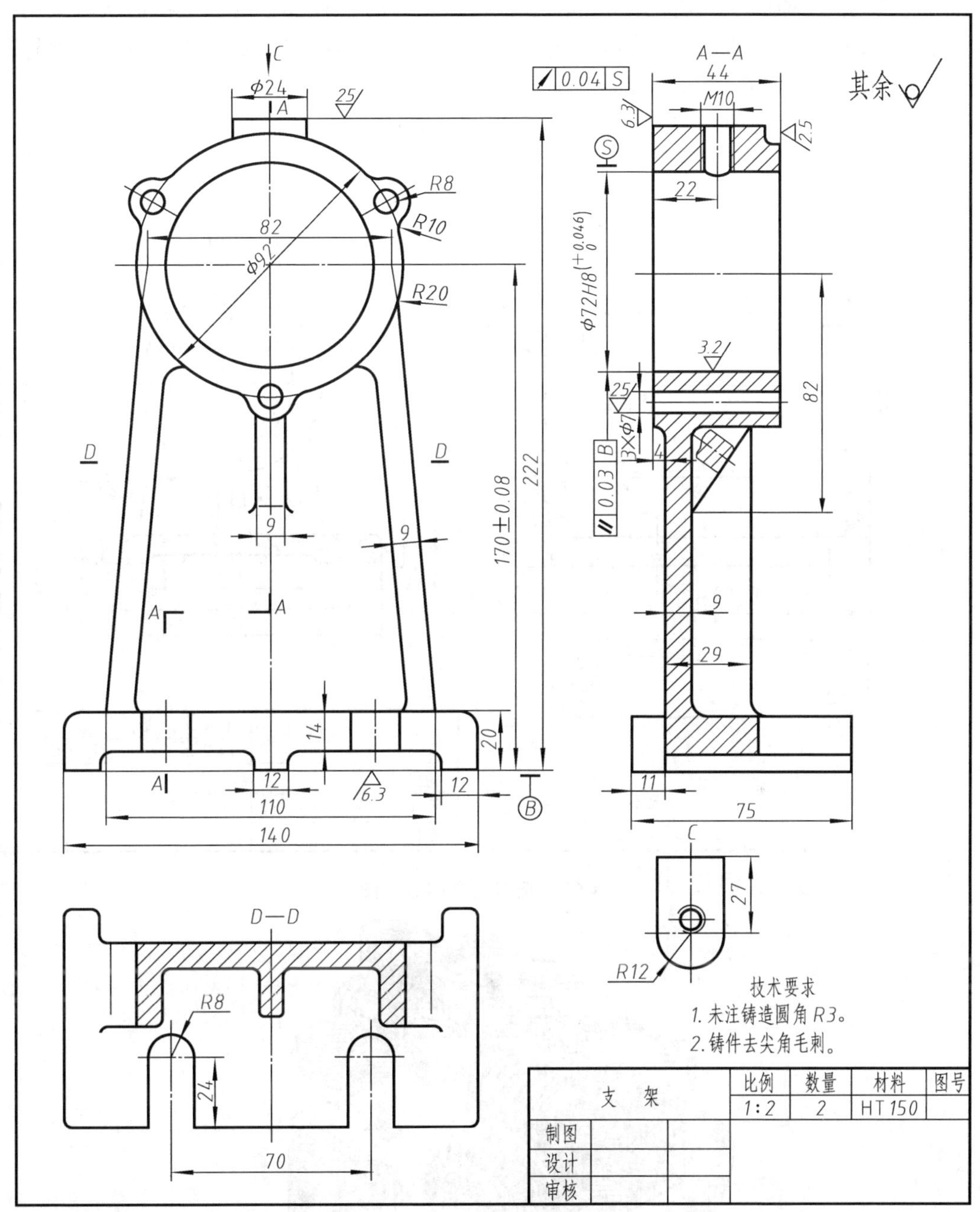

图 8-64 支架零件图

2. 表达方法

1）箱体类零件由于结构复杂，加工位置变化较多，所以一般以零件的工作位置和能较多反映形状特征及各部分相对位置的一面作为主视图。图 8-66 所示为减速箱的轴测图，图 8-67 所示为其箱体的零件图，该主视图就是按上述原则选取的。

2）表达箱体类零件，一需用三个以上的视图，并常取剖视。当零件的内、外结构都较复杂，且投影并不重叠时，常采用局部剖视；投影重叠时，外部、内部结构形状应采用视图和剖视图分别表示；对细小的结构可采用局部视图、局部剖视图和断面图来表示。此外，由于铸件上圆角较多，还应注意过渡线的画法。

图 8-67 共有六个视图。请自行分析六个视图的表达方法和表示意图。

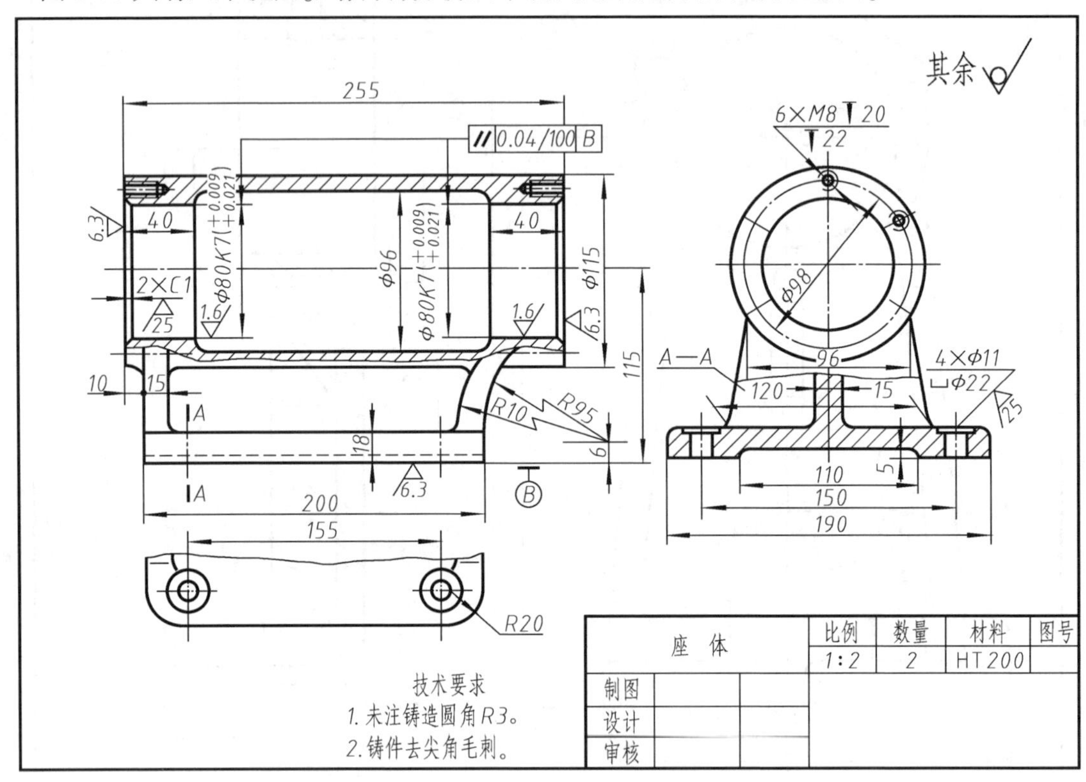

图 8-65　铣刀头座体零件图

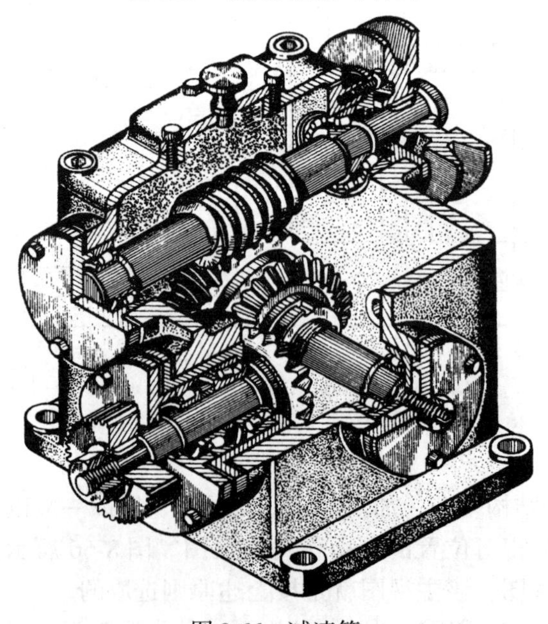

图 8-66　减速箱

A—A
B—B
C
D—D
其余
3×M4▼8
孔▼10EQS
M16×1.5
M8×1
4×Φ8.5通孔
4×M6▼10
孔▼12
技术要求
1.未注铸造圆角R3~R5。
2.人工时效处理。
箱体
比例 1:2
数量 2
材料 HT200
图号
制图
设计
审核

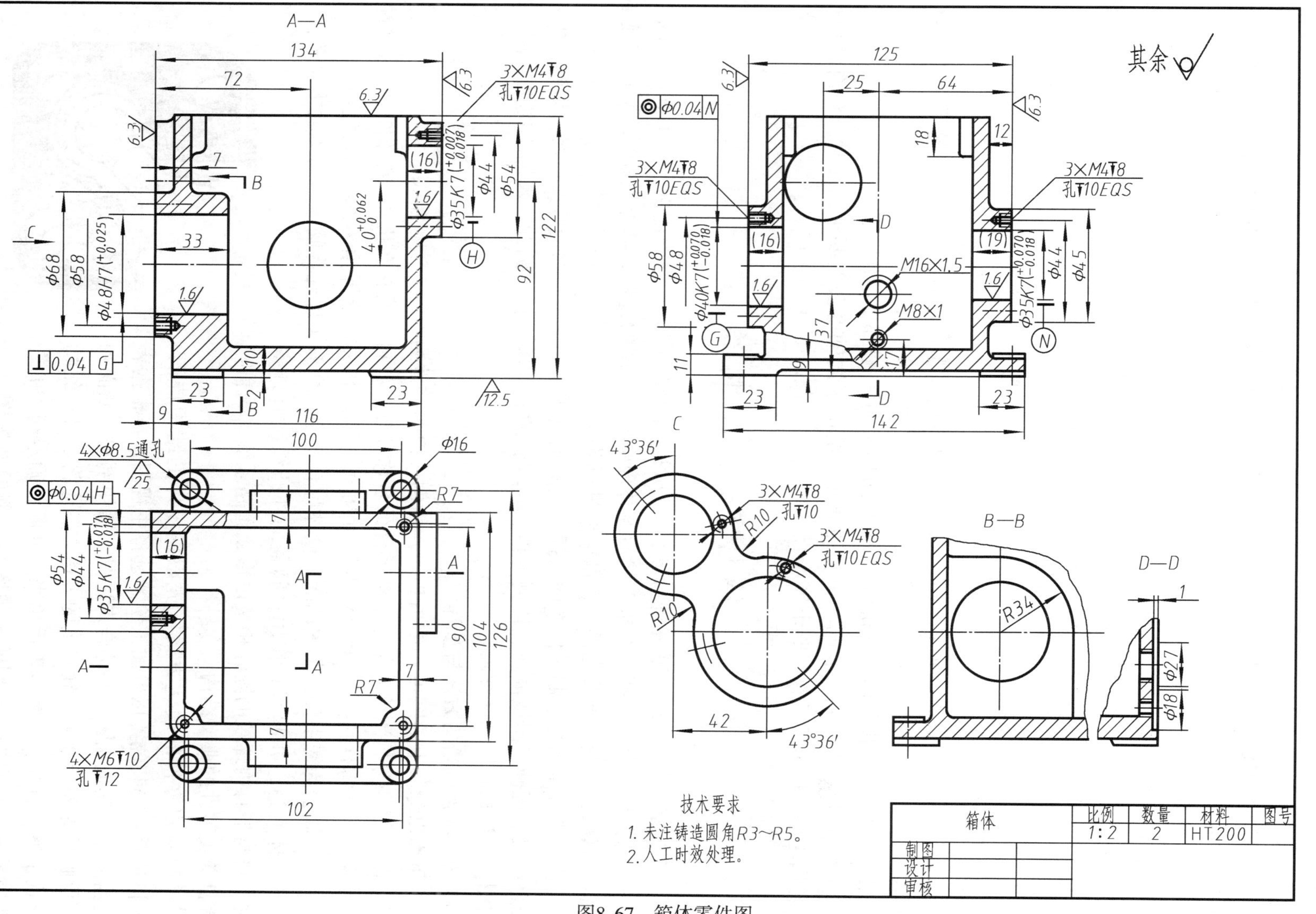

图8-67 箱体零件图

3. 尺寸标注

(1) 尺寸基准 箱体类零件长、宽、高三个方向主要基准多为孔的轴线、零件的对称面和较大的加工平面，图 8-67 中，以箱体底面作为高度方向的设计基准，同时在加工时，首先加工底面，然后再以底面为基准加工各轴孔和其他平面。因此 底面又是工艺基准；长度方向选用蜗轮轴线为基准；宽度方向以箱体的前后对称面为基准。

(2) 重要尺寸直接注出 箱体类零件上有配合关系的轴孔都是重要尺寸，轴孔的位置正确与否，将直接影响传动件的正确啮合，因此孔对基准的定位尺寸及各孔轴线间的距离一定要直接标注出来，如主视图中的 72、$40^{+0.062}_{0}$、左视图中的 25、C 向局部视图中的 42 等。

(3) 注全尺寸 箱体类零件复杂，尺寸多，应用形体分析法，注全其尺寸。

4. 技术要求

(1) 极限与配合及表面粗糙度 轴承与轴承孔的配合，取基轴制，如箱体孔 ϕ35K7、ϕ40K7 等，其表面粗糙取 R_a 的上限值为 1.6μm，端面取 6.3μm。

同时为保证两齿轮间的正确啮合，两孔的中心距一般都要给出公差。

(2) 形位公差 对安装同一根轴的通孔，给出了同轴度公差要求；同时，对输出轴轴线与蜗轮轴线提出了垂直度要求等。

第七节 零件测绘

零件测绘是根据已有零件进行分析，以目测估计图形与实物的比例，徒手画出它的草图，测量并标注尺寸和技术要求，然后经整理画成零件图的过程。学习先进技术，改革现有设备、修配、仿造机器及配件等，都需要进行测绘。

由于零件草图是绘制零件图的依据，它必须具备零件图的全部内容，应努力做到：内容完整、表达正确、图线清晰、比例匀称、要求合理、字体工整。因此，草图不应是“潦草”的图，应认真对待，仔细画好。

一、零件测绘的方法与步骤

下面以球阀上的阀盖（见图 8-68）为例，说明零件测绘的方法和步骤。

1. 了解和分析测绘对象 了解零件的名称、用途、材料以及它在机器（或部件）中的位置、作用和与相邻零件的关系；然后对零件的内、外结构形状进行分析，酝酿零件的表达方案。

阀盖为铸钢件，其内凸缘与阀体配合，用四个双头螺柱将阀盖与阀体联接起来，以形成流体通道，并起密封作用；阀盖的外凸缘制有外螺纹，将与带有内螺纹的圆管相接以形成管路系统。阀盖具有盘盖类零件的典型结构。

2. 确定零件的表达方案 先根据零件的结构特征、工作位置或安装位置以及加工位置选择主视图，再根据表达需要选择其他视图，并综合考虑是否需用剖视、断面和简化画法等表示方法。确定出的表达方案应将零件的结构形状正确、清晰、简练地表示出来。据此，确定阀盖的合适表示方案，应当是全剖的主视图和不剖的左视图（见图 8-69d）。

图 8-68 阀盖的轴测图

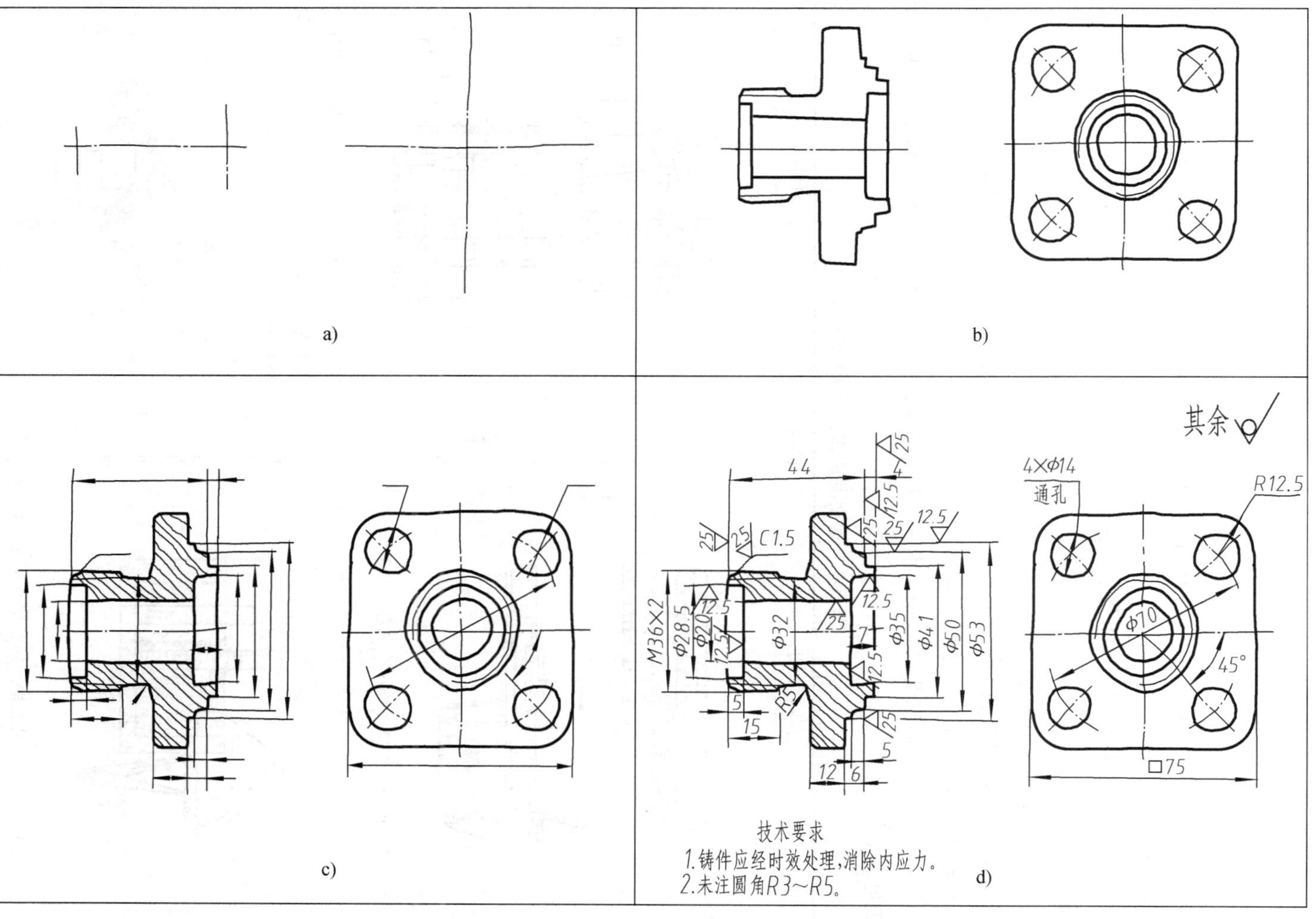

图8-69　绘制零件草图的步骤

3. 画零件草图

1）画出各主要视图的作图基准线，确定各视图的位置，如图 8-69a 所示。

2）目测比例，详细地画出零件的内外结构形状，如图 8-69b 所示。

3）确定尺寸基准，按正确、完整、清晰、合理地标注尺寸的要求，画出全部尺寸界线、尺寸线和箭头。经校核后，按规定线型加深所有图线，如图 8-69c 所示。

4）逐个测量并标注尺寸，注写表面粗糙度、尺寸公差等技术要求和标题栏中的相关内容，完成全图，如图 8-68d 所示。

4. 根据草图画零件图　草图画完后，应根据它绘制零件图，其绘图方法和步骤同前，不再赘述。

二、零件尺寸的测量方法

测量尺寸是零件测绘过程中的一个重要环节，尺寸数值要量得准确。全部尺寸都应集中量取，这样不仅提高效率，还可以避免错误和遗漏。

测量尺寸时，应根据对尺寸精确程度的要求选用不同的测量工具。常用的测量工具及测量方法见表 8-7。

表 8-7　常用测量工具及测量方法

项目	图例与说明	项目	图例与说明
直线尺寸	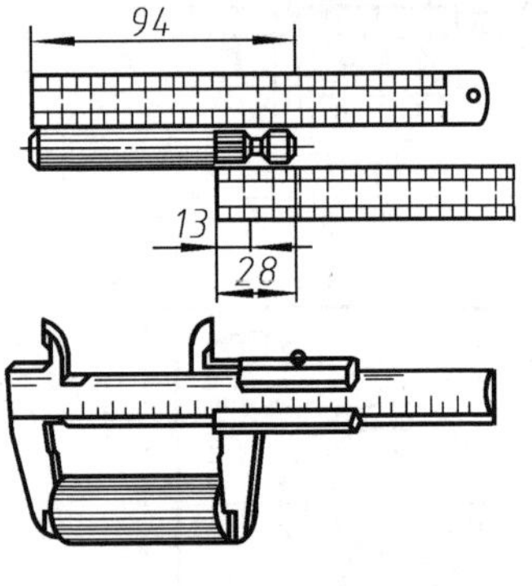 直线尺寸可用钢直尺或游标卡尺直接测量	中心高	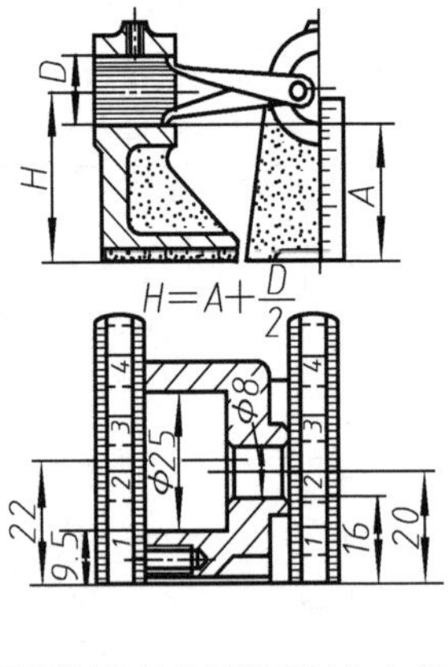 中心高可用钢直尺或用钢直尺和内卡钳配合测量 图 b 左侧：$H_1=A_1+D_1/2=9.5+25/2=22$ 图 b 右侧：$H_2=A_2+D_2/2=16+8/2=20$
壁厚尺寸	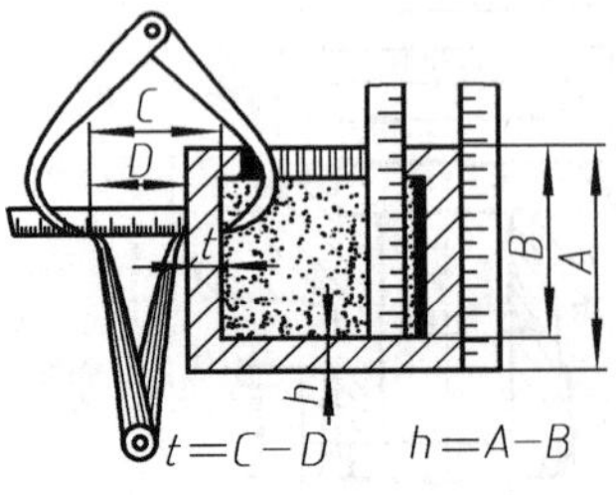 壁厚尺寸可用钢直尺测量，如底壁厚度 $h=A-B$；或用外卡钳和钢直尺配合测量，如左侧壁的厚度 $t=C-D$	螺距	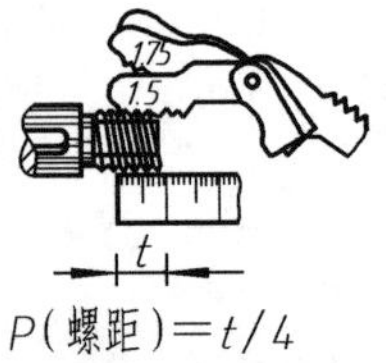 螺纹的螺距应该用螺纹规直接测得，也可以用钢直尺测量

（续）

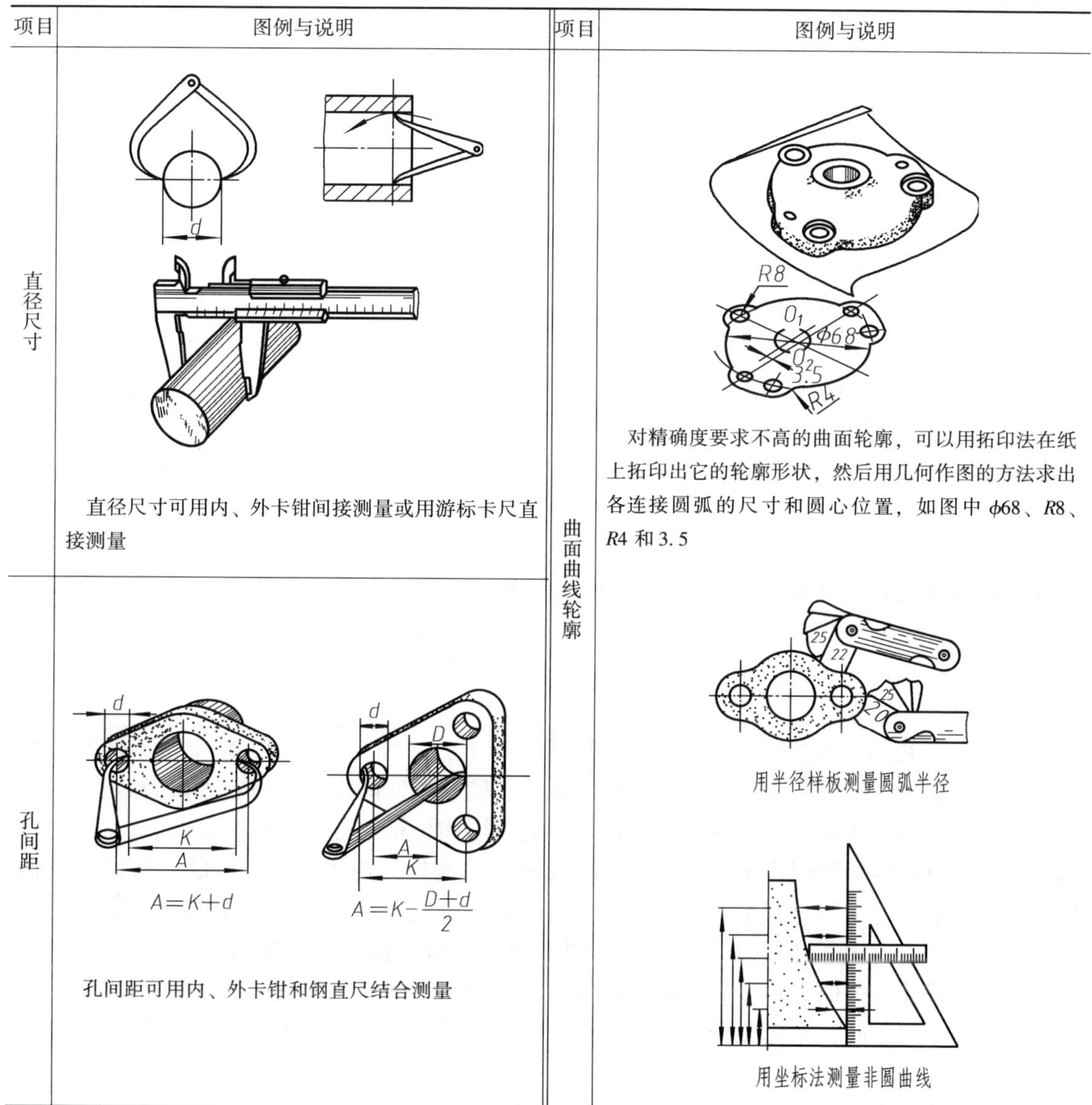

项目	图例与说明	项目	图例与说明
直径尺寸	直径尺寸可用内、外卡钳间接测量或用游标卡尺直接测量	曲面曲线轮廓	对精确度要求不高的曲面轮廓，可以用拓印法在纸上拓印出它的轮廓形状，然后用几何作图的方法求出各连接圆弧的尺寸和圆心位置，如图中 ϕ68、*R*8、*R*4 和 3.5
孔间距	$A=K+d$　　$A=K-\dfrac{D+d}{2}$ 孔间距可用内、外卡钳和钢直尺结合测量		用半径样板测量圆弧半径 用坐标法测量非圆曲线

三、零件测绘的注意事项

1）零件上的制造缺陷（如砂眼、气孔等），以及由于长期使用造成的磨损、碰伤等，均不应画出。

2）零件上的重要尺寸要精确测量，必要时要进行计算、校核，不应随意圆整。

3）有配合关系的尺寸，一般只测出其基本尺寸，然后判断其配合性质，再注出公差带代号或从极限与配合的标准中确定相应的偏差值。

4）零件上标准结构的尺寸必须标准化。如键槽、退刀槽、销孔、中心孔、螺纹等结构的尺寸，必须查阅相应国家标准，予以标准化。

5）与相邻零件的相关尺寸必须一致。如图 8-69 中阀盖上凸缘的外径尺寸 ϕ50，阀盖上四个通孔的定位尺寸 ϕ70、45°必须与阀体上相应结构的尺寸一致等。

第八节 读零件图

一、读图的要求

读零件图的要求是：了解零件的名称、所用材料和它在机器或部件中的作用，并通过分析视图、尺寸和技术要求，想像出零件各组成部分的结构形状及相对位置，并对其复杂程度、要求高低和制作方法做到心中有数，以便设计加工过程。

二、读图的方法和步骤

1. 读图的方法　读零件图的基本方法仍是以形体分析为主，线面分析为辅。

零件图一般视图数量较多，尺寸及各种代号繁杂，但是对每一个基本形体来说，仍然是只要用2～3个视图就可以确定它的形状。读图时，只要在视图中找出基本形体的形状特征或位置特征明显之处，并从它入手，用“三等”规律在另外视图中找出其对应投影，就可较快地将每个基本形体“分离”出来，这样就可将一个比较复杂的问题分解成几个简单的问题了。

2. 读图的步骤

（1）读标题栏　了解零件的名称、材料、画图比例、质量等。联系典型零件的分类，对零件有一个初步认识。

（2）纵览全图　了解所有视图的名称、剖切位置、投影方向，明确各视图之间的关系，辨认视图间的方位等。

（3）分析视图，想像形状　在纵览全图的基础上，详细分析视图，想像出零件的形状。要先看主要部分，后看次要部分；先看容易确定、能够看懂的部分，后看难以确定、不易看懂的部分；先看整体轮廓，后看细节形状。即应用形体分析的方法，抓特征部分，分别将组成零件各个形体的形状想像出来。对于局部投影难解之处，要用线面分析的方法仔细分析，辨别清楚。最后将其综合起来，明确它们之间的相对位置，想像出零件的整体形状。

（4）分析尺寸和技术要求　分析零件图上的尺寸时，首先要确定出三个方向的尺寸基准，然后用形体分析的方法，找出各组成部分的定形尺寸和定位尺寸，并分析尺寸标注是否完整。看技术要求时，关键要分清哪些部位的要求比较高，以便考虑在加工时采取什么措施予以保证等。

三、读图举例

下面以图8-70为例，说明读零件图的方法和步骤。

1. 读标题栏　该零件的名称是壳体，材料是铸造铝合金，画图比例为1∶2，属箱体类零件。

2. 纵览全图，明确各视图之间的关系　该零件图有四个图形，即主、俯、左三个视图和一个局部视图。主视图用单一剖切面作全剖视；左视图在锪平孔处作局部剖；俯视图是用两个平行的剖切平面剖切获得的全剖视；局部视图则为外形图。该件属箱体类零件，细小结构较多。

3. 分析视图，想像形状　通过全剖视的主视图看清该零件的内部主要结构及其形状；通过全剖视的俯视图看出其被剖切部分的内、外结构以及底板的形状；由其他两个外形图可以看出该零件大致的外部形状。由此粗略地分析可知：该壳体由主体圆筒，上、下底板和两个凸缘等部分组成。

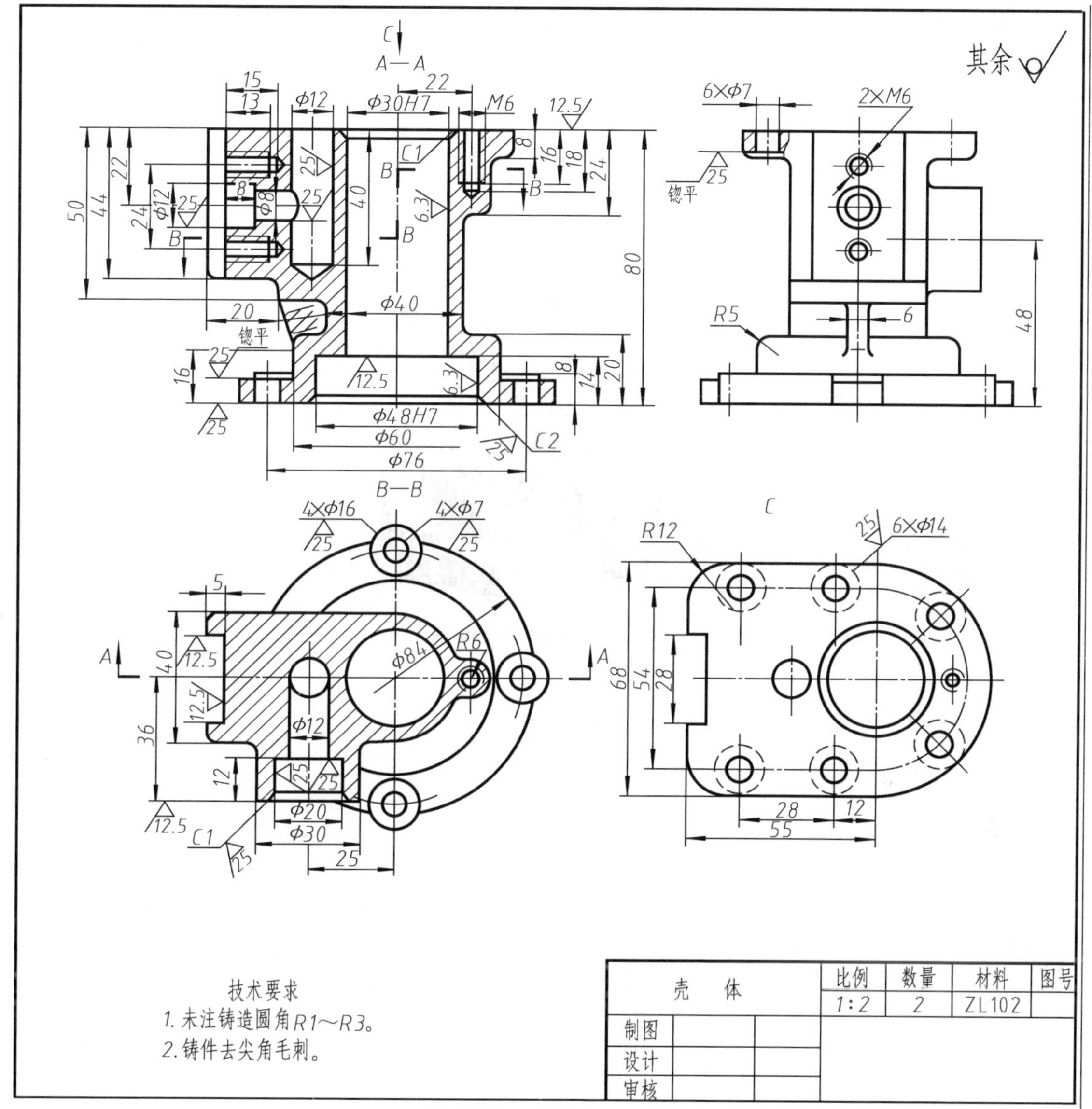

图 8-70　壳体的零件图

再按其组成部分，分别想像出它们的形状。其中较难看懂的部分则是左凸缘的形状及其与圆筒和上底板的连接情况。由俯视图中的横断面形状可知，该凸缘的基本形体为一长方体（与左视图相对照），在其左端的居中处开一方槽；其前、后两平面与圆筒相切（通过尺寸40、ϕ40 亦可想像出），凸缘与上底面相连，左端共面，方槽相通。如此一部分一部分地看，再将其综合起来，就可以想像出该体的形状，其外观如图 8-71 所示。

4. 分析尺寸和技术要求　通过形体分析和图中的尺寸分析可以看出，壳体的长度方向尺寸基准是通过主体圆筒轴线的侧平面，宽度方向尺寸基准是通过该圆筒轴线的正平面，高度方向的尺寸基准是底板的底面。从这三个尺寸基准出发，进一步分析各部分的定形尺寸和定位尺寸，就可以完全想像出这个壳体的形状和大小。

从图 8-70 中可以看出，主体圆筒中的上、下两个孔（ϕ30H7、ϕ48H7）都是基准孔，有公差要求；其表面粗糙度用去除材料的方法获得，除加工表面外的其余表面则用不去除材料的方法获得。

通过文字技术要求可知，图中未注的铸造圆角半径均为 $R1 \sim R3$；铸件去尖角毛刺。

将上述各项内容综合起来，就能够对这个壳体零件建立起一个总体概念。

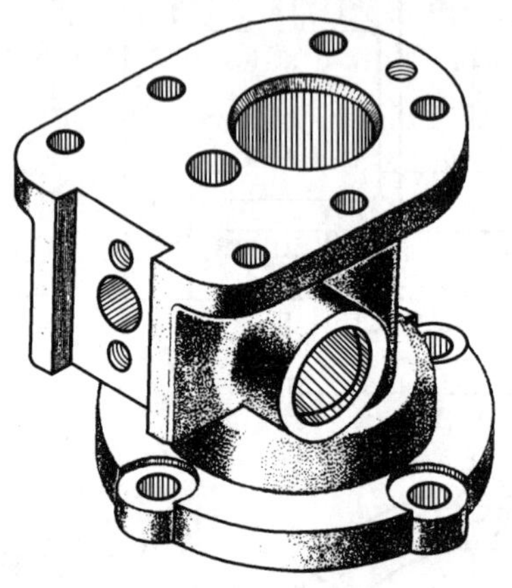

图 8-71　壳体的轴测图

第九章　装　配　图

第一节　概　　述

一、装配图的作用

表示产品及其组成部分的连接、装配关系的图样，称为装配图。

在工业生产中，不论是开发新产品，还是对其他产品进行仿制改造，一般都先由设计部门画出装配图，然后根据装配图画出零件图；生产部门则先根据零件图制造出零件，再根据装配图把零件装配成机器或部件。同时，装配图又是安装、调试、操作和检修机器或部件的重要资料。因此，装配图是表达设计思想、指导生产和进行技术交流的重要技术文件。

二、装配图的内容

图 9-1 是正滑动轴承的分解轴测图。图 9-2 是它的装配图。从图中可以看到，一张完整的装配图应包括以下几项内容：

1. 一组图形　用来表达装配体的工作原理，零件间的装配关系、连接方式，以及主要零件的结构形状等。

2. 必要的尺寸　标注出表示装配体性能、规格及装配、检验、安装时所需的尺寸。

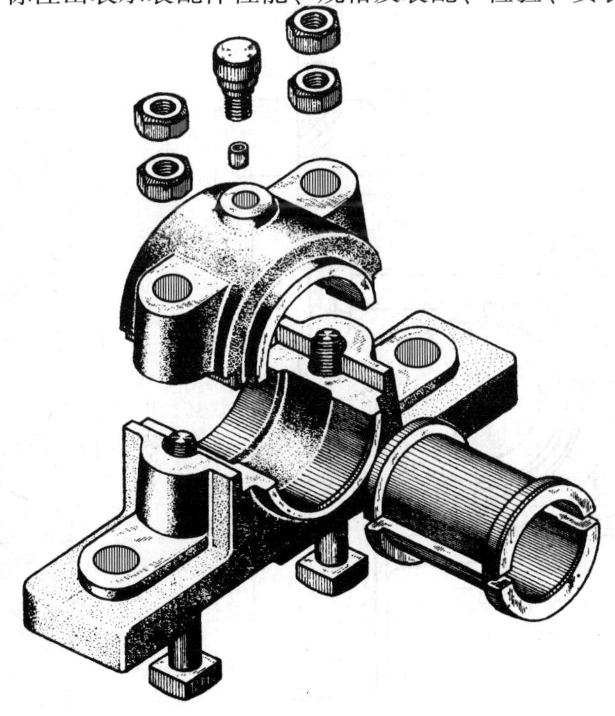

图 9-1　正滑动轴承的分解轴测图

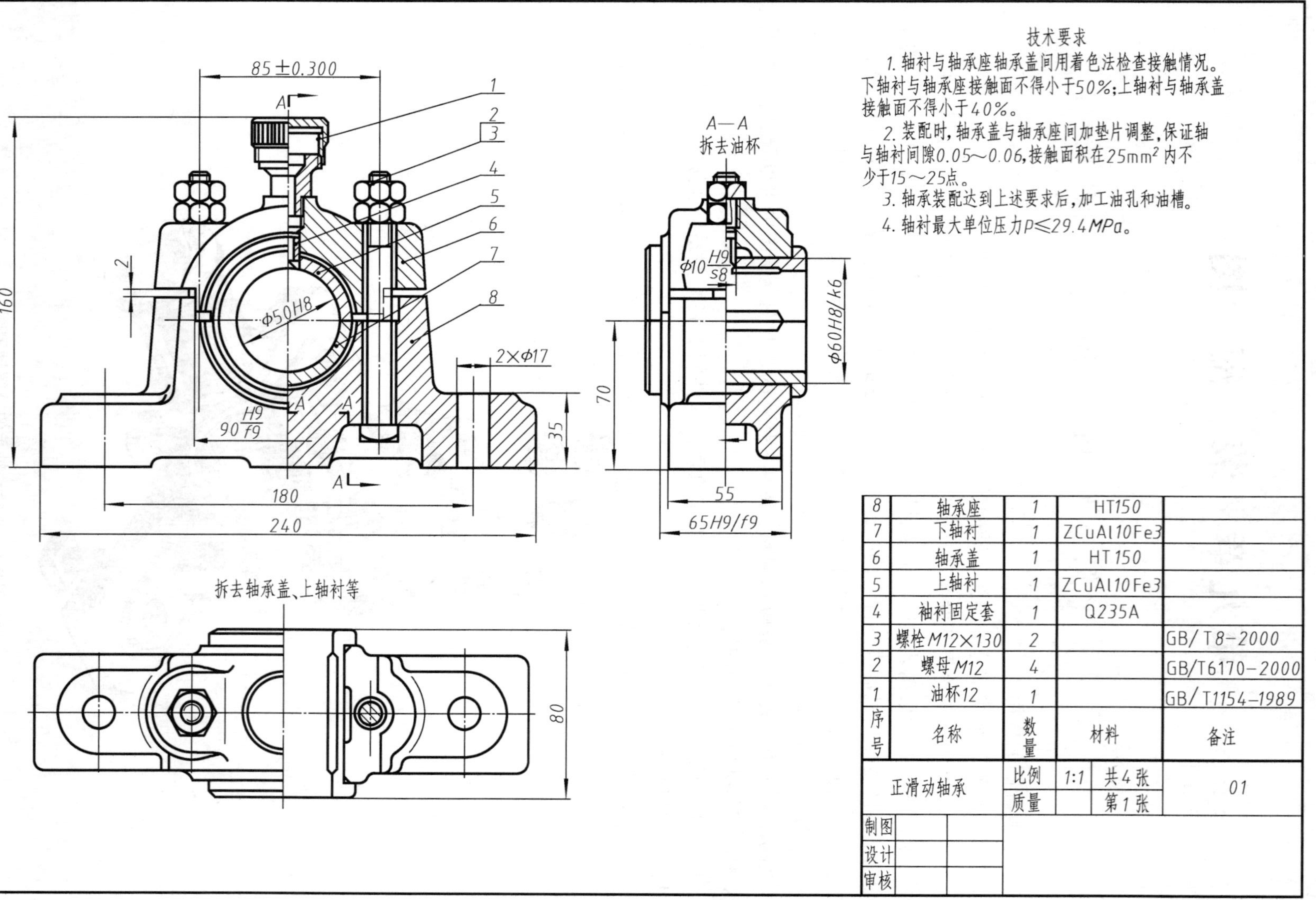

序号	名称	数量	材料	备注
8	轴承座	1	HT150	
7	下轴衬	1	ZCuAl10Fe3	
6	轴承盖	1	HT150	
5	上轴衬	1	ZCuAl10Fe3	
4	袖衬固定套	1	Q235A	
3	螺栓M12×130	2		GB/T8-2000
2	螺母M12	4		GB/T6170-2000
1	油杯12	1		GB/T1154-1989

正滑动轴承	比例	1:1	共4张	01
	质量		第1张	
制图				
设计				
审核				

图9-2　正滑动轴承装配图

3. 技术要求　用文字说明装配体在装配、检验、调试、使用和维护时需遵循的技术条件和要求等。

4. 零件序号、标题栏和明细栏　序号是对装配体上的每一种零件，按顺序编号；标题栏一般应注明单位名称、图样名称、图样代号、绘图比例、装配体的质量，以及设计、审核人员签名和签名日期等；明细栏应填写零件的序号、名称、数量、材料等内容。

第二节　装配图的表达方法

零件图上的各种表达方法，如视图、剖视、断面等，在装配图中都同样适用。但由于装配图和零件图所需要表达的重点不同，因此装配图另有一些规定画法和特殊画法。

一、规定画法

1）相邻两零件的剖面线方向应相反，或方向一致间隔不等。

在一张装配图上，每个被剖切的零件在所有视图上的剖面线方向、间隔、倾斜角度都应一致，以便于对照视图，识别零件。如图 9-3 截止阀装配图中的件 9、13、14 所示。

当零件厚度小于 2mm 时，允许以涂黑来代替剖面符号，如图 9-4 中的垫片。

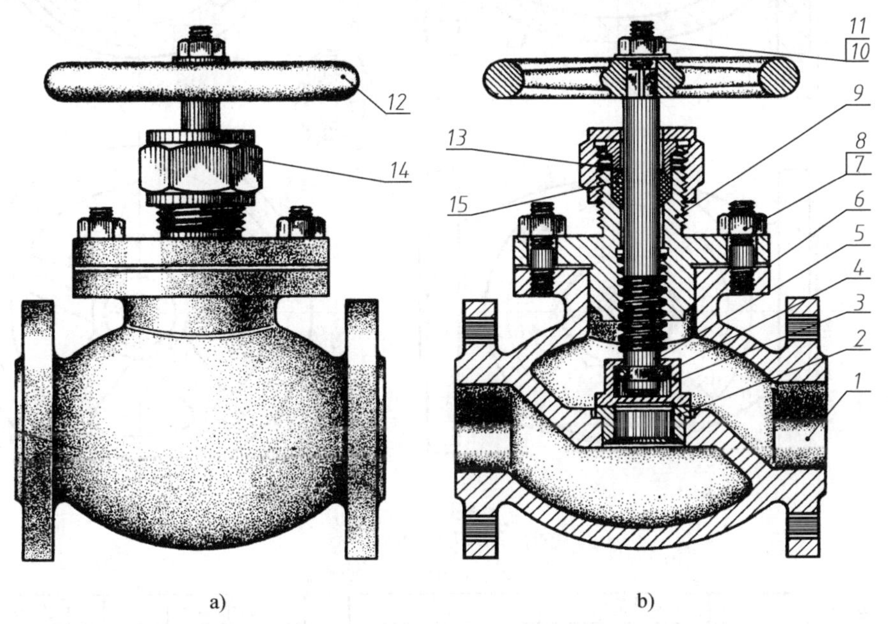

图 9-3　截止阀
a）外观图　b）结构图
1—阀体　2—阀座　3—阀盘　4—插销　5—阀杆　6—垫片　7—螺柱　8—螺母
9—阀盖　10—垫圈　11—螺母　12—手轮　13—压盖　14—盖螺母　15—填料

2）相接触和相配合的两零件表面接触处，规定只画一条线；凡是非接触、非配合的两表面，不论间隙多小，都必须画出两条线。

3）在装配图中，对于紧固件以及轴、实心杆件、球、键、销等实心零件，若按纵向剖切，且剖切平面通过其对称平面或轴线时，则这些零件均按不剖绘制。如需要特别表明零件的结构，如凹槽、键槽、销孔等，则可采用局部剖视表示。如图 9-2 中的螺栓、螺母；图 9-4 中的零件 5、7、8、10、11。

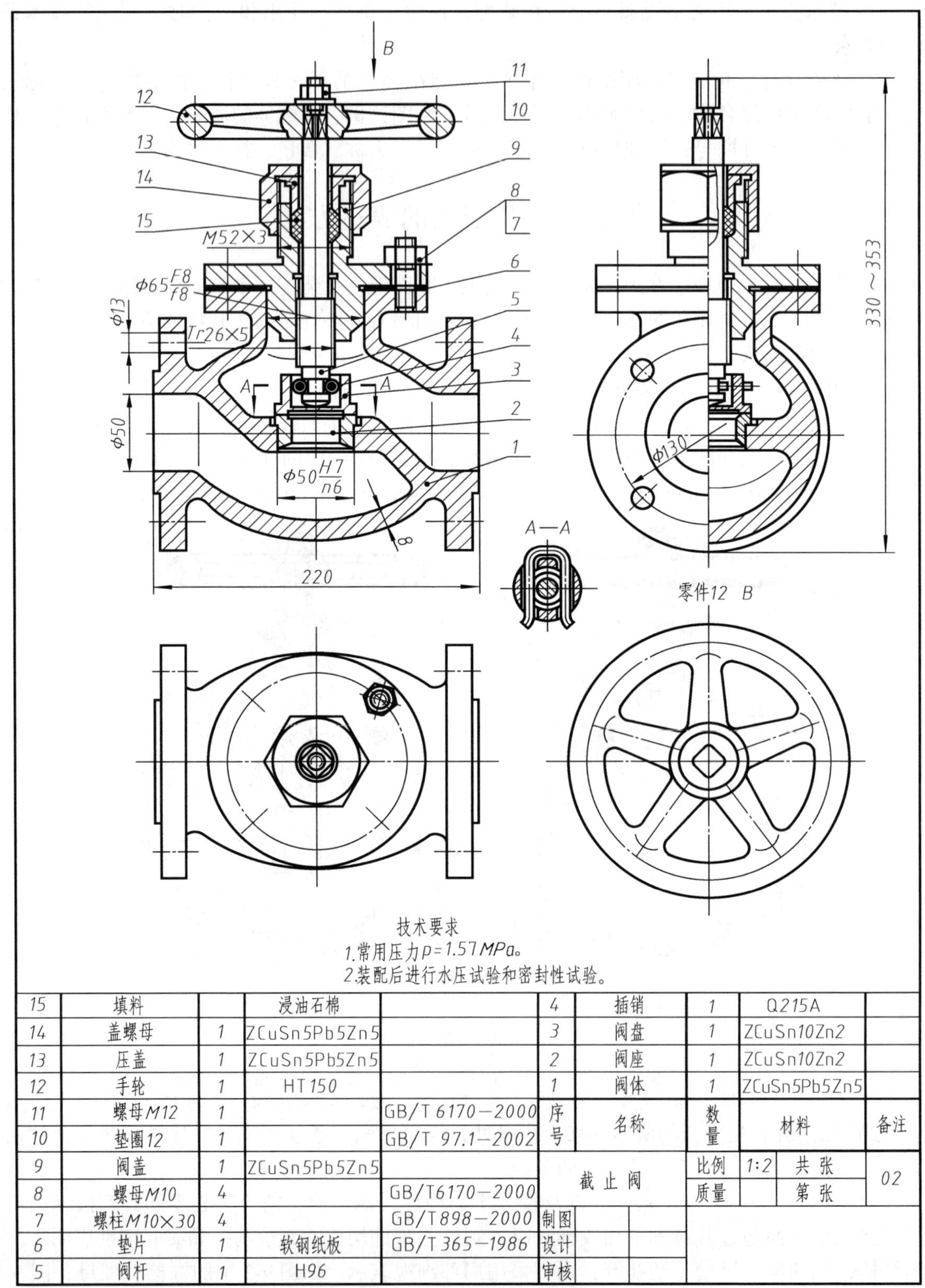

技术要求

1.常用压力p=1.57MPa。

2.装配后进行水压试验和密封性试验。

序号	名称	数量	材料	备注
15	填料		浸油石棉	
14	盖螺母	1	ZCuSn5Pb5Zn5	
13	压盖	1	ZCuSn5Pb5Zn5	
12	手轮	1	HT150	
11	螺母M12	1		GB/T 6170—2000
10	垫圈12	1		GB/T 97.1—2002
9	阀盖	1	ZCuSn5Pb5Zn5	
8	螺母M10	4		GB/T6170—2000
7	螺柱M10×30	4		GB/T898—2000
6	垫片	1	软钢纸板	GB/T365—1986
5	阀杆	1	H96	

序号	名称	数量	材料	备注
4	插销	1	Q215A	
3	阀盘	1	ZCuSn10Zn2	
2	阀座	1	ZCuSn10Zn2	
1	阀体	1	ZCuSn5Pb5Zn5	
截止阀		比例	1:2	共 张	02
		质量		第 张	
制图					
设计					
审核					

图 9-4 截止阀装配图

二、特殊画法

1. 拆卸画法　拆卸画法有如下两种含义：

(1) 以拆卸代替剖视画法　假想沿某些零件的结合面剖切，即将剖切平面与观察者之间的零件拆掉后再进行投射。此时在零件结合面上不画剖面线，但被切部分必须画出剖面线。如图9-2中的俯视图，为了表示轴衬与轴承座的装配情况，图的右半部就是沿轴承盖与轴承座的结合面剖开画出的。

(2) 拆卸画法　当装配体上某些常见的较大零件（如手轮），在某个视图上的位置和连接关系等已表达清楚时，为了避免遮盖某些零件的投影，在其他视图上可假想将这些零件拆去不画。如图9-4俯视图中，就拆去了手轮等零件，以使其下方的零件形状表达得更清楚。

以上两种画法，若需要说明时，可在其视图上方注明“拆去××等”字样。

2. 假想画法

1）对机器或部件中可动零件的极限位置，应用细双点画线画出其轮廓线。如图9-5所示，用细双点画线画出了车床尾座上手柄的另一个极限位置。

2）对于与本部件有关但不属于本部件的相邻辅助零、部件，可用细双点画线表示其与本部件的连接关系，如图9-6中的工件。

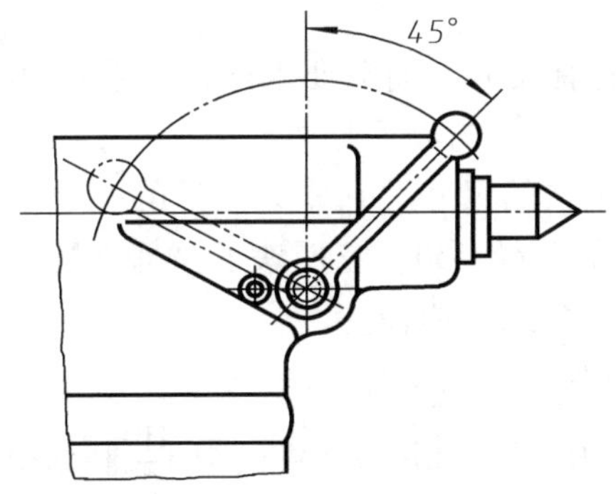

图9-5　可动零件的极限位置表示方法

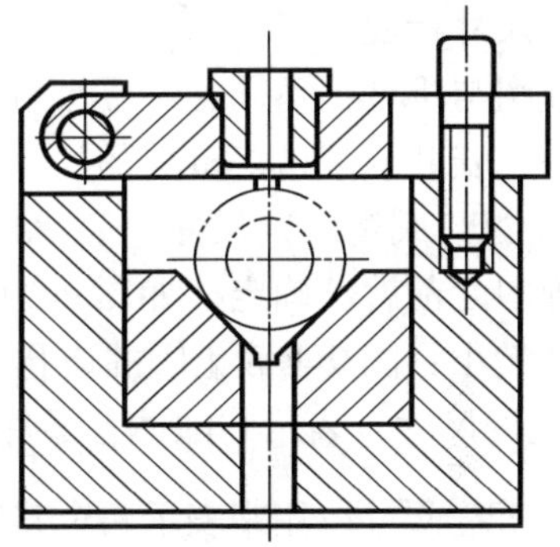

图9-6　相邻辅助零件的表示方法

3. 夸大画法　对薄片零件、细丝弹簧和微小间隙等，若按其实际尺寸在装配图上很难画出或难以明确表示时，可不按比例而采用夸大画法。如图9-4中的垫片，即采用了夸大画法。

4. 简化画法

1）装配图中若干相同的零件组，如螺栓联接等，允许仅详细地画出一组或几组，其余只需用点画线表示其位置，如图9-7a、b所示。

2）在装配图中，零件的某些工艺结构，如倒角、圆角、退刀槽等允许不画，如图9-7a、b所示。

3）在装配图中，剖切平面通过某些标准产品组合体（如油杯、油标、管接头等）轴线时，可以只画外形，如图9-2中的油杯。对于标准件（如滚动轴承、螺栓、螺母等）可采用简化或示意画法，如图9-7b中滚动轴承的画法等。

5. 单独表示某零件的画法　在装配图中，可以单独地画出某一零件的视图。但必须在所画视图的上方注出该零件的视图名称，在相应视图附近用箭头指明投射方向，并注上同样的字母，如图 9-4 中手轮的 B 向视图。

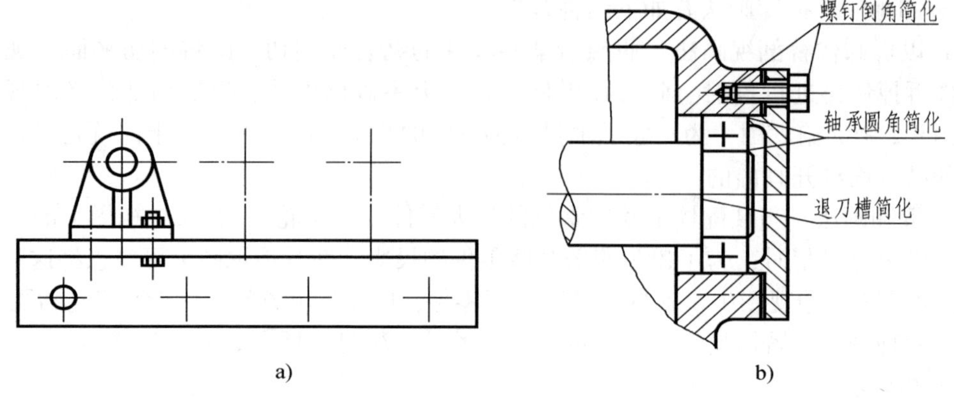

图 9-7　简化画法

第三节　装配图的尺寸标注和技术要求

一、尺寸标注

装配图与零件图不同，不需要注出每个零件的所有尺寸，而只要求注出与装配体的装配、检验、安装或调试等有关的尺寸。装配图中的尺寸可分为以下几类：

1. 性能（或规格）尺寸　表示装配体的性能或规格的尺寸。它作为设计的一个重要数据，在画图之前就已确定，如图 9-2 所示正滑动轴承的孔径 $\phi50$，它反映了该部件所支承的轴的直径大小；图 9-4 截止阀的通孔直径 $\phi50$，表明了管路的通径。

2. 装配尺寸　表示装配体各零件之间装配关系的尺寸，通常有：

（1）配合尺寸　用来表示两个零件之间配合性质的尺寸，如图 9-2 中的 $90\,\frac{H9}{f9}$ 和 $\phi10\,\frac{H9}{s8}$。

（2）相对位置尺寸　零件在装配时，需要保证的相对位置尺寸，如两齿轮的中心距、主要轴线到基准面的定位尺寸等。

3. 安装尺寸　装配体安装到地基或其他机器上时所需的尺寸，如图 9-2 中的安装孔尺寸 $\phi17$ 和孔的定位尺寸 180 等。

4. 外形尺寸　表示装配体的总长、总宽、总高尺寸。它提供了装配体在包装、运输和安装过程中所占的空间大小，如图 9-2 中的 240、80、160。

5. 其他重要尺寸　在设计中经过计算或根据某种需要而确定的、但又不属于上述几类尺寸的一些重要尺寸。如图 9-4 中的 Tr26 ×5、M52 ×3 以及 330 ~353 等。

上述五类尺寸，彼此间往往有某种关联。即有的尺寸往往同时具有几种不同的含义，如图 9-2 主视图上的 240，它既是总体尺寸，又是主要零件的主要尺寸。此外，一张装配图中，也不一定都要标全这五类尺寸，在标注尺寸时应根据装配体的构造情况，具体分析而定。

二、技术要求

不同性能的装配体，其技术要求也各不相同。拟定技术要求一般可从以下几个方面考虑：

（1）装配要求　装配体在装配过程中需注意的事项，装配后应达到的要求，如准确度、装配间隙、润滑要求等。

（2）检验要求　对装配体基本性能的检验、试验及操作时的要求。

（3）使用要求　对装配体的规格、参数及维护、保养、使用时的注意事项及要求。

装配图上的技术要求应根据装配体的具体情况而定，并将其用文字注写在明细栏的上方或图样下方的空白处。

第四节　装配图中零、部件的序号和明细栏

在生产中，为了便于读图和管理图样，对装配图中各零、部件都必须编写序号，并填写明细栏。明细栏可直接画在装配图标题栏上面，也可另列零、部件明细栏，内容应包含零件的名称、材料及数量等，这样有利于读图时对照查阅，并可根据明细栏做好生产准备工作。

一、零、部件序号的编排方法

1. 一般规则

1）装配图中所有的零、部件都必须编写序号。规格相同的零件只编一个序号，标准化组件如油杯、滚动轴承、电动机等，可看作一个整体编一个序号。

2）装配图中零、部件的序号应与明细栏中的序号一致。

2. 零、部件序号的通用表示方法（如图9-8所示）

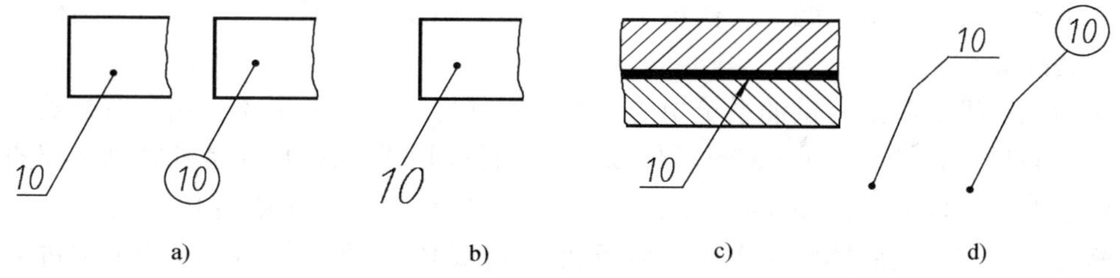

图9-8　序号的表示方法

1）在所指零、部件的可见轮廓内画一圆点，自圆点画指引线（细实线）。指引线的另一端画出水平细实线或细实线圆，在水平线上或圆内注写序号，序号字高比装配图中所注尺寸数字高度大一号或两号，如图9-8a所示。

2）在指引线附近直接注写序号，序号字高比装配图中所注尺寸数字高度大两号，如图9-8b所示。

3）若所指部分是很薄的零件或涂黑的剖面，不便于画圆点，则可用箭头代替圆点并指向该部分轮廓，如图9-8c所示。

但应注意，同一张装配图中编注序号的形式应一致。

4）指引线相互不能相交，也不要与剖面线平行。必要时可画成折线，但只允许转折一次，如图9-8d所示。对于一组紧固件及装配关系清楚的零件组，可采用公共指

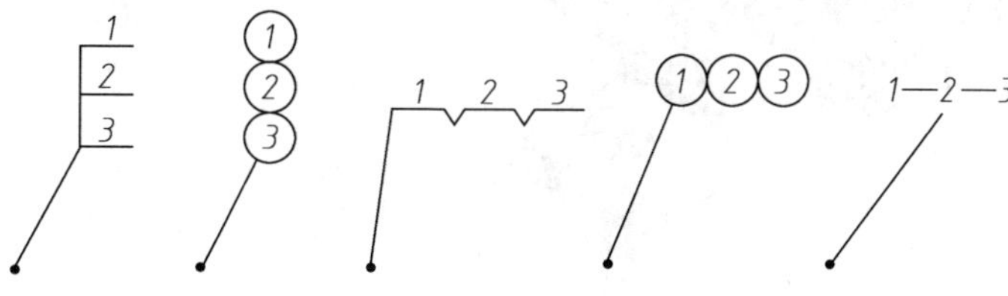

图9-9　零件组的编号形式

引线，如图 9-9 所示。

5）序号应按顺时针或逆时针方向顺次排列整齐。如在整个图上无法连续排列时，应尽量在每个水平或垂直方向顺次排列。

二、明细栏

明细栏一般由序号、代号、名称、数量、材料、备注等组成，格式可按 GB/T 10609.2—1989 的规定绘制，也可按实际需要设置内容。学生作业中所用的明细栏建议采用如图 1-4b 的格式。

明细栏一般配置在装配图中标题栏的上方，按由下而上的顺序填写。当位置不够时，可紧靠在标题栏的左边自下而上延伸。若不能在标题栏的上方配置明细栏时，可作为装配图的续页按 A4 幅面单独给出，但其顺序应是由下而上填写。

第五节　部件测绘和装配图画法

一、部件测绘

部件测绘是根据现有的部件或机器，首先画出零件草图，再画出装配图和零件图的整套图样，这个过程称为部件测绘。现以齿轮油泵为例介绍部件测绘的方法与步骤。

1. 了解和分析部件的性能、结构、工作原理及装配关系　可根据产品说明书、同类产品图样等资料，或通过实地调查，初步了解装配体的用途、性能、工作原理、结构特点及零件之间的装配关系。

齿轮油泵是机器润滑、供油系统中的一个常用部件，主要由泵体，左、右端盖，运动零件（传动齿轮轴、齿轮轴等），密封零件以及标准件等构成。图 9-10 是其轴测装配图。

齿轮油泵的工作原理如图 9-11 所示，当一对齿轮在泵体内作啮合传动时，啮合区右边轮齿逐渐脱开啮合，空腔体积增大而压力降低，油池内的油在大气压力作用下通过进油口被吸入泵内；而啮合区左边轮齿逐渐进入啮合，空腔体积减小而压力加大，随着齿轮的转动而被带至左边的油就从出油口排出，经管道送至机器中需要润滑的部位。

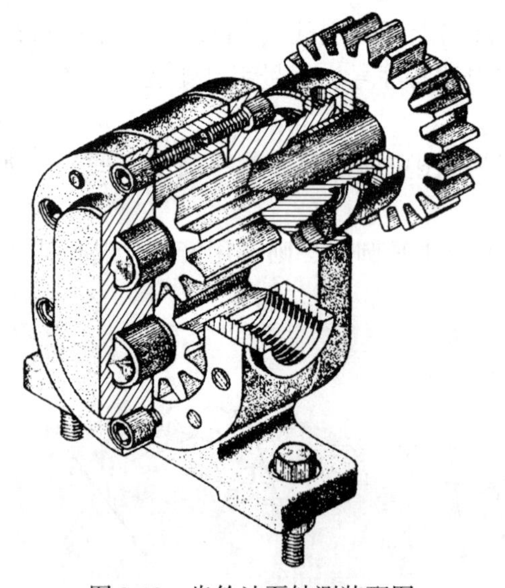

图 9-10　齿轮油泵轴测装配图

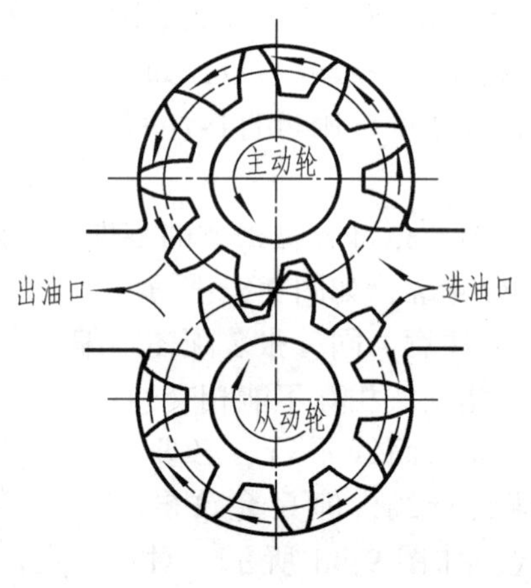

图 9-11　齿轮油泵工作原理示意图

凡属泵、阀类部件都要考虑防漏问题。为此，在泵体与泵盖的结合处加入了垫片 5，并在传动齿轮轴 3 的伸出端用填料 8、轴套 9、压紧螺母 10 加以密封。

2. 拆卸零件，绘制装配示意图　在初步了解部件功能的基础上，按一定顺序拆卸零件，通过拆卸可以进一步了解部件的结构、工作原理及装配关系。对零件较多的部件，为便于拆卸后重装和为画装配图提供参考，在拆卸的过程中，应同时画出装配示意图。

在拆卸零件时，为防止丢失和混淆，应将零件进行编号；对不便拆卸的连接、过盈配合的零件尽量不拆，以免损坏零件或影响装配精度；对标准件和非标准件最好分类保管。

装配示意图是用规定符号和较形象的图线绘制的图样，是一种表意性的图示方法，用以记录部件中各零件间的相互位置、连接关系和配合性质，注明零件的名称、数量、编号等。

装配示意图的画法：对一般零件可按其外形和结构特点形象地画出零件的大致轮廓。通常从主要零件和较大的零件入手，按装配顺序和零件的位置逐个画出。画示意图时，可将零件视作透明体，其表示可不受前后层次的限制，并尽量把所有零件都集中在一个视图上表达出来，必要时才画出第二个图（应与第一个视图保持投影关系）。

图 9-10 中齿轮油泵的装配示意图如图 9-12 所示。

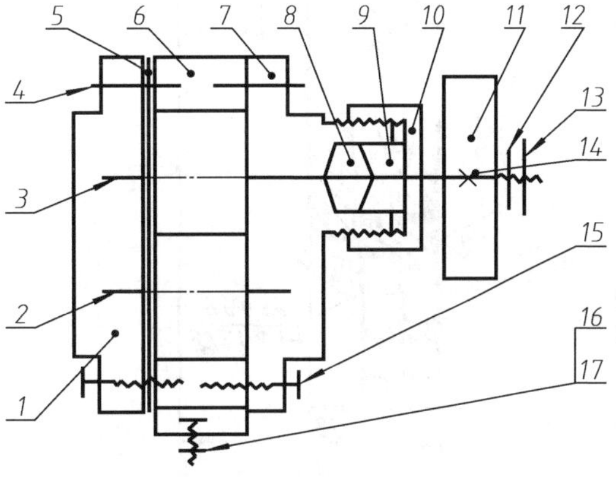

图 9-12　齿轮油泵装配示意图

1—左端盖　2—齿轮轴　3—传动齿轮轴　4—销　5—垫片　6—泵体　7—右端盖　8—填料　9—轴套　10—压紧螺母　11—传动齿轮　12—垫圈　13—螺母　14—键　15—螺钉　16—螺栓　17—螺母

3. 画零件草图　组成部件的每一个零件，除标准件外，都应画出草图，草图应具备零件图的所有内容，如图 9-13 为齿轮油泵右端盖的零件草图。

画部件的零件草图时，应尽可能注意到零件间尺寸的协调。标准件可不画草图，但应测量出其规格尺寸，并与标准手册进行核对。

4. 画装配图　根据装配示意图和零件草图，画出装配图。画装配图的过程，是一次检验、校对零件形状、尺寸的过程。草图中的形状和尺寸如有错误或不妥之处，应及时改正，保证使零件之间的装配关系能在装配图上正确地反映出来，以便顺利地拆画零件图。

5. 拆画零件图　根据装配图和零件草图绘制出每个非标准零件的零件图。

二、装配图画法

1. 选择表达方案

（1）主视图的选择　一般按部件的工作位置选择，并使主视图能够尽量反映部件的工作原理、传动路线、装配关系及零件间的相互位置等，主视图通常取剖视。对齿轮油泵，可取由前向后作为主视图的投射方向，并采用两相交剖切平面剖切而获得的全剖视。这样主视图既可反映齿轮副的传动关系，又将泵盖与泵体间的定位、连接形式以及端盖与泵体间的防漏、传动齿轮轴上的密封结构表示得很清晰。

（2）其他视图的选择　其他视图的选择应能补充主视图尚未表达清楚的内容。一般情况下，部件中的每一种零件至少应在视图中出现一次。对齿轮油泵其左视图可采用拆卸画法，即沿左端盖 1 和泵体 6 的结合面剖切，这样会清楚地反映出齿轮油泵的外部形状和一对齿轮的啮合情况；进油孔的结构可用局部剖视表达。

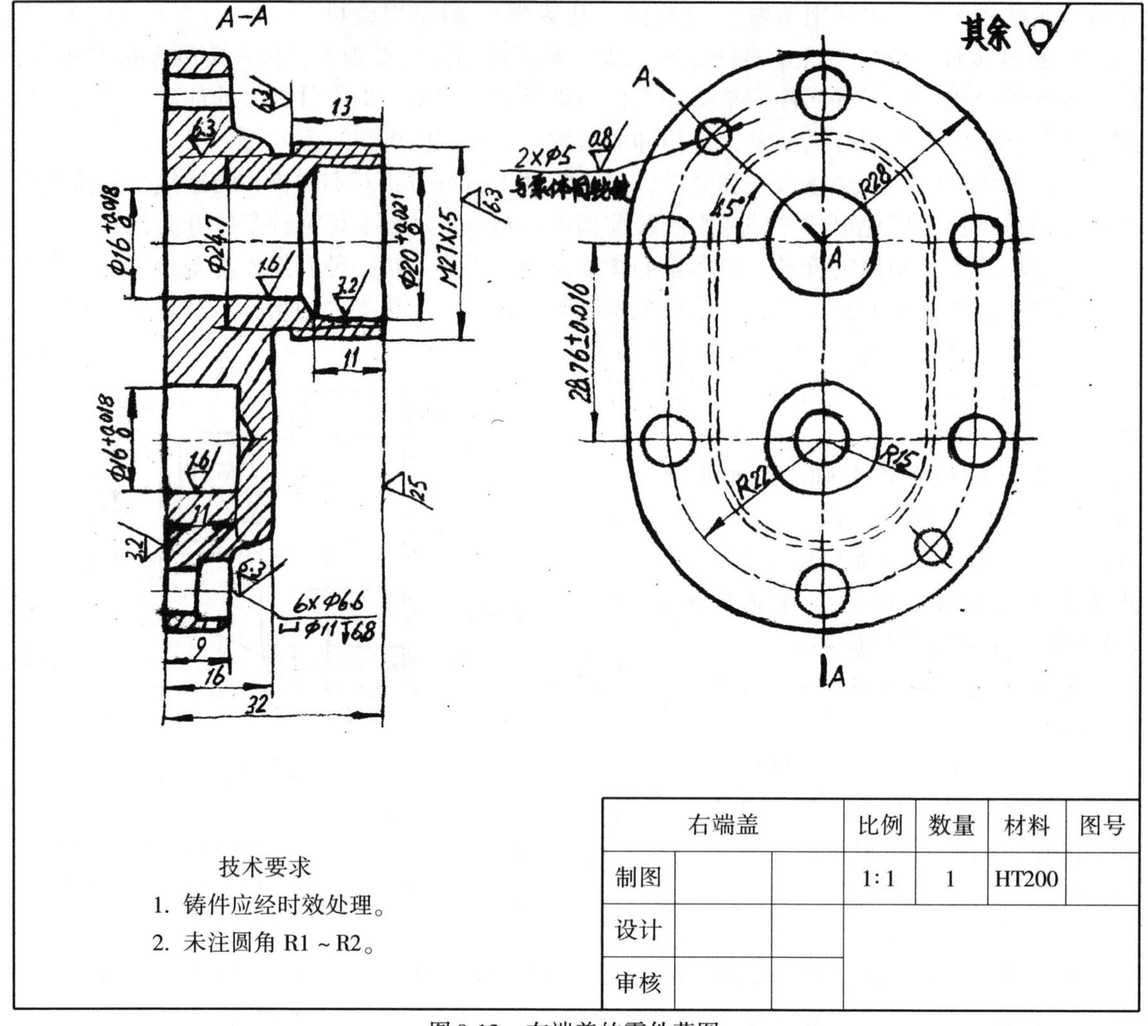

右端盖			比例	数量	材料	图号
制图			1:1	1	HT200	
设计						
审核						

图 9-13　右端盖的零件草图

2. 绘图准备工作　表达方案确定之后，根据部件的大小、复杂程度和视图数量确定绘图比例和图纸幅面。布图时，应同时考虑标题栏、明细栏、零件序号、标注尺寸和技术要求等所需要的位置。

3. 画图步骤

（1）绘制各视图的主要基准线　主要基准线一般是主要的轴线（装配干线）、对称中心线、主要零件上较大的平面或端面等（见图 9-14）。

（2）绘制主体结构和与之相关的重要零件　不同的机器或部件，其主体结构不尽相同，但在绘图时都应首先绘制出主体结构的轮廓。与主体结构相接的重要零件要相继画出。图 9-15 中首先画出了两齿轮轴的轮廓。

（3）绘制其他次要零件和细部结构　逐步画出主体结构与重要零件的细节，以及各种联接件等（见图 9-16、图 9-17）。

（4）检查底稿，描深图线，画剖面线。

（5）标注尺寸，编写序号，画标题栏、明细栏，注写技术要求，完成全图（见图 9-18）。

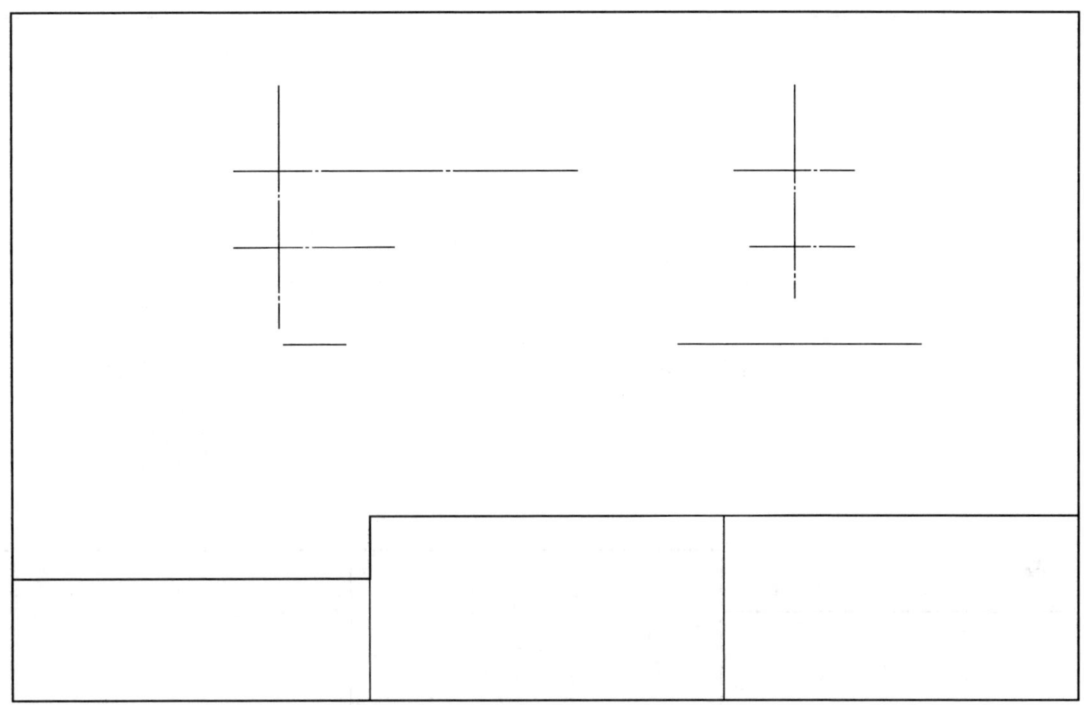

图 9-14　齿轮油泵装配图画图步骤（一）

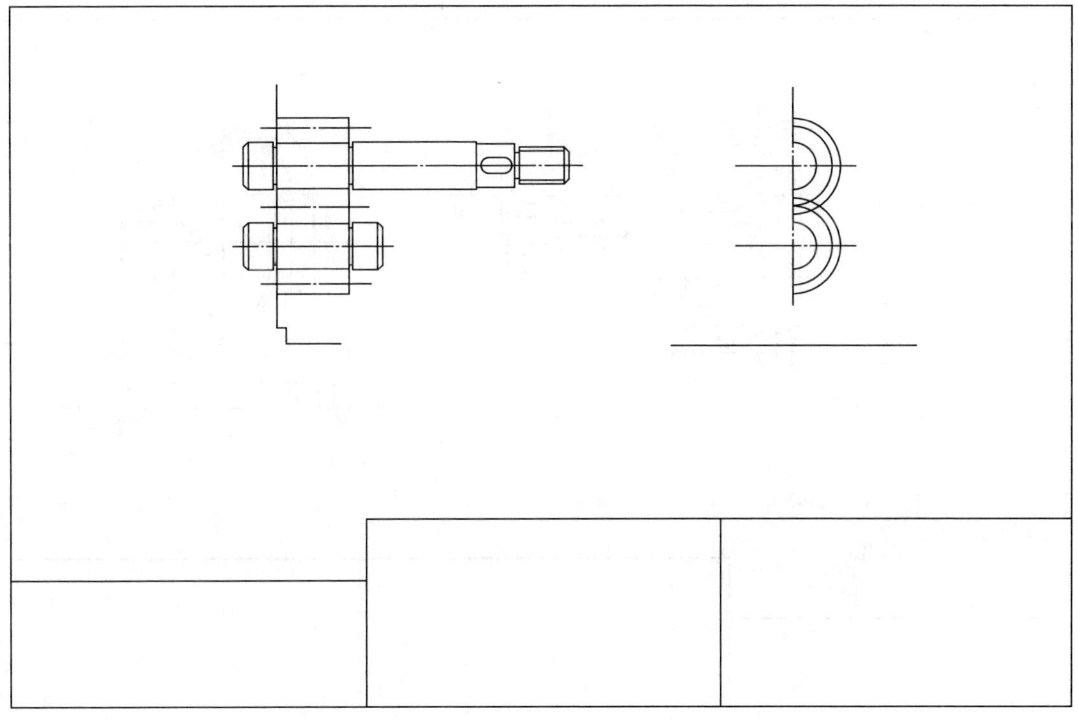

图 9-15　齿轮油泵装配图画图步骤（二）

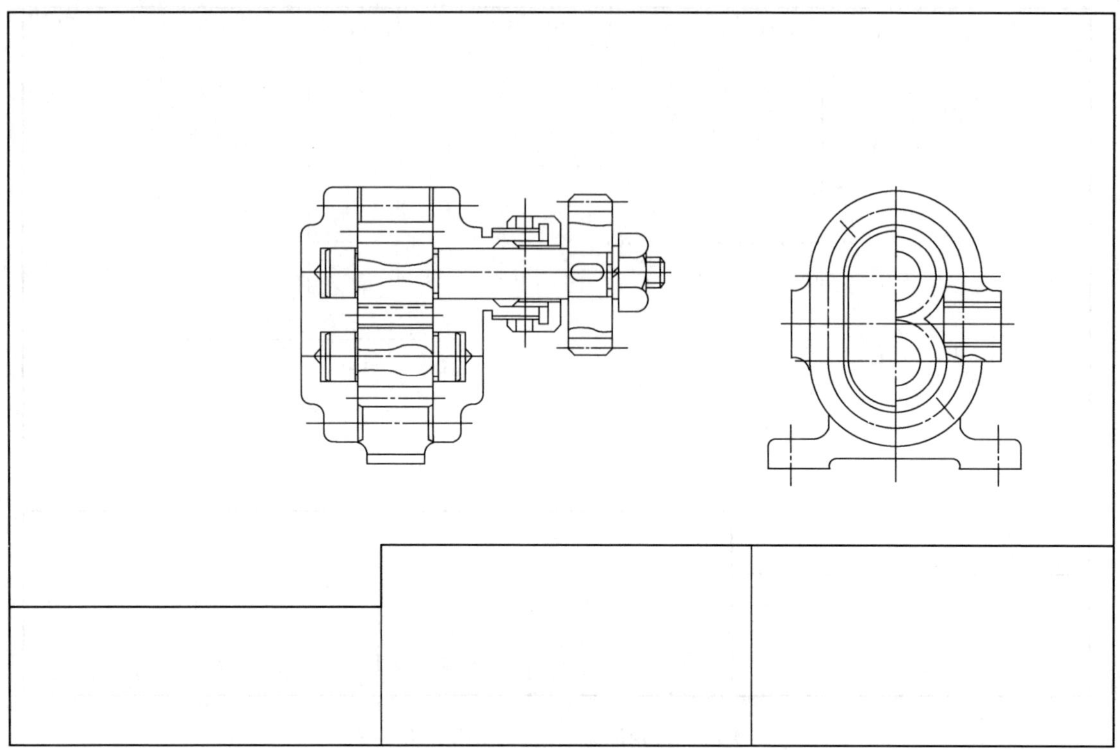

图 9-16　齿轮油泵装配图画图步骤（三）

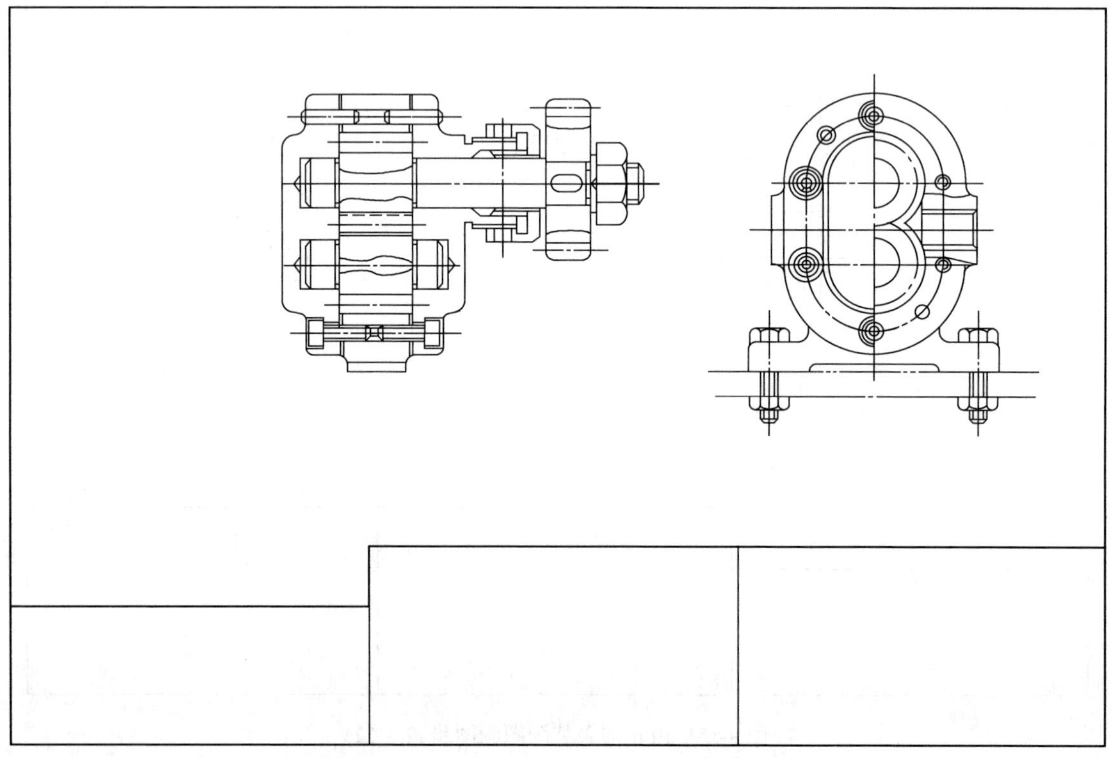

图 9-17　齿轮油泵装配图画图步骤（四）

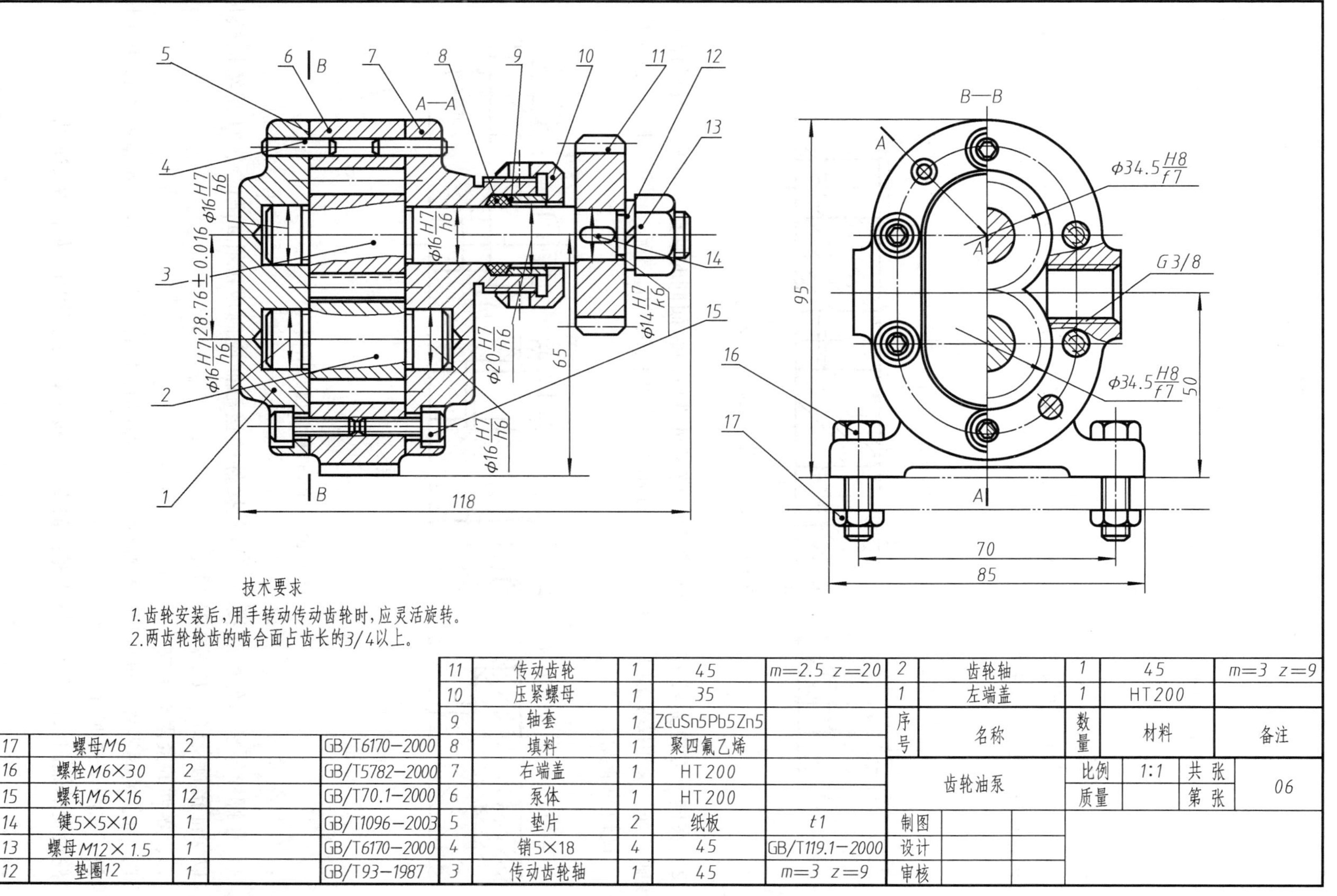

技术要求

1.齿轮安装后,用手转动传动齿轮时,应灵活旋转。

2.两齿轮轮齿的啮合面占齿长的3/4以上。

序号	名称	数量	材料	备注
17	螺母M6	2		GB/T6170—2000
16	螺栓M6×30	2		GB/T5782—2000
15	螺钉M6×16	12		GB/T70.1—2000
14	键5×5×10	1		GB/T1096—2003
13	螺母M12×1.5	1		GB/T6170—2000
12	垫圈12	1		GB/T93—1987
11	传动齿轮	1	45	m=2.5 z=20
10	压紧螺母	1	35	
9	轴套	1	ZCuSn5Pb5Zn5	
8	填料	1	聚四氟乙烯	
7	右端盖	1	HT200	
6	泵体	1	HT200	
5	垫片	2	纸板	t1
4	销5×18	4	45	GB/T119.1—2000
3	传动齿轮轴	1	45	m=3 z=9
2	齿轮轴	1	45	m=3 z=9
1	左端盖	1	HT200	

齿轮油泵	比例	1:1	共 张	06
	质量		第 张	
制图				
设计				
审核				

图9-18 齿轮油泵装配图

第六节　装配结构的合理性

装配结构是否合理，不仅关系到部件或机器能否顺利装配以及装配后能否达到预期的性能要求，还关系到检修时拆装是否方便等问题。因此，在设计装配体时，应考虑零件之间装配结构的合理性，在装配图上要把这些结构正确地反映出来。下面简要介绍常见的装配结构。

一、零件的接触面结构

1）轴肩面与孔端面相接触时，应将孔边倒角或将轴的根部切槽，以保证轴肩面与孔的端面接触良好，如图 9-19 所示。

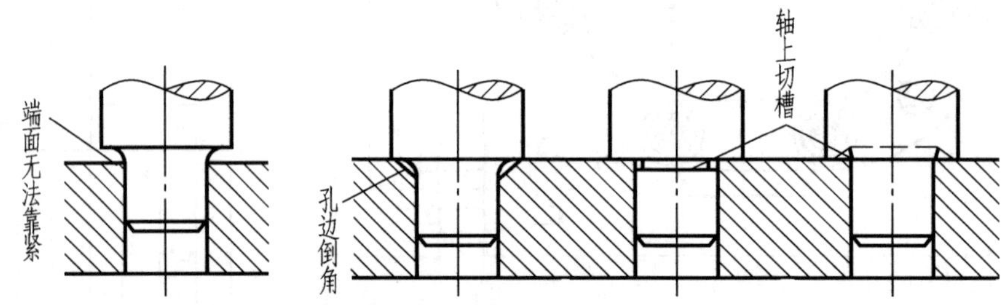

图 9-19　轴肩与孔口接触的画法

2）在同一方向上只能有一组面接触，应尽量避免两组面同时接触。这样，既可保证两面接触良好，又可降低加工要求，图 9-20a 示出了两平面接触的情况，图 9-20b、c 示出了两圆柱面接触的情况。

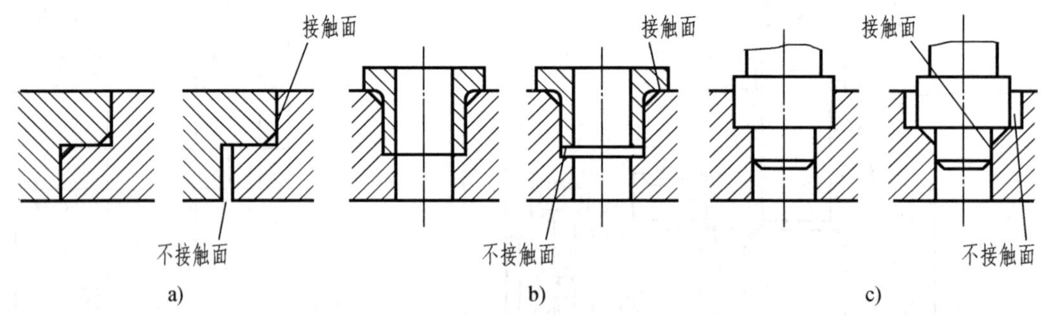

图 9-20　两零件接触面的结构

3）在螺栓等紧固件的联接中，被联接件的接触面应制成沉孔或凸台，且需经机械加工，以保证接触良好，如图 9-21 所示。

二、零件的紧固与定位

1）为了紧固零件，可适当加长螺纹尾部，在螺杆上加工出退刀槽，在螺孔上作出凹坑或倒角，如图 9-22 所示。

轮毂孔的轴向长度应大于与其配合轴段的长度，以便于紧固，如图 9-23a 所示。

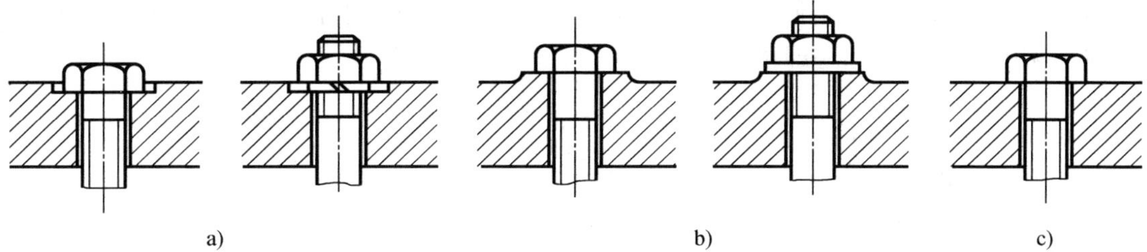

图 9-21　紧固件与被联接件接触面的结构

a）沉孔　b）凸台　c）不正确

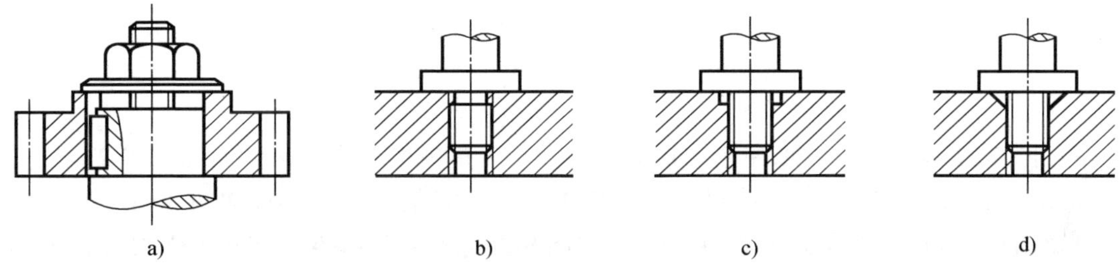

图 9-22　螺纹尾部结构

a）孔长大于相配合轴长　b）退刀槽　c）凹坑　d）倒角

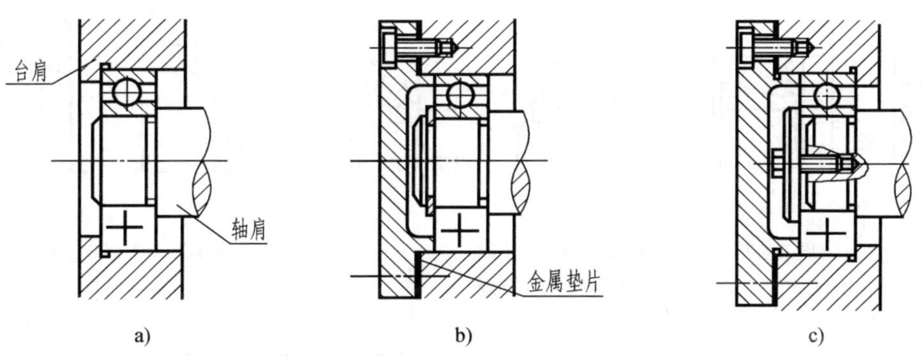

图 9-23　滚动轴承的紧固

2）为防止滚动轴承在运动中产生窜动，应将其内、外圈沿轴向顶紧，如图 9-23 所示。

三、零件的装、拆方便与可能

1）考虑到装拆的方便与可能，一是要留出扳手的转动空间，如图 9-24b 所示；二是要保证有足够的装拆空间，如图 9-25b 所示。

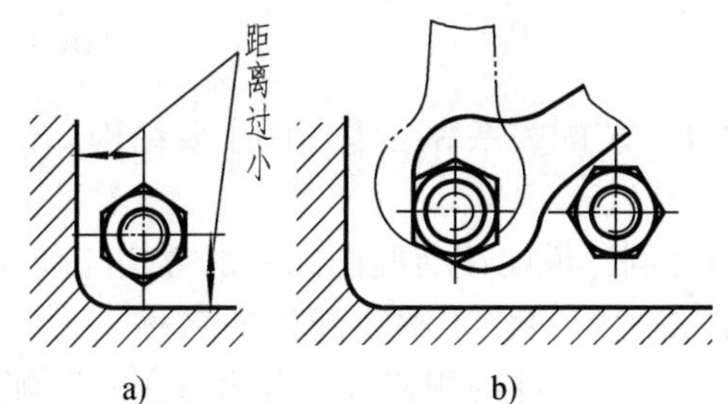

图 9-24　紧固件的位置应便于装拆

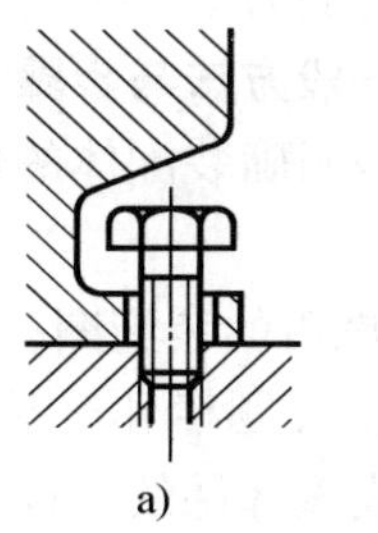

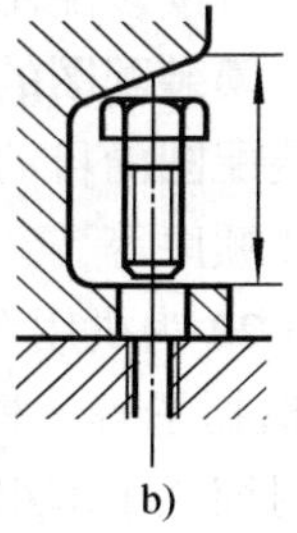

图 9-25　应留出紧固件的装拆空间

2）图9-26a中，螺栓不便于装拆和拧紧，若在箱壁上开一手孔（见图9-26b）或改用双头螺柱（见图9-26c），问题即可解决。

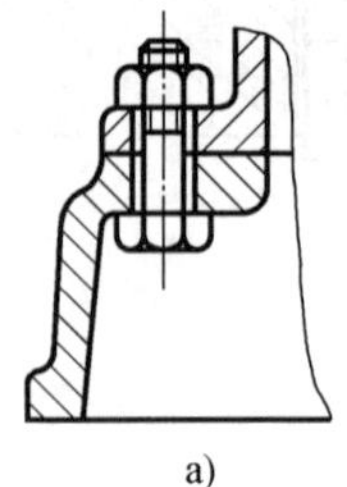

a)

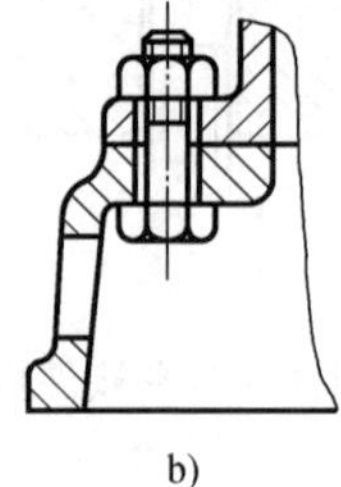

b)

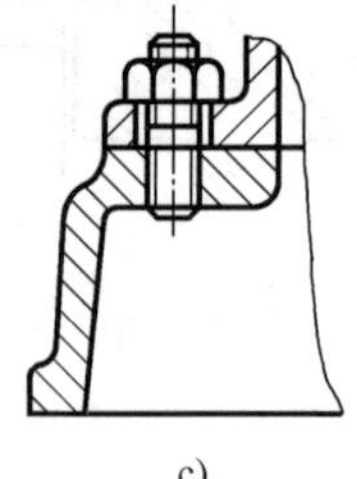

c)

图9-26　螺栓应便于装、拆和拧紧

a）不合理　b）合理　c）合理

3）图9-27表示滚动轴承在箱体轴承孔中及轴上的安装情况，若设计如图9-27a、图9-27c所示，将无法拆装，若改成图9-27b、图9-27d的形式，就很容易将轴承顶出。

4）图9-28a所示的套筒很难拆卸，若如图9-28b所示在箱体上钻几个螺钉孔，拆卸时就可用螺钉将套筒顶出。

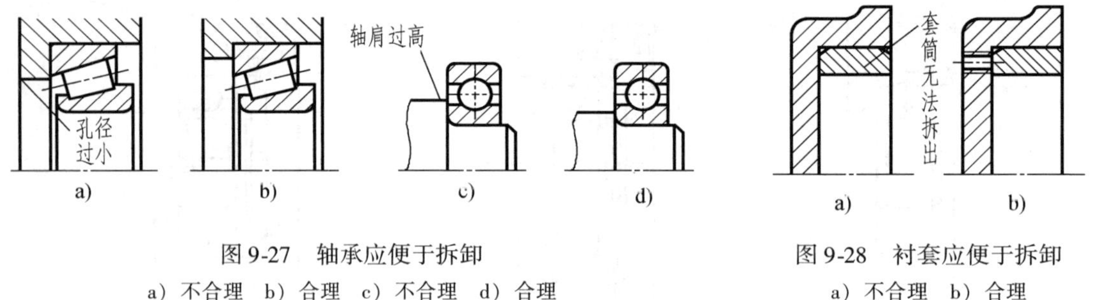

图9-27　轴承应便于拆卸

a）不合理　b）合理　c）不合理　d）合理

图9-28　衬套应便于拆卸

a）不合理　b）合理

第七节　读装配图和由装配图拆画零件图

在生产过程中，经常要读装配图。例如在设计中，需要依据装配图来设计零件并画出零件图；在装配机器时，要根据装配图来组装部件或机器；在设备维修时，需参照装配图进行拆卸和重装；在技术交流时，需参阅装配图来了解装配体的具体情况等。因此，工程技术人员必须具备读装配图的能力。

一、读装配图的一般方法与步骤

读装配图的目的是明确装配体的性能、工作原理、装配关系和各零件的主要结构、作用以及拆装顺序等。

图9-29为机用台虎钳的装配图，现以该装配图为例，说明读装配图的一般方法与步骤。

1. 概括了解　根据标题栏和产品说明书及有关技术资料，了解装配体的名称、大致用途；由明细栏了解组成该部件的零件名称、数量，以及标准件的规格等，并大致了解装配体的复杂程度；由总体尺寸，了解装配体的大小和所占空间。

图9-29所示机用台虎钳是机床上一种夹紧通用装置，该台虎钳由11种零件组成。

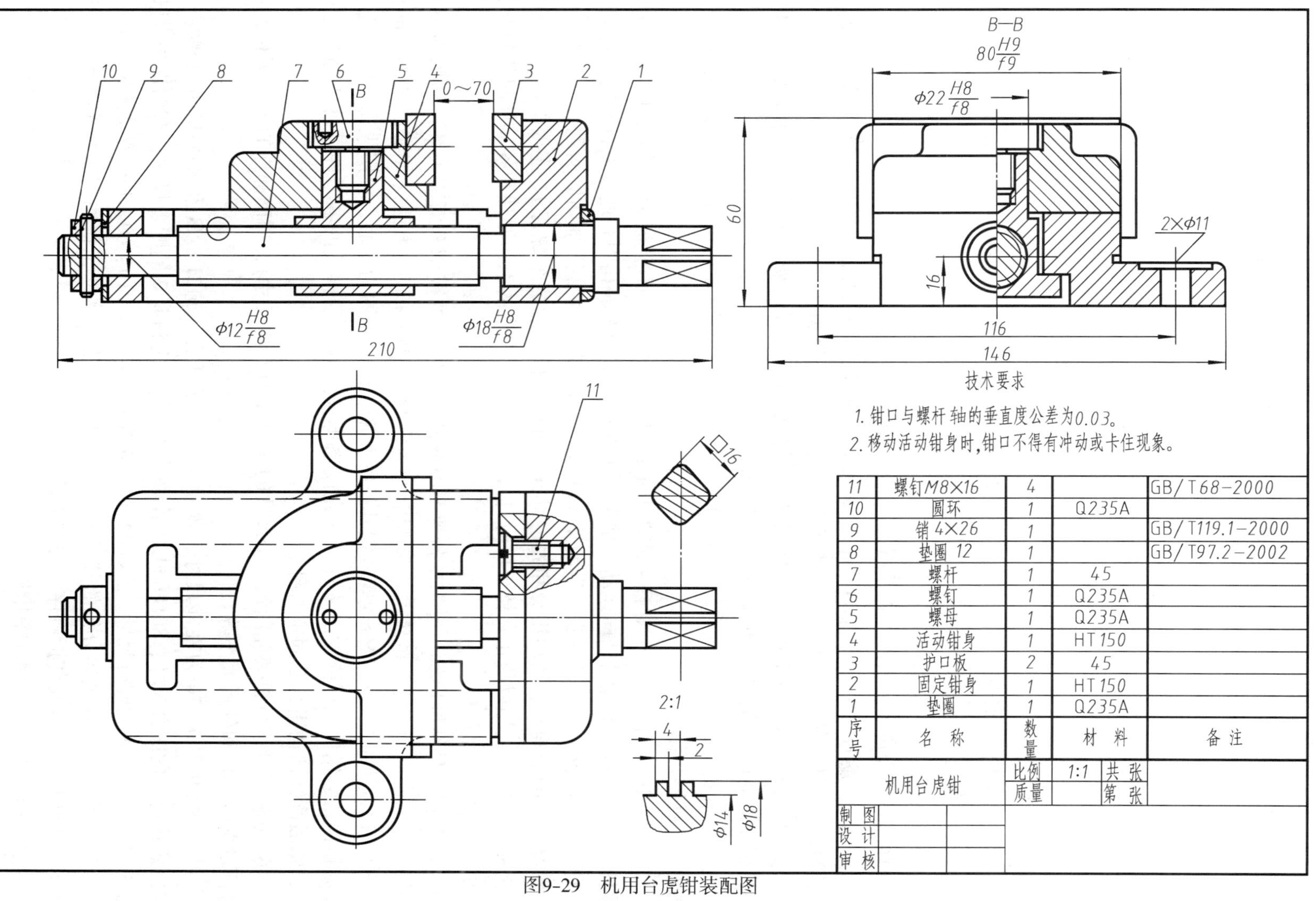

图9-29 机用台虎钳装配图

2. 分析视图　了解各视图、剖视图、断面图的数量，各自的表示意图和它们之间的相互关系，找出视图名称、剖切位置、投射方向，为下一步深入读图作准备。

该台虎钳装配图共有 5 个图形，先从主视图入手，明确它们之间的投影关系和每个图形所表达的内容。

主视图符合其工作位置，是通过台虎钳前后对称面剖切画出的全剖视图，表达了螺杆 7 装配干线上各零件的装配关系、连接方式和传动关系。同时表达了螺钉 6、螺母 5 和活动钳身 4 的结构以及台虎钳的工作原理。

俯视图主要反映机用台虎钳的外形，并用局部剖视图表达了护口板 3 和固定钳身 2 的连接方式。

左视图采用半剖视图，剖切平面通过两个安装孔，除了表达固定钳身 2 的外形外，主要补充表达了螺母 5 与活动钳身 4 的连接关系。

局部放大图反映了螺杆 7 的牙型。

移出断面表达螺杆头部与扳手（未画出）相接的形状。

3. 分析传动路线及工作原理　一般情况下，直接从图样上分析装配体的传动路线及工作原理。当部件比较复杂时，需参考产品说明书和有关资料。

如图 9-29 所示，旋动螺杆 7，螺母 5 沿螺杆轴线作直线运动，螺母 5 带动活动钳身 4 及护口板 3（左）移动，实现夹紧或放松工件。

4. 分析装配关系　分析清楚零件之间的配合关系、连接方式和接触情况，能够进一步地了解部件整体结构。

从图 9-29 中可以看出，螺杆 7 装在固定钳身 2 的孔中，通过垫圈 8、圆环 10 和销 9 使螺杆 7 只能旋转但不能沿轴向运动。螺母 5 装在活动钳身 4 的孔中并通过螺钉 6 轻压在固定钳身 2 的下部槽上。活动钳身 4 上的宽 80 的通槽与固定钳身 2 上部两侧面配合，以保证活动钳身移动的准确性。活动钳身和固定钳身在钳口部位均用两个螺钉 11 连接护口板，护口板上制有牙纹槽，用以防止夹持工件时打滑。至此，台虎钳的工作原理和各零件间的装配关系更加清楚。

5. 分析零件结构形状　应先在各视图中分离出该零件的范围和对应关系，利用剖面线的倾斜方向和间距、零件的编号、装配图的规定画法和特殊表达方法（如实心轴不剖的规定等)，以及借助三角板和分规等查找其投影关系。以主视图为中心，按照先易后难，先看懂联接件、通用件，再读一般零件。如先读懂螺杆及其两端相关的各零件，再读螺母、螺钉，最后读懂活动钳身及固定钳身。

6. 分析尺寸　分析装配图每一个尺寸的作用（即五类尺寸)，明确部件的尺寸规格，零件间的配合性质和外形大小等。

如图 9-29 中 0～70 为性能尺寸，表示钳口的张开度。ϕ12H8/f8 和 ϕ18H8/f8 是螺杆 7 与固定钳身 2 的配合尺寸；80H9/f9 是活动钳身 4 与固定钳身 2 的配合尺寸；ϕ22H8/f8 是螺母 5 与活动钳身 4 的配合尺寸。2×ϕ11 和 116 为安装尺寸。210、60、146 为总体尺寸。

7. 综合归纳　在上述分析的基础上，进一步分析装配体的工作原理、装配关系、零件结构形状和作用，以及装拆顺序、安装方法。

图 9-30 是机用台虎钳轴测图。

二、由装配图拆画零件图

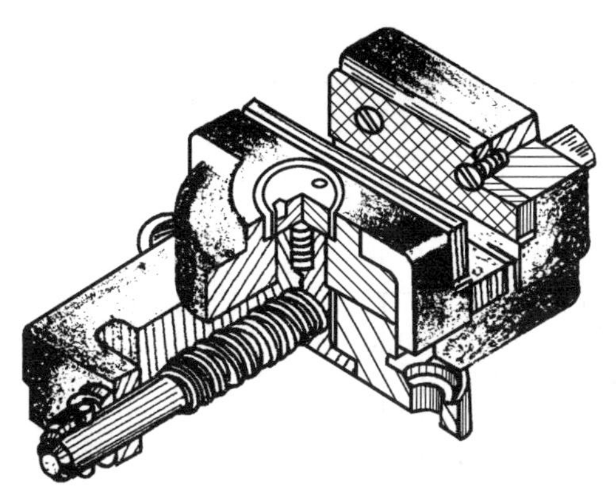

图 9-30　机用台虎钳轴测图

在设计过程中，根据机器或部件的使用要求、工作性能先画出装配图，再根据装配图设计零件，拆画出零件图，简称“拆图”。拆图时，通常先画主要零件，然后根据装配关系逐一拆画有关零件，以保证各零件的形状、尺寸等能协调一致。画零件图的方法已在前面章节中作了介绍，这里着重介绍拆图时应注意的一些问题。

1. 零件视图表达方案的选定　拆画零件图时，零件的表达方案应根据零件本身的结构特点重新考虑，不可机械地照抄装配图。因为装配图的表达方案是从整个装配体来考虑的，无法符合每个零件的要求。如装配体中的轴套类零件，在装配图中可能有各种位置，但画零件图时，通常以轴线水平放置，长度方向为画主视图的方向，以便符合加工位置，便于读图。

2. 完善零件的结构形状　在装配图中，对某些零件的局部结构，并不一定都能表达完全，在拆画零件图时，应根据零件功用加以补充、完善。在装配图上，零件的细小工艺结构，如倒角、圆角、起模斜度、退刀槽等往往被省略，拆图时，应将这些结构补全并标准化。

3. 零件图上的尺寸标注　在拆图时，零件图上的尺寸可用以下方法确定：

(1) 直接抄注装配图上已标出的尺寸　除了装配图上某些需要经过计算的尺寸外，其他已注出的零件的尺寸都可以直接抄录到零件图中；装配图上用配合代号注出的尺寸，也可查出偏差数值，注在相应的零件图上。

(2) 查手册确定某些尺寸　对零件上的标准结构，如螺栓通孔、销孔、倒角、键槽、退刀槽等，均应从有关标准中查得。

(3) 计算某些尺寸数值　某些尺寸可根据装配图所给定的尺寸通过计算而定，如齿轮的分度圆、齿顶圆直径等。

(4) 在装配图上按比例量取尺寸　零件上大部分不重要或非配合的尺寸，一般都可以按比例在装配图上直接量取，并将量得的数值取整数。

在标注过程中，首先要注意有装配关系的尺寸必须协调一致；其次，每个零件应根据它的设计和加工要求选择好尺寸基准，尺寸标注应正确、完整、清晰、合理。

4. 零件图上的技术要求　零件各表面的表面粗糙度，应根据该表面的作用和要求来确定。有配合要求的表面要选择适当的精度及配合类别。根据零件的作用，还可加注其他必要的要求和说明。通常，技术要求制定的方法是查阅有关的手册或参考同类型产品的图样加以比较来确定。

图 9-31 所示为固定钳身的零件图。

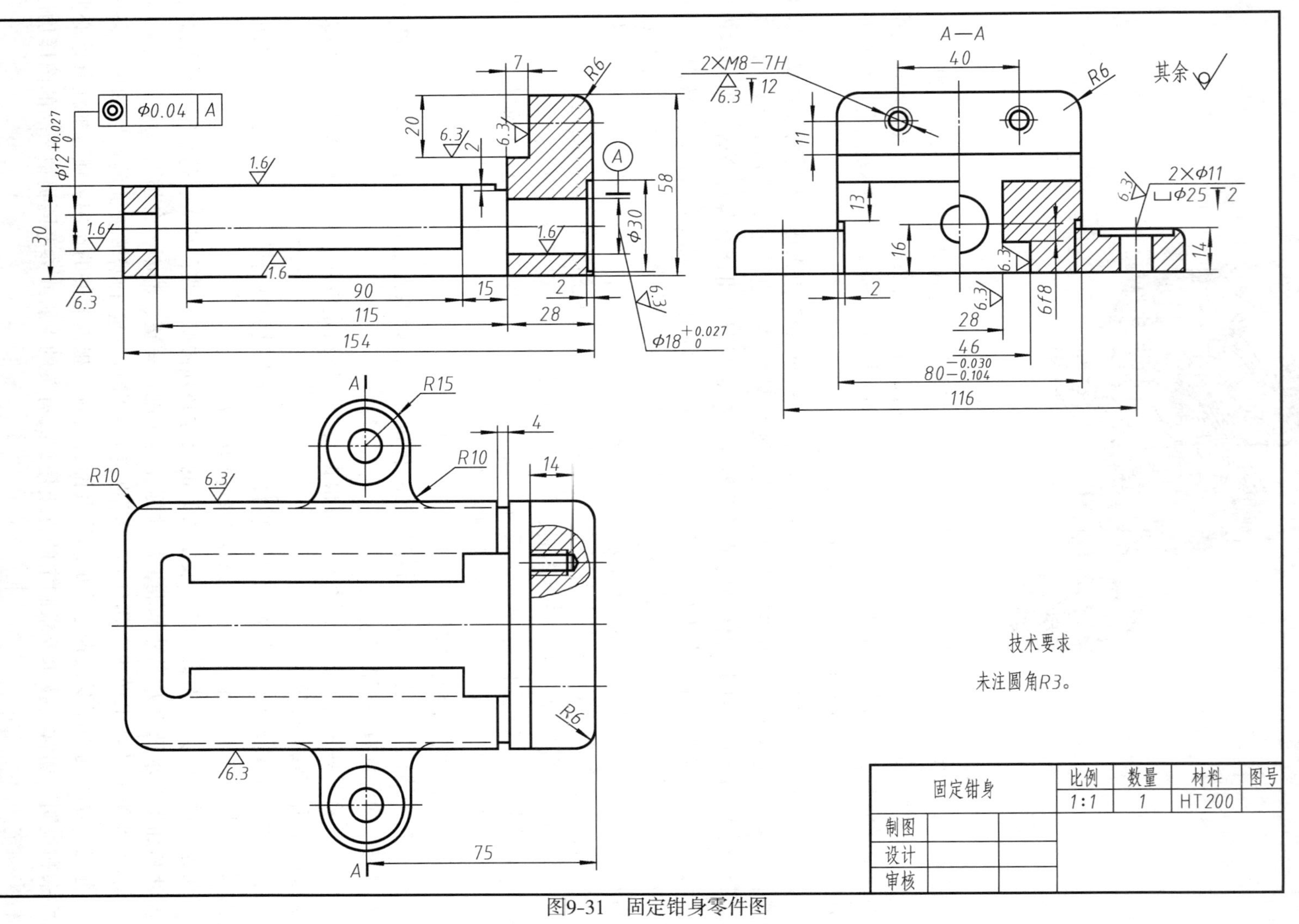

图9-31 固定钳身零件图

下篇　计算机绘图

第十章　AutoCAD 基础知识

本章主要介绍使用 AutoCAD 2005 的一些基础知识，包括 AutoCAD 2005 的启动、AutoCAD 2005 工作界面以及基本操作等内容。通过学习本章，可为以后快速有效地绘图打下基础。

第一节　AutoCAD 2005 的启动

AutoCAD 2005 使用的操作系统可以是 Windows 2000/ME/XP/2003/NT4.0。启动后，屏幕上出现“启动”对话框，如图 10-1 所示。启动对话框是每次启动 AutoCAD 时，第一次呈现的屏幕画面，可以从这里开始单击相应的按钮，实现用不同的方式设置初始的绘图环境。

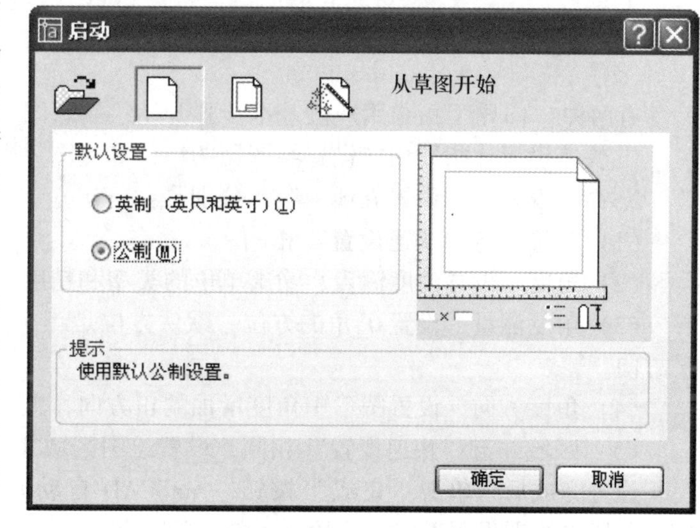

图 10-1　“启动”对话框

一、使用默认设置绘图

选择“启动”对话框中的“默认设置”按钮，系统提示用户选择绘图单位（英制或公制），选择后就可以进入 AutoCAD 2005 的绘图窗口。而其他的一些绘图环境参数，则为系统默认的设置。

二、使用样板绘图

在 AutoCAD 2005 中，允许将图形文件保存为样板文件。样板文件具有文件扩展名 .dwt，通常保存在系统 AutoCAD 目录下的 Template 子目录下。除了系统提供的图形样板文件外，用户也可以建立自己的图形样板文件。

所谓样板图形，是用户根据绘图任务的要求进行统一的图形设置，如绘图单位类型和精度要求、绘图界限、捕捉、网格与正交设置、图层、图框和标题栏、尺寸及文本格式、线型和线宽等。使用图形样板文件开始绘图的优点在于，在完成绘图任务时不但可以保持图形设置的一致性，而且可以大大提高工作效率。

选择“启动”对话框中的“使用面板”按钮，可使用预定义的样板文件来方便地完成特定的绘图环境设定，如图 10-2 所示。

“选择样板”列表框中显示可供用户使用的.dwt格式的样板文件名称，光标选中某一样板图文件时，“样板说明”文本框中将给出相应说明，同时在右侧的空白区域预览显示该样板文件。用户还可以单击“浏览”按钮来选择不同的文件路径中的更多的样板文件。

三、使用向导绘图

选择“启动”对话框中的“使用向导”按钮，可使用系统提供的向导来设置绘图环境，如图10-3所示。

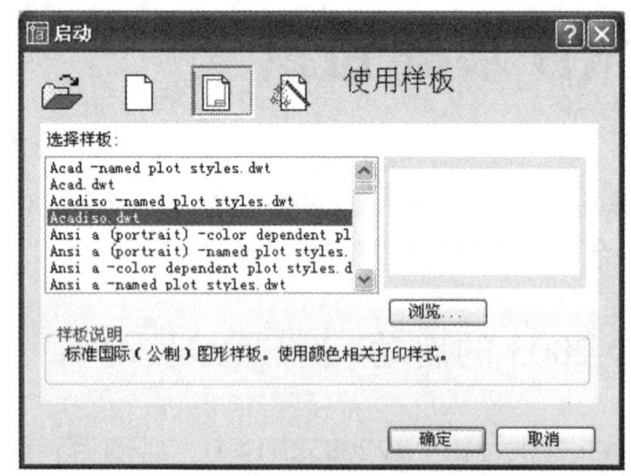

图10-2 “启动”对话框的“使用样板”选项

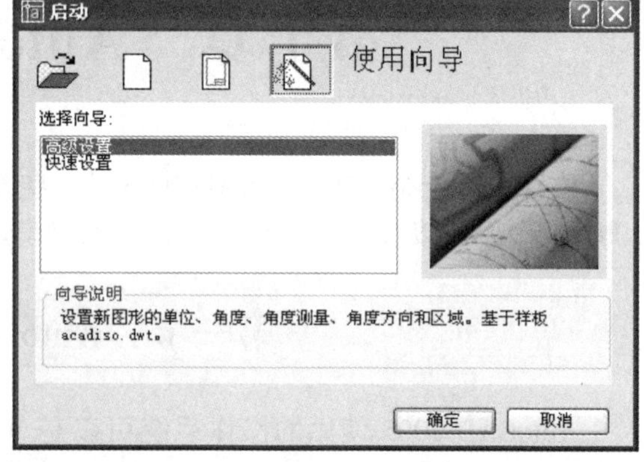

图10-3 “启动”对话框的“使用向导”选项

有两种“向导”指导用户按基本步骤开始绘制新图。

1. 快速设置　指导用户设置绘图用的单位和绘图界限两项内容。

2. 高级设置　能设置五项内容，分别是：

（1）单位　与“快速设置”相同。

（2）角度　设置角度输入、输出单位的类型和精度。

（3）角度测量　设置0°角的方位，默认方位是正东方向为0°，即屏幕上从左向右的水平方向。

（4）角度方向　设置图形中角度增加的正方向，默认设置是逆时针为正。

（5）区域　与“快速设置”相同，设置绘图区域 X 方向的长和 Y 方向的宽。

设置完成后，单击“完成”按钮，AutoCAD自动调整标注设置、文本高度比例因子，使之与所设绘图界限适应，开始进入新图的绘制。

在“向导”中作的所有设置都可以通过UNITSN和LIMITS命令进行修改。

四、打开已有图形文件

选择“启动”对话框中的“打开图形”按钮，系统打开某个已经保存的图形。这样绘图环境就和所打开的图形的绘图环境相同了。

第二节　AutoCAD 2005 的工作界面

启动AutoCAD 2005后，即进入其工作界面，如图10-4所示。它主要由标题栏、下拉菜单栏、工具栏、绘图区、命令行窗口、状态栏以及一些按钮和滚动条组成。

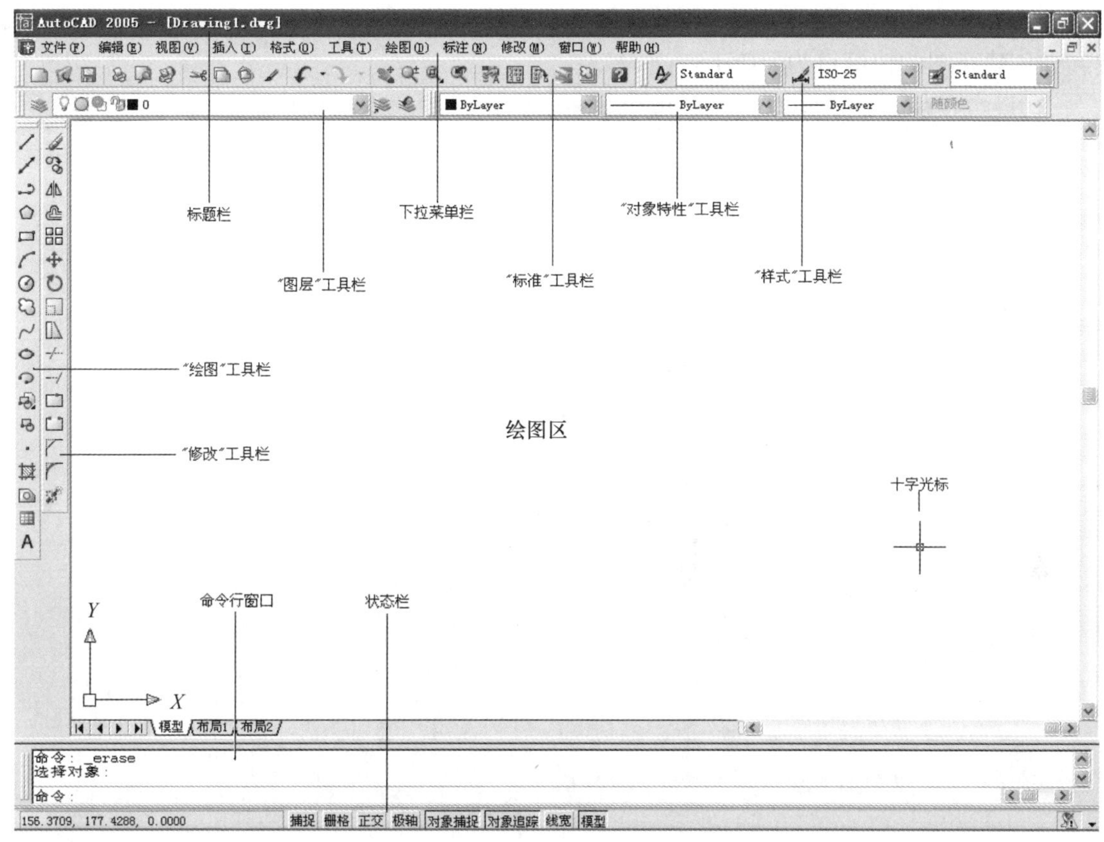

图 10-4　中文版 AutoCAD 2005 的工作界面

一、标题栏

标题栏的功能是显示当前运行的软件的名称以及当前正在绘制的图形的文件名。双击左上角的图标可关闭 AutoCAD 2005，右上角是“最小化”、“最大化”、和“关闭”按钮。

二、下拉菜单

下拉菜单是 AutoCAD 提供的一种命令输入方法，它包含了通常情况下控制 AutoCAD 运行的功能和命令。

AutoCAD 2005 的下拉菜单包括文件、编辑、视图、插入、格式、工具、绘图、标注、修改、窗口和帮助 11 个主菜单项。图 10-5 是“绘图”下拉菜单。

打开下拉菜单的方法是：单击主菜单项，会在其下出现相应的下拉菜单。要选择某个菜单项，先将光标移到该菜单项上，使它醒目显示，然后单击它。有时某些菜单项是灰暗色，表明在当前特定的条件下这些功能不能使用。

对于某些菜单项，如果后面跟有“...”，表示选中该菜单项时会弹出一个对话框，以提供进一步的选择和设置。

如果菜单项后面跟有“►”，则表明该菜单项有若干子菜单。

对热键和快捷键熟悉的用户可使用热键或快捷键打开下拉菜单。用热键打开下拉菜单的方法是：先按住 <Alt> 键，然后输入菜单名称中括号内的热键字母。如欲打开“文件”下拉菜单，先按住 <Alt> 键，再按 <F> 键即可。另外，AutoCAD 还为某些菜单项定义了快捷键，如创建新图的快捷键为 <Ctrl> + <N>。

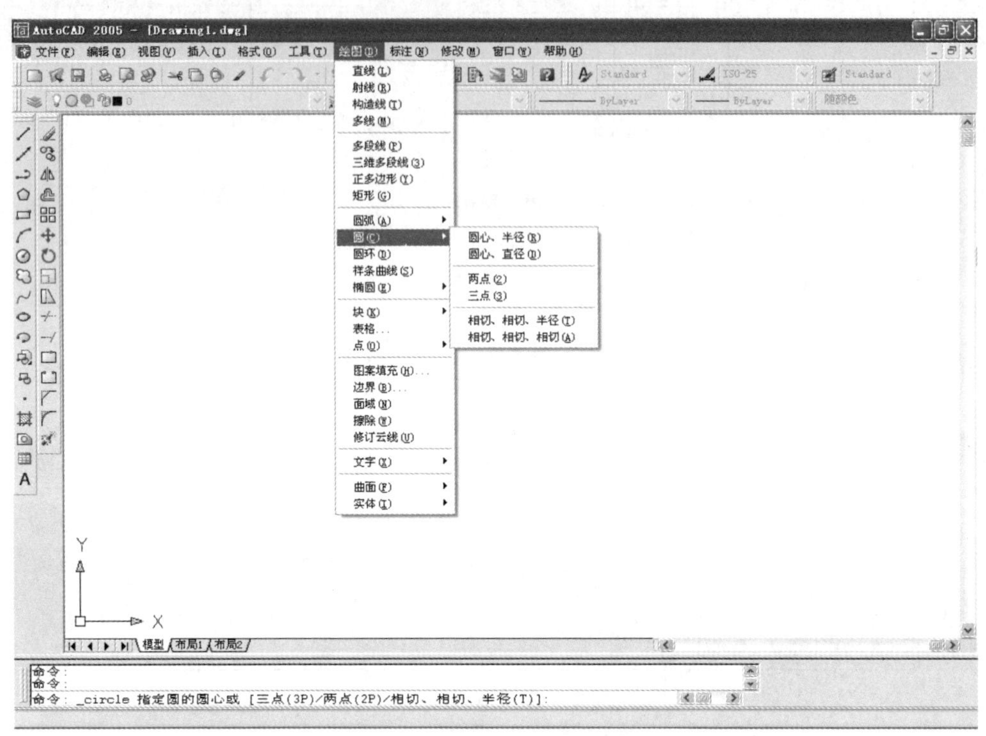

图 10-5 “绘图”下拉菜单

三、工具栏

工具栏是一种代替命令或下拉菜单的简便工具，它由一些形象的图形按钮组成，如图 10-6 所示为“修改”工具栏。AutoCAD 2005 中的工具栏包含有标准、对象特性、绘图、修改、标注、视图、缩放等 29 项工具栏。

图 10-6 “修改”工具栏

使用工具栏只需单击相应的图标按钮即可。如要绘制一条直线，只要单击“绘图”工具栏中的 ，然后按提示输入数据参数即可。另外，当把鼠标停在图标上一段时间后，在鼠标右下角会弹出提示框，显示图标按钮所对应的命令。

对工具栏的操作有：

1）单击“视图”菜单下的“工具栏...”选项，弹出“自定义”对话框，可从中打开或关闭任何工具栏，如图 10-7 所示。在对话框中列出了所有的工具栏，复选框中有“√”的表示已经显示的工具栏，用户可单击所要的工具栏，使它加上“√”来显示该工具栏。

2）通过鼠标可方便快速地打开和关闭工具栏。只要将光标移到一个工具栏上的地方，然后右击鼠标，将出现快捷菜单。单击这个快捷菜单中的选项，就可以打开和关闭相应的工具栏，或者对工具栏进行自定义。

3. 单击工具栏右上角的“×”也可关闭该工具条

4. 有些图标按钮的右下角带有“◢”，表示其下还有子工具栏。如“标准”工具栏中的“窗口缩放”图标按钮下可弹出一子工具栏。

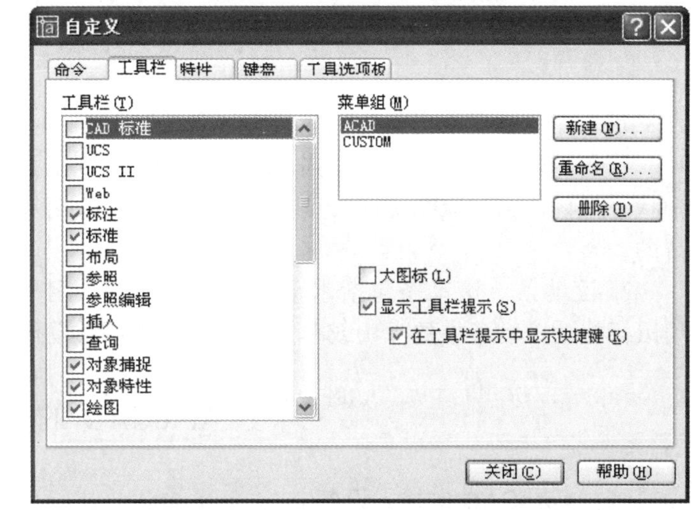

图 10-7 “自定义”对话框

四、绘图区

绘图区是用来显示、控制和编辑图形的工作区域。当由鼠标控制的光标位于图形区域内时，其形状变为十字线，用于定位点或选择图形中的对象。此时，状态栏中会随时显示出十字线交点的坐标值。

五、命令行窗口

命令行窗口是用来输入命令和 AutoCAD 显示提示符和信息的地方。不执行任何命令时，命令行窗口显示的是“命令:”状态，也只有在此状态下才可输入命令。任何命令处于执行交互状态时，都可按 <Esc> 键取消该命令，回到“命令:”状态。单击其右边的滚动条可翻看以前执行过的命令。命令行的窗口可通过鼠标来放大或者缩小，也可以通过“工具”菜单中的“选项...”项来改变命令行窗口的文字行数。

由于 AutoCAD 支持多文档环境，因此有多个命令窗口分别与打开的多个图形窗口相对应，但只有一个当前活动的命令窗口。每个命令窗口记录的是在对应的图形窗口中进行的操作。

按 <F2> 键出现文本窗口，可以查看以前执行的命令，如图 10-8 所示。

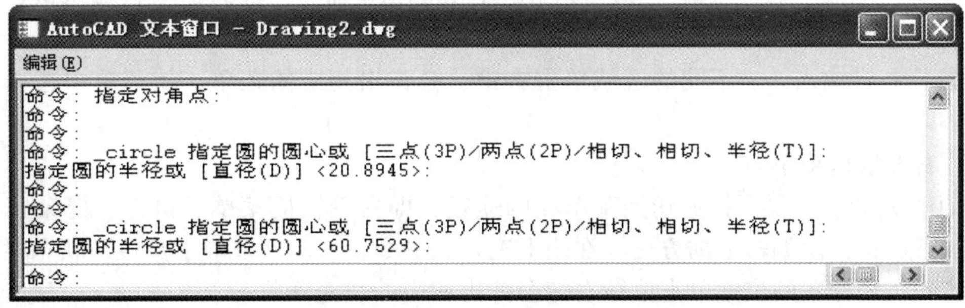

图 10-8 文本窗口

六、状态栏和滚动条

1. 状态栏　状态栏位于屏幕的最下方，包括光标的坐标显示区和绘图辅助工具按钮，如图 10-9 所示。

388.1275, 102.6068, 0.0000 捕捉 栅格 正交 极轴 对象捕捉 对象追踪 线宽 模型

图 10-9 状态栏

状态栏主要反映当前的工作状态（如当前光标的坐标）及绘图辅助工具的设置。

状态栏还有一个功能是：当用户将光标移动到工具栏的图标或下拉菜单的菜单项时，整个状态栏只显示对应图标或某菜单项的简要功能说明和对应命令，用户可以此得到一些提示帮助。

2. 滚动条　滚动条包括水平和垂直滚动条，用于上下或左右移动绘图窗口内的图形。用鼠标拖动滚动条中的滑块或单击滚动条，即可移动图形。

第三节　AutoCAD 的基本操作

一、AutoCAD 的输入设备

在 AutoCAD 2005 中，输入设备有键盘、鼠标及数字化仪等，通常是键盘和鼠标。

鼠标用于控制 AutoCAD 的光标和屏幕指针。当鼠标处于绘图窗口内时，AutoCAD 的光标为十字线形式；当光标移至菜单选项、工具栏或对话框内，它会变成一个箭头。

通常使用鼠标左键单击菜单选项、工具栏按钮或屏幕单来执行命令。

二、AutoCAD 的命令输入方法

1. 命令行输入　所谓命令行输入，即由键盘输入 AutoCAD 命令。键盘是输入文本对象、数值参数（包括坐标）或进行参数选择的惟一方法。

在大多数情况下，直接键入命令会打开相应的对话框。如果不想使用对话框，可以在命令前加上“－”，如“－LAYER”，此时不打开“图层特性管理器”对话框，而是显示等价的命令行提示信息，同样可以对图层特性进行设定。

2. 下拉菜单输入　通过选中下拉菜单选项，输入 AutoCAD 命令，此时命令行显示的命令与从键盘输入的命令一样，但其前面有下划线。

3. 工具栏输入　通过点击工具栏按钮输入 AutoCAD 命令，此时命令行显示该命令，但命令前有下划线。

4. 鼠标右键输入　在不同的区域单击右键，会弹出相应的菜单，从菜单中选择执行命令。

三、右键快捷菜单

AutoCAD 2005 提供了快速访问菜单项的途径，即右键快捷菜单。执行快捷菜单可加速命令的执行过程，使编辑更加方便。在图形窗口、命令行、对话框、工具栏、状态栏、模型空间标签和布局标签的位置单击鼠标右键会弹出相应的快捷菜单。

在不同情况下，快捷菜单的内容不同，分别有如下几种：

1. 默认模式　在没有执行任何命令，也没有选择集时，在图形屏幕区单击鼠标右键，弹出默认快捷菜单，如图 10-10a 所示。

2. 编辑模式下的快捷菜单　在执行了某个绘图命令之后，单击鼠标右键，弹出一个与图 10-10a 类似的快捷菜单，如图 10-10b 所示，二者的区别在于快捷菜单的第一个命令。

a)

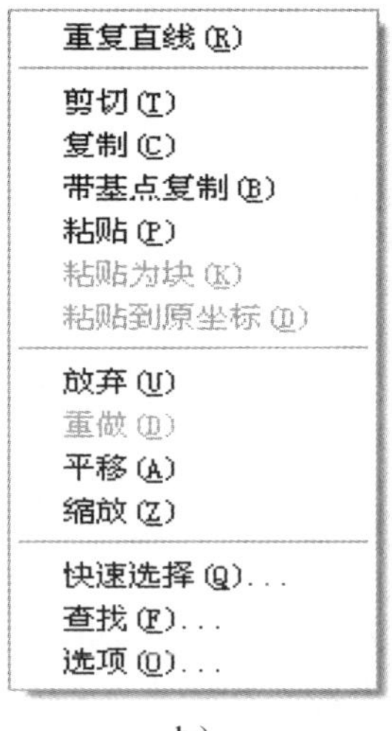

b)

图 10-10　右键快捷菜单（一）

在构造了对象选择集，但没有执行任何命令以前，单击鼠标右键，会弹出编辑模式快捷菜单。

3. 命令模式的快捷菜单　在命令执行过程中，单击鼠标右键，将弹出命令选择快捷菜单，如图 10-11a 所示为画直线时的快捷菜单。

4. 近期使用过的命令快捷菜单　在绘图过程中，将光标移到命令行，单击鼠标右键，弹出近期使用过的命令快捷菜单，如图 10-11b 所示，可以再次使用以前用过的命令。

a)

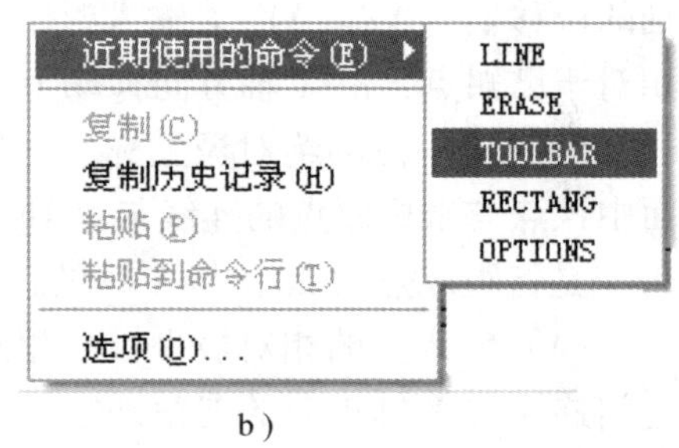

b)

图 10-11　右键快捷菜单（二）

5. 其他快捷菜单　除了上述菜单外，在状态行、任意工具栏和布局标签上单击鼠标右键，都会弹出相应的快捷菜单。用户还可以通过“工具→选项...”对话框，自定义鼠标右键菜单和鼠标右键工作方式。

四、重复执行命令

在 AutoCAD 执行完某个命令后，如果要立即重复执行该命令，最常用的方法是按一下回车键或空格键即可。在绘图区单击鼠标，并在弹出的快捷菜单中选择“重复 × × ×”项或在命令行窗口中右击鼠标，在弹出的快捷菜单中选择“近期使用的命令”都与此等效。

五、透明命令

所谓透明命令，是指在其他命令执行时可以输入的命令。透明命令一般用于环境的设置或辅助绘图。

输入透明命令时，应在该命令前加一“'”符号，执行透明命令后会出现“》”提示符。透明命令执行完后，继续执行原命令。并不是所有的命令都能作为透明命令使用，通常是一些辅助绘图命令，如“缩放”、“平移”等。

六、本书的约定

为了阅读方便，在以后的叙述中约定如下：

以“↓”代表回车键（<Enter>键），多数情况也代表按空格键或鼠标右键。

为了醒目，在菜单和命令、命令和其选项之间，工具栏与按钮之间用“→”隔开。

第四节　数据的输入方法

每当输入一条命令后，通常还需要为命令的执行提供一些必要的附加信息，如输入点、数值、或角度等。

一、坐标的输入

当命令行窗口出现“指定点”时，表示需要输入绘图过程中某个点的坐标。输入点的坐标时，AutoCAD 可以使用四种不同的坐标系类型：笛卡尔坐标系、极坐标系、球面坐标系和柱面坐标系。最常用的是笛卡尔坐标系和极坐标系。

1. 常用的输入点的坐标值

（1）输入点的绝对坐标　绝对坐标是指相对当前坐标原点的坐标。用直角坐标系中的 X、Y、Z 的坐标值，即（X、Y、Z）表示一个点。在键盘上按顺序直接输入数值，各数之间用“,”隔开。二维点可直接输入（X，Y）的数值。

（2）输入点的相对直角坐标　所谓相对直角坐标，是指某点相对于已知点沿 X 轴和 Y 轴的位移量（ΔX，ΔY）。输入时，必须在其前面加“@”符号，如“@10，20”是指该点相对于已知点，沿 X 轴方向移动 10，沿 Y 轴移动 20。

（3）输入点的绝对极坐标　它是通过输入某点距当前坐标系原点的距离及它在 XOY 平面中该点与坐标原点的连线与 X 轴正向的夹角来确定的位置，其形式为“$d<\alpha$”。如“20 < 30”是指距原点为 20，与 X 轴的正向夹角为 30°的点。

（4）输入点的相对极坐标　相对极坐标是通过定义某点与已知点之间的距离以及两点之间连线与 X 轴正向的夹角来定位该点位置。其输入格式为“@$d<\alpha$”。

2. 鼠标输入点　当 AutoCAD 需要输入一个点时，也可以直接用鼠标（或其他定标设备）在屏幕上指定，这是最常用的方法。其过程是：移动鼠标，把十字光标移到所需的位置，按下鼠标左键，即表示拾取了该点，于是该点的坐标值（X，Y）即被输入。

二、数值的输入

在 AutoCAD 系统中，一些命令的提示需要输入数值，这些数值有高度、宽度、长度、行数或列数、行间距及列间距等。数值的输入方法有以下两种：

1）从键盘直接键入数值。

2）用鼠标指定一点的位置。

当已知某一基点时，在系统显示数值输入提示时，用鼠标指定另外一点的位置，这时系统会自动计算出基点到指定点的距离，并以该两点之间的距离作为输入的数值。

三、角度的输入

有些命令的提示要求输入角度。采用的角度制度与精度由 UNITS 命令设置。一般规定，X 轴的正向为 0°方向，逆时针方向为正值，顺时针方向为负值。角度的输入方法有以下两种：

1）从键盘输入角度值。

2）通过两点输入角度值。

通过输入第一点与第二点的连线方向确定角度，但应注意其大小与输入点的顺序有关。规定第一点为起始点，第二点为终点，角度数值是指从起点到终点的连线与起始点为原点的 X 轴正向、逆时针转动所夹的角度。例如，起始点为（0，0），终点为（0，10），其夹角为 90°；起始点为（0，10），终点为（0，0），其夹角为 270°。

第五节　AutoCAD 的文件管理

一、新建文件

1. 功能　设置绘图环境，创建一个新的图形文件。

2. 输入方法

（1）工具栏　标准→按钮。

（2）下拉菜单　文件→新建。

（3）命令行　NEW↓。

3. 命令及提示　执行该命令后，屏幕上弹出“创建新图形”对话框，如图 10-12 所示。各选项的意义及用法见后面介绍。

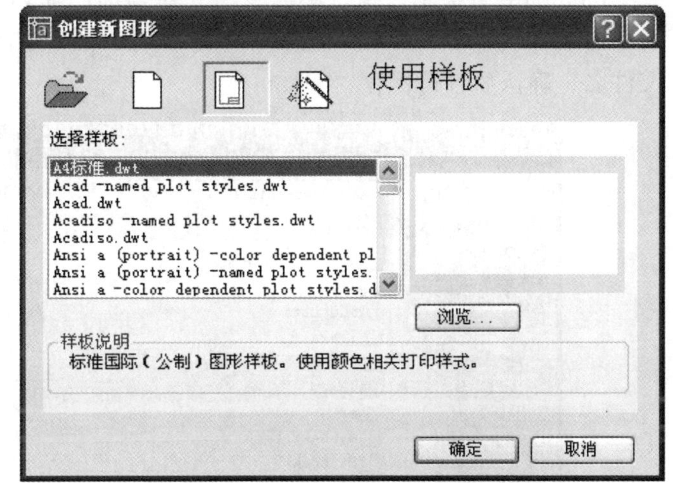

图 10-12　“创建新图形”对话框

二、打开文件

1. 功能　打开一个已存在的图形文件。

2. 输入方法

（1）工具栏　标准→按钮。

（2）下拉菜单　文件→打开。

（3）命令行　OPEN↓。

3. 命令及提示　执行该命令后，屏幕上弹出“选择文件”对话框，如图 10-13 所示。可从中选择正确的路径和文件名，打开一张原有的图形文件进行操作。

三、保存文件、另存文件和自动保存文件

在绘图过程中，需将所绘图形以文件的形式保存，AutoCAD 有多种保存文件的方法。

1. 保存文件

（1）功能　保存当前的图形文件。

（2）输入方法

1）工具栏　标准→按钮。

2）下拉菜单　文件→保存。

3）命令行　QSAVE↓

图 10-13 “选择文件”对话框

（3）命令及提示　执行该命令后，对当前已命名的图形文件直接存盘保存；如该文件尚未命名，则屏幕上弹出“图形另存为”对话框，如图 10-14 所示。可从中选择路径并输入文件名，确认后进行保存。

图 10-14 “图形另存为”对话框

2. 另存文件

（1）功能　将当前的图形文件赋名保存。

（2）输入方法

1）屏幕菜单　文件→另存为。

2）命令行　SAVEAS↓

（3）命令及提示　执行该命令后，屏幕上会弹出如图 10-14 所示的对话框。若当前图形文件尚未命名，这时应命名并确认后保存；若当前图形文件已命名，也可将其重新命名以存储在另一个图形文件中，并把新的绘图文件作为当前图形文件。

若输入的文件名在磁盘中已有同名图形文件，则出现如图 10-15 所示的对话框。

图 10-15　“图形另存为”提示对话框

对话框中提示说明该文件名已经存在，要替换它吗？点取“是（Y）”，系统会把当前图形存入该文件名下，并替换原图形文件；点取“否（N）”，则返回如图 10-14 所示的对话框，可重新输入文件名。

AutoCAD 还提供了一个 SAVE 命令，其功能与 SAVEAS 相似，但只能在命令行中调用。

3. 自动保存文件　AutoCAD 可以定时保存文件，具体时间可在 1min～2h 之间任意设置。可通过下拉菜单中的“工具”→“选项”，打开“选项”对话框，在“打开和保存”选项卡中进行设置。

四、退出命令

1. 功能　存储或放弃已做的文件改动，并退出 AutoCAD 系统。

2. 输入命令

（1）屏幕菜单　文件→退出。

（2）命令行　QUIT↓。

3. 命令及提示　执行该命令后，若当前图形未改动，则立即退出 AutoCAD 系统；若图形有改动，则屏幕上出现如图 10-16 所示的对话框。

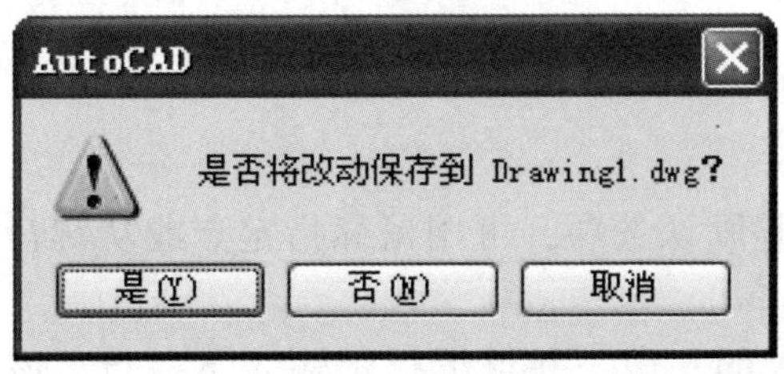

图 10-16　AutoCAD“退出”对话框

（1）单击“是（Y）”按钮　将对已命名的文件存盘并退出 AutoCAD 系统；对未命名的文件则屏幕上出现如图 10-14 所示的对话框，命名后存盘并退出 AutoCAD 系统。

（2）单击“否（N）”按钮　将放弃对图形所做得修改并退出 AutoCAD 系统。

（3）单击“取消”按钮　将取消退出命令并返回到原绘图、编辑状态。

第十一章　基本绘图命令

工程图样中的图形都是由基本图形元素组成的，例如点、直线、圆、圆弧、椭圆、矩形、样条曲线等，这些元素可由相关的绘图命令直接生成。AutoCAD 系统将这些绘图命令集中放在“绘图”工具栏和“绘图”下拉菜单中，供用户选调。如图 11-1、图 11-2 所示。

图 11-1　“绘图”工具栏

第一节　直线、构造线与多段线

一、直线

1. 功能　绘制一段直线段或多段连接的折线段（其中的每一段是独立的图形对象）。

2. 输入方法

（1）工具栏　绘图→按钮。

（2）下拉菜单　绘图→直线。

（3）命令行　LINE↓。

3. 命令及提示

命令：LINE↓

提示：指定第一点：（输入第一点）

指定下一点或［放弃（U）］：（输入第二点或 U↓）

指定下一点或［放弃（U）］：（输入第三点或 U↓）

指定下一点或［闭合（C）/放弃（U）］：（输入第四点或 U↓或 C↓）

4. 说明

（1）指定下一点　这是默认选项，可用鼠标指定点或从键盘键入点的坐标。

（2）U↓　取消刚输入的一段，并继续提示输入下一点。该方式可连续多次应用。

（3）C↓　使最后一段直线段的终点与开始一段直线段的起点重合，形成闭合多边形并结束 LINE 命令。

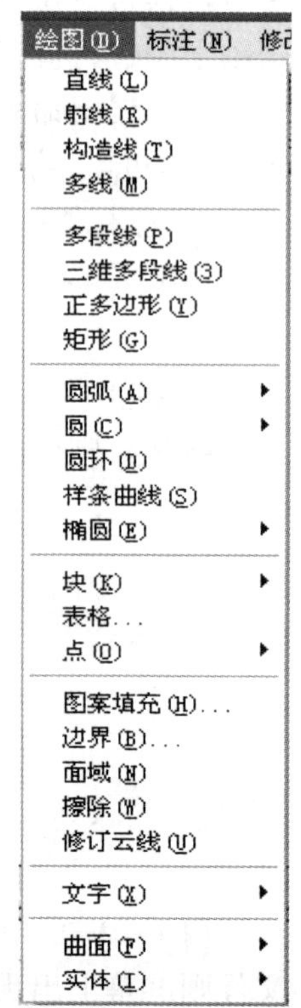

图 11-2　“绘图”下拉菜单

例 1　绘制图 11-3 所示的图形。

操作过程为：

命令：LINE↓

提示：指定第一点：P1↓

指定下一点或［放弃（U）］：@40，0↓（用相对直角坐标输入 P2 点）

指定下一点或［放弃（U）］：<正交开>10↓（用给定距离方法输入 P3 点）

指定下一点或［闭合（C）/放弃（U）］：@30<150↓（用相对极坐标输入 P4 点）

指定下一点或［闭合（C）/放弃（U）］：C↓（自动封闭多边形并退出命令）

结果如图 11-3 所示。。

二、构造线

1. 功能　用来绘制两端无限延长的直线。

2. 输入方法

（1）工具栏　绘图→按钮。

（2）下拉菜单　绘图→构造线。

（3）命令行　XLINE↓

3. 命令及提示

命令：XLINE↓

提示：指定点或［水平（H）/垂直（V）/角度（A）/二等分（B）/偏移（O）］：（输入一点或选择一个选项）

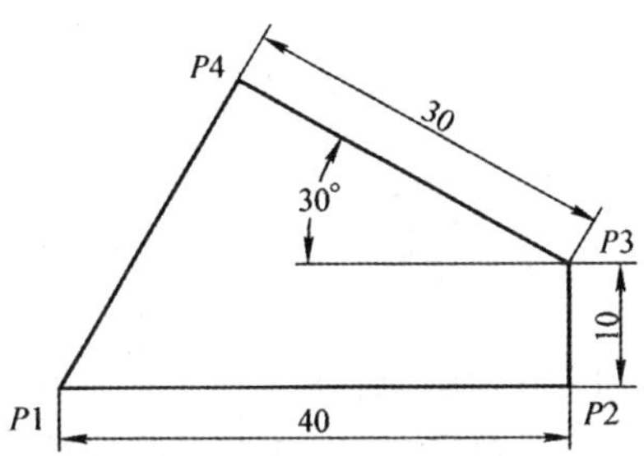

图 11-3　绘制三角形

4. 说明

（1）指定点　绘制通过指定两点的构造线。如果输入一点后，在命令行提示下连续输入通过点，可绘出过第一点的多条构造线。

（2）水平（H）　该选项是过一点，绘制一条无限延长的水平构造线。

（3）垂直（V）　该选项是过一点，绘制一条无限延长的垂直构造线。

（4）角度（A）　该选项是过一点，绘制一条给定倾斜角的构造线。

（5）二等分（B）　该选项是绘制一条平分给定角的构造线。

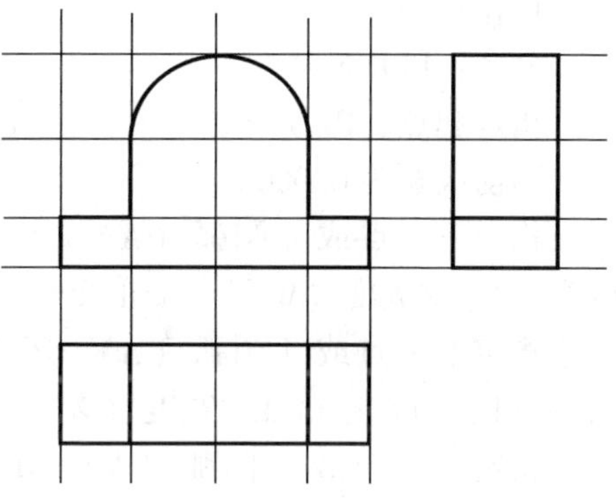

图 11-4　水平和垂直构造线的应用

（6）偏移（O）　该选项是绘制一条与已知直线平行（等距）的构造线。

图 11-4 所示为利用构造线辅助绘图的方法。其中贯穿整个图形区域的四条水平线和五条垂直线便是构造线。

三、多段线

1. 功能　用来绘制由直线或圆弧组成的逐段相连的整体线段，如图 11-5 所示。

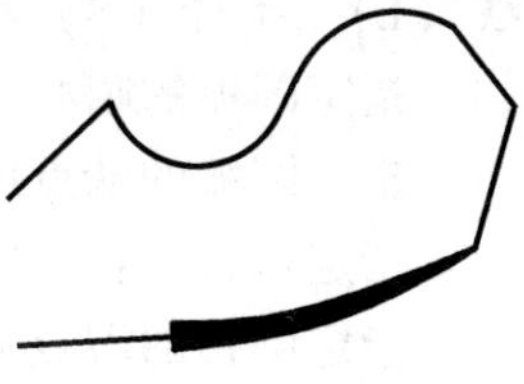

图 11-5　多段线

2. 输入方法

（1）工具栏　绘图→按钮。

（2）下拉菜单　绘图→多段线。

（3）命令行　PLINE↓。

3. 命令及提示

命令：PLINE↓

提示：指定起点：（输入起点）

当前线宽为0.0000

指定下一点或［圆弧（A）/闭合（C）/半宽（H）/长度（L）/放弃（U）/宽度（W）］：（输入一点或选择一个选项）

4. 说明

（1）指定下一点　连续给定下一点，可绘制一条由多条线段组成的多段线，直至按空格键或Enter键结束命令。

（2）圆弧（A）　该选项是由绘制直线改为绘制圆弧，并给出绘制圆弧的提示。

（3）闭合（C）　该选项是绘制从多段线的终点连接到起点的一条直的闭合多段线，并退出PLINE命令。

（4）半宽（H）　该选项用于改变当前多段线的起始半宽和终止半宽。

（5）长度（L）　该选项用于确定输入下一段多段线的长度。

（6）放弃（U）　该选项可取消所绘的前一段多段线。

（7）宽度（W）　该选项用于确定多段线的起始宽度和终止宽度。

例2　用多段线命令绘制如图11-6所示的图形。

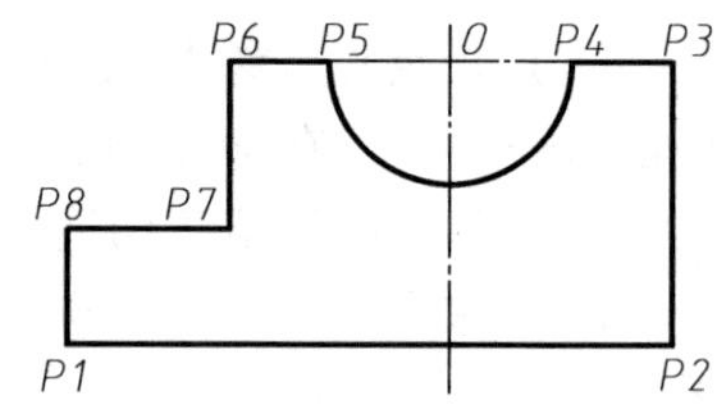

图11-6　用多段线绘制图形

操作过程为：

命令：PLINE↓

指定起点：P1↓

当前线宽为0.0000

指定下一点或［圆弧（A）/半宽（H）/长度（L）/放弃（U）/宽度（W）］：<正交开>P2↓

指定下一点或［圆弧（A）/闭合（C）/半宽（H）/长度（L）/放弃（U）/宽度（W）］：P3↓

指定下一点或［圆弧（A）/闭合（C）/半宽（H）/长度（L）/放弃（U）/宽度（W）］：P4↓

指定下一点或［圆弧（A）/闭合（C）/半宽（H）/长度（L）/放弃（U）/宽度（W）］：A↓

指定圆弧的端点或［角度（A）/圆心（CE）/闭合（CL）/方向（D）/半宽（H）/直线（L）/半径（R）/第二个点（S）/放弃（U）/宽度（W）］：CE↓

指定圆弧的圆心：O↓

指定圆弧的端点或［角度（A）/长度（L）］：A↓

指定包含角：－180↓（*P*5点）

指定圆弧的端点或［角度（A）/圆心（CE）/闭合（CL）/方向（D）/半宽（H）/直线（L）/半径（R）/第二个点（S）/放弃（U）/宽度（W）］：L↓

指定下一点或［圆弧（A）/闭合（C）/半宽（H）/长度（L）/放弃（U）/宽度（W）］：P6↓

指定下一点或［圆弧（A）/闭合（C）/半宽（H）/长度（L）/放弃（U）/宽度（W）］：P7↓

指定下一点或［圆弧（A）/闭合（C）/半宽（H）/长度（L）/放弃（U）/宽度（W）］：P8↓

指定下一点或［圆弧（A）/闭合（C）/半宽（H）/长度（L）/放弃（U）/宽度（W）］：C↓

结果如图 11-6 所示。

第二节　正多边形与矩形

一、正多边形

1. 功能　绘制正多边形（边数为 3～1024 之间的整数）。

2. 输入方法

（1）工具栏　绘图→按钮。

（2）下拉菜单　绘图→正多边形。

（3）命令行　POLYGON↓。

3. 命令及提示

命令：POLYGON↓

提示：输入边的数目 <4>：（输入所要绘制正多边形的边数）

指定多边形的中心点或［边（E）］：

4. 说明

（1）指定多边形的中心点：（输入中心点）

提示：输入选项［内接于圆（I）/外切于圆（C）］ <I>：

1）I 选项　用“内接于圆”的方式绘制正多边形，如图 11-7 所示。

2）C 选项　用“外切于圆”的方式绘制正多边形，如图 11-7 所示。

（2）边（E）用“边长”的方式绘制正多边形。AutoCAD 按输入的两点为第一条边绘制出一个正多边形，如图 11-8 所示。

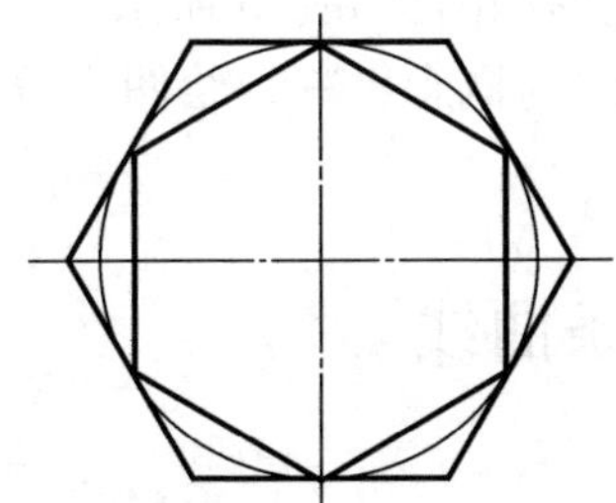

图 11-7　“内接”、“外切”正多边形

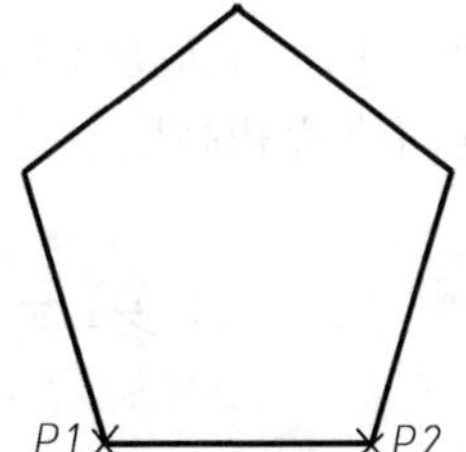

图 11-8　以“边长”画正多边形

二、矩形

1. 功能　绘制矩形。

2. 输入方法

（1）工具栏　绘图→▭按钮。

（2）下拉菜单　绘图→矩形。

（3）命令行　RECTANG↓。

3. 命令及提示

命令：RECTANG↓

提示：指定第一个角点或［倒角（C）/标高（E）/圆角（F）/厚度（T）/宽度（W）］：(输入第一个角点或选择一个选项)

4. 说明

（1）指定第一个角点　由两对角点定义矩形。输入第一个角点，接下来提示：

指定另一个角点：(输入第二个角点)，如图 11-9a 所示。

（2）倒角（C）　绘制四角均倒角的矩形，倒角的两条边长度值可以相同也可以不同。

例　绘制倒角值为 3 的矩形，如图 11-9b 所示。

操作过程为：

命令：RECTANG↓

指定第一个角点或［倒角（C）/标高（E）/圆角（F）/厚度（T）/宽度（W）］：C↓

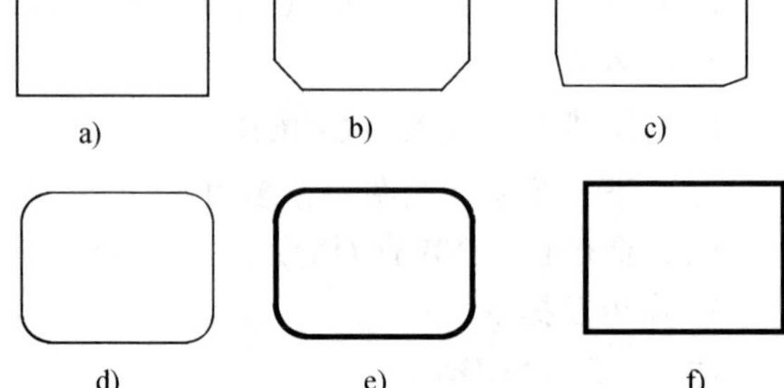

图 11-9　矩形的圆角、倒角和线宽

指定矩形的第一个倒角距离 <0.0000>：3↓

指定矩形的第二个倒角距离 <3.0000>：↓

指定第一个角点或［倒角（C）/标高（E）/圆角（F）/厚度（T）/宽度（W）］：(输入第一个角点)

指定另一个角点：@20，15↓

两倒角边长度值不同时，绘制的矩形如图 11-9c 所示。

（3）圆角（F）　绘制带圆角的矩形。圆角半径为 3 的矩形如图 2-9d 所示。

（4）宽度（W）　设置矩形边的线宽。线宽为 1 的矩形如图 2-9e、d 所示。

（5）厚度（T）和标高（E）　厚度和标高是一个空间的概念，三维绘图中分别用来设置矩形体的基面位置和高度。

第三节　圆弧、圆与样条曲线

一、圆弧

1. 功能　绘制圆弧。

2. 输入方法

（1）工具栏　绘图→⌒按钮。

（2）下拉菜单　绘图→圆弧→子菜单选项。

（3）命令行　ARC↓。

3. 命令及提示

命令：ARC↓

提示：指定圆弧的起点或［圆心（C）］：

4. 说明　AutoCAD 绘图下拉菜单提供了 11 种绘制圆弧的方式，如图 11-10 所示。用户可根据不同的条件选择相应的绘制方式。下面按下拉菜单顺序分别进行介绍，有关图例如图 11-11 所示。

三点(P)

起点、圆心、端点(S)
起点、圆心、角度(T)
起点、圆心、长度(A)

起点、端点、角度(N)
起点、端点、方向(D)
起点、端点、半径(R)

圆心、起点、端点(C)
圆心、起点、角度(E)
圆心、起点、长度(L)

继续(O)

图 11-10　圆弧的子菜单选项

（1）三点（P）　通过指定的三点绘制一段圆弧，如图 11-11a 所示。

（2）起点、圆心、端点（S）　给定圆弧起点、圆心和端点，按逆时针方向生成圆弧，如图 11-11b 所示。

（3）起点、圆心、角度（T）　给定圆弧起点、圆心和圆弧的包含角（即两端点与圆心连线的夹角）绘制圆弧，如图 11-11c 所示。

（4）起点、圆心、长度（A）　给定圆弧起点、圆心和圆弧的弦长绘制圆弧，如图 11-11d 所示。

（5）起点、端点、角度（N）　给定圆弧起点，端点和圆弧的包含角绘制圆弧，如图 11-11e 所示。

（6）起点、端点、方向（D）　给定起点、端点和圆弧在起始点的切线方向绘制圆弧，如图 11-11f 所示。

（7）起点、端点、半径（R）　给定圆弧起点、端点和半径绘制圆弧，如图 11-11g 所示。

（8）圆心、起点、端点（C）　给定圆弧圆心、起点和端点绘制圆弧，如图 11-11h 所示。

（9）圆心、起点、角度（E）　给定圆弧的圆心、起点和角度绘制圆弧，如图 11-11i 所示。

（10）圆心、起点、长度（L）　给定圆弧圆心、起点和弦长绘制圆弧，如图 11-11j 所示。

（11）继续（O）　该选项用于连续绘制圆弧。

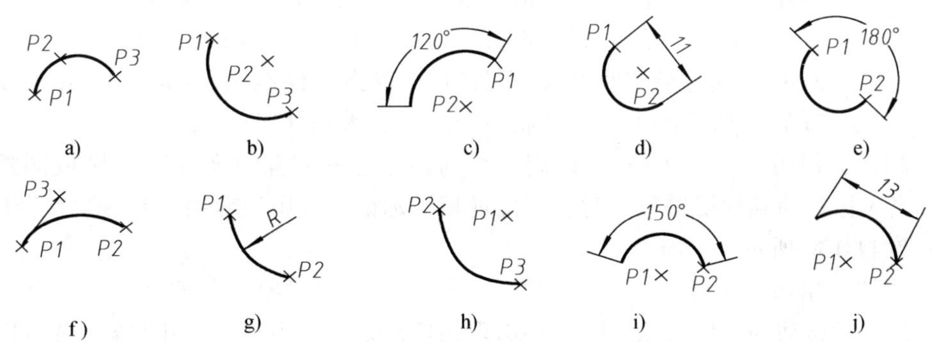

图 11-11　各种绘制圆弧的方式

a）三点画法　b）起点、圆心、端点　c）起点、圆心、角度　d）起点、圆心、长度　e）起点、端点、角度　f）起点、端点、方向　g）起点、端点、半径　h）圆心、起点、端点　i）圆心、起点、角度　j）圆心、起点、长度

二、圆

1. 功能　绘制圆。

2. 输入方法

(1) 工具栏　绘图→按钮。

(2) 下拉菜单　绘图→圆→子菜单选项。

(3) 命令行　CIRCLE↓。

3. 命令及提示

命令：CIRCLE↓

提示：指定圆的圆心或［三点（3P）/两点（2P）/相切、相切、半径（T）］：(输入圆心)

圆心、半径(R)
圆心、直径(D)
两点(2)
三点(3)
相切、相切、半径(T)
相切、相切、相切(A)

图 11-12　圆的子菜单选项

4. 说明　AutoCAD 绘图下拉菜单提供了 6 种绘制圆的方式，如图 11-12 所示。用户可根据不同的条件选择相应的绘制方式。下面按下拉菜单顺序和命令行提示分别进行介绍，有关图例如图 11-13 所示。

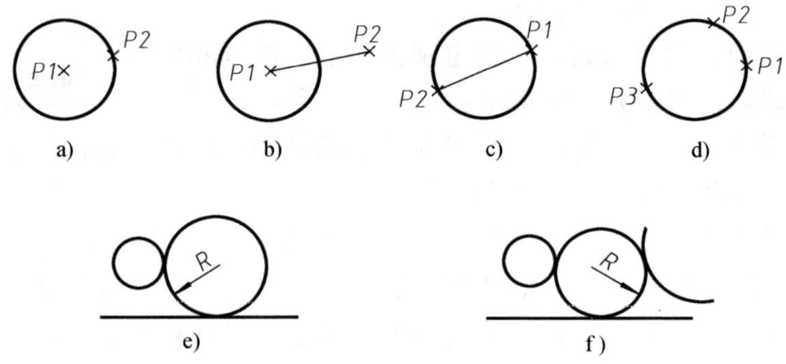

图 11-13　各种绘制圆的方式

a) 圆心、半径　b) 圆心、直径　c) 两点　d) 三点

e) 相切、相切、半径　f) 相切、相切、相切

(1) 圆心、半径（R）　给定圆心和半径绘制圆，如图 11-13a 所示。

(2) 圆心、直径（D）　给定圆心和圆的直径绘制圆，如图 11-13b 所示。

(3) 两点（2P）　通过给定两点（直径的两个端点）绘制圆，如图 11-13c 所示。

(4) 三点（3P）　给定圆上三点绘制一个圆，如图 11-13d 所示。

(5) 相切、相切、半径（T）　绘制一个与两个已知对象（如直线、圆或圆弧等）相切的圆。当光标移动到相切对象上时，将出现相切标记，选中该对象，AutoCAD 会自动找到切点，如图 11-13e 所示。

(6) 相切、相切、相切（A）　绘制一个与三个已知对象（如直线、圆或圆弧等）相切的圆。当光标移动到相切对象上时，将出现相切标记。选中三个已知对象，AutoCAD 会自动找到三个切点，过该三点绘制一个圆，如图 11-13f 所示。

例　已知半径 $R_1=10$、$R_2=8$ 的两圆，作半径 $R=15$ 的圆与两已知圆相切，如图 11-14 所示。

操作过程如下：

命令：CIRCLE↓

提示：指定圆的圆心或［三点（3P）/两点（2P）/相切、相切、半径（T）］：T↓

指定第一个与圆相切的对象：（用光标拾取 $R_1=10$ 的圆）

指定第二个与圆相切的对象：（用光标拾取 $R_2=8$ 的圆）

指定圆的半径<当前值>：15↓

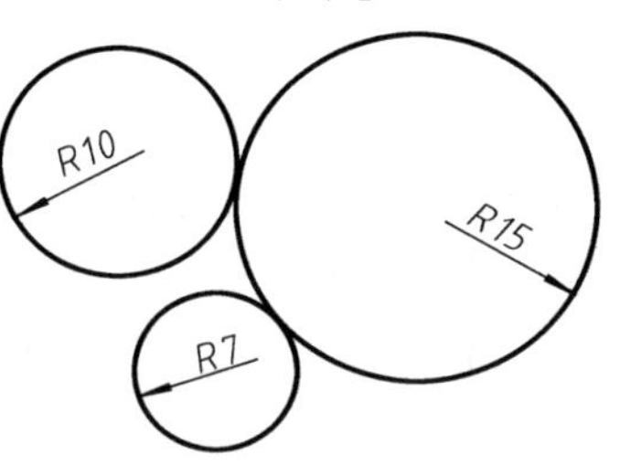

图 11-14 “相切、相切、半径”绘制圆

三、样条曲线

1. 功能　用来绘制一条多段光滑的曲线。通常用来绘制机械图样中的波浪线等，如图 11-15 所示。

2. 输入方法

（1）工具栏　绘图→按钮。

（2）下拉菜单　绘图→样条曲线。

（3）命令行　SPLINE↓。

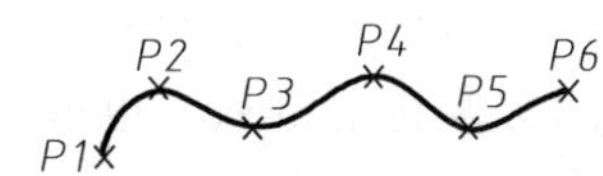

图 11-15　样条曲线

3. 命令及提示

命令：SPLINE↓

提示：指定第一个点或［对象（O）］：（输入一点）

指定下一点：（输入一点）

指定下一点或［闭合（C）/拟合公差（F）］<起点切向>：（输入一点）

……

指定下一点或［闭合（C）/拟合公差（F）］<起点切向>：↓（结束指定下一点）

指定起点切向：（定义起始点切线方向）

指定端点切向：（定义终止点切线方向）

第四节　椭圆、椭圆弧与点

一、椭圆

1. 功能　绘制椭圆或椭圆弧。

2. 输入方法

（1）工具栏　绘图→按钮。

（2）下拉菜单　绘图→椭圆→子菜单选项。

（3）命令行　ELLIPSE↓。

3. 命令及提示

命令：ELLIPSE↓

提示：指定椭圆的轴端点或［圆弧（A）/中心点（C）］：

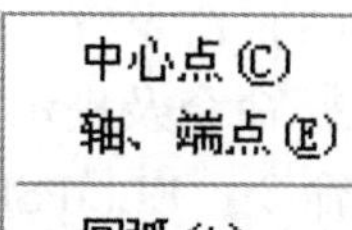

图 11-16　椭圆子菜单选项

4. 说明　AutoCAD 绘图下拉菜单提供了几种绘制椭圆的方式，如图 11-16 所示。用户可根据不同的条件选择相应的绘制方式。

（1）指定椭圆的轴、端点　以一个轴的两端点和另一个轴半轴长的方式来绘制椭圆，如图 11-17a 所示。

操作过程为：

命令：ELLIPSE↓

指定椭圆的轴端点或［圆弧（A）/中心点（C）］：P1↓

指定轴的另一个端点：P2↓

指定另一条半轴长度或［旋转（R）］：P3↓

注意：另一条半轴长度可直接键入长度值，也可以移动鼠标，拾取相应一点，该点到椭圆中心点的距离为另一条半轴长。

另一条半轴的长度还可以通过选择“旋转（R）”选项来确定。

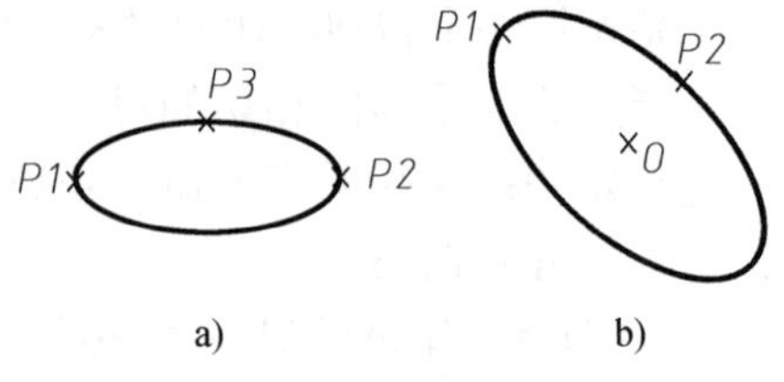

图 11-17　绘制椭圆的方式

a）轴、端点　b）中心点

操作过程为：

指定另一条半轴长度或［旋转（R）］：R↓

指定绕长轴旋转：(输入一个角度)

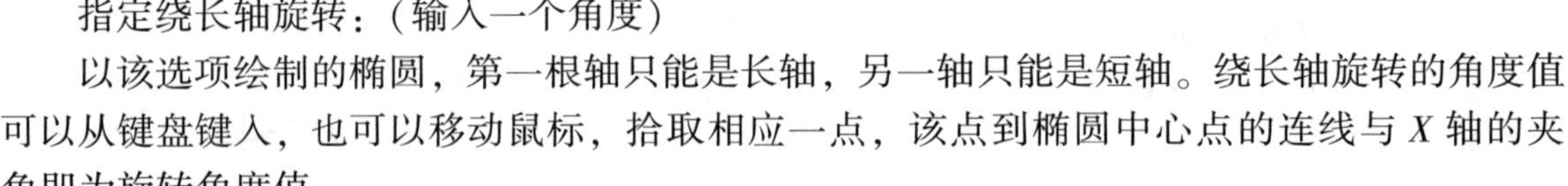

以该选项绘制的椭圆，第一根轴只能是长轴，另一轴只能是短轴。绕长轴旋转的角度值可以从键盘键入，也可以移动鼠标，拾取相应一点，该点到椭圆中心点的连线与 X 轴的夹角即为旋转角度值。

(2) 中心点（C）先确定椭圆中心点、轴的端点，再输入另一半轴长来绘制椭圆，如图 11-17b 所示。

操作过程为：

命令：ELLIPSE↓

指定椭圆的轴端点或［圆弧（A）/中心点（C）］：C↓

指定椭圆的中心点：O↓

指定轴的端点：P1↓

指定另一条半轴长度或［旋转（R）］：P2↓

结果如图 11-17b 所示。

二、椭圆弧

1. 功能　绘制椭圆弧。

2. 输入方法

(1) 工具栏　绘图→按钮。

(2) 下拉菜单　绘图→椭圆→圆弧。

(3) 命令行　ELLIPSE↓。

3. 命令及提示

命令：ELLIPSE↓

提示：指定椭圆弧的轴端点或［中心点（C）］：

4. 说明　操作与绘制椭圆相同，先确定椭圆的形状，再按起始角和终止角参数绘制椭圆弧。

提示：指定起始角度或［参数（P）］：(输入起始角)

指定终止角度或［参数（P）/包含角度（I）］：(输入终止角)

以起始角和终止角绘制椭圆弧，如图 11-18 所示。

三、点

点在图形绘制中，主要是用来定位或参考的。用户可根据需要绘制单点、多点、等分点和测量点。

1. 绘制点

(1) 功能　绘制一点（或多点）。

(2) 输入方法

1) 工具栏　绘图→ · 按钮。

2) 下拉菜单　绘图→单点（或绘图→点→多点）。

3) 命令行　POINT↓

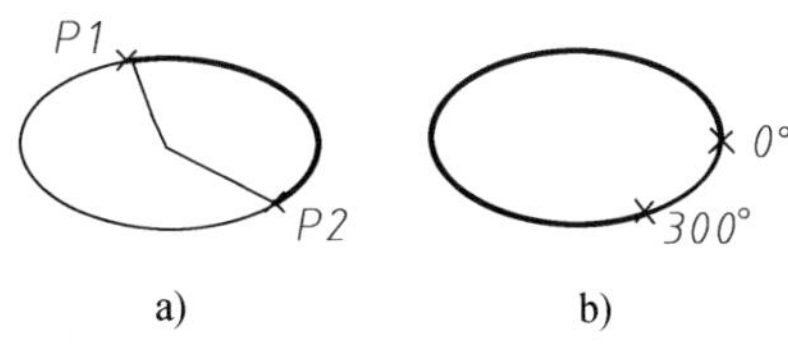

图 11-18　各种绘制椭圆弧的方式

a）起始角、终止角　b）参数（P）

(3) 命令及提示

命令：POINT↓

提示：当前点模式：PDMODE = 0.0000　PDSIZE = 0.0000

指定点：(输入点)

(4) 说明　输入点的坐标，也可用鼠标在屏幕上指定点。

2. 绘制等分点

(1) 功能　将一线段（直线段、多段线、样条曲线、圆、圆弧、椭圆、矩形、多边形）分成几等份，并按设定的样式绘制出各等分点位置。

(2) 输入方法

1) 下拉菜单　绘图→点→定数等分。

2) 命令行　DIVIDE↓。

(3) 命令及提示

选择要定数等分的对象：(选择一个物体，如线段或圆弧等)

输入线段数目或 [块 (B)]：

(4) 说明　若键入段数后回车，则是以“点样式”对话框中的点标记来等分线段。

若键入 B 后回车，则是让用户以自己定义的块（关于“块”请参看第十六章）来作为等分点的标记。

例　将一圆进行 10 等分，如图 11-19 所示。

操作过程为：

命令：DIVIDE↓

选择要定数等分的对象：(选择圆)

输入线段数目或 [块 (B)]：10↓

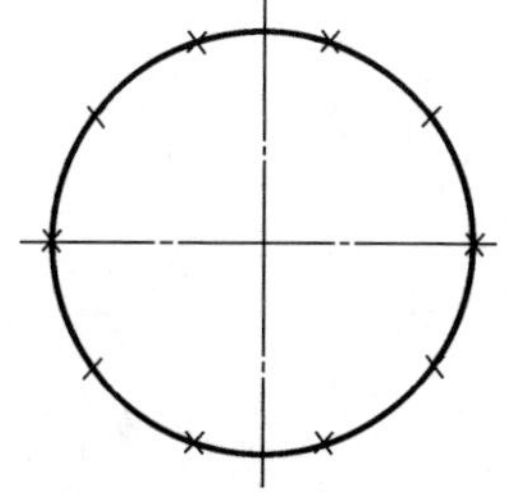

图 11-19　10 等分圆

3. 点样式设置

(1) 功能　设置点的样式和大小。

(2) 输入方法

1) 下拉菜单　格式→点样式。

2) 命令行　DDPTYPE↓

(3) 说明　执行该命令后，AutoCAD 2005 系统将自动弹出“点样式”对话框，如图 11-20 所示。

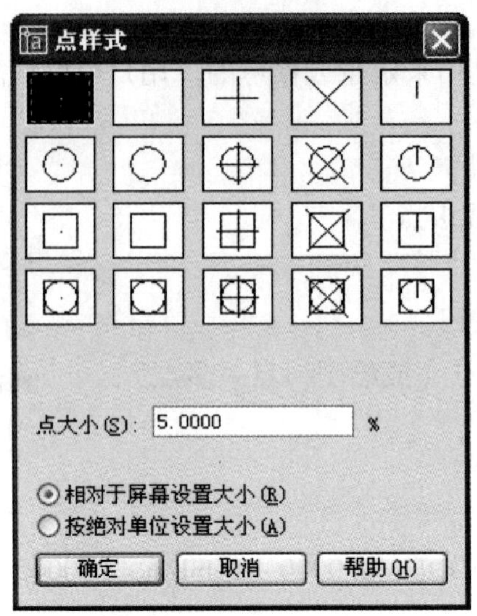

图 11-20　“点样式”对话框

1）点样式　在“点样式”对话框中有 20 种点样式，单击某个图案，再点取“确定”按钮，就选中了该样式。

2）“点大小”文字框　用于设置点标记在屏幕上显示的大小。

①相对于屏幕设置大小　设置点标记大小相对屏幕的“%”数。

②按绝对单位设置大小　用绝对单位设置点标记大小（一般为“×”毫米）。

单击“确定”按钮完成设置。

第十二章　基本编辑命令

在绘制图形时，若仅单纯使用绘图命令，则只能创建一些基本的图形实体。而对一些复杂的图形常常需要编辑、修改才能完成图形的绘制。同时，图形编辑功能也大大提高了绘图的准确性和效率。

可以用多种方法调用编辑命令。“修改”工具栏和“修改”下拉菜单分别如图 12-1、图 12-2 所示。

图 12-1　“修改”工具栏

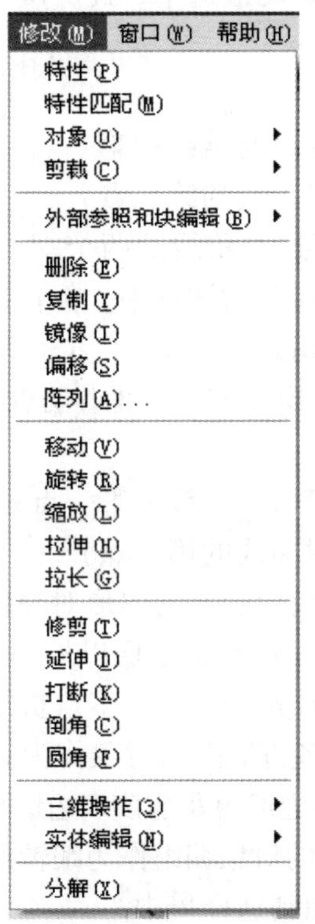

图 12-2　“修改”下拉菜单

第一节　编辑对象的选择

AutoCAD 提供了两种编辑方式，对图形中的一个或多个对象进行编辑。一种是先激活一个编辑命令，再选择编辑对象；另一种是先选择编辑对象，再激活编辑命令。无论是哪种方式，都必须选择编辑对象。

一、编辑对象选择方法

当执行编辑命令后，命令行提示“选择对象：”。

此时，十字光标变成一个拾取框，移动拾取框来选择一个或多个对象。AutoCAD 提供了多种选择方法。

1. 点取方式　这是一种默认方式。当光标变为拾取框后，用鼠标移动拾取框，使其覆盖在被选对象上，然后单击鼠标，对象变为虚线，表示已被选中。这种方法适合选择少量或分散对象。

2. 窗口方式(W)　该方式通过对角线的两个端点来定义一个矩形窗口，凡完全落在该矩形窗口内的图形对象均被选中。此时屏幕上的窗口显示为实线框。操作方法如下：

选择对象：W↓

指定第一个角点：(指定矩形窗口对角线的第一点)

指定对角点：(指定矩形窗口对角线的第二点)

3. 窗交方式(C)　该方式通过对角线的两个端点来定义一个矩形窗口，凡完全落在该矩形窗口内及与窗口相交的图形对象均被选中。此时屏幕上的窗口显示为虚线框。操作方法如下：

选择对象：C↓

指定第一个角点：(指定矩形窗口对角线的第一点)

指定对角点：(指定矩形窗口对角线的第二点)

4. 窗选方式(BOX)　该方式通过对角线的两个端点来定义一个矩形窗口，凡完全落在该矩形窗口内及与窗口相交的图形对象均被选中。但指定两端点的顺序将会对对象的选择有影响，如对角线的两端点自左向右指定，则 BOX 方式等价于窗口方式；如对角线的两端点自右向左指定，则 BOX 方式等价于窗交方式，操作方法如下：

选择对象：BOX↓

指定第一个角点：(指定矩形窗口对角线的第一点)

指定对角点：(指定矩形窗口对角线的第二点)

5. 上一个方式(L)　用于选择最后绘制的图形对象作为编辑目标。

6. 全部方式(ALL)　选择除冻结层或锁定层以外的所有图形对象作为编辑目标。

7. 栏选方式(F)　选择所有与栏选线（一条多点折线）相交的图形对象作为编辑目标。

8. 圈围方式(WP)　选择落在多边形内的对象作为编辑目标。

9. 圈交方式(CP)　选择落在多边形内及与该多边形相交的对象，操作方法同 WP 方式。

10. 编组方式(G)　选择已定义的对象编组作为编辑目标。

11. 添加方式(A)　将对象添加到选择集中。

12. 删除方式(R)　从已选择的对象中删除部分对象。

13. 多选方式(M)　用点取方式选择对象，可以重复选择，但所选择的对象不立刻“醒目”显示。当按下确认键，选择对象结束后，所有被选取的对象同时变为“醒目”显示。

14. 前一个方式(P)　将前一个选择集作为当前的选择集。

15. 取消方式(U)　取消最后加入选择集的对象。

16. 自动选择方式(AU)　自动选择，此方式同点取方式或 BOX 方式。

17. 单选方式(SI) 只选择一次即终止选择。

18. 循环选择方式 当几个对象交叉重叠在一起时，要从中选择一个对象十分困难，此时可用循环选择方式。即按住 < Ctrl > 键同时将光标移至重叠点，单击鼠标左键，光标由方框变为十字，同时在命令行出现提示“ < 循环 开 > ”，表明循环方式被打开。此时重复单击屏幕上任一点，可以循环选择重叠在一起的对象。

二、设置对象选择模式

1. 功能 通过设置对象选择模式来控制选择对象时的操作方式。

2. 输入方法

(1) 下拉菜单 工具→选项→选择。

(2) 命令行 OPTIONS↓。

3. 命令及提示 执行上述命令后，AutoCAD 系统弹出“选项”对话框，如图 12-3 所示。

4. 说明

(1) “拾取框大小”控制滑块 用于设置拾取框的大小。向右拖动滑块，拾取框变大；向左拖动滑块，拾取框变小。

(2) “选择模式”区 用于设置选择集的选择模式。

1) “先选择后执行”复选框 用于设置是否可以先选择对象。选中此项，则可先选择编辑对象然后再执行编辑命令，也可以先输入编辑命令，再选择编辑对象；否则，只能用先输入编辑命令，然后选择编辑对象的方式。

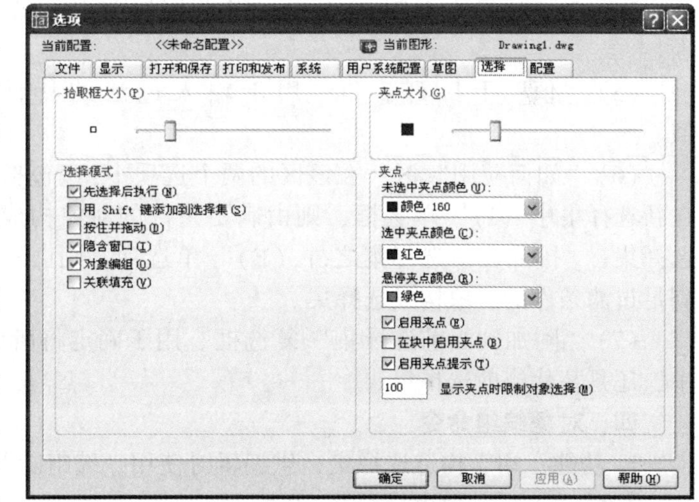

图 12-3 “选项”对话框

2) “用 Shift 键添加到选择集（S）”复选框 选中此项，在向已确定的选择集添加或删除对象时，必须按住 < Shift > 键，否则只有最后选择的对象被选中。

3) “按住并拖动”复选框 选中此项，必须用拖动的方式才能形成窗口。

4) “隐含窗口”复选框 选中此项，系统将窗口方式和窗交方式与点取方式一样都作为默认的选择方式。否则，在“选择对象:”提示下，键入“W”或“C”，才能用窗口方式或窗交方式选择对象。

5) “对象编组”复选框 选中此项，当选择某个对象组中的一个对象时，将会选中这个对象组中的所有对象。

6) “关联填充”复选框 选中此项，则选择填充图案作对象时也包括它的边界。

有关夹点的设置、概念等将在本章第十节介绍。

三、快速选择对象

1. 功能 可指定对象类型或对象特性作为过滤条件来选择对象。

2. 输入方法

(1) 下拉菜单 工具→快速选择。

（2）命令行　QSELECT↓。

3. 命令及提示　执行上述命令后，AutoCAD 系统弹出“快速选择”对话框，如图 12-4 所示。

4. 说明

（1）“应用到”下拉列表框　显示和确定过滤条件的适用范围，共有两个选项：“整个图形”和“当前选择”。

（2）“对象类型”下拉列表框　用于指定要过滤的对象类型。

（3）“特性”列表框　用于指定作为过滤条件的对象特性。

（4）“运算符”下拉列表框　用于控制过滤的范围。

（5）“值”下拉列表框　用于输入过滤的特性值。

（6）“如何应用”区　在该区的两个选项中，“包括在新选择集中（I）”单选框，则由满足条件的对象构成选择集；“排除在新选择集之外（E）”单选项，则由不满足过滤条件的对象构成选择集。

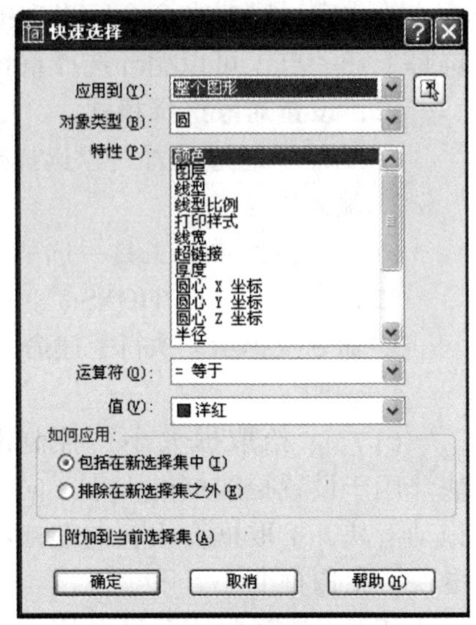

图 12-4　“快速选择”对话框

（7）“附加到当前选择集”复选框　用于确定将所创建的选择集是添加到当前选择集中，还是替代当前选择集。

四、对象编组命令

1. 功能　用于构造选择集，供编辑时使用。编组随图形一起保存。

2. 输入方法　命令行 GROUP↓。

3. 命令及提示　执行上述命令后，AutoCAD 系统弹出“对象编组”对话框，如图 12-5 所示。

4. 说明

（1）“编组名”列表框　显示当前图形中已存在的对象组名。如果一个对象组是可选择的，当选择该对象组的一个对象时，整个对象组被选中，否则只有该对象被选中。

（2）“编组标识”区　用于设置编组的名称及说明。

（3）“创建编组”区　用于创建命名的或未命名的新组。

（4）“修改编组”区　用于修改对象组中的单个对象或对象组本身。只有在“编组名”列表框中选择了一个组名时，该选项中的按钮才能用。

图 12-5　“对象编组”对话框

第二节　实体的删除、恢复及放弃与重做

一、删除

1. 功能　擦除图形中选定的实体（对象）。

2. 输入方法

(1) 工具栏　修改→按钮。

(2) 下拉菜单　修改→删除。

(3) 命令行　ERASE↓。

3. 命令及提示

命令：ERASE↓

选择对象：(选择编辑对象)

……

选择对象：↓（结束选择编辑对象，同时所选对象从屏幕上擦除）

二、恢复

1. 功能　用于恢复最后一次用删除命令擦除的对象。

2. 输入方法　命令行：OOPS↓。

3. 命令及提示　执行该命令后，便恢复最后一次删除的对象。

三、放弃

1. 放弃

(1) 功能　取消上一次操作。可重复使用，依次向前取消完成的命令操作。

(2) 输入方法

1) 工具栏　标准→按钮。

2) 下拉菜单　编辑→放弃。

3) 命令行　U↓。

(3) 命令及提示

命令：U↓

执行该命令后，便取消了上一次操作。

2. 多重放弃

(1) 功能　取消指定数目的前面几个命令或前面标记的一组命令。

(2) 输入方法　命令行：UNDO↓。

(3) 命令及提示

命令：UNDO↓

提示：输入要放弃的操作数目或〔自动（A）/控制（C）/开始（BE）/结束（E）/标记（M）/后退（B）〕<1>。

(4) 说明

1) 输入要放弃的操作数目　直接输入数字 N，则取消已完成的 N 条命令操作，为默认选取选项。

2）自动(A)　可设置是否将一次菜单选择操作视作为一个命令。

3）控制(C)　用于控制 UNDO 命令。该选项可关闭 UNDO 命令或将其限制为只能取消一个步骤或一个命令。

4）开始（BE）、结束(E)　这两个选项结合使用，可将多个命令设置为一个命令组。UNDO 命令将开始（BE）和结束（E）之间的操作当成一个命令来处理。用开始（BE）项标记命令组的开始，用结束（E）选项标记命令组的结束。

5）标记（M）、后退(B)　该两选项结合使用，可以在命令的执行过程中设置标记，然后用后退（B）项来取消所设的上一个标记后的全部操作。

四、重做

1. 功能　取消上一个 U 或 UNDO 命令。该命令必须紧跟在 U 或 UNDO 命令之后。

2. 输入方法

(1) 工具栏　标准→按钮。

(2) 下拉菜单　编辑→重做。

(3) 命令行　REDO↓。

3. 命令及提示

命令：REDO↓

执行该命令后，便达到了重做的目的。

第三节　实体的复制、镜像与阵列

一、复制

1. 功能　将选定的对象复制到指定的位置，且原对象保持不变。

2. 输入方法

(1) 工具栏　修改→按钮。

(2) 下拉菜单　修改→复制。

(3) 命令行　COPY↓。

3. 命令及提示

命令：COPY↓

选择对象：(选择编辑对象)

……

选择对象：(结束选择编辑对象）↓

指定基点或位移：(指定基点或位移)

指定位移的第二点或 <用第一点作位移>：

4. 说明

1）如果以输入第二个点响应，AutoCAD 以两点间的位移量复制所选对象。接着命令行提示：

指定位移的第二点：如果再指定一点，同样 AutoCAD 以这点与第一点间的位移量复制所选对象。接着命令行提示：

指定位移的第二点：至多重复制

………

2）如果按 <Enter> 键响应，则 AutoCAD 系统以输入的第一点到坐标原点为位移量，将对象复制一次，便结束命令。

例 1　复制四边形图形（见图 12-6a）。

操作过程为：

命令：COPY↓

选择对象：(选择四边形）↓

指定基点或位移：(选取 *P*1 点）

指定位移的第二点或 <用第一点作位移>：(选取 *P*2 点）

指定位移的第二点：(选取 *P*3 点）

指定位移的第二点：(选取 *P*4 点）

指定位移的第二点：↓

复制过程如图 12-6b 所示。

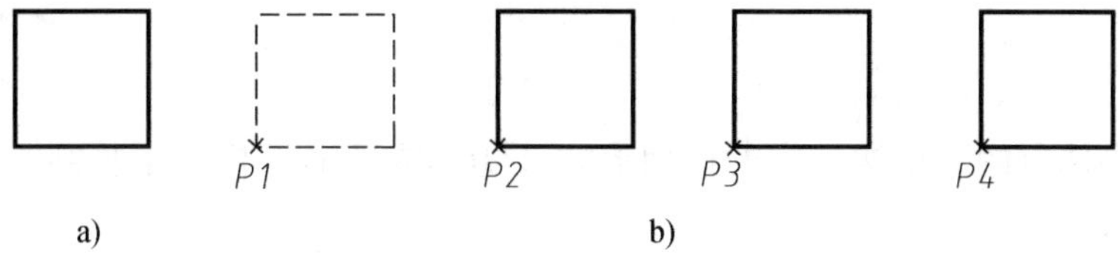

图 12-6　复制图形
a）原图　b）复制过程

二、镜像

1. 功能　实体对象以选定的直线为对称轴，生成与之对称的实体。

2. 输入方法

(1）工具栏　修改→ 按钮。

(2）下拉菜单　修改→镜像。

(3）命令行　MIRROR↓。

3. 命令及提示

命令：MIRROR↓

选择对象：(选择编辑对象)

……

选择对象：(结束选择编辑对象）↓

指定镜像线的第一点：(选取第一点)

指定镜像线的第二点：(选取第二点)

要删除源对象吗？［是(Y)/否(N)］<N>：(若删除源对象，键入 Y；否则按 <Enter> 键响应)

4. 说明　文本实体的镜像分为两种状态：完全镜像和可识读镜像，如图 12-7 所示。

当系统变量 MIRRTEXT 的值为 1 时，文本作完全镜像，不可识读。

当系统变量 MIRRTEXT 的值为 0 时，文本作可识读镜像。

一般该系统变量的初始值为 1，要实现文本的可识读镜像，应在镜像前设置系统变量 MIRRTEXT = 0。即：

命令：MIRRTEXT↓

输入新值 <1>：0↓

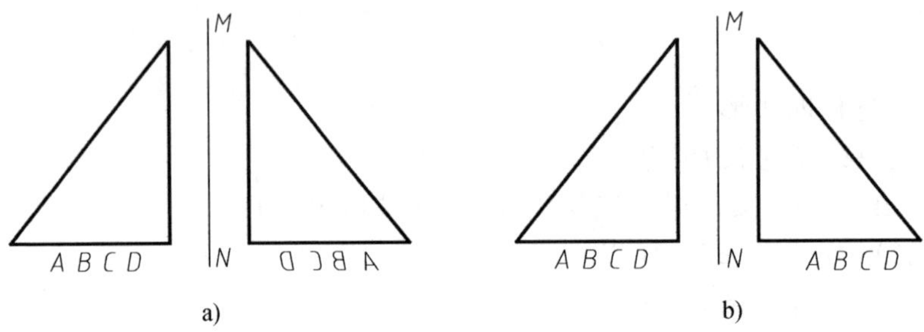

图 12-7　文本镜像

a）文本完全镜像　b）文本可识读镜像

三、阵列

1. 功能　将选定的对象按一定的排列形式（矩形或环形）作多重复制。

2. 输入方法

（1）工具栏　修改→按钮。

（2）下拉菜单　修改→阵列。

（3）命令行　ARRAY↓。

3. 命令及提示　执行上述命令后，AutoCAD 系统弹出“阵列”对话框，如图 12-8 所示。

4. 说明

（1）矩形阵列

1）“行、列”文本框　分别用于确定矩形阵列的阵列行数和列数。

2）“偏移距离和方向”区　用于确定矩形阵列的行间距、列间距及阵列旋转角度。可以输入相应的数值；也可以单击文本框右侧的相应按钮，在绘图窗口中通过指定点来确定距离和方向。

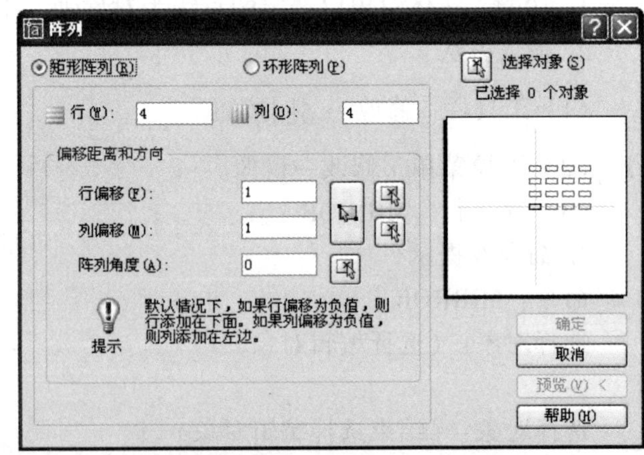

图 12-8　矩形阵列对话框

在“行偏移”、“列偏移”文本框中，如果输入的数值是正数，向右、向上阵列，反之则向下、向左阵列。单击右侧的大按钮，返回到绘图状态，指定两个角点确定一矩形框，该矩形框的水平距离为各列之间的距离，高度为各行之间的距离，两点的次序确定阵列的方向。单击右侧的两个小按钮，返回到绘图状态，分别由指定的两个点确定的长度，确定行间距和列间距，两点次序确定阵列方向。在“阵列角度”文本框中，如果输入的数值为正值，则逆时针旋转，负值为顺时针旋转。

3）“选择对象”按钮　用于选择阵列对象。单击该按钮后，返回到绘图窗口，选择阵列对象并确认后，再次返回到对话框形式。

4）“预览”按钮　单击此按钮会弹出一对话框，若对阵列效果满意选“接受”，若需改动按“修改”。

5）“确定”、“取消”按钮　“确定”用于按指定设置阵列对象；“取消”用于取消当前的操作。

例 2　把一个正方形作矩形阵列，其行数为 3，列数为 4，行偏移为 30，列偏移为 60。

操作过程为：

命令：ARRAY↓

AutoCAD 系统弹出“阵列”对话框，将其设置为矩形阵列，并设其行偏移和列偏移分别设置为 30 和 60，然后点击确认。结果如图 12-9 所示。

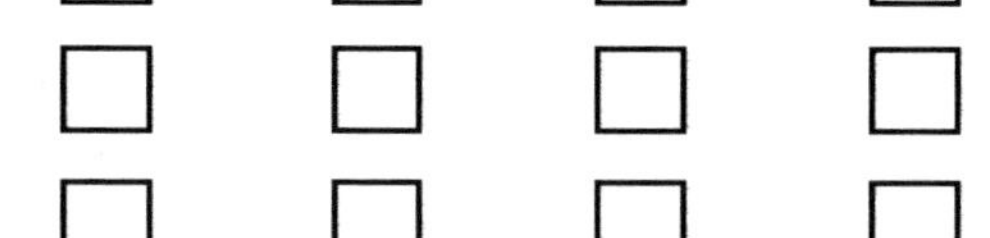

图 12-9　矩形阵列正方形
a）原图　b）矩阵结果

（2）环形阵列　选择“环形阵列”项，AutoCAD 系统弹出“环形阵列”对话框，如图 12-10 所示。

1）“中心点”文本框　用于确定环形阵列的阵列中心位置。

2）“方法和值”区　用于确定环形阵列的具体方法和相应数值。

3）“复制时旋转项目”复选框　该选项决定复制时源对象是否绕阵列中心旋转，如图 12-11 所示。

4）“详细”按钮　单击该按钮，对话框中将显示对象的基点信息，可以利用这些信息设置对象的基点。

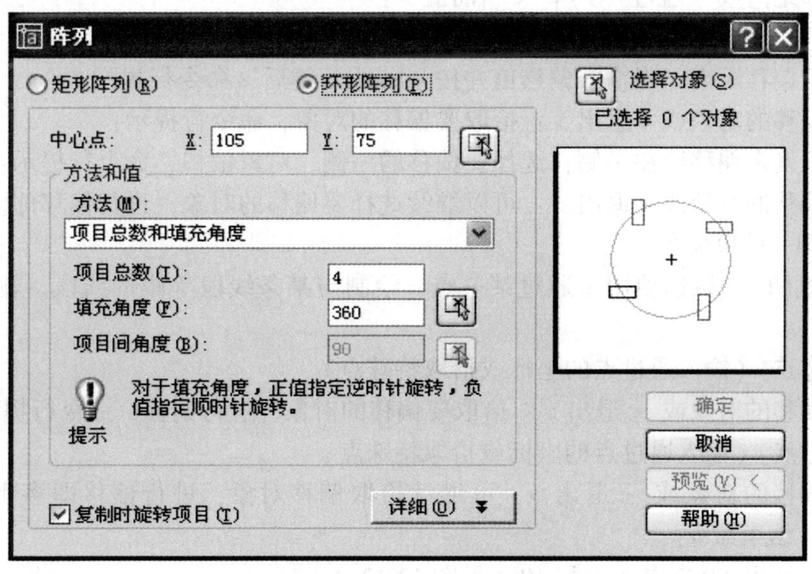

图 12-10　环形阵列对话框

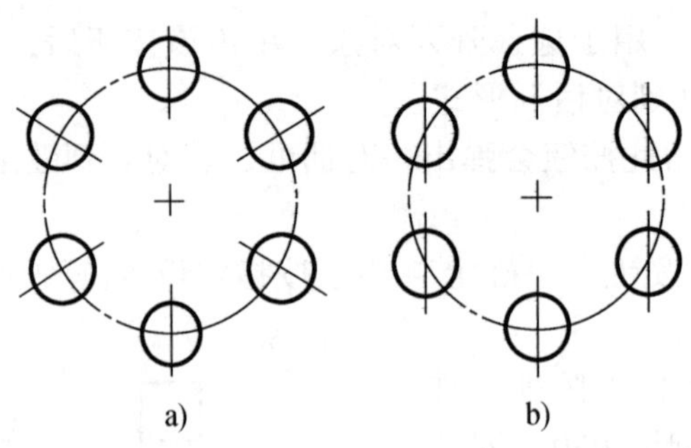

图 12-11　环形阵列圆
a）旋转阵列对象　b）非旋转阵列对象

第四节　实体的偏移、移动与旋转

一、偏移

1. 功能　生成与选定对象平行或同心的新对象，即生成与原图形等距离的图形。可以偏移复制直线、圆弧、圆、二维多段线等。

2. 输入方法

（1）工具栏　修改→按钮。

（2）下拉菜单　修改→偏移。

（3）命令行　OFFSET↓。

3. 命令及提示

命令：OFFSET↓

指定偏移距离或［通过（T）］<当前值>：

4. 说明

（1）指定偏移距离　当输入偏移值并按<Enter>键后，命令行提示：

选择要偏移的对象或<退出>：拾取要偏移的对象，命令行提示：

指定点以确定偏移所在一侧：选择要偏移的一侧，对象偏移，命令行提示：

选择要偏移的对象或<退出>：可以继续选择要偏移的对象，进行偏移即多重偏移；或按<Enter>键，结束命令

（2）通过(T)　该选项用来通过某一点，绘制与某条线段等距的线段。输入“T”后，命令行提示：

指定通过点：(输入通过点的坐标或拾取特殊点)

选择要偏移的对象或 <退出>：拾取要偏移的对象，进行偏移，命令行提示：

指定通过点：(输入通过点的坐标或拾取特殊点)

选择要偏移的对象或 <退出>：可继续拾取偏移对象，进行偏移即多重偏移；或按<Enter>键，结束命令。

例 1　将直线 AB 向左上偏移 10（见图 12-12a）。

操作过程为：

命令：OFFSET↓

指定偏移距离或［通过（T）］ <通过>：10↓

选择要偏移的对象或<退出>：选取直线 *AB*（图 12-12b）

指定点以确定偏移所在一侧：选取 *M* 点（图 12-12b）

选择要偏移的对象或<退出>：↓

偏移过程如图 12-12b 所示。

例 2 将 $\overset{\frown}{CD}$ 向左上偏移，并通过 P 点（图 12-13a）。

操作过程为：

命令：OFFSET↓

指定偏移距离或［通过（T）］ <通过>：T↓

选择要偏移的对象或<退出>：选取 $\overset{\frown}{CD}$（图 12-13b）

指定通过点：选取 P 点（图 12-13b）

选择要偏移的对象或<退出>：↓

偏移过程如图 12-13b 所示。

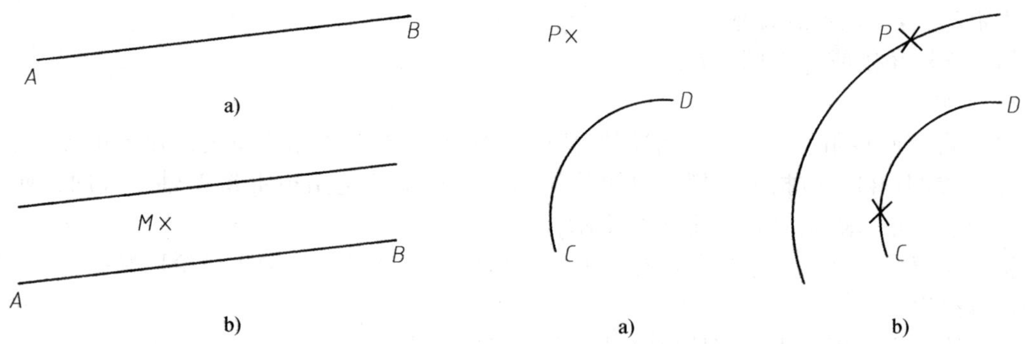

图 12-12 “指定偏移距离”偏移直线

图 12-13 “指定通过点”偏移弧线

二、移动

1. 功能 将选定的对象从当前位置平移到一个新的位置，其大小和方向保持不变。

2. 输入方法

（1）工具栏 修改→ 按钮。

（2）下拉菜单 修改→移动。

（3）命令行 MOVE↓。

3. 命令及提示

命令：MOVE↓

选择对象：（选择编辑对象）

……

选择对象：（结束选择编辑对象）↓

指定基点或位移：（指定基点或位移量）

指定位移的第二点或<用第一点作位移>：

4. 说明

1）如果以输入第二个点响应，则 AutoCAD 系统确认的位移量为第一点和第二点间的矢量差。

2）如果按 <Enter> 键响应，则 AutoCAD 系统以输入的第一点到坐标原点为位移量。

三、旋转

1. 功能　将选定对象绕一点旋转指定的角度。

2. 输入方法

（1）工具栏　修改→ 按钮。

（2）下拉菜单　修改→旋转。

（3）命令行　ROTATE↓。

3. 命令及提示

命令：ROTATE↓

UCS 当前的正角方向：ANGDIR = 逆时针　ANGBASE = 0

选择对象：（选择编辑对象）

……

选择对象：（结束选择编辑对象）↓

指定基点：（确定旋转基点）

指定旋转角度或［参照（R）］：

4. 说明

（1）指定旋转角度　此选项为默认选项，所选对象按输入角度值进行旋转并结束命令。

（2）参照(R)　按指定参照角设置旋转角，即角度的起始边不是 X 轴正方向，而是用户输入的参照角。输入 R 后，命令行提示：

指定参照角 <0>：可直接输入参照角的起始角，也可直接输入或拾取某一点为起点，命令行继续提示：

指定第二点：再输入或直接拾取另一点，以这两点与 X 轴正方向之间的夹角为参照角，命令行继续提示：

指定新角度：直接输入新角度值或通过拾取点输入新角度，结束命令。

图 12-14 为三边形绕 P 点旋转 45°情形。

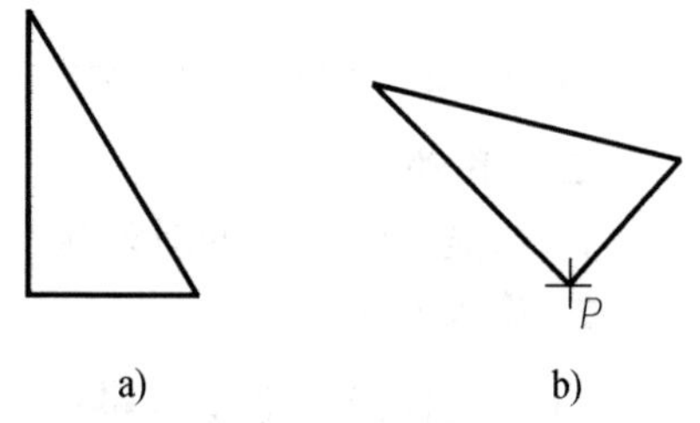

a)　　b)

图 12-14　旋转图形

a）原图　b）旋转结果

例 3　用旋转命令中的“参照”选项，将图 12-15a 所示图形中的四边形 $ABCD$ 旋转一定角度，使之成为图 12-15b 所示的图形。

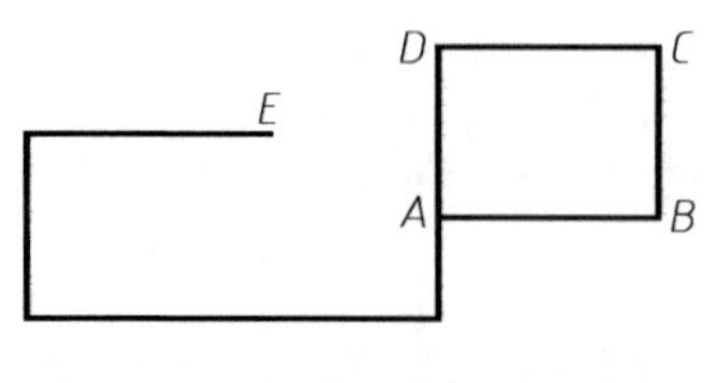

a)

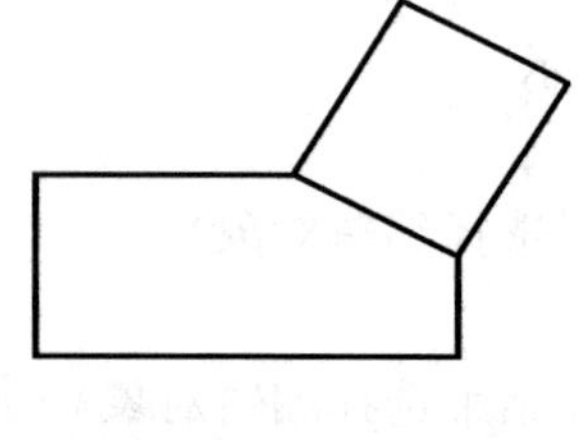

b)

图 12-15　用参照方式旋转图形

a）原图　b）旋转结果

操作过程为：
命令：ROTATE↓
UCS 当前的正角方向：ANGDIR = 逆时针 ANGBASE = 0
选择对象：(选择四边形 *ABCD*)
选择对象：↓
指定基点：(选择 *A* 点)
指定旋转角度或［参照（R）］：R↓
指定参照角 <0>：(点取 *A*、*D* 两点或输入 90)
指定新角度：(点取 *E* 点)
如图 12-15b 所示。

第五节　实体的缩放、拉伸及拉长与修剪

一、缩放

1. 功能　将选定的对象按一定的比例放大或缩小。
2. 输入方法
（1）工具栏　修改→按钮。
（2）下拉菜单　修改→缩放。
（3）命令行　SCALE↓。
3. 命令及提示
命令：SCALE↓
选择对象：(选择编辑对象)
……
选择对象：(结束选择编辑对象）↓
指定基点：(确定缩放基点)
指定比例因子或［参照（R）］：
4. 说明

（1）指定比例因子　该选项为默认项，输入比例因子并确认后，所选对象按其数值缩放，结束命令。比例因子必须大于零，大于 1 表示放大，小于 1 表示缩小。

（2）参照(R)　即采用参照长度变化量的方法确定缩放比例。后续提示：

指定参照长度 <1>：可直接输入参照长度值或用指定两点的方法输入。

指定新长度：可直接输入指定新的长度值或用指定一点到基点的距离方法输入。

此时，系统以指定新长度与指定参照长度的比值作为比例因子，对所选对象进行缩放。

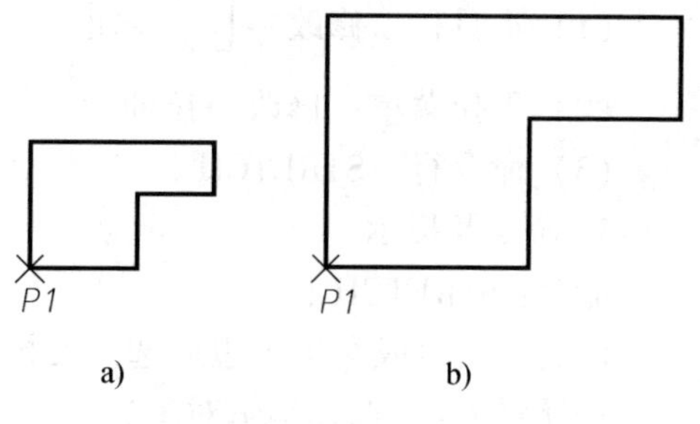

图 12-16　放大图形
a）原图　b）放大结果

图 12-16 是以 *P*1 为基点将多边形放大 2 倍的

情形。

例 用参照方式将图 12-17a 所示的右侧小正方形放大到与左侧的正方形大小相等（见图 12-17b）。

操作过程为：

命令：SCALE↓

选择对象：（选择小正方形）↓

指定基点：（选取 *A* 点）

指定比例因子或［参照（R）］：R↓

指定参照长度 <1>：（选取 *A* 点）指定第二点：（选取 *B* 点）

指定新长度：' DIST（嵌套执行 DIST 命令）

>>指定第一点：（选取 *C* 点），>>指定第二点：（选取 *D* 点）

距离 =35.3553，XY 平面中的倾角 =45，与 XY 平面的夹角 =0

X 增量 =25.0000，Y 增量 =25.0000，Z 增量 =0.0000

正在恢复执行 SCALE 命令。

指定新长度：35.3553↓（输入距离值）

结果如图 12-17b 所示。

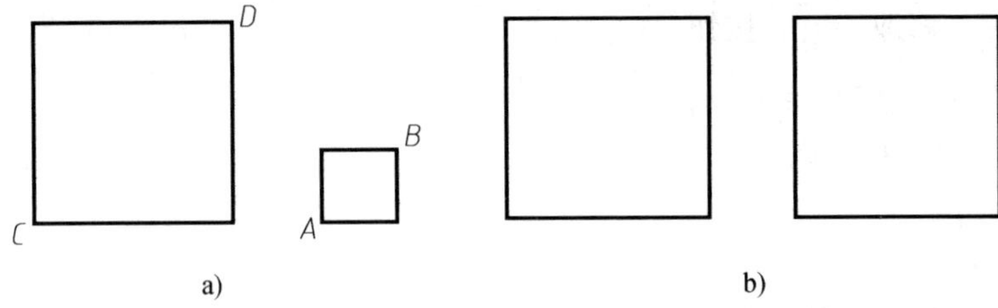

图 12-17 用参照方式放大图形

a）原图 b）放大结果

二、拉伸

1. 功能 对选择的实体进行拉伸、压缩或移动。它可以部分移动图形，同时保持与图形未移动部分相连接。

2. 输入方法

（1）工具栏 修改→ 按钮。

（2）下拉菜单 修改→拉伸。

（3）命令行 STRETCH↓。

3. 命令及提示

命令：STRETCH↓

以交叉窗口或交叉多边形选择要拉伸的对象...

选择对象：（选择编辑对象）

……

选择对象：（结束选择编辑对象）↓

指定基点或位移：(指定基点或位移)

指定位移的第二个点或 <用第一个点作位移>

4. 说明

1）如果以输入第二个点响应，所选对象位移量为两点间的矢量差。

2）如果按 Enter 键响应，则 AutoCAD 系统以输入的第一点到坐标原点为位移量。

三、拉长

1. 功能　用于改变非封闭对象的长度，如直线、圆弧、椭圆弧等。

2. 输入方法

（1）下拉菜单　修改→拉长。

（2）命令行　LENGTHEN↓。

3. 命令及提示

命令：LENGTHEN↓

选择对象或［增量（DE）/百分数（P）/全部（T）/动态（DY）］：

4. 说明

（1）选择对象　用点取方式选择对象，为默认选项，此时系统将显示选中对象的长度、包含角等信息。

（2）增量(DE)　该选项表示通过输入一个定值作为实体的增加或缩短量。输入正值表示增加，反之为缩短。

（3）百分数(P)　该选项表示通过输入选定实体长度的百分比来改变实体的长度。改变后的实体总长度，等于用户输入的长度百分数乘以实体原长度。

（4）全部(T)　该选项表示通过重新设置实体的总长度（或总角度），来改变线段的长度（或角度）。

（5）动态(DY)　该选项表示用动态方式改变实体的长度或圆弧的角度。

四、修剪

1. 功能　用指定的剪切边去修剪所选定的对象，实现部分擦除，或将被修剪的对象延伸到剪切边。

2. 输入方法

（1）工具栏　修改→ 按钮。

（2）下拉菜单　修改→修剪。

（3）命令行　TRIM↓。

3. 命令及提示

命令：TRIM↓

当前设置：投影 = UCS　边 = 延伸　选择剪切边…

选择对象：(选择作为剪切边的实体)

……

选择对象：(结束作为剪切边实体的选择)↓

选择要修剪的对象，或按住 <Shift> 键选择要延伸的对象，或［投影(P)/边(E)/放弃(U)］：

4. 说明

(1) 选择要修剪的对象　点取要修剪对象上的被切部分，此部分被擦除，为默认选择。

(2) 按住 <Shift> 键选择要延伸的对象　如果剪切边和要修剪对象没有相交，这时按住〈Shift〉键后，选择要修剪对象，则将该对象延伸到剪切边。

(3) 投影(P)　用于指定剪切时系统使用的投影方式。键入 P 后，命令行提示：

输入投影选项[无(N)/UCS(U)/视图(V)] <视图>：

1) 无(N)　表示不进行投影。在三维空间，剪切边必须与修剪对象相交才能修剪。

2) UCS(U)　表示在当前用户坐标系（UCS）的 XOY 平面上修剪，此时可在 XOY 平面上按投影关系修剪在三维空间中没有相交的实体。

3) 视图(V)　表示投影按当前视窗方向。只要剪切边与被剪切对象投影相交，即可进行修剪。

(4) 边(E)　该选项用来确定修剪方式。输入 E 后，命令行提示：

输入隐含边延伸模式[延伸(E)/不延伸(N)] <不延伸>：

1) 延伸(E)　表示延伸剪切边，使其与被剪切对象相交进行修剪。

2) 不延伸(N)　表示不延伸剪切边。剪切边与被剪切对象必须直接相交才能进行修剪。

(5) 放弃(U)　取消前一次操作。

可使用各种方式选取剪切边，剪切边也可同时被作为修剪对象。而修剪对象只能用点取方式、栏选方式（F）或直接输入点坐标选取。

图 12-18 为修剪图形的操作过程。

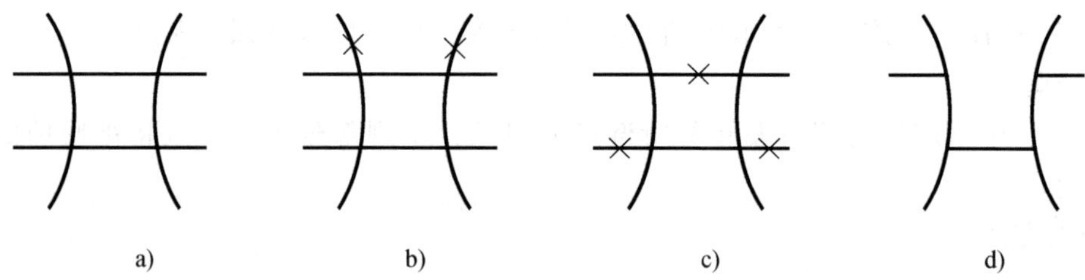

图 12-18　修剪图形

a）原图　b）选择修剪边　c）选择被剪切对象　d）修剪结果

第六节　延伸与打断

一、延伸

1. 功能　将对象的一个端点或两个端点延伸到另一个对象上。可延伸的对象包括：直线、圆弧、椭圆弧、开放的二维和三维多段线及射线。可作为延伸边界的对象包括直线、圆弧、椭圆弧、圆、椭圆、二维和三维多段线、射线、构造线、面域、样条曲线等。

2. 输入方法

（1）工具栏　修改→ 按钮。

（2）下拉菜单　修改→延伸。

（3）命令行　EXTEND↓。

3. 命令及提示

命令：EXTEND↓

当前设置：投影＝UCS　边＝延伸　选择边界的边……

选择对象：（选择作为延伸边界的实体）

……

选择对象：（结束作为延伸边界实体的选择）↓

选择要延伸的对象，或按住〈Shift〉键选择要修剪的对象，或［投影（P）/边（E）/放弃（U）］：

各选项的功能和操作与修剪命令基本相同，这里不再赘述。

图 12-19 为使用延伸命令的例子

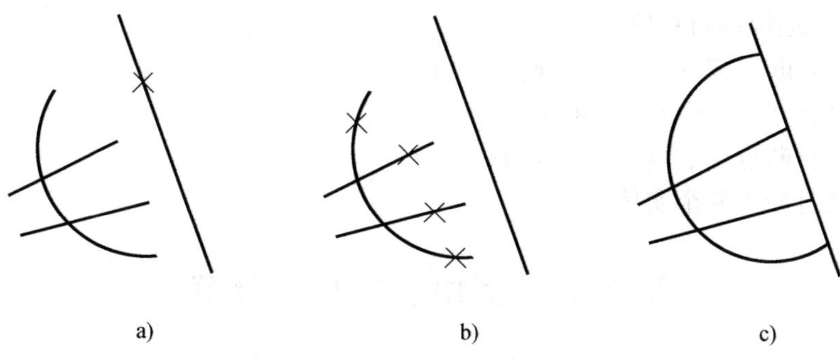

图 12-19　延伸圆弧与直线

a）选择边界的边　b）选择要延伸的对象　c）延伸结果

二、打断

1. 功能　删除所选对象（文本除外）的某一部分。

2. 输入方法

（1）工具栏　修改→ 按钮。

（2）下拉菜单　修改→打断。

（3）命令行　BREAK↓。

3. 命令及提示

命令：BREAK↓

选择对象：（拾取需要打断的对象）

指定第二个打断点或［第一点（F）］：

4. 说明

（1）指定第二个打断点　该选项为默认选项。将选择对象的拾取点作为第一打断点，拾取第二个打断点，系统将删除这两打断点之间部分。

（2）第一点(F)　表示要重新指定第一个打断点。键入 F 后，命令行提示：

指定第一个打断点：(选取第一点)

指定第二个打断点：(选取第二点)

这时第一点与第二点之间的部分实体被删除，结束命令。

打断命令只能用点取方式选择对象。除选择对象外，其他点不一定选在对象上。对打断圆，两个打断点的拾取顺序不同，得到的结果也不同，如图 12-20 所示。

三、打断于点

1. 功能　将选定对象（文本除外）分割为两部分。

2. 输入方法

（1）工具栏　修改→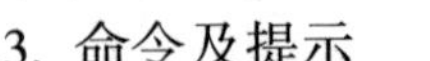按钮。

（2）命令行　BREAK↓。

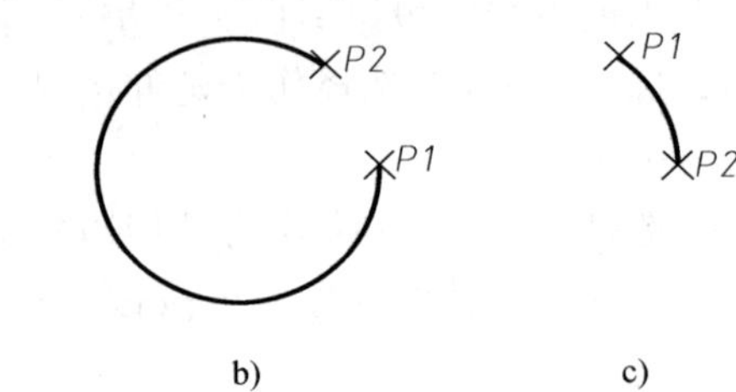

图 12-20　打断圆

3. 命令及提示

命令：BREAK↓

选择对象：(选择编辑对象)

指定第二个打断点或［第一点（F)］：_f

指定第一个打断点：(拾取打断点)

指定第二个打断点：@（自动结束命令）

将所选对象打断为两个实体。

第七节　倒角、圆角与分解

一、倒角

1. 功能　对选定的两相交直线，从交点处各裁剪掉指定的长度，并以斜线连接两个裁剪端。

2. 输入方法

（1）工具栏　修改→按钮。

（2）下拉菜单　修改→倒角。

（3）命令行　CHAMFER↓。

3. 命令及提示

命令：CHAMFER↓

当前倒角距离 1 = <当前值>　距离 2 = <当前值>

选择第一条直线或[多段线(P)/距离(D)/角度(A)/修剪(T)/方式(M)/多个(U)]：

4. 说明

（1）选择第一条直线　为默认选项，选择此项后，命令行提示：

选择第二条直线：此选项对第一条直线和第二条直线进行倒角，并结束命令。

（2）多段线(P)　对二维多段线的各顶点进行倒角。

(3) 距离(D)　设定倒角距离尺寸。

(4) 角度(A)　根据第一条直线的倒角长度和角度来设置倒角尺寸。

(5) 修剪(T)　选择修剪模式。不同倒角修剪模式的效果如图 12-21 所示。

(6) 方式(M)　该选项是为了重新设置修剪方法。

(7) 多个(U)　该选项可连续进行多个倒角操作。

例　请将图 12-22a 所示图形倒角，其倒角距离为 10（竖线）和 20（横线）。

操作过程为：

命令：CHAMFER↓

选择第一条直线或[多段线(P)/距离(D)/角度(A)/修剪(T)/方式(M)/多个(U)]：D↓

指定第一个倒角距离：<当前值>：10↓

指定第二个倒角距离：<当前值>：20↓

选择第一条直线或[多段线(P)/距离(D)/角度(A)/修剪(T)/方式(M)/多个(U)]：(选直线 *AB*)

选择第二条直线：(选直线 *AD*)

结束倒角命令，结果如图 12-22b 所示。

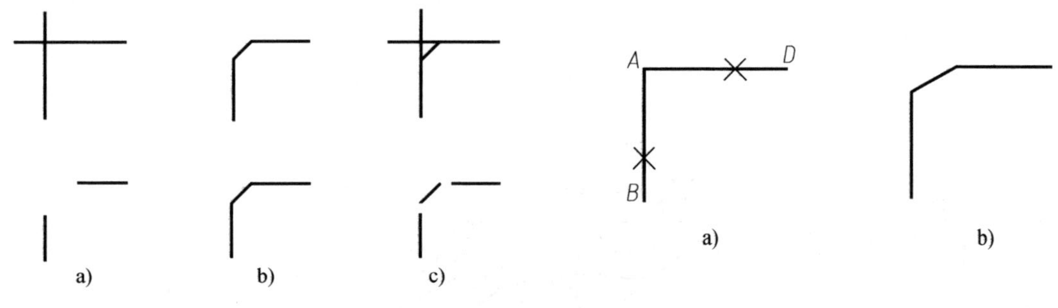

图 12-21　“修剪”模式
a) 原图　b) 修剪　c) 不修剪

图 12-22　图形倒角
a) 倒角前　b) 倒角结果

二、圆角

1. 功能　用指定的半径，对选定的两相交对象（直线、圆弧、椭圆弧等）或一条带转折点的多段线进行光滑的圆弧连接。

2. 输入方法

(1) 工具栏　修改→按钮

(2) 下拉菜单　修改→圆角。

(3) 命令行　FILLET↓。

3. 命令及提示

命令：FILLET↓

当前设置：模式＝当前值　　半径＝当前值

选择第一个对象或[多段线(P)/半径(R)/修剪(T)/多个(U)]：

各选择项的功能和操作与倒角命令相类似，这里不再赘述。

三、分解

1. 功能　用于分解一个复杂的图形对象。分解就是把单个的对象转换成它们下一个层次的组成对象，例如，可将多段线、矩形、圆环和多边形等转换成多个简单的直线和圆弧，把一个尺寸标注分解为线段、箭头和文本。

2. 输入方法

(1) 工具栏　修改→ 按钮。

(2) 下拉菜单　修改→分解。

(3) 命令行　EXPLODE↓。

3. 命令及提示

命令：EXPLODE↓

选择对象：(选择编辑对象)

……

选择对象：↓（结束选择编辑对象，分解完毕，结束命令）

第八节　综 合 举 例

绘制图形（见图 12-23）。

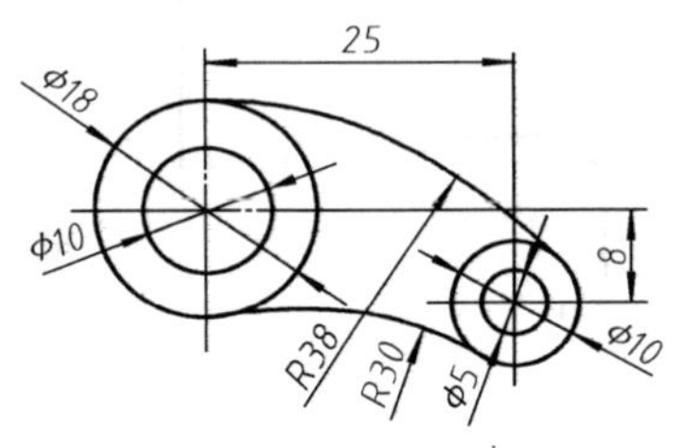

图 12-23　机件图形

绘图过程为：

第一步：作基准线。

1）确定左上圆圆心的位置（可使用直线、构造线命令等），如图 12-24a 所示。

2）确定右下圆圆心的位置（可使用偏移、复制命令等），如图 12-24b 所示。

第二步：画出四个圆，如图 12-24c 所示。

第三步：作出 *R*30 连接圆弧（可使用圆角命令一次完成；也可用画圆命令，但要作修剪处理），如图 12-24d 所示。

第四步：作出 *R*38 连接圆弧（可先用画圆命令中的“相切、相切、半径（T）”选项，画出一个圆），如图 12-24e 所示。

第五步：编辑图形（可使用修剪、打断、拉长等命令），结果如图 12-24f 所示。

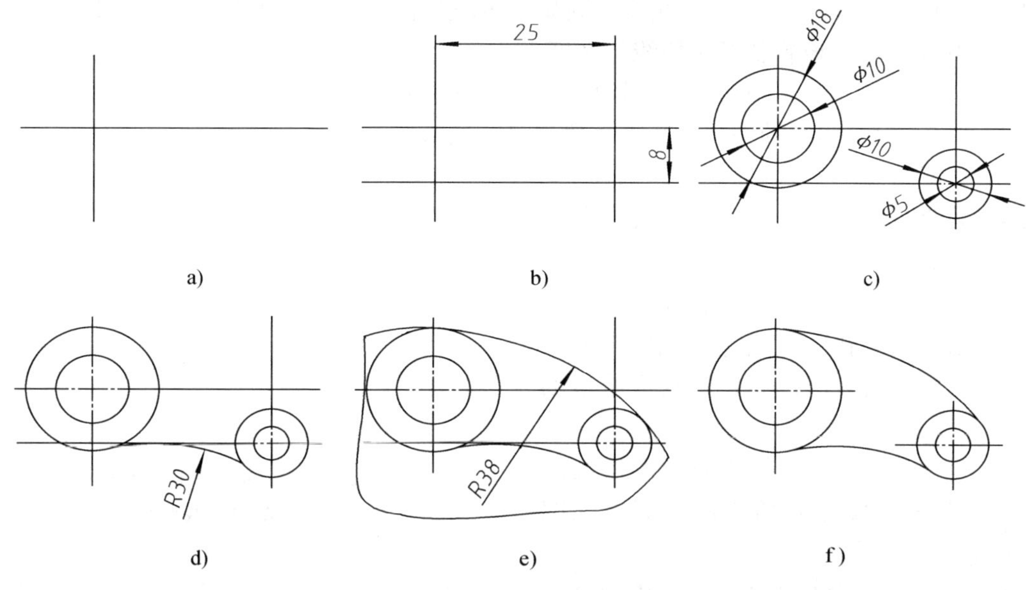

图 12-24　作图过程

第九节　图线的编辑

一、多段线编辑

1. 功能　用于编辑多段线。

2. 输入方法

（1）工具栏　修改 II→ 按钮。

（2）下拉菜单　修改→对象→多段线。

（3）命令行　PEDIT↓。

3. 命令及提示

命令：PEDIT↓

选择多段线或［多条（M）］：(选择多段线、直线或圆弧等，或者输入“M”同时选择多条多段线、直线或圆弧等)

若选择的对象不是多段线时，则命令行提示：

选定的对象不是多段线

是否将其转换为多段线？<Y>（输入“Y”表示将所选实体转换为多段线）

输入选项[闭合(C)/合并(J)/宽度(W)/编辑顶点(E)/拟合(F)/样条曲线(S)/非曲线化(D)/线型生成(L)/放弃(U)]：

如果选择的多段线是闭合的，那么“打开（O）”将代替“闭合（C）”选项出现在提示中。

4. 说明

（1）闭合(C)　闭合一条开式多段线。

（2）打开(O)　打开一条闭合的多段线。

(3) 合并(J)　将多个相连的线段、圆弧和多段线转换并连接到当前多段线上。

(4) 宽度(W)　设置整条多段线的宽度。

(5) 编辑顶点(E)　编辑顶点，改变多段线的多种性质。

(6) 拟合(F)　将当前编辑的折线多段线进行圆弧曲线拟合。

(7) 样条曲线(S)　用样条曲线拟合多段线。

(8) 非曲线化(D)　将用拟合或样条曲线方式产生的多段线恢复成原来的多段线。一条带有圆弧的多段线拟合后，原圆弧已经修改，采用此项操作，无法还原成原来的多段线。可用放弃（U）选项，恢复成原来的多段线。

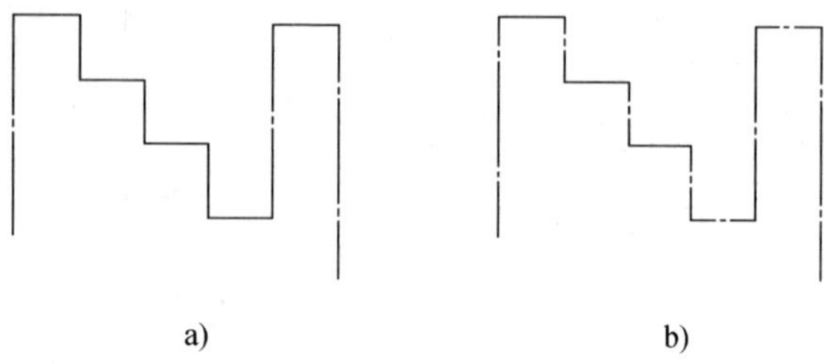

图 12-25　两种线型生成模式
a）线型生成关　b）线型生成开

(9) 线型生成(L)　控制具有非连续线型的多段线在各顶点处的绘线方式，如图 12-25 所示。

(10) 放弃(U)　依次取消上一次多段线编辑操作。

二、样条曲线编辑

1. 功能　用于编辑样条曲线。

2. 输入方法

(1) 工具栏　修改 II→[icon]按钮。

(2) 下拉菜单　修改→对象→样条曲线。

(3) 命令行　SPLINEDIT↓。

3. 命令及提示

命令：SPLINEDIT↓

选择样条曲线：(选取一条样条曲线)

输入选项［拟合数据（F）/闭合（C）/移动顶点（M）/精度（R）/反转（E）/放弃（U）］：

这时其控制点会以界标点形式显示出来，如图 12-26a 所示。控制点是决定样条曲线是如何画出的，但控制点不一定在样条线上，后续提示：

输入选项［拟合数据（F）/闭合（C）/移动顶点（M）/精度（R）/反转（E）/放弃（U）］：

如果选择的样条曲线是闭合的，那么“打开（O）”将代替“闭合（C）”选项出现在提示中。

4. 说明

(1) 拟合数据(F)　将样条曲线的控制点显示变为编辑调整点显示。选择此选项后，调整点都处在样条曲线上，如图 12-26b 所示。

当选择该项后，命令行提示：

输入拟合数据选项

［添加（A）/闭合（C）/删除（D）/移动（M）/清理（P）/相切（T）/公差（L）/退

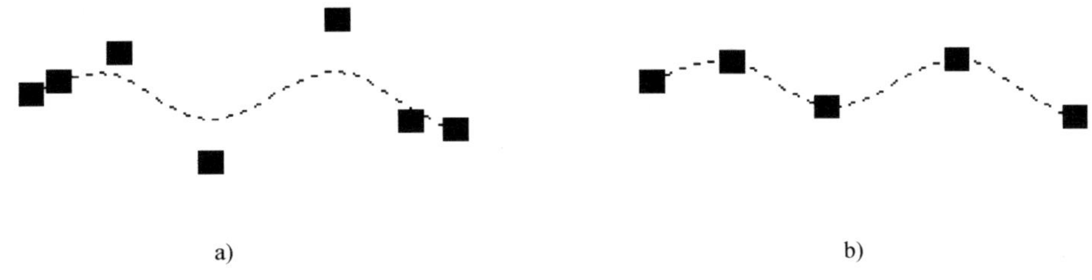

图 12-26　拟合数据对样条曲线编辑点的影响
a）拟合前（控制点）　b）拟合后（调整点）

出（X)］＜退出＞：

使用这些选项可以对编辑调整点进行修改，从而改变样条曲线的形状。

1）添加(A)　添加编辑调整点。

2）闭合(C)　闭合一条开式样条曲线，并沿该闭合的样条曲线起点的切线闭合。

3）打开(O)　打开一条闭合样条曲线，它的作用与“闭合（C)”选项相反。

4）删除(D)　删除指定的编辑调整点，根据剩余的点调整样条曲线。

5）移动(M)　移动编辑调整点到一个指定的新位置上。

6）清理(P)　删除样条曲线上的编辑调整点，样条曲线以控制显示，回到上一级命令行。

7）相切(T)　修改样条曲线起点和终点的切线方向。

8）公差(L)　改变样条曲线允许公差值。若公差值为零，则画出的曲线严格通过每一个编辑调整点。若公差值大于零，则画出的曲线与编辑调整点的距离在该公差范围内即可。

9）退出(X)　退回到上一级命令行。

(2) 闭合(C)　闭合开式样条曲线。

(3) 移动顶点(M)　移动样条曲线的控制点位置。

(4) 精度(R)　对控制点进行操作，以进一步调整样条曲线的形状。输入“R“后，命令行提示：

输入精度选项［添加控制点（A）/提高阶数（E）/权值（W）/退出（X)］＜退出＞：

1）添加控制点(A)　在指定部位添加新的控制点。

2）提高阶数(E)　提高样条拟合所采用的多项式阶数。

3）权值(W)　改变指定控制点的权数。

4）退出(X)　退回到上一级命令行。

(5) 反转(E)　使样条曲线反转方向。

(6) 放弃(U)　取消最后一次操作，可以重复使用。

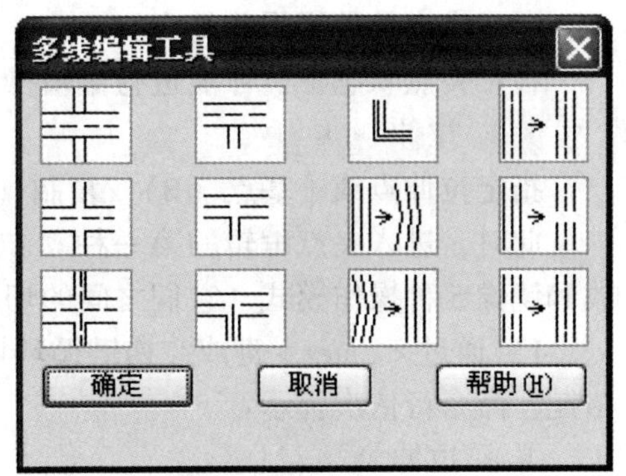

图 12-27　“多线编辑工具”对话框图

三、多线编辑

1. 功能　用于编辑多线，修改多线的交点及相交形式等。

2. 输入方式

（1）下拉菜单　修改→对象→多线。

（2）命令行　MLEDIT↓。

3. 命令及提示　执行上述命令后，AutoCAD 系统弹出“多线编辑工具”对话框，如图 12-27 所示。

4. 说明　在“多线编辑工具”对话框中，第一列是用于处理十字相交多线的交点模式，第二列是用于处理 T 字相交多线的交点模式，第三列是用于处理多线的角点和顶点的模式，第四列是用于处理要被断开或连接的多线的模式。

在编辑多线时，点中该对话框中的某一图标，根据提示选择要编辑的多线对象，便可以把编辑对象编辑成图标所示的形状。

第十节　利用夹点编辑

一、夹点的基本概念

在命令行提示“命令：”状态下，直接使用默认的“自动”选择模式选择实体对象，被选中对象的角点、顶点、中点、圆心等特征点将自动显示蓝色（缺省颜色）小方块标记。这些小方块被称之为夹点（冷夹点），如图 12-28 所示。

当光标移到夹点上时，默认颜色为绿色（悬停夹点颜色），此时单击它，夹点就会变成红色方块（默认颜色为红色），表示此夹点被激活。当按下 <Shift> 键再单击其他夹点，可同时激活多个夹点。被激活的夹点称为热夹点。在热夹点状态下，才能进行编辑操作。

有关夹点及参数的设置，可通过下拉菜单：“工具→选项→选择”或在命令行输入“OP（OPTIONS 的缩写）”的操作，系统将弹出“选项”对话框，如图 12-3 所示，可进行设置。

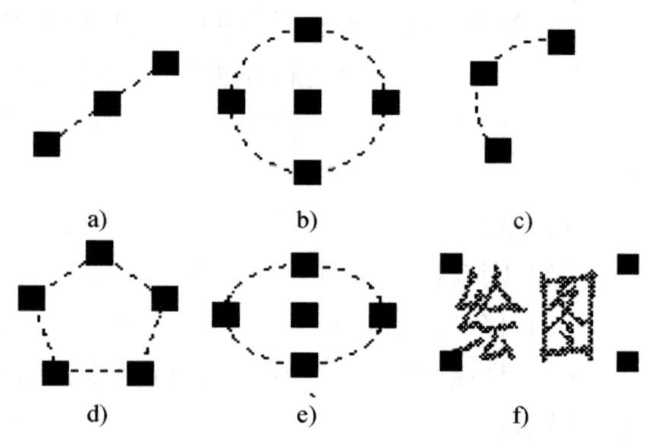

图 12-28　常用对象上夹点的位置

二、夹点的编辑操作简介

在热夹点状态下，才能进行编辑操作，命令行提示：

＊＊ 拉伸 ＊＊

指定拉伸点或［基点（B）/复制（C）/放弃（U）/退出（X）］：

此时，进入夹点编辑的第一种“拉伸”模式。夹点编辑有拉伸、移动、旋转、比例缩放和镜像 5 种操作模式，它们之间的切换有 3 种方法。

1）通过 <Enter> 键或空格键循环切换编辑模式。当选中热夹点后，按 <Enter> 键或空格键，命令行依次提示：

＊＊ 拉伸 ＊＊

指定拉伸点或［基点（B）/复制（C）/放弃（U）/退出（X）］：

＊＊ 移动 ＊＊

指定移动点或［基点（B）/复制（C）/放弃（U）/退出（X）］：

＊＊ 旋转 ＊＊

指定旋转角度或［基点（B）/复制（C）/放弃（U）/参照（R）/退出（X）］：

＊＊ 比例缩放 ＊＊

指定比例因子或［基点（B）/复制（C）/放弃（U）/参照（R）/退出（X）］：

＊＊ 镜像 ＊＊

指定第二点或［基点（B）/复制（C）/放弃（U）/退出（X）］：

2）通过键入关键字切换编辑模式，即键入每种编辑模式的前两个字母。

3）单击鼠标右键，从弹出的快捷菜单中选择编辑模式（见图12-29）。

确认(E)
移动(M)
镜像(I)
旋转(R)
缩放(L)
拉伸(S)
基点(B)
复制(C)
参照(F)
放弃(U)
特性(P)
退出(X)

图12-29 “夹点编辑模式”快捷菜单

例 用夹点编辑功能把图12-30a所示图形拉伸为图12-30d所示图形。

操作过程为：

1）用窗口方式选择要编辑的对象，如图12-30b所示。

2）按下〈Shift〉键，用鼠标选择 *A*、*B* 两点为热夹点，如图12-30c所示。

3）放开〈Shift〉键，将热夹点拖到新位置，如图12-30d所示。

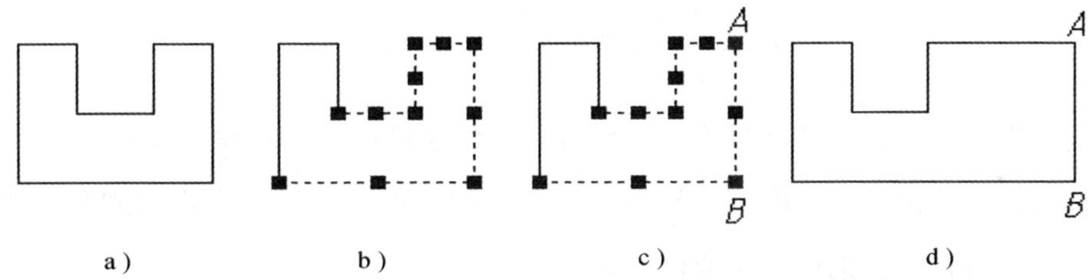

图12-30 使用夹点拉伸图形

第十一节 实体的特性修改

组成图形实体的特性分为几何特性（如形状、大小、位置等）和状态特性（如图层、颜色、线型、线宽等）两大类。根据需要可以对这些特性进行适当的调整。

一、使用“特性”窗口修改对象特性

1. 功能 通过对“特性”对话框内容的修改，改变实体的特性。

2. 输入方法

（1）工具栏 标准→按钮。

（2）下拉菜单 工具→特性或修改→特性。

（3）命令行 CH（或PROPERTIES）↓。

3. 命令及提示 执行上述命令后，AutoCAD系统弹出“特性”窗口。

4. 说明 用户可从绘图窗口内拾取需要修改的对象，那么“特性”窗口显示的内容则取决于所选的对象。对于单个对象，不同的对象类型，其“特性”窗口显示的内容也不相同；

对于组合对象，只显示它们的基本特性。例如，分别拾取圆、直线、圆与直线的组合，作为修改对象特性的对象，出现在“特性”窗口的内容如图 12-31 所示。

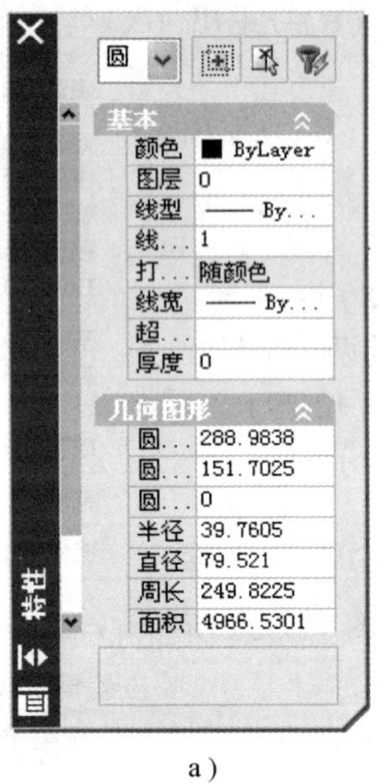

a）

b）

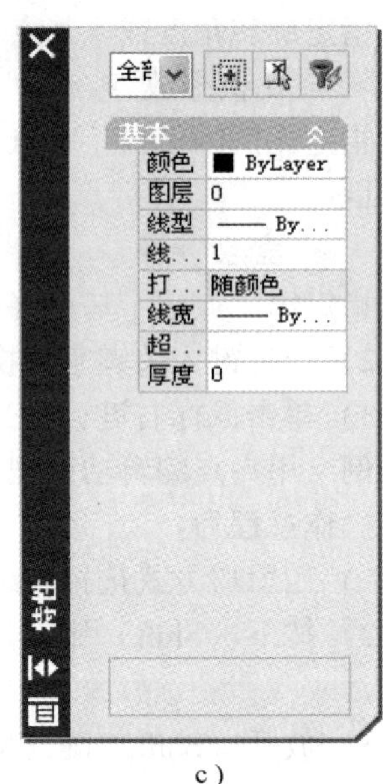

c）

图 12-31　拾取不同对象的特性窗口

在“特性”窗口中，白色项目均可以修改，灰色项目均不能修改。

在基本特性中单击颜色、图层、线型、线宽等项目修改栏后，右边出现翻页箭头 ，单击此箭头后，可在下拉选项中选取修改内容。

其他可修改项目直接输入修改数值即可。如果所修改数值与其他数值关联，当修改一个数值后，其关联数值随之发生改变。例如，将圆的半径改变，其直径、周长、面积随之改变。

二、使用特性匹配命令修改对象特性

1. 功能　将选定的（源）对象特性赋予其他（目标）对象。这种修改方法只能修改基本特性和某些特殊特性，如标注样式、文字样式、图案填充样式、多段线等，但不能修改几何特性。

2. 输入方法

（1）工具栏　标准→ 按钮。

（2）下拉菜单　修改→特性匹配。

（3）命令行　MATCHPROP↓。

3. 命令及提示

命令：MATCHPROP↓

选择源对象：(选择一个特性要被复制的对象)

当前活动设置：颜色 图层 线型 线型比例 线宽 厚度 标注 填充图案 多段线 视口 表格

选择目标对象或［设置（S）］：

4. 说明

(1) 选择目标对象　该选项为默认选项。要求用户选择要修改的目标对象。选择一次目标对象后，命令行提示：

选择目标对象或［设置（S）］：用户继续选择目标对象，直接按<Enter>键，结束命令。

(2) 设置(S)　该选项是为了设置要修改的特性项目。输入“S”后，弹出“特性设置”对话框，如图12-32所示。当关闭选项复选按钮后，其源目标特性就不会被复制。

1)“基本特性”区　用于源对象基本特性的设置，它包括颜色、图层、线型、线型比例、线宽、厚度、打印样式等选项按钮。

2)“特殊特性”区　用于源对象特殊特性的设置。它包括标注、文字、填充图案、多段线和视口等选项。

图12-32　“特性设置”对话框

三、使用命令修改对象特性

1. 功能　使用命令修改实体特性，包括状态特性和几何特性。

2. 输入方法　命令行　CHANGE↓。

3. 命令及提示

命令：CHANGE↓

选择对象：(选择编辑对象)

……

选择对象：(结束选择编辑对象)↓

指定修改点或［特性（P）］：

4. 说明

(1) 指定修改点　该选项为默认选项，用于改变实体的几何特性。对所选择的对象作如下修改：

1) 对直线的修改　当指定修改点后，直线离指定点较近的一端移到指定点。

2) 对圆的修改　在圆心不变的情况下，修改圆的半径，改变圆的大小。

3) 对块的修改　可重新确定块的插入点和旋转角。

(2) 特性(P)　该选项用于改变实体的状态特性。输入“P”后，命令行提示：

输入要修改的特性［颜色（C）/标高（E）/图层（LA）/线型（LT）/线型比例（S）/线宽（LW）/厚度（T）］：

1) 颜色(C)　该选项是为了改变拾取对象的颜色。

2) 标高(E)　该选项为修改拾取对象所在高度。

3) 图层(LA)　该选项为修改拾取对象所在图层。

4) 线型(LT)　该选项为修改拾取对象的线型。

5) 线型比例(S)　该选项为修改拾取对象的线型比例。

6) 线宽(LW)　该选项为修改拾取对象的线宽。

7) 厚度(T)　该选项为修改拾取对象拉伸高度，生成三维实体。

第十三章　图层、线型及其管理

图层、线型、线宽和颜色是图形的基本特征，用户在绘图时可根据需要进行设置和选用。

第一节　图层的概念及特性

一、图层的概念

用户绘图都是在图层上进行的，虽然前面没有接触图层的概念，但用户已经使用了 AutoCAD 提供的默认层（“0”层）。

一张图样可能有许多对象（如各种线型、符号、文字等），诸对象的性质可能不同。如果图纸是透明的，且各张有完全相同的坐标系，在画图时，把不同性质的对象画在不同的透明的纸上，画完后把各张纸叠在一起，就得到一张完整的图样。

AutoCAD 提供的默认层是“0”层。图层具有关闭（打开）、冻结（解冻）、锁定（解锁）等特性，用户可根据需要设置若干个图层，但绘图和编辑等操作都是在当前层上进行的，它相当于由透明纸组成的图中最上面的一张。图层本身具有颜色、线型和线宽，将不同特性的对象放在不同的图层上，以便于对图样进行管理和输出。图 13-1 给出了利用几个图层绘图的结果。

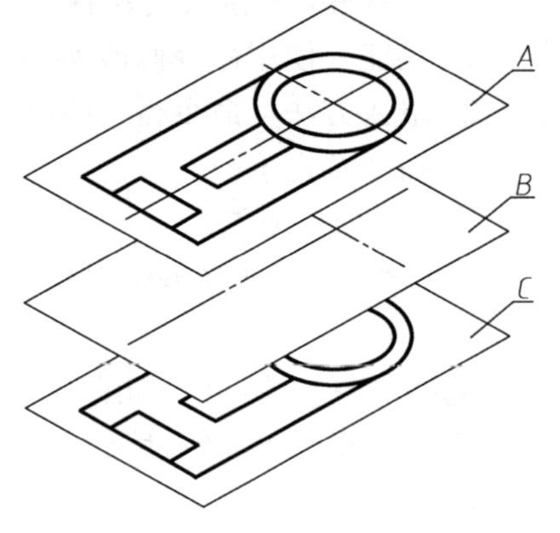

图 13-1　图层的概念

二、图层的特性

1）每个图层都赋予一个名称，其中“0”层是 AutoCAD 系统自动定义的，其余的图层用户根据需要自己定义。

2）每个图层容纳的对象数量不受限制。

3）用户使用的图层数量不受限制，一般应根据需要设定。

4）层本身具有颜色、线宽和线型，用户可以使用图层的颜色、线宽和线型绘图，也可以使用不同于图层的线型、线宽和颜色进行绘图。

5）同一图层上的对象处于同种状态，如可见或不可见。

6）图层具有相同的坐标系、绘图界限和显示时的缩放倍数。

7）图层具有打开（可见）/关闭（不可见）、解冻（可见）/冻结（不可见）、解锁（可编辑）/锁定（不可编辑）等特性，用户可以改变图层的状态。

8）用户所画的线、圆等实体被放在当前层上，用户可以编辑任何可见、解锁状态的图层上的实体。

第二节　图层的设置

在绘图过程中，为了方便绘图、编辑及显示输出，要对图层的线型、线宽、颜色及状态进行相应的定义，从而提高作图效率。

“图层”工具栏与“对象特性”工具栏位于绘图区的上方。利用该工具栏上的按钮和列表框可以快速地查看或改变对象的图层、颜色、线型、线宽等特性，如图 13-2、图 13-3 所示。在没有命令激活时选择任一对象，该对象的图层、颜色和线型都将在工具栏中动态显示出来。

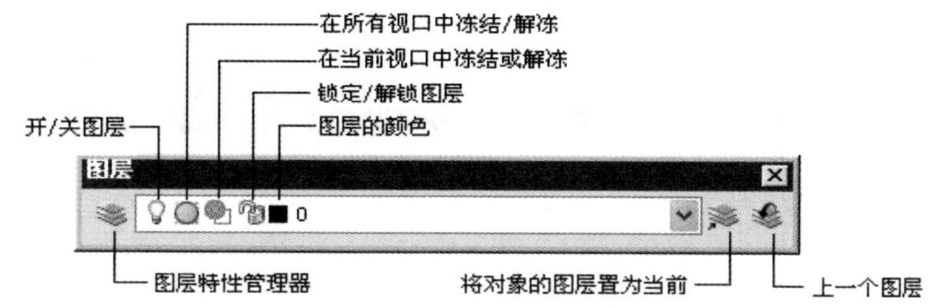

图 13-2 “图层”工具栏

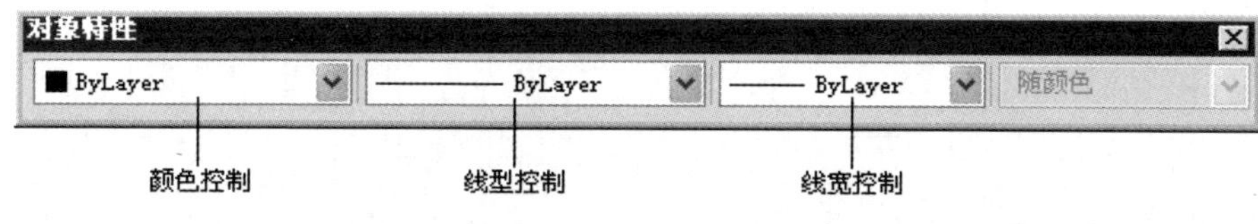

图 13-3 “对象特性”工具栏

一、利用“图层特性管理器”创建图层

创建新图层以及对图层的其他操作主要在“图层特性管理器”对话框中进行。

1. 功能 用来设置图层，并可对图层的属性、状态进行设置。

2. 输入方法

（1）工具栏 图层→按钮。

（2）下拉菜单 格式→图层...。

（3）命令行 LAYER↓。

3. 命令及提示

执行该命令后，屏幕弹出“图层特性管理器”对话框，其有关按钮的含义如图 13-4 所示。

4. 说明

1）在该对话框中点取“新建图层”按钮，新图层将用临时名字“图层 1”显示在图层列表中。也可以输入新的图层名。

2）要创建多个图层，可接着点取“新建图层”按钮，并输入新的图层名。

3）点取“确定”按钮，完成新图层的创建。

4）要给某个图层改名，单击图层名，即可进行修改。新建图层的默认颜色是白色，默认线型是 Continuous。用户可以接受默认设置或重新指定颜色或线型。

在“图层特性管理器”对话框的左上角有 6 个按钮，点取“新特性过滤器”按钮，显示“图层过滤器特性”对话框，在其中可以进行图层过滤条件的设置，如图 13-5 所示。“新组过滤器”按钮用于创建新的组过滤器。点取“图层状态管理器”按钮，显示“图层状态管理器”窗口，用于设置或查看图层的详细信息，如图 13-6 所示。“新建图层”按钮用于新建图层；“删除图层”按钮用于清除选中的图层；“置为当前”按钮用于将选中的图层设置为当前图层。

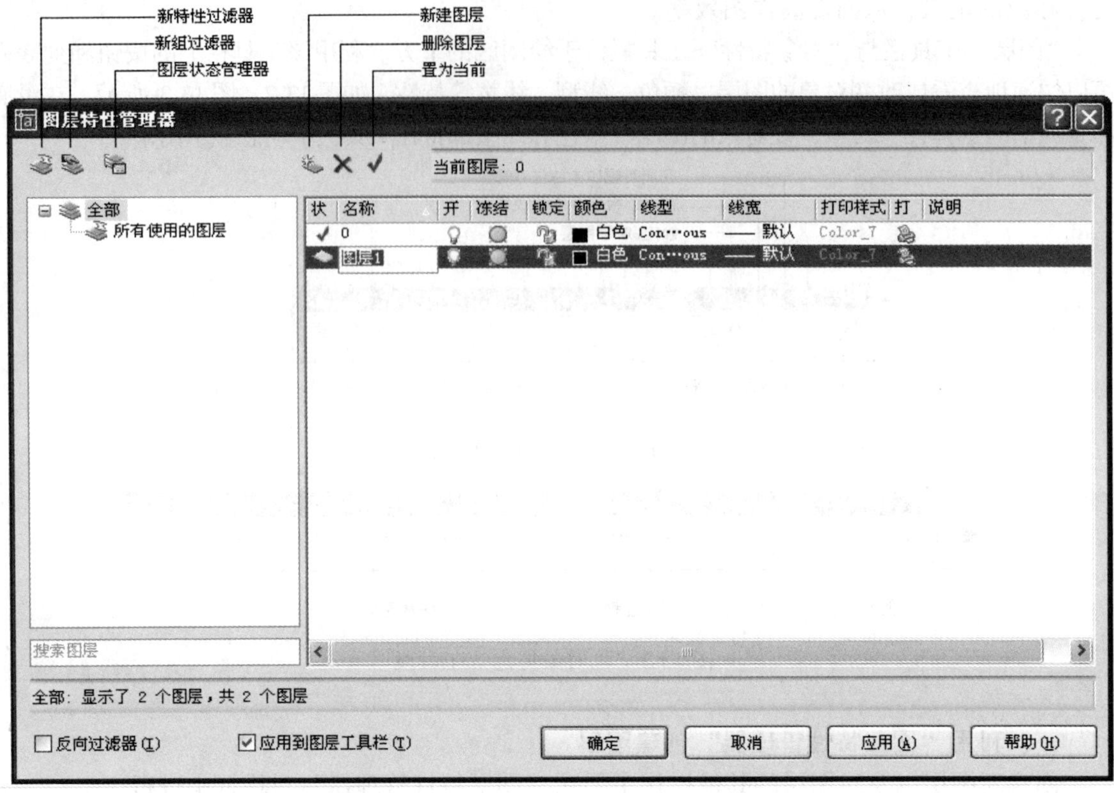

图 13-4 “图层特性管理器”对话框

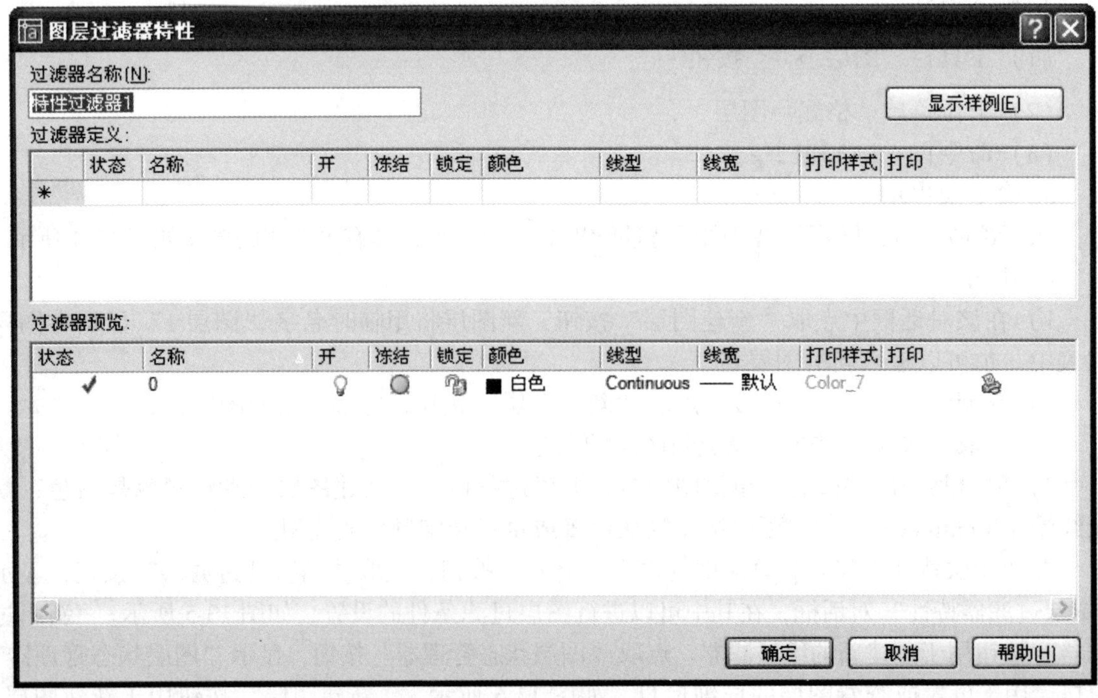

图 13-5 “图层过滤器特性”对话框

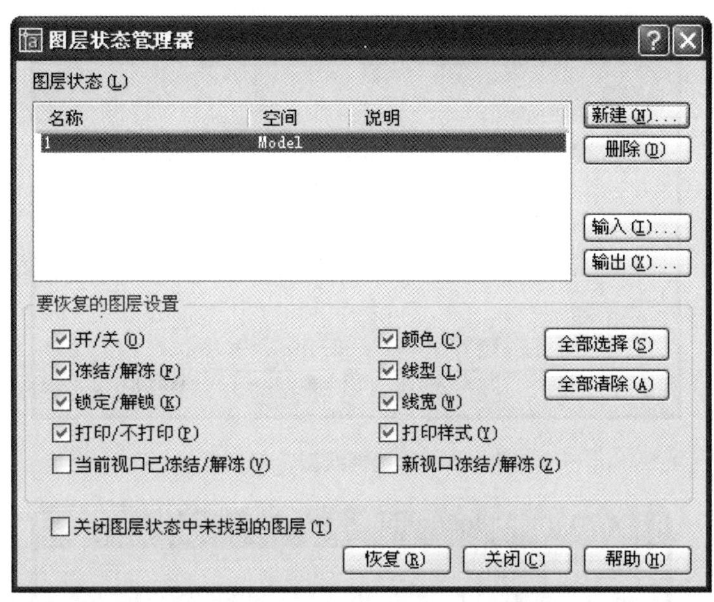

图 13-6 “图层状态管理器”对话框

二、为图层设置颜色、线型和线宽

在“图层特性管理器”对话框中可以设置图层的颜色、线型和线宽。

1. 设置图层的颜色 在图层名右侧对应的颜色项处单击，弹出一个“选择颜色”对话框，如图 13-7 所示，用户可以从中选择颜色。其中“索引颜色”用颜色号表示，颜色号是从 1 到 255 的整数，前 9 个颜色号已赋予标准颜色。也可以通过“真彩色”标签与“配色系统”标签来设置或选择真彩色。真彩色是 AutoCAD2004 版以后设置的新功能，用户可以为 AutoCAD 图形配置更加丰富且逼近真实的彩色颜色。

2. 设置图层的线型 每一个图层可以设置一种线型，为图层设置线型的步骤为：

(1) 在“图层特性管理器”对话框中单击与该图层相关联的线型名，弹出一个“选择线型”对话框，如图 13-8 所示。

(2) 点取“加载”按钮，弹出一个“加载或重载线型”对话框，如图 13-9 所示。

图 13-7 “选择颜色”对话框

(3) 从线型列表中选择一种线型（例如选择 ACAD-ISO02W100）。点取“确定”按钮，返回到“选择线型”对话框。

(4) 在“选择线型”对话框中选择一种线型（例如选择刚加载的 ACAD-ISO02W100），点取“确定”按钮，即可为所选图层指定线型。

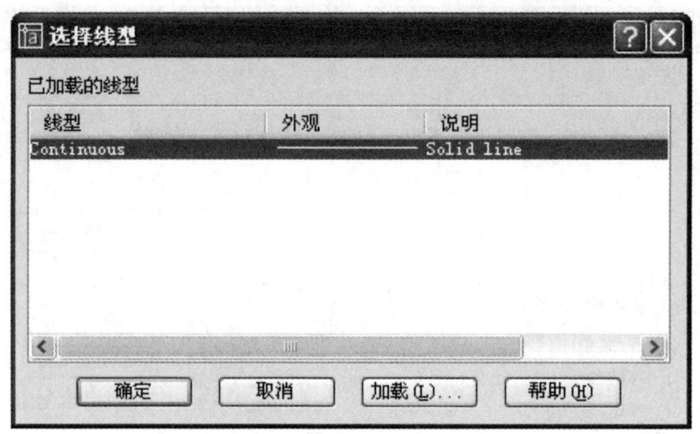

图 13-8 “选择线型”对话框

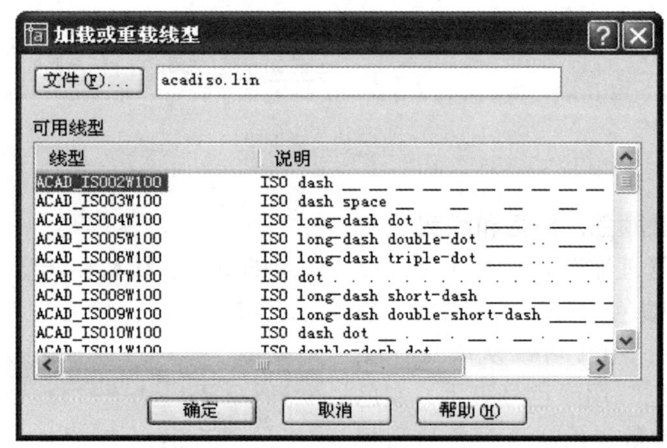

图 13-9 “加载或重载线型”对话框

3. 设置图层的线宽　其方法是在“图层特性管理器”对话框中单击图层名对应的线宽项，这时便弹出一个“线宽”对话框，可从中选择并确定，如图 13-10 所示。

三、控制图层特性的状态

在“图层特性管理器”对话框中可以控制图层特性的状态，包括置为当前、关闭（打开）、冻结（解冻）、锁定（解锁）等。

1. 将图层置为当前层　用户绘制和编辑图形总是在当前图层上进行。若想在某一图层上绘图，必须将该图层设置为当前层。新创建的对象具有当前层的颜色和线型，被冻结的图层或依赖外部参照的图层不能置为当前图层。

将图层置为当前层的方法有两种：

1）从“图层”工具栏的“图层控制”框中点取图

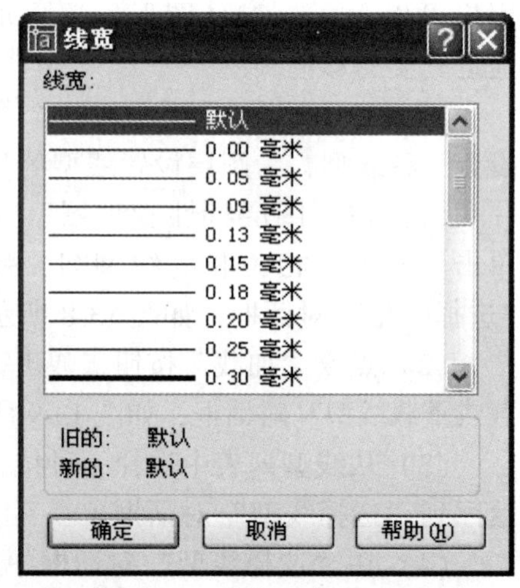

图 13-10 “线宽”对话框

层名，会显示出已有的图层。在图层名上选择其中一个，该图层即可成为当前层。

2）在“图层特性管理器”对话框中选择图层，然后单击“置为当前”按钮。

2. 将对象的图层置为当前层　要将与某个对象相关联的图层置为当前图层，则选择对象，然后在“图层”工具栏中点取“将对象的图层置为当前”按扭，所选择对象的图层将变为当前图层。

3. 打开/关闭图层　图层可以关闭或打开。其操作步骤为：

1）在“图层特性管理器”对话框中选择要打开或关闭的图层。

2）单击“开/关”图标将其打开或关闭。

3）点取“确定”按钮。

关闭层上的对象在屏幕上不可见，用户无法对其进行编辑和输出，因此起到保护作用。由于绘图机不能输出关闭层上的对象，利用这一点可以使用单色绘图机输出彩色图。如果用户绘制的图形较复杂，或不想输出图形中的某些对象，则可以关闭相应的图层。图 13-11 显示出图层打开、关闭对图形显示的影响，其中图 13-11a、b、c 分别为打开三个图层、打开两个图层、打开一个图层时的情况。

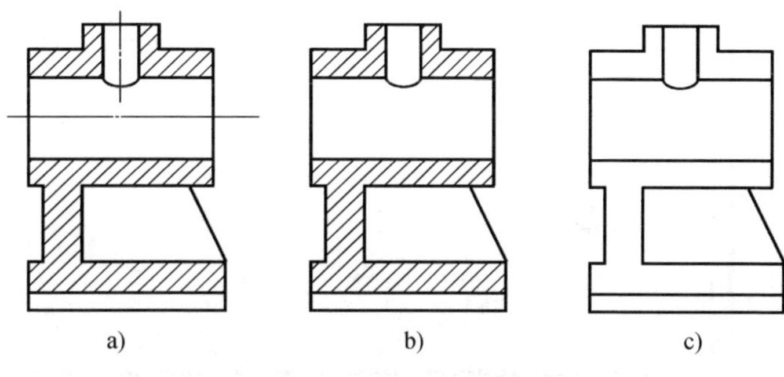

图 13-11　打开与关闭图层

4. 冻结和解冻图层　图层被冻结后，该层上的对象同关闭层上的对象一样是不可见的，用户也无法对其进行编辑，同样不能用绘图机输出。AutoCAD 对冻结图层上的对象不进行交换显示运算，而对关闭层上的对象仍然进行交换显示运算。故冻结图层节省了系统计算时间。但解冻图层时，系统需要对该层上的对象补充上述运算。而对关闭层做打开时，系统直接利用已运算过的结果。如果某些图层上有大量的对象，并且暂时不用它们，应该将这些层冻结。这样当用户多次使用含有重新生成功能的命令时，例如 ZOOM 或 REGEN，会节省许多时间。如果仅是为了便于图形编辑，希望某些图层上的对象不可见，则关闭这些图层即可。用户不能冻结当前层，也不能将冻结层设置为当前层。

冻结 /解冻图层的操作与打开/关闭图层的操作类似，故不赘述。

5. 锁定和解锁图层　图层被锁定后可以在该层上绘图，但无法编辑锁定层上的对象。锁定图层的目的是防止被人误删和误改。可以将锁定层设置为当前层。

6. 恢复到上一图层状态　如欲放弃对图层设置（例如颜色或线型）所做的修改，恢复到上一图层状态，点取“图层”工具栏中的“上一个图层”按钮或执行 LAYERP 命令即可。如果设置被恢复，AutoCAD 将显示“已恢复上一个图层状态”信息。

注意：LAYERP 命令不能恢复经重命名、删除、添加操作的图层状态。

7. 过滤图层　如果一张图中含有许多图层，而用户只想在“图层”列表框中显示出特定图层，则可以对图层进行过滤，以限制图层名的显示。

过滤图层的操作步骤为：

1）单击“图层特性管理器”对话框的“新特性过滤器”按钮，弹出“图层过滤器特性”

对话框，如图 13-12 所示。默认的过滤器是“显示所有图层”。

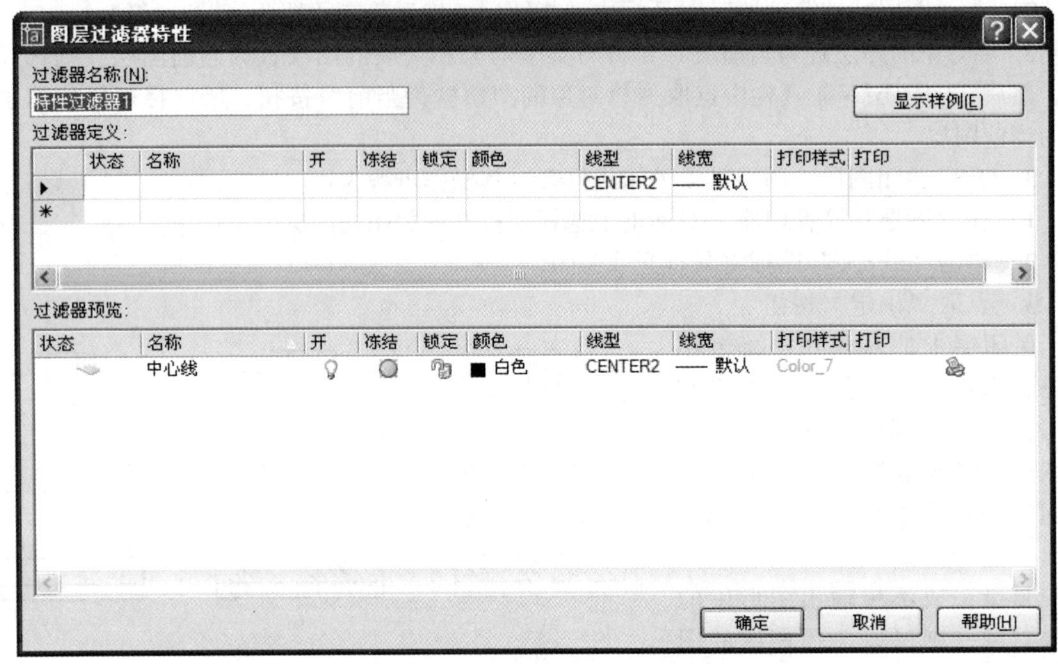

图 13-12　“图层过滤器特性”对话框

2）在“图层过滤器特性”对话框的过滤器名称处输入新过滤器的名称。

3）通过 11 项特性来定义过滤器，如单击线型栏，会出现一个按钮，单击该按钮，就显示“选择线型”对话框，选择其中一种线型。

4）点取“确定”按钮。

5）从“图层特性管理器”对话框左侧列表中选择新定义的过滤器。如图 13-13 所示，在图层列表中只显示被过滤出来的图层。

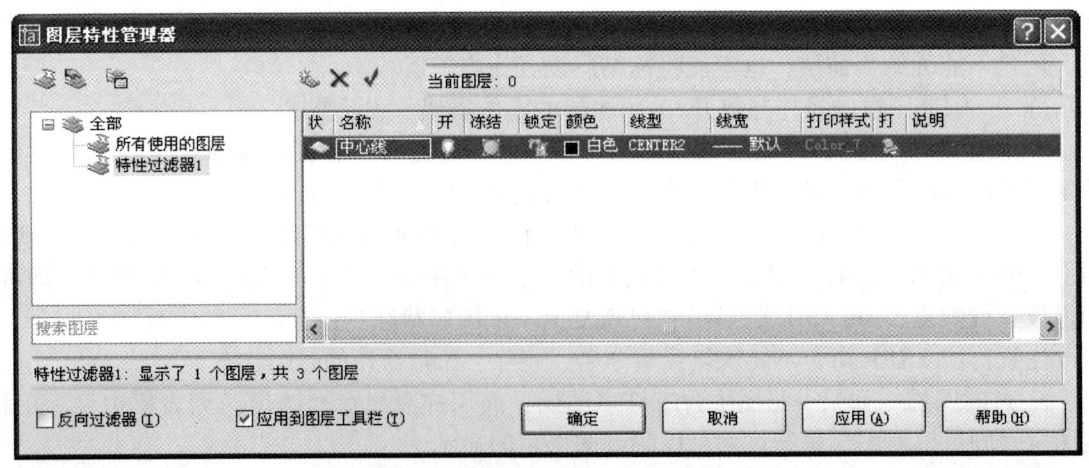

图 13-13　“图层特性管理器”对话框

过滤器的作用可以反向。例如某个过滤器的作用是选择所有颜色为红色的图层，反向过滤器就选择所有的非红色的图层。要反向过滤器，只需在“图层特性管理器”对话框底部激活“反向过滤器”复选框即可。

在图13-12所示对话框的图层“名称”、“颜色”、和“线型”框中，输入指定的名字，也可使用通配符组合、数字或字符过滤类似的命名对象。

四、图层转换器

1. 功能　可在“图层转换器”对话框中，指定当前图形中要转换的图层以及要转换到的图层。

2. 输入方法

（1）工具栏　CAD标准→ 按钮。

（2）下拉菜单　工具→CAD标准→图层转换器。

（3）命令行　LAYTRANS↓。

3. 命令及提示　执行上述命令后，弹出“图层转换器”对话框，如图13-14所示。

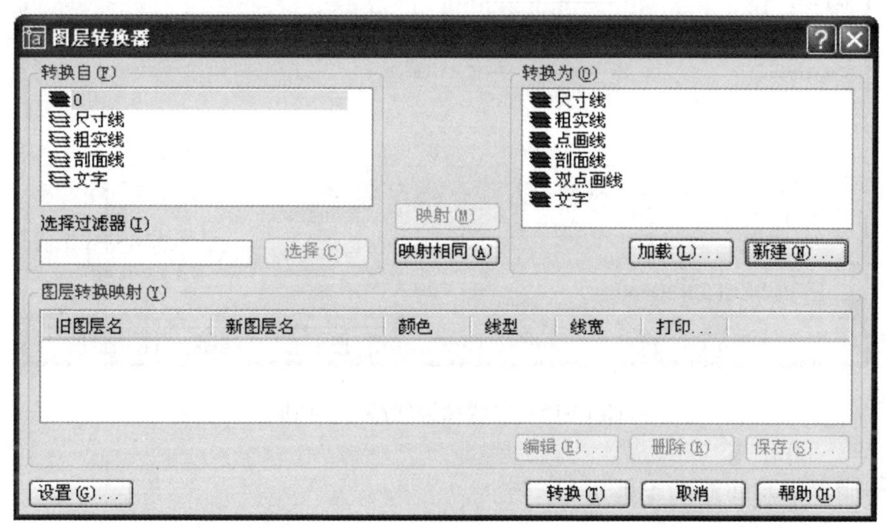

图13-14　“图层转换器”对话框

4. 说明　进行图层转换的步骤为：

1）打开“图层转换器”对话框，在“转换自”列表中，点取要转换图层的名称。

2）在“转换为”列表中，点取所要转换到其上的图层名称。

3）点取“映射”按钮（如映射所有同名的图层，点取“映射相同”按钮）。

4）点取“转换”按钮，即可完成图层的转换。

第三节　线型管理与线型定义

一、加载线型与调整线型比例

1. 加载线型　在绘图时，用户经常要使用不同的线型，例如中心线、虚线、实线等。

AutoCAD 2005 提供了两种线型文件，其中 acadiso. lin 文件在系统启动后会自动加载。而要使用其他线型，必须先进行加载。

(1) 功能　加载线型。

(2) 输入方法

1) 下拉菜单　格式→线型。

2) 工具栏　对象特性→“线型”列表框→“其他”项。

3) 命令行　LINETYPE↓。

(3) 命令及提示　执行上述命令后，弹出“线型管理器”对话框，如图 13-15 所示。

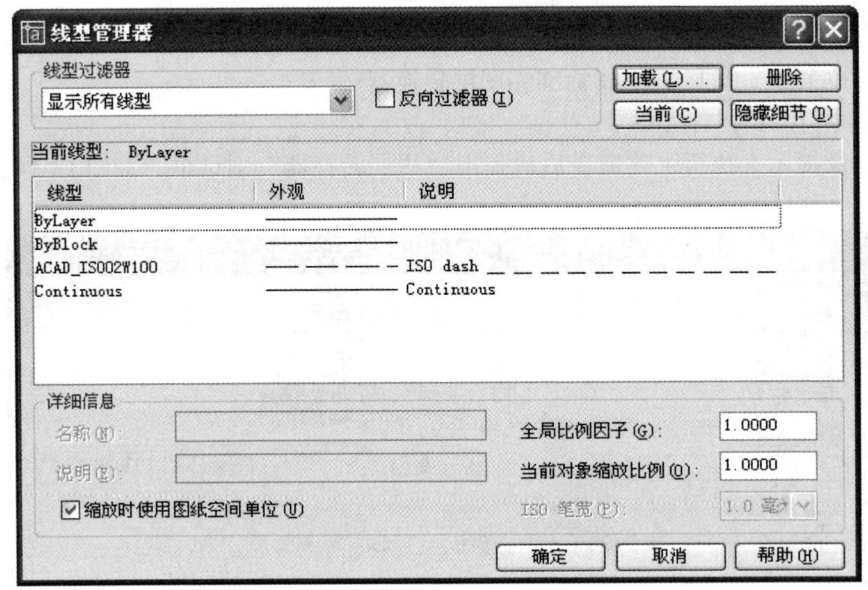

图 13-15　“线型管理器”对话框

(4) 说明　加载线型的步骤为：

1) 点取“加载”按钮，弹出一个“加载或重载线型”对话框（见图 13-9）。

2) 从线型列表中选择一种线型，并点取“确定”按钮，返回到“线型管理器”对话框。

3) 点取“确定”按钮，即可完成线型的加载。

2. 调整线型比例　在图 13-15 所示的“详细信息”栏内有两个调整线型比例的编辑框：“全局比例因子”和“当前对象缩放比例”。“全局比例因子”可以调整新建和现有对象的线型比例，“当前对象缩放比例”调整新建对象的线型比例。这两个值可以相同，也可以不同。线型比例值越大，线型中的要素也越大。图 13-16a、b、c 显示出线型比例分别为 1. 5、1、0. 5 的结果。

调整线型比例的命令是 LTSCALE，它是全局缩放比例。也可以从对话框中调整线型比例。

在 AutoCAD 定义的各种线型中，除了 Continuous 线型外，每种线型都是由线段、间隔、

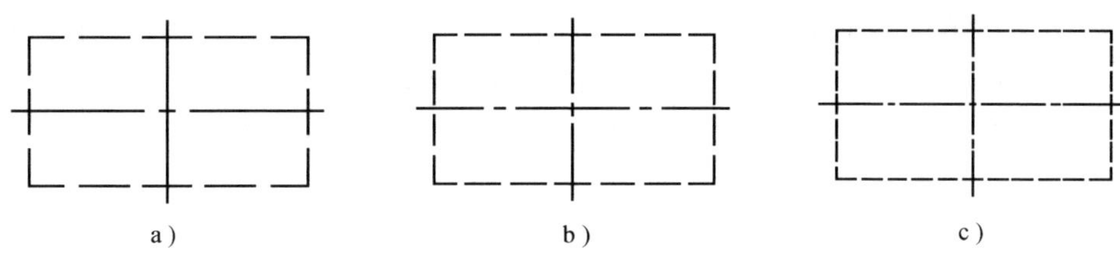

图 13-16　线型比例的作用

点或线段及文本所构成的序列。用户设置的绘图界限与默认的绘图界限差别较大时，在屏幕上显示或绘图仪输出的线型会不符合工程制图的要求，此时需要调整线型比例。

图 13-15 所示“详细信息”栏内有一个“缩放时使用图纸空间单位”复选框，用于调整不同图纸空间视口中线型的缩放比例。

3. 将某种线型置为当前线型　在当前图层上绘制与图层线型不同的图线，必须改变线型“随层”特性，选择一种线型使它成为当前线型。所有新创建的对象，不论其在哪个图层上，都将用当前线型绘制。

将某种线型置为当前线型的方法有两种：

1）点取“对象特性”工具栏上的“线型控制”列表，然后选择一种线型，使其成为当前线型。

2）在“线型管理器”对话框的线型列表框中选择一种线型并点取“当前”按钮。

4. 为对象设置线型　用户在绘图时，如果将当前线型设置为随层（见“对象特性”工具栏“线型控制”中的“随层”），即是使用图层的线型进行绘图。如果想使用其他线型进行绘图，在“对象特性”工具栏上，选择“线型控制”列表，从列表中选择一种线型。

要修改已有对象的线型，可先选择对象，然后按照上述方法进行。如果用户需要使用图层的线型进行绘图，需从“对象特性”工具栏的“线型控制”框中选择“随层”。

二、线型文件及线型定义

1. 建线型文件　AutoCAD 线型由线型文件定义。仅由点、线段和间隔组成的线型称为简单线型；不仅包含点、线段和间隔，而且包含内嵌的形和文字对象的线型称为复杂线型。这里仅介绍简单线型的定义。

一个线型文件内可包含许多线型定义。用户可将自定义线型加入 acad. lin 文件或构造自己的线型库文件。. lin 文件可包括注释，以分号开始的行中的任何文字都将作为注释被忽略。

在 . lin 文件中，每个线型用一个标题行和一个定义行定义，整个文件设定专门的结尾。定义格式为

```
*linetype-name [, description]
A, patdesc-1, patdesc-2, ...
```

第一行定义线型的名称并提供可选的说明。这一行必须以星号开始，其后紧跟线型名称。逗号后面是关于线型的说明，它不能超过 47 个字符，AutoCAD 并不处理它。

第二行是描述实际图案的代码。该行以对齐方式（两端对齐）代码 A 开始，其后是用

逗号分隔的图案描述（不允许出现空格）。“patdesc-1，patdesc-2，. . . ” 为描述该线型的短画线的长度值。当该值大于零时，表示为实线段，等于零时为点，小于零时为空白段，即间隔。每个线型只要定义一个短画线周期序列即可。例如线型 DASHDOT 在 acad. lin 文件里是这样定义的：

＊DASHDOT， -. -. -. -. -. -. -

A，0. 5， -0. 25，0， -0. 25

2. 线型定义　用户可以利用“ - Linetype” 命令定义简单线型。

（1） 功能　从系统的线型文件中加载线型、创建、设置线型及了解当前线型信息。

（2） 输入方法　命令行　- LINETYPE↓。

（3） 命令及提示

命令：　- LINETYPE↓

系统提示：输入选项 ［？/创建（C）/加载（L）/设置（S）］：

（4） 说明

1）？　用于列出线型文件清单。

2）加载(L)　用于加载线型。

3）设置(S)　用于为以后绘制图形设置线型。

4）创建(C)　用于创建简单线型，其步骤为：

命令：- LINETYPE↓

系统提示：输入选项 ［？/创建（C）/加载（L）/设置（S）］：C↓

系统提示：输入要创建的线型名：（输入线型名，例如 test↓，弹出一个“创建或附加线型文件”对话框，如图 13-17 所示）

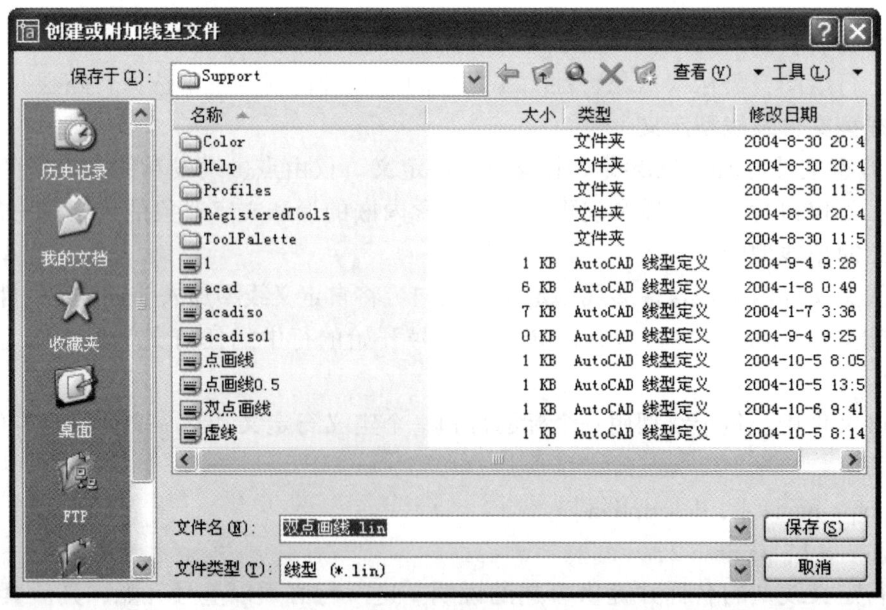

图 13-17　“创建或附加线型文件” 对话框

在“文件名”框内重新输入文件名 test，点取“保存”按钮。

系统提示：创建新文件

说明文字：(输入----. . . ----. . . ----,)

系统提示：输入线型图案（下一行）：

A，（后面输入：2，-0.5，0，-0.5，0，-0.5，0，-0.5↓）系统提示：新线型定义已保存到文件（表明定义线型操作结束。新定义的线型加载后即可应用。）

第十四章　精确绘图的方法

无论多么复杂的图形，都是由一个个坐标点组成的。在绘制图形的过程中，经常需要对图形相关点的坐标进行精确定位，以便快速、精确地绘制图形。

在 AutoCAD 2005 中，提供了多种精确定位的方法，除了使用坐标和坐标系外，还可以使用栅格、对象捕捉、极轴追踪等工具精确定位和捕捉需要的点。

第一节　二维绘图坐标系

在 AutoCAD 中，提供了两种坐标系：世界坐标系和用户坐标系。

一、世界坐标系

世界坐标系（Word Coordinate System，简称 WCS）又称通用坐标系，是一种绝对坐标系，不能被改变。系统默认的坐标系为世界坐标系，世界坐标系包括 *X* 轴和 *Y* 轴（如果在 3D 空间工作，还有 *Z* 轴），其坐标轴的交汇处显示一“□”形标记，但坐标原点并不在坐标轴的交汇点，而是位于图形窗口的左下角（见图 14-1），所有的位移都是相对于坐标原点进行计算的，并且规定沿 *X* 轴正向及 *Y* 轴正向的方向为正方向。

二、用户坐标系

为了能够更方便地绘图，用户经常需要改变坐标系的原点和方向，这时世界坐标系就变成了用户坐标系。用户坐标系（User Coordinate System，简称 UCS）是一种相对坐标系，用户坐标系的原点及 *X*、*Y*、*Z* 轴的方向都可以移动和旋转，甚至可以依赖于图形中某个特定的对象而变化。尽管用户坐标系中 3 个轴之间仍然互相垂直，但是在方向及位置上却都有更大的灵活性。另外，用户坐标系的坐标轴交汇处没有“□”形标记，如图 14-2 所示。

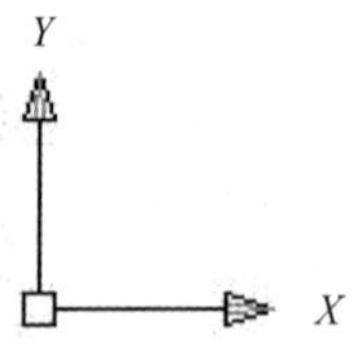

图 14-1　世界坐标系图标

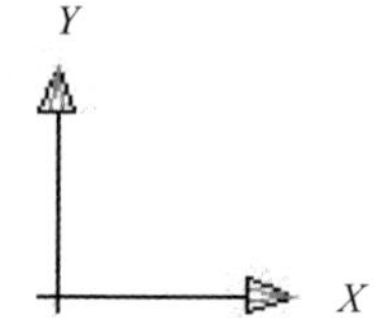

图 14-2　用户坐标系图标

三、在二维绘图时使用用户坐标系

关于用户坐标系的建立和使用的详细介绍，待到介绍三维绘图时再详细叙述。下面仅就在二维绘图中用到的建立坐标系的方法进行介绍。

1. 定义 UCS 的原点

（1）功能　改变 UCS 的原点，保持 *X*、*Y* 轴和 *Z* 轴方向不变。

（2）输入方法

1）工具栏　UCS→按钮。

2）下拉菜单　工具→新建 UCS→原点。

3）命令行　UCS↓。

（3）命令及提示　命令输入后显示当前 UCS 名称和 UCS 命令的各个选项，要求回答的提示为：

指定新原点 <0，0，0>：（输入一点）

输入新原点可用鼠标在屏幕上指定一点或从键盘输入一点。若将原点移到图形对象的某个特殊点，可结合对象捕捉指定点。

2. 原点不变，UCS 绕 *Z* 轴旋转

（1）功能　原点不变，UCS 绕 *Z* 轴旋转。这实际上是将二维平面上的用户坐标系旋转一个角度。

（2）输入方法

1）工具栏　UCS→按钮。

2）下拉菜单　工具→新建→Z。

3）命令行　UCS↓。

（3）命令及提示　命令输入后显示当前 UCS 名称和 UCS 命令的各个选项，要求回答的提示为：

指定绕 *Z* 轴的旋转角度 <90>：（输入旋转角度）

输入旋转角度的方法是从键盘输入角度，或在屏幕上指定两点，两点的连线的方向为 *X* 轴的方向。一旦用户坐标系旋转一个角度后，光标、栅格、捕捉、正交等都旋转相同的角度（见图 14-3），这样便于倾斜图形的作图。

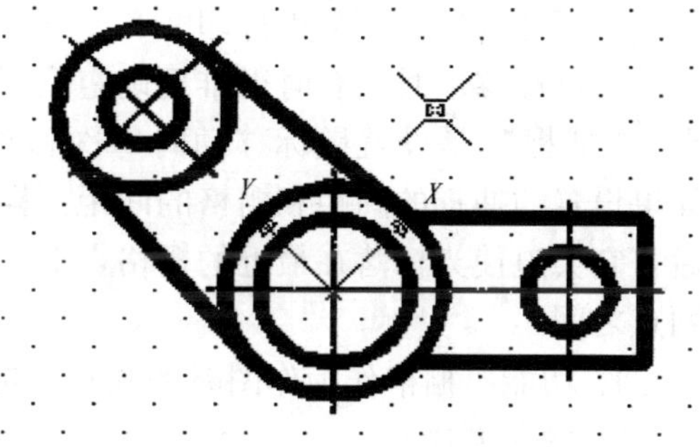

图 14-3　用户坐标系的旋转

3. 选定一个对象来定义新的坐标系　这是通过选择一个对象来定义新的坐标系，新坐标系的原点及 *X* 轴的正方向视不同对象而定。

1）对于圆，圆的圆心为新 UCS 的原点，新 UCS 的 *X* 轴通过拾取点（见图 14-4a）。

2）对于圆弧而言，弧的圆心为新 UCS 的原点，新 UCS 的 *X* 轴通过距拾取点最近的弧的端点（见图 14-4b）。

3）对于直线，新 UCS 的原点为线上距拾取点最近的直线的端点，*X* 轴过拾取点（见图 14-4c）。

命令输入后显示当前 UCS 名称和 UCS 命令的各个选项，要求回答的提示为：

选择对齐 UCS 的对象：（用光标选择一个对象）

4. 恢复世界坐标系

（1）功能　恢复世界坐标系。

（2）输入方法

1）工具栏　UCS→按钮。

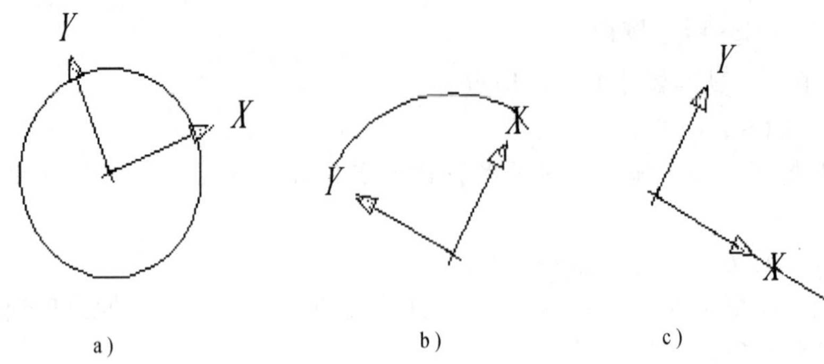

图 14-4　选择一个对象来定义新的坐标系

2）下拉菜单　工具→新建→世界。

由于恢复世界坐标系是用户坐标系命令的默认选项，所以在命令行从键盘输入 UCS 后回两次车即可恢复世界坐标系。

第二节　捕捉和栅格及正交模式

一、捕捉和栅格

“栅格”类似于坐标纸中格子线的概念，它是在屏幕上定义一个点阵（见图 14-5）。栅格的间距用户可自己设置。使用世界坐标系时，栅格只显示在图形界限内。栅格只是绘图辅助工具，而不是图形的一部分，所以不会被打印。

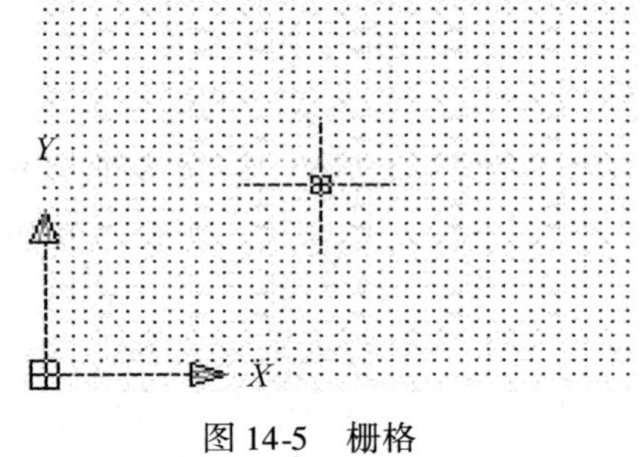

图 14-5　栅格

当鼠标移动时，有时很难精确定位到绘图区的一个点，“捕捉”是设置鼠标移动时每次移动的最小增量。如果设置的捕捉的间距和栅格的间距一样，当捕捉打开后，它会迫使光标落在最近的栅格点上，而不能停留在两点之间。

1. 功能　栅格作为作图时的视觉参考。捕捉的意义是保证快速准确地输入点。

2. 输入方法

（1）工具栏　对象捕捉→ 按钮。

（2）下拉菜单　工具→草图设置。

（3）命令行　DSETTINGS ↓。

3. 命令及提示　执行上述命令后，系统弹出“草图设置”对话框，如图 14-6 所示。

4. 说明　在“草图设置”对话框中，用“捕捉和栅格”选项卡可进行相关设置。

（1）“启用捕捉”复选框　打开或关闭捕捉。当捕捉打开后，在屏幕底部的状态栏的“捕捉”按钮将显示为选中（凹陷）状态。

（2）“启用栅格”复选框　打开或关闭栅格。当栅格打开后，在屏幕底部的状态栏的“栅格”按钮将显示为选中（凹陷）状态。

（3）“捕捉”栏　该栏设置捕捉的水平（X）和垂直（Y）间距、旋转角度以及基点。

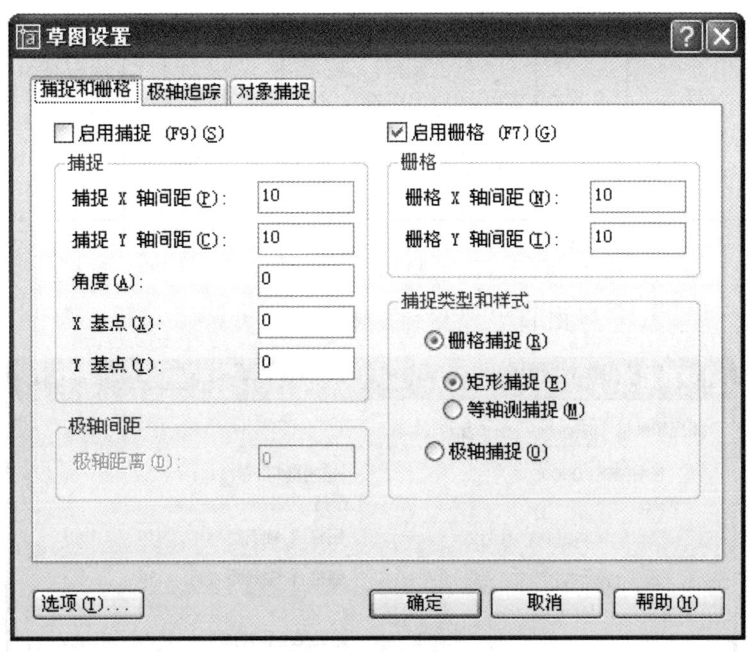

图 14-6 “草图设置”对话框

1）捕捉 *X* 轴间距　输入 *X* 轴方向捕捉间距。

2）捕捉 *Y* 轴间距　输入 *Y* 轴方向捕捉间距。

X 轴方向捕捉间距与 *Y* 轴方向捕捉间距可以相同，也可以不同。

3）角度　在此输入捕捉及光标旋转的角度。在绘制机械图样时，如果绘制与基本视图（如主视图）有一定角度的视图，可设置此项。

4）*X* 基点、*Y* 基点　设置旋转捕捉基点（旋转捕捉角的原点称为基点）。

（4）“栅格”栏

1）栅格 *X* 轴间距　输入 *X* 轴方向栅格间距。

2）栅格 *Y* 轴间距　输入 *Y* 轴方向栅格间距。

注意：当栅格间距相对图形界限较小时，命令提示区提示“栅格太密，无法显示”。当值为 0 时，AutoCAD 自动将栅格的显示间距设置为捕捉间距，而并不是间距为 0（不显示间距）。

（5）“捕捉类型和样式”栏

1）栅格捕捉　栅格捕捉又分为“矩形捕捉”和“等轴测捕捉”两种。矩形捕捉就是指前面所述的捕捉（是默认情况）。等轴测捕捉通常用来绘制正等轴测图，栅格线及光标线与水平轴成 30°、90°和 150°，按 <F5> 键或 <Ctrl> + <E> 组合键可将栅格线和光标在 30°、90°和 150°之间切换，如图 14-7 所示。

2）极轴捕捉　在启用了极轴追踪和对象追踪的情况下，当“捕捉”打开时，光标沿极轴追踪角和对象追踪角捕捉。关于极轴追踪和对象追赶踪请参看本章第三节。

（6）“极轴间距”栏　当选中“极轴捕捉”时，极轴距离显亮，可设置沿极轴捕捉的间距。如果该值为 0，则以“捕捉 *X* 轴间距”的值作为该值，如图 14-8 所示。

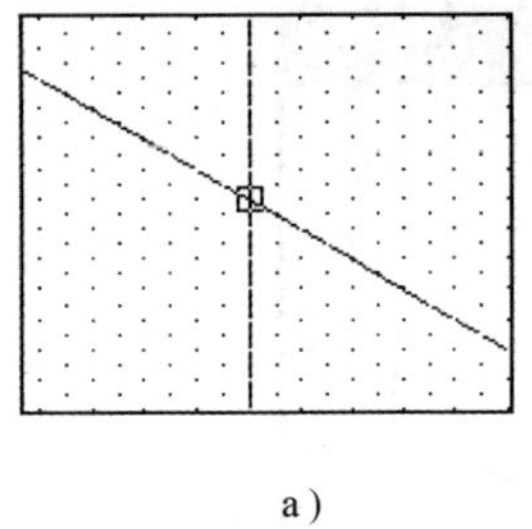

a)

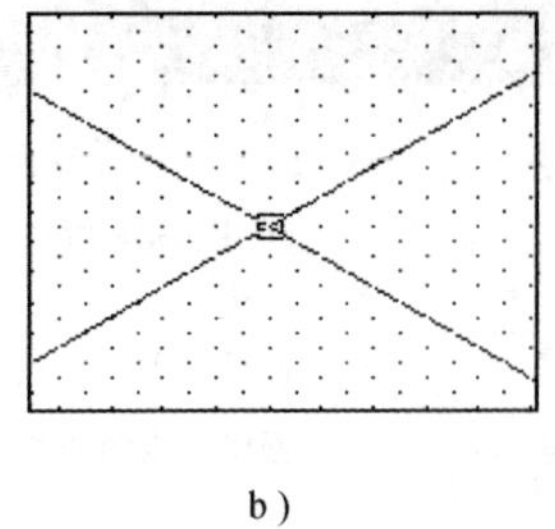

b)

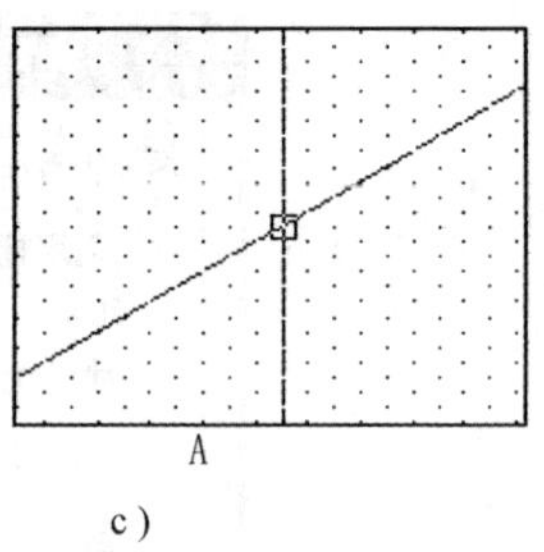

c)

图 14-7　正等轴测图、栅格线及光标

图 14-8　“极轴捕捉”对话框

注意：用户可单击状态栏上的“捕捉”按钮打开或关闭捕捉。按 <F9> 功能键或按 <Ctrl> + <B> 键可实现捕捉打开或关闭的切换。绘图时，捕捉可以随时打开或关闭，它对光标无任何影响。键盘输入绝对或相对坐标的点都不受捕捉的影响。

若是仅打开或关闭栅格的显示，用户可单击状态栏上的“栅格”按钮。按 <F7> 功能键或按 <Ctrl> + <G> 键可实现栅格打开或关闭的切换。关闭后再打开栅格的间距不变。

除了在“草图设置”对话框中设置捕捉和栅格外，还有命令行捕捉命令“SNAP”和栅格命令“GRID”，它们的各个选项提示就是“草图设置”对话框中的各项。

二、正交

正交的功能是迫使连接光标和起点的橡皮线总是平行于 *X* 轴或 *Y* 轴，从而使所取第二点与第一点的连线平行于 *X* 轴或 *Y* 轴。当捕捉为等轴测模式时，正交还迫使直线平行于三个轴中的一个，主要用来绘制水平线和垂直线。

可从命令行输入命令“ORTHO”，或单击状态栏上的“正交”按钮或按 <F8> 键进行正交功能的开关切换。

第三节　对 象 捕 捉

一、对象捕捉及其使用方法

绘图时，有时要精确找到已经绘出图形上的特殊点，如直线的端点和中点、圆的圆心、切点等，而这些点未必在设置的捕捉点上。要使光标精确地定位于这些点，就要利用“对象捕捉”的各种捕捉模式。AutoCAD 提供了“对象捕捉功能”，使用户可以准确地输入这些点，从而大大提高了作图的准确性和速度。

对象捕捉模式有两种：

1. 单点对象捕捉　也称为“一次性”用法。即在某个命令要求指定一个点时，临时用一次对象捕捉模式，捕捉到一个点后，对象捕捉就自动关闭了。

“单点对象捕捉”的使用方法：

1）对命令提示键入相应的某种对象捕捉模式的至少前三个缩略字母。

2）从“对象捕捉”工具栏（见图 14-9）中选择一种捕捉模式，即用鼠标左键单击一个对象捕捉按钮。

3）按住 <Shift> 键并同时用鼠标右键单击绘图区，从弹出的快捷菜单中选择。

2. 运行对象捕捉模式。设置一种或多种对象捕捉模式，并且可同时打开它们。所设置的多种捕捉模式在整个绘图过程中都有效，直到用户关闭对象捕捉功能。与单点捕捉最大的区别就是捕捉模式可连续使用而不必每次打开该捕捉模式，此方式称为“永久”用法。不论在何种命令状态下，当用户被要求指定一个点时，只要光标落在图形对象上，就自动选择相应的对象捕捉模式。

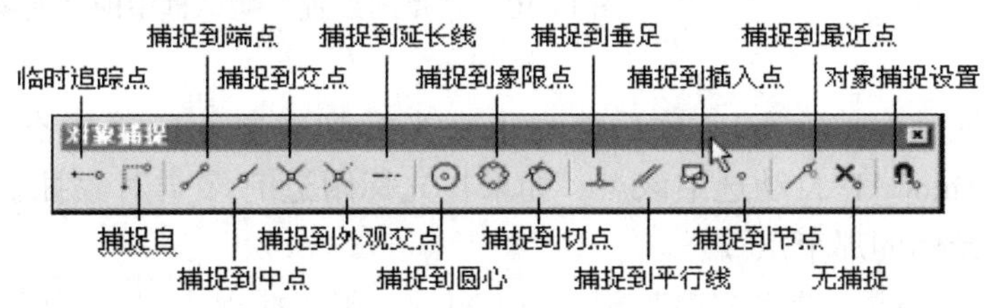

图 14-9　“对象捕捉”工具栏

运行对象捕捉模式的方法：

1）从命令行输入命令“OSNAP”，或选择下拉菜单“工具→草图设置”，或鼠标右键单击状态栏的“对象捕捉”按钮，从弹出的右键菜单选中“设置”，都可打开“草图设置”对话框。选择其中的“对象捕捉”选项卡，如图 14-10 所示。在对话框中选择所需的对象捕捉模式，再选中“启用对象捕捉”复选框，然后单击“确定”按钮即打开了“运行对象捕捉模式”。

2）如果已经从“草图设置”对话框中选择好所需的对象捕捉模式，仅仅是打开对象捕捉模式，可单击状态栏上的“对象捕捉”按钮，或按 <F3> 功能键，按 <Ctrl> + <F> 组合键运行对象捕捉模式。一旦打开了“运行对象捕捉模式”，在 AutoCAD 某个命令要求指定一个点时，所设置的捕捉模式就自动起作用，并且根据光标在对象上的位置的不同，自动选择相应的捕捉模式。

二、对象捕捉模式

AutoCAD 提供了多种对象捕捉模式。对于多数对象捕捉模式应用方法是：当命令的提示要求输入点时，先输入模式（或者是执行“单点对象捕捉”，或者是已经处于“运行对象捕

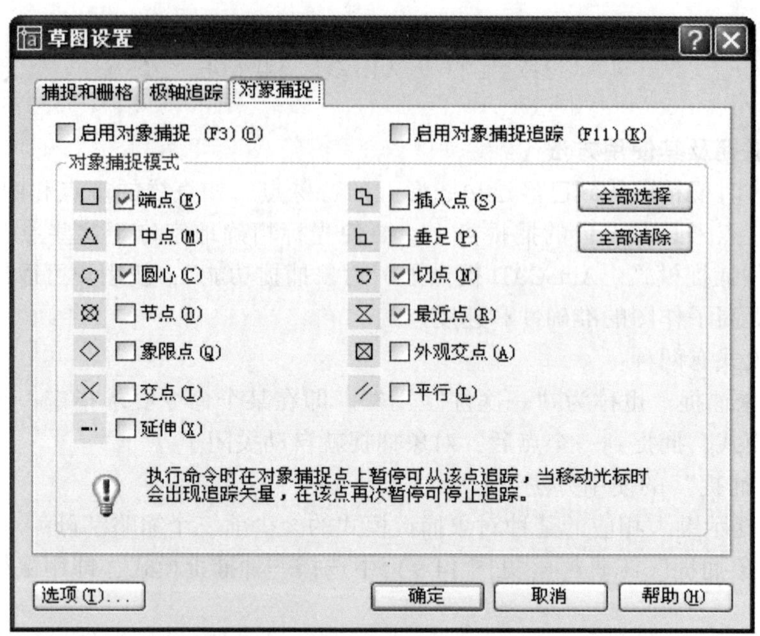

图 14-10　“草图设置”对话框中的“对象捕捉”选项卡

捉”模式状态)，而后移动十字光标到对象上的捕捉点附近，捕捉标记出现，单击鼠标，AutoCAD 自动选中该点。如果在光标附近有多个对象捕捉点，则 AutoCAD 捕捉最靠近十字光标的那个点。

1. “端点捕捉”模式（END）　用于捕捉直线、圆弧、椭圆弧、多线、多线段或射线的端点。

2. “中点捕捉”模式（MID）　用于捕捉对象（如直线、圆弧、椭圆弧、多线、多线段、构造线、实体或样条曲线）的中点。

3. “圆心捕捉”模式（CEN）　用于捕捉对象（如圆、圆弧、圆环、椭圆、椭圆弧）的中心。

4. “节点捕捉”模式（NOD）　用于捕捉一个用画点命令“POINT”绘制的点对象。

5. “象限点捕捉”模式（QUA）　用于捕捉圆、圆弧、圆环、椭圆弧的一个象限点。象限点是位于相对于圆或圆弧中心 0°、90°、180°和 270°方向的四个点。捕捉时，光标应位于对象轮廓线目标点的附近。

6. “交点捕捉”模式（INT）　用于捕捉两条或多条直线、圆（弧）、椭圆（弧）、样条曲线、多段线等对象之间的交点。

7. “延伸捕捉”模式（EXT）　用于捕捉直线、多段线、多线、圆弧、椭圆弧的延长线上的点。激活此方式后，当光标在准备延伸一端停留片刻，该端点便会出现一个“+”符号。接着沿要延伸的方向移动光标，就会出线一条虚线，显示延伸的路径和显示提示框，此时输入所要求的条件，就捕捉到了延伸线上符合条件的点，如图 14-11 所示。

8. “插入点捕捉”模式（INS）　用于所插入的块、文字、形或特性的插入点。如果文字的对齐方式是左对齐，文字的对齐点就是文字的插入点。

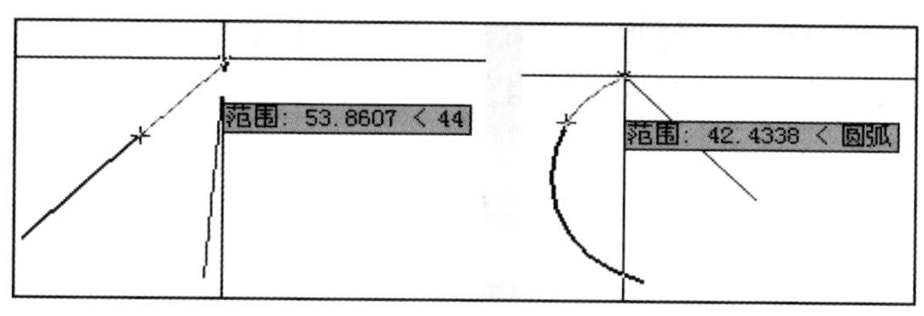

图 14-11 “延伸捕捉”模式

9. “垂足捕捉”模式（PER） 使用“垂足捕捉”模式可以绘制与已知直线、圆、圆弧、椭圆、多线、多段线、射线、构造线或样条曲线相垂直的直线。

10. “切点捕捉”模式（TAN） 用于捕捉圆、圆弧、椭圆、椭圆弧、多段线、样条曲线等的切点，该点与上一个输入点的连线与所选对象相切。

11. “最近点捕捉”模式（NEA） 该模式用于捕捉对象上离光标选择位置最近的点。

12. “外观交点捕捉”模式（APP） 用于捕捉两个在三维空间并不相交，但在某个方向观察却“相交”或延长后看起来“相交”（递延外观交点）的实体的“假想交点”，如图 14-12 所示。

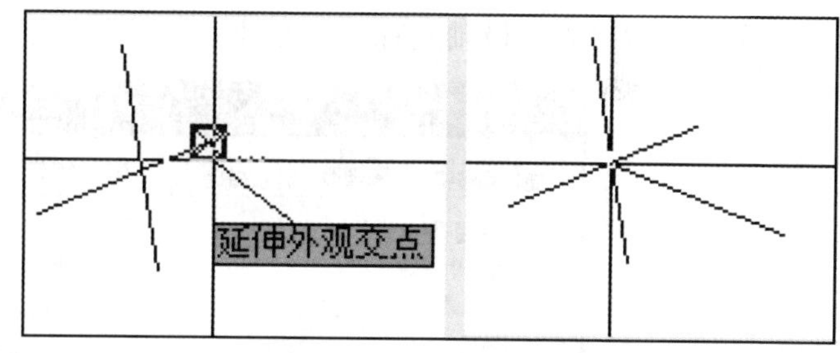

图 14-12 “外观交点捕捉”模式

13. “平行捕捉”模式（PAR） 应用此方式可捕捉到与指定参照对象相平行的线上符合指定条件的点。激活此模式后，当光标移到参照对象上并停留片刻时，该对象上出现一个平行线符号，并显示一条与参照对象平行的虚线。然后就可以设置条件并在它的上面捕捉到符合条件的点，如图 14-13 所示。

14. “捕捉自”模式（FRO） “捕捉自”是以一个临时参考点为基点，从基点偏移一定距离后再输入点（见图 14-14）。通常临时参考点都是由其他捕捉摸式得到的捕捉点。所以，此模式一般都是与其他捕捉摸式一起使用。

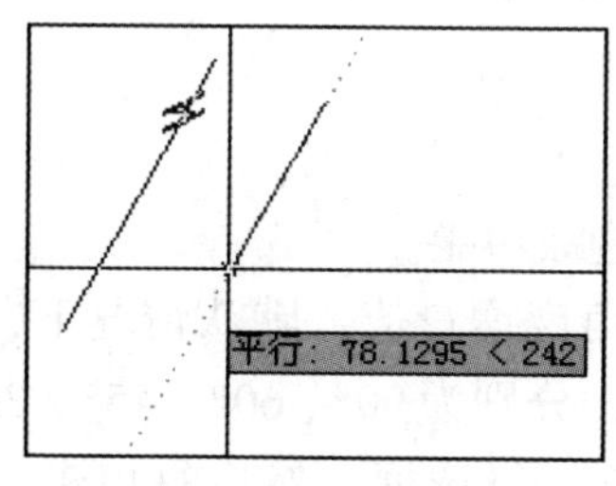

图 14-13 “平行捕捉”模式

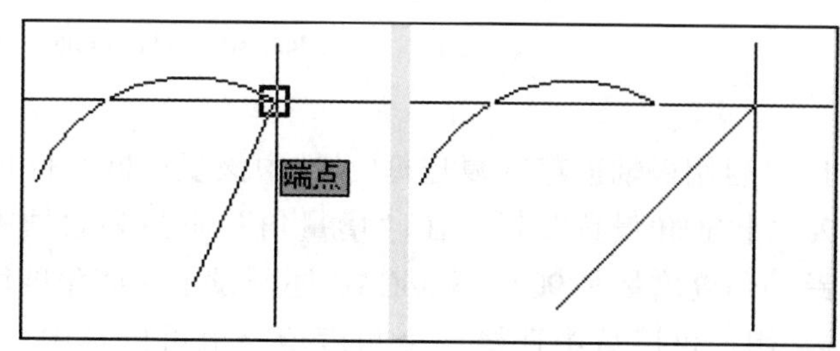

图 14-14 “捕捉自”模式

15. 无捕捉（NON） 该模式是在“运行对象捕捉模式”时，对命令提示要求输入点时暂时关闭所有运行中的对象捕捉模式。

注意：如果选择了一种对象捕捉模式后，立即改用其他模式，命令提示两种目标捕捉都无效，用户必须再次选择所需捕捉模式才有效。

第四节 自 动 追 踪

自动追踪也是一种精确定位点的方法。当要求输入的点在一定的角度线上，或输入点与其他对象有一定的关系（如要求输入点与某个图形对象的特殊点在一条水平线或垂直线上），利用自动追踪确定点的位置非常有效。自动追踪也是被结合于命令的执行过程中。

所谓“追踪”，实际上是在追踪辅助线上寻找所需的点。自动追踪包括两种追踪方式：极轴追踪和对象捕捉追踪。极轴追踪和对象捕捉追踪可以同时使用。

一、极轴追踪

如果要求输入的点在一定的角度线上，就可以使用极轴追踪功能。使用之前应在“草图设置”对话框的“极轴追踪”选项卡（见图 14-15）中设置极轴追踪。

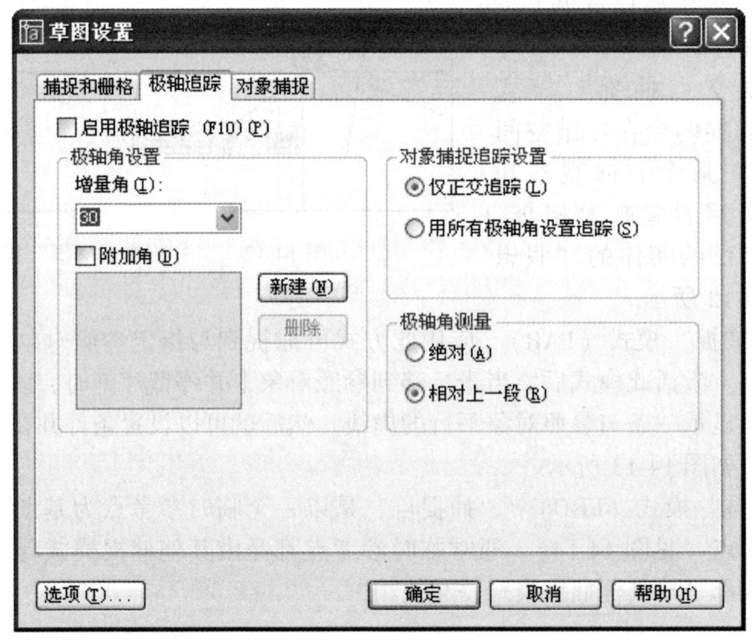

图 14-15 “草图设置”对话框的“极轴追踪”选项

1. “启用极轴追踪”复选框 选中该复选框，打开极轴追踪功能。

2. “极轴角设置”栏 在“增量角”下拉列表框中选择角度增量值。默认情况下，极轴追踪的角度增量是 90°。AutoCAD 还预设了一些角度增量值，分别为 90°、60°、45°、30°、15°等。用户可以从中选择一个角度值，也可以选中“附加角”复选框，然后每单击“新建”按钮后输入一个新的角度增量值作附加角。如果希望删除一个附加角度值，则在选中该角度值后点击“删除”按钮，如图 14-16 所示。

绘图时，一旦打开极轴追踪，对某个命令输入第一点后，在输入第二点之前，当移动光标接近极轴追踪角度时，就会在屏幕上显示出一条极轴追踪辅助线，并同时显示追踪提示。

追踪提示给出了两点间的距离和相对零度线的角度值（见图 14-17）。

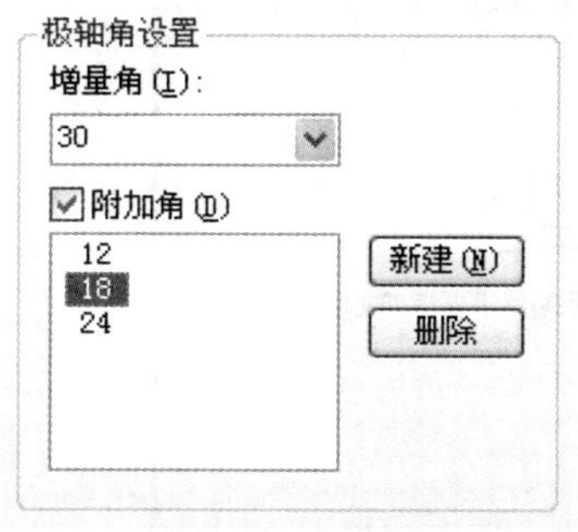

图 14-16　附加角度值

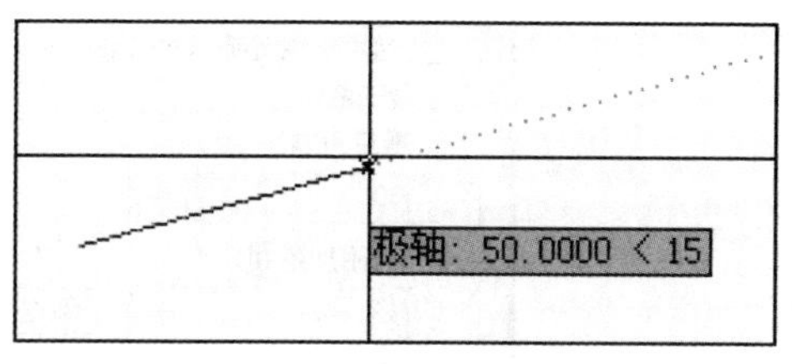

图 14-17　极轴追踪辅助线及追踪提示

沿极轴追踪辅助线也可以设置捕捉，这要在“草图设置”对话框中选中“捕捉和栅格”选项卡，而后在“捕捉类型和样式”栏选中“极轴捕捉”，此时“极轴间距”栏的“极轴距离”显亮，在文字框中输入捕捉间距值，并启用捕捉即可。

图 14-17 所示为利用极轴追踪和极轴捕捉绘制长度为 50 个单位，与 X 轴成 15°的直线。

首先设置角度增量为 15°，设置极轴捕捉间距为 1，打开极轴追踪。然后输入画直线命令及直线的第一点，对于第二点，当移动光标接近 15°方向（或以 15°为增量的角度方向）时，就会在屏幕的 15°方向显示出一条辅助线，并同时显示追踪提示。追踪提示给出了距离和角度值，沿着辅助线移动光标，直到工具提示显示距离为 50 个单位时（也可以直接键入距离值），此时光标所在的点就是我们所希望得到的点，单击左键确定该点，所得直线确保了与 X 轴成 15°。

若仅是打开或关闭极轴追踪，可通过单击状态栏上的“极轴”按钮（按钮按下去表示打开；按钮弹出来表示关闭），或按 <F10> 键来实现。

注意：因为正交模式将限制光标只能沿水平方向和垂直方向移动，所以，不能同时打开正交模式和极轴追踪功能。

二、对象捕捉追踪

对象捕捉追踪是沿着基于对象捕捉点的辅助线方向追踪。使用之前也应进行相关设置，其方法为：

打开“草图设置”对话框，选中“极轴追踪”选项卡，在“对象捕捉追踪设置”栏选择“仅正交追踪”和“用所有极轴角设置追踪”之一：

1. 仅正交追踪　只沿水平线或垂直线追踪。这时只显示经过对象捕捉点的正交（即水平或垂直）追踪辅助线。

2. 用所有极轴角设置追踪　将极轴追踪设置的“增量角”和“附加角”应用到对象捕捉追踪，如图 14-18 所示。

单击“确定”按钮完成设置。

对象捕捉追踪时，也可沿追踪辅助线设置捕捉，设置方法同极轴追踪。

注意：对象捕捉追踪只能在“运行对象捕捉模式”已被打开，并且至少选择了一种对象捕捉模式时才能正确工作。对象追踪与极轴追踪可同时使用。

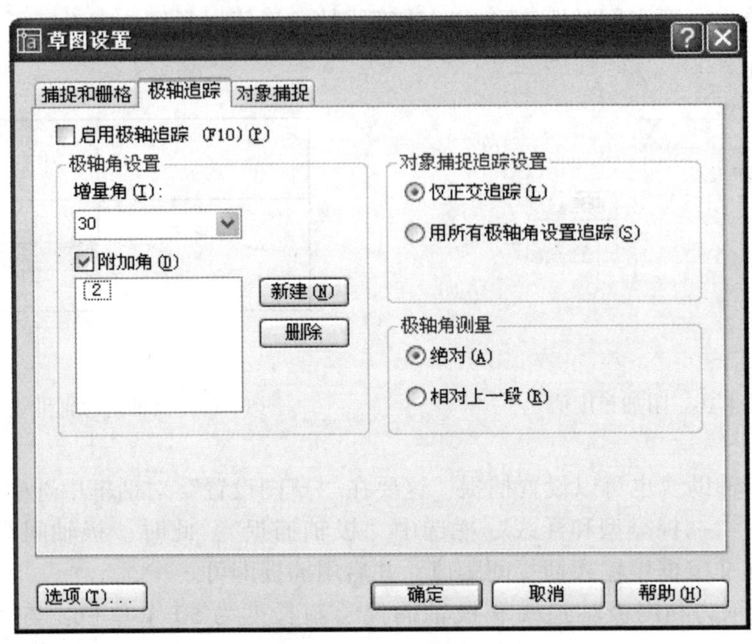

图 14-18 “极轴追踪”中的“对象捕捉追踪设置”

若是仅打开或关闭对象捕捉追踪功能，可单击状态栏上的“对象捕捉追踪”按钮（按钮按下去表示打开；按钮弹出来表示关闭），或按 <F11> 功能键。

例 1 已画直线 *AB*，再画以 *A* 为起点、*C* 为终点的直线，而 *B*、*C* 两点与 *X* 轴成 15°，且相距 80（见图 14-19）。

操作过程为：

1）打开“草图设置”对话框，在“极轴追踪”选项卡的“极轴角设置”栏选择 15°为角增量，在“对象捕捉追踪设置”栏选中“用所有极轴角设置追踪”；在“草图设置”对话框的“捕捉和栅格”选项卡中设置适当的极轴捕捉间距；在“草图设置”对话框的“对象捕捉”选项卡中设置“端点”对象捕捉模式；打开对象捕捉和对象捕捉追踪。

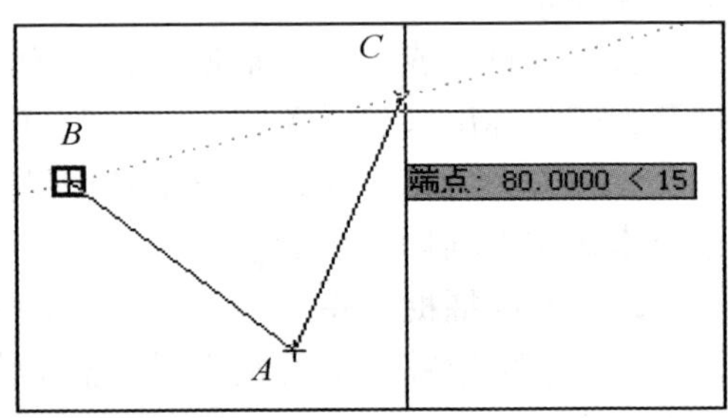

图 14-19 对象追踪

2）输入画直线命令，并捕捉点 *A*，确定 *A* 为 *AC* 的起点。

3）移动光标到 *B* 点并临时获取它。（注意：不要拾取该点，光标只在该点上停顿片刻）

4）从 *B* 点向大致 *C* 点的方向移动光标，将显示一条过 *B* 点的临时辅助线。沿辅助线方向移动光标，直到追踪提示为 80 时单击鼠标左键，确定点 *C*。

使用对象捕捉追踪和对象捕捉可以获取多个临时对象捕捉点，这只要使光标在每个对象捕捉点上停顿一会（被获取的对象捕捉点都显示“+”号），随着光标的移动会出现两条追踪辅助线，因而这时可参照两个对象捕捉点输入命令要求的点。

如果打开了对象捕捉追踪，且设置的对象捕捉模式是“切点”或“垂足”，则可以随时沿切线方向和垂线方向追踪。

例 2 已画出圆弧，接下来画一条从 *M* 点到 *N* 点的直线，线段 *MN* 的延长线与圆弧相切，*M*、*N* 间的距离为 81 个单位（见图 14-20）。这时 *MN* 的角度只能由 *MN* 的延长线与圆弧相切来确定。*N* 点的位置可以借助于对象捕捉追踪功能来确定。

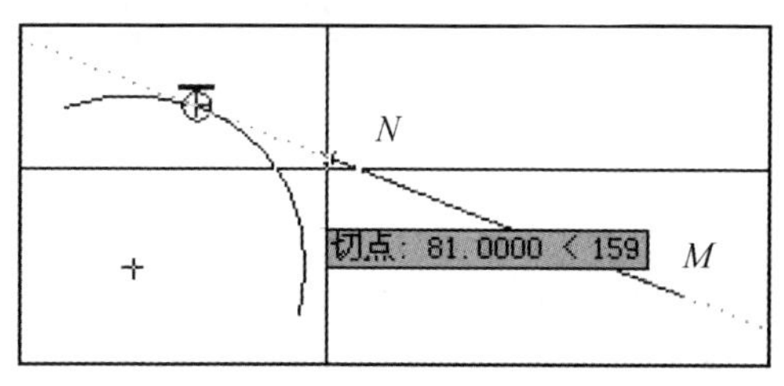

图 14-20 对象追踪

操作过程为：

1）设置“切点”对象捕捉模式；设置极轴捕捉间距为 1；打开对象捕捉和对象捕捉追踪。

2）用画直线命令输入 *M* 点。

3）移动光标到圆并临时获取切点。

4）沿辅助线方向移动光标，直到追踪提示为 81 时单击鼠标左键，确定 *N* 点。

三、极轴角测量

打开“草图设置”对话框，选中“极轴追踪”选项卡，在“极轴角测量”栏选择“绝对”和“相对上一段”之一：

1）选中“绝对”：以当前用户坐标系 UCS 的 *X* 轴正方向为 0°计算极轴追踪角。

2）选中“相对上一段”：是以上一段直线为 0°计算极轴追踪角。

单击“确定”按钮完成设置。

四、临时追踪

在对象捕捉工具栏还有一个“临时追踪点”按钮（见图 14-9），利用它可临时使用一次对象追踪，就像临时使用一次对象捕捉。

临时追踪点使用方法是：当命令的提示要求输入点时，先输入该模式，而后输入临时追踪点（即参考点，对这点可利用对象捕捉模式），该临时追踪点上会出现一个加号（+），移动光标，将显示一条临时追踪辅助线，同时在光标右下方动态地显示临时追踪点到光标点的长度和临时追踪辅助线的角度，即“轨迹点：长度 < 角度”；当光标沿临时追踪辅助线移动到合适的位置后，单击鼠标左键，确定命令要求的点。

第十五章　图形显示控制

在使用 AutoCAD 绘图时，经常需要对当前图形进行缩放、移动、刷新、再生，有时还可能需要同时打开多个窗口，然后通过各个窗口观察图形的不同部分。但是，显示控制命令只能改变图形在屏幕上的视觉效果，而不改变图形实际尺寸的大小。

第一节　图形缩放、平移与鸟瞰视图

一、缩放

1. 功能　在图形窗口内缩放图形，以改变其视觉大小。

2. 输入方法

（1）工具栏　标准→实时缩放、缩放上一个以及窗口缩放按钮（在缩放工具栏中包含 9 种缩放按钮，如图 15-1 和图 15-2 所示。）

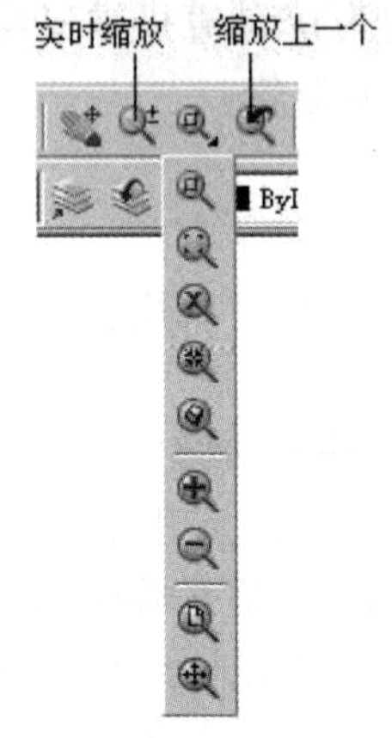

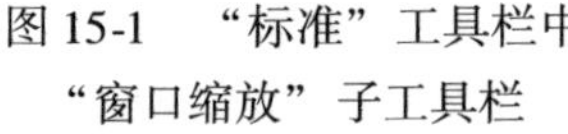

图 15-1　“标准”工具栏中“窗口缩放”子工具栏

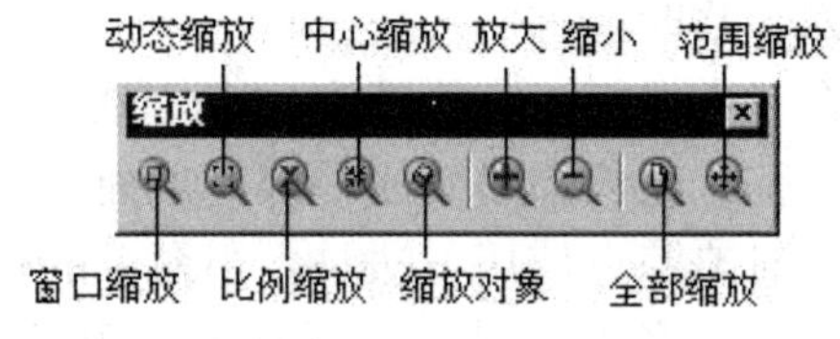

图 15-2　“缩放”工具栏

（2）下拉菜单　视图→缩放。

（3）命令行　ZOOM↓。

3. 命令及提示

命令：ZOOM↓

提示：［全部（A）/中心（C）/动态（D）/范围（E）/上一个（P）/比例（S）/窗口（W）/对象（O）］<实时>：

4. 说明　该命令可以用三种方法输入。

（1）使用键盘输入命令　键入命令后，命令行窗口内出现了上述提示。

1）全部（A）　在当前视口中显示整个图形，其范围取决于图形所占范围和绘图界限中较大的一个。

2）中心（C） 重新设置图形的显示中心和缩放系数。

3）动态（D） 即动态缩放图形。如图 15-3 所示屏幕形式，选取该选项后，屏幕上将显示如图 15-4 所示的屏幕形式。其中蓝点线框表示图形界限或图形实际占据的区域；绿点线框表示当前显示范围，即上一次在屏幕上显示的图形区域相对于整个绘图区域的位置；其中有一个带有“×”的矩形框为选取窗口（视图框），可以改变其大小及位置。

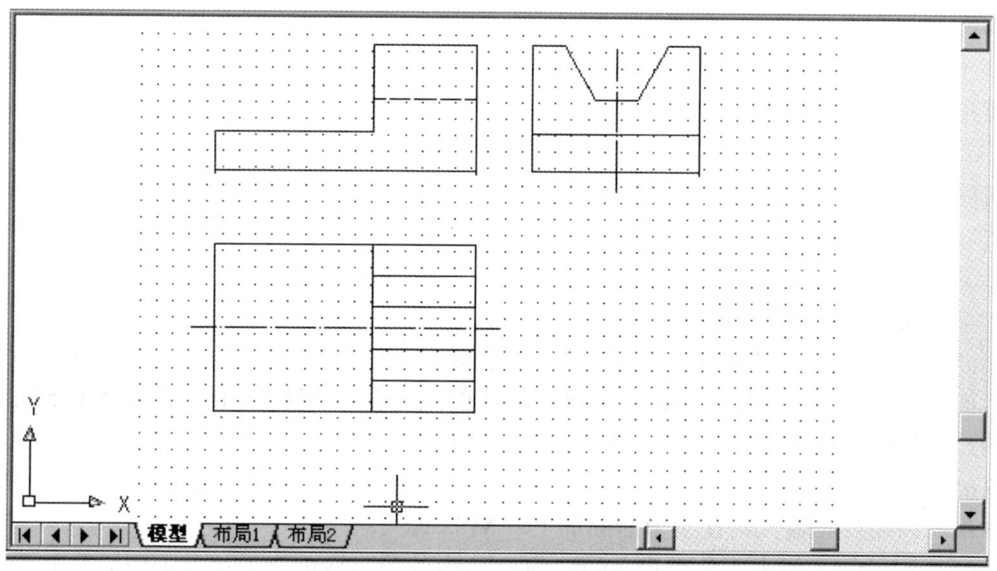

图 15-3 动态缩放前画面

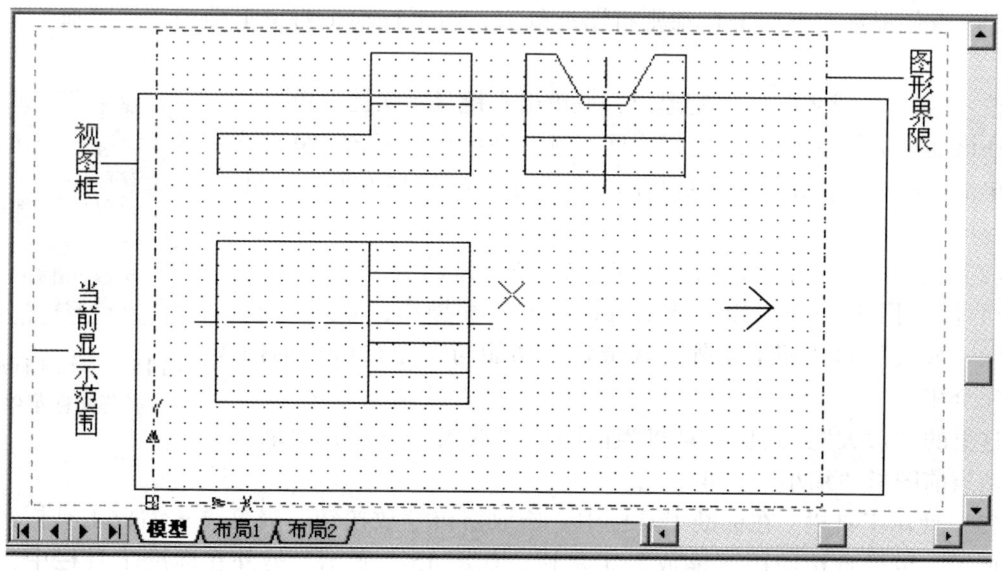

图 15-4 动态缩放时屏幕形式

在操作时，“×”与“→”是通过鼠标的左键来相互转变的。

“×”在视图框中心时，移动鼠标可以改变窗口的位置。

“→”在窗口的右边线上时，移动鼠标可以改变窗口的大小。

最后，用“×”定出图形显示中心，按下回车键或空格键将框内的图形显示到整个屏幕上，框的尺寸越小，放大倍数则越大。

4）范围（E） 在当前绘图区域内尽可能大地显示所有图形。

5）上一个（P） 恢复图形窗口的前一幅图形，可连续使用，最多可以恢复到前 10 幅显示图形。

6）比例（S） 该选项将当前视口中心作为中心点，并依据输入的相关参数值进行缩放。有三种输入方式：

①n 方式 相对于图形界限。若要相对图形界限按比例缩放图形，可以直接输入一个不带任何后缀的正值。例如输入 1，将在绘图窗口中以前一个图形的中心为中心，显示尽可能大的图形界限。若要放大或缩小，只需输入一个不等于 1 的值。例如输入 2，则所有对象相对整个图形界限放大两倍显示；输入 0.5，那么将所有对象相对整个图形界限缩小一半显示。

②nX 方式 相对于当前图形。若要相对当前图形按比例缩放图形，只需要在输入的比例值后面加上“X”。例如，输入 2X，则以两倍的尺寸显示当前图形；若输入 0.5X，则以一半的尺寸显示当前图形；而输入 1X，则没有变化。

③nXP 方式 相对于图纸空间单位。当工作在布局中时，若要相对图纸空间单位按比例缩放图形，只需要在输入的比例值后面加上“XP”即可。

7）窗口（W） 将由两角点定义的“窗口”内的图形尽可能大地显示到屏幕上。

8）对象（O） 对选定的对象在当前窗口最大化。

9）实时 在提示后直接回车，进入实时缩放状态，此时屏幕上出现一个类似放大镜的小标记。按住鼠标左键向上移动则将图形放大，向下移动则将图形缩小。这时命令行提示为：

按 <Esc> 键或 <Enter> 键退出，或单击右键显示快捷菜单。

在该提示下若按下 <Esc> 键或回车键，系统将结束 ZOOM 命令；如果单击鼠标右键，在屏幕上会弹出光标菜单，如图 15-5 所示，可以选择各项操作。

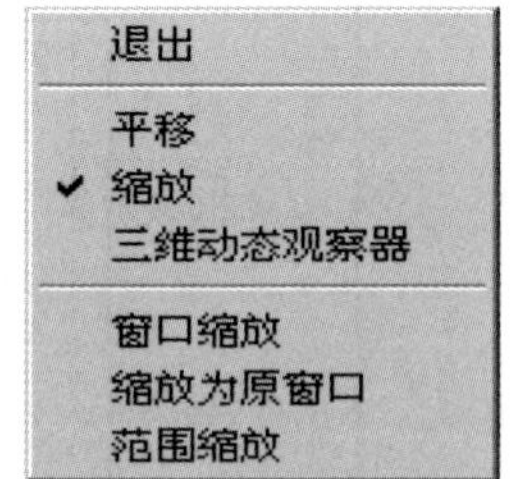

图 15-5 实时缩放时屏幕光标菜单

（2）使用下拉菜单 视图→缩放→相应的光标菜单项。

通过调用下拉菜单可以完成缩放命令的各种操作，如图 15-6 所示。除“放大”和“缩小”外，其余各项功能与命令行格式的操作功能完全相同。

这里的“放大”，其功能是将当前图形“放大”一倍；“缩小”是指使当前图形“缩小”一半。

（3）使用工具栏 在标准工具栏中，拾取窗口缩放按钮，屏幕显示缩放工具栏，如图 15-1 所示。也可直接使用“缩放”工具栏，如图 15-2 所示。另外在标准工具栏中，还有“实时缩放”和“缩放上一个”图标按钮，如图 15-1 所示。

“缩放”工具栏中各选项的功能及操作与命令行键入 ZOOM 命令和使用下拉菜单时相同。

图 15-6 图形缩放的下拉菜单

二、平移

1．功能 在不改变缩放系数的情况下，以观察当前视窗中图形的不同部位，它相当于移动图样。

2. 输入方法

(1) 工具栏 标准→按钮。

(2) 下拉菜单 视图→平移。

(3) 命令行 PAN↓。

3. 命令及提示

平移命令的默认选项为实时平移模式。执行该命令后屏幕上的光标呈一个手形标志，表明当前正处于平移模式，若按住鼠标左键进行拖动，图形也随之平行移动。

AutoCAD 中还提供了平移命令的其他选项，这些选项可从“视图”→“平移”的子菜单中选择，如图 15-7 所示，可沿特定的左、右、上、下四个方向平移图形。

在图 15-7 所示“平移”的子菜单中，“定点”选项是平移图形的另一种方法。

定点即指定放置位置平移图形。可使用单点式或指定两点式来指定放置点。

单点方式就是指定一个放置点，这时 AutoCAD 把点的坐标作为屏幕图形的相对平移量，实际上是相对于坐标原点来计算平移量。

两点方式就是通过指定两点放置的位置，按两点间距离为平移量沿基点到第二点的方向平移图形。

菜单中的“左”、“右”、“上”、“下”，表示分别实现图形的向左、向右、向上和向下移动。

三、鸟瞰视图

1. 功能 方便快捷地缩放或平移图形，以及实时浏览整个图形。

图 15-7　平移图形菜单

2. 输入方法

（1）下拉菜单　视图→ 鸟瞰视图。

（2）命令行　DSVIEWER↓。

3. 命令及提示　执行该命令后，在屏幕上弹出如图 15-8 所示的“鸟瞰视图”窗口。在“鸟瞰视图”窗口中单击，还可以平移缩放图形，如图 15-9 所示。

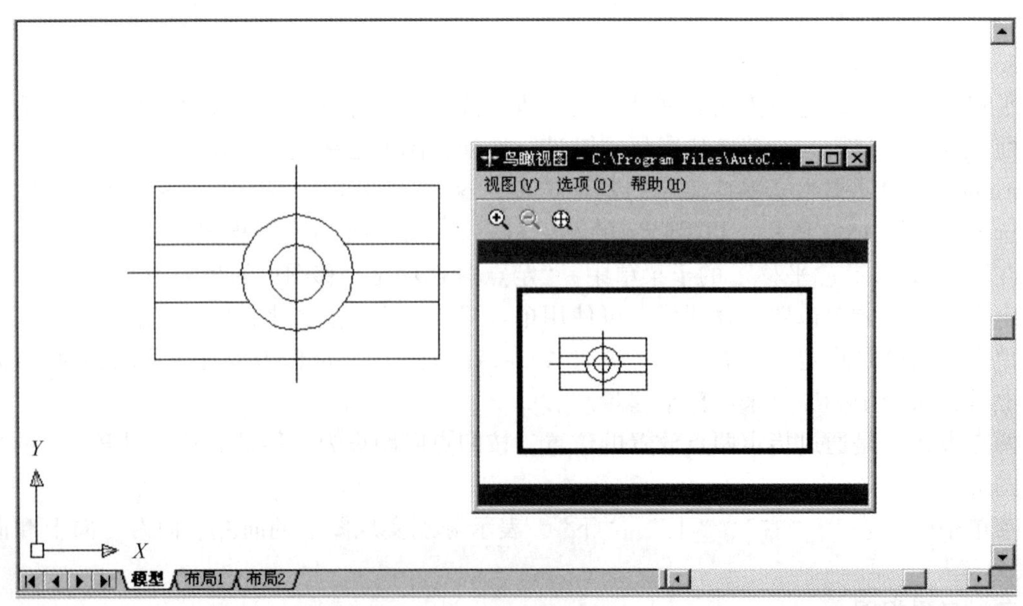

图 15-8　“鸟瞰视图”窗口

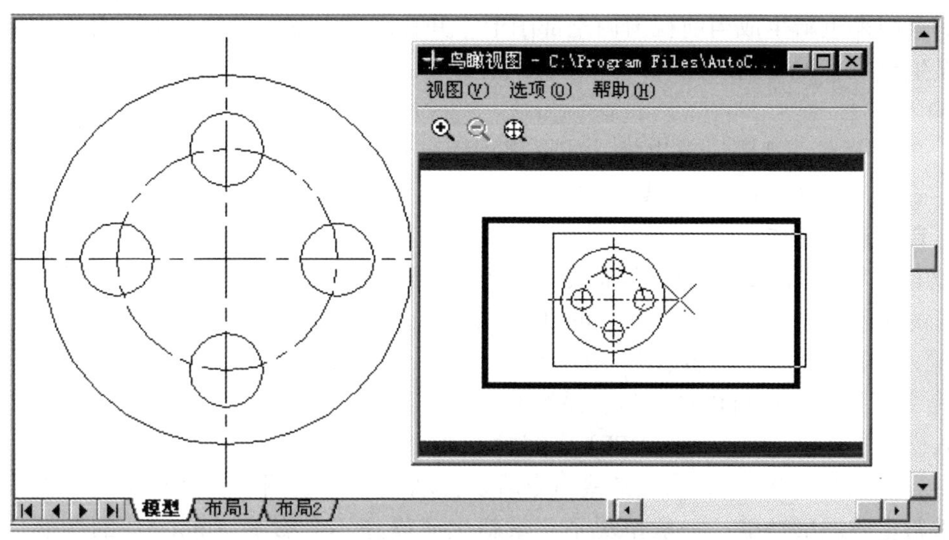

图 15-9 利用“鸟瞰视图”窗口平移图形

图 15-8 中，黑色线框即当前显示在视口中的图形范围。该窗口包含了三个菜单项和三个按钮。

（1）菜单 菜单包括“视图”、“选项”、“帮助”。

1）视图 视图中包括“放大”、“缩小”、“全局”三个选项。这三项只对“鸟瞰视图”窗口有效，而不影响绘图区内的图形显示。“放大”指将“鸟瞰视图”放大一倍显示；“缩小”指将“鸟瞰视图”缩小一半显示；“全局”指在“鸟瞰视图”中显示整个图形。

2）选项 选项中包含“自动视口”、“动态更新”、“实时缩放”三个选项。“自动视口”指在屏幕上切换视口时是否同步更新“鸟瞰视图”。当它打开时，将自动显示活动视口的模型空间视图。当它关闭时，AutoCAD 并不更新“鸟瞰视图”以匹配当前活动视口。“动态更新”是指当更新当前视口（如缩放、平移当前视图等）时，决定是否自动更新“鸟瞰视图”窗口。“实时缩放”指在“鸟瞰视图”缩放时是否同步更新绘图区的图形显示。

（2）按钮 “鸟瞰视图”窗口中有“放大”、“缩小”和“全局”三个按钮，其功能与该窗口“视图”中的选项功能相同。

第二节 图形的重画、重生成与填充

一、重画

1. 功能 清除屏幕上的小十字形标识点，以及将当前屏幕图形进行重新显示。

2. 输入方法

（1）下拉菜单 视图→重画。

（2）命令行 REDRAW↓。

二、重生成和全部重生成

1. 功能 是指 AutoCAD 系统重新计算图形组成部分的屏幕坐标，并重新在屏幕上显示图形的过程。如对点画线，当重新设置了新线型比例因子后，通过“重生”才会显现出来。

重生成命令用来重新生成当前视窗内全部图形，并在屏幕上显示出来，而全部重生成命令将用来重新生成所有视窗的图形。

2. 输入方法

（1）屏幕菜单　视图→重生成（或全部重生成）。

（2）命令行　REGEN↓（或 REGENALL）。

三、自动重新生成

1. 功能　在对图形编辑时，该命令可以自动地再生成整个图形，以确保屏幕上的显示反映图形的实际状态，从而保持视觉的真实。

2. 输入方法　命令行　REGENAUTO↓。

3. 命令及提示　执行该命令后，系统将提示：

输入模式［开（ON）/关（OFF）］〈关〉：

其中，选项开（ON）表示在某些命令后要自动重新生成图形；选项关（OFF）则是关闭自动重新生成图形功能。一般情况下，重新生成操作不会影响 AutoCAD 的性能，因而也没必要关闭该命令。

四、填充显示命令

1. 功能　控制用图案填充、二维填充、等宽线和多段线等命令所绘制的实体，是全部填充，还是只画出轮廓线，以控制显示和绘图输出。

2. 输入方法　命令行　FILL↓。

3. 命令及提示　执行该命令后，系统将提示：

输入模式［开（ON）/关（OFF）］〈开〉：

其中，选项开（ON）表示填充打开方式，在此方式下执行重生成命令（REGEN）后，图形屏幕中显示所有的诸如图案填充、二维实体和宽多段线等对象的填充；选项关（OFF）表示填充关闭方式，在此方式下执行重生成命令（REGEN）后，图形屏幕中不显示诸如图案填充、二维实体和宽多段线等对象的填充。

第十六章　块、属性和外部参照及其他辅助功能

第一节　块的基本知识与操作

一、块的概念

块是一个或多个连接的对象，用于创建单个的对象。块帮助用户在同一图形或其他图形中重复使用对象。

在 AutoCAD 中，为了方便用户对某些特定对象集合进行操作，可以将这些对象定义成一个块。用户可以利用块操作命令方便地对其进行诸如插入、移动、复制以及镜像等操作。系统把块看作单一的对象来处理。块的引入给用户提供了极大的便利。用户可以将那些经常用到、形式固定的图形定义成块，存放在图形中，以后绘图时就可以直接插入，可节约大量的时间，提高绘图的效率；其次，定义成块后可以明显节约存储空间；另外，定义了块后用户可以非常方便地对图形进行修改，如果用户修改块定义，所有插入到图形的块引用都将自动进行修改，可以避免大量的重复劳动，提高效率。除此之外，用户还可以定义块的特性，通过对块特性的编辑来适应不同图形的需要。

二、定义块

1. 功能　将选定的对象定义为块。

2. 输入方法

（1）工具栏　绘图→按钮。

（2）下拉菜单　绘图→块→创建。

（3）命令行　BLOCK↓（或 BMAKE）。

3. 说明　执行该命令后，系统将弹出“块定义”对话框，如图 16-1 所示。图中展示了“粗糙度”符号标注的块定义设置，块名称为“ccd”。

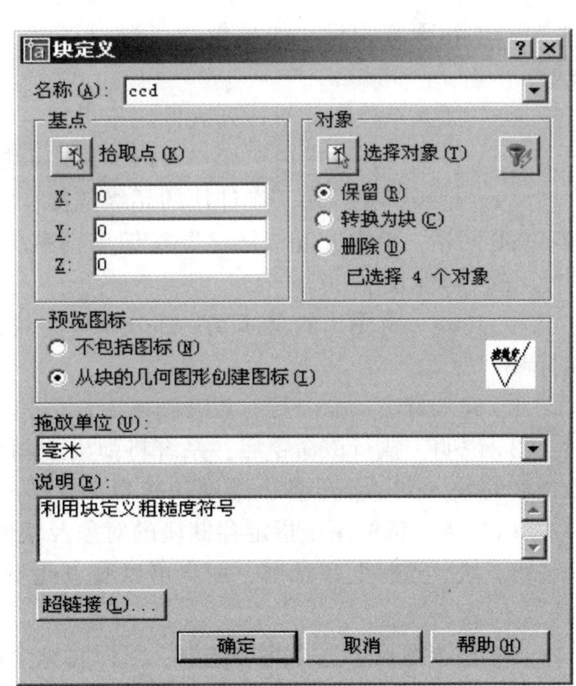

图 16-1　“块定义”对话框

该对话框各选项含义为：

（1）名称　此列表框列出了当前图形中所有的块名，用户可以在此输入新的名称来定义一个新块。

（2）基点　此栏用于设置块的插入基点。用户可以在该栏的 X、Y、Z 文本框中指定基点的坐标；也可以通过单击“拾取点”按钮定义新块的基点。若单击此按

钮，系统自动返回到绘图窗口，拾取一点后，AutoCAD 返回“块定义”对话框，并在 X、Y、Z 文本框中显示基点的坐标。

（3）对象　用于选择设置成块的对象，以及选择对象转换成块后对原有对象的操作方式。

1）选择对象　单击“选择对象”旁的按钮，系统返回绘图窗口。用户选择组成块的对象，选择完毕后确认，系统返回“块定义”对话框。用户可以单击快速选择旁边的按钮，系统弹出“快速选择”对话框，如图 16-2 所示。在此对话框中可以设置过滤条件，快速选择满足条件的对象（块定义的对象可以是图线、文字、块、块属性等）。

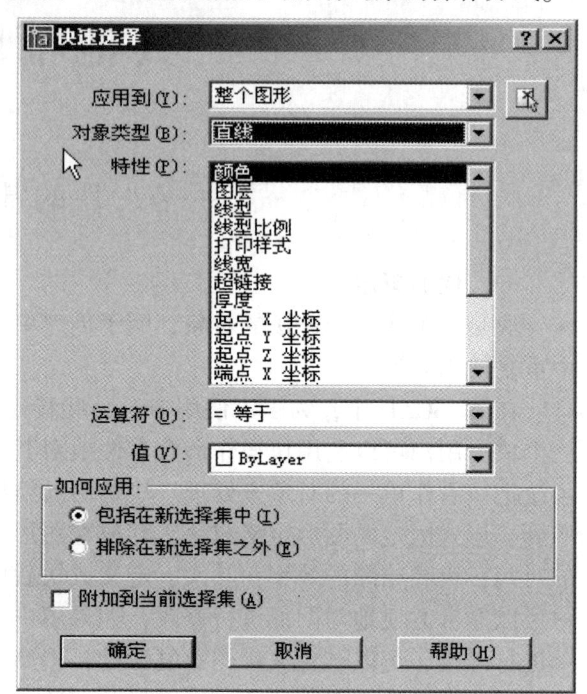

图 16-2　“快速选择”对话框

2）对象操作方式　系统将选择的对象定义成块后，对原对象的操作有三种方式。

①保留　定义块后在绘图窗口保留原选择对象。

②删除　定义块后在绘图窗口删除原选择对象。

③转换为块　将选择对象直接转换为块。

（4）预览图标　在此栏中用户可以选择是否创建预览图标。如果保存了预览图标，用户可以通过 AutoCAD 设计中心来预览该块。

（5）插入单位　此下拉列表框用于设置 AutoCAD 设计中心拖动块时的缩放单位。

（6）说明　在此框内，用户可以为块输入描述性的文字解释。

（7）超级链接　用于设计块的超级链接，将来用户可以通过该块来浏览其他文件或者访问 Web 网站。单击“超级链接”按钮后，系统弹出“插入超级链接”对话框。

三、存储块

1. 功能　将图形的全部或一部分设置为块，以文件的形式存盘（＊. DWG），供用户随时调用。

2. 输入方法　命令行　WBLOCK↓。

3. 说明　执行该命令后，系统将弹出“写块”对话框，如图 16-3 所示。

“写块”对话框的各个选项功能为：

（1）源　该栏用于指定存储块的对象及块的基点。

1）块　选择此单选框，用户可以通过此下拉框选择一个块名将块进行保存。保存块的基点不变。

2）整个图形　选择此单选框，可以将整个图形作为块进行存储。

3）对象　选择此单选框，可以将用户选择的对象作为块进行存储。

另外其他项目和块定义相同。

(2)“目标”栏　该栏用于设置保存块的名称、路径以及插入的单位。

1）文件名和路径　用户可以在该框中直接输入也可以单击右边的按钮。若单击按钮系统会弹出“浏览文件”对话框，利用此对话框来选择保存路径。

2）“插入单位”　用户可以通过下拉列表选择从 AutoCAD 设计中心拖动块时的缩放单位。

四、插入块

1. 功能　将定义的块按照用户指定的位置、图形比例、旋转角度插入到图形。

2. 输入方法

(1) 工具栏　绘图→按钮。

(2) 下拉菜单　插入→块。

(3) 命令行　INSERT↓。

3. 说明　执行该命令后，系统将弹出“插入”对话框，如图 16-4 所示。

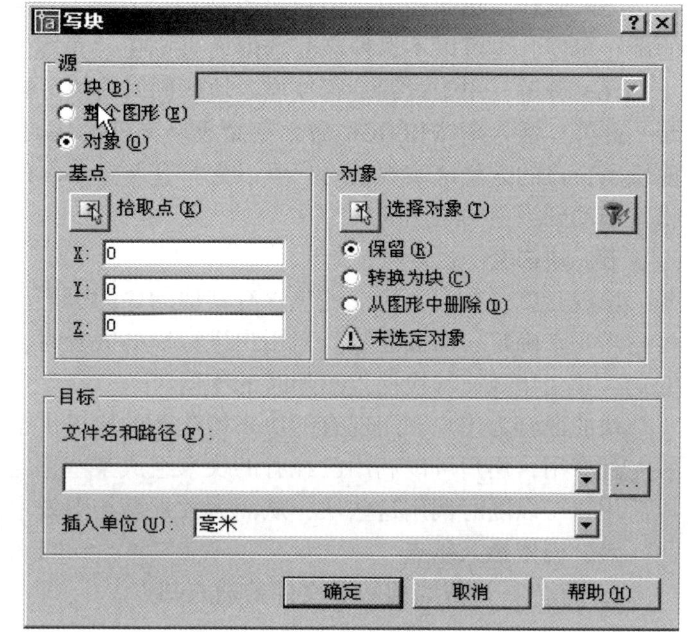

图 16-3　“写块”对话框

“插入”对话框各项含义为：

(1) 名称　通过此框用户可以选择要插入的已经定义块的名称。

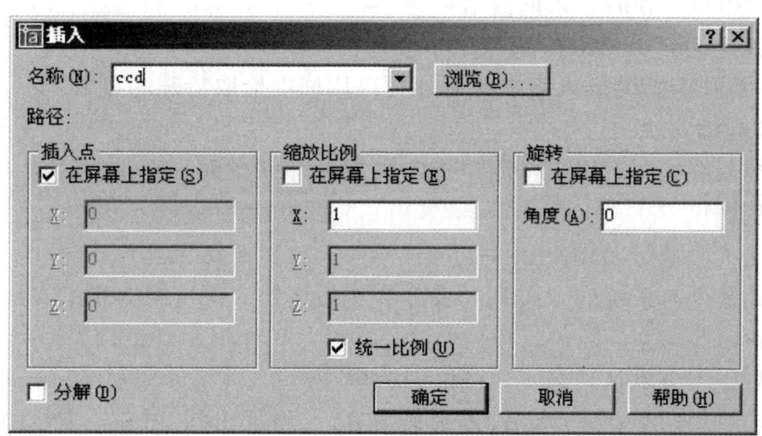

图 16-4　“插入”对话框

(2)“浏览”按钮　单击此按钮，系统弹出“选择图形文件”对话框，用户可以选择已经存储的块文件或图形文件进行插入。插入的图形文件将来均按块对待。

(3) 插入点　默认时为坐标原点，用户可以选中“在屏幕上指定”复选框，在屏幕上选择一个插入点，也可以不选中复选框，在 X、Y、Z 文本框中输入插入点的坐标。

(4) 缩放比例　在此栏中，用户可以选中“在屏幕上指定”复选框，在屏幕上确定插入时的缩放比例。也可以不选中该复选框，而直接在 X、Y、Z 文本框中输入插入时用户所需的X、Y、Z三个方向的缩放比例。当选中“统一比例”项，三个方向的比例缩放保持和X方向一样的大小（可以采用不同的缩放比例来绘制等轴测图）。

（5）旋转　在此栏中，用户可以选中“在屏幕上指定”复选框，在屏幕上确定插入时的旋转角度，也可以不选种该复选框而直接在“角度”文本框中输入旋转角度。

（6）分解　用于设置是否在插入块的同时将块分解。

此外，插入用WBLOCK命令存储成块文件的块时，可以通过直接将其文件名拖动到当前绘图窗口的方法来实现。用户可以先打开Windows的资源管理器，找到欲插入的块文件后将其拖动到当前的绘图窗口。

五、块嵌套

块嵌套就是在一个块中还包含有其他的块的引用。系统对块的嵌套没有限制，用户可以根据需要来确定块的嵌套数。当用户进行块的嵌套时，块内的图层、线型和颜色等都将发生变化，其变化规律与块插入图形时的相同。

块的嵌套为用户利用现有的块来构建新的块提供了极大的便利。块的嵌套对于固定的安装尤其有用，用户可以利用已经有的块来组成某些固定的安装，然后把固定安装设置成块，以后用户可以随时调用这些块，从而大大提高绘图效率。

六、设置插入基点

1. 功能　设置当前图形文件的插入基点。

2. 输入方法

（1）下拉菜单　绘图→块→基点。

（2）命令行　BASE↓。

3. 说明　执行该命令后，系统提示：

输入基点<0.0000，0.0000，0.0000>：

用户指定一点作为新的插入基点即可（可以用捕捉拾取特殊的点）。

七、矩形阵列插入块

1. 功能　插入块的同时将块按用户指定的矩形阵列排列，它是将块插入和矩形阵列排列结合在一起的操作。

2. 输入方法　命令行　MINSERT↓。

3. 说明　此命令与系统的“阵列”命令有相似之处。执行MINSERT命令后，系统提示行及操作说明为：

输入块名或[?]<默认块名>：（输入块名）↓

指定插入点或[比例（S）/X/Y/Z/旋转（R）/预览比例（PS）/PX/PY/PZ/预览旋转（PR）]：（输入点坐标）↓

输入X比例因子，指定对角点，或[角点（C）/XYZ]<1>：（输入比例）↓

输入Y比例因子或<使用X比例因子>：（输入比例）↓

指定旋转角度<0>：（输入旋转的角度）↓

输入行数（---）<1>：（输入阵列的行数）↓

输入列数（|||）<1>：（输入阵列的列数）↓

输入行间距或指定单位单元（---）：（输入阵列的行间距）↓

指定列间距（|||）：（输入阵列的列间距）↓

八、应用举例

现以螺栓联接为例，练习块的操作。

已知两被联接件的厚度分别为20mm、28mm，被联接件上的孔径为18 mm，选用适当的螺栓以及相应的螺母、垫圈，应用块插入的知识，画出装配图（从机械制图中查询相关参数，用简化画法绘图）。

已查得标准件的规格为：螺栓 GB/T 5781—2000 M16×70；螺母 GB/T 6170—2000 M16；垫圈 GB/T 97.2—2002 16。

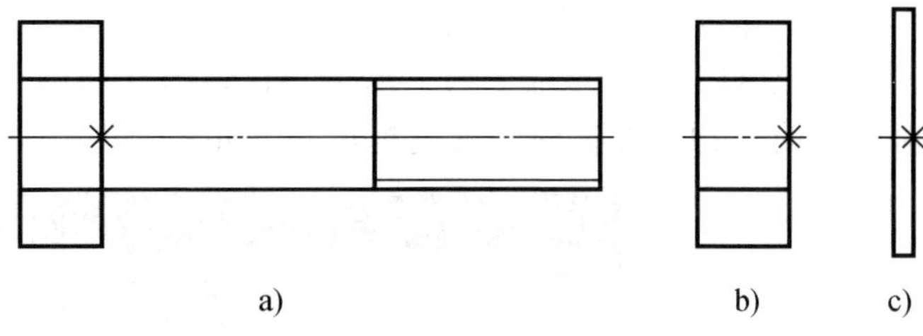

图 16-5 块插入练习（一）

a）螺栓 b）螺母 c）垫圈

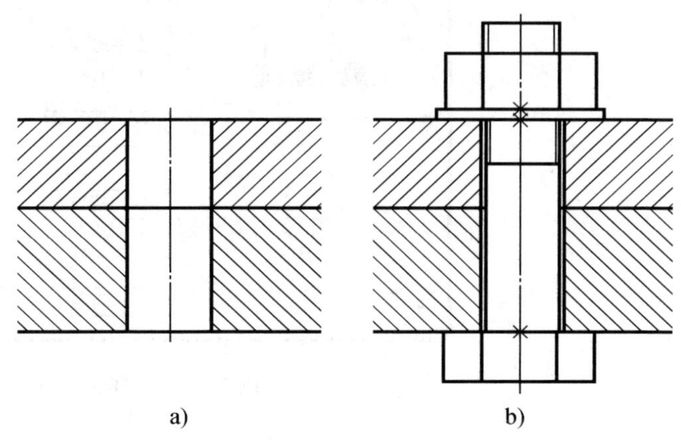

图 16-6 块插入练习（二）

a）插入前状态 b）插入后状态

操作步骤为：

1）按所给尺寸绘制两板零件图，另存为文件“lslj.dwg”。

2）按机械制图简化画法的有关规定绘制相关图形，如图16-5所示。

3）定义垫圈图形为块“dq”，基点如图中符号位置。

4）定义螺母图形为块“lm”，基点如图中符号位置。

5）应用写块命令（WBLOCK），把螺栓图形写块到文件“ls.dwg”，并记下路径。

6）插入块“dq”、“lm”到图中适当位置。（定义块时只选必要的图线。）

7）应用“插入”对话框中的“浏览”按纽，插入“ls.dwg”到“文件”图形中适当的位置。

8）分解块，并根据有关标准编辑图形。螺栓联接的装配图如图16-6b所示。

第二节 块属性及其应用

一、块属性概念

块属性是块的一个组成部分，它是块的非图形信息，是特定的可包含在块中的文字对象。当用户插入一个块时，其属性也一起插入到图形中。当用户对块进行操作时，其属性也将改变。

块的属性由“属性标记”和“属性值”两部分组成，属性标记就是指一个项目（如“粗糙度”），属性值就是指具体的项目情况（如“3.2”）。用户可以对块的属性进行定义、修改以及显示格式设置等操作。利用块属性可以很方便地进行块中文字以及变量的标注及修改。

二、创建带有属性的块

在定义图块前，要先定义该块的属性。定义属性后，该属性以其标记名在图形中显示出来，并保存有关的信息。属性标记要放置在图形的合适位置。

1. 功能　创建属性定义。

2. 输入方法

(1) 下拉菜单　绘图→块→定义属性。

(2) 命令行　ATTDEF↓。

3. 说明　执行该命令后，AutoCAD 弹出“属性定义”对话框，如图 16-7 所示。利用此对话框给“粗糙度标注”建立标记为“粗糙度”的属性。

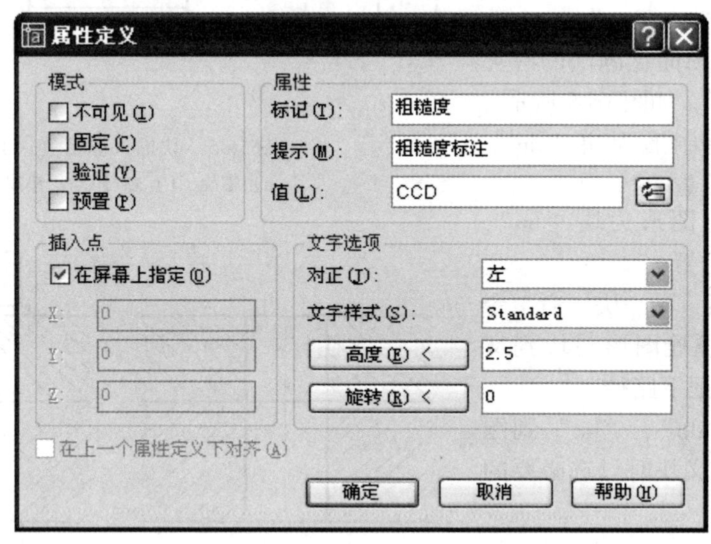

图 16-7　“属性定义”对话框

“属性定义”对话框各项含义为：

(1) 模式　此栏用于设置属性模式。“不可见”复选框用于设置在插入块后是否显示其属性值；“固定”复选框用于设置其属性值是否为常值；“验证”复选框用于设置在插入时是否提示用户输入的属性值；“预置”复选框用于设置是否将属性值设置为默认值。

(2) 属性　用于设置属性的标记（“粗糙度”）、插入块时的提示（“粗糙度标注”）及属性值。

(3) 插入点　用于设置属性插入点。用户可以单击“拾取点”按钮来拾取属性的插入点，或者在 X、Y、Z 文本框中输入插入点的坐标值。

(4) 文字选项　用于设置属性文字的格式。

(5) 在上一个属性定义下对齐　当已经设置了块属性时，用户可以用此复选框使得新定义的属性用上一个属性定义的格式，同时系统自动设置插入点与上一个属性值对齐。

在“属性”栏设置中，如果用户不输入提示，则系统将自动将其设置成与属性“标记”一样。用户用上述命令定义完一个属性后，可以继续用本命令定义另外的属性。

三、插入带有属性的块

以粗糙度标注为例，如图 16-8 所示，练习带属性块的插入。

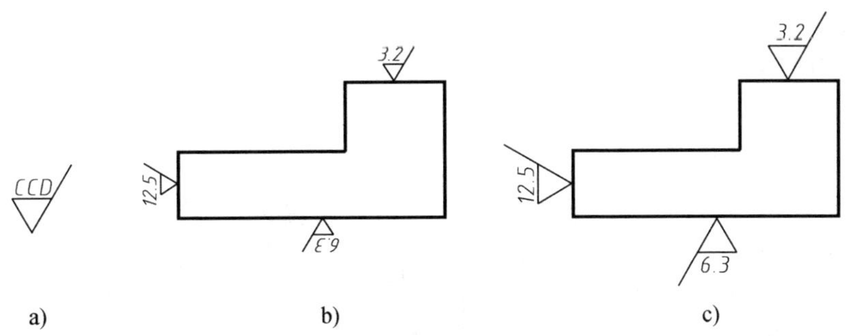

图 16-8　块属性插入与编辑实例

操作步骤为：

1）按制图标准画出表面粗糙度符号。

2）定义块属性“CCD”，并按图示位置放到表面粗糙度符号的正上方，如图 16-8a 所示。

3）利用编辑命令调整符号和“属性”的位置、大小合适。

4）把符号和属性一起定义成块。（捕捉符号的底部顶点为基点，便于此后插入块时操作方便。）

5）在适当的位置插入块，设置插入比例、旋转角度等，同时在系统提示时输入具体的表面粗糙度值，产生不同的标注效果。（插入过程中可以充分利用捕捉命令，达到符号位置的要求。）

当插入块后发现数值字头的方向不能满足制图国标要求时，如图 16-8a、b 中，粗糙度值为“6.3”的块。此情况可有两种解决的途径，一是另定义一种块，以达到符合要求；二是通过“增强属性编辑器”对话框中的“文字选项”卡编辑文字，同样可满足国家标准的要求，如图 16-8c 所示。

四、属性显示

1. 功能　控制属性显示的可见性。

2. 输入方法

（1）下拉菜单　视图→显示→属性显示→对应选项。

（2）命令行　ATTDISP↓。

3. 说明　执行该命令后，系统提示：

输入属性的可见性设置［普通（N）/开（ON）/关（OFF）］<普通>：

各选项的功能为：

（1）普通　按属性定义的可见性来显示。

（2）开　显示所有的属性，与属性定义无关。

（3）关　隐藏所有的属性，与属性定义无关。

五、编辑块属性

1. 功能　修改块属性以满足特殊需要。

2. 输入方法

（1）工具栏　修改Ⅱ→按钮。

（2）下拉菜单　修改→对象→属性→单个。

（3）命令行　EATTEDIT↓。

3. 命令及提示

命令：EATTEDIT↓

提示：选择块：

4. 说明　用户在将图形添加到块以后，还可以随时根据需要编辑快属性。要编辑块属性可以选择菜单项：修改→对象→属性→单个，然后选择块，此时系统将显示“增强属性编辑器”对话框，如图 16-9 所示。

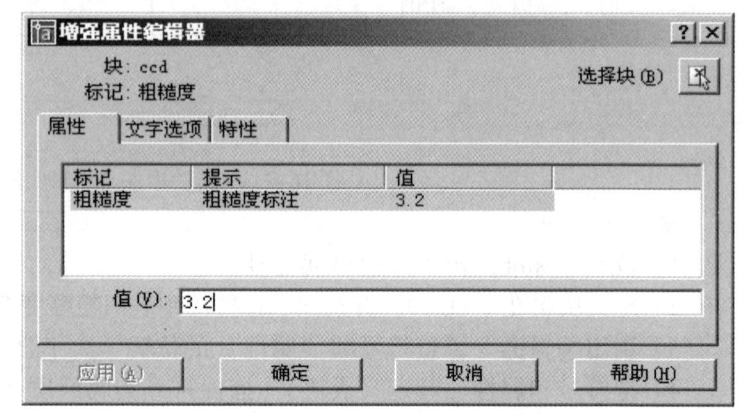

图 16-9　“增强属性编辑”对话框

“增强属性编辑器”对话框提供了三个选项卡。在“属性”选项卡中，用户可以编辑如图 16-9 所示的内容。

在“文字选项”卡中，如图 16-10 所示，用户可以编辑文字的样式、位置、高度、旋转角度、宽度比例和倾斜角度。前面提到的利用块插入粗糙度符号的标注中，当块插入时旋转了 180°，属性标注的文字字头朝下，这与机械制图标准不符合，在这里可以利用“文字选项”卡的旋转和对正功能修改属性定义，可以按图 16-10 所示修改参数，而不需分解块重新编辑书写文字。

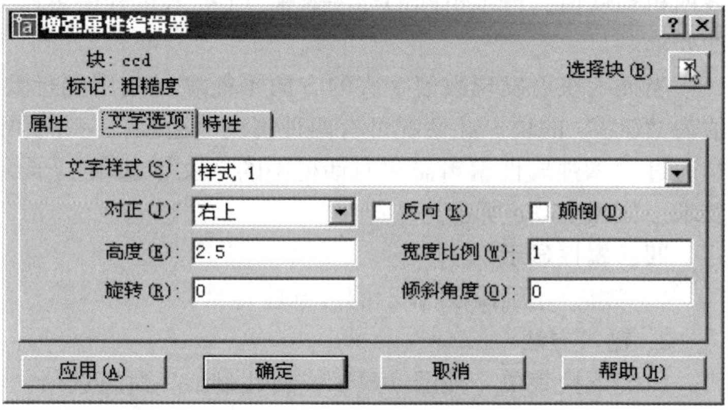

图 16-10　“文字选项”卡

在“特性”选项卡中，如图 16-11 所示，用户可以编辑块的图层、线型、颜色和线宽等属性。

图 16-11　“特性”卡

此外，如果选择了菜单项：修改→对象→属性→全局，用户还可以通过 ATTEDIT 命令编辑块属性，不过这种方式很不直观，也很少采用，在此不做赘述。

六、块插入时对象的属性变化

每一个对象都有诸如颜色、

线型、线宽和图层等特性。当生成块时，这些特性会随对象数据一起存储于图块定义中。如果插入该块到其他图形，这些特性也跟随着块。

1. 随层属性　在颜色和线型设置为“随层”的情况下，如果被插入的图中有同名图层，则块中各对象的颜色和线型均被图中同名图层的颜色和线型所代替；如果被插入的图中没有同名图层，则不管当前图层设置如何，块的颜色和图层总是保持原图层的设置，且插入的同时为当前图形新增相应的图层。

2. 随块属性　如果对象颜色和线型特性被设置为“随块”，则这些对象在它们被插入前没有确定的颜色和线型。插入后，如果图形中没有同名图层，则块中的对象的特性为当前图层的特性。如果有同名图层，则块中对象的颜色和线型均采用同名图层的颜色和线型。

3. 显示设置的颜色、线型和线宽设置　用户可以生成这样一种块，当它被插入时不管当前的特性设置如何，该块总有固定不变的颜色和线型。为做到这一点，可在从对象中生成块之前明确地将这些特性显示赋予对象，即为其指定明确的颜色和线型。可以通过命令或“对象特性”工具栏进行设置。

4. 图层0上块的特殊性　“随层”和“随块”特性的0图层块无论被插入到哪一图层，其颜色和线型特性都使用插入图层的颜色和线型。如果0图层块中对象的颜色、线型和线宽是显示设置的，这些设置均被保留。

第三节　外部参照的引用与管理

一、外部参照概述

外部参照是指在一幅图形中对另一幅图形的引用。它有两种基本用途：

1）用户可以在当前图形中引用不必修改的标准元素（如各种标准元件），可以提高效率。

2）用户还可以在多个图形中应用相同的图形数据，方便于小组设计。任何用户对外部参照修改后，系统会自动地在它所引用的图形中将其修改。

但是用户必须注意，外部参照与块的插入完全不同，块插入后就成为当前图形的一部分，而外部参照插入后并不作为当前图形的一部分，而是与当前图形形成一种链接的关系。在当前图形中并不存储外部参照的图形，而只显示其图形。当用于外部参照的图形发生变化时，主文件的显示将自动更新，与修改后的外部参照文件保持一致。

正是因为如此，用户不能在当前图形中编辑一个外部参照图形中的图线。如果想编辑，必须编辑原始的外部参照图形文件，而且用户也不能在当前图形中对外部参照进行分解。但用户可以进行诸如复制、删除、移动等对整体图形的编辑操作，这些操作不改变引用的参照原图形文件。

二、外部参照的引用

要在图形中附加外部参照，可以选择菜单项插入→外部参照，然后在打开的“选择参照文件”对话框中选择所需的图形文件即可。

三、外部参照的管理

1. 功能　管理图形文件中的外部参照。

2. 输入方法

(1) 下拉菜单　插入→外部参照管理器。

(2) 命令行　XREF↓。

3. 命令及提示　执行该命令后，系统弹出“外部参照管理器”对话框，如图16-12所示。

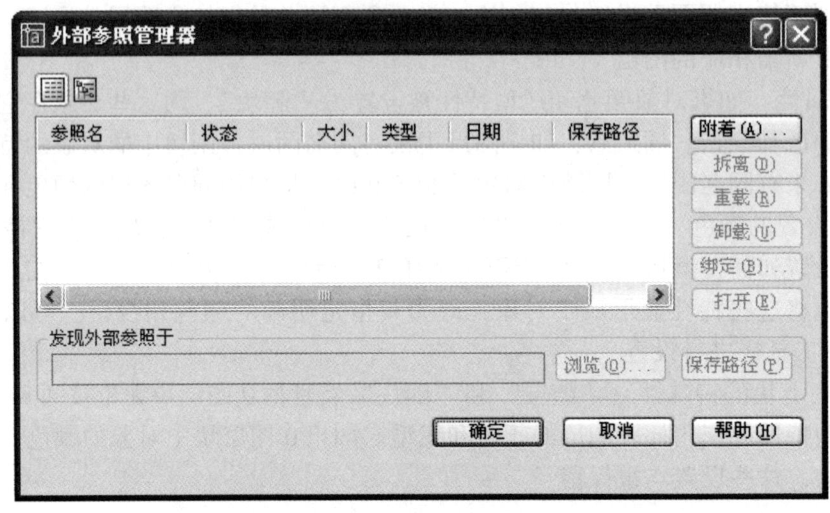

图16-12　“外部参照管理器”对话框

4. 说明　用户可以在参照列表中单击来选定一个外部参照。

对话框中各个选项含义为：

(1) 附着　单击它可以引用新的外部参照。

(2) 拆离　单击它可以从当前图形中删除列表中选定的外部参照及相关的信息。

(3) 重载　单击它可以将卸载的外部参照重新装入图中。

(4) 卸载　单击此按钮，外部参照从图的显示中消去，但外部参照的信息还保留在图形中，用户可以用“重载”按钮重新加载外部参照并显示。

(5) 绑定　用于将选定的外部参照作为块插入到图形中，单击该按钮用户可以在弹出的“绑定外部参照”对话框中选择绑定的类型。

(6) 发现外部参照于　在此栏中，单击“浏览”按钮可以选择路径及文件名；单击“保存路径”按钮来将选择的路径存盘。此选项用于已引用参照文件的名称或路径发生突然变化时，修该改参照的文件名和路径，使得下一次打开主文件时能够顺利找到参照文件并调入。

第四节　AutoCAD设计中心

一、设计中心的作用

AutoCAD设计中心可以看成是一个设计管理系统。利用设计中心，用户不仅可以浏览到自己的设计，还可以借鉴别人的设计思想和设计图形。AutoCAD设计中心可以共享图形内容，它是有效管理绘图项目的工具。使用设计中心可以方便地定位和组织图形数据，或加载其他文档内容（包括文档内部的“块”、“样式”、“图层设置”等内容）。用户只需从自己的文件、网络驱动器或英特网站将这些对象拖入当前图形文件当中即可，从而可以提高设计效率，使设计更加方便。

在设计中心中可以使用以下内容：

1）图形块。

2）图形中的外部参照。

3）其他图形内容，如图层定义、线型、布局、文字样式和标注样式。

4）光栅图像。

5）由其他应用程序创建的自定义内容。

二、用设计中心打开图形和查找内容

1. 功能　启动设计中心查看内容。

2. 输入方法

（1）工具栏　标准→按钮。

（2）下拉菜单　工具→设计中心。

（3）命令行　ADCENTER↓。

3. 命令及提示　执行该命令后，系统启动“AutoCAD 设计中心”，如图 16-13 所示。

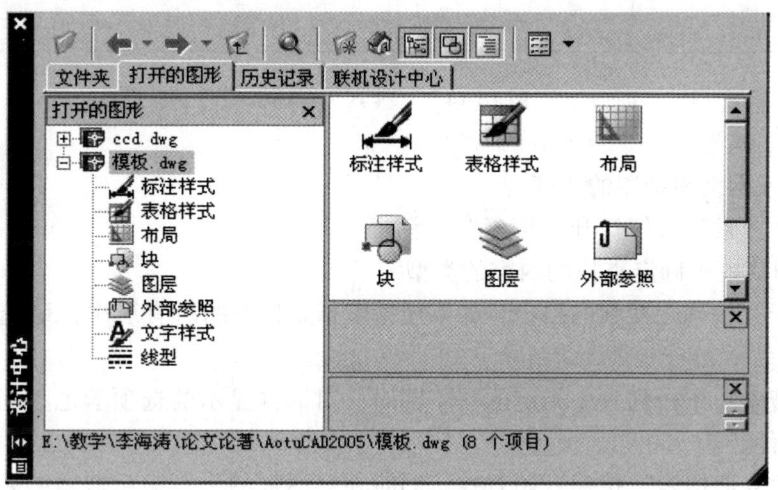

图 16-13　AutoCAD 设计中心

4. 说明　设计中心分为两个窗口，用户可以拖动边界来改变窗口的大小和位置。

左边的资源管理器窗口采用“树状图”，显示系统文件的树形结构。在“树状图”中，其内容采用的是层次结构。单击各项目前的“+”可以展开该项目（此时“+”变成“-”）。单击“-”可以隐藏下一级内容。

右侧的窗口用于查看原图中的细节内容，叫控制板。用户可以通过它打开图形文件，或向文件中添加内容。

将控制板中的图形文件图标从设计中心直接拖放到绘图区域的空白处，或者在控制板的图形文件图标上单击右键，然后选择“在窗口中打开”，就可打开图形。

单击设计中心的搜索工具，可以打开“搜索”对话框，如图 16-14 所示，用户可以在此对话框中设置条件，缩小搜索范围。

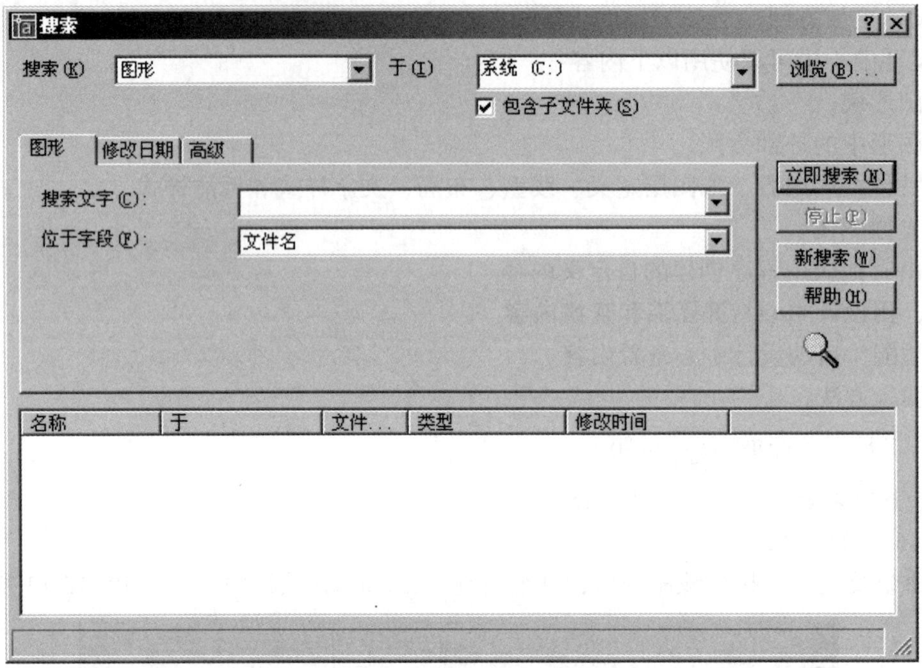

图 16-14 “搜索”对话框

查找本地或网络驱动器的步骤为：

1）选择“搜索”按钮打开“搜索”对话框。

2）在此对话框中确定查找的内容的类型。

3）用“于”栏确定搜索的路径，如果想搜索指定位置的所有层次，请选择“包含子文件夹”复选框。

4）在“搜索”下拉列表中指定的项不同时，对话框显示的选项卡也不同，在选项卡中设置查找的条件。

5）单击“立即搜索”按钮开始查找，同时在对话框的下方显示搜索结果。搜索过程中可以单 击“停止”按钮，停止搜索。

6）单击“新搜索”按钮可以清除当前搜索，使用新条件进行新搜索。

将搜索结果列表中的项目拖动到控制面板中，或在搜索列表中单击右键，然后从弹出的快捷菜单中选择“加载到控制面板”，可以将其添加到打开的图形中。

三、用设计中心将其他图形中设置的内容添加到当前图形

在 AutoCAD 设计中心中，可以将控制板或“查找”对话框的内容直接拖放到打开的图形中，还可以将内容复制到剪贴板上，然后粘贴到图形中。根据插入内容的类型，可以选择不同的方法。

1. 使用设计中心插入块　可将块定义插入到图形，有两种方法：

(1) 按默认的缩放比例和旋转角度插入　利用此方法时，系统比较图形和插入图块的单位，根据二者之间的比例插入图块。当插入图块时，系统根据在“单位”对话框中设置的

“插入单位值”对其进行换算。操作方法为：

1）从选项卡或“查找”对话框中选择要插入的块，并把它拖动到打开的图形文件中。

2）在所需的位置（可以用捕捉功能），插入的块以默认的比例和旋转角度插入到图形中。

（2）按指定的坐标、缩放比例和旋转角度插入　使用“插入”对话框设置块的插入参数。操作为：

1）从选项卡或“查找”对话框中选择要插入的块，用鼠标右键单击该块。

2）在随后弹出的快捷菜单中选择“插入块”项，打开插入对话框，如图16-4所示。

3）在此对话框中输入参数，单击“确定”按钮，则被选中的块以设定的参数插入到图形。

2. 使用设计中心附着光栅图像　利用设计中心，用户可以将光栅图像附加到图形当中。

（1）常用的方法操作步骤为：

1）将光栅图像文件的图标从选项板拖动到绘图区。

2）输入插入点位置、插入比例因子和旋转角度。

（2）用户还可使用鼠标右击图像文件，从快捷菜单中选择“附着图像”菜单项，然后在图像对话框中设置参数，单击确定插入。

3. 使用设计中心引用外部参照　设计中心还可以根据指定的坐标、比例因子和旋转角度等参数附加到图形当中去。外部参照不会增加主图形文件的大小。嵌套的外部参照是否可以读入，取决于选择“附着”还是“覆盖”选项。操作步骤为：

（1）从选项卡或查找对话框中选择要插入的文件。

（2）单击鼠标的右键，选择“附着外部参照”选项，系统弹出“附着外部参照”对话框。

（3）在“外部参照”对话框的“参照类型”栏中选择类型。

（4）输入插入点的坐标、比例及旋转角度，或选择“在屏幕上指定”复选框。

（5）单击“确定”按钮，附加外部参照。

第十七章　图 案 填 充

在绘制机械图、建筑图、地质构造图等各类图样时，经常需要对某个图形区域填入剖面线、阴影线或图案等，以表示该物体的材料或区分各个组成部分等，这种操作就是图案填充。AutoCAD 提供了快捷有效的图案填充功能。进行图案填充时，用户可以使用 AutoCAD 提供的各种图案，也可以使用自己事先定义好的图形。

第一节　图案填充命令

AutoCAD 提供了两个用于图案填充的命令：BHATCH 和 HATCH。虽然两个命令都可以完成图案填充操作，但在功能及形式方面有所差别。首先，BHATCH 命令的功能要强于 HATCH 命令。BHATCH 命令让用户在区域内选定一点，而后自动建立一个边界；而使用 HATCH 命令时，用户必须自己定义一个边界或者建立一个边界。其次，HATCH 命令是通过命令行的形式完成填充，而 BHATCH 命令是通过对话框的形式来进行图案填充，大大地提高了图案填充的简便程度。这里主要讨论 BHATCH 命令。

一、通过对话框进行图案填充

1. 功能　该命令用于选择图案及填充方式，并将它们填入指定的封闭区域。

2. 输入方法

（1）工具栏　绘图→ 按钮。

（2）下拉菜单　绘图→图案填充。

（3）命令行　BHATCH ↓。

3. 命令及提示　执行上述命令后，AutoCAD 系统弹出“边界图案填充”对话框，如图 17-1 所示。

4. 说明　“边界图案填充”对话框提供了“图案填充”和“高级”等选项卡以及其他一些选项按钮，其功能为：

（1）“图案填充”选项卡　在该选项卡中，用户可以设置需填充的图案及其特性参数。

1）类型　“类型”下拉列表框用于设置填充图案的类型。有三个选项：“预定义”、“用户定义”和“自定义”，如图 17-2 所示。

①预定义　AutoCAD 提供了六十余种预定义填充图案，包括 ISO、ANSI 标准图案在内，存放在 acad. pat 和 acadiso. pat 文件中。

②用户定义　“用户定义”选项让用户用当前线型临时定义一个简单的图案。它由一组平行线或垂直相交的两组平行线组成。用户可以设置它们的角度和间距，但图案只能当时使用一次。

③自定义　这是用户预先定义并保存为“. pat”文件的图案。

2）图案　用户可在“图案”下拉列表框中选择填充图案。此列表框只有“类型”下拉列表框中选择“预定义”时才可用。在“图案”下拉列表框中，列出了所有可用的“预定义”类填充图案。可以单击其中的图案名来选择所需图案，如图 17-3 所示。

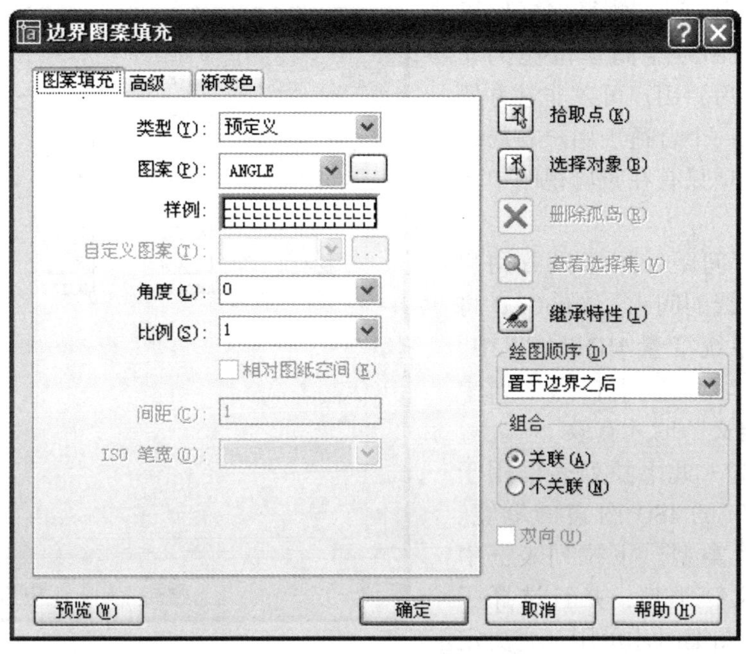

图 17-1 “边界图案填充”对话框的“图案填充”选项卡

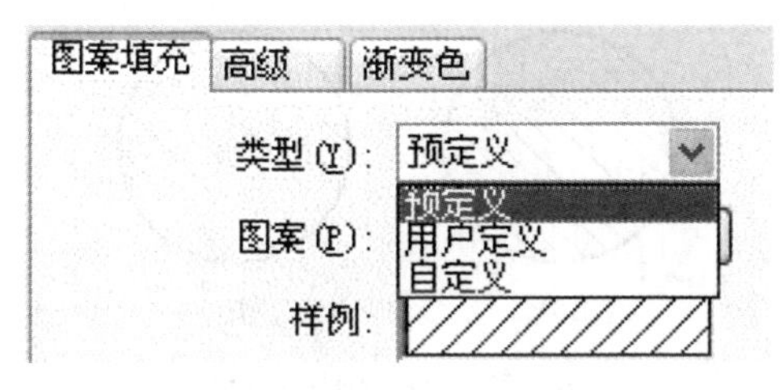

图 17-2 类型下拉列表

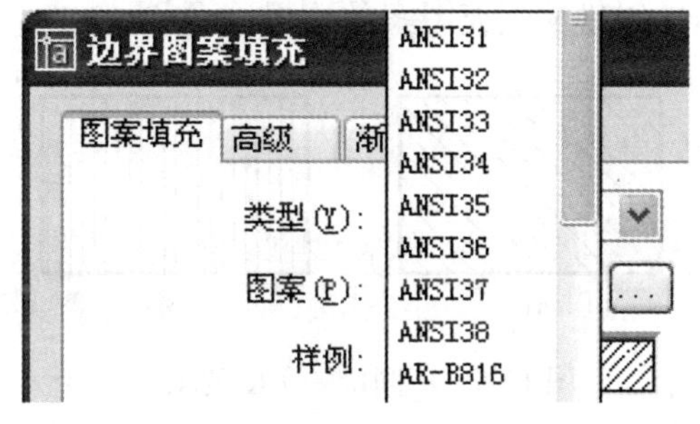

图 17-3 图案下拉列表

用户还可以单击“图案”下拉列表框右边的[...]按钮，AutoCAD 自动显示出“填充图案选项板”子对话框，如图 17-4 所示。用户可从中选择所需的图案。

3）样例 “样例”框显示了所选中填充图案的预览图片。单击此框也可显示如图 17-4 所示的“填充图案选项板”对话框。

4）自定义图案 “自定义图案”表示用户可以自已定义填充图案。

5）角度 “角度”下拉列表框可以让用户指定填充图案相对于当前用户坐标系 UCS 的 *X* 轴的旋转角度。微缩图形显示为默认的 0°。如图 17-5 所示是同样的填充图案进行不同旋转角度的填充。

6）比例 “比例”下拉列表框用于设置填充图案的比例系数，系数大则图案稀疏，默认值为 1。如图 17-6 所示的是不同比例的同一图案的填充。“比例”下拉列表框只有在“类型”下拉列表框中选择了“预定义”或“自定义”时才有效。

7）相对图纸空间　此复选框用于设置填充图案按图纸空间单位比例缩放。使用此选项后，用户可以非常方便地将填充图案以一个合适于用户布局的比例显示。该选项只有在布局视图中才有效。

图 17-4　“填充图案选项板”对话框

8）间距　“间距”用于设置用户定义图案时填充线的间距。AutoCAD 将间距值保存在系统变量 HPSPACE 中。此选项只有在“类型”下拉列表框中选择了“用户定义”时才有效。

9）ISO 笔宽　此下拉列表框用于设置“预定义”的 ISO 图案的笔宽。此选项只有在“类型”下拉列表框中选择了“预定义”类型，并且选择了一种可用的 ISO 图案时才可用。它决定了图案中线的宽度。

（2）“高级”选项卡　“边界图案填充”对话框的“高级”选项卡，用于定义 AutoCAD 创建及填充图案的边界（见图 17-7）。

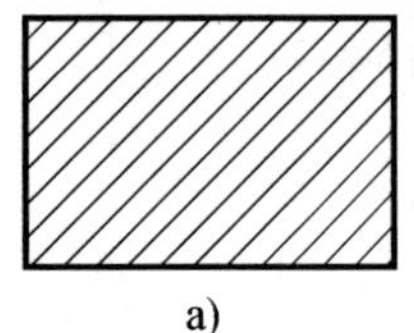

a)

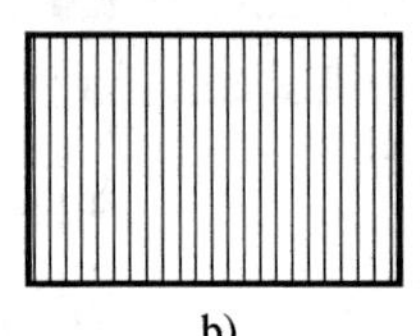

b)

图 17-5　不同旋转角度的填充

a）图案 ANSI31　角度 =0°　b）图案 ANSI31　角度 =45°

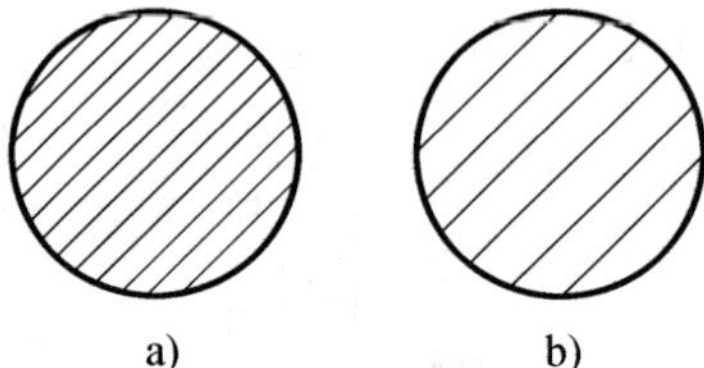

a)　b)

图 17-6　不同比例因子下的填充

a）图案 ANSI31　比例 =1　b）图案 ANSI31　比例 =3

1）孤岛检测样式　孤岛指填充区域内的对象，如封闭的图形、文字串的外框等。它影响了填充图案时的内部边界，以对孤岛的处理方式不同而形成了三种填充方式，如图 17-8 所示。

①普通　填充从最外面边界开始往里，在交替的区域间填充图案。这样在由外往里，每奇数个区域被填充。

②外部　填充从最外面边界开始往里进行，遇到第一个内部边界后即停止填充，仅仅对最外边区域进行图案填充。

③忽略　只要最外的边界组成了一个闭合的多边形，AutoCAD 将忽略所有的内部对象，对最外端边界所围成的全部区域进行图案填充。

除可在“边界图案填充”对话框中的“高级”选项卡里选择“普通”、“外部”和“忽

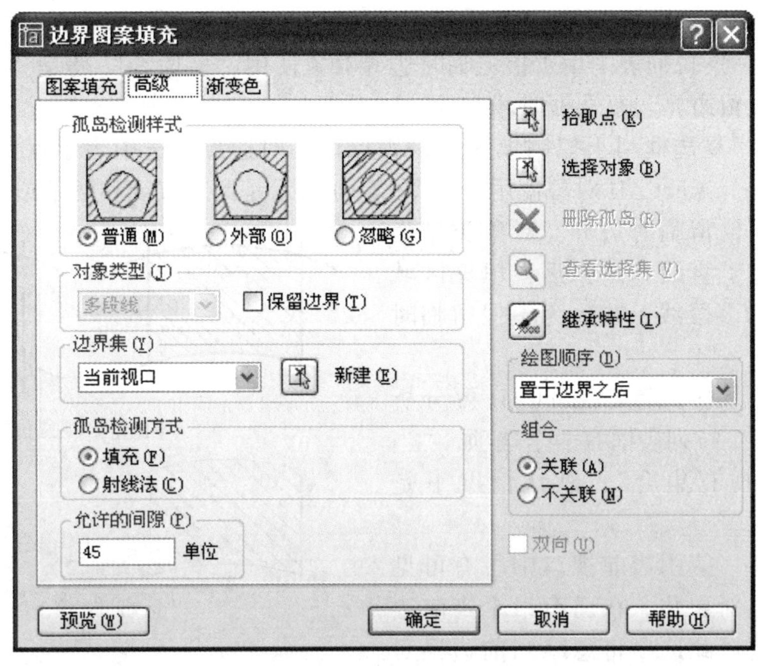

图 17-7 “边界图案填充”对话框的“高级”选项卡

略”三种样式之一外，用户还可以在边界内拾取点或选择边界对象时（即点击了“拾取点”按钮或点击了“选择对象”按钮之后），在图形区单击鼠标右键，从弹出的快捷菜单中选择三种样式之一，如图 17-9 所示。

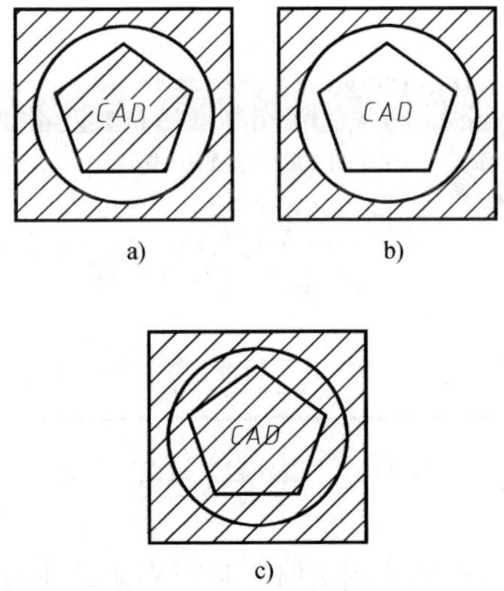

图 17-8 孤岛检测样式

a）普通 b）外部 c）忽略

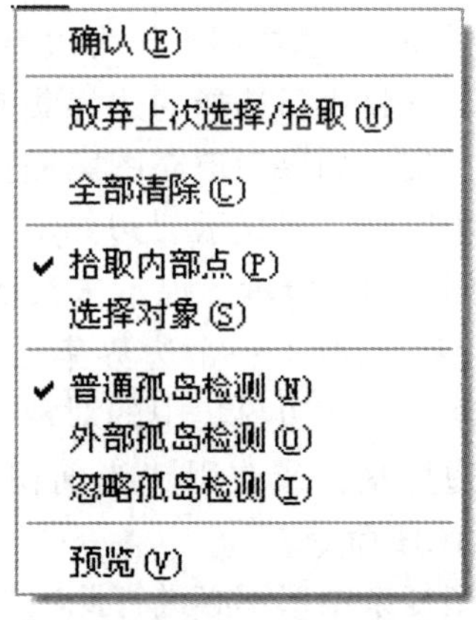

图 17-9 图案填充右键快捷菜单

2）对象类型 AutoCAD 在图案填充时会在被填充区域的内部用多段线或面域产生一个临时边界，以描述填充区域的边界，默认的情况是图案填充完成后系统自动清除这些临时边界。

“对象类型”下拉列表中用于指定临时边界对象使用“多段线”还是“面域”。该项只有在选中了“保留边界”复选框时才有效

“保留边界”复选框用于控制填充时是否保留临时边界，选中表示保留边界到图形当中，并可作为一个 AutoCAD 对象使用。如图 17-10 所示是两条直线和两条圆弧形成的填充边界，左边设置了保留临时边界，对象类型为多段线，在擦除了直线和圆弧后，填充区域仍有一条闭合的多段线；右边为不保留临时边界。

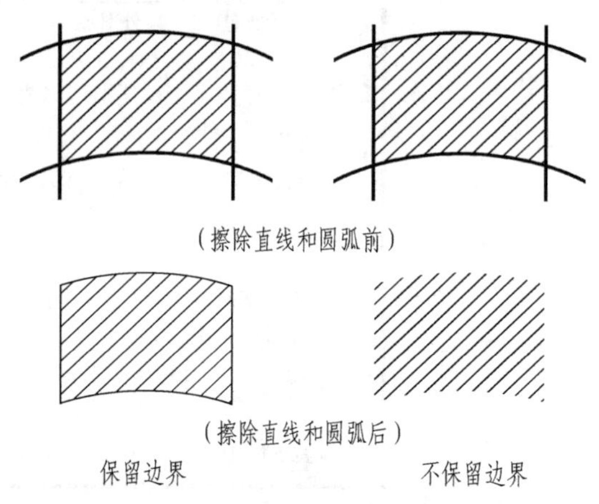

图 17-10　临时边界的处理

3）边界集　用于定义 AutoCAD 要分析的边界对象集。下拉列表框有两个选项，“当前视口”和“现有集合”，默认情况下是“当前视口”。

①当前视口　使用当前视口中所有可见对象来定义边界对象集。在已有一个当前边界对象集时，选择此选项将忽略当前边界对象集，而使用当前视口中所有可见的对象来定义边界对象集。

②现有集合　一旦使用“边界集”下拉列表框右边的“新建”按钮，选择了某些对象作为边界集，下拉列表框中将出现“现有集合”，这是采用用户指定的对象作为 AutoCAD 要分析的边界对象集。如果没有使用“新建”按钮选择过对象，则此选项是不可用的。

③新建　“新建”按钮用于创建一个新的边界对象集。选择该按钮后，将暂时关闭对话框，并提示用户选择用于构造边界集的对象：

选择对象：(选择用于作为边界的对象)

AutoCAD 将用新选择的边界集来代替任何已有的边界集。如果为填充图案而拾取的一点在该边界集以外，将显示“边界定义错误”提示框，如图 17-11 所示。提示未找到有效的图案填充边界。构造了一个边界集后，AutoCAD 将一直忽略不在该边界集中的对象，直到又创建了新的边界集，或改用“当前视口”，或退出了 BHATCH 命令。

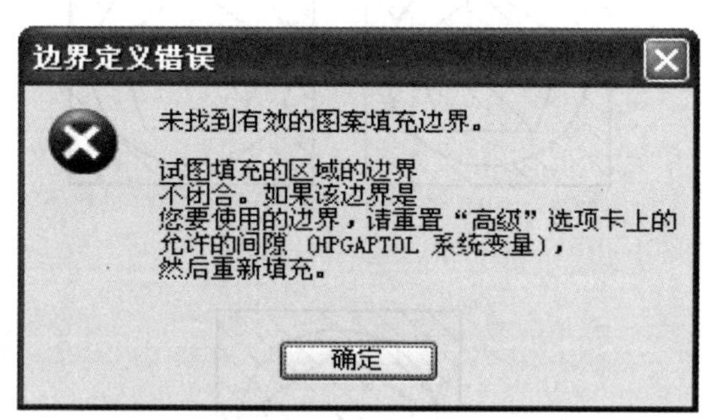

图 17-11　“边界定义错误”提示

非大型复杂图形不必进行此项工作。

4）孤岛检测方式　该栏用于在填充区域内拾取一点填充图案时，是否将在最外面边界内的“孤岛”作为边界对象。包括两个单选按钮：“填充”和“射线法”。

①填充　直接将孤岛作为边界对象。

②射线法　“射线法”是从拾取点向最接近的对象引出一条直线，然后按逆时针方向追踪边界，从而将孤岛排除在边界检测之外。

例如，填充图 17-12 所示的区域，拾取点 P，则可以填充，如图 17-12 所示；若拾取点

Q，则出现“边界定义错误”提示框，提示点在边界外，这是因为 Q 点距五边形对象最近，从 Q 点引出的直线先到达五边形的边。

一旦使用了“射线法”，即使在“孤岛检测样式”栏采用“普通”样式，孤岛同样被填充。

通过选择对象，而不是在填充区域内拾取一点定义填充边界时，孤岛检测方式不会影响 AutoCAD 定义边界的方式。

5）允许的间隙　用来设置“开放边界”的间隙。在用“拾取点”方式选择图案填充边界时，若边界未闭合，但间隙在所设置的允许范围内，这时可进行图案填充。

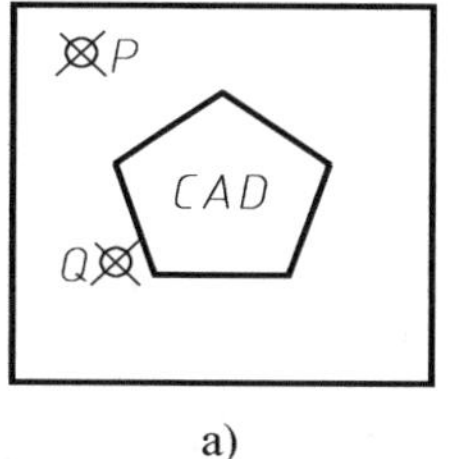

a)

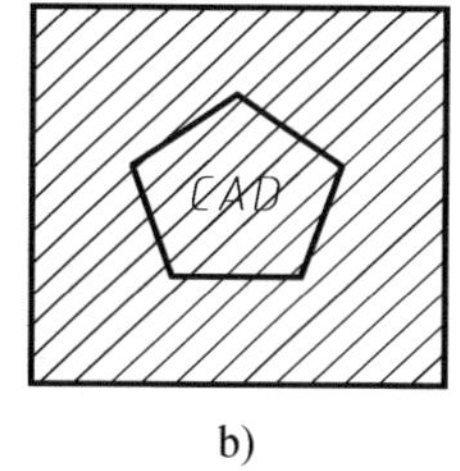

b)

图 17-12　孤岛检测方式的“射线法”
a）填充前　b）填充后

(3)“拾取点”按钮　单击此按钮可通过拾取边界内部的一点来确定边界，从而进行图案填充。

在用“拾取点”按钮拾取一个点之前，一定要确信已选择了一种孤岛检测方式和一种孤岛检测样式。AutoCAD 将首先根据所选择的孤岛检测方式来确定在最外部边界内的孤岛是否作为边界对象。如果孤岛检测方法为“填充”，AutoCAD 则在定义边界时包括它们，然后再根据所选择的孤岛检测样式来进行图案填充。如果孤岛检测方法为“射线法”，则在最外部边界内的孤岛都不作为边界对象，因而所选择的孤岛检测样式没有任何作用。

单击“拾取点”按钮将暂时关闭“边界图案填充”对话框，AutoCAD 命令行提示在填充区域的内部拾取一点：

选择内部点：(在图案填充区域内拾取一个点)

选择内部点：(在图案填充区域内拾取一个点，或键入 U 放弃选择)

当在欲填充的区域内拾取一个点，AutoCAD 会在指定点周围按设置自动形成一个封闭边界，并用虚线形式显示出来。可以在多个区域内重复选择。按 <Enter> 键结束选择，回到对话框。在要求拾取内部点的时候，用户也可以在绘图区右击鼠标，AutoCAD 将显示一个快捷菜单，参见图 17-9。用户可以通过该快捷菜单取消最近或所有的拾取点，改变选择方式，改变孤岛检测样式或预览图案填充等。

图 17-13 所示是在对象内部拾取点来定义填充边界进行图案填充。点位置不同，边界不同，填充结果不同。

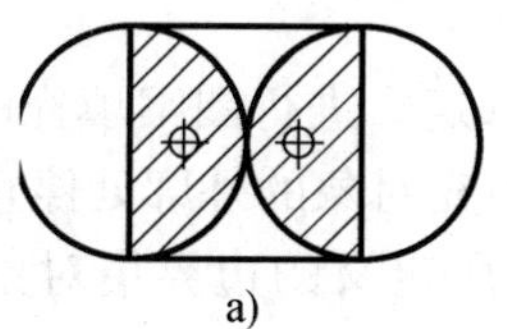
a)

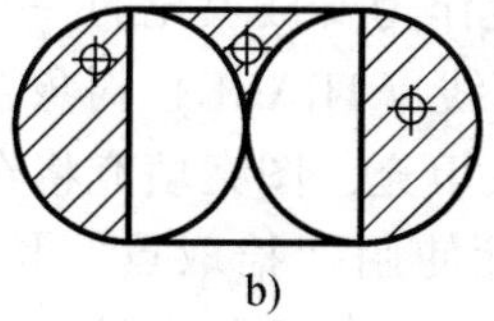
b)

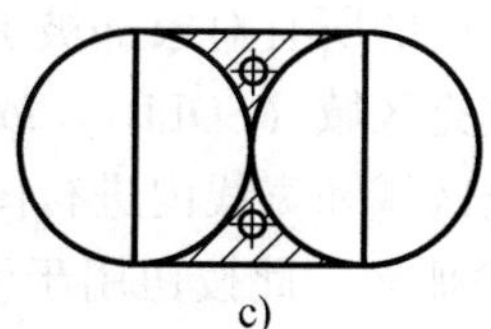
c)

⊕表示拾取的内部点

图 17-13　在对象内部拾取点进行图案填充

如果 AutoCAD 发现所选择的点在边界线外，或“开放边界”的间隙超出允许值时，系统将弹出“边界定义错误”提示框，提示未找到有效的图案填充边界。若“开放边界”的间隙在允许值内时，系统弹出“开放边界警告”提示框，并提示指定的边界不闭合，是否进行图案填充。

（4）“选择对象”按钮 使用该按钮，是通过选择特定的对象作为边界来进行图案填充。选择该按钮后，对话框暂时消失，AutoCAD在命令行提示：

选择对象：（选择边界对象）

在用“选择对象”按钮选择对象来定义填充边界时，AutoCAD不会自动检测边界内部的孤岛。内部的孤岛是否作为边界，由用户自己选择。如图17-14所示，没有选择内部的文字，则形成的填充覆盖该文字；如果用户选择文字对象，则文字作为边界的一部分不被填充，并在文字的周围留有一部分区域以使文字清晰显示、易读。

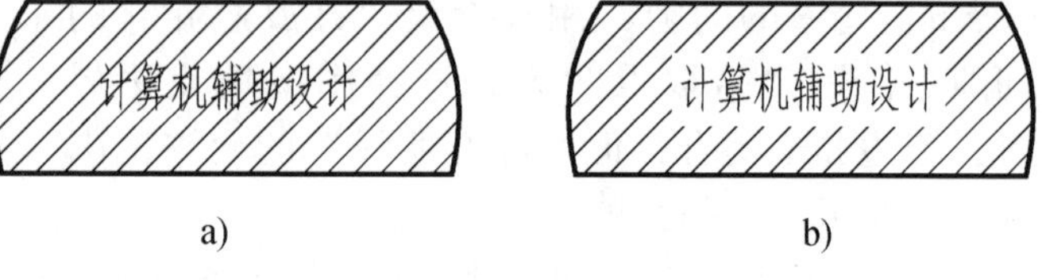

图17-14 选择特定对象作为边界进行图案填充

a）不选文字作为边界 b）选中文字作为边界

注意：当选中了“选择对象”按钮后，是用户自己选择边界，AutoCAD不再自动地建立一个闭合的边界。因此被选定的对象都将要作为边界，这就要求所有选中对象的端点必须在填充边界上，且端点重合构成一条封闭的回路，否则可能填充不正确，如图7-15所示。

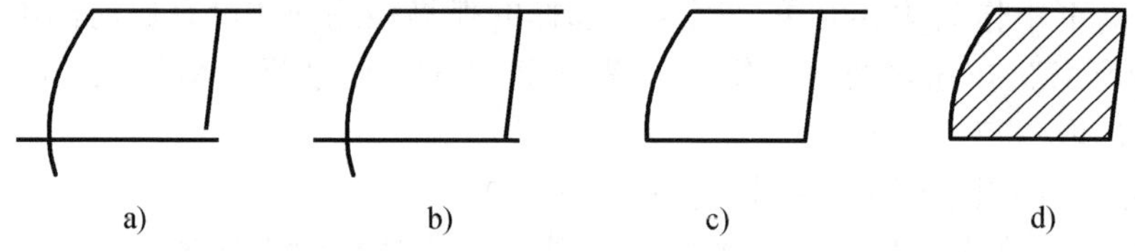

图17-15 填充的边界

a）边界不正确 b）边界不正确 c）边界不正确 d）边界正确

在已标注尺寸的区域进行图案填充时，只要尺寸标注变量DIMASO被打开，并且尺寸标注还没有被拆开时，尺寸标注就不会受填充的影响。如果尺寸标注是在DIMASO关闭（或者被拆成独立对象）时进行的，则有关的线（尺寸线和尺寸界线）对填充图案会有着不可预见的影响。因此，在这种情况下，应通过在屏幕上选择独立对象来完成选择工作。

块在被进行填充时是把它们作为分离的对象来进行的。要注意的是，当把块作为对象选定时，组成该块的所有对象都被选定作为要被填充的一部分。

当一个填充区域（SOLID）或宽线（TRACE）对象被选定，进行图案填充时，AutoCAD不能在该填充区域和宽线内进行图案填充，图案填充将在填充对象的外廓处停止。

（5）删除孤岛 此按钮用于清除使用“拾取点”按钮所定义的边界集对象中被检测为内部孤岛的任何对象。在拾取内部点结束后单击该按钮，然后再选择孤岛，用户不能清除最外部的边界对象。如图17-16所示，内部三角形为孤岛。

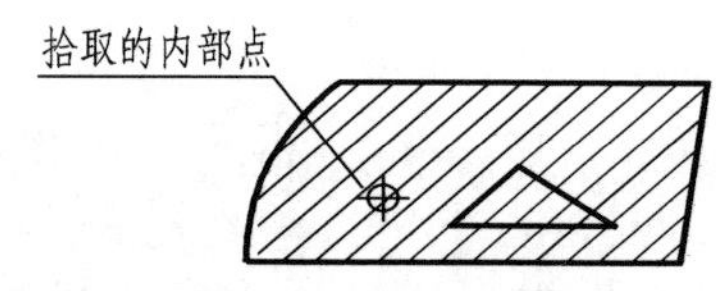

图17-16 删除孤岛

（6）查看选择集 “边界图案填充”对话框中的“查看选择集”按钮将加亮显示所定义的边界集。在没有选取对象或没有指定一点以定义边界时，此选项不可用。

（7）继承特性　用户若要使用与图形当中已存在的填充图案一样的图案，来填充新的区域时，可以选择“边界图案填充”对话框中的“继承特性”按钮，表示一种特性的继承性。点击该按钮后，AutoCAD 在命令行提示：

选择关联填充对象：(选择一个关联的填充图案)

继承特性：名称 <ANGLE>，比例 <1>，角度 <0>

选择内部点：(在填充区域内部拾取一点)

……

在出现“选择内部点：”后，也可以通过右键快捷菜单在“选择对象”和“拾取内部点”之间重新确定创建填充边界的方法。

注意：AutoCAD 不能继承不关联的填充图案的特性。

（8）绘图顺序　用来控制所填充的图案间及填充边界与填充图案间的覆盖顺序。“前置”指所填充的图案在边界及其他图案之上，且与填充顺序无关；“置于边界之前”指所填充的图案在边界之上；“不指定”是指当前所填充的图案在边界及其他图案之上。

（9）组合　“组合”栏用于控制填充图案与填充边界是否具有关联性。“关联”选项使填充图案与其边界对象具有关联性。例如，在填充边界被拉伸时，填充图案也将被拉伸到新的边界，如图 17-17a 所示；如果选择“不关联”，则填充图案相对于它的填充边界是独立的，边界的修改不影响填充对象的改变，如图 17-17b 所示。

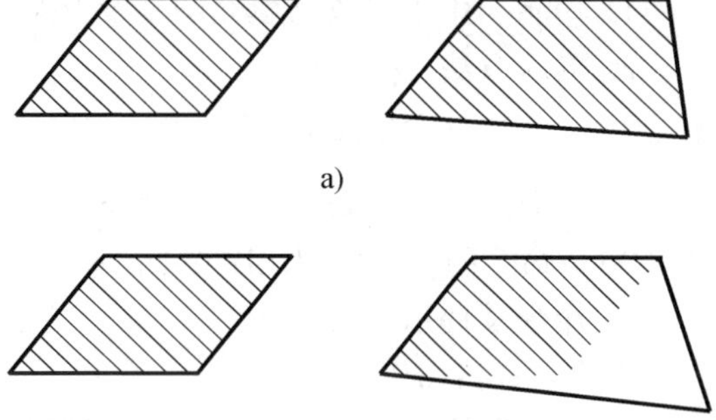

图 17-17　填充边界的关联性
a）具有关联性的填充图案　b）不具有关联性的填充图案

（10）双向　选择“边界图案填充”对话框中的“双向”复选框，将在使用用户定义图案时，与原始线垂直方向画第二组线，从而创建了一个相交叉的填充图案。此选项只有在“快速”选项卡的“类型”下拉列表框中选择了“用户定义”时才可用。AutoCAD 将该信息存储在系统变量 HPDOUBLE 中。

（11）预览　填充边界被选定后，选择“预览”按钮，暂时关闭对话框，显示图案填充的结果。当预览完毕后，按 <Enter> 键或右击鼠标按钮重新显示“边界图案填充”对话框，从而决定采用还是修改所选定的边界。如果没有边界被选定，则此选项无效。

5. 图案填充的操作步骤

1）激活 BHATCH 命令。

2）在快速选项卡中设置填充图案及其特性参数。

3）在高级选项卡中设置填充图案的边界。

4）用“拾取点”或“选择对象”方式在图形中确定边界后，按 <Enter> 键返回对话框。

5）查看所选的边界集。单击“查看选择集”按钮，将隐去对话框并加亮显示所定义的边界集。

6）预览 。

7）图案填充。对预览效果满意，则可单击“确定”按钮，关闭对话框并实施图案填充。

二、通过命令行进行图案填充

命令行：HATCH↓

系统提示：输入图案名或［？/实体（S）/用户定义（U）］ <U>:？↓

系统提示：输入要列出的图案名：实体↓

系统提示：选择定义边界的对象：(用户定义，则提示填充线的角度、间距及是否双向填充等内容。)

第二节　编辑图案填充

填充图案可以被认为是一个无名的块，用户如果要对填充的图案进行编辑，那么在选择对象时只要用选取设备任意选择填充图案上的一点，便可选中整个图案填充对象。

一、编辑填充图案

1. 功能　用于修改已填充图案及其某些特性。

2. 输入方法

（1）工具栏　修改Ⅱ→按钮。

（2）下拉菜单　修改→图案填充。

（3）命令行　HATCHEDIT↓。

3. 命令及提示

命令：HATCHEDIT↓

提示：选择关联填充对象：(选择要编辑的图案填充对象)

4. 说明　用户选择一个关联图案填充对象后，AutoCAD显示“图案填充编辑”对话框。“图案填充编辑”对话框与“边界图案填充”对话框完全一样，只是在编辑图案时，其中的某些项不可用。利用“图案填充编辑”对话框，用户可对已填充的图案进行诸如改变填充图案、改变填充比例和角度以及孤岛检测样式等操作。用户可参照前面所讲的“边界图案填充”对话框使用方法。

不使用上述三种方法，也可以直接选择一个图案填充对象，然后在绘图区域右击鼠标，从弹出的快捷菜单中选择“图案填充”，打开对话框。

二、图案填充分解

如果需要，可以将图案分解成多个独立的元素。执行EXPLODE命令，系统提示选择对象，此时选取需要分解的图案，即可将其分解。分解后填充图案成为各个独立的对象，它也就不再与边界对象相关联。详见编辑命令。

第十八章　注 写 文 本

工程图样中不仅有图形，还包含文字，例如技术要求、标题栏和明细栏等。AutoCAD 2005 提供了非常强大的注写及编辑功能，包括注写单行文字、多行文字和设置文字样式等。

第一节　注 写 文 字

一、注写单行文字

1. 功能　该命令用于在图中注写一行或多行文字。每行文字是一个单独的对象，可对其进行重新定位、调整或进行其他修改。

2. 输入方法

（1）工具栏　文字→AI按钮。

（2）下拉菜单　绘图→文字→单行文字。

（3）命令行　DTEXT↓（TEXT 或 DT）。

3. 命令及提示

命令：DTEXT↓

当前文字样式：Standard　当前文字高度：2.5000↓

指定文字的起点或［对正（J）/样式（S）］：

4. 说明

（1）对正（J）　该选项用于确定文字的对正方式。执行该选项后，系统提示：

输入选项［对齐（A）/调整（F）/中心（C）/中间（M）/右（R）/左上（TL）/中上（TC）/右上（TR）/左中（ML）/正中（MC）/右中（MR）/左下（BL）/中下（BC）/右下（BR）］：

各选项的含义为：

1）对齐（A）　用于确定文字基线的起点和终点。AutoCAD 调整文字高度使其位于两点之间，如图 18-1 所示。

2）调整（F）　用于确定文字基线的起点和终点。AutoCAD 在保证原指定的文字高度情况下，自动调整文字的宽度以适应指定两点之间均匀分布，如图 18-2 所示。

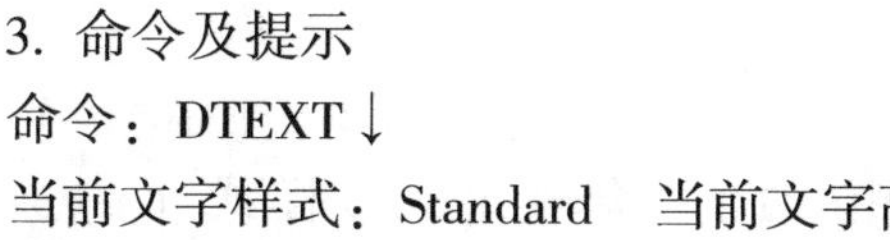

单行文字命令TEXT和DTEXT

图 18-1　单行文字命令中的“对齐”选项

单行文字命令TEXT和DTEXT

图 18-2　单行文字命令中的“调整”选项

3）中心（C）　用于确定文字基线的中心点位置。

4）中间（M）　用于确定文字的中间点位置。

5）右（R） 用于确定文字基线的右端点位置。

……。

其他选项的内容及含义，请结合图 18-3 理解和使用。

（2）样式（S） 该选项用于设置定义过的文字样式。即在命令行输入当前图形中的一个已经定义的文字样式名，并将其作为当前文字样式。

二、注写多行文字

1. 功能 该命令用于在图中注写多行文字。多行文字由任意数目的单行文字或段落组成。无论文字有多少行，每段文字都构成一个单独的对象，可对其进行各种编辑操作。

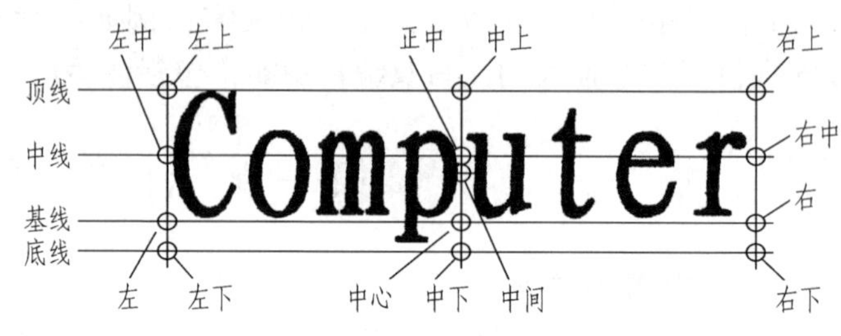

图 18-3 文字的对正方式

2. 输入方法

（1）下拉菜单 绘图→文字→多行文字。

（2）工具栏 绘图→ A 按钮。

（3）命令行 MTEXT↓。

3. 命令及提示

命令：MTEXT↓

指定第一角点：

指定对角点或〔高度（H）/对正（J）/行距（L）/旋转（R）/样式（S）/宽度（W）〕：

4. 说明

（1）指定对角点 指定第一点后移动鼠标，拖出一个矩形，再指定对角点，即可确定矩形。该矩形是注写文字的区域。此时屏幕弹出一个“文字格式”对话框，如图 18-4 所示。利用该对话框可以设置文本格式、输入文本、输入由其他文本编辑器生成的文件。

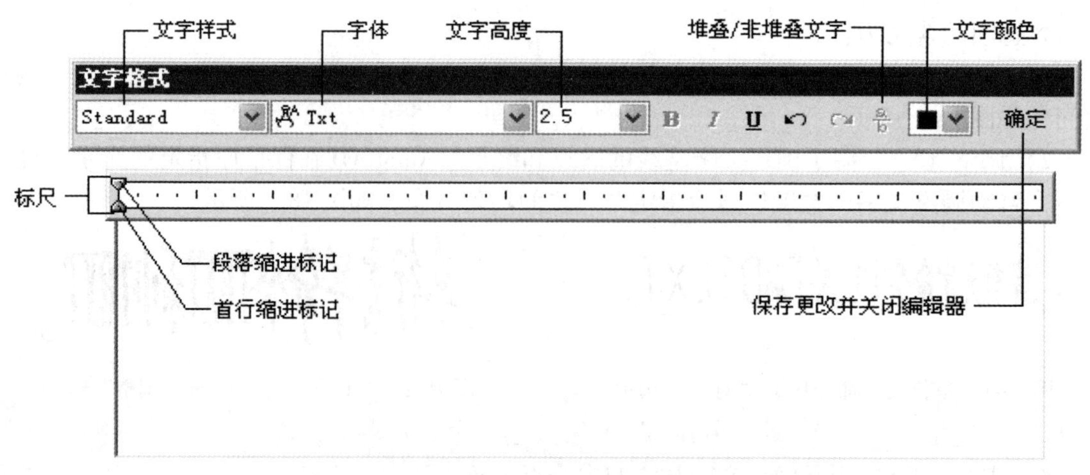

图 18-4 “文字格式”对话框

（2）高度（H） 用于确定多行文字的字符高度。

（3）对正（J） 用于确定多行文字在矩形边界框里的对正排列方式。默认的对正方式为左上角对正。这里的对正方式与 DTEXT 命令中的同名对正方式相同。

（4）行距（L） 该选项用于设定多行文字行与行之间的间距。行距是一行文字的底部（或基线）与下一行文字底部之间的垂直距离。

当键入“L↓”后命令行提示：

输入行距类型［至少（A）/精确（E）］<至少（A）>：（键入 A 或 E）

输入行距比例或行距 <1x>：

1）“至少（A）”是根据行中最大字符的高自动调整文字行。在选定“至少”时，包含更高字符的文字行会在行之间加大间距。

2）“精确（E）”是强制使文字对象中所有文字行之间的间距相等。行间距由对象的文字高度或文字样式决定。精确间距建议在用多行文字创建表格时使用。

AutoCAD 根据输入文字中的最大字符的高度来确定行间距。若输入的行距值后不加 x，则是输入行距；若输入的行距值后加 x，则是输入行距比例。

（5）旋转（R） 该选项用于决定文字行的旋转角度。

（6）样式（S） 该选项用于确定使用的文字样式。当键入“S↓”后命令行提示：

输入样式名或［?］<Standard>：（键入已定义的文字样式或“?”）

若以“?”响应，则显示已创建的文字样式。

（7）宽度（W） 用于定义文字行的宽度。当键入“W↓”后命令行提示：

指定宽度：（指定一个点或输入一个宽度值）

若指定一个点，则文字宽度为指定的第一个角点到该点的距离。

三、“文字格式”对话框

“文字格式”对话框用来控制文本的显示特性。可以在输入文本之前设置文本的特性，也可以改变已输入文本的特性。对话框选项卡中各部分的功能分别为：

（1）“样式”下拉列表框 用来选择已定义的文字样式作为当前应用样式。

（2）“字体”下拉列表框 确定或修改多行文本采用的字体，列表中按字母顺序列出了所有可选的字体文件，包括 AutoCAD 的形状字体（SHX）和 TrueType 字体等。

（3）“高度”下拉列表框 用来确定文本的字符高度，可在文本编辑框中直接输入新的字符高度，也可从下拉列表框中选择已设定过的高度。

（4）“B”和“*I*”按钮 分别用来设置黑体和斜体效果。

（5）“U”按钮 用来设置或取消下划线。

（6）“放弃”与“重做”按钮 用来取消和恢复最近一次编辑操作。

（7）“堆叠”按钮 为堆叠/非堆叠文本按钮。当用于创建堆叠文字时，将文字中含有“^”的前后文字转化为上下并排形式重叠显示，如图 18-5a 所示；可将含有“/”的前后文字转换成分子分母的表示方式，如图 18-5b 所示；将含有“#”的前后文字转换为被斜线分开的分数，

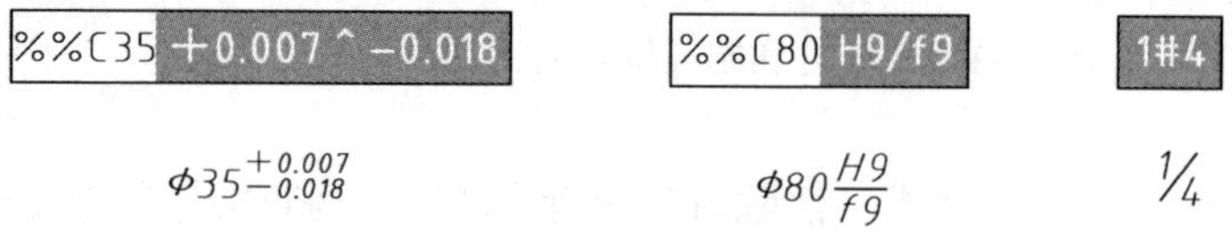

%%C35 +0.007^-0.018　　%%C80 H9/f9　　1#4

$\phi35^{+0.007}_{-0.018}$　　$\phi80\frac{H9}{f9}$　　1/4

a)　　b)　　c)

图 18-5 文字的“堆叠”

如图 18-5c 所示。堆叠的方法是先选中要堆叠的文字然后单击“堆叠”按钮。如果选中已堆叠的文本对象后单击此按钮，则文本恢复到非堆叠形式。

(8)“颜色”下拉列表框　用来设置或改变文本的颜色，默认值是 ByLayer。

四、右键快捷菜单

在多行文字注写区域，单击鼠标右键，系统打开右键快捷菜单，如图 18- 6 所示。

菜单上部的选项是基本编辑选项，如：放弃、重做、剪切、复制和粘贴。菜单下部的选项是“文字格式”对话框特有的选项。

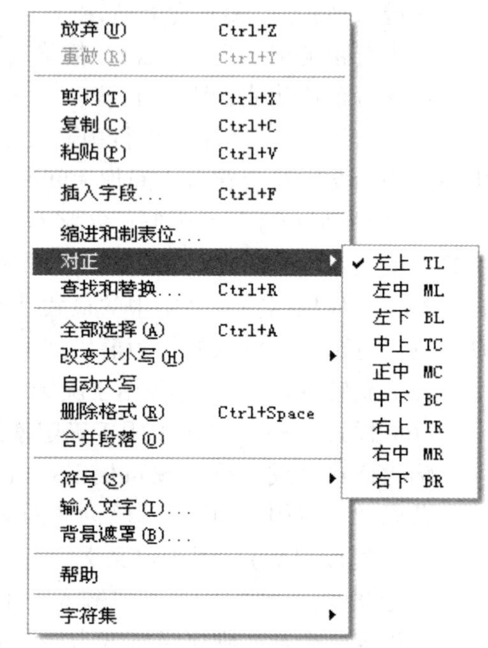

图 18-6　“文字格式”对话框右键快捷菜单

1. 缩进和制表位　显示“缩进和制表位”对话框，如图 18-7 所示。可在其中设置段落的缩进和制表位。段落的第一行和其余行可以采用不同的缩进。

2. 对正　设置多行文字对象的对正方式。各种对正方式，如图 18-6 所示。

3. 查找和替换　显示“查找和替换”对话框，如图 18-8 所示。在该对话框中可以进行替换操作，操作方式与 Word 编辑器中替换操作类似，不再赘述。

4. 全部选择　选择多行文字对象中的所有文字。

5. 改变大小写　改变选定文字的大小写。可以选择“大写”或“小写”。

6. 自动大写　将所有新输入的文字转换成大写。自动大写不影响已有的文字。要改变已有文字的大小写，先选择文字，单击右键，然后在快捷菜单上单击“改变大小写”。

图 18-7　“缩进和制表位”对话框

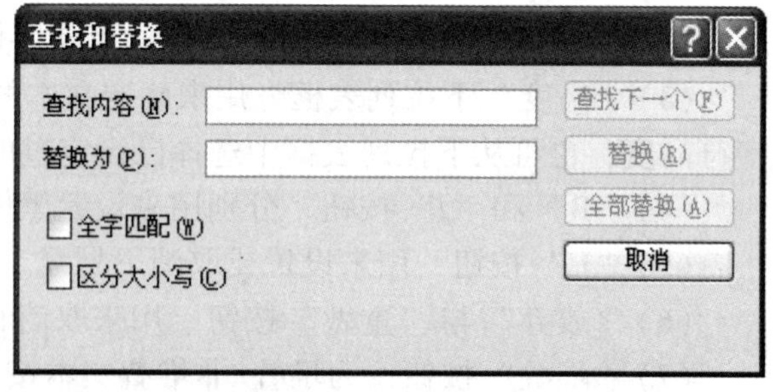

图 18-8　“查找和替换”对话框

7. 删除格式　清除选定文字的粗体、斜体或下划线格式。

8. 合并段落　将选定的段落合并为一段，并用空格替换每段的回车。

9. 符号　在光标位置插入列出的符号或不间断空格，也可以手动插入符号。在“符号”

列表中单击“其他”将显示“字符映射表”对话框，可以插入特殊字符。

10. 输入文字　显示“选择文件”对话框。选择任意 ASCⅡ或 RTF 格式的文件，输入的文字保留原始字符格式和样式特性，但可以在“文字格式”对话框中编辑和格式化输入的文字。选择要输入的文本文件后，可以替换选定的文字或全部文字，或在文字边界内将插入的文字附加到选定的文字中。输入文字的文件必须小于 32K。

11. 帮助　显示“帮助”系统中的 MTEXT 主题。

第二节　创建和使用文字样式

文字样式定义了文本所用的字体、高度、宽度系数等。可在一幅图形中定义多种文字样式。

1. 功能　用来设置文字样式。

2. 输入方法

（1）下拉菜单　格式 →文字样式。

（2）工具栏　文字→按钮。

（3）命令行　STYLE↓。

3. 命令及提示　执行该命令后，屏幕弹出“文字样式”对话框，如图 18-9 所示。

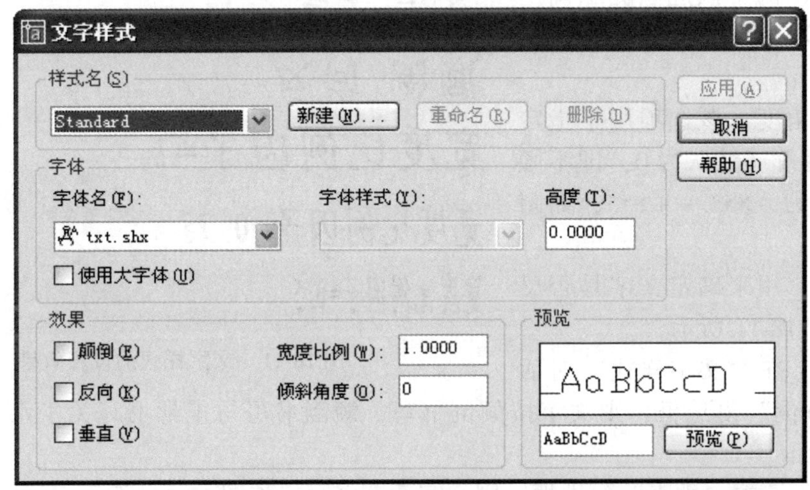

图 18-9　“文字样式”对话框

4. 说明

（1）创建新文字样式　要创建一种新文字样式，单击“文字样式”对话框中“字体”栏的“字体名”下拉列表，选择一种字体，如果文字样式需要修饰效果，在“效果”栏选中或改变其中的某些项。点击“样式名”栏的“新建”按钮，AutoCAD 弹出“新建文字样式”对话框，如图 18-10 所示，用户可用其默认的样式名，也可输入自己想要的样式名。点击“确定”按钮，回到“文字样式”对话框，一种新文字样式即被创建，这时在“样式名”栏文字框中显示的是新建文字样式名。

（2）文字样式改名　从对话框的“样式名”下拉列表中选中要改名的文字样式，使其显示在“样式名”文字框中，然后单击“重命名”按钮，弹出“重命名文字样式”对话框，输入新的名称单击“确定”按钮即可。

图 18-10　“新建文字样式”对话框

文字样式改名后，所有使用该样式的文字自动使用新的文字样式名。

（3）删除文字样式　如果用户要删除一些没用的文字样式，可从对话框的“样式名”下拉列表中选中要删除的文字样式，使其显示在“样式名”文字框中，然后点击“删除”按钮，系统提示警告用户是否删除该文字样式，选择“是（Y）”则删除选中的样式，选择“否（N）”取消删除操作。

注意：正被使用的文字样式不能被删除。

（4）文字高度　在创建了一种新文字样式时，可在“字体”栏的高度框中输入所需的文字高度，用户在使用该文字样式时，其文字高度即为输入高度（输入单行文本时不再提示文字高度）。用户也可以使用默认高度 0.0000。每当用户使用该文字样式输入单行文本时，AutoCAD 都要提示用户指定文字的高度。

（5）文字效果的设置　可以通过“文字样式”对话框的“效果”栏设置文字的宽度比例、倾斜角度、垂直、反向以及颠倒等效果。这些效果对单行文本命令全部有效。

1）宽度比例　该选项提示确定宽度系数，即字符宽度与高度之比，如图 18-11 所示。

2）倾斜角度　该选项用于指定文本字符倾斜角（默认为 0，即不倾斜），其范围为 -85° ~ +85°，如图 18-11 所示。

3）反向　用来确定文字是否反向书写，如图 18-11 所示。

图 18-11　文字样式的设置效果

4）颠倒　在“文字样式”对话框中选中“颠倒”复选框，则文字按颠倒书写。颠倒书写与正常书写关于水平方向对称，如图 18-11 所示。

5）垂直　选中“垂直”复选框，则文字垂直书写，如图 18-11 所示。

（6）“应用”按钮　对已创建的文字样式，若改变其“字体”栏选项或“效果”栏的选项（如字体改变）后，点击“应用”按钮，将使该文字样式的原定义改变，并将该文字样式作为当前文字样式。

（7）“关闭”按钮　关闭“文字样式”对话框。

（8）预览　对话框中“预览”所选择样式的显示效果。

第三节　输入特殊符号

在 AutoCAD 2005 中，某些符号不能用标准键盘直接输入，这些符号包括：上划线、下划线、°、φ、±、% 等。但是可使用某些替代形式输入这些符号。由于输入这些符号时，TEXT、DTEXT 命令所使用的编码方法不同于 MTEXT 命令，所以，分别讲述使用上述命令输入特殊符号的方法。

一、利用单行文字命令输入特殊字符

表 18-1 列出了用 TEXT 和 DTEXT 生成的特殊字符及代码。

表 18-1　用 TEXT 和 DTEXT 生成的特殊字符

输入代码	对应字符	输入代码	对应字符
%%O	上划线	%%C	圆直径（φ）
%%U	下划线	%%P	±
%%D	角度（°）	%%%	%

例如，要生成字符串AutoCAD，可在命令行输入“%%UAutoCAD%%U”。

二、利用多行文字命令输入特殊字符

MTEXT 比 DTEXT 和 TEXT 具有更大的灵活性，因为它本身就具有一些格式化选项。例如，利用“多行文字编辑器”可输入“°”、“φ”等特殊符号。

具体操作方法是：在多行文字注写区域，单击鼠标右键，系统打开右键快捷菜单，然后选取“符号（S）”项中有关选项，如图 18-12 所示。

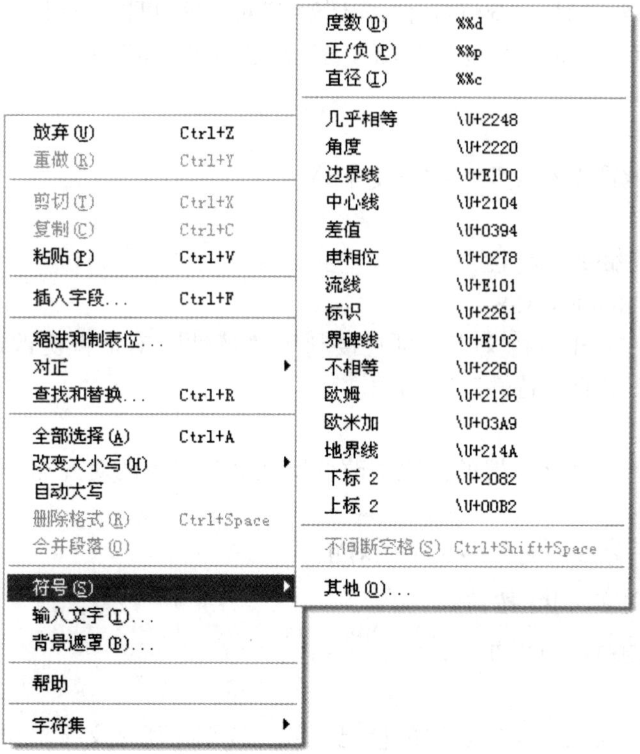

图 18-12　利用“多行文字编辑器”注写特殊符号

对有些字符的输入，可进入中文输入状态，然后选择相应模拟键盘中的字符，并将其输入到“多行文字编辑器”中。

第四节 文 字 编 辑

一般来讲，文字编辑应涉及两个方面，即修改文字内容和文字特性。可像修改其他对象一样修改文字的内容、使用的字体、文字高度等。

字体改变可通过修改文字样式来完成，在前面已介绍过，此处不再赘述。

一、利用“文字格式”对话框编辑文本

在多行文字注写区域，单击鼠标右键，系统打开右键快捷菜单，如图 18-6 所示。其内容已作介绍，这里不再赘述。

二、用 DDEDIT 编辑文字

1. 功能　可用于修改单行文字、多行文字及属性定义。

2. 输入方法

（1）下拉菜单　修改→对象→文字→编辑。

（2）工具栏　文字→ 按钮。

（3）命令行　DDEDIT↓。

3. 命令及提示　执行该命令后，系统将根据不同的修改对象显示不同的对话框。

当选择单行文字对象时,系统将打开“编辑文字”对话框,可以在此修改文本内容及特性。

当选择多行文字对象时，系统将弹出“多行文字编辑器”对话框，可以在此修改文本的内容及特性。

三、编辑文字

1. 功能　用于修改单行文字、多行文字等。

2. 输入方法

（1）下拉菜单　修改→特性”

（2）命令行　PROPERTIES↓”

3. 命令及提示　对于单行文字，可直接利用“特性”对话框更改内容。图 18-13 显示了单行文字和多行文字的“特性”对话框。

四、对正文字

1. 功能　在不改变文字位置的情况下改变所选文字对象的对齐点。

2. 输入方法

（1）下拉菜单　修改→对象→文字→对正。

（2）工具栏　文字→ 按钮。

（3）命令行　JUSTIFYTEXT↓。

五、缩放文字

1. 功能　用于在不改变文字位置的情况下放大或缩小所选文字对象。

2. 输入方法

（1）下拉菜单　修改→对象→文字→比例。

（2）工具栏　文字→  按钮。

（3）命令行　SCALETEXT↓。

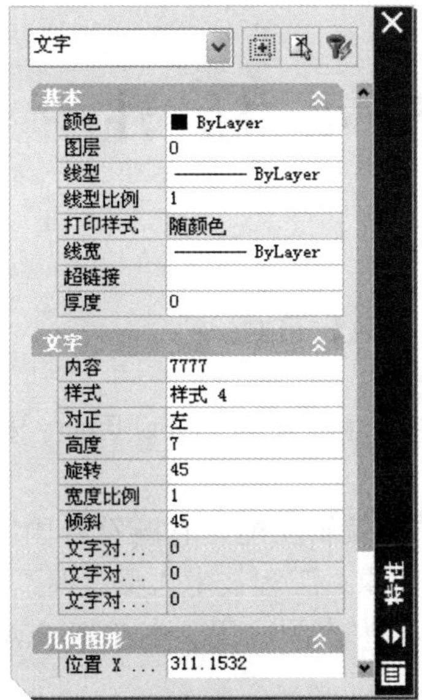

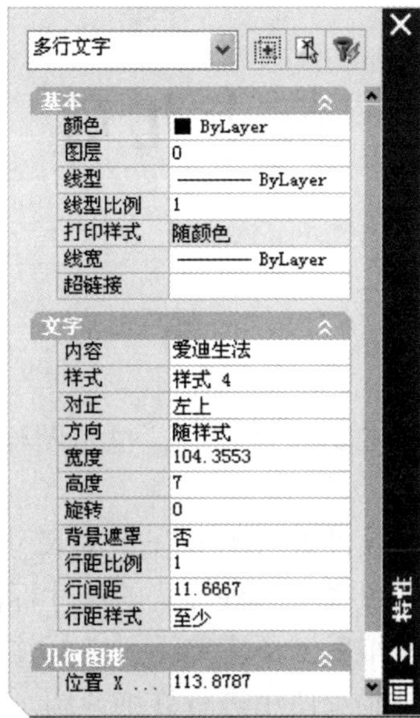

图 18-13　单行文字和多行文字的“特性”对话框

第十九章　尺 寸 标 注

第一节　尺寸标注简述

尺寸是图样的主要内容之一，也是图样中指令性最强的部分。因此，标注尺寸非常重要。

AutoCAD 绘图软件具有十分强大的尺寸标注和编辑功能，它既符合国家标准的有关规定，又能满足不同图样中各种样式的尺寸标注和要求。工程技术人员掌握了实体绘图命令和图形编辑命令的操作后，还应熟悉尺寸标注及有关内容的应用。本章将对 AutoCAD 2005 所提供的尺寸标注功能及使用进行详细介绍。

一、尺寸组成

一个完整的尺寸，其标注一般由尺寸界线、尺寸线、尺寸箭头和尺寸文本四部分组成，如图 19-1 所示。这四部分在 AutoCAD 系统中，一般是以块的形式作为一个实体存储在图形文件中。

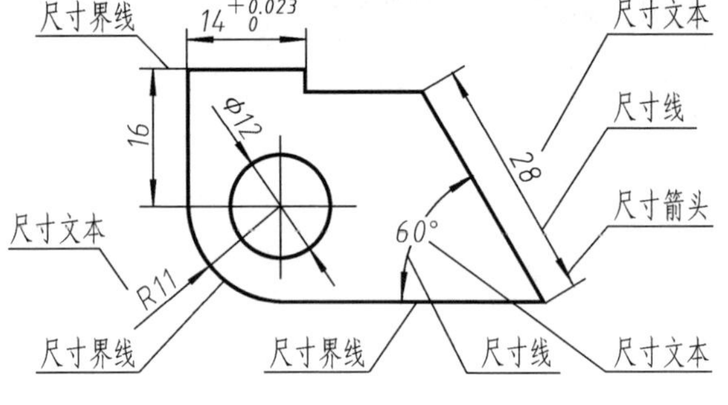

图 19-1　尺寸组成

二、尺寸标注的一般步骤

1）建立尺寸标注样式——即设置基本的尺寸变量。

2）选择尺寸标注的类型。

3）选择标注的对象。

4）指定尺寸线的位置。

5）注写尺寸文本。

第二节　尺寸标注样式设定

不同行业的图样，尺寸标注的形式和要求不同。同一图样中，要求尺寸标注的形式相同、风格一样。尺寸标注样式是由许多不同的尺寸标注系统变量构成的。如尺寸箭头的类别及大小，尺寸文本的位置和大小等。要做到尺寸标注正确，作图前或标注前均需要对尺寸标注样式进行了解和设置。

一、尺寸标注样式

1. 功能　用来创建或设置尺寸标注样式。

2. 输入方法

（1）工具栏　标注→按钮。

（2）下拉菜单　标注→样式（或格式→标注样式）。

(3) 命令行 DIMSTYLE↓（或 D，或 DST，或 DDIM，或 DIMSTY）。

3. 说明

(1) 三种输入方法都将打开如图 19-2 所示的“标注样式管理器”对话框。

(2) 利用“标注样式管理器”对话框，可进行预览尺寸标注样式、设置当前尺寸标注样式、创建新的尺寸标注样式、修改已有的尺寸标注样式、覆盖某个尺寸标注样式、比较两个尺寸标注样式、更改尺寸标注样式名称、删除尺寸标注样式的操作。下面对管理器中的各项按钮功能分别进行介绍。

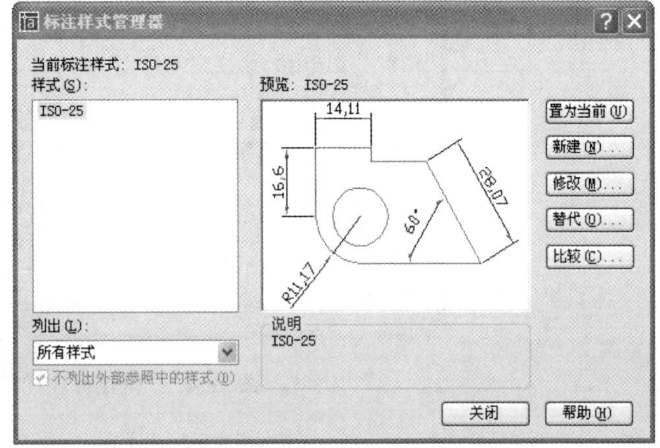

图 19-2 “标注样式管理器”对话框

1）“置为当前”按钮　在“样式”列表框中选取一个样式后，单击此按钮，可将选取的样式置为当前标注样式。双击列表框中一个样式，也可将该样式置为当前标注样式。

2）“新建”按钮　单击此按钮，可用于对话框创建新的标注样式。

3）“修改”按钮　在“样式”列表框中选取一个样式后，单击此按钮，可对选取的标注样式中的各种设置进行修改。

4）“替代”按钮　在“样式”列表框中选取一个样式后，单击此按钮，可在不改变原标注样式的基础上创建临时的标注样式。

5）“比较”按钮　单击此按钮，可与相应尺寸标注样式的系统变量的参数进行比较和套用。

(3) 在“标注样式管理器”对话框中，单击“新建”按钮，AutoCAD 自动弹出“创建新标注样式”对话框，用户可进行所需样式名称的设置，如图 19-3 所示。

(4) 在“创建新标注样式”对话框中，“新样式名”区可设置新样式名称，如创建“尺寸标注”、“公差标注”两种样式，用于机械图样更为方便；“基础样式”区可在下拉列表中选择基础样式；“用于”区可选择应用的对象范围。单击“继续”按钮，AutoCAD 自动弹出“新建标注样式”对话框，如图 19-4 所示。

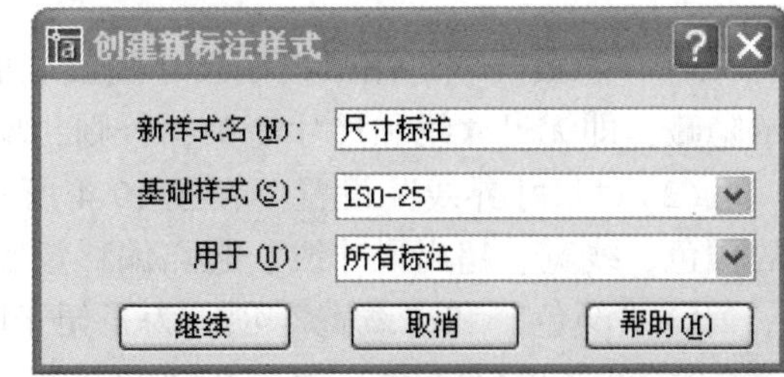

图 19-3 “创建新标注样式”对话框

二、“新建标注样式”的设置

1. 直线和箭头设置　在“新建标注样式”对话框中，单击“直线和箭头”选项卡，根据需要在该卡中设置尺寸线、尺寸界线、尺寸箭头和圆心标记。

(1)“尺寸线”设置　在图 19-4 所示的尺寸线编辑框区中，可进行有关尺寸线的颜色、线宽、可见性和尺寸线间隔的设置。

1）“颜色”和“线宽”项　为了便于图层控制，一般将颜色和线宽均设为随层。

2）“基线间距”项　用来控制尺寸线之间的间隔，如图 19-5 所示。一般设置为 7mm。

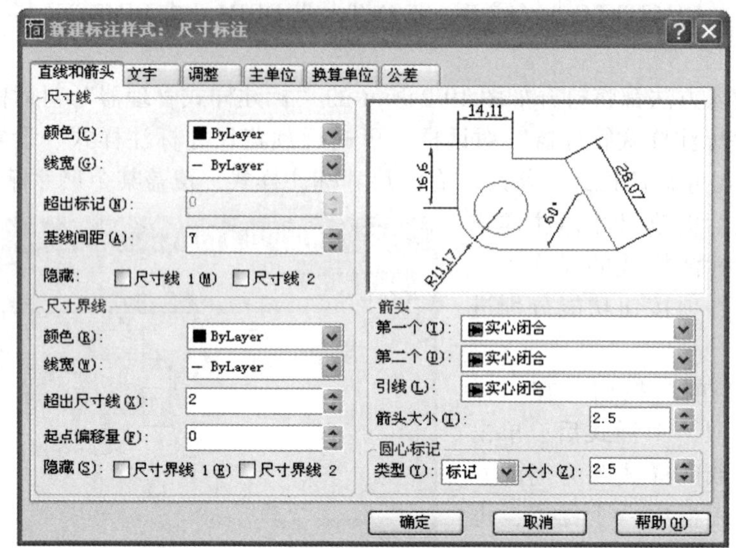

图 19-4 “新建标注样式”对话框

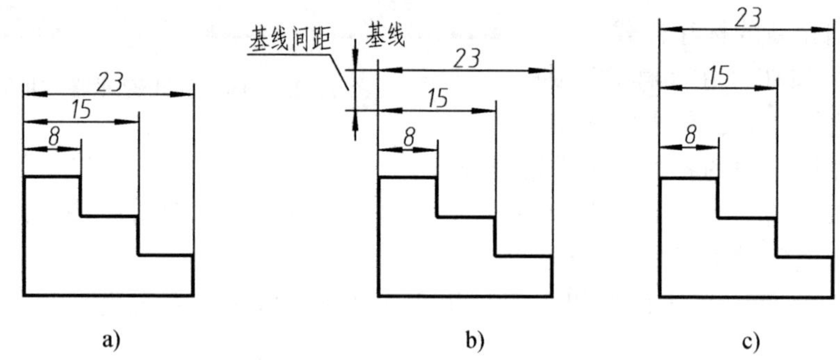

图 19-5 尺寸线间距设置

a）间距 7 b）间距 9 c）间距 15

3）“隐藏”项 用来控制尺寸线及端部箭头是否隐藏。点取方框起开关作用，“√”表示隐藏，即无尺寸线和尺寸箭头；否则，反之，如图 19-6 所示。

（2）“尺寸界线”设置 在图 19-4 所示的尺寸界线编辑框区中，可进行有关尺寸界线的颜色、线宽、超出尺寸线、起点偏移量和隐藏的设置。

1）“颜色”和“线宽”项 为了便于图层控制，一般将颜色和线宽均设为随层。

2）“超出尺寸线”项 用来确定尺寸界线超出尺寸线的长度，一般设置为 2mm。

3）“起点偏移量”项 用来确定尺寸界线的实际起始点和指定起始点之间的偏移量，一般设置为 0。

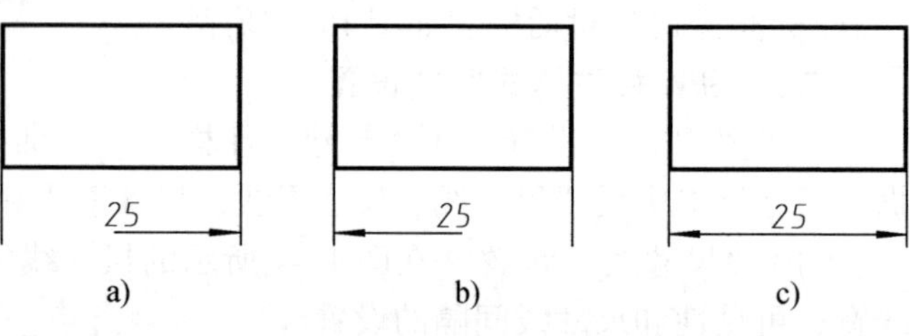

图 19-6 尺寸线隐藏方式

a）隐藏尺寸线 1 b）隐藏尺寸线 2 c）显示尺寸线 1、2

4）“隐藏”项 用来控制尺寸界线是否隐藏。点取方框起开关作用，

“√”表示隐藏，即无尺寸界线；否则，反之，如图 19-7 所示。

(3)“箭头”设置　在图 19-4 所示的箭头编辑框区中，可进行有关箭头的形状和大小的设置。

1)“第一个”和“第二个”项　用来确定尺寸箭头的形状，可在下拉列表框中进行选取，一般为实心闭合样式。

2)“箭头大小”项　用来确定尺寸箭头的大小，一般设置为 2.5mm。

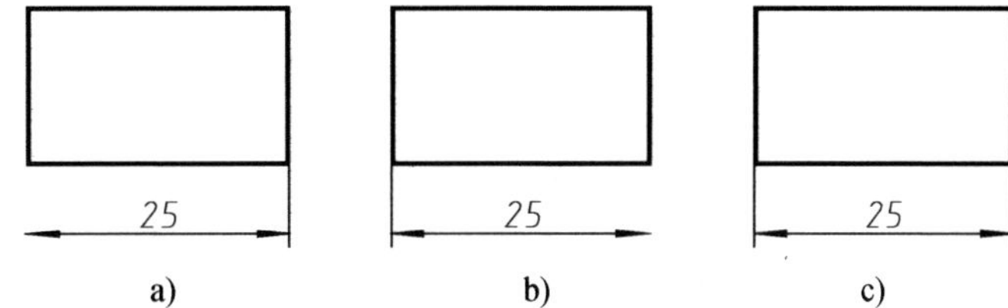

图 19-7　尺寸界线隐藏方式

a) 隐藏尺寸界线 1　b) 隐藏尺寸界线 2　c) 显示尺寸界线 1、2

2. 文字设置　在“新建标注样式”对话框中，单击“文字”选项卡，根据需要在该卡中设置尺寸文本的显示形式和文字的对齐方式，如图 19-8 所示。

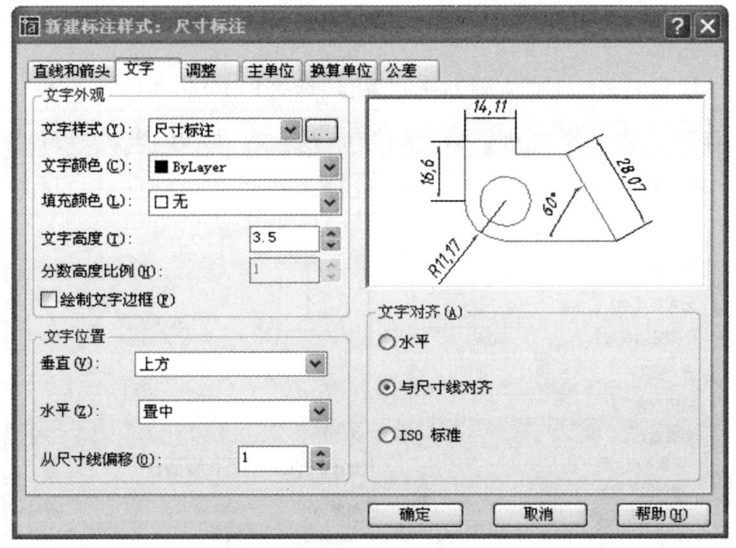

图 19-8　“文字选项”对话框

(1)“文字外观”设置　在图 19-8 所示的文字外观编辑框区中，可进行尺寸文本的文字样式、颜色及文字高度等的设置。(字体一般采用 ISOcp2shx 字体型，字体倾斜 15°，高度为 3.5mm。)

(2)“文字位置”设置　在图 19-8 所示的文字位置编辑框区中，可进行尺寸文本排列位置的设置。用来控制文字的垂直、水平及距尺寸线的距离。

(3)“文字对齐”设置　在图 19-8 所示的文字对齐编辑框区中，可进行尺寸文本的标注方向的设置。

3. 调整设置　在“新建标注样式”对话框中，单击“调整”选项卡，根据需要在该卡中设置尺寸文本、尺寸箭头、指引线和尺寸线的相对排列位置，如图 19-9 所示。

4. 主单位设置　在“新建标注样式”对话框中，单击“主单位”选项卡，根据需要在该卡中设置基本标注单位格式、精度以及标注文本的前缀或后缀，如图 19-10 所示。

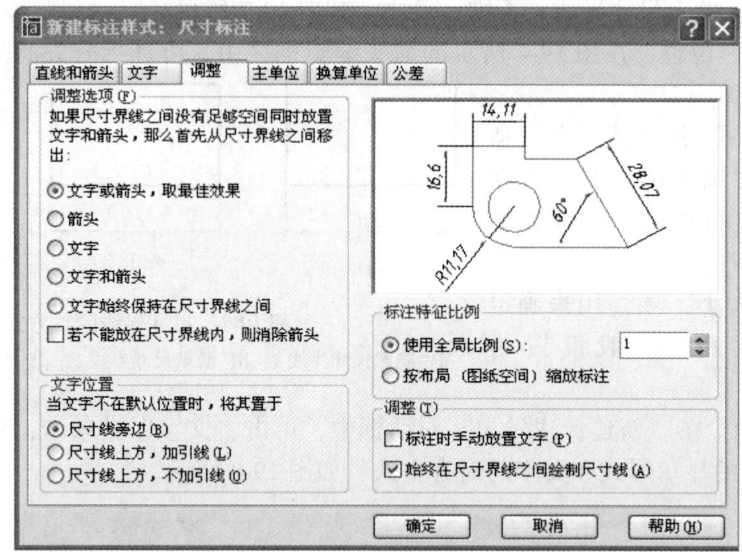

图 19-9 “调整”选项卡

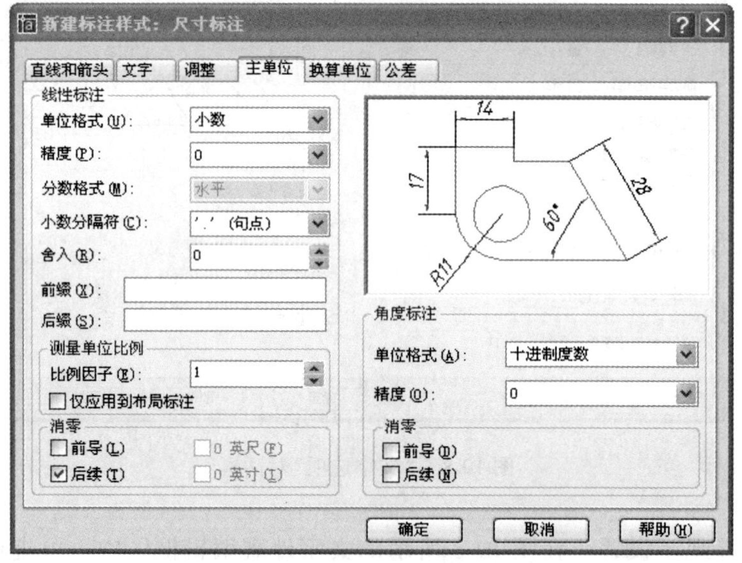

图 19-10 “主单位”选项卡

（1）“线性标注”设置　在图 19-10 所示的线性标注编辑框中，可进行线性尺寸的单位格式、精度、文本的前缀与后缀设置。

1）“单位格式”项　在其下拉列表框中列有不同的单位格式，可选择科学、小数、工程、建筑、分数和 Windows 桌面中的任一种格式，一般常采用“小数”单位格式。

2）“精度”项　在其下拉列表框中列有不同的精度等级，可选择 0、0.0、0.00…、0.000000 级，一般常采用“0”级精度。

3）“前缀”项　开启主单位前缀。需要在尺寸文字前加注符号，只要在“前缀”栏中键入所需文本字符串即可，如直径符号“ϕ”。

4）“后缀”项　开启主单位后缀。需要在尺寸文字后加注符号，只要在“后缀”栏中键入所需文本字符串即可，如公差带代号“H8”。

（2）“消零”设置　在图 19-10 所示的消零编辑框中，可进行文本前后无效“0”的设置，一般在后续项目中选“√”。

（3）角度标注设置　在图 19-10 所示的角度标注编辑框中，可进行角度标注中的单位格式和精度要求的设置。

5. 换算单位设置　在“新建标注样式”对话框中，单击“换算单位”选项卡，根据需要在该卡中设置替代测量单位的格式和精度，以及前缀或后缀。默认时尺寸标注不显示替代单位标注，该选项卡无效，呈灰色显示。只有选中“显示换算单位”复选框才有效，一般不选取显示替代单位标注，如图 19-11 所示。

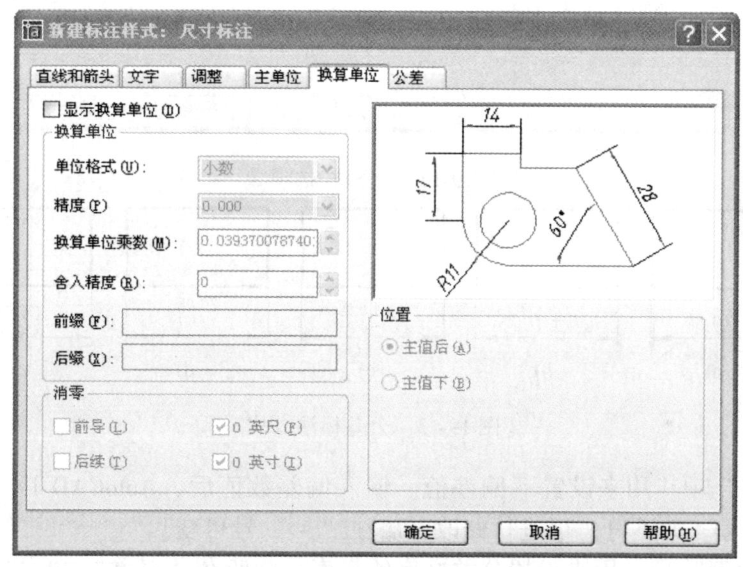

图 19-11　“换算单位”选项卡

6. 公差设置　在“新建标注样式”对话框中，单击“公差”选项卡，根据需要在该卡中设置尺寸公差的标注格式及有关特征参数，如图 19-12 所示。

（1）“公差格式”设置

1）“方式”项　主要用来设置公差文本的标注方式。单击其右侧的三角按钮即可打开下拉列表框进行以下相应选项的选择，如图 19-13 所示。

①无：用来进行不标注公差的标注设置，如图 19-13a 所示。

②对称：用来进行上下偏差值相同的标注设置，如图 19-13b 所示。

③极限偏差：用来进行上、下偏差值不相同的标注设置，如图 19-13c 所示。

④极限尺寸：用来进行最大极限尺寸和最小极限尺寸的标注设置，如图 19-13d 所示。

⑤基本尺寸：用来进行加方框的基本尺寸标注设置，如图 19-13e 所示。

2）“精度”项　用来设置尺寸标注公差的精度，即有效位数的设置。

3）“上偏差”项　用来设置上偏差值。输入偏差数值后，AutoCAD 自动在偏差值前加“+”或“-”号。如不符，可进行修改，加注“-”号可变。

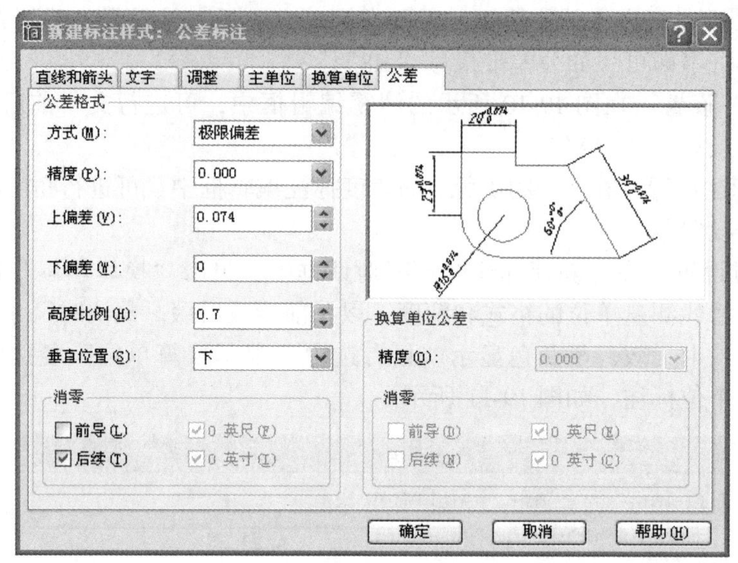

图 19-12 “公差”选项卡

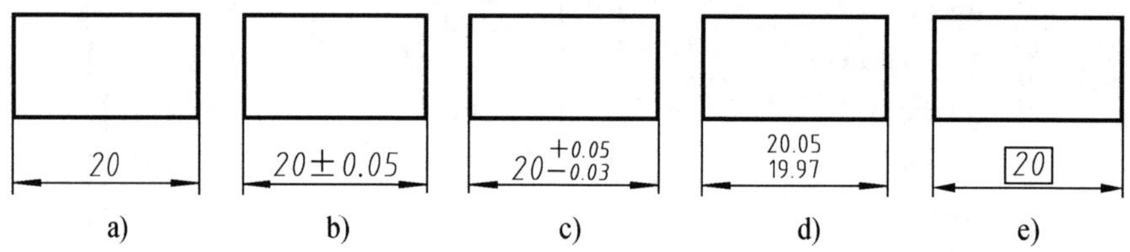

a) b) c) d) e)

图 19-13 公差标注方式

4）“下偏差”项 用来设置下偏差值。输入偏差数值后，AutoCAD 自动在偏差值前加“+”或“-”号。如不符，可进行修改，加注“-”号可变。

5）“高度比例”项 用来设置公差文字的高度。一般在“对称”方式时设置为 1；“极限偏差”方式时设置为 0.7。

6）“垂直位置”项 用来设置公差文字和基本尺寸文字的对正方式，如图 19-14 所示。

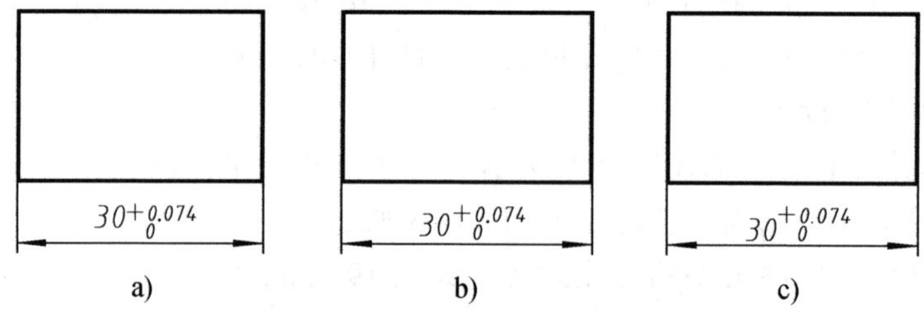

a) b) c)

图 19-14 公差值对正方式

“上”表示公差文字与基本尺寸文字的顶线对齐，如图 19-14a 所示。

“中”表示公差文字与基本尺寸文字的中线对齐，如图 19-14b 所示。

“下”表示公差文字与基本尺寸文字的底线对齐，如图 19-14c 所示。

7）“消零”项 用来设置标注文字是否显示无效的数字 0。

（2）“换算单位公差”设置 用来进行换算公差单位的精度和消零设置。

第三节 尺寸标注方法

尺寸标注命令的输入可选用“标注”工具栏或“标注”下拉菜单，如图 19-15、图 19-16 所示。

图 19-15 “标注”工具栏

标注尺寸应首先在“样式”工具栏中点取 尺寸标注 选项后，再进行各类尺寸的标注，这样整张图样中的尺寸标注样式将是统一的。下面介绍常用的尺寸标注命令。

一、长度尺寸标注

线性尺寸是图样中最常见的尺寸，它包括水平尺寸、垂直尺寸、对齐尺寸、旋转尺寸、基线尺寸和连续尺寸。AutoCAD 把水平尺寸、垂直尺寸和旋转尺寸归结为长度尺寸。

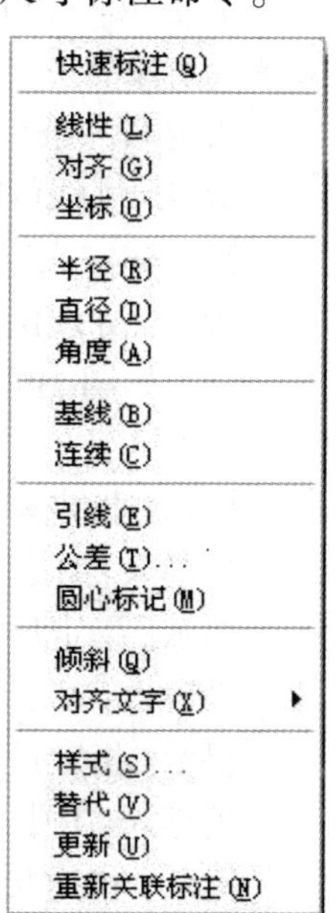

图 19-16 “标注”下拉菜单

1. 功能 用来标注水平尺寸、垂直尺寸和旋转尺寸。

2. 输入方法

（1）工具栏 标注→ 按钮。

（2）下拉菜单 标注→线性。

（3）命令行 DIMLINEAR↓（或 DLI 或 DIMLIN）。

3. 命令及提示

命令：DIMLINEAR↓

提示：指定第一条尺寸界线原点或 <选择对象>：（选取一点作为第一条尺寸界线的起始点或直接按 <Enter 键>）

4. 说明 提示后选择不同选项，就有不同操作要求和结果。现分别介绍如下：

（1）指定第一条尺寸界线原点或 <选择对象>：(选取一点作为第一条尺寸界线的起始点)

指定第二条尺寸界线原点或 <选择对象>：(选取一点作为第二条尺寸界线的起始点)

指定尺寸线位置或[多行文字(M)/文字(T)/角度(A)/水平(H)/垂直(V)/旋转(R)]：(选取一点作为尺寸线位置或选择其他某一选项)

例 1 标注如图 19-17 所示的长度尺寸。

操作过程为：

命令：DIMLINEAR↓

指定第一条尺寸界线原点或 <选择对象>：P1↓

指定第二条尺寸界线原点或 <选择对象>：P2↓

指定尺寸线位置或[多行文字(M)/文字(T)/角度(A)/水平(H)/垂直(V)/旋转(R)]：P3↓

AutoCAD 将按自动测量的尺寸值注出,如图 19-17 所示。

(2) 指定尺寸线位置或[多行文字(M)/文字(T)/角度(A)/水平(H)/垂直(V)/旋转(R)]:(输入 M/T/A/H/V/R 各选项)

当键入: M↓

系统将打开“文字格式”对话框,用来更改或设置尺寸文本。

当键入: T↓

提示: 输入标注文字 < 当前值 >:(确定或修改文本)

例 2 标注如图 19-18 所示的长度尺寸。

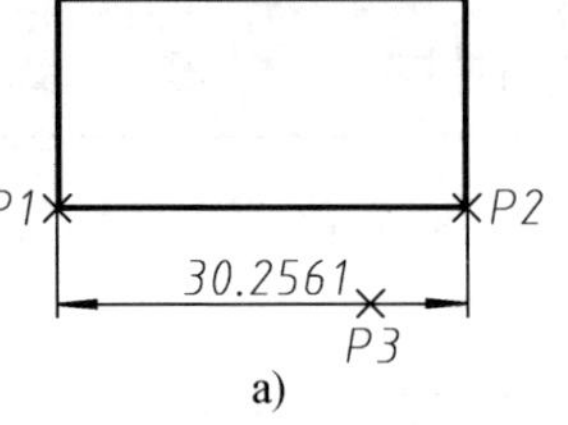

a)

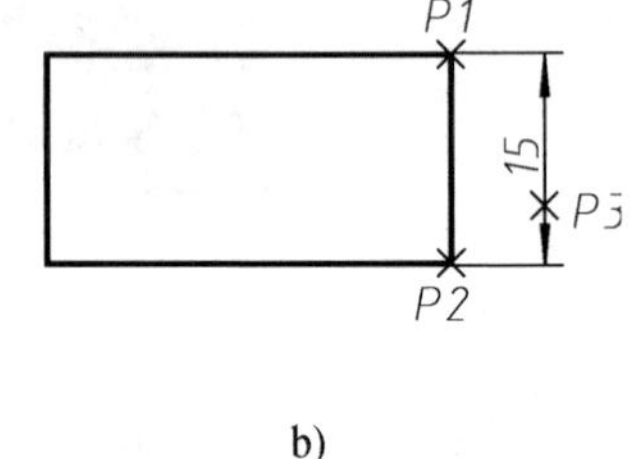

b)

图 19-17 长度尺寸标注

a) 标注水平尺寸 b) 标注垂直尺寸

操作过程为:

命令: DIMLINEAR↓

指定第一条尺寸界线原点或 < 选择对象 >: P1↓

指定第二条尺寸界线原点或 < 选择对象 >: P2↓

指定尺寸线位置或[多行文字(M)/文字(T)/角度(A)/水平(H)/垂直(V)/旋转(R)]: T↓

输入标注文字 <30.2561>: 30↓ (<当前值>: 是 AutoCAD 自动测量值)

指定尺寸线位置或[多行文字(M)/文字(T)/角度(A)/水平(H)/垂直(V)/旋转(R)]: P3↓

结果如图 19-18 所示。

图 19-18 长度尺寸标注

当键入: A↓

提示: 指定标注文字角度:(输入尺寸文本旋转角度)

当键入: H↓

提示: 指定尺寸线位置或[多行文字(M)/文字(T)/角度(A)]:

当键入: V↓

提示: 指定尺寸线位置或[多行文字(M)/文字(T)/角度(A)]:

当键入: R↓

提示: 指定尺寸线的角度〈当前值〉:(输入尺寸线的旋转角度或直接按 <Enter> 键)

提示: 指定尺寸线位置或[多行文字(M)/文字(T)/角度(A)/水平(H)/垂直(V)/旋转(R)]:

(3) 指定第一条尺寸界线原点或 < 选择对象 >: ↓

选择标注对象: (选取标注对象)

指定尺寸线位置或[多行文字(M)/文字(T)/角度(A)/水平(H)/垂直(V)/旋转(R)]:

AutoCAD 将自动把所选择实体的两端点作为尺寸界线的起始点。若选择对象是圆,则圆的直径端点作为尺寸线的端点。

例 3 标注如图 19-19 所示的长度尺寸。

操作过程为:

命令: DIMLINEAR↓

指定第一条尺寸界线原点或 < 选择对象 >: ↓

选择标注对象: P1↓

指定尺寸线位置或[多行文字(M)/文字(T)/角度(A)/水平(H)/垂直(V)/旋转(R)]：P2↓

结果如图 19-19 所示。

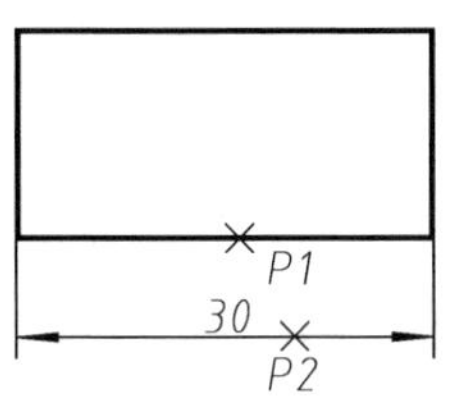

图 19-19　长度尺寸直接标注

二、对齐尺寸标注

1. 功能　用来标注斜面或斜线的尺寸。

2. 输入方法

(1)工具栏　标注→ 按钮

(2) 下拉菜单　标注→对齐。

(3) 命令行　DIMALIGNED↓(或 DAL 或 DIMALI)

3. 命令及提示

命令：DIMALIGNED↓

提示：指定第一条尺寸界线原点或<选择对象>：(选取第一点或直接按<Enter>键)

4. 说明　提示后选择不同选项，就有不同操作要求和结果。现分别介绍如下：

(1) 指定第一条尺寸界线原点或<选择对象>：(选取第一点)

指定第二条尺寸界线原点：(选取第二点)

指定尺寸线位置或[多行文字(M)/文字(T)/角度(A)]：(选取一点作为尺寸线位置或其他选项)

例 4　标注如图 19-20 所示的对齐尺寸。

操作过程为：

命令：DIMALIGNED↓

指定第一条尺寸界线原点或<选择对象>：P1↓

指定第二条尺寸界线原点：P2↓

指定尺寸线位置或[多行文字(M)/文字(T)/角度(A)]：P3↓

结果如图 19-20 所示。

(2) 指定第一条尺寸界线原点或<选择对象>：↓

选择标注对象：(选取标注对象)

例 5　标注如图 19-21 所示的对齐尺寸。

操作过程为：

命令：DIMALIGNED↓

指定第一条尺寸界线原点或<选择对象>：↓

选择标注对象：P1↓

指定尺寸线位置或[多行文字(M)/文字(T)/角度(A)]：P2↓

结果如图 19-21 所示。

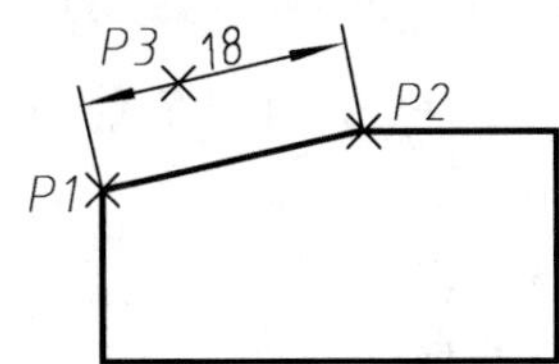

图 19-20　对齐尺寸标注（一）

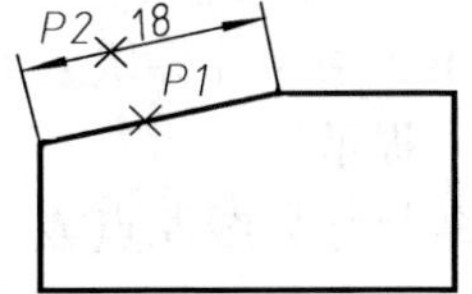

图 19-21　对齐尺寸标注（二）

三、连续尺寸标注

1. 功能　用来标注图中出现在同一直线上的若干尺寸。

2. 输入方法

(1) 工具栏　标注→ 按钮。

(2) 下拉菜单　标注→连续。

(3) 命令行　DIMCONTINUE↓(或 DCO 或 DIMCONT)。

3. 命令及提示

命令：DIMCONTINUE↓

提示：指定第二条尺寸界线原点或[放弃(U)/选择(S)]<选择>：(选取第二条尺寸界线起始点或输入 U 或直接按<Enter>键)

4. 说明　提示后选择不同选项，就有不同操作要求和结果。现分别介绍如下：

(1) 指定第二条尺寸界线原点或[放弃(U)/选择(S)]<选择>：(选取第一条尺寸界线起始点)

指定第二条尺寸界线原点或[放弃(U)/选择(S)]<选择>：(选取下一条尺寸界线起始点)

指定第二条尺寸界线原点或[放弃(U)/选择(S)]<选择>：(反复此提示，直到结束)

例 6　标注如图 19-22 所示的连续尺寸。

操作过程为：

命令：DIMLINEAR↓

指定第一条尺寸界线原点或<选择对象>：P1↓

指定第二条尺寸界线原点或<选择对象>：P2↓

指定尺寸线位置或[多行文字(M)/文字(T)/角度(A)/水平(H)/垂直(V)/旋转(R)]：P3↓

命令：DIMCONTINUE↓

指定第二条尺寸界线原点或[放弃(U)/选择(S)]<选择>：P4↓

指定第二条尺寸界线原点或[放弃(U)/选择(S)]<选择>：P5↓

指定第二条尺寸界线原点或[放弃(U)/选择(S)]<选择>：P6↓

指定第二条尺寸界线原点或[放弃(U)/选择(S)]<选择>：P7↓

指定第二条尺寸界线原点或[放弃(U)/选择(S)]<选择>：↓(结束)

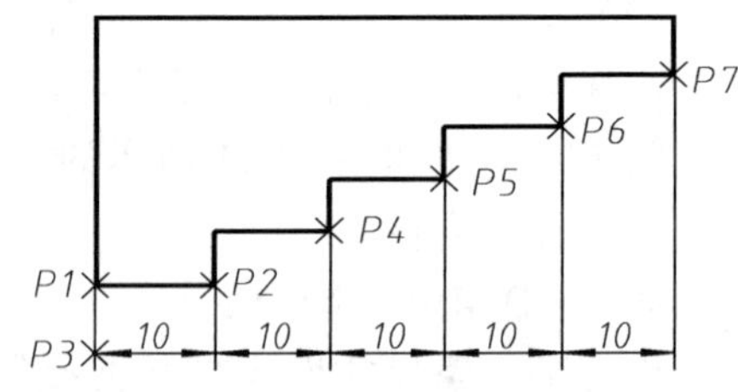

图 19-22　连续尺寸标注

结果如图 19-22 所示。

(2) 指定第二条尺寸界线起点或[放弃(U)/选择(S)]<选择>：U↓(AutoCAD 将撤消上一连续尺寸并提示)

指定第二条尺寸界线原点或[放弃(U)/选择(S)]<选择>：

(3) 指定第二条尺寸界线原点或[放弃(U)/选择(S)]<选择>：↓

选择连续标注：(选择线性坐标或角度标注)

指定第二条尺寸界线原点或[放弃(U)/选择(S)]<选择>:

四、基线尺寸标注

1. 功能　用来标注从同一条基线开始测量的尺寸。

2. 输入方法

(1) 工具栏　标注→ 按钮。

(2) 下拉菜单　标注→基线。

(3) 命令行　DIMBASELINE↓(或 DBA 或 DIMBASE)。

3. 命令及提示

命令:DIMBASELINE↓

提示:指定第二条尺寸界线原点或[放弃(U)/选择(S)]<选择>:(选取第二条尺寸界线起始点或输入 U 或直按<Enter>键)

4. 说明　提示后选择不同选项,就有不同操作要求和结果。现分别介绍如下:

(1) 指定第二条尺寸界线原点或[放弃(U)/选择(S)]<选择>:(选取第二条尺寸界线起始点)

指定第二条尺寸界线原点或[放弃(U)/选择(S)]<选择>:(选取下一条尺寸界线起始点)

指定第二条尺寸界线原点或[放弃(U)/选择(S)]<选择>:(反复此提示,直到结束)

例 7　标注如图 19-23 所示的基线尺寸。

操作过程为:

命令:DIMLINEAR↓

指定第一条尺寸界线原点或<选择对象>:P1↓

指定第二条尺寸界线原点或<选择对象>:P2↓

指定尺寸线位置或[多行文字(M)/文字(T)/角度(A)/水平(H)/垂直(V)/旋转(R)]:P3↓

命令:DIMBASELINE↓

指定第二条尺寸界线原点或[放弃(U)/选择(S)]<选择>:P4↓

指定第二条尺寸界线原点或[放弃(U)/选择(S)]<选择>:P5↓

指定第二条尺寸界线原点或[放弃(U)/选择(S)]<选择>:P6↓

指定第二条尺寸界线原点或[放弃(U)/选择(S)]<选择>:P7↓

指定第二条尺寸界线原点或[放弃(U)/选择(S)]<选择>:↓(结束)

结果如图 19-23 所示。

(2) 指定第二条尺寸界线原点或[放弃(U)/选择(S)]<选择>:U↓(AutoCAD 将撤消上一连续尺寸并提示)

指定第二条尺寸界线原点或[放弃(U)/选择(S)]<选择>:

(3) 指定第二条尺寸界线原点或[放弃(U)/选择(S)]<选择>:↓

选择连续标注:(选择线性坐标或角度标注)

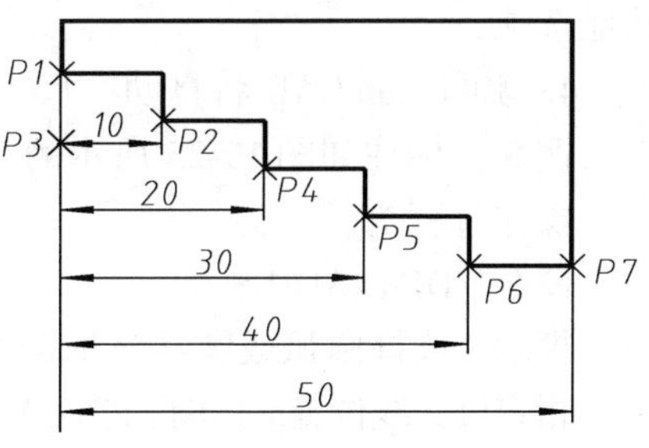

图 19-23　基线尺寸标注

指定第二条尺寸界线原点或[放弃(U)/选择(S)]<选择>:

五、直径尺寸标注

1. 功能　用来标注圆或圆弧的直径尺寸。

2. 输入方法

(1) 工具栏　标注→ 按钮。

(2) 下拉菜单　标注→直径。

(3) 命令行　DIMDIAMETER↓(或 DDI 或 DIMDIA)

3. 命令及提示

命令:DIMDIAMETER↓

提示:选择圆弧或圆:(选取圆弧或圆)

指定尺寸线位置或[多行文字(M)/文字(T)/角度(A)]:(选取一点作为尺寸线位置或其他选项)

4. 说明　AutoCAD 将自动在尺寸数字前加注"ϕ"。

例 8　标注如图 19-24 所示的直径尺寸。

操作过程为:

命令:DIMDIAMETER↓

提示:选择圆弧或圆:(选取圆)

指定尺寸线位置或[多行文字(M)/文字(T)/角度(A)]:(选取圆上一点)

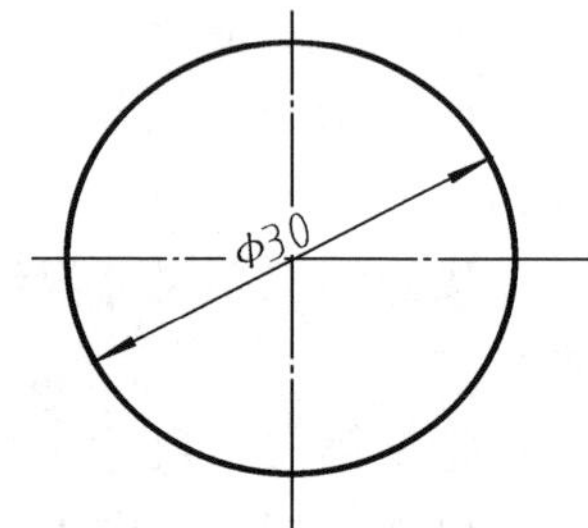

图 19-24　直径尺寸标注

六、半径尺寸标注

1. 功能　用来标注圆或圆弧的半径尺寸。

2. 输入方法

(1) 工具栏　标注→ 按钮。

(2) 下拉菜单　标注→半径。

(3) 命令行　DIMRADIUS↓(或 DRA 或 DIMRAD)

3. 命令及提示

命令:DIMRADIUS↓

提示:选择圆弧或圆:(选取圆弧或圆)

指定尺寸线位置或[多行文字(M)/文字(T)/角度(A)]:(选取一点作为尺寸线位置或其他选项)

4. 说明 AutoCAD 将自动在尺寸数字前加注"*R*"。

例 9　标注如图 19-25 所示的半径尺寸。

操作过程为:

命令:DIMRADIUS↓

提示:选择圆弧或圆:(选取圆弧)

指定尺寸线位置或[多行文字(M)/文字(T)/角度(A)]:(选取弧上一点)

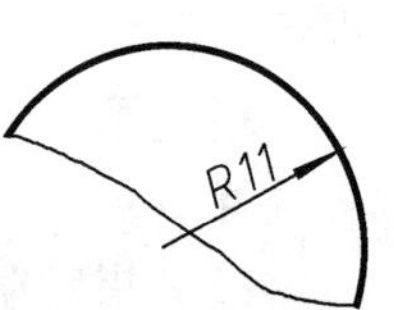

图 19-25　半径尺寸标注

七、圆心标记

1. 功能　用来标注圆或圆弧的中心点。

2. 输入方法。

(1) 工具栏　标注→ 按钮。

(2) 下拉菜单　标注→圆心标记。

(3) 命令行　DIMCENTER↓(或 DCE)。

3. 命令及提示

命令:DIMCENTER↓

提示:选择圆弧或圆:(选取圆弧或圆)

八、角度尺寸标注

1. 功能　用来标注角度尺寸。

2. 输入方法

(1) 工具栏　标注→ 按钮。

(2) 下拉菜单　标注→角度。

(3) 命令行　DIMANGULAR↓(或 DAN 或 DIMANG)。

3. 命令及提示

命令:DIMANGULAR↓

提示:选择圆弧、圆、直线或 <指定顶点>:

4. 说明　提示后选择不同选项,就有不同操作要求和结果。现分别介绍如下:

(1) 选择圆弧、圆、直线或 <指定顶点>:(选取一段圆弧,如图 19-26a 所示。)

指定标注弧线位置或[多行文字(M)/文字(T)/角度(A)]:(选取一点作为弧形尺寸线位置或其他选项)

(2) 选择圆弧、圆、直线或 <指定顶点>:(选取一个圆,并作为第一尺寸界线起点,如图 19-26b 所示。)

指定角的第二个端点:(选取一点作为第二尺寸界线起始点)

指定标注弧线位置或[多行文字(M)/文字(T)/角度(A)]:(选取一点作为弧形尺寸线位置或其他选项)

(3) 选择圆弧、圆、直线或 <指定顶点>:(选取一直线,并作为第一尺寸界线,如图 19-26c 所示。)

选择第二条直线:(选取第二直线,并作为第二尺寸界线)

指定标注弧线位置或[多行文字(M)/文字(T)/角度(A)]:(选取一点作为弧形尺寸线位置或其他选项)

(4) 选择圆弧、圆、直线或 <指定顶点>:↓

指定角的顶点:(选取角的顶点,如图 19-26d 所示。)

指定角的第一个端点:(选取第一边终点)

指定角的第二个端点:(选取第二边终点)

指定标注弧线位置或[多行文字(M)/文字(T)/角度(A)]:(选取一点作为弧形尺寸线位置或其他选项)

以上 4 种类型操作结果如图 19-26 所示。

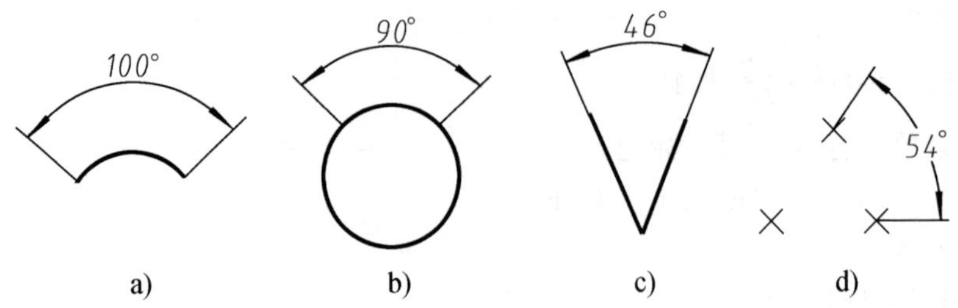

图 19-26　角度尺寸标注

九、引线标注

1. 功能　用来进行引出标注。

2. 输入方法

(1) 工具栏　标注→[按钮图标]按钮。

(2)下拉菜单　标注→引线。

(3) 命令行　QLEADER↓(或 LE)。

3. 命令及提示

命令：QLEADER↓

提示：指定第一个引线点或[设置(S)]<设置>：(选取指引线起始点或直接按<Enter 键>)

4. 说明

指定第一个引线点或［设置(S)］<设置>：↓

AutoCAD 将自动弹出“引线设置”对话框，如图 19-27 所示。对话框中有注释、引线和箭头、附着三个选项卡，可根据需求进行相应设置。

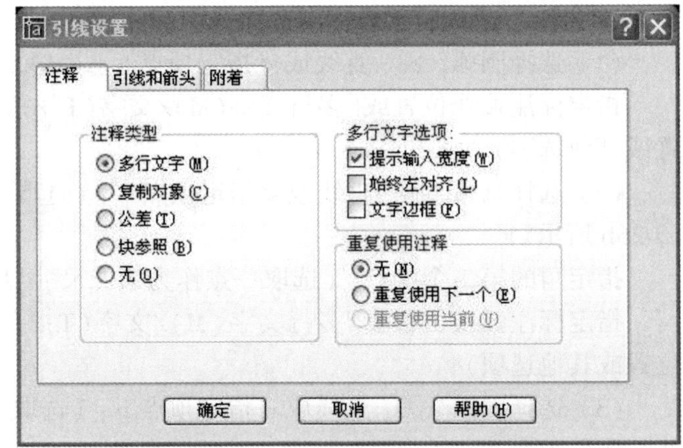

图 19-27　“引线设置”对话框

例 10　标注如图 19-28 所示的尺寸。

操作过程为：

命令：QLEADER↓

指定第一个引线点或［设置(S)］<设置>：↓(弹出“引线设置”对话框)

在弹出的“引线设置”对话框的注释选项卡中，注释类型选项栏选择“多行文字”按钮；重复使用注释选项拦选择“无”按钮。

在“引线设置”对话框的引线和箭头选项卡中，引线选项栏选择“直线”按钮；箭头选项栏选择“实心闭合”项。

在“引线设置”对话框的附着选项卡中，多行文字附着选项栏选择“最后一行加下划线”。

在“引线设置”对话框中，单击确定按钮，关闭对话框。

指定第一个引线点或[设置(S)]<设置>：(指定引线起始位置)

指定下一点：(指定引线终点位置)

C2

图 19-28　指引线标注

指定下一点：↓

指定文字宽度 <0>：↓

输入注释文字的第一行 <多行文字(M)>：↓（“文字格式”对话框打开）

在“文字格式”对话框中，输入“*C*2”，单击“确定”按钮

十、坐标尺寸标注

1. 功能　用来进行一点坐标值的标注。

2. 输入方法

（1）工具栏　标注→ 按钮。

（2）下拉菜单　标注→坐标。

（3）命令行　DIMORDINATE↓（或 DOR 或 DIMORD）。

3. 命令及提示

命令：DIMORDINATE↓

提示：指定点坐标：(选取所需点)

指定引线端点或[X 基准(X)/Y 基准(Y)/多行文字(M)/文字(T)/角度(A)]：

4. 说明　提示后选择不同选项，就有不同操作要求和结果。现分别介绍如下：

（1）指定引线端点：(选取指引线的端点)

AutoCAD 自动将选取的标注点与指引线端点之间坐标差标注在指引线终点处

（2）指定引线端点或[X 基准(X)/Y 基准(Y)/多行文字(M)/文字(T)/角度(A)]：X↓

指定引线端点或[X 基准(X)/Y 基准(Y)/多行文字(M)/文字(T)/角度(A)]：(选取指引线的终点，要求标注 *X* 坐标)

（3）指定引线端点或[X 基准(X)/Y 基准(Y)/多行文字(M)/文字(T)/角度(A)]：Y↓

指定引线端点或[X 基准(X)/Y 基准(Y)/多行文字(M)/文字(T)/角度(A)]：(选取指引线的终点，要求标注 *Y* 坐标。)

十一、快速尺寸标注

1. 功能　用来标注一系列尺寸。

2. 输入方法

（1）工具栏　标注→ 按钮。

（2）下拉菜单　标注→快速标注。

（3）命令行　QDIM↓。

3. 令及提示

命令：QDIM↓

提示：选择要标注的几何图形：(选取要标注的所有实体，并按 <Enter> 键结束)

指定尺寸线位置或[连续(C)/并列(S)/基线(B)/坐标(O)/半径(R)/直径(D)/基准点(P)/编辑(E)] < 连续 >：(选取当前方式下的尺寸线位置或其他选项)。

4. 说明　各选项功能如下：

（1）连续(C)　用来标注一系列连续尺寸。

（2）并列(S)　用来标注一系列并列尺寸。

（3）基线(B)　用来标注一系列基线尺寸。

(4) 坐标(O)　用来标注一系列坐标尺寸。

(5) 半径(R)　用来标注一系列半径尺寸。

(6) 直径(D)　用来标注一系列直径尺寸。

(7) 基准点(P)　用来设置新的标注基准。

(8) 编辑(E)　用来增减尺寸标注点。

例 11　标注如图 19-29 所示的尺寸。

操作过程为：

命令：QDIM↓

选择要标注的几何图形：(选取五个圆，↓)

指定尺寸线位置或[连续(C)/并列(S)/基线(B)/坐标(O)/半径(R)/直径(D)/基准点(P)/编辑(E)]<连续>：C↓

指定尺寸线位置或[连续(C)/并列(S)/基线(B)/坐标(O)/半径(R)/直径(D)/基准点(P)/编辑(E)]<连续>：(指定尺寸线的位置)

结果如图 19-29 所示。

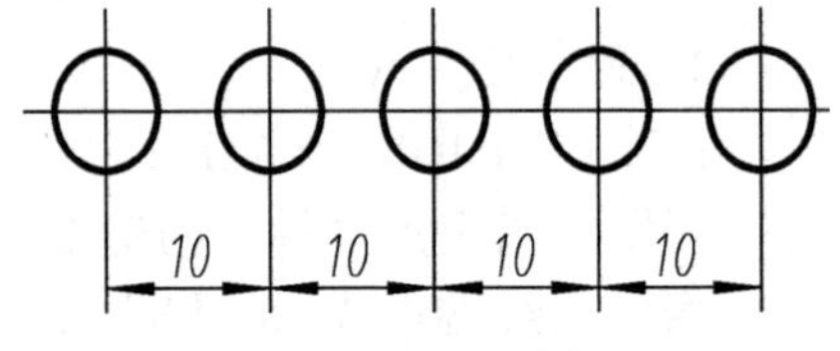

图 19-29　快速尺寸标注

第四节　尺寸标注编辑

对已注出的尺寸标注进行编辑，这是 AutoCAD 提供的又一项功能。对尺寸文字、内容、位置、尺寸标注样式和尺寸公差等方面的编辑，可采用下面介绍的不同方法进行。

一、尺寸变量替换

1. 功能　用来进行重新设置（替代）所选择的尺寸标注的系统变量。

2. 输入方法

(1) 下拉菜单　标注→替代。

(2) 命令行　DIMOVERRIDE↓。

3. 命令及提示

命令：DIMOVERRIDE↓

提示：输入要替代的标注变量名或[清除替代(C)]：(输入要替代的变量名或 C↓)

4. 说明

(1) 输入要替代的标注变量名或[清除替代(C)]：C↓

选择对象：(选择要修改的尺寸标注)

选择对象：↓(结束)

(2) 输入要替代的标注变量名或[清除替代(C)]：(输入要替代的变量名)

输入标注变量的新值<当前值>：(输入新的系统变量值)

选择对象：(选择要修改的尺寸标注)

选择对象：↓(结束)

例 1　使用 DIMOVERRIDE 命令替代标注对象，如图 19-30 所示。

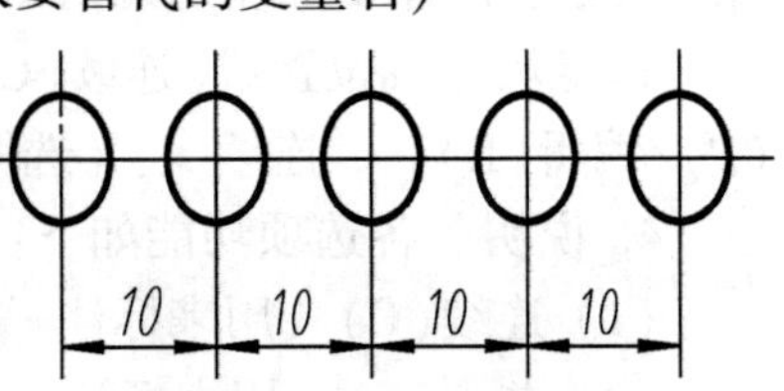

图 19-30　替代标注对象

操作过程为：
命令：DIMOVERRIDE ↓
输入要替代的标注变量名或[清除替代(C)]：DIMTXT(输入变量名,修改文字高度)
输入标注变量的新值 <2. 5000 >：3. 5 ↓
输入要替代的标注变量名：↓
选择对象：(选取左边数字“10”)
选择对象：↓
结果如图 19-30 所示。

二、尺寸编辑

1. 功能　用来进行修改已有尺寸标注的内容和放置位置。

2. 输入方法

(1) 工具栏　标注→按钮。

(2) 命令行　DIMEDIT ↓。

3. 命令及提示

命令：DIMEDIT ↓
提示：输入标注编辑类型[默认(H)/新建(N)/旋转(R)/倾斜(O)] <默认 >：

4. 说明

(1) H ↓　将尺寸文本按标注样式所定义的默认位置、方向重新放置。AutoCAD 则提示：
选择对象：(选择要编辑的尺寸标注即可)

(2) N ↓　更新选择的尺寸标注的尺寸文本。AutoCAD 自动打开“文字格式编辑器”对话框。更改尺寸文本后,单击“确定”按钮。AutoCAD 则提示：
选择对象：(选择要更改的尺寸文本即可)

(3) R ↓　旋转所选择的尺寸文本。AutoCAD 则提示：
指定标注文字的角度：(输入尺寸文本的旋转角度)
选择对象：(选择要编辑的尺寸标注即可)

(4) O ↓　实行倾斜标注,使尺寸界线与尺寸线不垂直。一般用来标注锥体直径。AutoCAD 则提示：
选择对象：(选择要编辑的尺寸标注即可)
输入倾斜角度(按 <Enter> 键表示无)：(输入倾斜角度)
输入倾斜角度后, AutoCAD 自动将尺寸界线与尺寸线的夹角变为指定的倾斜角度。

例 2　修改如图 19-31 所示标注的角度。

操作过程为：
命令：DIMEDIT ↓
输入标注类型[默认(H)/新建(N)/旋转(R)/倾斜(O)] <默认 >：O ↓
选择对象：(选“ϕ40”尺寸标注项)
选择对象：↓
输入倾斜角度(按 <Enter> 键表示无)：15 ↓

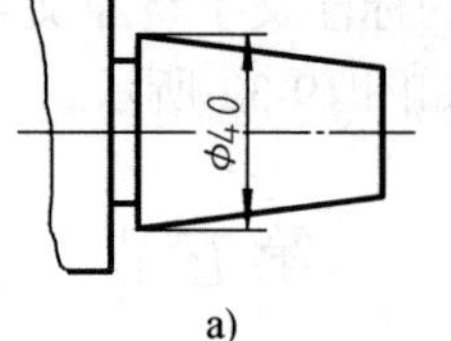

a)

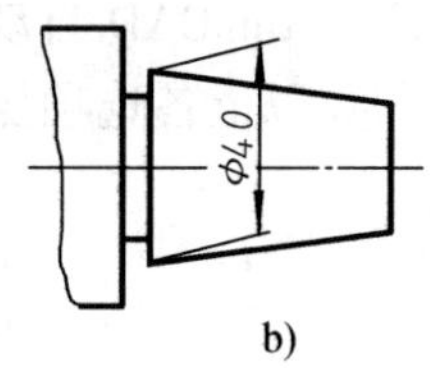

b)

图 19-31　标注角度修改
a) 修改前　b) 修改后

三、尺寸文本修改

1. 功能　用来进行修改已有尺寸标注文字的位置和方向。

2. 输入方法　命令行 DDEDIT↓。

3. 命令及提示

命令：DDEDIT↓

提示：选择注释对象或[放弃(U)]：(选取标注对象)

AutoCAD 将自动打开“文字格式编辑器”对话框，可在该对话框中修改选取的文本实体目标。

四、尺寸文本位置修改

1. 功能　用来进行修改已有尺寸标注文字的位置和方向。

2. 输入方法

(1) 工具栏　标注→ 按钮。

(2)下拉菜单　标注→对齐文字。

(3) 命令行　DIMTEDIT↓。

3. 命令及提示

命令：DIMTEDIT↓

提示：选择标注：(选取要编辑的标注)

指定标注文字的新位置或[左(L)/右(R)/中心(C)/默认(H)/角度(A)]：

4. 说明

(1) 指定标注文字的新位置　可将选取的文字拖动到一个新位置。

(2) L↓　可将选取的长度型、半径型和直径型标注文字进行左对齐（即沿尺寸线靠文字左边的尺寸界线对齐）。

(3) R↓　可将选取的长度型、半径型和直径型标注文字进行右对齐（即沿尺寸线靠文字右边的尺寸界线对齐）。

(4) C↓　可将选取的标注文字居中放置。

(5) H↓　可将选取的标注文字移回到默认位置。

(6) A↓　指定标注文字的角度：(输入角度值)

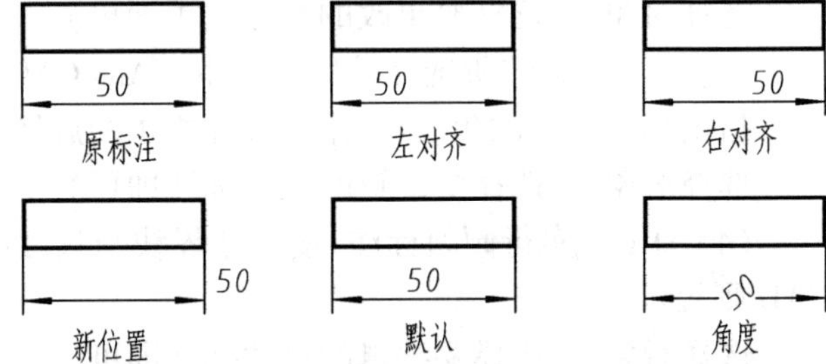

图 19-32　尺寸文字位置和方向的修改

AutoCAD 自动将选取的标注文字绕原文字中心点旋转给定的角度。

以上各选项操作结果如图 19-32 所示。

第五节　公 差 标 注

公差包括尺寸公差和形位公差。它们都是衡量产品质量的重要技术指标，是图样内容中的一项重要技术要求。AutoCAD 提供了符合国家标准规定的有关尺寸公差和形位公差的标注方法。

一、尺寸公差标注

尺寸公差是尺寸标注的一项内容，它的标注形式有：无公差、对称偏差、极限偏差、极限尺寸和基本尺寸等。在标注时随尺寸一起标注。

1. 功能　用来打开尺寸公差标注模式。

2. 输入方法　工具栏样式→ 公差标注 选项。

例 1　标注机用台虎钳中钳身零件图中的公差尺寸，如图 19-33 所示。

（1）设置尺寸公差标注样式　在“标注样式管理器”对话框中，新建“公差标注”样式名，并在“公差”选项卡中设置尺寸公差的有关内容，而后进行相应的标注。

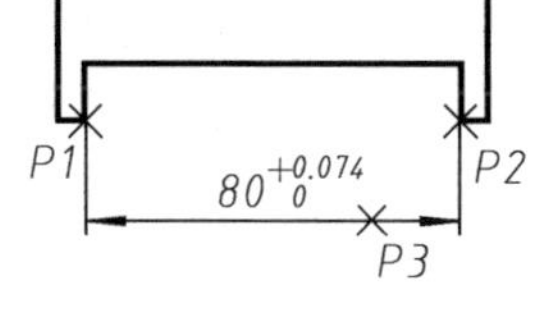

图 19-33　尺寸公差标注

1）打开“标注样式管理器”对话框，点取“新建”按钮。

2）在“创建新标注样式”对话框的“新样式名”栏中，键入“尺寸公差”；在“基础样式”栏的下拉列表中选取“尺寸标注”；然后点取“继续”按钮。

3）在“新建标注样式”对话框中，点“公差”选项栏。

4）在“公差格式”编辑框中，方式项的下拉列表框中点选“极限偏差”；精度项点选“0.000”上偏差项输入“0.074”；下偏差项输入“0”；高度比例项输入“0.7”；垂直位置项点选“下”；消零项点选“后续”；点取“确定”按钮，如图 19-12 所示。

5）在“标注样式管理器”对话框中，点取样式选项栏中“公差标注”项，再点取“置为当前”按钮；最后点取“关闭”按钮，完成尺寸公差标注样式设置。

尺寸公差标注应首先在样式工具栏中点取 公差标注 选项，然后进行尺寸公差标注。

（2）操作过程为

标注：HOR↓

指定第一条尺寸界线原点或 <选择对象>：P1↓

指定第二条尺寸界线原点或 <选择对象>：P2↓

指定尺寸线位置或[多行文字(M)/文字(T)/角度(A)]：P3↓

AutoCAD 自动标出“80$^{+0.074}_{0}$”公差值，如图 19-33 所示。

二、形位公差标注

形位公差包括形状公差和位置公差。AutoCAD 提供了两种符合国家标准规定的有关形位公差的标注方法，分别是不带指引线的形位公差标注命令和带指引线的引线标注命令。

1. 不带指引线的形位公差标注

（1）功能　用来进行标注形位公差。

（2）输入方法

1）工具栏　标注→ 按钮。

2）下拉菜单　标注→公差。

3）命令行　TOLERANCE↓。

(3) 命令及提示　执行上述命令后，AutoCAD 自动弹出“形位公差”对话框，如图 19-34 所示。

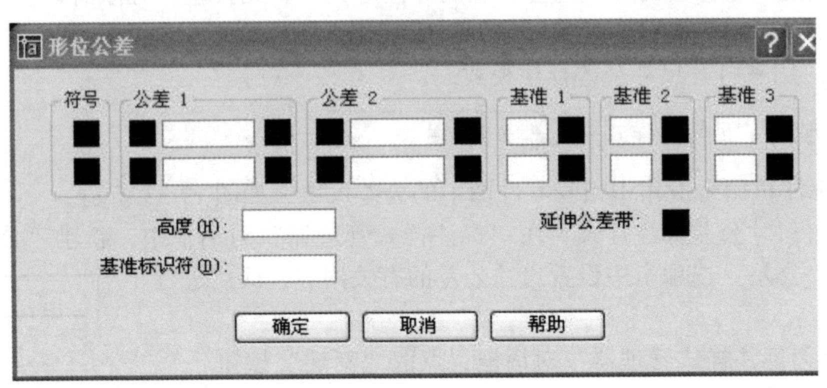

图 19-34　“形位公差”对话框

(4) 说明

1) 在“形位公差”对话框中，单击“符号”方框时，AutoCAD 又自动弹出“符号”对话框，如图 19-35 所示。

2) 在“符号”对话框中，用光标点取一个符号，AutoCAD 自动回到“形位公差”对话框。

3) 在“形位公差”对话框中的“公差 1”栏内，可点击出符号（ϕ 或 R）和填写公差值。

4) 在“形位公差”对话框中的“公差 2”栏内，可点击出符号（ϕ 或 R）和填写公差值。

5) 在“形位公差”对话框中的“基准 1”、“基准 2”、“基准 3”栏内，分别填写相应的基准部位符号。

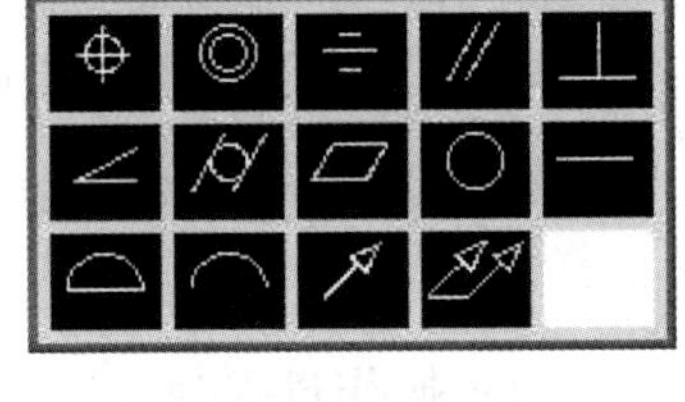

图 19-35　“特征符号”对话框

6) 设置完各项参数后，单击“确定”按钮，AutoCAD 提示：

输入公差位置：（拖动形位公差框格到所需位置或输入形位公差标注位置坐标）结果如图 19-36 所示。

2. 指引标注形位公差

(1) 功能　用来进行指引标注形位公差。

(2) 输入方法

1) 工具栏　标注→ 按钮。

2) 下拉菜单　标注→引线。

3) 命令行　QLEADER↓。

(3) 命令及提示

命令：QLEADER↓

提示：指定第一条引线点或[设置(S)]<设置>：↓

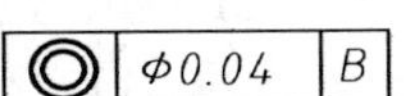

图 19-36　形位公差的标注

AutoCAD 自动弹出“引线设置”对话框。

（4）说明

1）在“引线设置”对话框中，单击“注释”选项卡。

2）在“注释”选项卡的“注释类型”选项框中，单击“公差”按钮。

3）单击“确定”按钮，AutoCAD 自动提示：

指定第一条引线点或[设置(S)]<设置>：(拾取一点作为指引线第一点)

指定下一点：(拾取一点作为指引线第二点)

指定下一点：↓

AutoCAD 自动弹出“形位公差”对话框。

4）在“形位公差”对话框中，操作按不带指引线的形位公差标注的方法和步骤进行。

附　　录

一、螺纹

附表1　普通螺纹　直径与螺距（GB/T 192、193、197—2003）

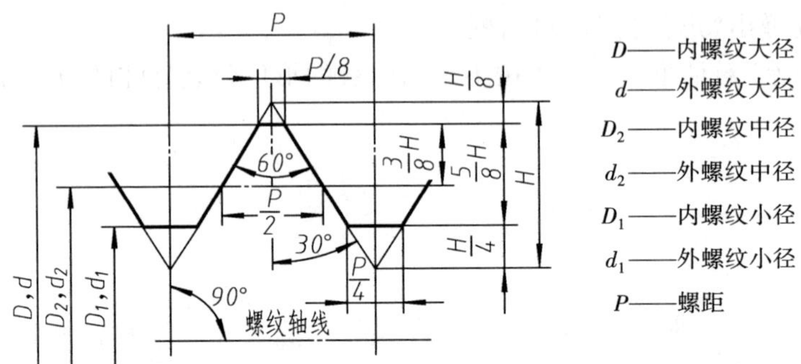

标记示例：

M10-6g（粗牙普通外螺纹、公称直径 $d=10$mm、右旋、中径及大径公差带均为6g、中等旋合长度）

M10×1LH-6H（细牙普通内螺纹、公称直径 $D=10$mm、螺距 $P=1$mm、左旋、中径及小径公差带均为6H、中等旋合长度）

（单位：mm）

公称直径 D、d			螺距 P										
第一系列	第二系列	第三系列	粗牙	细牙									
				3	2	1.5	1.25	1	0.75	0.5	0.35	0.25	0.2
	3.5		0.6								0.35		
4			0.7							0.5			
	4.5		0.75							0.5			
5			0.8							0.5			
		5.5								0.5			
6			1						0.75				
	7		1						0.75				
8			1.25					1	0.75				
		9	1.25					1	0.75				
10			1.5				1.25	1	0.75				
		11	1.5			1.5		1	0.75				
12			1.75				1.25	1					
	14		2			1.5	1.25	1					
		15				1.5		1					
16			2			1.5		1					
		17				1.5		1					
	18		2.5		2	1.5		1					
20			2.5		2	1.5		1					
	22		2.5		2	1.5		1					
24			3		2	1.5		1					
		25			2	1.5		1					

注：M14×1.25 仅用于发动机的火花塞。

附表 2　梯形螺纹（GB/T 5796.1～5796.4—1986）

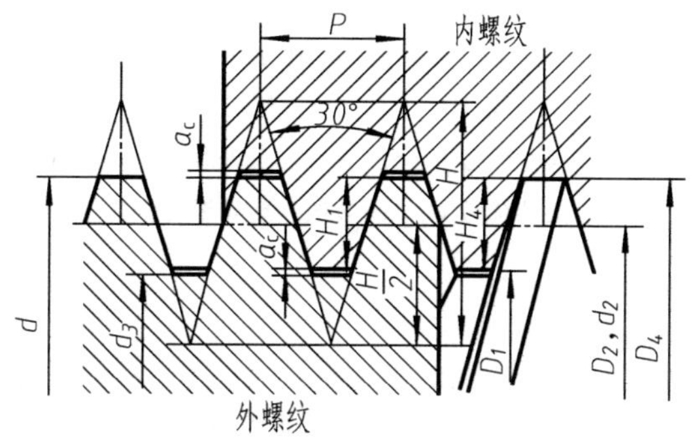

d——外螺纹大径(公称直径)

d_3——外螺纹小径

D_4——内螺纹大径

D_1——内螺纹小径

d_2——外螺纹中径

D_2——内螺纹中径

P——螺距

a_c——牙顶间隙

标记示例：

Tr40×7-7H(单线梯形内螺纹、公称直径 $d=40$mm、螺距 $P=7$mm、右旋、中径公差带为 7H、中等旋合长度)

Tr60×18(*P*9)LH-8e-L(双线梯形外螺纹、公称直径 $d=60$mm、导程 $S=18$mm、螺距 $P=9$mm、左旋、中径公差带为 8e、长旋合长度)

（单位：mm）

梯形螺纹的基本尺寸

d 公称系列		螺距	中径	大径	小径		*d* 公称系列		螺距	中径	大径	小径	
第一系列	第二系列	P	$d_2=D_2$	D_4	d_3	D_1	第一系列	第二系列	P	$d_2=D_2$	D_4	d_3	D_1
8	—	1.5	7.25	8.3	6.2	6.5	32	—	6	29.0	33	25	26
—	9	2	8.0	9.5	6.5	7	—	34		31.0	35	27	28
10	—		9.0	10.5	7.5	8	36	—		33.0	37	29	30
—	11		10.0	11.5	8.5	9	—	38	7	34.5	39	30	31
12	—	3	10.5	12.5	8.5	9	40	—		36.5	41	32	33
—	14		12.5	14.5	10.5	11	—	42		38.5	43	34	35
16	—	4	14.0	16.5	11.5	12	44	—		40.5	45	36	37
—	18		16.0	18.5	13.5	14	—	46	8	42.0	47	37	38
20	—		18.0	20.5	15.5	16	48	—		44.0	49	39	40
—	22	5	19.5	22.5	16.5	17	—	50		46.0	51	41	42
24	—		21.5	24.5	18.5	19	52	—		48.0	53	43	44
—	26		23.5	26.5	20.5	21	—	55	9	50.5	56	45	46
28	—		25.5	28.5	22.5	23	60	—		55.5	61	50	51
—	30	6	27.0	31.0	23.0	24	—	65	10	60.0	66	54	55

注：1. 优先选用第一系列的直径。

2. 表中所列的螺距和直径，是优先选择的螺距及与之对应的直径。

附表 3　55°非密封管螺纹（GB/T 7307—2001）

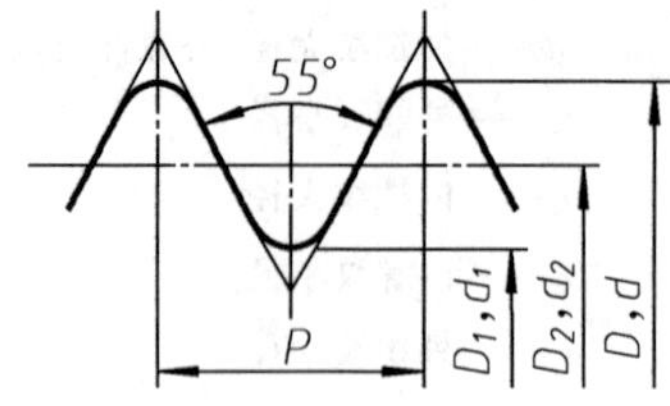

标 记 示 例

尺寸代号 $1^1/_2$ 的右旋内螺纹：$G1^1/_2$

尺寸代号 $1^1/_2$ 的 A 级右旋外螺纹：$G1^1/_2A$

尺寸代号 $1^1/_2$ 的 B 级左旋外螺纹：$G1^1/_2B$-LH

（单位：mm）

尺寸代号	每 25.4mm 内的牙数 n	螺距 P	基本直径		
			大径 $d=D$	中径 $d_2=D_2$	小径 $d_1=D_1$
1/8	28	0.907	9.728	9.147	8.566
1/4	19	1.337	13.157	12.301	11.445
3/8	19	1.337	16.662	15.806	14.950
1/2	14	1.814	20.955	19.793	18.613
5/8	14	1.814	22.911	21.749	20.587
3/4	14	1.814	26.441	25.279	24.117
7/8	14	1.814	30.201	29.039	27.877
1	11	2.309	33.249	31.770	30.291
$1^1/_8$	11	2.309	37.897	36.418	34.939
$1^1/_4$	11	2.309	41.910	40.431	38.952
$1^1/_2$	11	2.309	47.803	46.324	44.845
$1^3/_4$	11	2.309	53.746	52.267	50.788
2	11	2.309	59.614	58.135	56.656
$2^1/_4$	11	2.309	65.710	64.231	62.752
$2^1/_2$	11	2.309	75.184	73.705	72.226
$2^3/_4$	11	2.309	81.534	80.055	78.576
3	11	2.309	87.884	86.405	84.926
$3^1/_2$	11	2.309	100.330	98.851	97.372
4	11	2.309	113.030	111.551	110.072

二、常用标准件

附表 4　六角头螺栓（一）

六角头螺栓　A 和 B 级（GB/T 5782—2000）
六角头螺栓　细牙　A 和 B 级（GB/T 5785—2000）

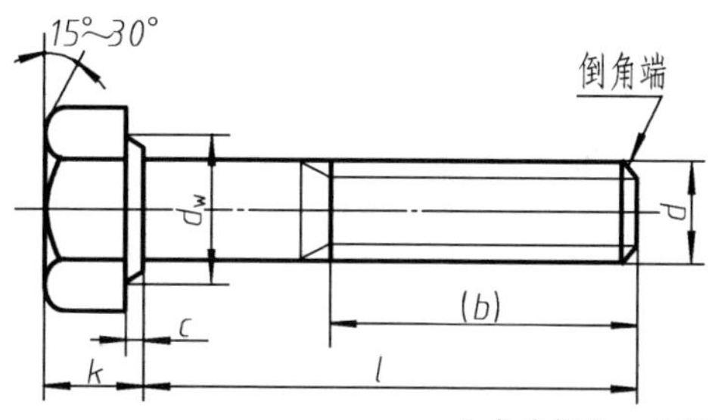

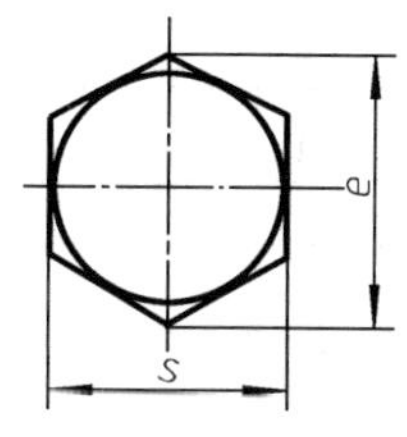

标记示例：
螺栓　GB/T 5782　M12×100
（螺纹规格 d = M12、公称长度 l = 100mm、性能等级为 8.8 级、表面氧化、杆身半螺纹、A 级的六角头螺栓）

六角头螺栓　全螺纹　A 和 B 级（GB/T 5783—2000）
六角头螺栓　细牙　全螺纹　A 和 B 级（GB/T 5786—2000）

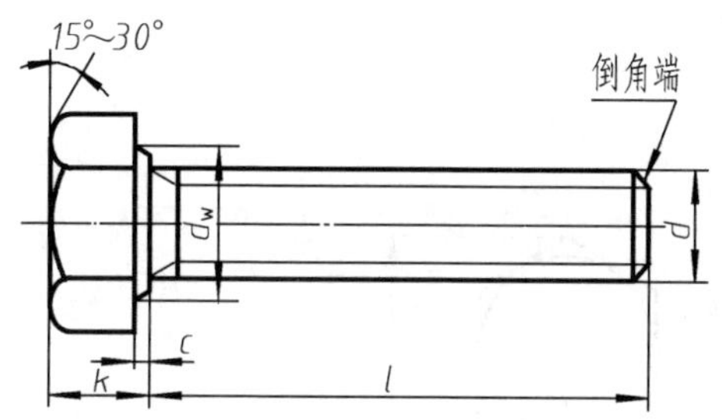

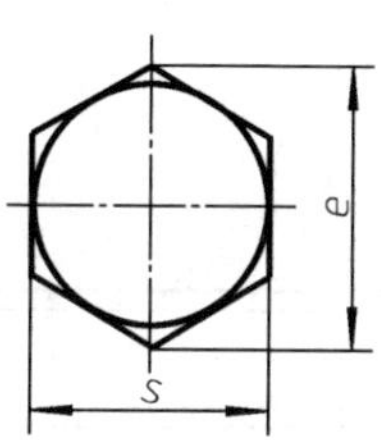

标记示例：
螺栓　GB/T 5786　M30×2×80
（螺纹规格 d = M30×2、公称长度 l = 80mm、性能等级为 8.8 级、表面氧化、全螺纹、B 级的细牙六角头螺栓）

（单位：mm）

<table>
<tr><td rowspan="2">螺纹规格</td><td>d</td><td>M4</td><td>M5</td><td>M6</td><td>M8</td><td>M10</td><td>M12</td><td>M16</td><td>M20</td><td>M24</td><td>M30</td><td>M36</td><td>M42</td><td>M48</td></tr>
<tr><td>$D \times P$</td><td>—</td><td>—</td><td>—</td><td>M8×1</td><td>M10×1</td><td>M12×1.5</td><td>M16×1.5</td><td>M20×2</td><td>M24×2</td><td>M30×2</td><td>M36×3</td><td>M42×3</td><td>M48×3</td></tr>
<tr><td rowspan="3">$b_{参考}$</td><td>$l \leqslant 125$</td><td>14</td><td>16</td><td>18</td><td>22</td><td>26</td><td>30</td><td>38</td><td>46</td><td>54</td><td>66</td><td>78</td><td>—</td><td>—</td></tr>
<tr><td>$125 < l \leqslant 200$</td><td>—</td><td>—</td><td>—</td><td>28</td><td>32</td><td>36</td><td>44</td><td>52</td><td>60</td><td>72</td><td>84</td><td>96</td><td>108</td></tr>
<tr><td>$l > 200$</td><td>—</td><td>—</td><td>—</td><td>—</td><td>—</td><td>—</td><td>57</td><td>65</td><td>73</td><td>85</td><td>97</td><td>109</td><td>121</td></tr>
<tr><td colspan="2">c_{max}</td><td>0.4</td><td colspan="2">0.5</td><td colspan="3">0.6</td><td colspan="5">0.8</td><td colspan="2">1</td></tr>
<tr><td colspan="2">$k_{公称}$</td><td>2.8</td><td>3.5</td><td>4</td><td>5.3</td><td>6.4</td><td>7.5</td><td>10</td><td>12.5</td><td>15</td><td>18.7</td><td>22.5</td><td>26</td><td>30</td></tr>
<tr><td colspan="2">d_{smax}</td><td>4</td><td>5</td><td>6</td><td>8</td><td>10</td><td>12</td><td>16</td><td>20</td><td>24</td><td>30</td><td>36</td><td>42</td><td>48</td></tr>
<tr><td colspan="2">s_{max} = 公称</td><td>7</td><td>8</td><td>10</td><td>13</td><td>16</td><td>18</td><td>24</td><td>30</td><td>36</td><td>46</td><td>55</td><td>65</td><td>75</td></tr>
<tr><td rowspan="2">e_{min}</td><td>A</td><td>7.66</td><td>8.79</td><td>11.05</td><td>14.38</td><td>17.77</td><td>20.03</td><td>26.75</td><td>33.53</td><td>39.98</td><td>—</td><td>—</td><td>—</td><td>—</td></tr>
<tr><td>B</td><td>—</td><td>8.63</td><td>10.89</td><td>14.2</td><td>17.59</td><td>19.85</td><td>26.17</td><td>32.95</td><td>39.55</td><td>50.85</td><td>60.79</td><td>72.02</td><td>82.6</td></tr>
<tr><td rowspan="2">d_{wmin}</td><td>A</td><td>5.9</td><td>6.9</td><td>8.9</td><td>11.6</td><td>14.6</td><td>16.6</td><td>22.5</td><td>28.2</td><td>33.6</td><td>—</td><td>—</td><td>—</td><td>—</td></tr>
<tr><td>B</td><td>—</td><td>6.7</td><td>8.7</td><td>11.4</td><td>14.4</td><td>16.4</td><td>22</td><td>27.7</td><td>33.2</td><td>42.7</td><td>51.1</td><td>60.6</td><td>69.4</td></tr>
<tr><td rowspan="4">$l_{范围}$</td><td>GB/T 5782</td><td rowspan="2">25~40</td><td rowspan="2">25~50</td><td rowspan="2">30~60</td><td rowspan="2">35~80</td><td rowspan="2">40~100</td><td rowspan="2">45~120</td><td rowspan="2">55~160</td><td rowspan="2">65~200</td><td rowspan="2">80~240</td><td rowspan="2">90~300</td><td>110~360</td><td rowspan="2">130~400</td><td rowspan="2">140~400</td></tr>
<tr><td>GB/T 5785</td><td>110~300</td></tr>
<tr><td>GB/T 5783</td><td>8~40</td><td>10~50</td><td>12~60</td><td rowspan="2">16~80</td><td rowspan="2">20~100</td><td>25~100</td><td>35~100</td><td colspan="4">40~100</td><td>80~500</td><td>100~500</td></tr>
<tr><td>GB/T 5786</td><td>—</td><td>—</td><td>—</td><td>25~120</td><td>35~160</td><td colspan="4">40~200</td><td>90~400</td><td>100~500</td></tr>
<tr><td rowspan="2">$l_{系列}$</td><td>GB/T 5782
GB/T 5785</td><td colspan="13">20~65（5 进位）、70~160（10 进位）、180~400（20 进位）</td></tr>
<tr><td>GB/T 5783
GB/T 5786</td><td colspan="13">6、8、10、12、16、18、20~65（5 进位）、70~160（10 进位）、180~500（20 进位）</td></tr>
</table>

注：1. P——螺距。末端按 GB/T 2—2001 规定。
2. 螺纹公差：6g；机械性能等级：8.8。
3. 产品等级：A 级用于 $d \leqslant 24$ 和 $l \leqslant 10d$ 或 $\leqslant 150$mm（按较小值）；
B 级用于 $d > 24$ 和 $l > 10d$ 或 > 150mm（按较小值）。

附表 5 六角头螺栓（二） (mm)

六角头螺栓 C 级（GB/T 5780—2000）

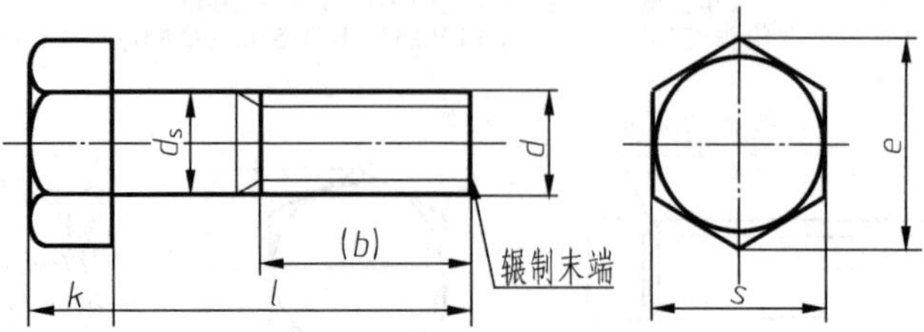

标记示例：

螺栓 GB/T 5780 M20×100

（螺纹规格 d = M20、公称长度 l = 100mm、性能等级为 4.8 级、不经表面处理、杆身半螺纹、C 级的六角头螺栓）

六角头螺栓 全螺纹 C 级（摘自 GB/T 5781—2000）

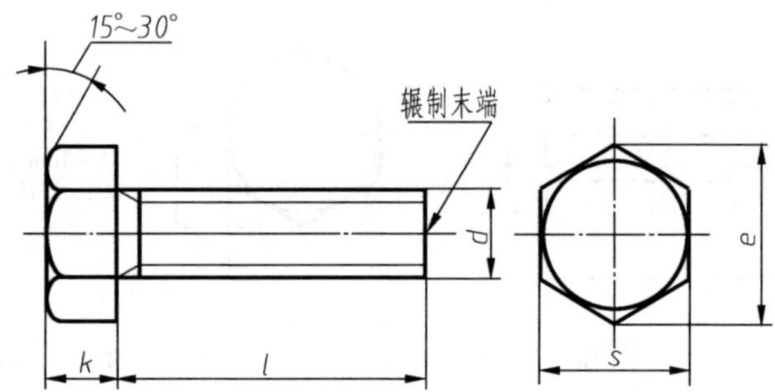

标记示例：

螺栓 GB/T 5781 M12×80

（螺纹规格 d = M12、公称长度 l = 80mm、性能等级为 4.8 级、不经表面处理、全螺纹、C 级的六角头螺栓）

（单位：mm）

螺纹规格 d		M5	M6	M8	M10	M12	M16	M20	M24	M30	M36	M42	M48
$b_{参考}$	l≤125	16	18	22	26	30	38	40	54	66	78	—	—
	125 < l≤1200	—	—	28	32	36	44	52	60	72	84	96	108
	l > 200	—	—	—	—	—	57	65	73	85	97	109	121
$k_{公称}$		3.5	4.0	5.3	6.4	7.5	10	12.5	15	18.7	22.5	26	30
s_{max}		8	10	13	16	18	24	30	36	46	55	65	75
e_{max}		8.63	10.9	14.2	17.6	19.9	26.2	33.0	39.6	50.9	60.8	72.0	82.6
d_{smax}		5.48	6.48	8.58	10.6	12.7	16.7	20.8	24.8	30.8	37.0	45.0	49.0
$l_{范围}$	GB/T 5780—2000	25 ~ 50	30 ~ 60	35 ~ 80	40 ~ 100	45 ~ 120	55 ~ 160	65 ~ 200	80 ~ 240	90 ~ 300	110 ~ 300	160 ~ 420	180 ~ 480
	GB/T 5781—2000	10 ~ 40	12 ~ 50	16 ~ 65	20 ~ 80	25 ~ 100	35 ~ 100	40 ~ 100	50 ~ 100	60 ~ 100	70 ~ 100	80 ~ 420	90 ~ 480
$l_{系列}$		10、12、16、20 ~ 50（5 进位）、（55）、60、（65）、70 ~ 160（10 进位）、180、220 ~ 500（20 进位）											

注：1. 括号内的规格尽可能不用。末端按 GB/T 2—2001 规定。

2. 螺纹公差：8g（GB/T 5780—2000）；6g（GB/T 5781—2000）；机械性能等级：4.6、4.8；产品等级：C。

附表 6　1 型六角螺母

1 型六角螺母　A 和 B 级(GB/T 6170—2000)
1 型六角头螺母　细牙　A 和 B 级(GB/T 6171—2000)
1 型六角螺母　C 级(GB/T 41—2000)

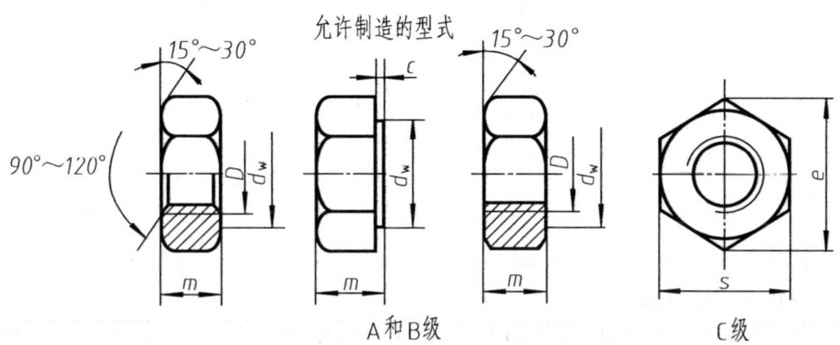

标记示例：

螺母　GB/T 41　M12

(螺纹规格 D = M12、性能等级为 5 级、不经表面处理、C 级的 1 型六角螺母)

螺母　GB/T 6171　M24 × 2

(螺纹规格 D = M24、螺距 P = 2mm、性能等级为 10 级、不经表面处理、B 级的 1 型细牙六角螺母)

(单位：mm)

螺纹规格	D	M4	M5	M6	M8	M10	M12	M16	M20	M24	M30	M36	M42	M48
	$D \times P$	—	—	—	M8 × 1	M10 × 1	M12 × 1.5	M16 × 1.5	M20 × 2	M24 × 2	M30 × 2	M36 × 2	M42 × 3	M48 × 3
c_{max}		0.4	0.5		0.6			0.8					1	
s_{max}		7	8	10	13	16	18	24	30	36	46	55	65	75
e_{min}	A、B 级	7.66	8.79	11.05	14.38	17.77	20.03	26.75	32.95	39.95	50.85	60.79	72.02	82.6
	C 级	—	8.63	10.89	14.2	17.59	19.85	26.17						
m_{max}	A、B 级	3.2	4.7	5.2	6.8	8.4	10.8	14.8	18	21.5	25.6	31	34	38
	C 级	—	5.6	6.1	7.9	9.5	12.2	15.9	18.7	22.3	26.4	31.5	34.9	38.9
d_{wmin}	A、B 级	5.9	6.9	8.9	11.6	14.6	16.6	22.5	27.7	33.2	42.7	51.1	60.6	69.4
	C 级	—	6.9	8.7	11.5	14.5	16.5	22						

注：1. P——螺距。

2. A 级用于 $D \leqslant 16$ 的螺母；B 级用于 $D > 16$ 的螺母；C 级用于 $D \geqslant 5$ 的螺母。

3. 螺纹公差：A、B 级为 6H，C 级为 7H；机械性能等级：A、B 级为 6、8、10 级，C 级为 4、5 级。

附表 7　双头螺柱（摘自 GB/T 897～900—1988）

$b_m=1d$（GB/T 897—1988）　　$b_m=1.25d$（GB/T 898—1988）　　$b_m=1.5d$（GB/T 899—1988）

$b_m=2d$（GB/T 900—1988）

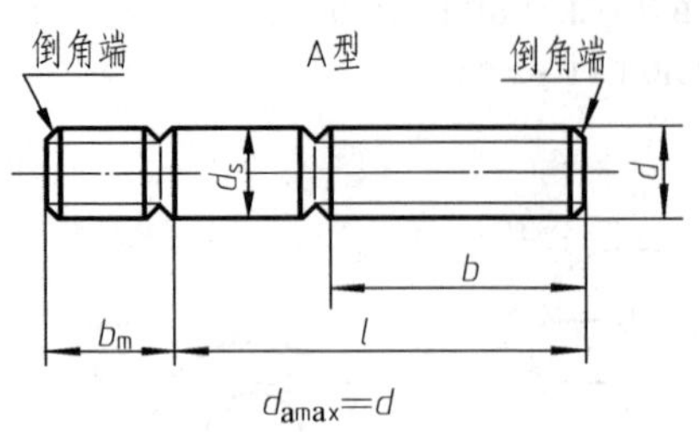

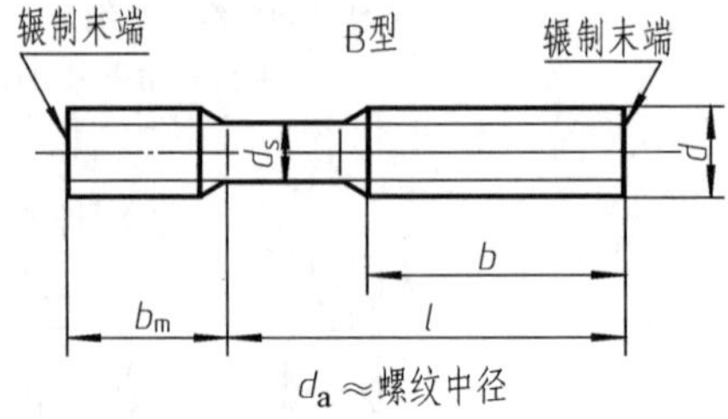

标记示例：

螺柱　GB/T 900　M10×50

（两端均为粗牙普通螺纹、$d=10$mm、$l=50$mm、性能等级为 4.8 级、不经表面处理、B 型、$b_m=2d$ 的双头螺柱）

螺柱　GB/T 900　AM10-10×1×50

（旋入机体一端为粗牙普通螺纹、旋螺母端为螺距 $P=1$mm 的细牙普通螺纹、$d=10$mm、$l=50$mm、性能等级为 4.8 级、不经表面处理、A 型、$b_m=2d$ 的双头螺柱）

（单位：mm）

螺纹规格 d	b_m（旋入机体端长度）				l/b（螺柱长度/旋螺母端长度）
	GB/T 897	GB/T 898	GB/T 899	GB/T 900	
M4	—	—	6	8	$\frac{16\sim22}{8}$ $\frac{25\sim40}{14}$
M5	5	6	8	10	$\frac{16\sim22}{10}$ $\frac{25\sim50}{16}$
M6	6	8	10	12	$\frac{20\sim22}{10}$ $\frac{25\sim30}{14}$ $\frac{32\sim75}{18}$
M8	8	10	12	16	$\frac{20\sim22}{12}$ $\frac{25\sim30}{16}$ $\frac{32\sim90}{22}$
M10	10	12	15	20	$\frac{25\sim28}{14}$ $\frac{30\sim38}{16}$ $\frac{4\sim120}{26}$ $\frac{130}{32}$
M12	12	15	18	24	$\frac{25\sim30}{14}$ $\frac{32\sim40}{16}$ $\frac{45\sim120}{26}$ $\frac{130\sim180}{32}$
M16	16	20	24	32	$\frac{30\sim38}{16}$ $\frac{45\sim55}{20}$ $\frac{60\sim120}{30}$ $\frac{130\sim200}{36}$
M20	20	25	30	40	$\frac{35\sim40}{20}$ $\frac{45\sim65}{30}$ $\frac{70\sim120}{38}$ $\frac{130\sim200}{44}$
(M24)	24	30	36	48	$\frac{45\sim50}{25}$ $\frac{55\sim75}{35}$ $\frac{80\sim120}{46}$ $\frac{130\sim200}{52}$
(M30)	30	38	45	60	$\frac{60\sim65}{40}$ $\frac{70\sim90}{50}$ $\frac{95\sim120}{66}$ $\frac{130\sim200}{72}$ $\frac{210\sim250}{85}$
M36	36	45	54	72	$\frac{65\sim75}{45}$ $\frac{80\sim110}{60}$ $\frac{120}{78}$ $\frac{130\sim200}{84}$ $\frac{210\sim300}{97}$
M42	42	52	63	84	$\frac{70\sim80}{50}$ $\frac{85\sim110}{70}$ $\frac{120}{90}$ $\frac{130\sim200}{96}$ $\frac{210\sim300}{109}$
M48	48	60	72	96	$\frac{80\sim90}{60}$ $\frac{95\sim110}{80}$ $\frac{120}{102}$ $\frac{130\sim200}{108}$ $\frac{210\sim300}{121}$
$l_{系列}$	12、(14)、16、(18)、20、(22)、25、(28)、30、(32)、35、(38)、40、45、50、55、60、(65)、70、75、80、(85)、90、(95)、100～260(10 进位)、280、300				

注：1. 尽可能不采用括号内的规格。末端按 GB/T 2—2001 规定。

2. $b_m=1d$，一般用于钢对钢，$b_m=(1.25\sim1.5)d$，一般用于钢对铸铁；$b_m=2d$，一般用于钢对铝合金。

附表 8 螺 钉 （一）

开槽盘头螺钉（摘自 GB/T 67—2000）　开槽沉头螺钉（摘自 GB/T 68—2000）　开槽半沉头螺钉（摘自 GB/T 69—2000）

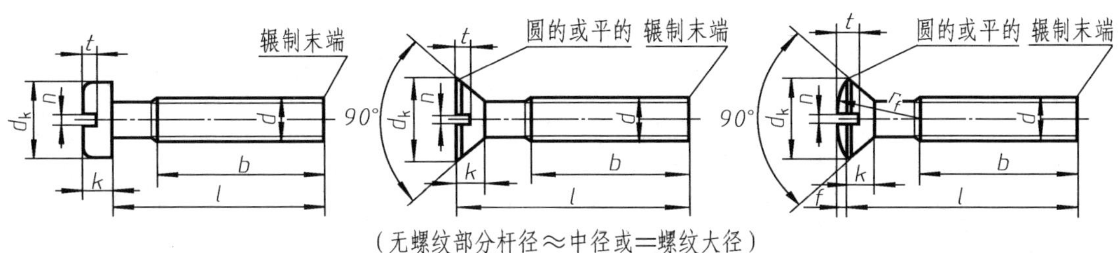

（无螺纹部分杆径≈中径或=螺纹大径）

标记示例：

螺钉 GB/T 67 M5×60

（螺纹规格 d = M5、l = 60mm、性能等级为 4.8 级、不经表面处理的开槽盘头螺钉）

（单位：mm）

<table>
<tr><th rowspan="2">螺纹规格 d</th><th rowspan="2">P</th><th rowspan="2">b_{min}</th><th rowspan="2">n 公称</th><th>f</th><th>r_f</th><th colspan="2">k_{max}</th><th colspan="2">d_{kmax}</th><th colspan="3">t_{min}</th><th colspan="2">$l_{范围}$</th><th colspan="2">全螺纹时最大长度</th></tr>
<tr><th>GB/T 69</th><th>GB/T 69</th><th>GB/T 67</th><th>GB/T 68 GB/T 69</th><th>GB/T 67</th><th>GB/T 68 GB/T 69</th><th>GB/T 67</th><th>GB/T 68</th><th>GB/T 69</th><th>GB/T 67</th><th>GB/T 68 GB/T 69</th><th>GB/T 67</th><th>GB/T 68 GB/T 69</th></tr>
<tr><td>M2</td><td>0.4</td><td rowspan="2">25</td><td>0.5</td><td>4</td><td>0.5</td><td>1.3</td><td>1.2</td><td>4</td><td>3.8</td><td>0.5</td><td>0.4</td><td>0.8</td><td>2.5 ~ 20</td><td>3 ~ 20</td><td colspan="2" rowspan="2">30</td></tr>
<tr><td>M3</td><td>0.5</td><td>0.8</td><td>6</td><td>0.7</td><td>1.8</td><td>1.65</td><td>5.6</td><td>5.5</td><td>0.7</td><td>0.6</td><td>1.2</td><td>4 ~ 30</td><td>5 ~ 30</td></tr>
<tr><td>M4</td><td>0.7</td><td rowspan="5">38</td><td rowspan="2">1.2</td><td rowspan="2">9.5</td><td>1</td><td>2.4</td><td rowspan="2">2.7</td><td>8</td><td>8.4</td><td>1</td><td>1</td><td>1.6</td><td>5 ~ 40</td><td>6 ~ 40</td><td rowspan="5">40</td><td rowspan="5">45</td></tr>
<tr><td>M5</td><td>0.8</td><td>1.2</td><td>3</td><td>9.5</td><td>9.3</td><td>1.2</td><td>1.1</td><td>2</td><td>6 ~ 50</td><td>8 ~ 50</td></tr>
<tr><td>M6</td><td>1</td><td>1.6</td><td>12</td><td>1.4</td><td>3.6</td><td>3.3</td><td>12</td><td>12</td><td>1.4</td><td>1.2</td><td>2.4</td><td>8 ~ 60</td><td>8 ~ 60</td></tr>
<tr><td>M8</td><td>1.25</td><td>2</td><td>16.5</td><td>2</td><td>4.8</td><td>4.65</td><td>16</td><td>16</td><td>1.9</td><td>1.8</td><td>3.2</td><td colspan="2" rowspan="2">10 ~ 80</td></tr>
<tr><td>M10</td><td>1.5</td><td>2.5</td><td>19.5</td><td>2.3</td><td>6</td><td>5</td><td>20</td><td>20</td><td>2.4</td><td>2</td><td>3.8</td></tr>
<tr><td colspan="2">$l_{系列}$</td><td colspan="15">2、2.5、3、4、5、6、8、10、12、(14)、16、20 ~ 50(5 进位)、(55)、60、(65)、70、(75)、80</td></tr>
</table>

注：螺纹公差：6g；机械性能等级：4.8、5.8；产品等级：A。

附表 9 螺 钉 （二）

开槽锥端紧定螺钉（摘自 GB/T 71—2000）　开槽平端紧定螺钉（摘自 GB/T 73—2000）　开槽长圆柱端紧定螺钉（摘自 GB/T 75—2000）

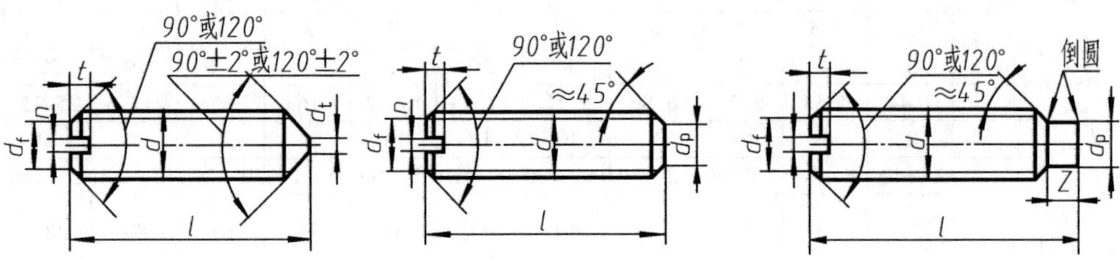

标记示例：

螺钉 GB/T 71 M5×20

（螺纹规格 d = M5、公称长度 l = 20mm、性能等级为 14H 级、表面氧化的开槽锥端紧定螺钉）

（续）

（单位：mm）

螺纹规格 d	P	d_f	d_{tmax}	d_{pmax}	$n_{公称}$	t_{max}	Z_{max}	$l_{公称}$		
								GB/T 71	GB/T 73	GB/T 75
M2	0.4	螺纹小径	0.2	1	0.25	0.84	1.25	3～10	2～10	3～10
M3	0.5		0.3	2	0.4	1.05	1.75	4～16	3～16	5～16
M4	0.7		0.4	2.5	0.6	1.42	2.25	6～20	4～20	6～20
M5	0.8		0.5	3.5	0.8	1.63	2.75	8～25	5～25	8～25
M6	1		1.5	4	1	2	3.25	8～30	6～30	8～30
M8	1.25		2	5.5	1.2	2.5	4.3	10～40	8～40	10～40
M10	1.5		2.5	7	1.6	3	5.3	12～50	10～50	12～50
M12	1.75		3	8.5	2	3.6	6.3	14～60	12～60	14～60
$l_{系列}$	2、2.5、3、4、5、6、8、10、12、(14)、16、20、25、30、35、40、45、50、(55)、60									

注：螺纹公差：6g；机械性能等级：14H、22H；产品等级：A。

附表 10　内六角圆柱头螺钉（GB/T 70.1—2000）

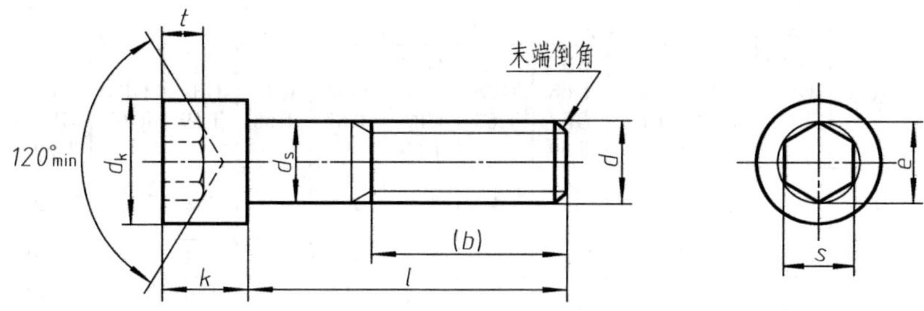

标记示例：

螺钉　GB/T 70.1　M5×20

（螺纹规格 d = M5、公称长度 l = 20mm、性能等级为 8.8 级、表面氧化的内六角圆柱头螺钉）

（单位：mm）

螺纹规格 d		M4	M5	M6	M8	M10	M12	(M14)	M16	M20	M24	M30	M36
螺距 P		0.7	0.8	1	1.25	1.5	1.75	2	2	2.5	3	3.5	4
$b_{参考}$		20	22	24	28	32	36	40	44	52	60	72	84
d_{kmax}	光滑头部	7	8.5	10	13	16	18	21	24	30	36	45	54
	滚花头部	7.22	8.72	10.22	13.27	16.27	18.27	21.33	24.33	30.33	36.39	45.39	54.46
k_{max}		4	5	6	8	10	12	14	16	20	24	30	36
t_{min}		2	2.5	3	4	5	6	7	8	10	12	15.5	19
$s_{公称}$		3	4	5	6	8	10	12	14	17	19	22	27
e_{min}		3.44	4.58	5.72	6.86	9.15	11.43	13.72	16	19.44	21.73	25.15	30.35
d_{smax}		4	5	6	8	10	12	14	16	20	24	30	36
$l_{范围}$		6～40	8～50	10～60	12～80	16～100	20～120	25～140	25～160	30～200	40～200	45～200	55～200
全螺纹时最大长度		25	25	30	35	40	45	55	55	65	80	90	100
$l_{系列}$		6、8、10、12、(14)、(16)、20～50(5 进位)、(55)、60、(65)、70～160(10 进位)、180、200											

注：1. 括号内的规格尽可能不用。末端按 GB/T 2—2001 规定。

2. 机械性能等级：8.8、12.9。

3. 螺纹公差：机械性能等级 8.8 级时为 6g，12.9 级时为 5g、6g。

4. 产品等级：A。

附表 11　垫　圈

小垫圈　A 级(GB/T 848—2002)
平垫圈　A 级(GB/T 97.1—2002)
平垫圈　倒角型 A 级(GB/T 97.2—2002)
平垫圈　C 级(GB/T 95—2002)
大垫圈　A 和 C 级(GB/T 96—2002)
特大垫圈　C 级(GB/T 5287—2002)

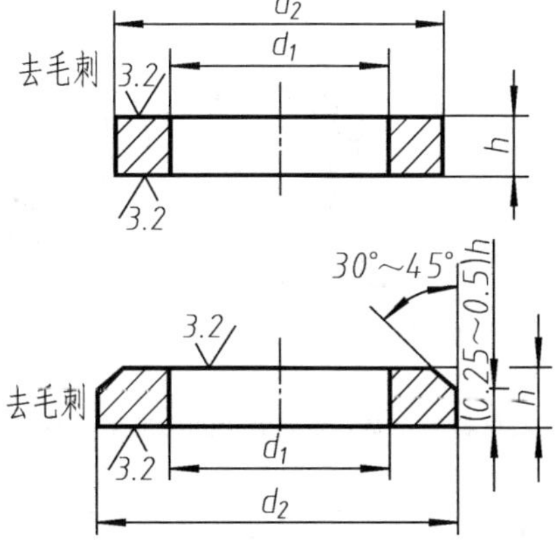

标记示例:
垫圈　GB/T 95　8
(标准系列、公称规格 8mm、硬度等级为 100HV 级、不经表面处理、产品等级为 C 级的平垫圈)
垫圈　GB/T 97.2　8
(标准系列、公称规格 8mm、硬度等级为 200HV 级、不经表面处理、产品等级为 A 级、倒角型平垫圈)

(单位: mm)

<table>
<tr><th rowspan="3">公称规格
(螺纹大径 d)</th><th colspan="9">标准系列</th><th colspan="3">特大系列</th><th colspan="3">大系列</th><th colspan="3">小系列</th></tr>
<tr><th colspan="3">GB/T 95
(C 级)</th><th colspan="3">GB/T 97.1
(A 级)</th><th colspan="3">GB/T 97.2
(A 级)</th><th colspan="3">GB/T 5287
(C 级)</th><th colspan="3">GB/T 96
(A 和 C 级)</th><th colspan="3">GB/T 848
(A 级)</th></tr>
<tr><th>d_{1min}</th><th>d_{2max}</th><th>h</th><th>d_{1min}</th><th>d_{2max}</th><th>h</th><th>d_{1min}</th><th>d_{2max}</th><th>h</th><th>d_{1min}</th><th>d_{2max}</th><th>h</th><th>d_{1min}</th><th>d_{2max}</th><th>h</th><th>d_{1min}</th><th>d_{2max}</th><th>h</th></tr>
<tr><td>4</td><td>4.5</td><td>9</td><td>0.8</td><td>4.3</td><td>9</td><td>0.8</td><td>—</td><td>—</td><td>—</td><td>—</td><td>—</td><td>—</td><td>4.3</td><td>12</td><td>1</td><td>4.3</td><td>8</td><td>0.5</td></tr>
<tr><td>5</td><td>5.5</td><td>10</td><td>1</td><td>5.3</td><td>10</td><td>1</td><td>5.3</td><td>10</td><td>1</td><td>5.5</td><td>18</td><td rowspan="2">2</td><td>5.3</td><td>15</td><td>1</td><td>5.3</td><td>9</td><td>1</td></tr>
<tr><td>6</td><td>6.6</td><td>12</td><td rowspan="2">1.6</td><td>6.4</td><td>12</td><td rowspan="2">1.6</td><td>6.4</td><td>12</td><td rowspan="2">1.6</td><td>6.6</td><td>22</td><td>6.4</td><td>18</td><td>1.6</td><td>6.4</td><td>11</td><td rowspan="3">1.6</td></tr>
<tr><td>8</td><td>9</td><td>16</td><td>8.4</td><td>16</td><td>8.4</td><td>16</td><td>9</td><td>28</td><td rowspan="2">3</td><td>8.4</td><td>24</td><td>2</td><td>8.4</td><td>15</td></tr>
<tr><td>10</td><td>11</td><td>20</td><td>2</td><td>10.5</td><td>20</td><td>2</td><td>10.5</td><td>20</td><td>2</td><td>11</td><td>34</td><td>10.5</td><td>30</td><td>2.5</td><td>10.5</td><td>18</td></tr>
<tr><td>12</td><td>13.5</td><td>24</td><td rowspan="2">2.5</td><td>13</td><td>24</td><td rowspan="2">2.5</td><td>13</td><td>24</td><td rowspan="2">2.5</td><td>13.5</td><td>44</td><td rowspan="2">4</td><td>13</td><td>37</td><td rowspan="3">3</td><td>13</td><td>20</td><td>2</td></tr>
<tr><td>14</td><td>15.5</td><td>28</td><td>15</td><td>28</td><td>15</td><td>28</td><td>15.5</td><td>50</td><td>15</td><td>44</td><td>15</td><td>24</td><td rowspan="2">2.5</td></tr>
<tr><td>16</td><td>17.5</td><td>30</td><td rowspan="2">3</td><td>17</td><td>30</td><td rowspan="2">3</td><td>17</td><td>30</td><td rowspan="2">3</td><td>17.5</td><td>56</td><td>5</td><td>17</td><td>50</td><td>17</td><td>28</td></tr>
<tr><td>20</td><td>22</td><td>37</td><td>21</td><td>37</td><td>21</td><td>37</td><td>22</td><td>72</td><td rowspan="3">6</td><td>21</td><td>60</td><td>4</td><td>21</td><td>34</td><td>3</td></tr>
<tr><td>24</td><td>26</td><td>44</td><td rowspan="2">4</td><td>25</td><td>44</td><td rowspan="2">4</td><td>25</td><td>44</td><td rowspan="2">4</td><td>26</td><td>85</td><td>25</td><td>72</td><td>5</td><td>25</td><td>39</td><td rowspan="2">4</td></tr>
<tr><td>30</td><td>33</td><td>56</td><td>31</td><td>56</td><td>31</td><td>56</td><td>33</td><td>105</td><td>33</td><td>92</td><td>6</td><td>31</td><td>50</td></tr>
<tr><td>36</td><td>39</td><td>66</td><td>5</td><td>37</td><td>66</td><td>5</td><td>37</td><td>66</td><td>5</td><td>39</td><td>125</td><td>8</td><td>39</td><td>110</td><td>8</td><td>37</td><td>60</td><td>5</td></tr>
<tr><td>42</td><td>45</td><td>78</td><td rowspan="2">8</td><td>45</td><td>78</td><td>8</td><td>45</td><td>78</td><td>8</td><td>—</td><td>—</td><td>—</td><td>45</td><td>125</td><td rowspan="2">10</td><td>—</td><td>—</td><td>—</td></tr>
<tr><td>48</td><td>52</td><td>92</td><td>52</td><td>92</td><td>8</td><td>52</td><td>92</td><td>8</td><td>—</td><td>—</td><td>—</td><td>52</td><td>145</td><td>—</td><td>—</td><td>—</td></tr>
</table>

注: 1. A 级适用于精装配系列, C 级适用于中等装配系列。
2. C 级垫圈没有 $R_a3.2$ 和去毛刺的要求。
3. GB/T 848—2002 主要用于圆柱头螺钉, 其他用于标准的六角螺栓、螺母和螺钉。

附表 12 标准型弹簧垫圈（GB/T 93—1987）

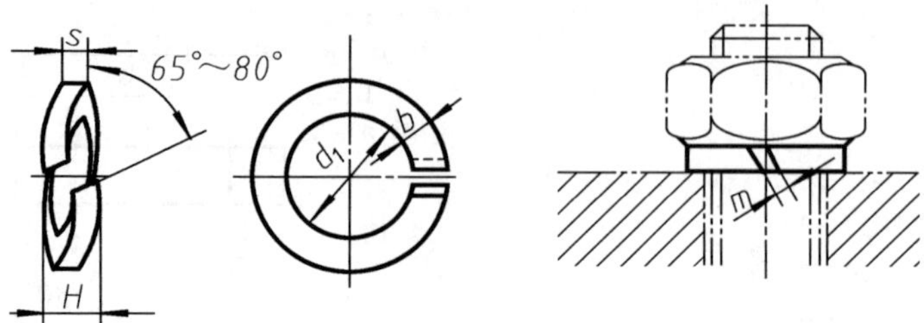

标记示例：

垫圈 GB/T 93 10

（规格 10mm、材料为 65Mn、表面氧化的标准型弹簧垫圈）

（单位：mm）

规格（螺纹大径）	4	5	6	8	10	12	16	20	24	30	36	42	48
$d_{1\min}$	4.1	5.1	6.1	8.1	10.2	12.2	16.2	20.2	24.5	30.5	36.5	42.5	48.5
$s=b_{公称}$	1.1	1.3	1.6	2.1	2.6	3.1	4.1	5	6	7.5	9	10.5	12
$m\leqslant$	0.55	0.65	0.8	1.05	1.3	1.55	2.05	2.5	3	3.75	4.5	5.25	6
$H_{\max}$	2.75	3.25	4	5.25	6.5	7.75	10.25	12.5	15	18.75	22.5	26.25	30

注：*m* 应大于零。

附表 13 圆柱销（不淬硬钢和奥氏体不锈钢）（GB/T 119.1—2000）

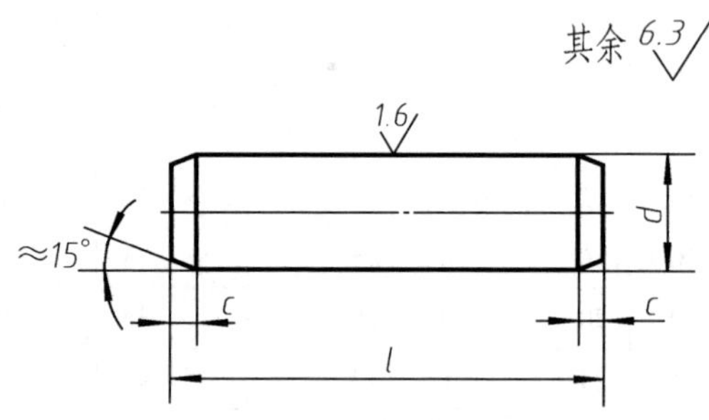

标记示例：

销 GB/T 119.1 6 m6×30

（公称直径 $d=6$mm、公差为 m6、公称长度 $l=30$mm、材料为钢、不经表面处理的圆柱销）

销 GB/T 119.1 10 m6×90—A1

（公称直径 $d=10$mm、公差为 m6、公称长度 $l=90$mm、材料为 A1 组奥氏体不锈钢、表面简单处理的圆柱销）

（单位：mm）

d（公称）m6/h8	2	3	4	5	6	8	10	12	16	20	25
$c\approx$	0.35	0.5	0.63	0.8	1.2	1.6	2	2.5	3	3.5	4
$l_{范围}$	6~20	8~30	8~40	10~50	12~60	14~80	18~95	22~140	26~180	35~200	50~200
$l_{系列}$（公称）	2、3、4、5、6~32（2 进位）、35~100（5 进位）、120~≥200（按 20 递增）										

附表 14 圆锥销（GB/T 117—2000）

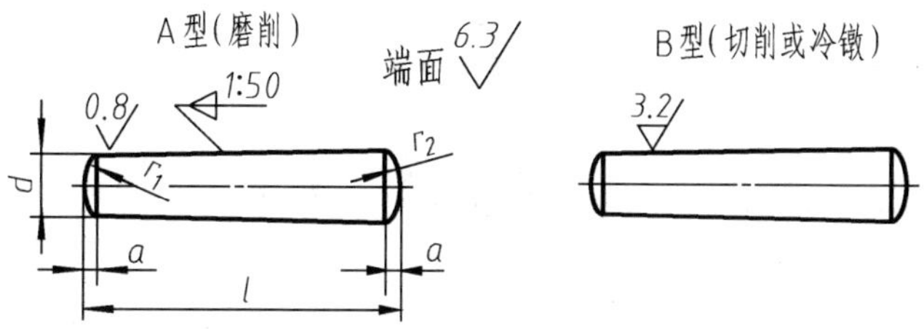

$$r_1 \approx d \quad r_2 \approx \frac{a}{2} + d + \frac{(0.02l)^2}{8a}$$

标记示例：

销 GB/T 117 10×60

（公称直径 d=10mm、长度 l=60mm、材料为 35 钢、热处理硬度 28～38HRC、表面氧化处理的 A 型圆锥销）

（单位：mm）

$d_{公称}$	2	2.5	3	4	5	6	8	10	12	16	20	25
$a\approx$	0.25	0.3	0.4	0.5	0.63	0.8	1.0	1.2	1.6	2.0	2.5	3.0
$l_{范围}$	10～35	10～35	12～45	14～55	18～60	22～90	22～120	26～160	32～180	40～200	45～200	50～200
$l_{系列}$	10～32(2 进位)、35～100(5 进位)、120～200(20 进位)											

附表 15 开口销（GB/T 91—2000）

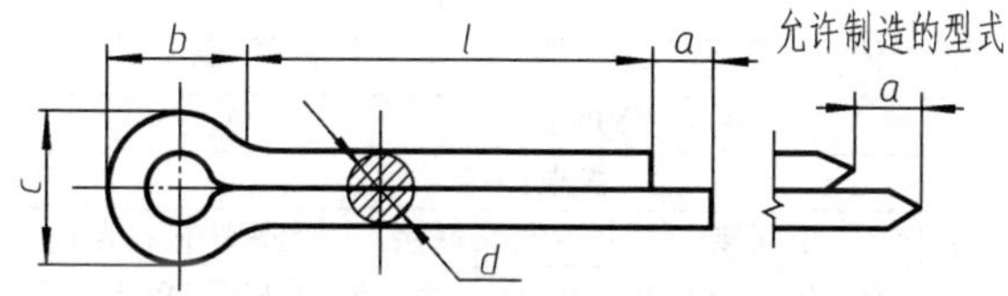

标记示例：

销 GB/T 91 5×50

（公称直径 d=5mm、长度 l=50mm、材料为低碳钢、不经表面处理的开口销）

（单位：mm）

d	公称	0.8	1	1.2	1.6	2	2.5	3.2	4	5	6.3	8	10	12
	max	0.7	0.9	1	1.4	1.8	2.3	2.9	3.7	4.6	5.9	7.5	9.5	11.4
	min	0.6	0.8	0.9	1.3	1.7	2.1	2.7	3.5	4.4	5.7	7.3	9.3	11.1
c_{max}		1.4	1.8	2	2.8	3.6	4.6	5.8	7.4	9.2	11.8	15	19	24.8
b		2.4	3	3	3.2	4	5	6.4	8	10	12.6	16	20	26
a_{max}		1.6		2.5				3.2	4				6.3	
$l_{范围}$		5～16	6～20	8～26	8～32	10～40	12～50	14～65	18～80	22～100	30～120	40～160	45～200	70～200
$l_{系列}$		4、5、6～32(2 进位)、36、40～100(5 进位)、120～200(20 进位)												

注：销孔的公称直径等于 $d_{公称}$，d_{min}≤销的直径≤d_{max}。

附表 16 普通平键及键槽各部尺寸（GB/T 1095—2003）

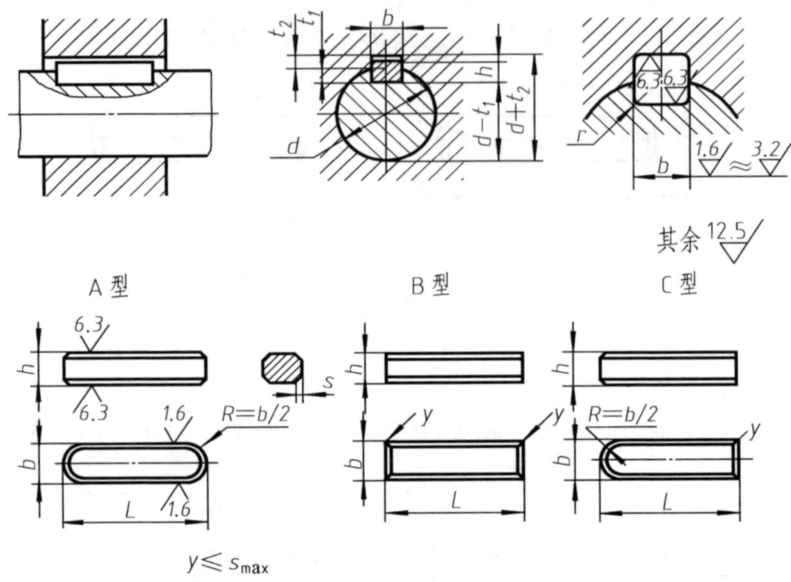

标记示例：

GB/T 1096 键 16×10×100（普通 A 型平键：$b=16$mm、$h=10$mm、$L=100$mm）

GB/T 1096 键 B16×10×100（普通 B 型平键：$b=16$mm、$h=10$mm、$L=100$mm）

GB/T 1096 键 C16×10×100（普通 C 型平键：$b=16$mm、$h=10$mm、$L=100$mm）

（单位：mm）

轴	键		键槽											
公称直径 d	键尺寸 $b\times h$（h9）	长度 L（h11）	宽度 b						深度				半径 r	
			基本尺寸 b	极限偏差					轴 t_1		毂 t_2			
				松联接		正常联接		紧密联接	基本尺寸	极限偏差	基本尺寸	极限偏差	最大	最小
				轴 H9	毂 D10	轴 N9	毂 JS9	轴和毂 P9						
>10~12	4×4	8~45	4	+0.030 0	+0.078 +0.030	0 −0.030	±0.015	−0.012 −0.042	2.5	+0.1 0	1.8	+0.1 0	0.08	0.16
>12~17	5×5	10~56	5						3.0		2.3		0.16	0.25
>17~22	6×6	14~70	6						3.5		2.8			
>22~30	8×7	18~90	8	+0.036 0	+0.098 +0.040	0 −0.036	±0.018	−0.015 −0.051	4.0	+0.2 0	3.3	+0.2 0		
>30~38	10×8	22~110	10						5.0		3.3		0.25	0.40
>38~44	12×8	28~140	12	+0.043 0	+0.120 +0.050	0 −0.043	±0.022	−0.018 −0.061	5.0		3.3			
>44~50	14×9	36~160	14						5.5		3.8			
>50~58	16×10	45~180	16						6.0		4.3			
>58~65	18×11	50~200	18						7.0		4.4			
>65~75	20×12	56~220	20	+0.052 0	+0.149 +0.065	0 −0.052	±0.026	−0.022 −0.074	7.5		4.9		0.40	0.60
>75~85	22×14	63~250	22						9.0		5.4			
>85~95	25×14	70~280	25						9.0		5.4			
>95~110	28×16	80~320	28						10		6.4			

注：1. $(d-t_1)$ 和 $(d+t_2)$ 两个组合尺寸的极限偏差，按相应的 t_1 和 t_2 的极限偏差选取，但 $(d-t_1)$ 极限偏差应取负号（−）。

2. L 系列：6~22（2 进位）、25、28、32、36、40、45、50、56、63、70、80、90、100、110、125、140、160、180、200、220、250、280、320、360、400、450、500。

3. 键 b 的极限偏差为 h9，键 h 的极限偏差为 h11，键长 L 的极限偏差为 h14。

附表 17　滚动轴承

深沟球轴承

（摘自 GB/T 276—1994）

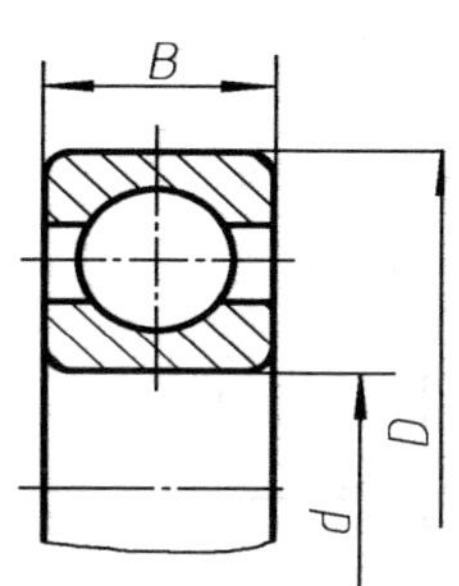

标记示例：

滚动轴承　6208　GB/T 276

轴承代号	尺寸/mm		
	d	*D*	*B*
尺寸系列［（0）2］			
6202	15	35	11
6203	17	40	12
6204	20	47	14
6205	25	52	15
6206	30	62	16
6207	35	72	17
6208	40	80	18
6209	45	85	19
6210	50	90	20
6211	55	100	21
6212	60	110	22
尺寸系列［（0）3］			
6302	15	42	13
6303	17	47	14
6304	20	52	15
6305	25	62	17
6306	30	72	19
6307	35	80	21
6308	40	90	23
6309	45	100	25
6310	50	110	27
6311	55	120	29
6312	60	130	31

圆锥滚子轴承

（摘自 GB/T 297—1994）

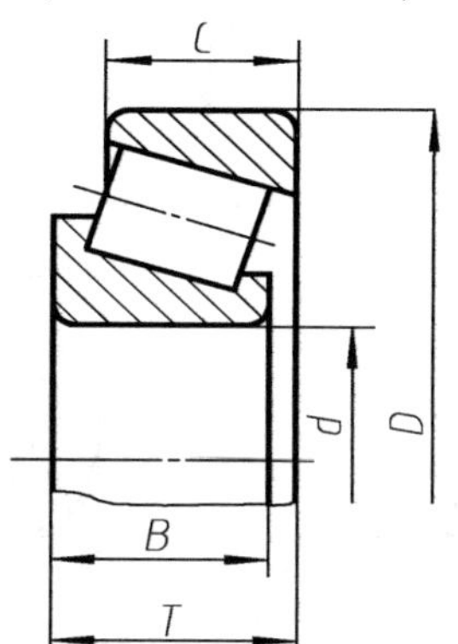

标记示例：

滚动轴承　30212　GB/T 297

轴承代号	尺寸/mm				
	d	*D*	*B*	*C*	*T*
尺寸系列［02］					
30203	17	40	12	11	13. 25
30204	20	47	14	12	15. 25
30205	25	52	15	13	16. 25
30206	30	62	16	14	17. 25
30207	35	72	17	15	18. 25
30208	40	80	18	16	19. 75
30209	45	85	19	16	20. 75
30210	50	90	20	17	21. 75
30211	55	100	21	18	22. 75
30212	60	110	22	19	23. 75
30213	65	120	23	20	24. 75
尺寸系列［03］					
30302	15	42	13	11	14. 25
30303	17	47	14	12	15. 25
30304	20	52	15	13	16. 25
30305	25	62	17	15	18. 25
30306	30	72	19	16	20. 75
30307	35	80	21	18	22. 75
30308	40	90	23	20	25. 25
30309	45	100	25	22	27. 25
30310	50	110	27	23	29. 25
30311	55	120	29	25	31. 50
30312	60	130	31	26	33. 50

推力球轴承

（摘自 GB/T 301—1995）

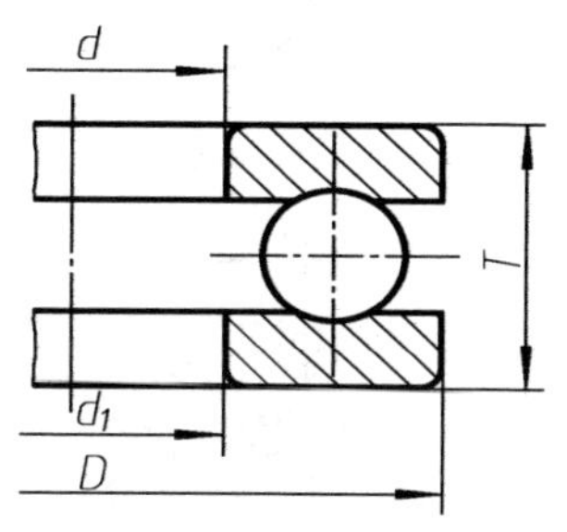

标记示例：

滚动轴承　51305　GB/T 301

轴承代号	尺寸/mm			
	d	*D*	*T*	d_1
尺寸系列［12］				
51202	15	32	12	17
51203	17	35	12	19
51204	20	40	14	22
51205	25	47	15	27
51206	30	52	16	32
51207	35	62	18	37
51208	40	68	19	42
51209	45	73	20	47
51210	50	78	22	52
51211	55	90	25	57
51212	60	95	26	62
尺寸系列［13］				
51304	20	47	18	22
51305	25	52	18	27
51306	30	60	21	32
51307	35	68	24	37
51308	40	78	26	42
51309	45	85	28	47
51310	50	95	31	52
51311	55	105	35	57
51312	60	110	35	62
51313	65	115	36	67
51314	70	125	40	72

注：圆括号中的尺寸系列代号在轴承代号中省略。

三、常用零件的结构要素

附表 18 倒角和倒圆（GB/T 6403.4—1986）

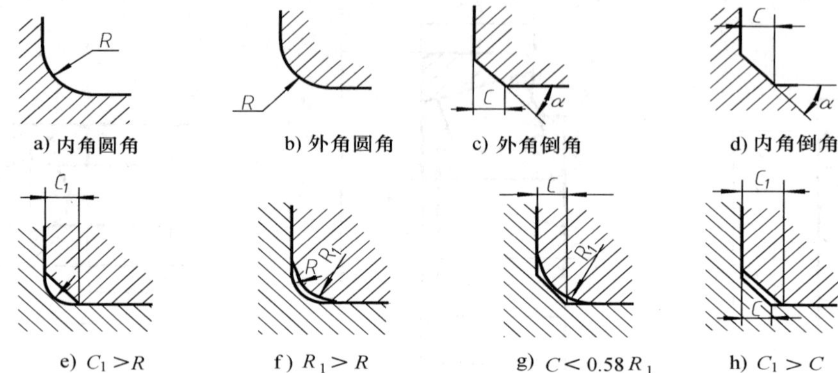

a) 内角圆角　b) 外角圆角　c) 外角倒角　d) 内角倒角

e) $C_1>R$　f) $R_1>R$　g) $C<0.58R_1$　h) $C_1>C$

（单位：mm）

直径 D		~3		>3~6		>6~10		>10~18	>18~30	>30~50		>50~80
C、R	R_1	0.1	0.2	0.3	0.4	0.5	0.6	0.8	1.0	1.2	1.6	2.0
C_{max}（$C<0.58R_1$）		—	0.1	0.1	0.2	0.2	0.3	0.4	0.5	0.6	0.8	1.0
直径 D		>80~120	>120~180	>180~250	>250~320	>320~400	>400~500	>500~630	>630~800	>800~1000	>1000~1250	>1250~1600
C、R	R_1	2.5	3.0	4.0	5.0	6.0	8.0	10	12	16	20	25
C_{max}（$C<0.58R_1$）		1.2	1.6	2.0	2.5	3.0	4.0	5.0	6.0	8.0	10	12

注：α 一般采用45°，也可采用30°或60°。

附表 19 回转面及端面砂轮越程槽（摘自 GB/T 6403.5—1986）

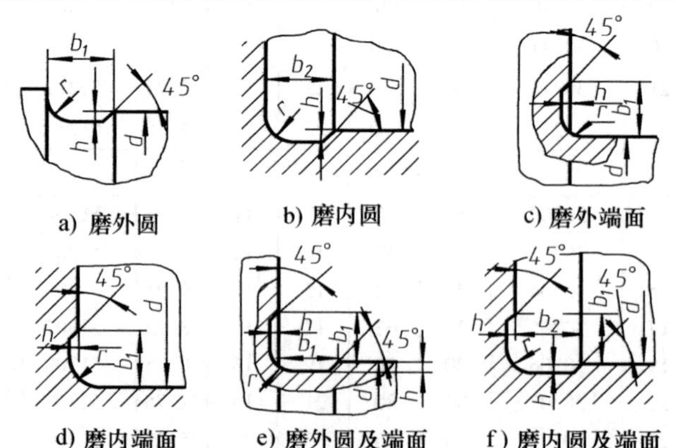

a) 磨外圆　b) 磨内圆　c) 磨外端面

d) 磨内端面　e) 磨外圆及端面　f) 磨内圆及端面

（单位：mm）

d	~10			>10~50		>50~100		>100	
b_1	0.6	1.0	1.6	2.0	3.0	4.0	5.0	8.0	10
b_2	2.0	3.0		4.0		5.0			
h	0.1	0.2		0.3	0.4		0.6	0.8	1.2
r	0.2	0.5		0.8	1.0		1.6	2.0	3.0

附表 20　中心孔表示法（GB/T 4459. 5—1999）

（mm）

型式及标记示例	R型	A型	B型	C型
	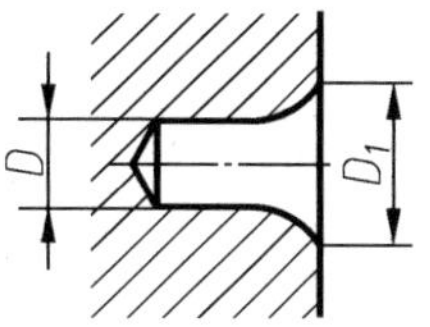 GB/T 4459. 5—R3. 15/6. 7 （D = 3. 15　D_1 = 6. 7）	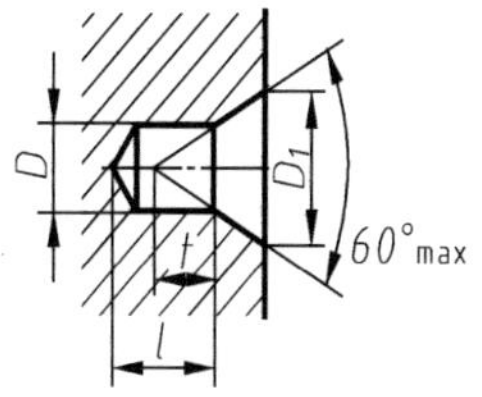 GB/T 4459. 5—A4/8. 5 （D = 4　D_1 = 8. 5）	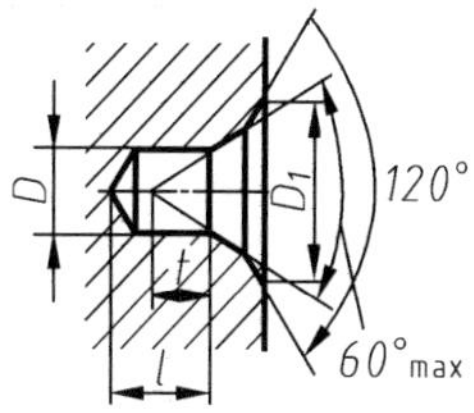 GB/T 4459. 5—B2. 5/8 （D = 2. 5　D_1 = 8）	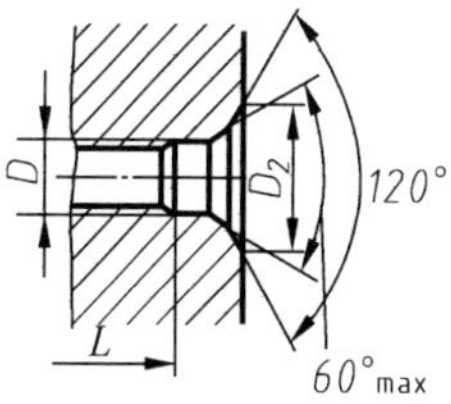 GB/T 4459. 5—CM10L30/16. 3 （D = M10　L = 30　D_2 = 6. 7）
用途	通常用于需要提高加工精度的场合	通常用于加工后可以保留的场合（此种情况占绝大多数）	通常用于加工后必须保留的场合	通常用于一些需要带压紧装置的零件

中心孔表示法	要求	规定表示法	简化表示法	说　明
	在完工的零件上要求保留中心孔	 GB/T4459.5—B4/12.5	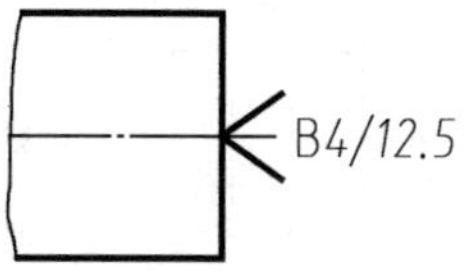 B4/12.5	采用 B 型中心孔 D = 4，D_1 = 12. 5
	在完工的零件上可以保留中心孔（是否保留都可以，多数情况如此）	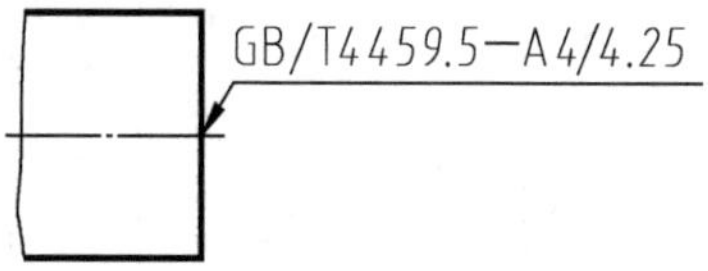 GB/T4459.5—A4/4.25	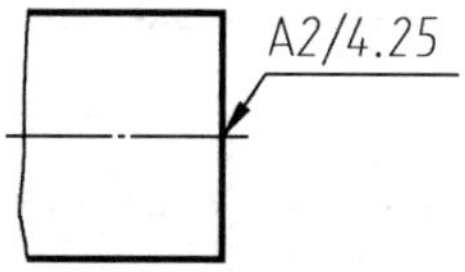 A2/4.25	采用 A 型中心孔 D = 2　D_1 = 4. 25 （一般情况下，均采用这种方式）
		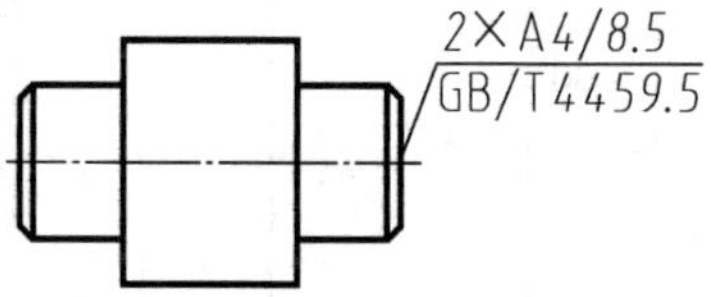 2×A4/8.5 GB/T4459.5	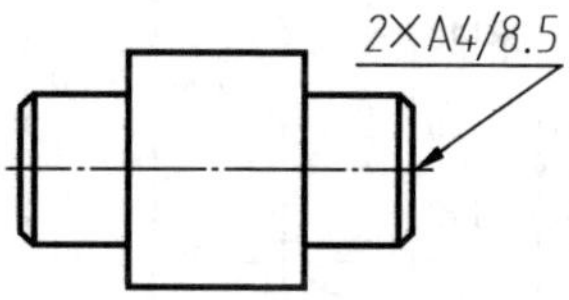 2×A4/8.5	采用 A 型中心孔 D = 4　D_1 = 8. 5 轴的两端中心孔相同，可只在一端注出
	在完工的零件上不允许保留中心孔	 GB/T4459.5—A1.6/3.35	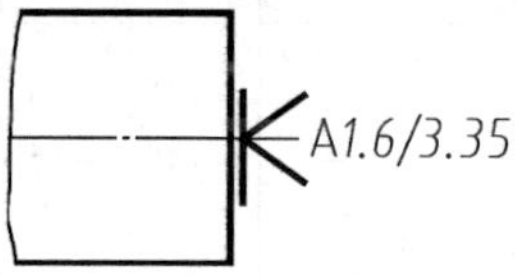 A1.6/3.35	采用 A 型中心孔 D = 1. 6，D_1 = 3. 35

注：1. 对标准中心孔，在图样中可不绘制其详细结构；2. 简化标注时，可省略标准编号；3. 尺寸 L 取决于零件的功能要求。

中心孔的尺寸参数

导向孔直径 D（公称尺寸）	R 型	A 型		B 型		C 型	
	锥孔直径 D_1	锥孔直径 D_1	参照尺寸 t	锥孔直径 D_1	参照尺寸 t	公称尺寸 D	锥孔直径 D_2
1	2. 12	2. 12	0. 9	3. 15	0. 9	M3	5. 8
1. 6	3. 35	3. 35	1. 4	5	1. 4	M4	7. 4
2	4. 25	4. 25	1. 8	6. 3	1. 8	M5	8. 8
2. 5	5. 3	5. 30	2. 2	8	2. 2	M6	10. 5
3. 15	6. 7	6. 70	2. 8	10	2. 8	M8	13. 2
4. 0	8. 5	8. 50	3. 5	12. 5	3. 5	M10	16. 3
(5. 0)	10. 6	10. 60	4. 4	16	4. 4	M12	19. 8
6. 3	13. 2	13. 20	5. 5	18	5. 5	M16	25. 3
(8. 0)	17. 0	17. 00	7. 0	22. 4	7. 0	M20	31. 3
10. 0	21. 2	21. 20	8. 7	28	8. 7	M24	38. 0

注：尽量避免选用括号中的尺寸。

四、极限与配合

附表 21　轴的基本偏差

基本尺寸/mm		基本偏														
		上偏差 es														
		所有标准公差等级												IT5和IT6	IT7	IT8
大于	至	a	b	c	cd	d	e	ef	f	fg	g	h	js	j		
—	3	-270	-140	-60	-34	-20	-14	-10	-6	-4	-2	0		-2	-4	-6
3	6	-270	-140	-70	-46	-30	-20	-14	-8	-6	-4	0		-2	-4	—
6	10	-280	-150	-80	-56	-40	-25	-18	-13	-8	-5	0		-2	-5	—
10	14	-290	-150	-95	—	-50	-32	—	-16	—	-6	0		-3	-6	—
14	18															
18	24	-300	-160	-110	—	-65	-40	—	-20	—	-7	0		-4	-8	—
24	30															
30	40	-310	-170	-120	—	-80	-50	—	-25	—	-9	0		-5	-10	—
40	50	-320	-180	-130												
50	65	-340	-190	-140	—	-100	-60	—	-30	—	-10	0		-7	-12	—
65	80	-360	-200	-150												
80	100	-380	-220	-170	—	-120	-72	—	-36	—	-42	0		-9	-15	—
100	120	-410	-240	-180												
120	140	-460	-260	-200	—	-145	-85	—	-43	—	-14	0		-11	-18	—
140	160	-520	-280	-210												
160	180	-580	-310	-230												
180	200	-660	-340	-240	—	-170	-100	—	-50	—	-15	0		-13	-21	—
200	225	-740	-380	-260												
225	250	-820	-420	-280												
250	280	-920	-480	-300	—	-190	-110	—	-56	—	-17	0		-16	-26	—
280	315	-1050	-540	-330												
315	355	-1200	-600	-360	—	-210	-125	—	-62	—	-18	0		-18	-28	—
355	400	-1350	-680	-400												
400	450	-1500	-760	-440	—	-230	-135	—	-68	—	-20	0		-20	-32	—
450	500	-1650	-840	-480												

注：1. 基本尺寸小于或等于 1mm 时，基本偏差 a 和 b 均不采用。

2. 公差带 js7 ~ js11，若 IT*n* 值是奇数，则取偏差 = ±（IT*n* - 1）/2。

数值（GB/T 1800. 3—1998） （单位：μm）

差　数　值

下　偏　差　ei

IT4 至 IT7	≤IT3 >IT7	所有标准公差等级													
k		m	n	p	r	s	t	u	v	x	y	z	za	zb	zc
0	0	+2	+4	+6	+10	+14	—	+18	—	+20	—	+26	+32	+40	+60
+1	0	+4	+8	+12	+15	+19	—	+23	—	+28	—	+35	+42	+50	+80
+1	0	+6	+10	+15	+19	+23	—	+28	—	+34	—	+42	+52	+67	97
+1	0	+7	+12	+18	+23	+28	—	+33	—	+40	—	+50	+64	+90	+130
									+39	+45	—	+60	+77	+108	+150
+2	0	+8	+15	+22	+28	+35	—	+41	+47	+54	+63	+73	+98	+136	+188
							+41	+48	+55	+64	+75	+88	+118	+160	+218
+2	0	+9	+17	+26	+34	+43	+48	+60	+68	+80	+94	+112	+148	+200	+274
							+54	+70	+81	+97	+114	+136	+180	+242	+325
+2	0	+11	+20	+32	+41	+53	+66	+87	+102	+122	+144	+172	+226	+300	+405
					+43	+59	+75	+102	+120	+146	+174	+210	+274	+360	+480
+3	0	+13	+23	+37	+51	+71	+91	+124	+146	+178	+214	+258	+335	+445	+585
					+54	+79	+104	+144	+172	+210	+254	+310	+400	+525	+690
+3	0	+15	+27	+43	+63	+92	+122	+170	+202	+248	+300	+365	+470	+620	+800
					+65	+100	+134	+190	+228	+280	+340	+415	+535	+700	+900
					+68	+108	+146	+210	+252	+310	+380	+465	+600	+780	+1000
+4	0	+17	+31	+50	+77	+122	+166	+236	+284	+350	+425	+520	+670	+880	+1150
					+80	+130	+180	+258	+310	+385	+470	+575	+740	+960	+1250
					+84	+140	+196	+284	+340	+425	+520	+640	+820	+1050	+1350
+4	0	+20	+34	+56	+94	+158	+218	+315	+385	+475	+580	+710	+920	+1200	+1550
					+98	+170	+240	+350	+425	+525	+650	+790	+1000	+1300	+1700
+4	0	+21	+37	+62	+108	+190	+268	+390	+475	+590	+730	+900	+1150	+1500	+1900
					+114	+208	+294	+435	+532	+660	+820	+1000	+1300	+1650	+2100
+5	0	+23	+40	+68	+126	+232	+330	+490	+595	+740	+920	+1100	+1450	+1850	+2400
					+132	+252	+360	+540	+660	+820	+1000	+1250	+1600	+2100	+2600

附表 22　孔的基本偏差数

基本尺寸/mm		基本偏																		
		下偏差 EI																		
		所有标准公差等级											IT6	IT7	IT8	≤IT8	>IT8	≤IT8	>IT8
大于	至	A	B	C	CD	D	E	EF	F	FG	G	H	JS	J			K		M	
-	3	+270	+140	+60	+34	+20	+14	+10	+6	+4	+2	0		+2	+4	+6	0	0	-2	-2
3	6	+270	+140	+70	+46	+30	+20	+14	+10	+6	+4	0		+5	+6	+10	-1+Δ	—	-4+Δ	-4
6	10	+280	+150	+80	+56	+40	+25	+18	+13	+8	+5	0		+5	+8	+12	-1+Δ	—	-6+Δ	-6
10	14	+290	+150	+95	—	+50	+32	—	+16	—	+6	0		+6	+10	+15	-1+Δ	—	-7+Δ	-7
14	18																			
18	24	+300	+160	+110	—	+65	+40	—	+20	—	+7	0		+8	+12	+20	-2+Δ	—	-8+Δ	-8
24	30																			
30	40	+310	+170	+120	—	+80	+50		+25	—	+9	0		+10	+14	+24	-2+Δ	—	-9+Δ	-9
40	50	+320	+180	+130																
50	65	+340	+190	+140	—	+100	+60	—	+30	—	+10	0		+13	+18	+28	-2+Δ	—	-11+Δ	-11
65	80	+360	+200	+150																
80	100	+380	+220	+170	—	+120	+72	—	+36	—	+12	0		+16	+22	+34	-3+Δ	—	-13+Δ	-13
100	120	+410	+240	+180																
120	140	+460	+260	+200	—	+145	+85	—	+43	—	+14	0		+18	+26	+41	-3+Δ	—	-15+Δ	-15
140	160	+520	+280	+210																
160	180	+580	+310	+230																
180	200	+660	+340	+240	—	+170	+100	—	+50	—	+15	0		+22	+30	+47	-4+Δ	—	-17+Δ	-17
200	225	+740	+380	+260																
225	250	+820	+420	+280																
250	280	+920	+480	+300	—	+190	+110	—	+56	—	+17	0		+25	+36	+55	-4+Δ	—	-20+Δ	-20
280	315	+1050	+540	+330																
315	355	+1200	+600	+360	—	+210	+125	—	+62	—	+18	0		+29	+39	+60	-4+Δ	—	-21+Δ	-21
355	400	+1350	+680	+400																
400	450	+1500	+760	+440	—	+230	+135	—	+68	—	+20	0		+33	+43	+66	-5+Δ	—	-23+Δ	-23
450	500	+1650	+840	+480																

注：1. 基本尺寸小于或等于 1mm 时，基本偏差 A 和 B 及大于 IT8 的 N 均不采用。

2. 公差带 JS11，若 ITn 值数是奇数，则取偏差 = ±(ITn - 1)/2。

3. 对小于或等于 IT8 的 K、M、N 和小于或等于 IT7 的 P 至 ZC，所需 Δ 值从表内右侧选取。例如：18 ~ 30mm 段的 K7：

4. 特殊情况：250 ~ 315mm 段的 M6，ES = -9μm（代替 -11μm）。　在大于 IT7 的相应数值上增加一个 Δ 值

值(摘自 GB/T 1800.3—1998)　　　(单位:μm)

差　数　值															Δ					
上　偏　差　ES																				
≤IT8	>IT8	≤IT7	标准公差等级大于 IT7												标准公差等级					
N		P 至 ZC	P	R	S	T	U	V	X	Y	Z	ZA	ZB	ZC	IT3	IT4	IT5	IT6	IT7	IT8
-4	-4		-6	-10	-14	—	-18	—	-20	—	-26	-32	-40	-60	0	0	0	0	0	0
-8 + Δ	0		-12	-15	-19	—	-23	—	-28	—	-35	-42	-50	-80	1	1.5	2	3	6	7
-10 + Δ	0		-15	-19	-23	—	-28	—	-34	—	-42	-52	-67	-97	1	1.5	2	3	6	7
-12 + Δ	0		-18	-23	-28	—	-33	—	-40	—	-50	-64	-90	-130	1	2	3	3	7	9
								—	-45	—	-60	-77	-108	-150						
-15 + Δ	0		-22	-28	-35	—	-41	—	-54	—	-73	-98	-136	-188	1.5	2	3	4	8	12
						-41	-48	-55	-64	-75	-88	-118	-160	-218						
-17 + Δ	0		-26	-35	-43	-48	-60	-68	-80	-94	-112	-148	-200	-274	1.5	3	4	5	9	14
						-54	-71	-81	-97	-114	-136	-180	-242	-325						
-20 + Δ	0		-32	-43	-53	-66	-87	-102	-122	-144	-172	-226	-300	-405	2	3	5	6	11	16
				-53	-59	-75	-102	-120	-146	-174	-210	-274	-360	-480						
-23 + Δ	0		-37	-59	-71	-91	-124	-146	-178	-214	-258	-335	-445	-585	2	4	5	7	13	19
				-71	-79	-104	-144	-172	-210	-254	-310	-400	-525	-690						
-27 + Δ	0		-43	-79	-92	-122	-170	-202	-248	-300	-365	-470	-620	-800	3	4	6	7	15	23
				-92	-100	-134	-190	-228	-280	-340	-415	-535	-700	-900						
				-100	-108	-146	-210	-252	-310	-380	-465	-600	-780	-1000						
-31 + Δ	0		-50	-122	-122	-166	-236	-284	-350	-425	-620	-670	-880	-1150	3	4	6	9	17	26
				-130	-130	-180	-258	-310	-385	-470	-575	-740	-960	-1250						
				-140	-140	-196	-284	-340	-425	-520	-640	-820	-1050	-1350						
-34 + Δ	0		-56	-158	-158	-218	-315	-385	-475	-580	-710	-920	-1200	-1550	4	4	7	9	20	29
				-170	-170	-240	-350	-425	-525	-650	-790	-1000	-1300	-1700						
-37 + Δ	0		-62	-190	-190	-268	-390	-475	-590	-730	-900	-1150	-1500	-1900	4	5	7	11	21	32
				-208	-208	-294	-435	-530	-660	-820	-1000	-1300	-1650	-2100						
-40 + Δ	0		-68	-232	-232	-330	-490	-595	-740	-920	-1100	-1450	-1850	-2400	5	5	7	13	23	34
				-252	-252	-360	-540	-660	-820	-1000	-1250	-1600	-2100	-2600						

Δ = 8mm,所以 ES = (-2 + 8) μm = +6μm;至 30mm 段的 S6:Δ = 4μm,所以 ES = (-35 + 4) μm = -31μm

附表 23　优先及常用配合轴的极限偏差表

（单位：μm）

代号		a	b	c	d	e	f	g	h								js	k	m	n	p	r	s	t	u	v	x	y	z
基本尺寸/mm		公差等级																											
大于	至	11	11	*11	*9	8	*7	*6	5	*6	*7	8	*9	10	*11	12	6	*6	6	*6	*6	6	*6	6	*6	6	6	6	6
—	3	-270 -330	-140 -200	-60 -120	-20 -45	-14 -28	-6 -16	-2 -8	0 -4	0 -6	0 -10	0 -14	0 -25	0 -40	0 -60	0 -100	±3	+6 0	+8 +2	+10 +4	+12 +6	+16 +10	+20 +14	—	+24 +18	—	+26 +20	—	+32 +26
3	6	-270 -345	-140 -215	-70 -145	-30 -60	-20 -38	-10 -22	-4 -12	0 -5	0 -8	0 -12	0 -18	0 -30	0 -48	0 -75	0 -120	±4	+9 +1	+12 +4	+16 +8	+20 +12	+23 +15	+27 +19	—	+31 +23	—	+36 +28	—	+43 +35
6	10	-280 -338	-150 -240	-80 -170	-40 -76	-25 -47	-13 -28	-5 -14	0 -6	0 -9	0 -15	0 -22	0 -36	0 -58	0 -90	0 -150	±4.5	+10 +1	+15 +6	+19 +10	+24 +15	+28 +19	+32 +23	—	+37 +28	—	+43 +34	—	+51 +42
10	14	-290 -400	-150 -260	-95 -205	-50 -93	-32 -59	-16 -34	-6 -17	0 -8	0 -11	0 -18	0 -27	0 -43	0 -70	0 -110	0 -180	±5.5	+12 +1	+18 +7	+23 +12	+29 +18	+34 +23	+39 +28	—	+44 +33	—	+51 +40	—	+61 +50
14	18																							—		+50 +39	+56 +45	—	+71 +60
18	24	-300 -430	-160 -290	-110 -240	-65 -117	-40 -73	-20 -41	-7 -20	0 -9	0 -13	0 -21	0 -33	0 -52	0 -84	0 -130	0 -210	±6.5	+15 +2	+21 +8	+28 +15	+35 +22	+41 +28	+48 +35	—	+54 +41	+60 +47	+67 +54	+76 +63	+86 +73
24	30																							+54 +41	+61 +48	+68 +55	+77 +64	+88 +75	+101 +88
30	40	-310 -470	-170 -330	-120 -280	-80 -142	-50 -89	-25 -50	-9 -25	0 -11	0 -16	0 -25	0 -39	0 -62	0 -100	0 -160	0 -250	±8	+18 +2	+25 +19	+33 +17	+42 +26	+50 +34	+59 +43	+64 +48	+76 +60	+84 +68	+96 +80	+110 +94	+128 +112
40	50	-320 -480	-180 -340	-130 -290																				+70 +54	+86 +70	+97 +81	+113 +97	+130 +114	+152 +136
50	65	-340 -530	-190 -380	-140 -330	-100 -174	-60 -106	-30 -60	-10 -29	0 -13	0 -19	0 -30	0 -46	0 -74	0 -120	0 -190	0 -300	±9.5	+21 +2	+30 +11	+39 +20	+51 +32	+60 +41	+72 +53	+85 +66	+106 +87	+121 +102	+141 +122	+163 +144	+191 +172
65	80	-360 -550	-200 -390	-150 -340																		+62 +43	+78 +59	+94 +75	+121 +102	+139 +120	+165 +146	+193 +174	+229 +210

（续）

代号		a	b	c	d	e	f	g	h								js	k	m	n	p	r	s	t	u	v	x	y	z
基本尺寸/mm		公差等级																											
大于	至	11	11	*11	*9	8	*7	*6	5	*6	*7	8	*9	10	*11	12	6	*6	6	*6	*6	6	*6	6	*6	6	6	6	6
80	100	−380 −600	−220 −440	−170 −390	−120 −207	−72 −126	−36 −71	−12 −34	0 −15	0 −22	0 −35	0 −54	0 −87	0 −140	0 −220	0 −350	±11	+25 +3	+35 +13	+45 +23	+59 +37	+73 +51	+93 +71	+113 +91	+146 +124	+168 +146	+200 +178	+236 +214	+280 +258
100	120	−410 −630	−240 −460	−180 −400																		+76 +54	+101 +79	+126 +104	+166 +144	+194 +172	+232 +210	+276 +254	+332 +310
120	140	−460 −710	−260 −510	−200 −450																		+88 +63	+117 +92	+147 +122	+195 +170	+227 +202	+273 +248	+325 +300	+390 +365
140	160	−520 −770	−280 −530	−210 −460	−145 −245	−85 −148	−43 −83	−14 −39	0 −18	0 −25	0 −40	0 −63	0 −100	0 −160	0 −250	0 −400	±12.5	+28 +3	+40 +15	+52 +27	+68 +43	+90 +65	+125 +100	+159 +134	+215 +190	+253 +228	+305 +280	+365 +340	+440 +415
160	180	−580 −830	−310 −560	−230 −480																		+93 +68	+133 +108	+171 +146	+235 +210	+277 +252	+335 +310	+405 +380	+490 +465
180	200	−660 −950	−340 −630	−240 −530																		+106 +77	+151 +122	+195 +166	+265 +236	+313 +284	+379 +350	+454 +425	+549 +520
200	225	−740 −1030	−380 −670	−260 −550	−170 −285	−100 −172	−50 −96	−15 −44	0 −20	0 −29	0 −46	0 −72	0 −115	0 −185	0 −290	0 −460	±14.5	+33 +4	+46 +17	+60 +31	+79 +50	+109 +80	+159 +130	+209 +180	+287 +258	+339 +310	+414 +385	+499 +470	+604 +575
225	250	−820 −1110	−420 −710	−280 −570																		+113 +84	+169 +140	+225 +196	+313 +284	+369 +340	+454 +425	+549 +520	+669 +640
250	280	−920 −1240	−480 −800	−300 −620	−190 −320	−110 −191	−56 −108	−17 −49	0 −23	0 −32	0 −52	0 −81	0 −130	0 −210	0 −320	0 −520	±16	+36 +4	+52 +20	+66 +34	+88 +56	+126 +94	+190 +158	+250 +218	+347 +315	+417 +385	+507 +475	+612 +580	+742 +710
280	315	−1050 −1370	−540 −860	−330 −620																		+130 +98	+202 +170	+272 +240	+382 +350	+457 +425	+557 +525	+682 +650	+822 +790
315	355	−1200 −1560	−600 −960	−360 −720	−210 −350	−125 −214	−62 −119	−18 −54	0 −25	0 −36	0 −57	0 −89	0 −140	0 −230	0 −360	0 −570	±18	+40 +4	+57 +21	+73 +37	+98 +62	+144 +108	+226 +190	+304 +268	+426 +390	+511 +475	+626 +590	+766 +730	+936 +900
355	400	−1350 −1710	−680 −1040	−400 −760																		+150 +114	+244 +208	+330 +294	+471 +435	+566 +530	+696 +660	+856 +820	+1036 +1000
400	450	−1500 −1900	−760 −1160	−440 −840	−230 −385	−135 −232	−68 −131	−20 −60	0 −27	0 −40	0 −63	0 −97	0 −155	0 −250	0 −400	0 −630	±20	+45 +5	+63 +23	+80 +40	+108 +68	+166 +126	+272 +232	+370 +330	+530 +490	+635 +595	+780 +740	+960 +920	+1140 +1100
450	500	−1650 −2050	−840 −1240	−480 −880																		+172 +132	+292 +252	+400 +360	+580 +540	+700 +660	+860 +820	+1040 1000	+1290 +1250

注:带"*"者为优先选用,其他为常用。

附表 24 优先及常用配合孔的极限偏差表

（单位：μm）

代号		A	B	C	D	E	F	G	H								JS		K			M	N		P		R	S	T	U
基本尺寸/mm		公差等级																												
大于	至	11	11	*11	*9	8	*8	*7	6	*7	*8	*9	10	*11	12	6	7	6	*7	8	7	6	*7	6	*7	7	*7	7	*7
—	3	+330 +270	+200 +140	+120 +60	+45 +20	+28 +14	+20 +6	+12 +2	+6 0	+10 0	+14 0	+25 0	+40 0	+60 0	+100 0	±3	±5	0 -6	0 -10	0 -14	-2 -12	-4 -10	-4 -14	-6 -12	-6 -16	-10 -20	-14 -24	—	-18 -28
3	6	+345 +270	+215 +140	+145 +70	+60 +30	+38 +20	+28 +10	+16 +4	+8 0	+12 0	+18 0	+30 0	+48 0	+75 0	+120 0	±4	±6	+2 -6	+3 -9	+5 -13	0 -12	-5 -13	-4 -16	-9 -17	-8 -20	-11 -23	-15 -27	—	-19 -31
6	10	+370 +280	+240 +150	+170 +80	+76 +40	+47 +25	+35 +13	+20 +5	+9 0	+15 0	+22 0	+36 0	+58 0	+90 0	+150 0	±4.5	±7	+2 -7	+5 -10	+6 -16	0 -15	-7 -16	-4 -19	-12 -21	-9 -24	-13 -28	-17 -32	—	-22 -37
10 14	14 18	+400 +290	+260 +150	+205 +95	+93 +50	+59 +32	+43 +16	+24 +6	+11 0	+18 0	+27 0	+43 0	+70 0	+110 0	+180 0	±5.5	±9	+2 -9	+6 -12	+8 -19	0 -18	-9 -20	-5 -23	-15 -26	-11 -29	-16 -34	-21 -39	—	-26 -44
18	24	+430 +300	+290 +160	+240 +110	+117 +65	+73 +40	+53 +20	+28 +7	+13 0	+21 0	+33 0	+52 0	+84 0	+130 0	+210 0	±6.5	±10	+2 -11	+6 -15	+10 -23	0 -21	-11 -24	-7 -28	-18 -31	-14 -35	-20 -41	-27 -48	—	-33 -54
24	30																											-33 -54	-40 -61
30	40	+470 +310	+330 +170	+280 +120	+142 +80	+89 +50	+64 +25	+34 +9	+16 0	+25 0	+39 0	+62 0	+100 0	+160 0	+250 0	±8	±12	+3 -13	+7 -18	+12 -27	0 -25	-12 -28	-8 -33	-21 -37	-17 -42	-25 -50	-34 -59	-39 -64	-51 -76
40	50	+480 +320	+340 +180	+290 +130																								-45 -70	-61 -86
50	65	+530 +340	+380 +190	+330 +140	+174 +100	+106 +60	+76 +30	+40 +10	+19 0	+30 0	+46 0	+74 0	+120 0	+190 0	+300 0	±9.5	±15	+4 -15	+9 -21	+14 -32	0 -30	-14 -33	-9 -39	-26 -45	-21 -51	-30 -60	-42 -72	-55 -85	-76 -106
65	80	+550 +360	+390 +200	+340 +150																						-32 -62	-48 -78	-64 -94	-91 -121

（续）

代号		A	B	C	D	E	F	G	H							JS		K			M	N		P		R	S	T	U
基本尺寸/mm		公差等级																											
大于	至	11	11	*11	*9	8	*8	*7	6	*7	*8	*9	10	*11	12	6	7	6	*7	8	7	6	*7	6	*7	7	*7	7	*7
80	100	+600 +380	+440 +220	+390 +170	+207 +120	+126 +72	+90 +36	+47 +12	+22 0	+35 0	+54 0	+87 0	+140 0	+220 0	+350 0	±11	±17	+4 -18	+10 -25	+16 -38	0 -35	-16 -38	-10 -45	-30 -52	-24 -59	-38 -73	-58 -93	-78 -113	-111 -146
100	120	+630 +410	+460 +240	+400 +180																						-41 -76	-66 -101	-91 -126	-131 -166
120	140	+710 +460	+510 +260	+450 +200	+245 +145	+148 +85	+106 +43	+54 +14	+25 0	+40 0	+63 0	+100 0	+160 0	+250 0	+400 0	±12.5	±20	+4 -21	+12 -28	+20 -43	0 -40	-20 -45	-12 -52	-36 -61	-28 -68	-48 -88	-77 -117	-107 -147	-155 -195
140	160	+770 +520	+530 +280	+460 +210																						-50 -90	-85 -125	-119 -159	-175 -215
160	180	+830 +580	+560 +310	+480 +230																						-53 -93	-93 -133	-131 -171	-195 -235
180	200	+950 +660	+630 +340	+530 +240	+285 +170	+172 +100	+122 +50	+61 +15	+29 0	+46 0	+72 0	+115 0	+185 0	+290 0	+460 0	±14.5	±23	+5 -24	+13 -33	+22 -50	0 -46	-22 -51	-14 -60	-41 -70	-33 -79	-60 -106	-105 -151	-149 -195	-219 -265
200	225	+1030 +740	+670 +380	+550 +260																						-63 -109	-113 -159	-163 -209	-241 -287
225	250	+1110 +820	+710 +420	+570 +280																						-67 -113	-123 -169	-179 -225	-267 -313
250	280	+1240 +920	+800 +480	+620 +300	+320 +190	+191 +110	+137 +56	+69 +17	+32 0	+52 0	+81 0	+130 0	+210 0	+320 0	+520 0	±16	±26	+5 -27	+16 -36	+25 -56	0 -52	-25 -57	-14 -66	-47 -79	-36 -88	-74 -126	-138 -190	-198 -250	-295 -347
280	315	+1370 +1050	+860 +540	+650 +330																						-78 -130	-150 -202	-220 -272	-330 -382
315	355	+1560 +1200	+960 +600	+720 +360	+350 +210	+214 +125	+151 +62	+75 +18	+36 0	+57 0	+89 0	+140 0	+230 0	+360 0	+570 0	±18	±28	+7 -29	+17 -40	+28 -61	0 -57	-26 -62	-16 -73	-51 -87	-41 -98	-87 -144	-169 -226	-247 -304	-369 -426
355	400	+1710 +1350	+1040 +680	+760 +400																						-93 -150	-187 -244	-273 -330	-414 -471
400	450	+1900 +1500	+1160 +760	+840 +440	+385 +230	+232 +135	+165 +68	+83 +20	+40 0	+63 0	+97 0	+155 0	+250 0	+400 0	+630 0	±20	±31	+8 -32	+18 -45	+29 -68	0 -63	-27 -67	-17 -80	-55 -95	-45 -108	-103 -166	-209 -272	-307 -370	-467 -530
450	500	+2050 +1650	+1240 +840	+880 +480																						-109 -172	-229 -292	-337 -400	-517 -580

注：带“*”者为优先选用，其他为常用。

附表 25　标准公差数值(GB/T 1800.3—1998)

基本尺寸/mm		标准公差等级																	
		IT1	IT2	IT3	IT4	IT5	IT6	IT7	IT8	IT9	IT10	IT11	IT12	IT13	IT14	IT15	IT16	IT17	IT18
大于	至	μm											mm						
—	3	0.8	1.2	2	3	4	6	10	14	25	40	60	0.1	0.14	0.25	0.4	0.6	1	1.4
3	6	1	1.5	2.5	4	5	8	12	18	30	48	75	0.12	0.18	0.3	0.45	0.75	1.2	1.8
6	10	1	1.5	2.5	4	6	9	15	22	36	58	90	0.15	0.22	0.36	0.58	0.9	1.5	2.2
10	18	1.2	2	3	5	8	11	18	27	43	70	110	0.18	0.27	0.43	0.7	1.1	1.8	2.7
18	30	1.5	2.5	4	6	9	13	21	33	52	84	130	0.21	0.33	0.52	0.84	1.3	2.1	3.3
30	50	1.5	2.5	4	7	11	16	25	39	62	100	160	0.25	0.39	0.62	1	1.6	2.5	3.9
50	80	2	3	5	8	13	19	30	46	74	120	190	0.3	0.46	0.74	1.2	1.9	3	4.6
80	120	2.5	4	6	10	15	22	35	54	87	140	220	0.35	0.54	0.87	1.4	2.2	3.5	5.4
120	180	3.5	5	8	12	18	25	40	63	100	160	250	0.4	0.63	1	1.6	2.5	4	6.3
180	250	4.5	7	10	14	20	29	46	72	115	185	290	0.46	0.72	1.15	1.85	2.9	4.6	7.2
250	315	6	8	12	16	23	32	52	81	130	210	320	0.52	0.81	1.3	2.1	3.2	5.2	8.1
315	400	7	9	13	18	25	36	57	89	140	230	360	0.57	0.89	1.4	2.3	3.6	5.7	8.9
400	500	8	10	15	20	27	40	63	97	155	250	400	0.63	0.97	1.55	2.5	4	6.3	9.7

注:基本尺寸小于1mm时,无IT14至IT18。

五、常用材料及热处理

附表 26　热处理方法及应用

名称	处理方法	应用
退火	将钢件加热到临界温度以上,保温一段时间,然后缓慢地冷却下来(例如在炉中冷却)	用来消除铸、锻、焊零件的内应力,降低硬度,改善加工性能,增加塑性和韧性,细化金属晶粒,使组织均匀。适用于含碳量在0.83%以下的铸、锻、焊零件
正火	将钢件加热到临界温度以上,保温一段时间,然后在空气中冷却下来,冷却速度比退火快	用来处理低碳和中碳结构钢件及渗碳零件,使其晶粒细化,增加强度与韧性,改善切削加工性能
淬火	将钢件加热到临界温度以上,保温一段时间,然后在水、盐水或油中急速冷却下来	用来提高钢的硬度、强度和耐磨性。但淬火后会引起内应力及脆性,因此淬火后的钢件必须回火
回火	将淬火后的钢件,加热到临界温度以下的某一温度,保温一段时间,然后在空气或油中冷却下来	用来消除淬火时产生的脆性和内应力,以提高钢件的韧性和强度
调质	淬火后进行高温回火(450~650°C)	可以完全消除内应力,并获得较高的综合力学性能。一些重要零件淬火后都要经过调质处理
表面淬火	用火焰或高频电流将零件表面迅速加热至临界温度以上,急速冷却	使零件表层有较高的硬度和耐磨性,而内部保持一定的韧性,使零件既耐磨又能承受冲击,如重要的齿轮、曲轴、活塞销等
渗碳	将低、中碳(<0.4%C)钢件,在渗碳剂中加热到900~950°C,停留一段时间,使零件表面增C0.4~0.6mm,然后淬火	增加零件表面硬度、耐磨性、抗拉强度及疲劳极限。适用于低碳、中碳结构钢的中小型零件及大型重负荷、受冲击、耐磨的零件

（续）

名称	处 理 方 法	应 用
液体碳氮共渗	使零件表面增加碳与氮，其扩散层深度较浅（0.2～0.5mm）。在0.2～0.4mm层具有66～70HRC的高硬度	增加结构钢、工具钢零件的表面硬度、耐磨性及疲劳极限，提高刀具切削性能和使用寿命。适用于要求硬度高、耐磨的中、小型及薄片的零件和刀具
渗氮（5330）	使零件表面增氮，氮化层为0.025～0.8mm。氮化层硬度极高（达1 200HV）	增加零件的表面硬度、耐磨性、疲劳极限及抗蚀能力。适用于含铝、铬、钼、锰等合金钢，如要求耐磨的主轴、量规、样板、水泵轴、排气门等零件
冰冷处理	将淬火钢件继续冷却至室温以下的处理方法	进一步提高零件的硬度、耐磨性，使零件尺寸趋于稳定，如用于滚动轴承的钢球
发蓝发黑	用加热办法使零件工作表面形成一层氧化铁组成的保护性薄膜	防腐蚀、美观，用于一般紧固件
时效处理	天然时效：在空气中存放半年到一年以上 人工时效：加热到200°C左右，保温10～20h或更长时间	使铸件或淬火后的钢件慢慢消除其内应力，而达到稳定其形状和尺寸

参 考 文 献

1　国家标准《技术制图》与《机械制图》. 北京:中国标准出版社,1996 ~ 2004
2　夏华生主编. 机械制图. 北京:高等教育出版社,1988
3　山东工学院制图教研室编. 机械制图. 济南:山东人民出版社,1976
4　华东纺织工学院制图教研室编. 机械制图. 上海:上海科学技术出版社,1982
5　徐炳松,官冶平主编. 机械制图. 北京:高等教育出版社,1985
6　何铭松,钱可强主编. 机械制图. 北京:高等教育出版社,1997
7　金大鹰主编. 机械制图. 北京:机械工业出版社,2001
8　刘魁敏主编. 机械制图. 北京:机械工业出版社,2004
9　刘魁敏,康志远主编. 计算机绘图. 北京:机械工业出版社,2005